U0234341

兵器科学与技术丛书

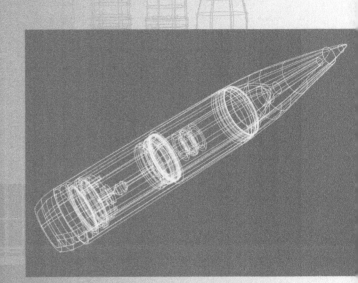

弹药设计理论

AMMUNITION DESIGN THEORY

曹兵 郭锐 杜忠华 编著

北京理工大学出版社
BEIJING INSTITUTE OF TECHNOLOGY PRESS

图书在版编目（CIP）数据

弹药设计理论／曹兵，郭锐，杜忠华编著 . —北京：北京理工大学出版社，2016. 12
（2024. 2重印）

ISBN 978 - 7 - 5682 - 1011 - 9

Ⅰ. ①弹⋯　Ⅱ. ①曹⋯②郭⋯③杜⋯　Ⅲ. ①弹药 - 设计　Ⅳ. ①TJ410. 2

中国版本图书馆 CIP 数据核字（2016）第 313941 号

出版发行／北京理工大学出版社有限责任公司

社　　　址／北京市海淀区中关村南大街 5 号

邮　　　编／100081

电　　　话／（010）68914775（总编室）

　　　　　　（010）82562903（教材售后服务热线）

　　　　　　（010）68948351（其他图书服务热线）

网　　　址／http：//www. bitpress. com. cn

经　　　销／全国各地新华书店

印　　　刷／北京虎彩文化传播有限公司

开　　　本／787 毫米 ×1092 毫米　1/16

印　　　张／29　　　　　　　　　　　　　　　　　责任编辑／封　雪

字　　　数／676 千字　　　　　　　　　　　　　　文案编辑／封　雪

版　　　次／2016 年 12 月第 1 版　2024 年 2 月第 2 次印刷　　责任校对／周瑞红

定　　　价／68. 00 元　　　　　　　　　　　　　　责任印制／王美丽

前言

炮弹是战争中应用最广泛的弹丸之一，编写本书的目的在于研究炮弹弹丸的设计原理，并介绍适合各类弹丸设计的一般方法。

任何性能良好的弹丸必须满足以下三个方面的要求：在膛内运动正确，安全可靠；在飞行中阻力小，稳定性好；在目标区（弹道终点处）作用可靠，威力大。这些要求最终通过弹丸的结构予以体现，因此，设计者的任务在于通过弹丸的膛内设计、飞行性能设计及终点效应设计，设计出弹丸的最优结构，这就是本书所研究的全部内容。

本书作为弹药工程专业的教材，要求学生除具备数学、力学基础知识外，还必须具备内、外弹道学，弹药作用原理，以及炸药、引信和火炮方面的专业基础知识。本书除可作为高等院校有关专业学生的教材，也可作为从事弹药工程研究、弹药设计和生产的科技人员的学习参考书。

本书采用国际单位制。应说明的是，书中选用的例题的数据并非实际弹丸的数据，仅供参考。

本书由南京理工大学弹药工程教研室曹兵（第一、二、三、四、五、六章）、郭锐（第七、八章）、杜忠华（第九章）等同志编著。其中，曹兵同志任主编。全书由中国兵工学会弹丸学会高森烈同志主审。

由于水平有限，书中疏漏和不妥之处在所难免，恳请读者批评指正。

作　者

2016 年 5 月

目　录
CONTENTS

第一章
弹药设计总论

各类武器系统的最终目的，在于杀伤敌方有生力量及摧毁各类战用目标，或者完成某些特定战术任务，所有这些都是依靠从武器中投射出各种类型的弹丸完成的。因此，对整个武器系统而言，弹丸是其中最核心的部分之一。

目前，炮弹仍然是战争中应用最为广泛的弹丸之一，它具有初速大、射击精度高、经济性好等特点。弹药设计理论就是根据弹丸在使用中的经验，通过理论的概括，提出适于各种弹丸设计方法的一门课程。

此外，弹丸设计中的许多课题，例如，弹丸结构设计，结构特征数计算，发射中的强度及装药安全性设计，飞行中的稳定性设计，弹道终点处的弹丸威力设计等，对于许多其他类型的弹丸或战斗部，也具有典型意义。因此，弹药设计理论在整个弹丸设计中占有相当重要的地位。

第一节　弹药设计全过程

弹丸设计与一般机器零件设计有很大不同，它不是一个单纯的工程设计过程，而是一个包括论证、设计、试验在内的研制过程。因此，在设计弹丸时，从任务的提出，直至产品定型，要求每一个环节都严格细致，切实准确。这个设计过程包括：调查研究，分析论证，设计计算，试制和试验等，实际上也是一个不断发展、完善的理论与实践相结合的过程。

一般说来，可以将弹丸的整个设计过程分为三大阶段：战术技术指标论证阶段；弹丸方案与技术设计阶段；试制、试验与鉴定定型阶段。

下面分别对这三个阶段的任务、职责进行介绍。

一、战术技术指标论证阶段

根据长远发展规划或作战的需要：首先由国家有关领导部门提出研制某项新武器系统或新弹丸产品的任务；然后根据上级的意图提出相应的战术技术指标，例如，产品打击的主要目标，射程，威力，射击精度等。

正确的战术技术指标不仅应反映出新产品战术性能上的先进性，而且还应考虑技术实现上的可能性和生产中的经济性。这里必须指出，不恰当的指标，或各指标间不协调，都会给下一阶段的设计带来不利后果。例如，指标过低，不仅会使产品缺乏先进性，甚至会使研制出来的产品面临淘汰的局面；反之，指标过高，超出了目前的技术水平，又会加长研制周期，直至不能完成规定的设计任务，造成人力、财力及时间上的极大浪费。由此可见，战术技术指标论证虽未正面影响弹丸的技术设计，却是弹丸研制过程中的重要环节。

在战术技术指标论证阶段，通过对敌我双方的战术研究和敌我双方现有武器性能的比较，以及敌方目标性能的研究，并在充分的理论分析和实际数据分析的基础上，将战术技术指标逐项确定下来，使设计任务趋于具体化。例如，在新火炮系统设计时，需要将弹丸口径、类型、质量等在战术论证阶段确定下来。

二、弹丸结构方案与技术设计阶段

这一阶段是弹丸设计的主体阶段。此阶段的任务是根据战术技术指标确定弹丸的结构方案，然后根据结构尺寸进行预示性计算，并验算结构是否满足战术技术指标的基本要求。

确定弹丸结构方案应包括以下内容：

（1）选择弹丸内的炸药类型，确定其质量，并考虑其装填方法。

（2）确定弹壳及零件的材料。

（3）选择弹丸的引信（一般在新火炮系统设计时，这项任务由引信设计单位完成，但弹丸设计组应提出必要的要求）。

（4）确定弹丸的结构特点和各部分的基本尺寸。

弹丸结构设计主要是在分析现有类似产品性能的基础上进行的。因此，首先应仔细分析现有产品的特点，研究历次试验的数据，了解它们在战斗使用中的优缺点，从而在新弹丸设计中，扬长避短，设计出性能更先进的产品；然后绘出弹丸的结构草图，此草图是设计者根据设计任务提出的最初的方案。草图应简单明了，草图上应标明弹丸各部主要尺寸、弹体、弹带材料和炸药种类，以及引信的外形图和注有概略尺寸的弹带图，以便进行下一步的计算和初步确定弹丸结构是否符合战术技术指标提出的要求。

计算工作通常包括以下内容：

（1）弹丸的构造特征数：弹丸质量、质心位置、极转动惯量和赤道转动惯量。

（2）利用这些数据进一步计算弹丸及零件的发射强度和炸药的安全性。

（3）计算弹丸在飞行时的空气阻力和飞行稳定性，必要时还应计算出弹丸的落点（或终点）等诸元。

（4）计算弹丸的终点弹道效应或威力指标。

上述计算是预示性的、粗略的。在某些情况下，甚至只能借助经验做定性的分析，或者辅以必要的模拟试验。通过计算：首先对不符合设计要求的尺寸或结构进行修改，以求得弹丸能在最大限度内满足战术技术指标所提出的一切要求；然后在此基础上绘出弹丸的技术设计图（应包括各零件图和装配图）。图纸上应标明尺寸公差及某些主要的技术要求，根据此图纸可以进行初步试制。

三、试制、试验与鉴定定型阶段

一般情况下，工厂应根据技术设计图纸进行初步试制。在制造过程中：首先应逐步明确某些技术规程、工艺工作细则和验收工艺规程，制造出的弹丸质量和特征数应满足技术设计图纸的全部要求；然后将这些为数不多的弹丸进行各种静态和动态试验，以考核设计出的弹丸结构在各方面是否符合要求。

基本的试验内容如下：

（1）弹丸结构特征数测定；

（2）弹丸发射强度及发射安全性试验；

（3）弹丸外弹道性能及射击精度试验；

（4）弹丸威力试验。

根据弹丸在试验中暴露出的问题，对弹丸结构进行必要的修改。应当边修改、边试验，直到基本满足战术技术指标为止。在此基础上绘制弹丸的试验批图纸，并按此图纸生产一批一定数量的弹丸，以备送入国家靶场对弹丸性能进行鉴定试验。

国家靶场根据所交图纸核验弹丸，并严格按照下达的战术技术指标逐项进行靶场试验，以鉴定弹丸的性能是否满足战术技术指标要求。当全部指标合格，并经上级批准，则设计弹丸即可最后定型，投入生产。

第二节 设计说明书与产品图

弹丸设计说明书是反映弹丸结构及技术设计的基本文件，它作为产品最重要的技术资料保存下来。设计说明书应以充分的论据，包括各种经验数据、试验数据和计算分析，说明设计弹丸在完成战术技术指标方面其结构的合理性和性能的先进性。设计说明书应当简单明了，分析论证充分，计算准确，设计思想明确，并能充分反映设计方面的主要内容：

产品图是设计的最终成果，也是该弹丸生产和检验的依据。完整的产品图应包括以下内容：

（一）零件图或零件毛坯图

图纸上应包括：

（1）充分标明各部分的尺寸及相应的公差；

（2）注明表面粗糙度要求；

（3）注明加工误差（包括同心度，偏心距等）的允许范围；

（4）注明零件所用材料及其力学性能要求；

（5）注明加工过程中必要的特殊检验项目（如弹体的水压试验、磁力探伤等）；

（6）提出热处理要求（如果有的话）。

（二）部件图

在弹丸生产过程中，对装配部件（如弹带压于弹体上）也应有一定的要求。一般地，在部件图上应标明各零件装配位置误差的允许范围、弹带的尺寸及公差、部件质量范围和表面处理（涂漆）要求等。

（三）弹体图

机械加工完成并装配好的弹体将送往装药工厂，并按装药弹体图的要求装填炸药。装药弹体图应标明的内容如下：

（1）炸药种类（包括配方要求），密度要求和装填方法；

（2）装填质量要求和抽验的方式；

（3）装填后弹体的质量要求和质量分级的规定。

（四）标记图

装填炸药后，弹体表面还必须按弹丸标记图涂以必要的标记。在标记图上应当标明弹种代号、弹丸口径、炸药代号、装药的批号、年份及工厂代号、弹体质量符号等的标记字样、颜色及位置，并注明标记涂漆的配方要求。在一般情况下，涂完标记的弹丸装上防潮塞即可转入仓库保存。

（五）靶场试验用图

在生产过程中，必须在每批中抽出一定数量（发数）的弹丸送至靶场进行射击检验。检验项目一般包括弹体、弹带发射强度、射击精度、炸药安全性和爆炸完全性等。检验时，应按靶场试验用图的要求进行。

在靶场试验用图上应标明以下内容：

（1）弹丸的主要诸元（包括弹丸质量、炸药质量、引信质量、弹丸质心位置、转动惯量比、飞行稳定性系数或要求的炮口缠度、弹体的计算应力、炸药底层应力、计算膛压、初速等）。

（2）全备弹丸（装有引信、炸药的弹丸）各重要结构尺寸及公差（包括弹丸全长、定心部及导带的直径、弹头部长度、形状、弹尾部尺寸、尾锥角等）。

（3）提出各试验项目的试验条件（试验用火炮，引信类别及装定方式，发射装药要求，试验发数及其他有关注意事项）。

（4）明确各试验项目的合格条件。

第三节　对弹丸的要求

在战术技术论证阶段，通过周密的论证对设计产品提出全面的具体的战术技术指标或要求，这些要求也是设计各类弹丸的共性要求。

对弹丸的要求可分为战术技术要求及生产经济性要求两类。战术技术要求是从战斗性能和勤务处理方面对弹丸提出的要求；生产经济性要求是从生产制造方面对弹丸提出的要求。

一、战术技术要求

一般战术技术要求包括：弹丸威力、外弹道性能、射击精度、射击和勤务处理时的安全性。

（一）弹丸威力

弹丸威力是最主要的战术技术要求。弹丸对目标的威力越大，在相同条件下可以减少弹丸消耗量、火炮门数及完成战斗任务的时间。

弹丸威力即是它对目标的毁伤能力，它与弹丸类型、目标特性及射击条件有关。因此，在分析弹丸威力时必须结合目标进行考虑。

战场上的目标是多种多样的，对付目标的手段也是多种多样的。某些弹丸承担多项任务，要求在不同条件下能对付不同的目标；某些弹丸则用来对付一种目标。因此在设计弹丸时，必须首先进行目标分析，即分析目标的固有强度、生命力、运动性能，以及对弹丸作用方式的抵抗能力。

典型目标可分为以下四大类。

1. 人员

人员为有生力量，属于软目标。凡具有破片、冲击波、热及核辐射或生物化学战剂作用的弹丸，均可使人员伤亡。对于常规炮弹，其破片致伤是对付人员最有效的手段。一般认为，具有 78 J 动能的破片即可使人员遭到杀伤。精确地说，人员战斗力的丧失除与破片质量、速度有关外，还与人员的战斗任务及急迫性有关。冲击波对人员的致伤主要取决于超压：当超压大于 0.1 MPa，可使人员严重受伤致死；当超压小于 0.02 MPa 时，只能引起轻微挫伤。由于常规炮弹装填的炸药量较少，冲击波压力衰减极快，因此它对人员的杀伤只能作为一种附带的效应来考虑。

常规弹丸的热辐射对人员的伤害也是有限的，而且大部分是由于爆炸引起环境火灾而致，即所谓二次烧伤效应。例如，在丛林或茂密的植被战斗环境中，燃烧弹往往是对付人员目标的更有效的手段。

2. 车辆

车辆为地面活动目标，按照有无装甲防护可分为装甲车辆及无装甲车辆。装甲车辆包括坦克、装甲载运车及装甲自行火炮；无装甲车辆包括一般军用卡车、拖车、吉普车等。

坦克作为进攻性武器，承担强击任务，具有装甲面积大，甲板厚，抗弹能力强，火力猛，机动性好等特点。

目前，常用下列标准衡量坦克的失效等级。

(1) 运动失效（"M"级失效），即完全或部分失去运动能力；

(2) 火力失效（"F"级失效），即武器完全或部分失去射击能力；

(3) 歼毁（"K"级失效），即坦克被歼毁。

各种穿甲弹、破甲弹、碎甲弹在击中坦克时，可引起坦克不同程度的失效。爆炸冲击波直接作用于钢甲结构时，可使甲板产生强烈振动，引起内部设备严重破坏，或使某些运动部件（包括顶盖，履带，主炮滑行机构）运转失灵。

装甲载运车广泛用于野战之中，承担运载步兵、轻型火炮和战地救护等任务。除了上述反坦克弹丸可以使这类目标失效外，目前越来越重视利用榴弹对付这类目标。

3. 建筑结构

建筑结构为地面固定目标，包括各种野战工事，掩蔽所，指挥所，火力阵地，各种地面及地下建筑设施。爆炸冲击波以及火焰等是对付这类目标最主要的破坏手段：对于常规炮弹，由于装填的炸药量有限，主要适于对付轻型土木质野战工事；对于地面目标，可通过弹丸在目标近处爆炸，利用爆轰产物的直接作用和空气冲击波的作用毁伤目标；对于地下或浅埋结构，由于其抗空气冲击波能力较强，这时可采用地下爆炸所形成的弹坑及土壤冲击波予以毁伤；对于某些易燃性建筑物也可采用引火的方式达到其毁伤效果。

4. 飞机

飞机作为空中活动目标，可分为战斗机（包括轰炸机、歼击机、强击机等）和非战斗机（包括预警机、侦察机、运输机等）两大类。战斗机的特点为体积小，航速高，机动性好，飞行高度大，有一定的防护能力，战斗机还装备各种攻击性武器。另外，飞机作为目标也有其脆弱性。由于在飞机设计中结构紧凑，载荷条件限制严格，使得飞机结构的抗武器打击能力有限，而且要害部位（如驾驶舱，仪表舱，发动机，储油箱，弹舱）的面积相对较大。这些部位的受损将导致整个飞机战斗力的失效，所以，对于飞机可采用多种手段予以毁伤。

以典型的轰炸机为例，说明其易损性，特点如下：

（1）发动机（活塞式）发生机械损伤和起火；

（2）燃料系统被引燃或内部爆炸、漏油；

（3）飞行控制系统和翼面由于多次中弹造成的积累性机械损伤及控制失灵；

（4）液压系统及仪器设备容易引燃着火；

（5）弹舱及烟火舱被引爆和引燃；

（6）飞行员伤亡。

表1-1列出了不同杀伤手段对飞机各部分的易损性资料。

表1-1　飞机各部分的相对易损性

杀伤手段 ＼ 目标部位	人员	燃料系统	动力装置		机体	武器装备及其他
			喷气式	活塞式		
燃烧子弹	高	不定	中等	低	轻微	高
爆破榴弹及燃烧榴弹	高	不定	高	高	不等	高
破片	高	不定	中等	低	轻微	中等
杆形破片	高	不定	高	高	高	高
外部爆炸波	轻微	轻微	轻微	轻微	中至高	中等

根据表1-1中的易损性，对于火炮弹丸，可以采用小口径爆破榴弹或燃烧榴弹通过直接命中或内部爆炸作用毁伤目标，也可以采用中口径近炸杀伤榴弹以破片的杀伤作用毁伤目标。

基于上述目标分析可知，不同类型的弹丸仅适于在一定射击条件下对付相适应的目标。弹丸的威力大小，应根据作用方式和目标的性质采用不同的标准衡量。

爆破榴弹主要借助于爆轰产物的做功能力和空气冲击波毁伤各类工事、装备、器材等。因此，爆破榴弹的威力决定于炸药的品种与质量。由于火炮弹丸的炸药量较小，其空气冲击波破坏能力随炸点距离的增大急剧减小。所以，作为爆破榴弹使用时，弹丸主要适于作为直接命中射击及内部爆炸的作用方式才最为有效。通常，以弹丸内的炸药当量（TNT）或土中爆坑容积作为爆破榴弹的威力指标。

杀伤榴弹主要利用破片杀（毁）伤人员、轻型车辆、飞机等目标。如上所述，不同目标有不同生命力及不同的坚固程度，对足以使目标致命的杀伤破片的大小和动能也有不同要求。因此，杀伤榴弹的威力指标通常用一定目标下的杀伤面积或杀伤半径衡量。为了提高杀伤榴弹的威力，弹丸结构应有利于产生尽可能多的、与目标相适应的、速度高的、外形好的杀伤破片数。例如，对于地面人员集群目标，可设计成内装大量预制箭形破片的霰弹结构，这种弹在目标上空适当高度处爆炸，其杀伤威力可以显著提高；又如，对于飞机、轻型车辆也可采用重型金属（如钨合金）预制破片的弹丸结构，通过近炸引信使弹丸在目标区内的最有利位置爆炸。尤其是用于击毁空中目标的弹丸，应尽量使其具有引燃作用，以提高弹丸的威力。

杀伤爆破弹用于对付范围较广的各型目标，具有综合的用途，既可对付土木工事、装备器材，又可对付人员，车辆，兼具爆破及破片杀伤双重作用。另外，它的破片宜由弹壳自然形成，大小齐备。这种弹丸虽然对每一种确定目标的杀伤能力有所降低，但具有供应与使用方便的特点。

穿甲弹依靠其碰击动能侵彻甲板，通常用弹丸对甲板的穿透能力衡量其威力。但是，因弹丸的碰击动能随射击距离的增大而减小，也就是说，弹丸威力与射距直接相关，因此，穿甲弹的威力常按下列方式提出：即在一定直射距离与一定靶板倾角条件下穿透给定厚度的靶板；有时也采用有效穿透距离指标，即保证穿透指定倾角和指定厚度靶板下的最大射距。这两种要求本质上是相同的。为了提高穿甲弹的威力，除了加大火炮能力、提高弹丸初速外，从弹丸结构来看，应尽可能加大弹丸的断面比重。次口径杆式超速脱壳重金属穿甲弹，就是适应这种要求而发展起来的结构。

破甲弹的威力要求与穿甲弹类同，但破甲弹的威力与火炮能力的直接关系不大，而取决于弹丸的装药结构。由于超高速的金属射流具有类似流体的特性，在侵彻过程中容易发生分散、弯曲、断裂等现象，因此，在对付爆炸反应装甲、复合装甲或非均质、非连续型的装甲结构时，其侵彻能力将受到明显的影响。

（二）外弹道性能

外弹道性能主要指射程、射高、直射距离等。这些性能是由设计弹丸的战术用途，以及火炮与目标在战场上的相对位置所决定的。由于战场纵深不断扩大，飞机性能和投弹技术进一步提高，以及坦克机动性和火力性能不断增大，迫切要求野战火炮弹丸的射程、高射弹丸的射高和反坦克弹丸的射距相应提高。

对于承担压制任务的地面榴弹，增大射程：有利于对敌方全部纵深内的目标进行射击；有利于集中大量炮火指向最主要目标；有利于在不变换发射阵地的条件下用炮火长期支援步兵进攻。火炮弹丸射程主要通过改善火炮结构，研制新型高能发射药来提高，但是往往会带来火炮机动性变坏的后果，然而从弹丸本身来看，其潜力是相当大的。例如，目前发展的低阻外形远程弹、底部排气增程弹、底排火箭复合增程弹，可在原基础上提高射程10%～50%。

承担防空任务的高射榴弹，若增大射高，则可提高火炮的火力空域，迫使敌方飞机的攻击高度加大，使其投弹命中率下降。

反坦克弹丸的直射距离和有效射程的关系尤为明显。直射距离是指最大弹道高不超过目标高（如2 m）的最大射程；有效射程是指在直射距离以内保证击毁给定目标的最大射程。直射距离通常针对破甲弹提出；有效射程主要针对穿甲弹提出。有效射程或直射距离越大，炮手可在更充裕的时间内对目标进行多发射击或机动，这在与坦克的高度对抗性作战中有重要意义。由于反坦克武器纵深梯次配置的要求，配置在前沿的反坦克武器（如破甲弹）必须轻便灵活。为了弥补武器能力的不足，进一步提高直射距离，可在破甲弹上采用简易的火箭增程技术。

（三）射击精度

射击精度是弹丸主要战术技术指标之一，射击精度是指在相同的射击条件下，弹着点（或炸点）的密集程度。射击精度对弹丸的战斗性能具有重要影响：它不但在射击时可以减少弹丸消耗，缩短战斗时间，同时在配合步兵进攻时也可以增大士兵在弹幕后面的安全距离；在反坦克作战中提高首发命中概率。

射击精度的特征量通常采用距平均弹着点的距离中间误差描述。对于地面榴弹，以地面上全射程（最大射程）x 上的距离中间误差 E_x 或距离相对中间误差 E_x/x，以及方向中间误差 E_z 为指标。

杀伤爆破榴弹为

$$E_x/x = \frac{1}{200} \sim \frac{1}{150}$$

$$E_z = 13 \sim 18 \text{ m}$$

爆破榴弹为

$$E_x/x = \frac{1}{240} \sim \frac{1}{180}$$

$$E_z = 12 \sim 18 \text{ m}$$

混凝土破坏弹为

$$E_x/x = \frac{1}{340} \sim \frac{1}{230}$$

$$E_z = 9 \sim 14 \text{ m}$$

对于直接瞄准射击的反坦克弹丸，以直射距离（或有效射程）上立靶内的方向中间误差 E_z 及高低中间误差 E_y 为指标。

穿甲弹为

$$E_y = E_z = 0.2 \sim 0.4 \text{ m}$$

破甲弹为

$$E_y = E_z = 0.4 \sim 0.5 \text{ m}$$

对于小口径着发高射榴弹，常用一定射距上的立靶精度 E_y、E_z 衡量，其值一般为 $E_y = E_z = 0.7$ m 左右（1000 m 立靶）。

对于中口径近炸高射榴弹，则可用炸点处弹道切线法面内的高低、方向和距离中间误差作为指标。

总的说来，引起弹丸射击散布的原因包括：瞄准系统（包括射击指挥仪）的误差，火炮及弹丸的误差，气象条件的偶然变化。就弹丸来说，弹丸质量偏心，气动外形上的不对称，弹丸导引部结构上的不完善等原因，使弹丸飞行不稳定是引起弹丸散布的主要原因，弹丸质量上的差别也有一定影响。为了减小弹丸的散布，关键在于设计合理的弹丸导引部和适当控制弹丸的尺寸精度，以提高弹丸的飞行稳定性。

（四）射击和勤务处理时的安全性

弹丸在射击和勤务处理时的安全性有着重要的意义。这里主要讨论射击中发生早炸的一些原因，早炸有完全与不完全两种。由引信引起的早炸，一般都是完全性早炸，并且可以发生在膛内、炮口及弹道上的任何地点。由弹丸疵病引起的早炸，则完全的与不完全的情况均可能发生。早炸地点多发生在膛内，个别情况下也有在炮口处的。

膛内的完全性早炸最危险，尤其对于大口径弹丸。在这种情况下，大多会使炮身炸裂或炮手伤亡，因此必须特别注意。膛内不完全早炸的危险性虽然较小，但也可能引起炮身损坏。

从弹丸本身结构或制造工艺来看，导致早炸的基本原因是：弹丸（主要是弹体或弹底）的发射强度不足或弹体材料有疵病而使火药气体钻入弹体内部，底螺等部件连接处的密封程度不严，炸药变质或其机械感度大，或在装药时有异物落于炸药内。

为杜绝弹丸发生早炸，除严格遵守射击有关规定外，从弹丸本身来讲应注意以下几点：

（1）设计计算时，保证弹丸有可靠的发射强度和炸药有可靠的安全性；

（2）所选炸药应有良好的化学安定性，即不与相接触的金属或材料发生化学反应；

（3）生产过程中，严格遵守合理的技术规程。

对于毒气弹、烟幕弹、照明弹，应严格检查和保证其装填物的密封性，可以在零件结合部涂敷上特殊油灰和加以滚边。装填物的安全性取决于原产品的制造纯度、感度以及它与弹丸零件材料发生化学作用的能力。如果弹丸上有塑料零件，还应注意塑料零件的抗老化性能。

二、生产经济性要求

由于弹丸生产具有大规模特点，因此，不仅要求弹丸有良好的战术技术性能，而且还应满足下列生产经济性要求。

（一）弹丸结构工艺性

弹丸结构是根据其战斗用途确定的，但在弹丸设计中，必须考虑到弹丸零件制造与装药的简便。在保证弹丸战斗性能的前提下，弹丸结构应尽量简单，以便于加工；在确保战术技术指标要求及互换性条件下，零件尺寸应采用最大的公差，弹丸质量公差与尺寸公差应尽量协调一致，并避免采用复杂工艺；必须采用热处理工艺时，应选择合理的热处理规范。必须指出，弹丸的结构工艺性不是绝对的，它是随着生产中的技术设备和工艺水平的发展而变化的。例如，在有些情况下，将整体弹壳分为头螺、弹体或底螺等组件有利于装药；而在另一些情况下，采用整体弹壳有利于缩短生产周期，降低成本，提高劳动生产率。因此，在考虑结构工艺性时，必须紧密结合国内弹丸生产厂的技术设备特点和生产状况。

（二）弹丸及其组件的统一化

为了发挥弹丸的最大效力，以便用不同弹丸对付不同目标，因而弹丸品种越来越多。例如，美国 155 mm 榴弹炮配用弹丸达二三十种。弹丸种类过多会导致供应与使用上的不便，将数种战斗性能集中在同一弹丸上，称为弹丸的统一化。

例如，杀伤作用与爆破作用兼备的杀伤爆破榴弹就是统一化的弹丸，杀伤燃烧高射榴弹也是一例。弹丸的统一化对简化生产、方便供应以及战斗中有效使用都有很大意义。由于统一化的弹丸具有数种作用，故每一种作用将较相应的专用弹丸的威力有所降低，这一缺点是使弹丸广泛统一化的障碍。

同样地，将弹丸上各种组成零件（弹壳、头螺、底螺等）应用在不同类型弹丸上称为弹丸零件的统一化。设计新弹丸时，可以考虑采用现已生产的其他弹丸的组成零件。这样，在很大程度上简化了弹丸的生产过程。

（三）原材料资源丰富

生产弹丸要消耗大量不同的金属和非金属材料，特别是钢材和紫铜。例如，1940 年，苏联为了生产弹丸曾消耗了 83 万 t 黑色金属；1942 年达到 184 万 t，1943 年达到 244 万 t，这是一个庞大的数字。因此，正确选用弹丸材料具有十分重要的意义。

选择弹丸原材料必须立足于国内资源，其来源应丰富，且容易获得。榴弹弹体大多选用不同牌号的碳钢，而弹带采用紫铜或 96 黄铜。为了进一步节约钢材或紫铜，应当积极寻找更为价廉的代用材料。例如，可采用稀土球墨铸铁代替部分碳钢，采用其他塑料代用品代替紫铜或铜合金材料制作弹带。

三、正确处理各要求之间的关系

上面，从各方面对弹丸提出了不同的要求，每种弹丸都必须满足上述各方面的要求，当然要全做到这点是困难的。这是因为，满足这些要求的条件，常常互相矛盾，互相制约。因此，重要的问题在于如何去正确认识这些矛盾，分清矛盾主次，以便正确处理矛盾，最有效地满足对弹丸的各种要求。

以爆破弹为例，可通过减薄弹壳或加大弹长增加炸药量来增大弹丸威力。但是，如果这些措施处理不当，往往会因此降低弹丸的安全性或增大空气阻力，恶化弹道性能。例如，在某些火炮系统内，达到最大射程的弹丸，或因弹丸质量过小，而不具备足够的威力，或因弹丸质量过大而无法稳定飞行。在这种情况下，不得不放弃从理论上求得的对应于最大射程的弹重，以保证必要的威力或飞行稳定性。

正确地满足各项要求的原则：在兼顾一般战术技术指标要求的基础上，应充分满足最主要的战术技术指标要求。在此前提下，可着重考虑生产经济性要求。一般说来，生产经济性要求应服从战术技术指标要求。

第二章
弹药总体设计

第一节 概　述

总体设计是根据战术技术指标及使用要求或军事需求，运用系统的思想综合运用各有关的学科知识、技术和经验，创造性地设计出满足战术技术指标要求的弹丸系统方案。弹丸总体设计是弹丸设计中最重要的环节之一，总体设计合理与否，直接影响到设计方案的优劣和成败，影响到弹丸的结构和性能。精心地、慎重地进行弹丸总体设计是至关重要的。

弹丸设计过程与普通的机械设计不完全相同。它不是一个单纯的工程设计过程，而是一个包括论证、设计、试验等的研制过程，是一个不断完善、不断协调、不断试验的过程。通常，根据设计任务要求不同，给定的条件不同，弹丸设计经常会遇到三种不同情况：全新武器系统中的弹丸设计；发射系统不变情况下的配弹设计；结构改进提高性能或测绘仿制情况下的弹丸设计。三种不同情况下的弹丸设计的内容和要求是不同的。

（一）全新武器系统中的弹丸设计

全新武器系统是指包括火炮、弹丸、瞄准具、火控系统、运载车辆等各分系统在内的全新火炮系统。一般将这个系统的设计分为两部分：火炮系统（包括火炮、瞄准系统、火控系统、运载或牵引车辆等）和弹丸系统（包括弹丸、引信、发射药等）。新武器系统中弹丸的设计参数，如膛压、初速等经全系统协调研究后确定。在弹丸系统设计中，弹丸与引信、发射药之间的关系，如何共同完成战术技术指标，以及指标的分解关系等，要在弹丸系统内论证、协调和确定，以达到合理、优化统一的目的。

（二）配弹设计

配弹设计是指火炮系统不变情况下的弹丸设计，或者视为火炮系统参数已确定时的弹丸系统设计。它的设计包括弹、引信、发射药装药等专业设计或其中某几项专业设计。

（三）改进设计和测绘仿制

改进设计是指对原有弹丸进行有限的改进，以提高某一方面的性能。改进后的弹丸仍能适应原来的发射系统和原来的使用条件（如射表通用等）。测绘仿制是对无生产图纸的弹丸实物进行测绘，按测绘图纸进行试制称为仿制。无论是全新武器系统中的弹丸设计，还是配弹设计，其总体设计的内容和程序基本是相同的。

第二节　总体设计的内容和程序

弹丸总体设计是在火炮全系统战术技术指标确定并明确了分系统各专业指标后进行的，其目的主要是选择设计参数和确定弹丸结构，以满足给定的指标，其主要工作内容和程序包括以下内容：

（1）确定设计、研制人员，明确总设计师和分系统主任设计师及零部件的主管设计师，制定研制进度及质量保证体系，综合标准化要求。

（2）对指标进行充分细致的论证，提出技术方案并对配套件（如引信等）提出设计要求。

（3）在充分论证的基础上，提出可能完成指标的多种总体方案。

（4）通过计算、分析、评审和比较后，按选定的最佳总体方案，转入结构设计和试制试验。

弹丸总体设计需要确定的参量包括：全弹结构、弹丸口径和弹丸质量、稳定方式以及引信、弹体装药和发射装药的结构等。

第三节　弹丸口径的选择

弹丸口径是弹丸总体设计的重要参数。弹丸口径决定于设计弹丸所要求的威力，战斗使用条件和火炮的必要射速。弹丸口径和弹种要同时进行选择。

一般来说，弹丸口径越大其威力也越大。然而弹丸口径越大，火炮的运动性能通常要变差，装填也较困难，射速将减低。

在通常情况下，弹丸口径的选择要符合装备口径序列的要求，不能随意制定新的口径。如果确系需要设计新的口径，应当经过周密论证，并报上级批准。在大部分情况下，弹丸口径在上级提出的战术技术要求中已明确规定。我国火炮的弹丸口径系列包括：20、23、25、30、35、37、40、57、60、73、76、81、82、85、90、93、95、100、105、120、122、125、130、152、155、203 等。

第四节　弹种的选择

（一）弹种选择原则

弹种的选择是在分析下列问题的基础上进行的。

（1）欲摧毁或杀伤的目标性质；

（2）弹丸的现有技术水平与利用新技术的途径。

目标性质包括：目标的类型，目标强度，目标的运动性，目标的大小及在战场上的位置等。在详细分析的基础上确定要求的弹种、威力、射程、射击精度以及火炮的速射性。

在现有弹丸的技术水平基础上，考虑使用新技术、新原理的可能性，以便正确地决定弹丸的威力、射程、射击精度和速射性等指标。

（二）根据目标性质选择弹种

对付有生目标，可以选用榴弹、群子弹、榴霰弹、杀伤子母弹和杀伤布雷弹等。对所有距离上的暴露的有生目标和在轻型掩蔽物后面的目标几乎均可选用榴弹；在近距离上对付有生目标还可选用群子弹和杀伤榴霰弹。

群子弹主要用于自卫。榴霰弹采用时间引信，可以装定，用于杀伤暴露人员和密林内的人员。

杀伤子母弹和杀伤布雷弹是大口径火炮上的新弹种，它们对人员的杀伤面积较大，效果较好。

对于装甲目标，可选用各种穿甲弹、破甲弹和碎用弹等。

穿甲弹的种类很多。对付坦克，目前主要发展杆式脱壳穿甲弹。采用马鞍形或双锥形的铝合金弹托，并以碳化钨、钨合金或贫轴作为弹体（或用锆金属），增强燃烧作用。这种穿甲弹配用于大威力的线膛炮或滑膛炮上，直接瞄准射击，其初速高，穿甲威力太。带钨球的穿甲子母弹还可用于间接瞄准射击。

破甲弹是靠金属流穿甲，它对弹丸速度没有过高要求，因而可以用于各种火炮上。从几百米的近战武器到几千米的导弹战斗部，几乎都可采用破甲战斗部。目前，各种类型的破甲弹结构已得到广泛的应用，而且将破甲原理用于子母弹上，制造成反装甲子母弹或反装甲布雷炮弹。

反装甲子母弹采用时间引信。子弹在预定时间从母弹内抛出，由于母弹旋转所产生的离心力作用，可将子弹抛射在目标区较大的范围内。子弹上装有起稳定作用的尼龙带，在子弹被抛出时，尼龙带展开，使子弹能较准确地抛射到目标上，这对于攻击坦克顶装甲是很有利的。

反坦克子母弹由于可用于大威力远射程火炮上，以间接瞄准射击对付装甲目标，因而增大了反坦克炮的射程和使用范围。

碎甲弹用于直接瞄准射击，其优点是不受着角大小的影响，并具有很大的震撼作用。它对于目前的复合装甲或屏蔽装甲的作用效果较差，因而应用受到了限制。

对于空中目标，可以选择装近炸引信、时间引信或着发引信的榴弹、穿甲弹和燃烧弹。一般中大口径高射炮广泛使用定时作用的榴弹；而小口径高射炮，则大量使用曳光燃烧榴弹和穿甲弹等。

对于观察敌人行动和对敌射击效果可选用照明弹和电视侦察弹。照明弹现已普遍采用二次抛射机构和新的照明剂，从而大大提高了照明效果；电视侦察弹是利用照明弹的二次抛射机构和电视技术发展起来的。

（三）根据技术发展选择弹种

随着科学技术的发展，炮兵武器正在经历着深刻的变化。近十多年来，炮兵弹丸发展很快，出现了很多威力大、射程远、精度高的新弹种。炮兵弹丸的发展给炮兵武器提供了新的作战能力，提高了炮兵在现代战场上的作用。目前，大口径火炮除能发射榴弹、发烟弹、照明弹和化学弹外，还能发射子母弹、布雷弹、中子弹、末端制导炮弹、末敏弹，以及电视侦察炮弹各种增程弹，如底排增程弹、底排火箭复合增程弹、冲压增程弹、滑翔增程弹等，这样就使火炮系统能完成多种战斗任务。

目前，弹丸出现的许多新型弹种，在性能上大致可分为增大射程、提高威力和提高精度三个方面。

1. 增大射程

为了适应战场纵深不断加大的趋势和增加火力，提高火炮在战场上的生存能力，都要求增大弹丸射程。增大射程一般包括：增大火炮初速的"武器解决办法"，增大弹丸飞行速度的"弹道助推增程解决办法"，减少弹丸飞行阻力的"减阻解决办法"，以及上述技术综合的复合增程方法和火箭－滑翔复合增程方法。增大射程要从炮和弹两个方面综合考虑，这里只讨论弹的情况。

弹道助推增程方法主要是火箭助推增程，包括固体火箭发动机助推增程和固体冲压发动机助推增程。

固体火箭发动机助推增程弹是在弹丸后部加一台火箭发动机，增大弹丸飞行速度，增大射程。它不仅应用在远程榴弹上，而且也应用于追击炮弹上和在近程直接瞄准的反坦克破甲弹上。

固体冲压发动机助推增程弹是将固体冲压发动机技术应用于弹丸结构中，通过冲压发动体与战斗部结构一体化设计，实现冲压增程，目前主要应用于大口径炮弹上。增程率可达到100%以上。

减阻增程技术主要包括低阻弹形增程技术、底凹减阻增程技术、底排减阻增程技术。减少飞行阻力的弹种，有通过改善弹形得到的低阻远程弹、次口径远程弹、底凹弹、底部排气弹（简称底排弹）等。

低阻远程弹改进了弹形与结构，增加了弹头部长度与全弹长度，减少了空气阻力，它分为远程全膛弹与远程次膛弹。

次口径远程弹是利用大口径火炮发射质量和弹径较小的一种弹丸，这样弹丸的初速大而飞行阻力却很小。这种弹可分为尾翼稳定和旋转稳定两种类型，都有明显的增程效果。

底凹弹是在弹底上装上底凹件，并合理的安排了弹丸的结构，较好地匹配了弹丸的阻心与质心位置，减少了空气阻力并提高了弹丸的飞行稳定性。

底部排气弹是在弹底上装上底排件，弹丸在飞行中可由底部排出火药气体，增加底压，以减少底阻提高射程。目前，底部排气弹可达到增程30%的效果。

底排火箭复合增程弹是在底排减阻增程的基础上，增加火箭助推增程。这种弹可分为火箭发动机前置方案（位于弹头部，主要用于子母弹）和火箭发动机后置方案（位于底排装置的前面）。目前，底排火箭复合增程弹可达到增程50%以上的效果。

火箭－滑翔复合增程技术是受滑翔飞机及飞航式导弹飞行原理的启发而提出的一种弹丸增程技术。首先利用火箭增程将弹丸的飞行高度提升到20 km以上的高空，弹丸到达弹道顶点后，启动滑翔飞行控制系统，弹丸进入无动力滑翔飞行，达到增程的目的。目前，国外已利用固体火箭发动机助推与无动力滑翔飞行结合研制出射程大于150 km的超远程弹丸。

巡飞－滑翔复合增程弹，首先利用火炮将弹丸发射到10 km高空（弹道顶点）；然后启动控制系统和动力装置，弹丸进入高空巡航飞行阶段，该阶段的飞行距离大于200 km。动力装置工作结束后，弹丸进入无动力滑翔飞行，达到增程目的；其飞行阶段为弹道式飞行加高空巡航飞行加无动力滑翔飞行，该技术可使弹丸射程大于300 km。根据采用动力装置的不同，可分为采用小型涡喷发动机的亚声速巡航飞行的超远程弹丸和采用冲压发动机的超声速巡航飞行的超远程弹丸。

2. 提高威力

20 世纪 70 年代以来，新装备的火炮大都装备了威力更大的榴弹。提高杀爆弹丸威力的措施主要有：采用高强度、高破片率钢（如 58SiMn、50SiMnVB）作为弹体材料，并装填威力大的高能炸药（如采用 B 炸药和 A－IX－2 炸药代替 TNT 炸药）提高破片数量、破片初速，使榴弹的杀伤及爆破威力大幅度提高；采用预制破片、预控破片和含能破片技术；采用子母战斗部；采用定向战斗部和多用途战斗部。现代榴弹威力比旧式榴弹威力提高 7~8 倍。

用大口径火炮发射打击集群坦克的反装甲子母弹、末敏弹与反坦克布雷弹，大大提高了榴弹对坦克、自行火炮、步兵战车的纵深打击能力。

用于直接瞄准的反坦克弹丸，除破甲弹外，主要采用各种杆式脱壳穿甲弹。

为了更有效地发挥炮兵武器的效能，就必须提高侦察和搜索目标的能力。其中措施之一就是选用能探测音响、振动的传感器炮弹。这种弹用传感器的灵敏度很高，能分辨出轮式车、履带车和人员，可用来监视道路、障碍区、布雷场、渡口、桥梁、机场和空降地带，以及用于指示目标等。另外，还有一种电视侦察炮弹，它是在炮弹内装上微型电视摄像机，用来拍摄地形和地面作战活动，然后发送回基地。

3. 提高精度

在火炮弹丸与迫击炮弹上采用闭气环结构可以提高射击精度，并能延长火炮使用寿命，在一些尾翼弹上采用低速旋转结构，也可以提高射击精度。也有在尾翼弹头部装置简单的鸭式翼，以提高抗马格努斯力矩的作用。

从弹丸的发展来看，最初是无控弹丸，20 世纪中叶出现的导弹（包括战术导弹和战略导弹）是自动寻的弹丸。

随着科学技术的发展，炮兵的任务范围在扩大，增大武器射程成为各国炮兵的首要目标。但是，射程与密集度是相互制约的。随着火炮射程的增大，射弹散布也必然增大，所以在提高炮弹射程的同时必须提高射击精度。因此，一种既适合炮弹成本要求，又能大幅度提高炮弹射击精度的弹种——灵巧弹丸出现了。

灵巧弹丸是在外弹道某段上能自动搜索、识别目标，或者自动搜索、识别目标后还能跟踪目标，直至命中和毁伤目标的弹丸。灵巧弹丸是介于无控弹丸与导弹之间的弹丸，目前主要有末敏弹、末制导炮弹、弹道修正弹等。

第五节　弹丸稳定方式的选择

弹丸稳定方式分为旋转稳定与尾翼稳定两类。

弹丸稳定方式取决于弹丸性能要求和火炮类型。例如，一般榴弹用线膛炮发射，采用旋转稳定；迫击炮弹用滑膛炮发射，采用尾翼来稳定；某些破甲弹较长，或带有增程火箭，用同口径尾翼不能满足稳定性要求，可采用张开式尾翼；某些脱壳穿甲弹要求比动能和长细比都较大，而旋转稳定无法达到稳定性要求，就可采用尾翼稳定。总之，稳定方式的选择与弹种、结构等方面有关。

稳定方式不同，弹丸在飞行中受的空气阻力也不同。图 2－5－1 所示为几种不同类型弹丸的稳定方式及其空气阻力系数的比较。现将各种结构弹丸的特点分述如下：

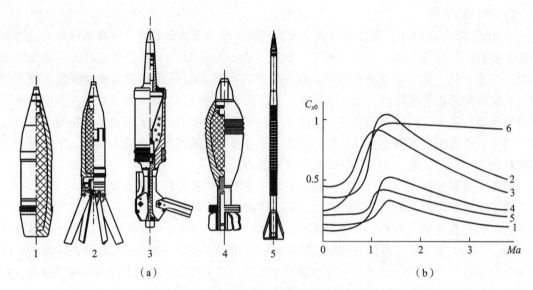

图 2 – 5 – 1　不同类型弹丸及其空气阻力系数的比较
1—旋转稳定弹；2—超口径尾翼稳定弹；3—杆形头部尾翼稳定弹；
4—滴状同口径尾翼弹；5—杆式尾翼弹；6—球形弹

（一）旋转稳定弹

旋转稳定弹主要用于线膛炮，它的弹形好，空气阻力系数小，射程远。

弹体均成流线型，其上有定心部、弹带，有的还有闭气环。目前，用线膛炮发射的榴弹、特种弹、子母弹，大都是此种弹形。

（二）超口径尾翼稳定弹

超口径尾翼稳定弹一般配用于滑膛炮，若使用微旋装置，也可用于线膛炮。它的弹形差，空气阻力系数大，但飞行稳定性好，主要配用于直接瞄准的火炮，如坦克炮、反坦克炮使用的破甲弹和非远程榴弹。

这种弹丸分弹体和尾翼两部分，其弹体外形基本与旋转稳定弹相同，有的还带有闭气环。它的尾翼在膛内呈缠绕状态，而出炮口后及时张开。

（三）杆形头部尾翼稳定弹

杆形头部尾翼稳定弹配用于滑膛炮或线膛炮。

它的杆形头部可减小头部阻力（头部空气阻力系数小），提高飞行稳定性。在超声速下用同口径尾翼就可使弹丸稳定，而采用超口径尾翼就可使翼展减小。由于这种弹丸在飞行中攻角小（仅在 3°左右变化），所以，当飞行速度为 $Ma3 \sim Ma4$ 时其综合阻力并不是很大。这种弹的结构目前主要用在中高初速的破甲弹中。

（四）滴状同口径尾翼弹

亚跨声速的迫击炮弹和无坐力炮弹用这种弹形较多。由于亚跨声速时，弹丸阻力主要取决于摩阻和底阻，因此弹丸外形应尽力流线化。例如，采用滴状或海豚状外形，就可减小阻力，增大射程。

（五）杆式尾翼弹

杆式尾翼弹当前主要配用于滑膛炮或线膛炮中。

杆式尾翼弹配有弹托，在大口径火炮中发射。由于弹丸质量较小，可使弹丸获得很高的初速。弹丸出炮口后，脱掉弹托，弹体飞向目标。由于杆式尾翼弹的口径远比火炮口径小，而且单位断面上的质量又较大，因此弹丸飞行中的减加速度很小，保证了弹丸有较高的着速。

杆式尾翼弹可以作为榴弹，具有较远的射程，作为穿甲弹，直射距离大，又具有很大的比动能，穿甲性能好。

（六）几种弹形空气阻力系数的比较

几种弹形空气阻力系数的比较如图2-5-1（b）所示。由图可见，旋转稳定弹的空气阻力系数最小，适于远射弹使用。它是目前压制兵器广泛采用的弹形；其次是杆式尾翼弹，目前主要用作穿甲弹。滴状同口径尾翼弹在亚声速时的空气阻力系数最小，它广泛用作迫击炮弹。在超声速下，杆形头部尾翼稳定弹比超口径尾翼稳定弹的空气阻力系数小，稳定力矩系数大，而且能使破甲弹具有合理的结构。所以，超声速下的破甲弹大多采用此种弹形。超口径尾翼稳定弹虽然阻力大，但稳定性好，且稳定装置形式多样，所以在直接瞄准的武器中多用它作为榴弹与破甲弹。

第六节　弹丸质量的选择

一、概述

（一）弹丸质量的影响

本节所述的弹丸质量系指弹丸质量的大小。

弹丸质量的影响面较大，它与弹丸威力、弹道性能、生产、运输供应等都有很大关系。

（1）威力。弹丸质量直接决定其威力的大小。例如，爆破榴弹的质量大，装填的炸药多；杀伤榴弹的质量大，可获得更多的杀伤破片。

（2）弹道性能。弹道性能是指弹丸的射程、射高、飞行时间和着速等。这些参量常在战术技术要求中提出，例如，对于高射杀伤榴弹，希望飞行时间短；对于地面榴弹，希望射程远。弹丸的弹道性能又直接取决于弹丸质量：不同的弹丸质量可获得不同的初速；不同的初速和弹道系数（与弹丸质量有关），又决定着不同的弹道性能。

弹丸质量还影响火炮发射速度、火炮的自动化程度及其使用寿命。弹丸质量过大，会降低火炮机动性，使炮手操作困难。此外，弹丸质量还影响生产、运输和供应的便利程度。

综上所述，确定合理的弹丸质量，首先应考虑弹丸的威力和弹道性能，在此基础上可兼顾其他要求。

（二）弹重设计的两种情况

在设计弹丸对，可能遇到两种情况：弹丸用于现有火炮或用于新火炮。

第一种情况是火炮已定，要求为此炮配用新弹，以满足既定的战术技术要求。在这种情况下，所设计弹丸的内弹道条件（膛压、初速）必须适应该火炮的强度条件。

第二种情况属于设计新炮和新弹。因此，设计弹丸的质量不受火炮强度条件的限制。但是，弹丸质量的大小会直接影响到将来相应的新炮的机动性。在这种情况下，要求选用的弹丸质量，既要满足战术技术指标要求，又能使火炮具有良好的机动性（最轻便）。

1. 全新火炮武器系统的弹丸质量设计

在全新火炮武器系统设计时，弹丸质量的设计主要考虑满足战术技术指标，既要满足威力要求，又要满足弹道性能要求，此外，还应满足火炮质量小、机动性好、运输轻便等要求。全新火炮武器系统设计时，弹丸设计不受火炮强度条件的限制。在火炮口径确定的条件下，根据战术技术指标给出的射程和威力要求，确定合理的弹丸质量。

设计程序一般包括的战术技术指标：①威力指标；弹丸质量 $m \geqslant m_0$；②射程要求：$x = x_0$；③火炮机动性要求：$E = E_{\min}$。

（1）根据经验参考同类弹种确定出弹丸相对质量 C_m 的范围，并按一定间隔将它划分成下述序列：

$$c_{m1}, \ c_{m2}, \ \cdots, \ c_{mi}, \ \cdots, \ c_{mn}$$

（2）根据弹丸的质量公式计算出相应的弹丸质量序列：

$$m_1, \ m_2, \ \cdots, \ m_i, \ \cdots, \ m_n$$

$$m_i = C_m d^2 \tag{2-6-1}$$

式中　m_i——弹丸质量（kg）；

　　　C_m——弹丸相对质量（kg/m^3）；

　　　d——火炮口径即弹丸口径（m）。

（3）确定弹丸的弹形系数。弹形系数取决于很多因素：包括弹丸的形状、速度、弹丸在弹道上的稳定程度等。在其他条件类同的情况下，它主要取决于弹丸的外形，尤其取决于弹头部的长度。对一定类型的形状相似的弹丸，弹形系数差别不大。所以可选用类似现有弹丸的弹形系数作为新设计弹丸的弹形系数。或根据现有弹丸的弹形系数估计新设计弹丸的弹形系数 i 值。这样处理对"比较计算"的结果影响不大。

弹丸弹形系数的求法如下：先根据已知射程 x、射角 θ 和初速 v_0，查外弹道表，得出弹道系数 c，再按下面公式反算出弹形系数，即

$$i = \frac{mc}{1000d^2} \tag{2-6-2}$$

式中　m——弹丸质量（kg）；

　　　c——弹道系数；

　　　d——火炮口径即弹丸口径（m）。

求出若干个现有类似弹丸的弹形系数后，用其平均值作为所设计弹丸的弹形系数。

（4）按估计的弹形系数 i 和选择的弹丸质量 m_i 及火炮口径 d，计算弹道系数 c_i 序列：

$$c_i = \frac{id^2}{m_i} \times 10^3 \tag{2-6-3}$$

式中　d——火炮口径（m）；

　　　m_i——弹丸质量（kg）；

　　　i——弹形系数。

故有

$$c_1, \ c_2, \ \cdots, \ c_i, \ \cdots, \ c_n$$

（5）按战术技术要求确定火炮的射程角（一般 $\theta = 45°$）。

（6）根据给定的射程 x_0、射角 θ_0 及弹道系数 c_i，从弹道表查出相应的初速序列：

$$v_{01}, \ v_{02}, \ \cdots, \ v_{0i}, \ \cdots, \ v_{0n}$$

（7）由式 $E_{0i} = \dfrac{m_i v_{0i}^2}{2}$ 计算相应的炮口动能值。

（8）绘制 $E_{0i} - m_i$ 曲线，并根据曲线形状选择最有利的弹丸质量，一般包括以下三种情况：

①第一种情况如图 2 - 6 - 1（a）所示。对应于曲线上最低点之弹丸质量 m_0 即为最佳弹丸质量。因为这个弹丸质量 m_0 不仅满足威力及射程要求，还具有最小的炮口动能。可以预期火炮将获得最好的机动性。

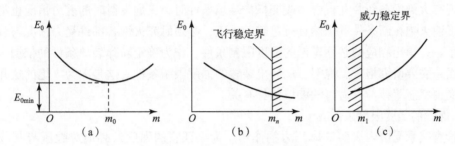

图 2 - 6 - 1　弹丸质量的三种情况

②第二种情况如图 2 - 6 - 1（b）所示。炮口动能之值随着弹丸质量的继续增加而减小。所以弹丸质量最佳值受到飞行稳定性的限制（因为弹丸质量过大，弹丸过长，不利于旋转弹丸的飞行稳定）。此时必须选择值 m_n。

③第三种情况（图 2 - 6 - 1（c））与上述两种情况正好相反，炮口动能之值随着弹丸质量的减小而继续减小。这时，最有利的弹丸质量受到必要威力条件限制，故选 m_1 值。

2. 榴弹质量设计的经验数据

实际上，对于不同类型的火炮，其配用的各种弹丸质量都有一定的范围。这个质量范围是在长期实践中逐渐确定的，常用相对质量 $C_m(m/d^3)$ 表示。有关榴弹的相对质量数据见表 2 - 1。表中 C_m 为弹丸相对质量，C_w 为发射药装药相对质量，m、m_w、d 分别为弹丸质量、发射药装药质量和弹径。

表 2 - 1　榴弹及其炸药的相对质量

榴弹种类	相对质量/(kg·m⁻³)	
	弹丸 $C_m = m/d^3$	炸药 $C_w = m_w/d^3$
爆破弹 ● 加农炮 ● 榴弹炮	$(12 \sim 14) \times 10^3$ $(10 \sim 12) \times 10^3$	$(1.5 \sim 2.0) \times 10^3$ $(2.0 \sim 2.5) \times 10^3$
地面杀伤榴弹 ● 小口径 ● 中口径	$(14 \sim 24) \times 10^3$ $(11 \sim 16) \times 10^3$	$(1.0 \sim 1.5) \times 10^3$ $(1.0 \sim 1.7) \times 10^3$
高射杀伤榴弹	$(12 \sim 15) \times 10^3$	$(0.8 \sim 1.3) \times 10^3$
杀伤爆破榴弹	$(11 \sim 15) \times 10^3$	$(1.5 \sim 2.2) \times 10^3$

表 2 - 1 中数据主要适用于旋转式榴弹：数据下限是为了保证弹丸必要的威力；数据上限是为弹丸飞行稳定性所限制的。

3. 配弹设计

对于在火炮已给定的条件下进行配弹设计时，弹丸质量的确定，除满足前述要求外，还必须满足给定炮管强度和炮架强度两个限制条件。

火炮的强度取决于各部分的尺寸和材料性能，它必须与受力状态相适应。火炮发射时的受力状态决定于装填条件，即弹丸质量和发射药性能、质量、几何形状以及药室容积的综合作用（因为不同的装药条件，导致不同的膛压和速度，从而使火炮处于不同的受力状态）。现有火炮的强度是根据一定的装填条件确定的，一般这个装填条件称为该火炮的标准装填条件。当现有火炮配备新弹丸且必须改变标准装填条件时，火炮发射时的受力情况也将随之改变。为了使火炮在新条件下仍然具有足够的强度，必须研究火炮各部件受力情况与装填条件间的关系，并提出相应的必须遵循的强度限制条件，作为确定新弹装填条件的依据。

下面，主要研究炮管、炮架、反后坐装置的强度限制条件。这是因为火炮的这几个组成部分的受力状态直接与发射时的装填条件有关。

1）炮管的强度限制条件

炮管直接承受膛内火药气体压力的作用。为保证它的强度，必须对膛压与其分布规律（膛压曲线）做出一定的限制。例如，当现用火炮以新的装填条件进行射击时，必须使新的膛压曲线不超出火炮炮管强度所允许的限度。在一定条件下，膛压曲线又取决于最大膛压 p_m 和炮口压力 p_g。因此，炮管的强度限制条件为

$$p_m \leqslant p_{m0} \quad \text{及} \quad p_g \leqslant p_{g0} \tag{2-6-4}$$

式中　带有下脚标"0"的符号表示该炮在标准装填条件下射击时的参量；不带下脚标"0"的则代表新装填条件下相应的参量。

在一定情况下，炮管的强度限制条件式（2-6-4）还可用膛压曲线的平均压力 p_{cp} 的形式表示，即

$$p_{cp} \leqslant p_{cp0}$$

由内弹道学可知，火药气体在炮膛内所做的功为

$$\int_0^{l_g} Spdl = p_{cp}Sl_g = \frac{\varphi m v_0^2}{2} \tag{2-6-5}$$

式中　S——炮膛截面积（m^2）；

　　　l_g——弹丸在炮膛内的行程（m）；

　　　m——弹丸质量（kg）；

　　　φ——动能虚拟系数，其表达式为

$$\varphi = a + b\frac{m_w}{m} \quad \text{（对于大、中威力加农炮和榴弹炮，} a \text{ 取 } 1.03, 1.05, 1.06; b = 1/3\text{）}$$

式中　m_w——发射药装药质量（kg）。

因此，以式（2-6-5）表示的炮管的强度限制条件可简化为

$$p_{cp}Sl_g \leqslant p_{cp0}Sl_g$$

或

$$\varphi m v_0^2 \leqslant \varphi_0 m_0 v_{00}^2 \tag{2-6-6}$$

式中　φ_0，m_0，v_{00}^2 相应于标准装填条件的参数，对于一定的现有火炮，它均为已知值。

令 $\varphi_0 m_0 v_{00}^2 = E_0$，则火炮炮管的强度限制条件为

$$\varphi m v_0^2 \leq E_0 \tag{2-6-7}$$

从上述条件可看出，为了保持炮管的强度，新的发射装填条件必须使炮口能量维持不变。或者说，不管装填条件如何变化，只要火炮的炮口能量一定，则能满足炮管的强度要求。

由于 φ 值取决于多种因素，它不仅随装填条件而变，还与火炮类型有关。

当弹丸质量变化不大时，炮管的强度限制条件可近似为

$$p_m \leq p_{m0} \tag{2-6-8}$$

这时，可按此关系确定新的装填条件。

上述条件是从满足火炮发射时，新设计弹丸最高膛压不超过火炮限制膛压且弹丸出炮口瞬间动能不得超过原配弹丸出炮口瞬间动能的要求导出的，也称炮口动能条件。

2）炮架的强度限制条件

发射时，由于火药气体对膛底的作用，使炮身后坐。这时，维持整个火炮位置固定的炮架及反后坐装置，将受到很大的后坐力。因此，炮架及反后坐装置的强度限制条件可写为

$$v_T \leq v_{T0} \tag{2-6-9}$$

式中 v_T，v_{T0} 分别为新装填条件和标准装填条件射击时炮身自由后坐的最大速度。

从内弹道学可知，炮身自由后坐的最大动能为

$$M v_T = (m + \beta m_w) v_0 \tag{2-6-10}$$

式中 M——炮身后坐部分的质量；

β——火药气体的后效作用系数；

m_w——发射药装药质量。

由式（2-6-10）表示的炮架及反后坐装置的强度限制条件又可写为

$$M v_T \leq M v_{T0}$$

或

$$(m + \beta m_w) v_0 \leq (m_0 + \beta_0 m_{w0}) v_{00} \tag{2-6-11}$$

设该火炮在标准装填条件下的已知数据 $(m_0 + \beta_0 m_{w0}) v_{00} = D_0$，则炮架及反后坐装置的强度限制条件最终形式为

$$(m + \beta m_w) v_0 \leq D_0 \tag{2-6-12}$$

这个强度限制条件又称为炮口动量限制条件。为了满足炮架及反后坐部分的发射强度，新的装填条件必须适应炮口动量的限制条件。

同理，β 值也随多种因素而变化，尤其与炮口制退器的结构有关。在精确校核火炮强度限制条件式（2-6-12）时，也需要通过解内弹道学问题实现。

在没有炮口制退器时，火药气体的后效作用系数为

$$\beta = \frac{1.59}{v_0} \sqrt{1.2 g p_g \frac{1 + \Lambda_g}{\Delta}} \tag{2-6-13}$$

式中 g——重力加速度（m/s^2）；

p_g——炮口压强（Pa）；

Δ——发射药的装填密度（kg/m^3）；

Λ_g——弹丸相对行程，其表达式为

$$\Lambda_g = \frac{Sl_g}{W_0}$$

式中 S——炮膛横截面面积（m^2）；

l_g——弹丸膛内行程（m）；

W_0——药室容积（m^3）。

如果有炮口制退器，则火药气体的后效作用系数可写为

$$\beta_T = \beta \sqrt{1-\eta} - \frac{m}{m_w}(1-\sqrt{1-\eta}) \qquad (2-6-14)$$

式中 m——弹丸质量（kg）；

m_w——发射药装药质量（kg）；

η——以能量计的炮口制退器效率。

表 2-2 中列出了一些火炮炮口制退器的效率。

表 2-2　一些火炮炮口制退器的效率

火炮名称	炮口制退器效率 $\eta/\%$	$\sqrt{1-\eta}$
57 mm 高射炮	38	0.79
85 mm 加农炮	58	0.65
85 mm 高射炮	43	0.76
100 mm 高射炮	35	0.80
122 mm 加农炮	50	0.71
130 mm 加农炮	30	0.84
152 mm 加农炮	35	0.80

3）满足强度条件的装填条件

在新的装填条件下弹丸质量有了变化，为了维持上述火炮的两个强度条件，必须相应调节其他装填参量（如发射药装药质量、形状等），使炮口动能或动量不超出标准装填条件下的数据 E_0 和 D_0。要精确解决这个问题是非常复杂和困难的，这里仅介绍一些实用的经验公式。这些经验公式描述了诸装填参量——弹丸质量 m、发射药装药质量 m_w、发射药的冲量 I_K（或火药肉厚 e_1）、火药力 f、药室容积 W_0 等改变后对膛压和初速的影响。利用这些公式可以解出：当弹重变化时，发射装药应做何种调整才能保持炮口动能和动量不变。这些经验公式可表示为下述增量形式：

$$\frac{\Delta p_m}{p_m} = A_w \frac{\Delta m_w}{m_w} + A_m \frac{\Delta m}{m} - A_I \frac{\Delta I_K}{I_K} + A_f \frac{\Delta f}{f} - A_{W_0} \frac{\Delta W_0}{W_0} \qquad (2-6-15)$$

$$\frac{\Delta v_0}{v_0} = B_w \frac{\Delta m_w}{m_w} - B_m \frac{\Delta m}{m} - B_I \frac{\Delta I_K}{I_K} + B_f \frac{\Delta f}{f} - B_{W_0} \frac{\Delta W_0}{W_0} \qquad (2-6-16)$$

式中 m_w，Δm_w——发射药装药质量及其改变量；

m，Δm——弹丸质量及其改变量；

I_K，ΔI_K——发射药冲量及其改变量；

f，Δf——火药力及其改变量；

W_0，ΔW_0——药室容积及其改变量；

A，B——相应系数，见表 2-3 和表 2-4。

表 2 – 3　系数 A 的值

p_m /MPa	A_w				A_m				A_l				A_f				A_{w_0}			
Δ	0.5	0.6	0.7	0.8	0.5	0.6	0.7	0.8	0.5	0.6	0.7	0.8	0.5	0.6	0.7	0.8	0.5	0.6	0.7	0.8
200	2.04	2.17	2.29	2.38	0.69	0.73	0.76	0.78	1.49	1.40	1.32	1.24	1.80	1.78	1.72	1.64	1.36	1.45	1.52	1.59
250	2.14	2.28	2.43	2.57	0.72	0.78	0.81	0.83	1.50	1.46	1.40	1.33	1.80	1.81	1.76	1.67	1.48	1.58	1.67	1.74
300	2.22	2.39	2.56	2.74	0.72	0.80	0.84	0.86	1.50	1.50	1.46	1.40	1.78	1.81	1.78	1.69	1.57	1.68	1.78	1.86
350	2.30	2.49	2.69	2.90	0.70	0.80	0.86	0.88	1.45	1.51	1.50	1.44	1.73	1.78	1.78	1.70	1.63	1.75	1.86	1.96
400	2.38	2.59	2.82	3.05	0.66	0.79	0.87	0.89	1.36	1.48	1.50	1.46	1.66	1.73	1.76	1.71	1.66	1.80	1.92	2.03
450	2.45	2.69	2.94	3.19	0.59	0.76	0.86	0.89	1.24	1.42	1.48	1.47	1.58	1.68	1.74	1.71	1.68	1.83	1.96	2.08

表 2 – 4　系数 B 的值

B	p_m /MPa	Λ_g = 4				6				8				10			
	Δ	0.5	0.6	0.7	0.8	0.5	0.6	0.7	0.8	0.5	0.6	0.7	0.8	0.5	0.6	0.7	0.8
B_w	200	0.86	0.97	—	—	0.76	0.87	0.95	—	0.73	0.83	0.92	—	0.72	0.80	0.89	0.98
	250	0.76	0.86	0.97	—	0.68	0.77	0.86	0.92	0.66	0.73	0.81	0.88	0.65	0.71	0.77	0.84
	300	0.68	0.77	0.86	0.94	0.63	0.69	0.75	0.82	0.61	0.66	0.71	0.77	0.60	0.65	0.69	0.74
	350	0.63	0.70	0.77	0.84	0.59	0.63	0.68	0.73	0.58	0.61	0.65	0.68	0.56	0.60	0.63	0.67
	400	0.60	0.65	0.71	0.76	0.56	0.59	0.63	0.66	0.55	0.58	0.60	0.62	0.54	0.56	0.58	0.61
	450	0.58	0.62	0.67	0.71	0.54	0.56	0.59	0.62	0.53	0.55	0.57	0.58	0.52	0.54	0.55	0.57
B_m	200	0.28	0.18	—	—	0.32	0.26	0.19	—	0.34	0.29	0.21	—	0.36	0.31	0.26	0.21
	250	0.34	0.29	0.20	—	0.37	0.32	0.27	0.22	0.39	0.34	0.29	0.23	0.40	0.36	0.31	0.26
	300	0.38	0.33	0.28	0.22	0.40	0.36	0.32	0.27	0.42	0.38	0.34	0.29	0.43	0.39	0.35	0.30
	350	0.41	0.37	0.33	0.28	0.42	0.39	0.35	0.32	0.44	0.41	0.37	0.33	0.44	0.41	0.38	0.34
	400	0.43	0.39	0.36	0.32	0.44	0.41	0.38	0.35	0.45	0.43	0.40	0.37	0.45	0.43	0.40	0.37
	450	0.44	0.41	0.38	0.35	0.45	0.43	0.40	0.38	0.46	0.44	0.42	0.40	0.46	0.44	0.42	0.40
B_l	200	0.38	0.55	—	—	0.30	0.45	0.49	—	0.25	0.38	0.46	—	0.22	0.33	0.46	—
	250	0.24	0.39	0.53	—	0.18	0.29	0.44	0.48	0.16	0.26	0.37	0.46	0.14	0.22	0.32	0.45
	300	0.17	0.28	0.41	0.50	0.12	0.21	0.32	0.46	0.10	0.17	0.27	0.39	0.09	0.15	0.23	0.34
	350	0.12	0.20	0.31	0.43	0.09	0.15	0.23	0.35	0.07	0.12	0.19	0.29	0.07	0.11	0.17	0.26
	400	0.09	0.15	0.23	0.33	0.07	0.11	0.17	0.25	0.06	0.09	0.14	0.21	0.05	0.08	0.13	0.19
	450	0.07	0.12	0.18	0.26	0.05	0.09	0.13	0.18	0.05	0.08	0.11	0.15	0.04	0.07	0.10	0.14
B_f	200	0.69	0.77	—	—	0.66	0.72	0.73	—	0.63	0.69	0.72	—	0.62	0.67	0.72	0.69
	250	0.63	0.69	0.75	—	0.61	0.66	0.71	0.72	0.59	0.64	0.69	0.71	0.57	0.62	0.66	0.71
	300	0.59	0.64	0.69	0.72	0.57	0.61	0.66	0.71	0.56	0.60	0.64	0.68	0.54	0.57	0.61	0.66
	350	0.57	0.60	0.64	0.69	0.55	0.58	0.62	0.66	0.54	0.57	0.60	0.64	0.53	0.55	0.58	0.62
	400	0.55	0.58	0.61	0.64	0.54	0.56	0.59	0.62	0.54	0.55	0.57	0.60	0.52	0.54	0.56	0.59
	450	0.54	0.56	0.59	0.62	0.53	0.55	0.57	0.59	0.52	0.54	0.56	0.57	0.52	0.53	0.55	0.57
B_{w_0}		0.34				0.23				0.16				0.14			

实际上，对于大多数弹重设计情况，主要是通过调节发射药装药质量达到满足火炮条件目的的。

4）$m-v_0$ 曲线的计算

如前所述，为了保持既定的火炮强度，必须分别满足式（2-6-7）及式（2-6-12），即炮口动能限制条件和炮口动量限制条件。由此出发，也可获得相应两条 $m-v_0$ 变化曲线。精确计算这两条 $m-v_0$ 曲线，必须按下列方式求解一系列内弹道设计问题：即当弹丸质量由 m_0 变至任意值 m_i 时，进行火药装填设计，使内弹道参量 v_0 满足条件式（2-6-7）或式（2-6-12）。如弹丸质量与标准值 m_0 比较改变不大，也可采用下列条件：

$$mv_0^2 = \text{const} \quad \text{或} \quad v_{0i} = v_{00}\sqrt{\frac{m_0}{m_i}} \tag{2-6-17}$$

$$mv_0 = \text{const} \quad \text{或} \quad v_{0i} = v_{00}\frac{m_0}{m_i} \tag{2-6-18}$$

可分别用替换条件式（2-6-7）和式（2-6-12）进行近似估算。

表征火炮强度条件的两条 $m-v_0$ 曲线的表达式分别为

$$\varphi mv_0^2 = E_0$$

$$(m + \beta m_w)v_0 = D_0$$

分别将上述表征火炮强度限制条件的两条曲线画在坐标平面上（图2-6-2）。曲线上的每一点都对应一定的发射装填条件，从而也对应确定了内弹道参量（p_m，p_g，v_0，φ，β）。

注意：在 $\varphi mv_0^2 = \text{const}$ 的曲线上各点，其对应的装填条件恰好满足炮管强度条件；而曲线上方各点的装填条件则超过了炮管强度的限制；曲线下方各点未充分利用炮管强度。同理，对于 $(m + \beta m_w)v_0 = \text{const}$ 曲线，各点也具有同样相应的含义。

两条曲线有一个交点，与此交点对应的装填条件，即前面所说标准装填条件。标准装填条件下的弹丸质量和装药量，分别称为标准制式弹丸质量和标准制式装药。标准装填条件的特点在于：发射时，既可满足炮管强度，又可满足炮架及反后座装置的强度；从另一种角度说，它充分利用了炮管强度，又充分利用了炮架及反后座装置的强度（因为，火炮本身是以这个装填条件为依据而设计的）。

小于标准制式弹丸质量的弹称为轻弹。轻弹具有这样的性质：当它采用装填条件 a'（图2-6-2）时，刚好满足了炮管强度条件，而未能充分利用炮架强度；当它采用装填条件 b''时，刚好满足了炮架强度条件，却超过了炮管强度限制。因此，一般轻弹的装填条件，只能以炮管强度为准，而未能充分利用炮架强度。

大于标准制式弹丸质量的弹丸称为重弹。它的性能刚好与轻弹相反，其装填条件只能以炮架强度为准，而炮管强度则未能充分利用。

因此，在一门现有火炮上，如配有多个制式弹，且其质量各不相同，其中仅有一个是标准制式弹丸质量。该火炮的强度即是与这个弹丸质量为依据设计出来的。当为此

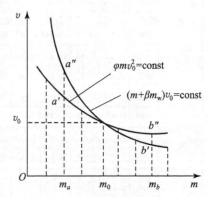

图2-6-2　现有火炮的 $m-v_0$ 曲线

火炮设计新弹时，其原始数据 E_0、D_0 也必须以这个弹丸质量为准。

二、弹丸质量设计

弹丸质量必须满足终点弹道、外弹道及内弹道等方面提出的要求。终点弹道要求通常是指弹丸的威力；外弹道则指射程、射高、直射距离、飞行时间等要求；内弹道要求主要是指与火炮机动性、射击速度有关的要求，如炮口动能或动量等。由于弹丸类型很多，对不同弹丸提出的战术技术指标和要求内容各不相同，这里仅作一般的分析，提出弹丸质量选择的一般原则。

假设威力指标要求以 w 表示，外弹道要求以 Y 表示，内弹道要求以 E 表示。在通常情况下，w 是弹丸质量 m 及终点处的外弹道参量（如着速 v_c 等）的函数；Y 是射角 θ_0、初速 v_0 及弹道系数 c 的函数（弹道系数 c 由弹形系数 i 及弹丸质量 m 和口径 d 所决定）；E 取决于弹丸质量 m 及初速 v_0，这些物理量的关系综合如下：

$$\begin{cases} w = w(m, Y) \\ Y = Y(\theta_0, c, v_0) \\ E = E(m, v_0) \end{cases} \tag{2-6-19}$$

确定弹丸质量的基本方程组（2-6-19）中，通常 θ_0 的值是确定的（如最大射程角），弹形系数 i 的变化幅度也很小，只有 m 与 v_0 的变化范围较大。因此通过变换，式（2-6-19）可改写为

$$\begin{cases} w = w(m, v_0) \\ Y = Y(m, v_0) \\ E = E(m, v_0) \end{cases} \tag{2-6-20}$$

一般来说，战术技术指标的正确提法有如下方式，例如，在设计新火炮系统时，要求威力与外弹道参量在一定指标条件下，应使火炮具有最小的炮口动能，即

$$\begin{cases} w(m, v_0) \geqslant w_0 \\ Y(m, v_0) \geqslant Y_0 \\ E(m, v_0) \geqslant E_{\min} \end{cases} \tag{2-6-21}$$

对于现有火炮系统设计，若需要首先保证威力指标时，则

$$\begin{cases} E(m, v_0) = E_0 \\ w(m, v_0) \geqslant w_0 \\ Y(m, v_0) = Y_{\min} \end{cases} \tag{2-6-22}$$

若需要首先考虑外弹道指标时，则

$$\begin{cases} E(m, v_0) = E_0 \\ Y(m, v_0) \geqslant Y_0 \\ w(m, v_0) = w_{\min} \end{cases} \tag{2-6-23}$$

根据上述不同情况，可最终解出弹丸质量 m 及相应的初速，作为火炮与弹丸结构设计的依据。当然，在实际中威力方程 $w(m, v_0)$ 形式复杂，使得弹丸质量 m 很难通过简单的解析方法获得，而必须运用综合分析才能确定下来。

第七节　弹丸所用材料、炸药和引信的选择

一、材料的选择

选择弹体和其他零件的材料时，应当考虑以下几点：

（1）满足弹丸作用威力要求。例如，对杀伤榴弹的破片性要求，榴弹的威力主要体现在杀伤和爆破作用上。一般来说，弹体材料对爆破作用影响不明显，但对杀伤作用却有直接的、重要的影响，因此，所选材料必须适应破片性能的要求。

（2）保证弹丸发射强度。例如，对榴弹、碎甲弹及各种高膛压火炮的弹丸，发射时膛内受力较大，必须保证发射强度。

（3）保证各零件的特殊要求。例如，对弹带材料要求有较好的塑性与韧性，同时还应尽可能使炮膛产生的磨损小；对破甲弹的药型罩要求能形成有利的金属射流等。

此外，从经济性上还应考虑材料是否成本低、加工性能好、资源丰富等。

（一）黑色金属材料

目前，各种弹体主要应用的仍多为金属材料。中、大口径弹丸主要应用的钢材为 D50、D55、D60、D65 等中高碳钢。其中 D50、D55 主要用来制造中小口径杀伤榴弹弹体；D60、D65 则适合制造中大口径杀伤榴弹和杀伤爆破榴弹弹体。它们既有良好的加工性能，也能满足发射强度要求。D60 不经过热处理就具有优良的力学性能，能保证弹丸的发射强度和良好的破片性能，同时又可比较容易地进行切削加工及热压加工，所以采用最为广泛。D65 硬度较高，切削加工比较困难（尤其锰含量处于上限时），故对其采用远不如 D55、D60 普遍。为了得到更好的破片性能，也有采用 55SiMn、60SiMn、58SiMn、50SiMnVB 等高破片率钢材。

为了改进工艺，节省原材料，冷挤压工艺在弹丸制造中得到了普遍应用。随着这一工艺的改变，也带来原材料的改变。如 D50～D65 因其碳含量太高，不适于冷挤工艺，故需采用碳含量更低的碳素钢。目前，冷挤弹体常采用的材料为 S15A、S20A 等优质低碳钢，并已广泛应用在中小口径弹丸上。这类材料来源容易，成本较低。另外经冷作硬化后，材料屈服极限显著提高（达到 D60 钢的程度），基本能满足榴弹强度要求。缺点是：材料的可塑性较大，加上冷挤后，晶粒的方向性影响明显，致使破片细长，质量较大，形状不锋利，不能很好满足破片性的要求。

穿甲弹材料一般均采用优质合金钢，而脱壳穿甲弹的弹芯材料多采用高密度的钨合金（钨、镍、铁合金）和铀合金（铀、钛合金），这些材料的密度大（钨为 17×10^3 kg/m^3，铀为 18.5×10^3 kg/m^3），有利于提高穿甲性能。

迫击炮弹一般采用铸铁，尤以稀土球墨铸铁应用较多，这种材料经济性好，加工方便，便于动员生产。如果控制好配方和工艺，它的力学性能可以达到 $\sigma_{0.2} \geq 330$ MPa，$\delta_s \geq 5\%$，大致与 D60 钢相当，也能满足破片性能要求。为了提高威力，也有采用钢材的趋势。

（二）有色金属材料

弹丸零件中弹带、药型罩等主要采用紫铜或铜合金。紫铜的密度大，塑性好，能满足上述零件的使用要求。

（1）紫铜。根据铜内杂质的含量，工业用紫铜的牌号有 T1、T2 和 T3，前两种牌号的紫

铜用电解法获得，后者由熔炼法获得。目前弹带和药型罩用紫铜主要采用 T1 和 T2。

（2）铜合金。在高膛压火炮内，很多弹带采用铜镍合金（镍黄铜），或铜锌合金（锌黄铜）。它们的强度比紫铜高，塑性比紫铜低。由于我国镍原料比较缺少，因此应尽量采用锌黄铜代替镍黄铜。另外，试验证明，前者对炮膛的磨损比后者小。

为了进一步节约紫铜材料，目前也积极寻找其他的弹带代用材料，如电工纯铁（碳含量在 0.04% 以下的铁）或铁陶（一种纯铁的粉末冶金）。

例如，破甲弹中风帽、尾管、尾翼、穿甲弹的弹托等都采用铝合金制造。这是因为铝合金密度小，质量小，可以减小弹丸中的消极质量，提高弹丸的威力，增加弹丸初速。弹丸常用的金属材料的力学性能见表 2-5。

表 2-5 弹丸常用金属材料的力学性能

材料名称	强度极限 σ_b/MPa	屈服极限 $\sigma_{0.2}$/MPa	断面收缩率 ψ/%	延伸率 δ/%	密度 /(g·cm^{-3})
D55 钢		310~340	20		
D60 钢		310~340	20		
55SiMn		≥420	20		
S15A	400~500				
35CrMnSi	1600		≥35	≥9	
稀土球墨铸铁		≥320		≥5	
钨合金	1270	1080		5	
铀合金	1470	980		20	8.9
紫铜	200~230			25~38	8.85
锌黄铜	220~280			35	8.65
镍黄铜	220~280			31~35	7.81
纯铁	285~315			32~39	5~6.5
铁陶	120~160				
铝合金	400~450	260		8~12	

（三）非金属材料

用非金属材料制造的弹丸零件主要有尼龙弹带、玻璃钢弹托、塑料隔板等。这些材料的密度小，质量小，有的延伸率较高，能达到金属材料所不能达到的性能，而且非金属材料一般都可用无屑加工，工艺简单，成本低，是有发展前途的材料。

二、炸药的选择

除实心穿甲弹外，大部分弹丸中都装有炸药。炸药选择的原则有以下几点：

（1）炸药的威力和猛度应适合弹丸性能的要求，如榴弹一般选用 TNT（梯恩梯）或 B 炸药；破甲弹一般选用以黑索今为主的混合炸药；迫击炮弹可以选用硝铵炸药和 TNT 炸药等。

（2）炸药的感度不能过高，保证生产和使用中的安全。

（3）理化性能稳定（不吸湿，与弹体材料有相容性，挥发性小，热安定性好），能长期储存，不变质。

（4）原料丰富，价格便宜，生产和装填方便。

目前常用的炸药主要有以下几种：

（1）梯恩梯。有较大的威力，安全可靠，理化性能安定，可以长期储存，生产价廉，是应用最广泛的军用炸药。梯恩梯熔点较低（80.9℃），装填方法可以用螺装、压装和铸装。

（2）钝化黑索今。黑索今是一种威力和猛度都很高的炸药，但因其机械感度较大，一般都予以钝化处理（加入适量的钝化剂）后再装填弹丸，这种炸药一般采用压装。

（3）黑铝炸药。在黑索今中加入适当铝粉和钝感剂，加入铝粉以增加爆热，增强炸药的燃烧作用。装填方法为压装。

（4）梯黑混合炸药。将梯恩梯与黑索今按一定的比例（如4:6，5:5等）混合后，可以提高炸药的威力与猛度，B 炸药即为梯黑 50/50 混合炸药，将作为榴弹的主要炸药。

（5）硝铵炸药。这种炸药的威力、猛度都较低，但其原料丰富，制造容易，价格便宜，可作为迫弹的炸药以及战时的代用炸药。

三、引信的选择

引信的作用在于控制弹丸在弹道某一点上适时、准确地对目标发生作用，并产生最好的作用效果。

在选择引信时，应当首先选择在装备中或生产中现有的类型。只有当现有引信不能满足要求时，才提出设计新引信。

在选择现有引信时，应当考虑以下几点：

（1）引信的类型必须与设计弹丸的类型相配合。

（2）引信的作用时间必须满足弹丸适时作用的要求（适时性要求）。

（3）在配用弹丸中要确保配用的引信发射时安全，能可靠地解除保险，并对目标作用准确可靠。

（4）引信的起爆冲量应与弹丸的炸药量相适应，保证起爆完全。

（5）引信的外形和连接部尺寸应与弹丸外形螺口部尺寸相适应。

不同类型的弹丸还应有一些特殊要求。

（一）小口径高射榴弹着发引信的选择

小口径高射榴弹一般应在击中飞机后在飞机内部爆炸，这样可获得最好的杀伤爆破效果，因此要求引信具有一定的短延期作用（一般为 0.001~0.007 s），以保证弹丸适时起爆。另外，引信的着发灵敏度要高，即使碰到敌机薄弱的部分也能可靠作用。

为了保证我方阵地安全，引信还应具有远距离解除保险装置和自炸机构，使弹丸射出炮口后，万一碰到炮口附近遮蔽物时不会发生作用。同时在火力空域内未击中目标时能在空中自行爆炸。

榴 1 式、榴 2 式为全保险型弹头引信，短延期，是具有远距离解除保险和自炸机构的起爆引信，分别配用于 37 mm 和 57 mm 高射炮用榴弹上。

（二）中口径空炸高射榴弹引信的选择

中口径高射榴弹一般为空炸作用，即要求弹丸在目标附近爆炸，通过破片杀伤目标，因而对引信的适时性要求为：引信应当在弹丸射出炮口后飞至目标处的预定时间内作用。此外也应当有自炸装置和远距离解除保险装置。

（1）时间引信。能满足这类要求的引信主要为钟表时间引信。钟表时间引信作用时间准确，不受外界条件（如气温、高度）变化的干扰。这类引信的缺点是：在射击时，必须根据目标位置准确计算出作用的时刻，并根据这个时刻对引信进行时间装定。由于时间引信本身不能自动选择最佳炸点，以及计算上和射击动作上的时间误差，尤其在目前飞机飞行速度不断提高的情况下，击中目标的概率受到很大限制。

例如，时 - 5 是作用时间为 28 s 的全保险型，配用于 100 mm 高射炮空炸榴弹上的钟表时间引信。

（2）近炸引信。为克服时间引信的上述缺点，中口径高射榴弹还可配用近炸引信。在这种引信上装有目标感受装置，能在距目标一定距离范围内自动作用，引爆弹丸，从而提高弹丸的炸点精度及对目标的杀伤概率。近炸引信对地面暴露的有生目标杀伤概率比着发引信提高了 3 ~ 8 倍，对空中目标杀伤概率提高了 5 ~ 20 倍。但是，目前这类引信还存在以下缺点：体积大，质量大，结构复杂，成本较高；另外，易受外界干扰（如雷电及其他人为干扰）。

（三）地面榴弹引信的选择

地面榴弹的杀伤作用主要是消灭暴露的有生力量，要求当应用着发引信时弹丸落地即炸，使破片不致大量钻入土中，因此，引信应具有较高的瞬发性（作用时间小于 0.001 s）。对于杀伤作用用近炸引信效果更好。

地面榴弹的爆破作用主要为摧毁敌人野战工事，并应在侵入目标一定深度时爆炸，因此，要求引信具有一定的短延期作用（相应的作用时间为 0.001 ~ 0.005 s）或延期作用（相应的作用时间为 0.005 ~ 0.05 s）。

大部分地面榴弹通常都兼有杀伤、爆破两重作用。即使单一作用的榴弹，由于射击方式的不同（例如，杀伤榴弹的着发射击或跳弹射击，爆破弹以不同射角射击不同性质目标）也要求同一引信具有多种时间装定。另外，地面榴弹，尤其是大口径高膛压火炮榴弹，为杜绝早炸产生的严重后果，还要求引信为保险型。

目前，现有地面榴弹可配用的引信有以下几类：

（1）榴 - 3 为半保险型弹头着发引信，具有瞬发、惯性两种装定，适用于中小口径的杀伤榴弹和以杀伤作用为主的杀伤爆破榴弹。

（2）榴 - 4 为全保险型弹头着发引信，具有瞬发、惯性、延期三种装定，适于配用在大中口径榴弹炮、加农炮的杀伤爆破榴弹上。

（3）榴 - 5 为全保险型弹头着发引信，具有瞬发、惯性、延期三种装定，适于配用在中口径高膛压加农炮的杀伤爆破榴弹上。

（四）破甲弹引信的选择

破甲弹引信要求有高度的作用迅速性，这样可使弹丸的弹头在碰碎之前，保证有利炸高和防止在大着角下偏转和滑移的条件下迅速起爆弹丸。

用于破甲弹的引信有两类：机械引信和压电引信。破甲弹机械引信只用于初速较低的无坐力炮破甲弹和反坦克枪榴破甲弹上，例如，破 - 4 配用于 56 - 1 式 40 mm 火箭弹和 65 - 1 式 82 mm 无坐力炮破甲弹上。

由于现代破甲弹的发展，初速和直射距离不断提高，机械引信已不能满足要求，而压电引信的瞬发度比较高，即引信在数十微秒时间内就能起爆弹丸（机械引信是数百微秒），因此，压电引信在炮弹、航弹或火箭弹的破甲战斗部上得到广泛的使用。

当前国产的引信类型还不多，应配合弹丸的发展，研制出更多性能优良的引信。

（五）引信的外形和内部连接尺寸的选择

引信的外形应与弹丸的外形相一致，否则会引起弹丸阻力的增加。我国引信的外形还没有确定的标准，但是根据弹丸口径的不同，其外形尺寸多为平顶截锥体外形；圆顶截锥体外形等。

图 2 - 7 - 1 所示为榴 - 2 引信的外形；图 2 - 7 - 2 所示为滑榴 - 1 引信的外形；图 2 - 7 - 3 所示为时 - 5 引信的外形。

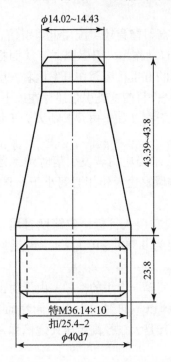

图 2 - 7 - 1　榴 - 2 引信的外形

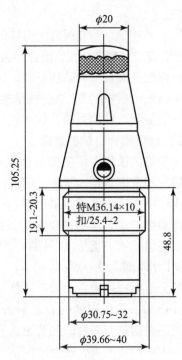

图 2 - 7 - 2　滑榴 - 1 引信的外形

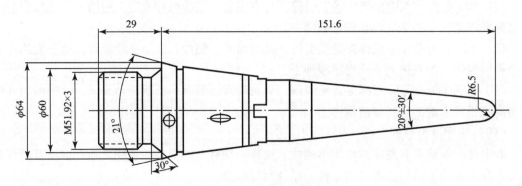

图 2 - 7 - 3　时 - 5 引信的外形

关于引信与弹口螺纹尺寸，我国有多种规格，例如，M26.56×10、M26.96×1.5、特 M27×1.5、M33×2、特 M36.14×10、特 M36.18×10、M51.92×3、M63×6 等，都采用右螺纹。引信与弹口的连接螺纹的类型也较多，需要标准化。在有些榴弹中，有时需用着发引信，有时需用空炸引信，两类引信与弹口螺纹尺寸不统一，常用带传爆药的爆管来调节联接螺纹尺寸。国外多用大口螺内装可取换的辅助药柱调整。

第三章
弹药总体结构设计

第一节　旋转稳定弹丸的结构方案确定

当口径、弹种与弹丸质量确定以后，则进行弹丸的结构设计，结构设计包括以下几项内容：

(1) 确定弹丸的基本尺寸；

(2) 确定弹丸的结构特点及零件；

(3) 选择装填炸药；

(4) 选择引信；

(5) 选择弹体及零件材料；

(6) 绘制弹丸设计草图。

弹丸的结构设计是在分析各种实践经验资料的基础上进行的。本节将根据旋转弹丸与尾翼弹丸的不同特点，对各种因素进行分析。

一、一般旋转稳定弹丸的结构

（一）弹丸的结构

弹丸的结构由弹头部，圆柱部，弹尾部，上、下定心部，弹带或闭气环等部分组成，如图 3 - 1 - 1 所示。

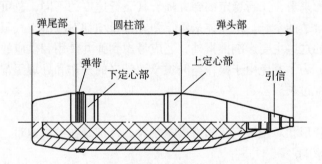

图 3 - 1 - 1　弹丸的结构

弹丸的基本尺寸如图 3 - 1 - 2 所示，所有这些尺寸对弹丸的威力、弹道性能、飞行稳定性都有着直接的影响。弹丸的基本尺寸应当根据战术技术要求和弹丸的特点进行选择。

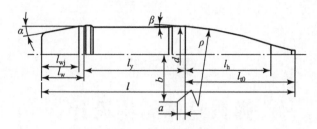

图3-1-2 弹丸的基本尺寸

d—弹丸口径；l—弹丸全长；l_{t0}—弹丸头部长度；l_h—弹体头部长度；ρ—弹体头部外形母线半径；

a，b—弹体头部母线圆弧中心坐标；l_y—弹丸圆柱部长度；

l_w—弹丸尾部长度；l_{wj}—弹丸尾截锥部长度；α—弹丸尾部斜锥角；β—弹丸头部与圆柱部界面连接角

在这些尺寸中，弹丸口径 d、弹丸全长 l、弹丸头部长 l_{t0}、弹丸圆柱部长 l_y 和弹丸尾部长 l_w 为决定整个弹丸结构布局的基本尺寸，其余尺寸则用来表征弹丸的外形特点。因此，在确定上述尺寸时，应首先着眼于基本尺寸，在此基础上就容易确定其他尺寸了。

1. 弹丸全长

弹丸全长 l 是在弹丸质量已定后确定的。它主要影响弹丸的飞行稳定性、威力和弹壳强度。

旋转弹丸的最大长度受到飞行稳定性的限制。旋转弹丸在空中飞行时，受到空气阻力翻转力矩的作用，迫使弹丸翻转。但是由于弹丸高速旋转，产生了一种克服弹丸翻筋斗的急螺效应，而使弹丸飞行稳定。弹丸越长，空气阻力的翻转力矩越大，相应要求弹丸的转速也越高。对一般线膛火炮而言，弹丸的旋转是借助弹带嵌入膛线的运动而产生的。由于弹带材料（紫铜和铜合金）强度的限制，弹丸转速不可能无限制地提高，因此，普通铜弹带旋转弹丸，其最大全长很少超过5.5倍口径。

从榴弹威力来看，弹丸全长 l 增大，有利于弹丸威力的提高。

从发射时弹丸强度来看，当弹丸质量一定，弹丸全长 l 增加，势必会使弹体壁减薄，从而导致强度不足。

从迎面空气阻力来看，飞行稳定的弹丸随着其飞行速度的不同，总可找出对应最小的正面阻力的某一个最合适的全长。从总体来看，弹丸全长增加对减小空气阻力有利。

除了上面提到的这些主要影响因素外，还应考虑到弹丸使用和供应的方便。例如，在自行火炮和坦克炮内，为了避免由于操作空间狭窄而带来的操作和处理困难，以及利于提高射击精度，不应使弹丸过长。

2. 弹丸头部

弹丸头部尺寸和形状对正面空气阻力影响较大，特别是在超声速时，影响更大，以致对射程也产生一定的影响。

从空气阻力方面来看，对于飞行稳定的弹丸，弹丸头部长度 l_{t0} 越大，弹丸形状越尖锐，其空气阻力就越小。因此，就整个弹丸而言，弹丸头部长短对正面空气阻力系数 C_{x0} 有着重要的影响。图3-1-3表明，弹丸头部增长，空气阻力系数明显降低，弹形系数较小。

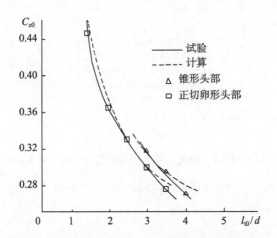

图 3-1-3　弹丸头部长度与空气阻力系数的关系

母线形状弹头部是旋成体，其旋成母线的形状有直线、圆弧、抛物线和椭圆形几种，此外也有这些曲线的组合型（图 3-1-4）。

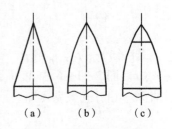

**图 3-1-4　弹丸头部
母线的形状**

从阻力角度来看，以抛物线形母线最有利而以椭圆形母线最差。但当弹丸速度较小时，母线形状对阻力没有显著影响。从制造工艺来看，以直线及圆弧形为宜。从装填炸药量的角度来看，以椭圆和圆弧形为好。当炸药量及射程都有一定要求时，可采用直线和圆弧的组合曲线。

目前，大部分榴弹都采用圆弧形母线。当弹丸飞行速度小于 500 m/s 时，母线与圆柱部界面的连接角 β 可取为 0°（图 3-1-2）。这时，圆弧母线的曲率中心即在弹头部与圆柱部界面上。对于速度更高的弹丸，为了减小空气阻力，使弹丸头部形状更加尖锐，这时可取 $\beta = 1° \sim 3°$。一般来说，β 不应超过 3°，否则会造成圆柱部与弹头部的不平滑连接，以致产生涡流或激波，从而使空气阻力增大。

圆弧母线的中心坐标 a、b 可根据以下关系计算。

圆方程：

$$\begin{cases} a^2 + (r_1 + b)^2 = \rho^2 \\ (l_{\text{h}} + a)^2 + (r_2 + b)^2 = \rho^2 \\ a = (r_1 + b)\tan\beta \end{cases}$$

式中　r_1，r_2，l_{h} 均为弹丸的已知尺寸（图 3-1-5）。

当 β 确定以后，可以解出母线的中心坐标 a、b 及半径 ρ：

$$\begin{cases} a = \left[\dfrac{l_{\text{h}}^2 - (r_1^2 - r_2^2) + 2l_{\text{h}}r_1\tan\beta}{2(r_1 - r_2) - 2l_{\text{h}}\tan\beta} + r_1 \right]\tan\beta \\[2mm] b = \dfrac{l_{\text{h}}^2 - (r_1^2 - r_2^2) + 2l_{\text{h}}r_1\tan\beta}{2(r_1 - r_2) - 2l_{\text{h}}\tan\beta} \\[2mm] \rho = \left[\dfrac{l_{\text{h}}^2 - (r_1^2 - r_2^2) + 2l_{\text{h}}r_1\tan\beta}{2(r_1 - r_2) - 2l_{\text{h}}\tan\beta} + r_1 \right]\sqrt{1 + \tan^2\beta} \end{cases} \qquad (3-1-1)$$

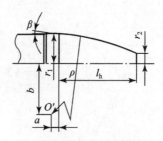

图 3-1-5 弹丸头部圆弧母线的中心坐标及半径

当 $\beta=0°$ 时，母线中心位于弹丸头部与圆柱部的连接面上。此时，有

$$
\begin{cases}
a = 0 \\
b = \dfrac{l_{\mathrm{h}}^2}{2(r_1 - r_2)} - \dfrac{r_1 + r_2}{2} \\
\rho = \dfrac{l_{\mathrm{h}}^2}{2(r_1 - r_2)} + \dfrac{r_1 - r_2}{2}
\end{cases}
\tag{3-1-2}
$$

若已知 r_1、r_2、l_{h} 和 ρ，可以由图 3-1-6 求出圆弧中心坐标 a、b。图 3-1-6 中 A、B 两点的半径分别为 r_1 及 r_2，AB 弦长为 $2L$，由几何关系可知

$$
\begin{cases}
2L = \sqrt{(r_1 - r_2)^2 + l_{\mathrm{h}}^2} \\
\tan\beta = \dfrac{r_1 - r_2}{l_{\mathrm{h}}} \\
\alpha = \arcsin\sqrt{1 - \left(\dfrac{L}{\rho}\right)^2} - \beta
\end{cases}
\tag{3-1-3}
$$

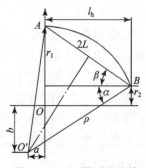

图 3-1-6 圆弧母线的中心坐标

由此可得

$$
\begin{cases}
a = \rho\cos\alpha - l_{\mathrm{h}} \\
b = \rho\sin\alpha - r_2
\end{cases}
\tag{3-1-4}
$$

3. 弹丸圆柱部

弹丸圆柱部长度 l_{y} 是指上定心部至弹带之间的距离。一般情况下，它也是弹丸导引部的长度。因此，它对弹丸在膛内的运动有着决定性的影响，另外它与弹丸的威力也有密切关系。

从弹丸运动状态考虑，若弹丸圆柱部尺寸 l_{y} 大，则膛内导引性能好，出炮口后章动小，具有较好的飞行稳定性，从而提高射击精度。

但从正面空气阻力来看，减短弹丸圆柱部是有利的。但应注意，弹丸圆柱部过分减短，反而会增加诱导阻力。因此，在一定射击条件下必然存在某一最有利的弹丸圆柱部长度，它对应着最小的空气阻力。

由于榴弹威力一般都随弹丸圆柱部的增长而增大，因此必须综合考虑上述因素，最后确定出弹丸圆柱部尺寸。

4. 弹丸尾部

弹丸尾部最简单的形状是圆柱形，其特点是结构简单，便于生产加工。

从空气阻力的角度来看，最有利的形状却是吻合于弹丸尾部区域内空气流线的形状，因为这种形状可使弹后的涡流阻力减至最小。空气流线的形状又取决于弹丸的速度。试验证明，弹丸尾部空气边界层的流线可近似用一条折线代替（其误差并不很大），因此，弹丸尾部通常也可制作成圆柱与截锥的结合形，也称船尾形。

圆柱形弹尾与船尾形弹尾如图 3-1-7 所示。图 3-1-8 所示为弹尾长度和弹尾角对空气阻力系数的影响。图 3-1-9 所示为船尾形弹尾与圆柱形弹尾在不同马赫数下空气阻力系数的比较。

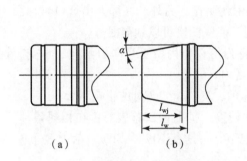

图 3-1-7　圆柱形弹尾与船尾形弹尾

（a）圆柱形弹尾；（b）船尾形弹尾

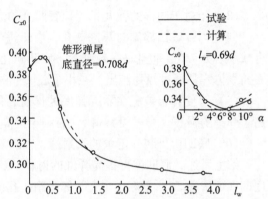

图 3-1-8　弹尾长度和弹尾角
对空气阻力系数的影响

由图 3-1-8 可知，弹尾角 $\alpha = 6° \sim 9°$ 时较好，其空气阻力系数减小。随着弹尾长度增加，空气阻力系数减小。但当速度很大时，因尾波在弹带后即产生分离，所以圆柱形弹尾与船尾形弹尾对空气阻力影响差别不大（图 3-1-9）。

从某些特殊要求来看，例如，为了使定装式炮弹的弹丸和药筒有牢固的结合，弹尾长度至少应为 0.25~0.5 倍口径，即 $(0.25 \sim 0.5)d$，下面均以弹丸口径 d 表示；有时在其上还必须加工一两个紧口沟槽以固定药筒用；又如，为现有火炮设计弹丸时，如果必须采用制式发射药，那么在确定弹丸尾部尺寸时，应考虑保持原来的发射药装填密度不变。

一般旋转弹丸的弹底是平的，而现在有些旋转弹丸的弹底却为凹形（图 3-1-10），底凹船尾形的弹丸也称为底凹弹。

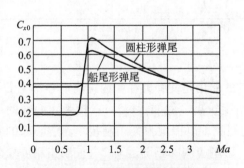

图 3-1-9　船尾形弹尾与圆柱形
弹尾空气阻力系数的比较

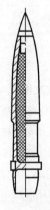

图 3-1-10　底凹式榴弹

做成底凹船尾形的优点如下：

（1）根据速度要求，可调节弹尾部的长度，使其达到最有利的尺寸。若速度大，则弹尾可长些；若速度小，则弹尾可短些。这样，为了保证弹丸具有最有利的尺寸，在弹重不增加的情况下，可增加弹长，一般达 5~6 倍口径即 $(5~6)d$。

（2）使弹丸质心相对前移，空气阻力中心相对后移，减短了作用在弹丸上翻转力矩的臂长，增加了弹丸的飞行稳定性。

（3）相对于同样的弹丸长度，底凹弹的赤道转动惯量小，有利于飞行稳定。

（4）可在底凹部侧向开进气孔，由于进气的引流作用，可增大底压 13%~20%，从而可减小阻力 7%，而且马赫数越大，底凹侧孔的作用越明显。另外，在弹丸出炮口时，由于火药气体容易通过侧孔流出，减小了底凹部的破裂，使底凹壁可以做得很薄。

（5）可使弹带装配在靠近弹底的部位，因而将弹带在膛内所受径向力由弹底承受，提高了弹壁的强度（弹壁可减薄），有利于提高弹丸威力。

（6）底凹内可装一定量的发射药，而对药室容积、发射药装药量的影响不大。

综上所述，底凹弹可提高弹丸的射程、威力和精度。据射击试验表明：在相同条件下，底凹弹可增程 3%~5%；在底凹部开侧向孔的情况下，可增程 10%~12%。射弹散布 E_x/x 一般可减小 25%~40%。

底凹弹尾有两种结构：一种是与弹体成整体式的（图 3-1-10），另一种是与弹体成非整体式的（图 3-1-27）。

整体式底凹结构简单，强度好，与弹体同轴性好，但工艺性较差。非整体式底凹结构，可选用密度较小的材料，而且加工性好。几种底凹弹的结构尺寸见表 3-1。

表 3-1　几种底凹弹的结构尺寸

弹丸型号	口径 d/mm	弹丸长	弹头部长	弹头曲率半径	圆柱部长	船尾部长	尾锥角度/(°)	底凹深/mm	底凹内径/mm
M442 mm 榴弹	105	5.56d	3d	~15d	2.15d	0.5d	8	97.28	82.8
新 122 mm 榴弹	122	5.4d	3d	25d	1.59d	0.84d	7	100	93
新 152 mm 榴弹	152	5.45d	3.11d	14.44d	1.88d	0.46d	9	96.9	120

注：d 为弹丸口径

（二）弹丸的定心部、弹带与闭气环

1. 弹丸的定心部

弹丸定心部分为上定心部和下定心部，它的作用是使弹丸在膛内正确定心。两个定心部表面可以承受膛壁的反作用力，定心部加工精度较高。例如，122 mm 榴弹定心部的尺寸为 121.92 $_{-0.25}^{-0.10}$ mm，定心部与炮膛有一个很小的间隙，以保证弹丸顺利装填。定心部的间隙也不能过大，否则会使弹丸在膛内的摆动过大，影响膛内的正确运动，并使射击精度变差。定心部的宽度，应保证弹丸在膛内摆动时不会在定心部上造成过深的阳线印痕。下定心部一般都在弹带之前，可保证弹丸装填时弹带的正确位置，承受部分膛壁的径向压力。有的弹丸有三个定心部，在弹丸头部后面和弹带前后均有定心部。而有的弹丸只有上定心部，没有下定心部。

2. 弹带

1）弹带的作用

弹带的作用是：在弹丸发射时，它嵌入膛线，赋予弹丸一定的转速，并密封火药气体，保证弹丸在膛内的定位。

2）弹带材料

弹带材料的选择应考虑材料韧性、挤入膛线的难易程度、抗剪抗弯强度、对膛壁磨损大小等因素。

初速为 300～600 m/s 的榴弹采用紫铜材料，初速较高的加农炮或加榴炮榴弹采用强度稍高一些的铜镍合金或 H96 黄铜等铜质材料。铜质弹带耐磨，有利于保护炮膛，而且可塑性好。

近年来已有许多弹丸采用塑料或粉末冶金陶铁作为弹带材料，例如，美国 GAU8/A30 mm 航空炮榴弹采用了尼龙弹带，法国 F5270 式 30 mm 航空炮榴弹采用了粉末冶金陶铁弹带。这些新型弹带材料，不仅能保证弹带所需的强度，而且摩擦系数较小，可减小对膛壁的磨损，提高身管寿命。

3）弹带强制量

弹带的外径应大于火炮身管的口径（阳线直径），至少应等于阴线直径，一般均稍大于阴线直径，此稍大的部分称为弹带强制量。

强制量可以保证弹带可靠密闭火药气体，即使在膛线有一定程度的磨损时弹带仍起到密闭作用。强制量还可以增大膛线与弹带的径向压力，从而增大弹体与弹带间的摩擦力，防止弹带相对于弹体滑动。但强制量不可过大，否则会降低身管的寿命或使弹体变形过大。弹带强制量一般为 $(0.001～0.0025)d$。

4）弹带的数目

随着弹丸的长度和初速的增大，必须相应增大弹丸的转速，以保证弹丸的飞行稳定性，这样就对弹带的强度有一定的要求。为此，除了合理选择弹带材料外，还需要将弹带的宽度加大。然而随着弹带宽度加大，就会增大弹带压力和弹体壁的挠度，影响弹带顶部和炮膛壁间的接触。另外，过宽的弹带在与膛线挤压时会产生飞边，影响弹丸外弹道性能。权衡利弊，常采用两条较窄的弹带来代替一条宽弹带。

铜质弹带的最大宽度一般为：小口径弹 10 mm，中口径弹 15 mm，大口径弹 25 mm。

5）弹带的直径

弹带的直径应大于火炮阴线的直径，其超出部分称为弹带的强制量（图 3-1-11），强制量的大小对弹丸沿膛内运动的正确性有重要意义。

弹带的外径 D 为弹丸口径 d、炮膛线深 t_s 及弹带强制量 δ 三部分之和，即

$$D = d + 2(t_s + \delta)$$

在弹丸口径 d 和炮膛线深 t_s 一定的条件下弹带的直径取决于强制量 δ，选择强制量 δ 的大小应考虑以下几点：

（1）保证弹丸在膛内运动时，紧塞火药气体，避免火药气体对炮膛的烧蚀。

（2）防止弹带与弹体产生相对旋转，使弹丸出炮口后有一定的转速。

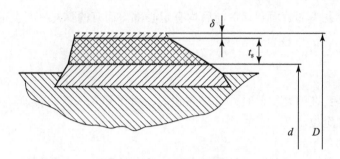

图 3 - 1 - 11　弹带的强制量

弹带强制量 δ 也不能太大，否则会影响火炮的寿命，尤其是在坡膛处磨损会增大。根据经验，一般取 $2\delta = (0.002 \sim 0.005)d$。

6）弹带宽度

弹带的宽度应能保证它在发射时的强度，即在膛线反作用力的作用下，弹带不致破坏和磨损。在阴线深度一定的情况下，弹带宽度越大，则弹带工作面越宽，弹带的强度越高。所以，膛压越高，膛线反作用力越大，弹带应越宽；初速越大，膛线对弹带的磨损越大，弹带也应越宽。但弹带越宽，被挤下的带屑越多，挤进膛线时对弹体的径向压力越大，飞行时产生的飞疵也越多，所以当弹带超过一定宽度时，应制成两条或在弹带中间车制可以容纳余屑的环槽。

一般弹带设计的宽度下限值为：小口径 10 mm，中口径 15 mm，大口径 25 mm。

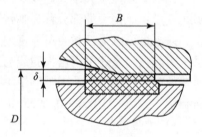

图 3 - 1 - 12　弹带嵌入膛线过程

7）弹带的形状

弹带的形状对弹带嵌入膛线有很大影响：当弹带嵌入膛线时，起初强制压缩弹带到火炮坡膛内；以后在弹带上形成导转凸起部，也就是已经压缩的弹带开始嵌入膛线，如图 3 - 1 - 12 所示。

为了使弹带容易卡入膛线，并起到较好的定心作用和减小飞行中的空气阻力，要求弹带前端面应为斜面。为了容纳弹带嵌入坡膛和膛线时产生的积铜，防止形成飞边，后端面也应做成斜面（图 3 - 1 - 13）。用于分装式弹丸弹带的后斜面应从弹体开始，而定装式炮弹还必须在弹带的后面留出一个小平面，以便支持药筒口部。

如果采用一条宽弹带，则应在弹带上开一些矩形或梯形的环形沟槽（图 3 - 1 - 14）。环形沟槽的深度不应大于膛线深度，而槽宽也不应大于阳线宽度。

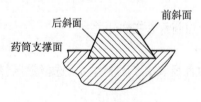

图 3 - 1 - 13　弹带的剖面形状

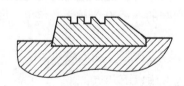

图 3 - 1 - 14　带环形沟槽的弹带

沟槽数目的选择原则：在弹带嵌入膛线时，弹带金属能把沟槽填满。表3-2列出了某些榴弹弹带的形状和尺寸。

表3-2 某些榴弹弹带的形状和尺寸

弹丸名称	弹 带		
	直径/mm	宽度/mm	形 状
100 mm 高射炮 杀伤榴弹	103.5 106.5	16 8.5	
122 mm 杀伤 爆破榴弹	124.7	19	
152 mm 加农炮 杀伤爆破榴弹	155.9	22.9	
85 mm 高射炮 杀伤榴弹	88 91.2	18 18	
37 mm 高射炮 曳光榴弹	38.1	12	
57 mm 高射炮 曳光榴弹	59.3 60.7	26 26	
30 mm 自动炮 曳光榴弹	31.4 32.3		
美国 155 mm M107 式榴弹	157.9	25.4	
美国 155 mm M549 式榴弹	157.7	36.8	
美国 175 mm M437A2 式榴弹		62	

为了提高高速火炮的寿命，常常在弹带上加一个凸起部（图3-1-15），以减小对火炮的磨损。一般弹带是通过其前斜面与膛线起始部接触进行定位的。而火炮膛线的起始部最容易被高温火药气体烧蚀，从而引起装填定位不准确，使药室容积增大，初速减低。有凸起部的弹带则通过凸起部与坡膛接触而定位。膛线起始部的磨损，对弹丸定位影响不大，并能可靠紧塞火药气体。图3-1-16所示为122 mm和155 mm榴弹两种弹带的结构和尺寸。

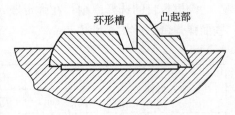

图3-1-15 有凸起部的弹带

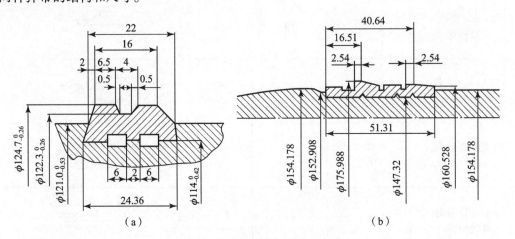

图3-1-16 两种弹带的结构和尺寸

（a）122 mm榴弹；（b）155 mm榴弹

8）弹带的固定方法

弹带采用嵌压或焊接等方法固定在弹体上。为了嵌压弹带，在弹体上车制出环形或燕尾形弹带槽，在槽底辊花或环形凸起部上辊花，以增加弹带与弹体间的摩擦力，避免相对滑动，如图3-1-17所示。

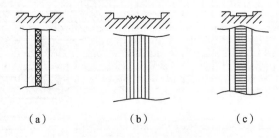

图3-1-17 弹带槽形状

弹带在弹体上的固定方法因材料和工艺而异。对金属弹带，主要是利用机械力将毛坯挤压入弹体的环槽内。

铜弹带压入弹体的方法主要有两种：

（1）环状弹带毛坯。直接在压力机上径向收紧使其嵌入槽内（通常为环形直槽），该结构主要用于小口径榴弹。目前130 mm舰炮榴弹也采用了环状弹带毛坯。

（2）条状弹带毛坯。在冲压机床上逐段压入燕尾形弹带槽内，然后把两端接头碾合收紧。条状弹带结构主要用于中大口径榴弹，条状毛坯结构加工简单，但是车制成形后，弹带上存有接缝。

弹带挤压工艺的共同特点是在弹体上需要有一定深度的环槽，从而削弱了弹体的强度。为了保证弹体的强度，弹带部位的弹体必须加厚，这样又影响了弹丸的威力。

近年来发展了真空氩弧堆焊工艺焊接弹带的方法，使用这种新型工艺焊接弹带，弹体上无须刻槽，可使壁厚更均匀。

3. 闭气环

在某些弹丸中，弹带的后面装有一个由尼龙塑料制成的闭气环，它的作用是补充弹带闭气作用的不足。另外，闭气环的直径比弹带的直径大，这样在膛线起始部有些磨损的情况下，仍能保证弹丸初始位置的定位（有突起弹带的作用），提高火炮的寿命。

闭气环应有弹性，通常用凸起部卡入弹体槽内（图3－1－18（b））。闭气环在弹丸出炮口后破碎时，应不影响弹丸飞行阻力。

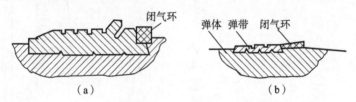

图3－1－18　闭气环

（三）弹丸内腔结构

弹丸内腔形状及基本尺寸如图3－1－19所示。

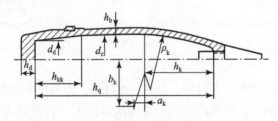

图3－1－19　弹丸内腔的基本尺寸图

h_q—内腔深度；h_k—内腔弧形部长度；ρ_k—内腔弧形部母线半径；a_k，b_k—内腔头部母线的中心坐标；

h_{kk}—内腔锥部长度；d_z—内腔在圆柱部上的长度；h_b—弹壁平均厚度（一般按圆柱部的壁厚计算）；

d_d—内腔底部直径；h_d—内腔底部厚度

内腔的形状和尺寸除了决定弹丸质量和装填物质量以外，还影响到弹丸质量的合理分布，从而影响弹丸在膛内的运动性能以及在空中的飞行稳定性。内腔尺寸也决定了弹壳的壁厚和底厚，影响弹壳在发射时的强度和弹丸威力。

1. 内腔形状

一般榴弹的内腔形状有圆柱部（带有小锥度）、截锥圆柱部及弧形部的组合型。

从弹丸威力出发，为了使爆破榴弹尽量多装炸药，则必须加大内腔容积。为此，内腔形状大致与等强度壁厚相适应。为了使杀伤榴弹具有良好的破片性能，其内腔形状也应尽量适应等壁厚的要求。

从弹丸在膛内的运动条件来看，弹丸的质量分布应尽可能集中在质心处，而质心以靠近弹带处为宜。

从制造工艺简便考虑，内腔形状应与炸药的装填条件相适应。例如，小口径高射榴弹多采用压装法，其内腔则应做成圆柱形，如图 3 - 1 - 20 所示。有些大口径榴弹，为了从弹顶或弹底装填块状高能炸药，弹丸内腔应为圆柱形或部分圆柱形。对抛射式弹丸，如照明弹、宣传弹、燃烧弹、烟幕弹、子母弹等，因有装填物抛出，所以内腔尺寸也应为圆柱形，如图 3 - 1 - 21 所示。

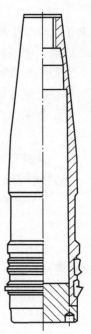

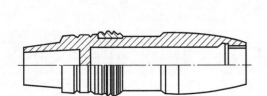

图 3 - 1 - 20　小口径高射榴弹的内形　　　　图 3 - 1 - 21　照明弹的弹体内形

内腔多为平底形，周边有一定圆角。但有些弹丸为了改善底部装填物的应力分布，加强弹底强度和有利于冲压加工，弹丸内腔底部常做成双圆弧形，甚至为半球形。图 3 - 1 - 22 与图 3 - 1 - 23 所示为两种典型弹丸的内腔尺寸。为了便于机械加工，内腔应尽量避免阶梯形凸变，而在曲线衔接处采用圆弧连接。

2. 弹丸的壁厚

榴弹的壁厚与弹丸的作用威力有着密切的联系。不同类型的榴弹，其壁厚范围往往不同，所以它常用来作为表征弹丸结构的一个特征数。

爆破弹的壁厚完全取决于发射强度。

在保证发射强度的前提下，采用最小壁厚可以增加炸药的装填量。发射时，弹丸底部惯性力最大，而头部较小，故等强度壁厚将是底部最厚，而沿着头部方向递减。

对于杀伤榴弹的壁厚除了考虑发射强度外，还应保证得到所要求的破片。因此，应当综合考虑弹体金属材料与炸药性质确定壁厚。一般来说，当炸药猛度较高或弹壁金属较脆时，壁厚尺寸可以稍大一些；相反，当炸药猛度较低，弹体金属强度较高，壁厚应相对减小。高射杀伤榴弹的壁厚一般又比地面杀伤榴弹大。

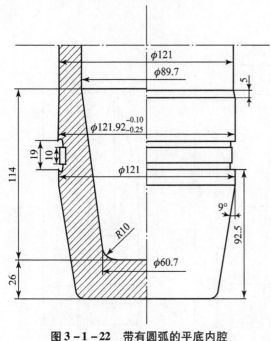

图 3 - 1 - 22　带有圆弧的平底内腔

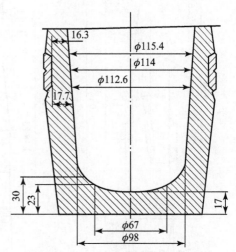

图 3 - 1 - 23　带有圆弧的弹底内腔

杀伤爆破榴弹的壁厚介于爆破弹与杀伤弹之间。

特种弹的壁厚在满足弹壁强度的条件下，应尽量薄一些，并使内腔成圆柱形，以便装填更多的装填物和使其顺利抛出。

二、远程弹丸的结构

（一）概述

提高弹丸的射程：一是提高初速；二是减小弹道系数。一般远程弹丸都具有较高的初速。此时，弹丸外形的好坏对射程影响较大。因此，应对远程弹丸的外形很好地进行设计。

一般将弹丸在零偏角时所受空气阻力系数 C_{x0} 分解为：头部阻力系数 C_{xh}，弹体表面旋转摩擦阻力系数 C_{xf}，弹尾部阻力系数 C_{xt}，弹底阻力系数 C_{xb}，弹带阻力系数 C_{xr}。各部分阻力系数随马赫数的变化规律如图 3 - 1 - 24 所示。

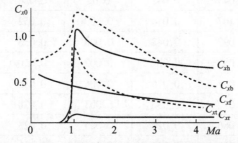

图 3 - 1 - 24　弹丸各部分阻力系数随马赫数的变化

各部分阻力系数与弹丸的外形尺寸有关，为了比较，图 3 - 1 - 25 列出了三种弹丸的外形。

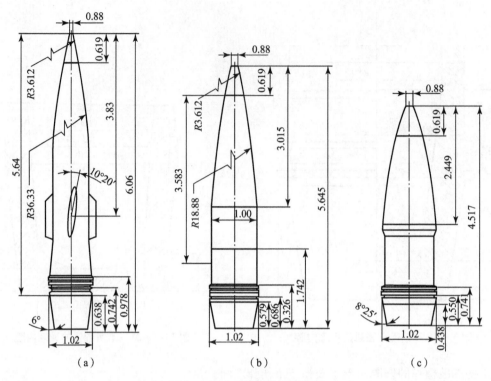

图 3 - 1 - 25　三种弹丸的外形
(a) 远程弹丸 ERFB；(b) 标准弹丸 M549；(c) 老式弹丸 M107

以图 3 - 1 - 25（b）的标准弹丸 M549 为例，其各部分阻力系数计算值见表 3 - 3。其中 p_b/p_1 为底压与来流压力之比。

表 3 - 3　标准弹丸 M549 各部分阻力系数计算值

Ma	C_{x0}	C_{xh}	C_{xf}	C_{xr}	C_{xt}	C_{xb}	p_b/p_1
0.5	0.129	0.0	0.052	0.0	0.0	0.077	0.981
0.8	0.137	0.0	0.047	0.001	0.0	0.088	0.945
0.9	0.147	0.0	0.046	0.005	0.004	0.092	0.927
0.95	0.187	0.022	0.045	0.01	0.015	0.094	0.917
1.0	0.309	0.045	0.045	0.01	0.084	0.126	0.877
1.1	0.336	0.107	0.044	0.009	0.052	0.125	0.853
1.2	0.327	0.097	0.042	0.008	0.056	0.123	0.827
1.5	0.298	0.085	0.039	0.007	0.050	0.117	0.745
2.0	0.254	0.075	0.035	0.006	0.036	0.102	0.605
2.5	0.220	0.070	0.032	0.005	0.028	0.085	0.484
3.0	0.192	0.066	0.029	0.005	0.023	0.070	0.039
3.5	0.169	0.063	0.026	0.005	0.019	0.057	0.332
4.0	0.152	0.061	0.024	0.005	0.016	0.047	0.272

表 3 - 4 表明了在超声速下各部分阻力系数占总阻力系数的比值。以 $Ma = 3.0$ 为例，其

头部阻力占总阻力的34.5%，摩擦阻力占总阻力的14.5%，弹带阻力仅占2.6%，弹尾部阻力占12.0%，弹底阻力占36.4%。其中头部阻力、弹底阻力是主要的，且头部阻力所占比例随马赫数增加而增大，而弹底阻力随马赫数增加所占比例却减少。由此可见，对高初速远射程的弹丸，减少头部阻力是很重要的。

表 3-4 各部分阻力系数所占的百分数 %

Ma	C_{xh}/C_{x0}	C_{xf}/C_{x0}	C_{xr}/C_{x0}	C_{xt}/C_{x0}	C_{xb}/C_{x0}
1.5	28.5	13.1	2.3	16.8	39.3
2.0	29.5	13.8	2.4	14.2	40.1
2.5	31.8	14.5	2.3	12.7	38.7
3.0	34.5	14.5	2.6	12.0	36.4
3.5	37.3	15.4	2.9	11.2	33.2
4.0	40.1	15.8	3.3	10.5	30.3

通过计算，标准弹丸 M549 与远程弹丸 ERFB 的阻力曲线如图 3-1-26 所示。由图可以看出，在超声速条件下，远程弹丸 ERFB 的阻力系数很小。表 3-5 列出了老式弹丸 M107 与远程弹丸 ERFB 在相同条件下的射程数据。试验数据说明，在相同初速下远程弹丸比老式弹丸的射程可提高 19%。若初速提高，则射程增加更显著。因此，远程弹形对提高射程有利。

远程弹的特点是头部很长，基本上没有圆柱部。全弹长超过 6d（6 倍口径），而弹丸头部长约大于 5d（5 倍口径），故可大大减少头部阻力。为了保证弹丸在膛内的正确运动，在弹丸质心处，固定有呈流线型的与弹轴成一定角度的定心块。弹带与弹尾与一般弹丸相同，弹带可采用一般金属弹带或塑料弹带。这种弹丸突破了弹丸长度一般不得超过 55d（55 倍口径）的限制，以及必须有圆柱部的老概念，形成了一种新弹丸。

远程弹丸有"全膛"和"次膛"两种类型：全膛远程弹丸，即弹丸是同口径的；次膛远程弹丸则是次口径的弹丸。

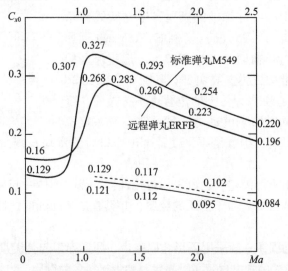

图 3-1-26 标准弹丸 M549 与远程弹丸 ERFB 阻力曲线的比较

表3-5　老式弹丸 M107 与远程弹丸 ERFB 的射程比较

弹丸	发数	弹丸质量/kg	初速/(m·s⁻¹)	标准射程/m	射程增量/%
老式弹丸 M107	1	43. 22	800. 9	21626	
远程弹丸 ERFB	8	45. 76	805. 5	25733	19

（二）全膛远程弹丸的结构特点

如图 3-1-27 所示，全膛远程弹丸由弹体、定心块、弹带、闭气环、底凹装置及引信几部分组成。

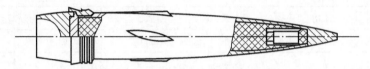

图 3-1-27　全膛远程弹丸的典型结构

（1）弹体。弹体外形基本上由弧形部构成，这种外形可减小弹丸飞行中的迎面阻力。弹体大都没有圆柱部，为了在膛内定心，其上装有定心块。此外，弹带的位置靠近弹体底部，以减少弹带压力对弹体强度的影响。为了增加弹丸威力，榴弹弹体通常采用高破片率钢，内装高能炸药。

（2）定心块。远程弹丸由于没有圆柱定心部，而在弹头弧形部上固定有 3 块或 4 块在膛内起导引作用的定心块，定心块应具有最佳空气动力外形。为了不影响弹丸在飞行中的旋转，定心块应顺着旋转方向倾斜一定角度。定心块的宽度最好能与 3 条炮膛阳线接触，其长度约为 $0.7d$（0.7 倍口径）。

定心块外形可采用前端为尖锥形而后端呈圆弧形，或两端均是尖锥形，也可采用对称圆弧形，如图 3-1-28 所示。155 mm 远程弹丸的定心块即采用最后一种形状。为了装填和勤务处理方便，定心块两端应向弹体方向倒圆角，成为曲面。定心块的中心线与弹轴的倾角一般与膛线缠角相等或稍大一些（图 3-1-25（a））。例如，155 mm 远程弹丸定心块的中心线与弹轴倾角 11°，203 mm 远程弹丸的为 8°3′。定心块与弹带构成弹丸导引部，其距离应保证 $2d$（2 倍口径）以上。定心块在弹体上的位置也不可过前，否则导致定心块过厚，同时影响气动力特性。定心块一般位

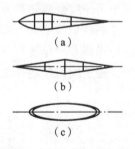

图 3-1-28　定心块的形状
（a）前端尖锥形后端圆弧形；
（b）尖锥形；（c）圆弧形

于弹丸质心处，这样可减少炮膛磨损，使弹丸出炮口后的章动及偏角都最小。定心块的材料，一般用软钢制造。

定心块与弹体可用螺钉固定，也可采用焊接连接，或与弹体一起加工成形。与弹体一起加工成形通常要求弹体材料为易于挤压的金属，并具有足够的强度，以保证膛内安全。目前用焊接方法的较多。

（3）弹带。全膛远程弹一般采用环形金属弹带、环形弹带与低缠度膛线（均为）$20d$（20 倍口径）配合，可使较长的弹丸保持飞行稳定。弹带材料多为铜质，也可采用非金属弹带。

（4）闭气环。闭气环装在弹带后面，一般用尼龙塑料制成。闭气环在弹丸出炮口后破

碎散落。

（5）底凹装置。该装置是装在弹体后部带有底凹的弹尾，它使整个弹丸具有良好的空气动力外形。榴弹的底凹装置由铝合金制造，可使弹丸质心前移，提高弹丸的飞行稳定性及射击精度，而且拆卸方便，随时将弹丸改换成底喷弹。对于同样弹形的照明弹、烟幕弹、子母弹等，弹体一般分成两部分，靠弹顶部分采用铝合金材料，而弹体下部和底凹装置采用钢材。这样调节弹丸质量和质心位置，可与榴弹有相同的弹道性能。

（6）引信。对远程榴弹，与一般榴弹相同，采用着发引信或空炸引信。为了互换，在弹丸药室口部处有一个引信腔，内装辅助药柱。当用着发引信时，不取出辅助药柱；当用空炸引信时要取出辅助药柱。辅助药柱上端有提手带，可方便取出；其下端有毡垫，在发射时起缓冲作用。照明弹、燃烧弹、子母弹等则采用时间引信。

（三）次膛远程弹

次膛远程弹实质上是一种次口径脱壳弹。由于大口径火炮的炮口动能大，发射一个质量较小均同口径的弹丸，可以获得较高的初速。但因弹重减小，弹丸较短，不仅断面质量相应减小，弹形也变坏，导致弹道系数增加，使弹丸在飞行中保存速度能力急剧降低，最终未必能达到增加射程的预期目的。次口径脱壳结构正是为了保持上述的有利因素，克服不利因素而产生的一种设计构思。

弹径比火炮口径小的弹丸称为次口径弹丸，次口径远程弹丸的一个重要组成部分是弹托。弹托就是外径与火炮口径相同，用来密封火药气体并赋予弹丸推力的环形装置。弹丸出炮口后，弹托脱掉。弹托基本上有环托和杯托两类（图3-1-29）。

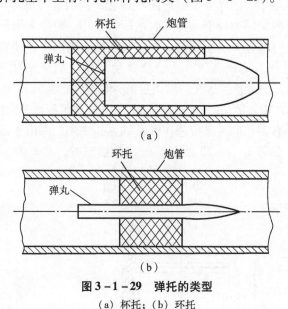

图3-1-29 弹托的类型

（a）杯托；（b）环托

对弹托的要求如下：

（1）能密封火药气体并赋予弹丸一个大的加速力；

（2）在膛内能保证支撑和正确引导弹丸运动；

（3）弹托有足够的强度，在膛内运动时弹托和弹体的连接处变形不能过大；

（4）弹托与弹体的质量比应尽量小；

（5）弹丸出炮口后，弹托应能迅速分离，对弹丸运动不产生干扰；

（6）弹托应使整装弹丸装配方便，并与药筒结合可靠。

下面以国外研制的某型次膛远程弹为例，介绍次膛远程弹的结构。

（1）弹体。弹体构造基本与全膛远程弹相同，取消了圆柱部，次膛远程弹如图3-1-30所示。

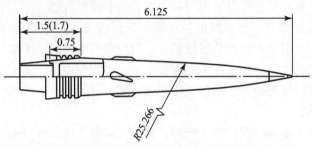

图3-1-30 次膛远程弹

（2）弹托或塑料弹带。次膛远程弹的弹托一般与弹带结合，成为一体结构，通常由塑料制成。为了控制弹带出炮口后立即破裂（脱壳），通常对非金属弹带可采用纵向切口、纵向开孔、刻制环形凹槽等方法（图3-1-31）。弹带的位置应尽量靠近弹尾，以利于闭气，同时还可使弹丸在炮膛内的装填位置前移，避免弹尾侵占药室容积过大。通常在配合弹带的弹尾锥面辊花，以增大弹托与弹体间的转动摩擦力矩。塑性弹带一般用尼龙塑料制成，由于塑料易于变形，摩擦系数小，能保证良好的闭气性能，同时还能减小对膛线起始部的磨损。此外，非金属弹带嵌入膛线的力较小，弹丸起始压力就小，可使火炮最大膛压减小。在大多数情况下，弹丸初速比标准弹丸有所提高，或在初速相同情况下，使膛压降低。

塑料弹带前面边缘制有沟槽花纹。为了弹丸装填到位后能卡住坡膛，防止弹丸滑出，203 mm 次膛远程弹和155 mm 次膛远程弹的花纹部分总宽度分别为25.4 mm 和18.7 mm。

弹带宽度比一般弹丸宽，例如，155 mm 和203 mm 次膛远程弹分别为96 mm 和102 mm。

如果弹丸口径缩小较多，而且弹带兼作弹带和弹托之用，则由于塑料强度低，一般采用金属弹带与金属弹托，如图3-1-32所示。弹托由铝制成，共6瓣，并由铜弹带、塑料闭气环组成。

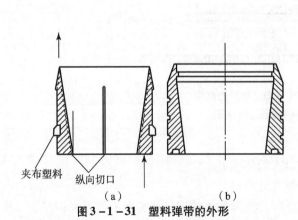

图3-1-31 塑料弹带的外形

（a）带纵向切口的塑料弹带；（b）带环形凹槽的塑料弹带

图3-1-32 带有分块金属弹托的次膛远程弹

定心块一般与全膛远程弹的定心块相同，由金属制成，呈流线型，与弹轴成一定倾角。当弹径很小时，弹托也可做成分块金属弹托的形式。当弹丸出炮口后，弹托脱掉（图3-1-32）。

对于高速发射的火炮，还应考虑次膛远程弹的装填速度问题。图3-1-33所示为海军使用的次膛远程榴弹的结构。

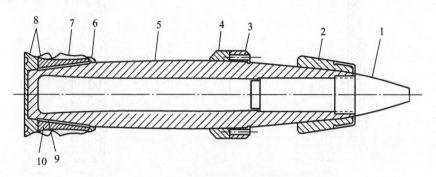

图3-1-33　海军使用的次膛远程榴弹的结构
1—弹头引信；2—前环；3—中环；4—前弹托；5—弹体；
6—后环；7—黄铜弹带；8—闭气环；9—纵向齿槽；10—后弹托

这种弹除装有铝制后弹托10外，还装有前环2、中环3和后环6。这些环用聚氨基甲酸酯泡沫塑料制成，质量小。装这三个环的目的是适应火炮高射速的装弹机构，使弹丸在几个关键位置的尺寸与标准弹丸相同。弹丸在膛内是靠前弹托4和后弹托10定心的。两个弹托均分成4块，便于在炮口处顺利脱开，不对弹丸产生干扰。增大定心距离在于使弹丸在膛内摆动小，有利于提高设计精度。弹托上装有黄铜弹带，用于把旋转力传给弹体5。闭气环8用高密度的聚乙烯制成。

这种脱壳弹配用于舰炮上。弹托在炮口附近脱开飞散，不会伤害人员。

（3）底凹装置。有的次膛远程弹也采用底凹装置。底凹装置一般用铝制造，采用左旋螺纹与弹体连接。这样不仅改善了工艺性，使弹丸质心前移，而且还可根据不同需要配用多种尺寸的底凹装置，以提供合适的弹尾形状，如图3-1-29所示。155 mm次膛远程弹丸，配有4种弹尾长度的底凹装置，其长度分别为1.1d、1.25d、1.35d和1.7d（包括弹体上的弹尾部长度0.75d）。对于初速小、膛线缠度大的火炮，可采用短底凹装置；对于初速大、膛线缠度小的火炮，可用长底凹装置。此外，还可在战地上按各种装药号的需要，安装不同长度的铝制底凹装置，以达到理想的飞行稳定性能。

三、底凹榴弹的结构

底凹榴弹在20世纪60年代初由美国最先开始研制，它因在弹丸底部采用底凹结构而得名。底凹榴弹的主体外形与平底榴弹相似，目前已逐渐代替平底榴弹。

1. 特点

1）底凹的深度影响弹底阻力

底凹结构呈圆柱形，底凹与弹体为一个整体时即为整体式底凹弹，与弹体螺接时即为螺接式底凹弹。底凹结构凹窝的深度若取（0.2~0.4）d，即为浅底凹，如图3-1-34所示；凹窝的深度若取（0.9~1.0）d，即为深底凹，如图3-1-35所示。

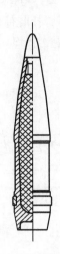

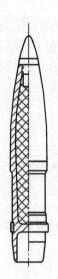

图 3-1-34　浅底凹榴弹　　　　　　　　图 3-1-35　深底凹榴弹

底凹深度的设计取决于弹丸的飞行速度，风洞试验表明；在亚声速和跨声速范围内，底凹结构可使弹底低压涡流强度减弱，局部真空区域被空气填充，从而提高了弹底部的压强，使底部阻力减小。底凹深度以取 $0.5d$ 为宜，而在超声速范围内，底凹深度与底压的关系不大。

2）易于弹体强度设计

采用底凹结构，可以将弹带设置在弹体与底凹之间的隔板处，提高了弹体强度。

3）提高威力

由于弹丸的增长，虽有底凹部分，但炸药药室的长度并未减短，同时由于弹带设置在弹体与底凹之间的隔板处，使弹体强度得到改善，可使弹壁减薄，从而增加炸药装药量，提高了弹丸的威力。

4）弹丸细长且飞行稳定性提高

采用底凹结构后弹头部形状尖锐，弹底前移，全弹长可超过旋转稳定式平底榴弹。由于弹丸的增长，弹带又靠近弹底面，从而增长了导引部，提高了弹丸膛内运动的正确性，有利于提高外弹道性能。

底凹结构使弹丸质量分布较集中，弹丸的赤道转动惯量与极转动惯量之比减小，而且整个弹丸的质心前移，压力中心后移，又使飞行中翻转力矩减小，这些都有利于弹丸的飞行稳定性，使空气阻力减小，且弹丸的散布也得到改善。

2. 存在的问题

底凹结构存在的主要问题：出炮口瞬间由于底凹部分内外压差很大，可能出现强度不足的现象，因此，在选取底凹部分的材料、确定底凹部分厚度时，必须满足炮口强度设计要求。

四、底部排气弹的结构

（一）概述

弹丸在飞行中总受底阻作用，即使弹形很好的弹丸，仍存在着底部阻力。一般旋转弹丸在超声速下的底阻占总阻力的 30% ~ 40%；细长头部的远程弹丸，因头部阻力减小，故底部阻力所占的比例更大，一般可达总阻力的 40% ~ 50% 甚至更多。为了进一步提高射程，就需要减小弹丸底部阻力。所谓底部排气弹（简称底排弹），正是基于这种思想而设计的一种增程弹丸。底排榴弹首先是瑞典于 20 世纪 60 年代中期开始研制的。许多国家和地区都采用底排增程技术，底排增程率为 25% ~ 30%，目前增程率已提高到 40% ~ 50%。

底部排气弹的底部装有专门的排气装置。排气装置中的排气剂或烟火剂在弹丸出炮口后或在弹丸开始点火并放出气体。气体进入弹丸后部的低压区，使弹底压力增加，底部阻力减小，从而增加射程，如图 3 - 1 - 36 所示。

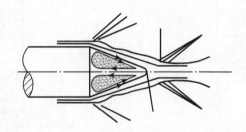

图 3 - 1 - 36　尾流区的流动示意图

因为排气缓慢，对弹丸的扰动小，其散布也不很大，所以它用于高初速旋转稳定的远程弹丸上最为有利。表 3 - 6 列有远程弹丸（155 mm - ERFB）与底部排气弹（155 mm - ERFB - BB）的空气阻力和射程的比较数据。

表 3 - 6　远程弹丸与底部排气弹空气阻力和射程比较

弹丸	弹丸质量 /kg	发射装药号	平均初速 $v_0/(\mathrm{m \cdot s^{-1}})$	空气阻力系数 C_{x0}（测量平均值）	射程/m
远程弹丸	45.98	10	805.3	0.252	25733
底部排气弹	48.11	10	802.3	0.172	31849
远程弹丸	45.98	11	894.0	0.286	29681
底部排气弹	48.11	11	894.3	0.197	39773

由表 3 - 6 可知，当弹丸平均初速基本相同时，采用底部排气的弹丸，其空气阻力系数减小，射程增加（在高初速下射程增加更为显著）。

（二）底部排气弹的构造特点

底部排气弹在外形上类似于一般弹丸，主要特点是在弹底上加了一个排气装置。图 3 - 1 - 37 ~ 图 3 - 1 - 40 所示为国外几种已列装的底部排气弹的结构形式。图 3 - 1 - 37 所示为在一般弹丸的底部附加一个排气装置后构成的圆柱形底部排气弹；图 3 - 1 - 38 所示为在远程弹丸上，去掉底凹装置再加上排气装置后构成的枣核形底部排气弹。图 3 - 1 - 39 和图 3 - 1 - 40 所示为采用复合药剂和烟火药剂的底部排气装置结构。

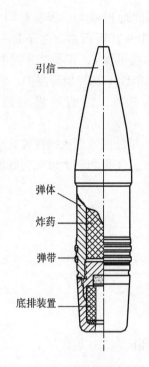

图 3 – 1 – 37　圆柱形底部排气
弹结构示意图

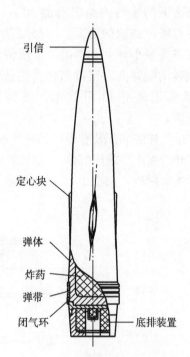

图 3 – 1 – 38　枣核形底部排气
弹结构示意图

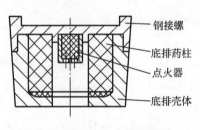

图 3 – 1 – 39　复合药剂底部
排气装置结构示意图

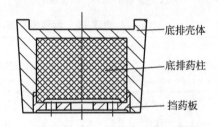

图 3 – 1 – 40　烟火药剂底部
排气装置结构示意图

　　底部排气装置一般由壳体、排气药柱、点火器等主要部分组成。壳体外形构成弹丸的弹尾，其底部有单个或多个排气孔，中间部分构成燃烧室。弹丸在飞行中，从燃烧室内排放气体。燃烧室内压力一般不高，因此壳体材料通常用铝或一般钢材制造。

　　1. 复合药剂底部排气装置

　　复合药剂底部排气装置一般由钢接螺、底排药柱、点火器和底排壳体等组成。

　　钢接螺的作用是将弹丸战斗部壳体与底排壳体相连接，并固定点火器。

　　底排壳体的作用是将底排药柱径向与轴向固定，提供药剂燃烧的空间，并通过其底端的排气孔控制药剂的燃烧规律与燃气的排出流率。根据底部排气弹总体结构设计的需要，通常底排壳体材料采用 LC4 或 LY12 硬质铝合金。

　　底排药柱的作用是按预先设计的燃烧面维持一定时间、一定燃烧规律的燃气生成。

复合型底排药剂燃速较低、密度较小，通常需要独立的点火器，这些特点对减阻效果和总体结构匹配设计都不太有利，但复合型药柱通常设计为中空多瓣扇形结构，以增大起始燃烧面积，并用阻燃材料包覆药柱两端及外表面（图 3 – 1 – 41）。它由质量分数 75% 的过氯酸铵和质量分数 25% 的端羧基聚丁二烯与少量黏结剂组成。过氯酸铵作为氧化剂，端羧基聚丁二烯为燃烧剂，由压制或铸造成型。发射时高温高压燃气充满底排装置，使其具有很好的抗高过载能力。图 3 – 1 – 42 所示为复合药剂底排药柱的力学性能图。

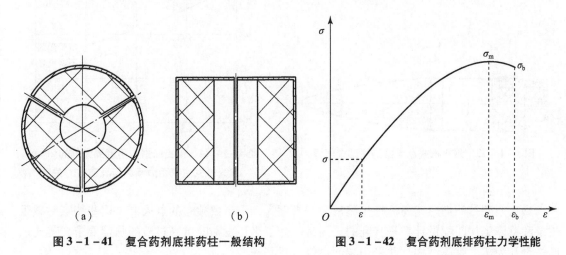

图 3 – 1 – 41　复合药剂底排药柱一般结构　　　　图 3 – 1 – 42　复合药剂底排药柱力学性能

复合型底排药剂在火炮膛内由发射药的高温高压气体点燃，但在炮口附近卸压时会出现被抽灭的现象，因此为了确保底部排气弹的最大射程密集度，需要点火器提供持续的燃气维持底排药柱的持续燃烧。

点火器的作用是在火炮膛内和炮口附近维持一定时间的持续燃烧，其燃气确保底排药柱全面可靠地点燃。点火器内装有由锆粉（$\sigma_m = 600 \sim 649$ kPa，$\varepsilon_m = 37\% \sim 40\%$，$E = 4488 \sim 6075$ kPa）、镁粉和黑火药等混合而成的点火药剂，一经火炮发射时发射药的高温高压气体点燃后，就能维持一定时间的持续燃烧，在炮口卸压时也不会被抽灭，从而可以提供持续的燃气维持底排药柱的持续燃烧。

点火器一般有以下两种：

（1）图 3 – 1 – 43 所示的点火器在膛内被火药气体点燃，而火药气体同时还点燃排气药柱。弹丸出炮口时，由于弹后压力迅速下降排气药柱很容易熄灭。这时点火器的火焰继续点燃排气药柱，保证其正常燃烧。

（2）另一种机械式点火器靠发射时的惯性力点燃。这种点火器构造比较复杂，它除了起点火作用外，平时还起底部排气装置的密封作用，这种结构的排气药柱不直接承受膛内气体的作用。

目前，对于复合型底排药剂正在研制烟火药剂递进式点火方式。烟火药剂递进式点火方式利用发射时高温高压燃气直接同时点燃药剂的所有可燃面，由烟火药剂提供持续的燃气。经过多种型号底部排气弹多次射击试验的考核，这种点火方式可以较好地满足复合型底排药剂的炮膛内外点火的持续性要求。

2. 烟火药剂底排装置

烟火药剂底排装置一般由底排药柱、挡药板和底排壳体等组成，是将烟火剂直接压入一般弹丸的弹底中，并在膛内直接点火。这种底部排气弹又称为喷烟弹，小口径曳光炮弹实质就是一个喷烟弹。图 3 - 1 - 44 所示为带曳光剂和不带曳光剂的 20 mm 曳光弹丸空气阻力系数与马赫数的关系。

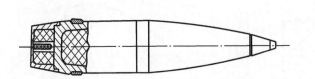

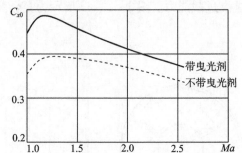

图 3 - 1 - 43 用机械式点火器的底部排气弹

图 3 - 1 - 44 带曳光剂和不带曳光剂的 **20 mm** 曳光弹丸空气阻力系数与马赫数的关系

烟火型底排药剂燃速高、排气流量大、密度大，不需要独立的点火器，这些特点对减阻效果和总体结构匹配设计都是有利的。但是，为了满足发射时抗高过载的强度要求，其药柱通常设计为实心整体结构，并采用端面燃烧方式。

烟火药剂底排装置通常需要独立的挡药板，该挡药板采用多孔结构形式，既能有效支撑烟火药剂，又能提供较大的通气面积。

（三）底部排气装置的参量选择与减阻系数的估算

为了在弹丸飞行时弹底尾流区具有所需的排气流率，以获得较大的减阻效果，要求排气药柱的结构尺寸、燃烧面积、燃速、强度等与排气孔面积、尾锥角及弹底面积等应有较好的匹配。

1. 排气流率

排气流率 I（量纲为 1 的参数）的表达式为

$$I = \frac{\dot{M}_f}{\dot{M}_a} \qquad\qquad (3-1-5)$$

式中　$\dot{M}_f$——通过排气孔的质量流率（kg/s）；

　　　$\dot{M}_a$——流经弹底的空气质量流率（kg/s）。

排气流率 I 与底压 p_b 有关，图 3 - 1 - 45 所示为二者的试验关系曲线。由图可以看出，随 I 值增大，p_b 呈现出第一个峰值，底部排气弹应当在此范围内取值。在一定条件下，I 值主要由质量流率 $\dot{M}_f$ 和 $\dot{M}_a$ 所决定。试验表明，当 $\dot{M}_f = 0.01 \sim 0.02$ kg/s 时比较有利，一般可取 $\dot{M}_f = 0.02$ kg/s。此外，当弹丸飞行马赫数为 1.5 ~ 3.0 时，增程效率较高。试验还表明，有底部排气时，弹尾角 α 以 5°为宜。图 3 - 1 - 46 所示为某些弹丸弹尾角 α 在不同药量下的增程率规律。

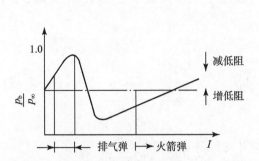

图 3 - 1 - 45 排气流率 I 与底压 p_b 的关系

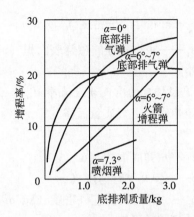

图 3 - 1 - 46 弹尾角 α 与增程率的关系

2. 排气药柱的燃烧速度

底部排气弹排出的质量流率 $\dot{M}_f$ 决定于排气药柱的燃烧速度 v_r，它可用下式计算：

$$v_r = \alpha_1 + \beta p^{\alpha_0} \tag{3-1-6}$$

式中 v_r——燃烧速度（m/s）；

       α_1——常数（m/s）；

       β——线性系数；

       α_0——指数系数；

       p——燃烧室内压力（Pa），一般采用试验的办法，可近似取为弹丸周围的大气压力。

弹丸周围的大气压力与弹丸飞行高度有关。因为 1 atm = 101325 Pa，相当于 760 mmHg （1 mmHg = 133.32 Pa）的压力，因此，用 Pa 表示的压力 p 与用 mmHg 表示的压力 h 有下述关系：

$$\frac{p}{101325} = \frac{h}{760}$$

即

$$p = 133.32h \tag{3-1-7}$$

由外弹道学可知 $h = h_{0n}\pi(Y) \tag{3-1-8}$

式中 h_{0n}——地面标准气压值，炮兵采用 750 mmHg；

       $\pi(Y)$——随高度 Y 变化的气压函数，可用外弹道学公式计算。

于是有

$$p = 100000\pi(Y) \text{（Pa）} \tag{3-1-9}$$

系数 β、α_0、α_1 是根据试验确定的，对 155mm 远程底部排气弹（ERFB - BB）有如下试验数据：

$$\begin{cases} \beta = 0.757 \times 10^{-6} \\ \alpha_0 = 0.66 \\ \alpha_1 = 0.4318 \times 10^{-3} \text{ m/s} \end{cases}$$

3. 通过排气孔的质量流率 $\dot{M}_f$

当药柱的燃烧速度确定之后，通过排气孔排出底排药剂气体的质量流率为

$$\dot{M}_{f} = \rho_{f} \cdot A_{f} v_{r} \qquad (3-1-10)$$

式中　ρ_{f}——底排药柱密度（kg/m^3）；

　　　A_{f}——底排药柱的燃烧表面积（m^2），A_{f} 在燃烧过程中是逐渐变化的，由初始表面积逐渐减小。

4. 流经弹底的空气质量流率 $\dot{M}_{a}$

流经弹底的空气质量流率为

$$\dot{M}_{a} = \rho_{a} A_{b} v \qquad (3-1-11)$$

式中　A_{b}——弹底面积（m^2）；

　　　v——弹丸飞行速度（m/s）；

　　　ρ_{a}——弹丸周围空气密度（kg/m^3），随弹丸飞行高度而变化。

由外弹道学可知

$$\rho_{a} = \rho_{0n} \tau_{0n} \pi(Y)/\tau \qquad (3-1-12)$$

式中　$\rho_{0n} = 0.12245\ kg/m^3$；$\tau_{0n} = 288.9\ K$；$\tau$ 为虚拟温度；$\pi(Y)$ 和 τ 均可由外弹道学公式计算。

5. 底排参数对排气效应的影响

为了获得减阻效应的最大效果，并保证在弹丸飞行的大部分时间内，弹底尾流区具有所需要的排气流率和弹底压力，底部排气装置的底面积 A_{b}、排气孔面积 A_{h}、药柱质量、药柱燃烧面积及其静燃烧速度等因素都必须很好地匹配。

以 A_{h}/A_{b} 及 $(A_{h}/A_{b})/I$ 等量纲为 1 的参量作为参数，它们与底部阻力系数减小量 ΔC_{xb} 的关系曲线如图 3-1-47 和图 3-1-48 所示。

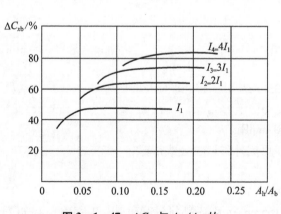

图 3-1-47　ΔC_{xb} 与 A_{h}/A_{b} 的
关系曲线

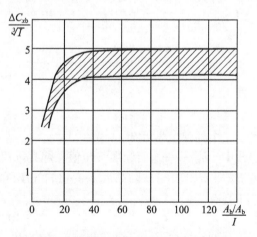

图 3-1-48　ΔC_{xb} 与 $(A_{h}/A_{b})/I$ 的
关系曲线

由上述曲线可看出：在一定的 I 值下，存在一个获得最大减阻效果的 A_{h}/A_{b} 值；另外，$(A_{h}/A_{b})/I$ 的值至少为 10。当 $(A_{h}/A_{b})/I = 20$ 时，可得到最大底阻系数减少量。继续增加 $(A_{h}/A_{b})/I$ 的值，对 $\Delta C_{xb}/\sqrt[3]{I}$ 不再产生影响。

由于质量流率与排气药柱燃烧面积及排气孔面积有关，为了获得最大的减阻效果，药柱燃烧面积和排气孔面积应有适当的比例，通常应保持在 15∶1 ~ 45∶1 的范围内。当排气孔面积太小时，将会使燃烧室内压力增加，并导致药柱燃速增加和底部排气效果不佳。为了避免这种情况出现，燃烧面积应该是递减的，使得排气药柱燃烧结束时，上述比例不超过 20∶10。排气孔过大，由于燃烧室内压力低，燃烧速度小，燃烧室内外压差小，不能保证足够的排气质量流率，甚至可能熄火。

6. 底阻减小量的估算

底部排气弹的底部阻力系数 C_{xb} 与排气流率 I 有关。试验表明，随着 I 的增加，底部阻力系数 C_{xb} 将减小，并有以下经验公式：

$$C_{xb} = C_{xb0} e^{-JI} \qquad (3-1-13)$$

式中 C_{xb}——有底部排气时弹丸的底部阻力系数；

C_{xb0}——无底部排气时弹丸的底部阻力系数；

I——排气流率；

J——试验系数。

底部阻力系数减小量为

$$\Delta C_{xb} = C_{xb0}(1 - e^{-JI}) \qquad (3-1-14)$$

试验系数 J 取决于马赫数，图 3 - 1 - 49 所示为 155 mm 远程底部排气弹（ERFB - BB）试验系数 J 与马赫数的变化曲线。

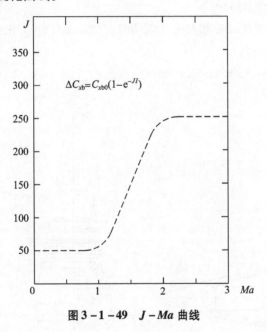

$$\Delta C_{xb} = C_{xb0}(1 - e^{-JI})$$

图 3 - 1 - 49 $J - Ma$ 曲线

图 3 - 1 - 49 表明：

当 $Ma < 1.1$ 时，有

$$J = 50$$

当 $1.1 < Ma < 2.05$ 时，有

$$J = -181 + 210Ma$$

当 $Ma > 2.05$ 时，有

$$J = 250$$

应该指出，式（3 - 1 - 13）与式（3 - 1 - 14）只适于小排流参量的情况。当排气流率增加，并超过某一极限值 I_{lim} 后，这时应采用下列修正公式计算底部阻力系数减小量，即

$$\Delta C_{xb} = C_{xb0}(1 - e^{-JI})C_k \tag{3 - 1 - 15}$$

式中 C_k——修正系数。

当 $I \leqslant I_{\text{lim}}$ 时，有

$$C_k = 1.0$$

当 $I > I_{\text{lim}}$ 时，有

$$C_k = 1 - \left(\frac{I}{I_{\text{lim}}} - 1\right)^2 C_{\text{lim}} \tag{3 - 1 - 16}$$

式（3 - 1 - 16）中的 I_{lim} 与 C_{lim} 的值，一般由试验确定。例如，155 mm 远程底部排气弹（ERFB - BB）的数据为 $I_{\text{lim}} = 0.007$，$C_{\text{lim}} = 0.25$。由底部阻力系数减小量 ΔC_{xb} 可比较底部排气弹的减阻效果。

五、弹丸零件的结构

弹丸由弹体、头螺、底螺和一些辅助零件，如爆管、隔板、被帽和风帽等组成。

（一）头螺

头螺可以在下列情况下使用：

（1）当弹丸作用需要从弹头部抛出装填物时，如前抛反装甲子母弹头螺（图 3 - 1 - 50）和燃烧弹头螺（图 3 - 1 - 51）。

（2）当弹丸需要从弹头部装药时，如破甲弹头螺（图 3 - 1 - 52）。

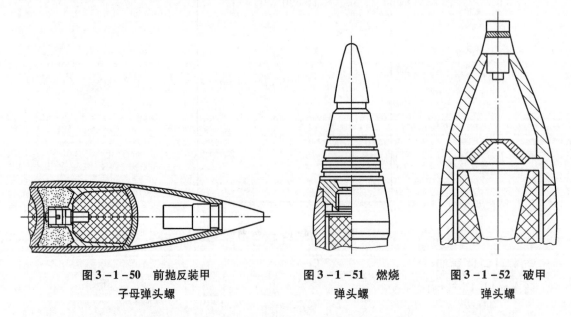

图 3 - 1 - 50　前抛反装甲　　　图 3 - 1 - 51　燃烧　　　图 3 - 1 - 52　破甲

子母弹头螺　　　　　　弹头螺　　　　　　弹头螺

（3）当用现有设备制造整体弹壳有困难时，如一些大口径榴弹。

（4）当一些同口径弹种，如榴弹、照明弹、子母弹等需要弹道一致时，常用不同壁厚、不同金属的头螺调整弹丸的外形、质量和质心位置。

对头螺的要求有以下几项：

（1）头螺与弹体结合时轴对称性好。

（2）弹体与头螺连接处密封性好。

（3）保证弹体与头螺有一定的强度。

（4）头螺与弹体结合牢固，对于榴弹应在内廓上使两零件端面紧密结合，而在外表面上留出一道间隙，为了防止头螺旋出，还可用螺钉进行固定。

（二）底螺

底螺可以在下列情况下使用：

（1）当弹丸必须具有保持坚固完整的实心头部时，如穿甲弹、混凝土破坏弹、碎甲弹和大口径爆破弹等。

（2）当弹丸需要从底部抛出装填物时，如照明弹、宣传弹、燃烧弹和子母弹等。

（3）当弹丸需要从底部装填炸药时。

底螺可分为固定式和可抛式两种。

1）固定式底螺

固定式底螺在穿甲弹、混凝土破坏弹、碎甲弹和底螺榴弹中使用。底螺用螺纹连接在弹丸上，发射与作用时都与弹体牢固连接在一起。

固定式底螺又分为内凸缘式、外凸缘式和无凸缘式三种形式，如图 3 – 1 – 53 所示。一些小口径穿甲弹，无底螺，而以引信直接旋入弹体上。

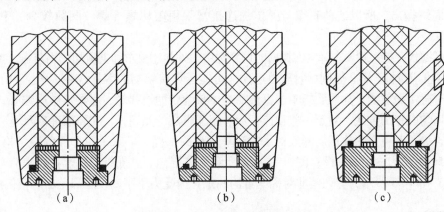

图 3 – 1 – 53　固定式底螺的形式
（a）内凸缘式；（b）外凸缘式；（c）无凸缘式

对底螺的要求有以下两项：

（1）结合牢固。选择适当的螺纹方向，防止弹丸在发射或与目标碰击时发生相对回转。对于榴弹多用左螺纹；对于穿甲弹多用右螺纹。此外，为了防止螺纹回转，还可使用键、销或螺栓固定。

（2）密封可靠。在膛内紧塞火药气体有着重要的作用。当底螺处漏气时，很可能产生膛炸的严重事故，为了可靠紧塞火药气体，可使用各种适用办法。最简单的办法是，在螺纹中填满各种油灰，并使用以各种塑料或金属（铜、铅）制成的衬垫放在弹底环形凸起部，如图 3 – 1 – 54 所示。也可以利用塞片或塞环（图 3 – 1 – 55）装在弹底和弹体上。

用装有纯感装填物的底螺弹进行试射，并抽检铅环变形程度、螺纹连接处的熏黑程度和垫在弹底上的硝化棉完整状况，可判定底螺紧塞状况。底螺和药柱间还应垫纸垫，以消除间隙，并起缓冲作用。

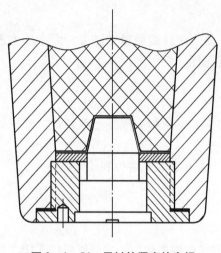

图 3 - 1 - 54　用衬垫紧塞的底螺

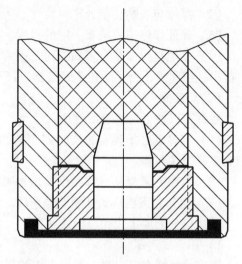

图 3 - 1 - 55　用塞片或塞环紧塞的底螺

2）可抛式底螺

可抛式底螺在照明弹、宣传弹、燃烧弹、子母弹等弹丸中使用。由于在弹丸作用时要在弹道上将底螺抛出，所以这种底螺与弹体的连接常采用剪切螺（螺纹圈数较少）和剪切销等连接方法。

对于可抛式底螺，除要求弹丸在抛射时可靠地密封外，还要求弹丸剪切作用可靠。剪切螺纹或剪切销强度应选择合适，否则抛射压力过大，可能压坏装填物的零件或装填物。为了防止底螺在抛出时碰击抛射物，如照明矩伞、宣传品、子母弹中的子弹等，底螺常做成偏心式或采用剪切销不均匀配置的方法。对于一些初速很大、膛压很高的照明弹，在要求弹底具有一定厚度的情况下，为了避免空中作用后弹底对正常开伞运动的干扰，可以采用分层偏心结构的底螺。图 3 - 1 - 56 所示为偏心式底螺；图 3 - 1 - 57 所示为分层偏心式底螺，底螺在抛出后会偏离弹道线；图 3 - 1 - 58 所示为剪切销非对称配置的底螺，因受力不平衡，底螺抛出时会偏向一边。

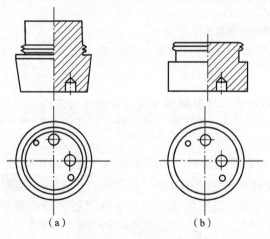

（a）　　　　　　　（b）

图 3 - 1 - 56　偏心式底螺

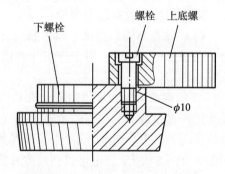

下螺栓　　螺栓　上底螺

$\phi 10$

图 3 - 1 - 57　分层偏心式底螺

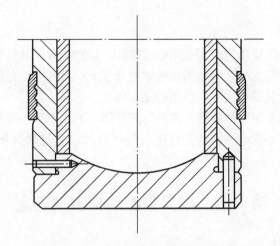

图 3 – 1 – 58 剪切销非对称配置的底螺

（三）爆管

爆管的使用场所如下：

（1）当需要将爆炸装药与装填物分开时，如爆开式发烟弹、化学弹等；

（2）当需将敏感的传爆药与爆炸装药分开时，为了便于弹丸装配和使用安全；

（3）为了使装填物密封可靠；

（4）加大引信起爆能量，使炸药爆炸完全。

爆管分为整体式、结合式与药室等长式三种，如图 3 – 1 – 59 所示。

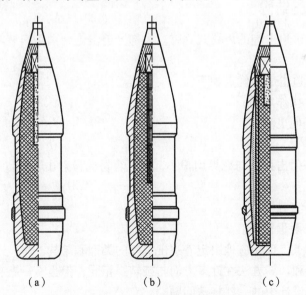

（a） （b） （c）

图 3 – 1 – 59 带爆管的弹丸

（a）整体式爆管；（b）结合式爆管；（c）药室等长式爆管

对爆管的要求如下：

（1）爆管质量尽量小，长度短，在可能时尽量避免使用爆管；

（2）长度较长的爆管要做成与药室等长式的，防止发射时因离心力作用而产生振动和歪斜。

（四）隔板

只有当弹丸需要抛出装填物时才配用隔板零件，如燃烧弹、宣传弹和子母弹等。隔板的用途一方面是防止抛射药气体直接作用在装填物元素上；另一方面是将抛射药气体压力作用在头螺或底螺上，切断其弱连接，将装填物抛出弹外。

对隔板的要求：具有足够的强度，在抛射药气体压力作用下不变形，不破裂，能将压力传递下去；有的隔板中心有小孔，能使抛射药气体通过小孔点燃装填物（燃烧剂、照明剂等）。

第二节　尾翼弹的结构方案确定

尾翼弹的结构设计包括：

（1）确定尾翼弹的尺寸；

（2）确定弹壳的结构特点；

（3）确定稳定装置的结构；

（4）选择弹壳和零件的材料；

（5）选择装填物；

（6）选择引信。

本节重点介绍迫击炮弹的设计，对于其他弹形主要阐述其结构特点。

一、迫击炮弹的结构

迫击炮弹是配用于迫击炮的尾翼式炮弹。大部分迫击炮弹由炮口装填，也有某些大口径迫击炮弹由后膛装填。

与线膛炮相比，迫击炮的优点如下：

（1）构造简单，操作容易；

（2）质量小，轻便灵活；

（3）射速大；

（4）弹道弯曲，射击死角与死界均很小，并且容易选择射击阵地。

迫击炮的缺点如下：

（1）不便于进行直瞄射击；

（2）初速较小，射程较近。

迫击炮的上述特点，也相应地决定着迫击炮弹的类型和结构。

迫击炮弹的设计和计算方法在许多方面与旋转弹相同，但也有一些特殊之处。因此，下面重点介绍迫击炮弹设计中的一些特殊问题。

（一）迫击炮弹的设计特点

1. 发射药的装填密度小及点火方式特殊

迫击炮弹的发射药配置在弹尾部后面的稳定装置上（图 3 - 2 - 1），因此药室容积的大小取决于炮弹尾部在膛内留下的空间，而这个空间与发射装药相比是较大的。因此，迫击炮弹的发射装药的装填密度值很小，通常为 $40 \sim 15 \ kg/m^3$；而一般的线膛火炮的装填密度约为650～800 kg/m³。发射装药的装填密度小，点火时发射药往往不能立刻均匀点燃和燃烧，因而降低了炮弹的射击精度。

为了使迫击炮弹在发射时能可靠点火与均匀燃烧，通常将迫击炮弹的发射药分成两部分：第一部分发射药称为基本装药（底药），它的质量小，而装填密度大，装在以厚纸制成的、带有底火的基本药管内，基本药管插在迫击炮弹的尾管内（图3－2－2）；第二部分发射药称为辅助装药，它的质量较大（为底药的10倍或10倍以上）。辅助装药通常又分成数个药包套在尾管上。

因此，在设计迫击炮弹时，必须考虑到发射装药的点火问题，这就要求设计出强度可靠、作用确实的尾管结构与其相应的基本药管。

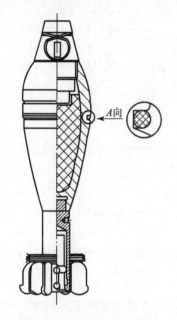

图3－2－1　迫击炮弹结构

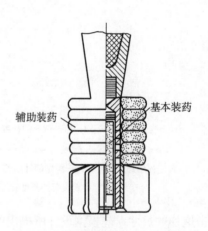

图3－2－2　迫击炮弹发射装药配置

2. 火药气体的泄漏

迫击炮弹一般从炮口装填，为了保证其下滑运动，在迫击炮弹与炮膛壁之间，应有一定的缝隙。炮弹下滑时，能使膛内被挤压的气体顺利通过缝隙泄漏，而且不会明显地影响下滑速度。

但由于这个缝隙的存在，就使得发射时火药气体大量往外泄漏，泄漏量可以达到总量的10%～15%。火药气体的泄漏，使膛压降低，初速下降，射程减小，同时还使炮弹的初速或然误差增大。此外，缝隙的存在也影响炮弹在膛内运动的定位作用，从而导致射击精度降低。

迫击炮弹与膛壁间的缝隙，一方面是装填条件所必须有的，另一方面却又是造成射击精度降低的主要原因。所以，在设计迫击炮弹时，应当确定一个最合理的缝隙值。为了解决这个矛盾，现在多采用闭气环结构，使炮弹下滑时有合理的缝隙；而当炮弹发射向前运动时，闭气环扩张，消除缝隙，防止火药气体泄漏。

3. 利用尾翼的稳定方式

迫击炮弹是通过炮弹后部的尾翼来稳定的。飞行时，由于有尾翼，使空气阻力中心移到整个炮弹质心的后方。所以，由空气阻力形成的力矩，是使弹丸回至弹道切线位置的稳定力矩。稳定力矩越大，炮弹在空中飞行的稳定性也越好。

从飞行稳定性的观点来看，应使空气阻力中心后移，质心位置尽量前移。因此，必须选择质量很小的尾翼，同时增加弹头部的质量。

（二）迫击炮弹的结构设计

1. 迫击炮弹的外形结构尺寸

迫击炮弹的结构和尺寸如图 3 - 2 - 3 所示。

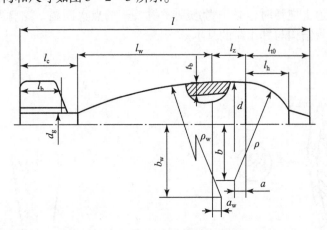

图 3 - 2 - 3　迫击炮弹的结构和尺寸

d—迫击炮弹的口径；l—迫击炮弹的长度；l_{t0}—迫击炮弹头部的长度；l_h—弹壳头部的长度；

ρ—弹头外形母线的半径；a，b—弹头部圆弧母线的中心坐标；l_z—圆柱部的长度；

l_w—弹尾部的长度；ρ_w—弹尾部外形圆弧的半径；a_w，b_w—弹尾部圆弧母线的中心坐标；

l_c—稳定装置的长度；l_b—尾翼的高度；d_g—稳定杆的直径

迫击炮弹的尺寸，应根据设计所提出的威力、射程以及射击精度等方面的要求确定。从减小空气阻力考虑，迫击炮弹的尺寸与旋转弹丸不同。这是由于它是以亚/跨声速飞行的弹丸，因此炮弹外形与旋转弹丸的外形相差较大。一般迫击炮弹外形为滴状，对减小空气阻力最为有利。而为了增大威力以及一些特种迫击炮弹，如照明弹，宣传弹等，其装填容积都较大，外形也粗大。

1）迫击炮弹的长度

迫击炮弹的质量确定后，其长度主要取决子弹体壁厚和稳定装置的长度。弹体壁厚是根据弹体在发射时以及碰击障碍物的强度条件确定的（对爆破迫击炮弹），或者是以在目标上的最大作用威力的条件确定的（对杀伤迫击炮弹）；稳定装置的长度是根据弹丸在飞行中的稳定性条件确定的。

与旋转弹丸不同，迫击炮弹的长度不受其飞行稳定条件的限制，这一点是尾翼式弹丸的突出优点。由于增大弹丸的长度即增加其质量，因而也是增大威力的重要措施之一。但是，在迫击炮弹的质量和口径确定后，随着弹体长度的增大，空气阻力也增加，因而使射程减小。所以，确定迫击炮弹的长度应在保证最大威力的条件下，根据给定的（或者是弹道计算所确定的）值量，取最小的长度。

2）迫击炮弹的弹头部

弹头部的形状和主要尺寸是指弹头部的高度、弹顶的形状和弹头部的形状母线的参数。

弹头部的长度与迫击炮弹的射程、飞行稳定性，以及侵彻障碍物的深度有关。增大弹头部长度可使弹头部锐化，因而空气阻力将少许减小。然而，这又会使迫击炮弹在飞行中产生摆动，增大空气阻力。所以，确定弹头部的长度应根据确定的弹丸长度、弹丸飞行速度以及空中的摆动情况，选取空气阻力最小的弹头部的长度。

对于迫击炮弹飞行稳定性而言，弹头部应短些。因为弹头部增长时，空气阻力中心前移。这样，将使空气阻力中心和迫击炮弹质心间的距离减小，降低飞行稳定性。对于迫击炮弹威力而言，杀伤迫击炮弹应选取短的弹头部，这是因为爆炸时弹头部所产生的破片一般都侵入土壤中去了。所以当弹丸质量给定时，杀伤迫击炮弹头部越短，其产生杀伤破片的那一部分就越多。对于爆破弹和杀伤爆破弹来说，当用于对工事破坏时，应在爆炸瞬间得到最有利的侵彻深度，由于迫击炮弹的碰击速度小，为提高碰击作用，弹头应做得长些。还应考虑到，当迫击炮弹长度给定时，加长弹头部会使炮弹丸室容积减小，因而装填炸药的质量也减小了。所以，一般滴状爆破迫击炮弹的弹头部长度比杀伤迫击炮弹部长度大一些。对于大容积迫击炮弹来说，由于断面质量大，因此它具有足够的碰击作用，就不需要再使弹头部锐化了。但是，由于现代迫击炮弹的初速有增大的趋势，因此弹头部长度应适当增加。

迫击炮弹弹头部的形状母线可取圆弧形，圆弧中心通常位于弹头部的底平面上。为了使弹头部更加尖锐，可增大圆弧形成线的半径和使其中心向弹头部底面下移。在这种情况下，弹头部和圆柱部形成线之间产生一个连接角。

迫击炮弹弹头外形一般不进行加工，而定心部（或圆柱部）则需要加工。在车削定心部时，由于定心部与头弧母线不同心，常出现一侧头弧车削较多而另一侧却留下台阶的现象。为了避免出现这种现象，一般选取弹头弧形成线的底圆直径比定心部直径小，使定心部高出弹头弧形部。但是，这样会使弹体外形的流线型受到破坏，更好的办法是取头部母线为圆弧与直线的组合形；也可在弹头部与圆柱部交界处留有 $3° \sim 5°$ 的连接角，如有可能将弹头弧部外形进行加工则更好。

3）迫击炮弹圆柱部的长度

圆柱部的长度对空气阻力和迫击炮弹的威力有一定影响，增大圆柱部的长度时，空气阻力增加，所以，为了减少空气阻力而得到最大射程，就必须减小迫击炮弹圆柱部的长度。

为了增大爆破迫击炮弹的威力，可以增大其圆柱部的长度，例如，可做成圆柱部很长的大容积爆破迫击炮弹，然而，增大迫击炮弹圆柱部的长度将引起射程的降低，因此，爆破迫击炮弹圆柱部的增加，不仅受到迫击炮弹全长的限制，而且也受到射程的限制。

4）弹尾部的形状和尺寸

弹尾部的主要构造尺寸包括：弹尾的长度 l_w、形成线的半径 ρ_w 和形成半径的中心坐标 a_w、b_w，以及尾管的直径 d_g 等。迫击炮弹的射程、威力及炮膛药室均与弹尾部的形状和尺寸有关。

迫击炮弹尾部形状对空气阻力的影响较大。当迫击炮弹尾部空气边界层不被分离，气流不产生涡流时，空气阻力将最小。因此，弹尾部的形成线应按迫击炮弹飞行速度最大时的气流流线形状绘制。一般取圆弧作为弹尾部的形成线，圆弧中心位于弹尾部起始基面或稍高些。当迫击炮弹飞行速度增加时，气流流线比较平直，因此弹尾部的长度应增加。

当增加迫击炮弹的威力而对射程没有决定意义时，可以用减少弹尾部长度的方法增大圆柱部的长度。

改变弹尾部的尺寸时，发射药的药室容积将改变。因此，设计现有迫击炮的迫击炮弹时，若想保留原标准装填条件，在改变弹尾部尺寸的同时，必须改变稳定装置的尺寸，以使药室容积不变。

5）迫击炮弹的导引部

迫击炮弹的导引部由弹体上的定心部（圆柱部）和稳定装置上的定心凸起部或定心面构成。

迫击炮弹发射时，火药气体从定心部间隙中泄出。为了减少火药气体的泄漏，一般有两种方法。

（1）在定心部上，车制各种类型的环形沟槽（图3-2-4），火药气体经过狭小的缝隙冲入环形沟槽，并在这里膨胀，使速度迅速下降，这样就可减少火药气体的泄漏量（图3-2-5）。

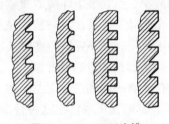

图3-2-4　环形沟槽

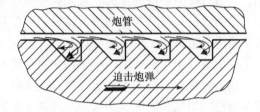

图3-2-5　火药气体的泄漏

（2）在迫击炮弹靠近定心部的下方安装闭气环。对闭气环时要求是：当迫击炮弹沿炮管下滑时不应闭气；沿炮管向前运动时能可靠闭气；出炮口后闭气环破碎或缩回，不影响迫击炮弹飞行。

图3-2-6所示为由各种材料，如钢或铝合金制成的闭气环。闭气环分为两个半圆，其端部各有凸凹槽（图3-2-6（d）），它们在弹体槽内结合成一体（图3-2-6（c））。弹丸装填下滑时，其直径不应超过弹丸口径（图3-2-6（a））。当发射时，火药气体一方面推动弹丸运动，另一方面通过弹炮间隙向膛外流出。这样就造成闭气环外缘压力减低，从而

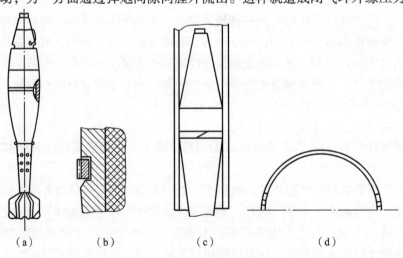

（a）　　　　　　（b）　　　　　　（c）　　　　　　（d）

图3-2-6　闭气环的构造

使闭气环径向自弹体槽内向外扩张，同时高压气体又进入闭气环与槽底的中间。这样，高压火炮气体又使闭气环自槽内均匀地从径向向外膨胀（图3-2-6（b）），使闭气环外表面紧靠炮膛而闭气。当弹丸出炮口后，由于槽内火药气体压力的作用，闭气环继续径向膨胀而破碎，并且立即与弹体分离，并碎成三块或三块以上。

为了减少闭气环与炮膛的摩擦，有的闭气环外表面涂有一层润滑材料，如聚四氟乙烯或二硫化钼。

美国81 mm迫击炮弹用的闭气环由两部分组成：前面装一个聚氯乙烯环，其上有断裂槽，弹丸出炮口后断裂；后面有两个半圆形的金属环。

图3-2-1所示的上圆柱部下面有一个环形橡胶闭气环，其作用原理与上面相同。

2. 迫击炮弹的内形结构

迫击炮弹内形的基本尺寸如图3-2-7所示。迫击炮弹的质量、炸药的质量、装填方法和弹壳外形尺寸确定后，即可确定迫击炮弹药室的尺寸。药室的尺寸主要取决迫击炮弹弹壳壁厚。

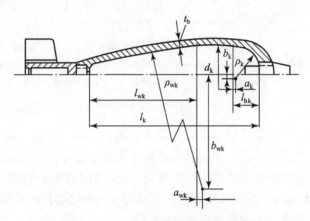

图3-2-7 迫击炮弹内形的基本尺寸

l_k—药室长度；l_{hk}—药室头部长度；ρ_k—药室头部母线的半径；

a_k，b_k—药室头部母线的中心坐标；l_{wk}—药室尾部长度；ρ_{wk}—药室尾部母线半径；

a_{wk}，b_{wk}—药室尾部母线中心坐标；t—弹壳壁厚；d_k—药室圆柱部直径

弹壳头部壁厚，不论迫击炮弹的用途如何，均应比圆柱部和弹尾部的壁厚要大些。其目的在于将弹丸质心尽量靠前配置，以满足飞行稳定性的要求。

弹壳圆柱部和弹尾部的壁厚取决于迫击炮弹的用途和弹壳的强度。

爆破迫击炮弹在满足发射强度条件下，应使圆柱部的壁厚最薄，而弹尾部的壁厚随着与圆柱部的距离增大而减小。

杀伤迫击炮弹圆柱部和弹尾部的壁厚应根据其最大杀伤作用确定；杀伤爆破弹弹壳的圆柱部和弹尾部的壁厚通常在整个长度上是相同的。

从铸造工艺性的观点来看，弹壳壁厚均匀一致，可避免在定心部出现组织疏松的缺陷。这是因为壁厚均匀，在金属冷却时收缩比较一致。

在弹体内外形状和尺寸确定后，还要确定弹体是由几个零件组成。弹体最好是设计成整体的，因为整体弹体发射与碰击强度均较高，密封性较好，弹体质量不对称性也较小。但

是，有时不得不采用非整体结构，这是由于工艺的要求或弹丸作用的要求（如照明弹、燃烧弹、烟幕弹），此时弹体可由两个或几个零件螺接而成。

（三）迫击炮弹稳定装置的设计

迫击炮弹的稳定装置通常包括尾翼片和尾管，射击精度和射程均与稳定装置的构造有关。设计稳定装置主要是考虑迫击炮弹飞行稳定性和将发射药分开燃烧。

1. 迫击炮弹稳定装置的结构尺寸

稳定装置的结构尺寸如图 3 – 2 – 8 所示。

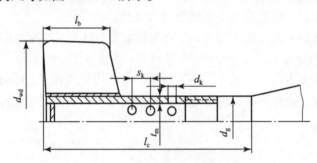

图 3 – 2 – 8　稳定装置的结构尺寸

l_c—稳定装置的长度；$l_c = l_a + l_b$；l_a—稳定杆的长度；l_b—尾翼长度；d_{wd}—尾翼的翼展；

d_g—尾管直径；t_m—尾管壁厚；d_k—传火孔直径；

s_k—相邻传火孔中心的距离

从稳定性来考虑，稳定装置设计主要是确定尾翼的翼展、数目、高度以及尾管的长度；而从实现发射药分开燃烧来考虑，主要是确定传火孔的数目与直径及其装配位置。

为了提高精度，可使迫击炮弹在飞行中旋转。采用的办法是：将翼片与弹轴线倾斜成一定角度（图 3 – 2 – 6 (a)），在弹丸飞行时，气动力作用在这些扭转后的尾翅上使弹丸旋转。

迫击炮弹的稳定装置的构造尺寸见表 3 – 7。

表 3 – 7　某些迫击炮弹的稳定装置的构造尺寸

名称	稳定装置长度 l_c	稳定杆长度 l_a	尾翼高度 b	尾翼数目 n	尾管壁厚 t_m		传火孔直径 d_k /mm	传火孔数目 m_k
					d	mm		
82 mm 杀伤迫击炮弹	1.0d	0.57d	0.43d	10	0.38	5.4	6.7	12
	1.0d	0.20d	0.80d	6	0.38	5.75	5.5	18
100 mm 杀伤迫击炮弹	1.53d	1.19d	0.34d	10	0.30	4.75	7.0	15
120 mm 杀伤迫击炮弹	1.51d	1.04d	0.47d	12	0.33	6.75	9.0	18
160 mm 杀伤迫击炮弹	2.23d	1.13d	1.10d	12	0.25	7.5	9.0	18
240 mm 杀伤迫击炮弹	2.25d	2.17d	1.04d	10	0.30	8.5	10.0	18

2. 考虑飞行稳定性的结构设计

根据稳定性的考虑来设计稳定装置时，主要是确定如下结构尺寸：

（1）尾翼：尾翼的翼展 d_{wd}，尾翼数目 n，尾翼长度 l_b；

（2）尾管：稳定杆的长度 l_c（图 3 – 2 – 8）。

首先根据相似的并经试验证明是稳定的迫击炮弹稳定装置，大致确定这些尺寸；然后根据计算和试验进行修改；最后通过射击试验确定下来。在射击试验中，通过分析声音（飞行失稳的迫击炮弹在空中发出不正常的怪声），研究射程和弹着点散布情况判断飞行稳定性。有条件时，可用光学仪器跟踪拍摄全弹道飞行过程，或用雷达装置跟踪获得弹道曲线，失稳的迫击炮弹弹道曲线是不正常的。当稳定性不足时，可用加长尾管长度或用两层尾翼、张开式尾翼等方法解决。

尾管壁厚主要根据发射时的强度要求确定，但确定外径时应考虑其毛坯直径符合圆钢的标准，以免给生产供应造成困难；尾管内径也应按钢管的规格标准来定。在确定稳定装置的长度时，应注意到迫击炮的药室容积，这与内弹道性能密切相关。

如尾管内腔需经机械加工，通常采用 40 钢和 45 钢；如尾管内腔采用冷挤，则可采用 S10 钢和 S20 钢。

尾翼片的厚度基本上取决于其在膛内运动时碰击炮膛壁的刚度，通常弹丸口径越大，其径向尺寸也越大，刚度也就越差。因此，厚度要相应增大。尾翼片一般采用 20 钢和 25 钢，也可以考虑用铝合金制造。

3. 考虑分开燃烧的结构设计

这里主要是确定传火孔数目、直径和配置位置的方法。由于迫击炮弹发射药装填密度小，采用旋转弹丸的点火方式不能保证足够的起始点火压力，因此采用了分开燃烧的方法。由于基本药管内装药的装填密度大，当其点火后达到足够压力时，由传火孔冲出的火药气体能使装填密度较小的附加装药正常完全点火。基本装药的气体冲破传火孔纸壳时的压力通常为 40~120 MPa。如果压力过小，则不能保证附加装药均匀全面点火；如果压力过大，则会引起发射药形状破坏，影响内弹道性能。

1) 传火孔的直径

当基本药管内的发射药燃烧达到一定压力时，火药气体将对传火孔处基本药管的纸壳产生剪切破坏。如果已知传火孔破裂瞬间的火药气体压力值，可根据抗剪强度的计算公式确定传火孔的直径。

由

$$\frac{\pi d_k^2}{4} p_0 = \pi d_k t \tau_{cp}$$

可得传火孔直径为

$$d_k = \frac{4\tau_{cp}}{p_0} t \tag{3-2-1}$$

式中　t——基本药管纸壳厚度；

　　　τ_{cp}——基本药管纸壳材料的抗剪强度；

　　　p_0——传火孔打开时的火药气体压力。

2) 传火孔总面积和传火孔数目

由火药在半密闭容器内燃烧并流出的规律，可求得传火孔总面积为

$$S_m = \frac{f_0^{0.5} m_{w0} k_0}{c A_0 I_k} \cdot \frac{\delta - \Delta}{\delta - (1-\psi_m)\Delta} \tag{3-2-2}$$

式中　f_0——基本装药火药力（$(N \cdot m)/kg$）；

　　　Δ——尾管中发射药装填密度（kg/m^3）；

δ——火药的密度（kg/m^3）；

m_{w0}——尾管中发射药装药质量（kg）；

I_k——火药的压力冲量（$N \cdot s/m^2$）；

c——气体流动系数，一般取 0.4；

k_0——参量，其表达式为

$$k_0 = \sqrt{\chi^2 - 4(\chi^2 - 1)\psi_m} \qquad (3-2-3)$$

式中 χ——火药的形状系数；

ψ_m——火药已燃烧部分相对体积，其表达式为

$$\psi_m = \frac{\dfrac{1}{\Delta} - \dfrac{1}{\delta}}{\dfrac{f_0}{p_{max}} + \alpha - \dfrac{1}{\delta}} \qquad (3-2-4)$$

式中 α——火药余容（m^3/kg）；

p_{max}——火药气体平均的最大压力（Pa）；

A_0——参量，其表达式为

$$A_0 = \left(\frac{2}{\gamma+1}\right)^{\frac{1}{\gamma-1}} \sqrt{\frac{2\gamma}{\gamma+1}} \qquad (3-2-5)$$

式中 γ——火药气体的绝热指数。

式（3-2-4）中，p_{max} 是设计者根据点燃附加药包的要求确定的，可参考现有数据或通过试验确定。

传火孔的数目应该是整数；同时为使迫击炮弹膛内运动受力均匀，传火孔数目应是轴对称配置。为了保证尾管的强度和均匀点燃发射药，当传火孔分层配置时，应将其沿周围方向交叉配置。

传火孔的位置配置与减小初速散布有关。在 p_0 值较低时，传火孔轴向配置较密，并对准附加药包，以减小初速散布。此时，由于火药气体还未来得及在药室中扩散，因而点燃附加药包的瞬时压力较大。但在 p_0 较高时，传火孔过于集中对准附加药包，则火药气体可能会冲碎附加装药，使膛压峰值突增。尤其是在低温下火药脆性大时，容易产生这种情况。

例 3-1 120 mm 杀伤爆破迫击炮弹尾管传火孔的设计，已知：尾管中火药气体压力 $p = 117.7$ MPa，尾管中火药的质量 $w_0 = 0.03$ kg，尾管中火药的装填密度 $\Delta = 0.65 \times 10^3$ kg/m^3，火药的密度 $\delta = 1.6 \times 10^3$ kg/m^3，火药的余容 $\alpha = 0.84 \times 10^{-3}$ m^3/kg，火药的形状系数 $\chi = 1.31$，火药力 $f_0 = 1128 \times 10^3$ $N \cdot m/kg$，气体流动系数 $c = 0.4$，绝热系数 $\gamma = 1.17$，底药的压力冲量 $I_k = 156 \times 10^3$ $N \cdot s/m^2$。

解：

（1）火药燃烧部分的相对体积：

$$\psi_m = \frac{\dfrac{1}{\Delta} - \dfrac{1}{\delta}}{\dfrac{f_0}{p_{max}} + \alpha - \dfrac{1}{\delta}} = \frac{\dfrac{1}{0.65 \times 10^3} - \dfrac{1}{1.6 \times 10^3}}{\dfrac{1128 \times 10^3}{117.7 \times 10^6} + 0.84 \times 10^{-3} - \dfrac{1}{1.6 \times 10^3}} = 0.0930$$

（2）参量：

$$k_0 = \sqrt{\chi^2 - 4(\chi^2 - 1)\psi_m} = \sqrt{1.31^2 - 4(1.31^2 - 1) \times 0.0930} = 1.265$$

（3）参量：

$$A_0 = \left(\frac{2}{\gamma + 1}\right)^{\frac{1}{\gamma - 1}} \sqrt{\frac{2\gamma}{\gamma + 1}} = \left(\frac{2}{1.17 + 1}\right)^{\frac{1}{1.17 - 1}} \sqrt{2 \times \frac{1.17}{1.17 + 1}}$$

$$= 0.6188 \times 1.038 = 0.643$$

（4）传火孔横断面积：

$$S = \frac{f_0^{0.5} m_{w0} k_0}{c A_0 I_k} \cdot \frac{\delta - \Delta}{\delta - \Delta(1 - \psi_m)}$$

$$= \frac{(1128 \times 10^3)^{0.5} \times 0.03 \times 1.265}{0.4 \times 0.643 \times 156 \times 10^3} \times \frac{1.6 \times 10^3 - 0.65 \times 10^3}{1.6 \times 10^3 - 0.65 \times 10^3 \times (1 - 0.093)}$$

$$= 1.004 \times 10^{-3} \times 0.940 = 0.94 \times 10^{-3} \quad (m^2)$$

（5）传火孔的直径取为 8 mm。

（6）传火孔的数目：

$$m = 4\frac{S}{\pi d^2} = 4 \times \frac{0.94 \times 10^{-3}}{3.14 \times 0.008^2} \approx 18.7$$

最后确定传火孔数目为 20 孔。

二、张开式尾翼弹的结构

这种结构形式的弹丸有如下特点：弹丸空气阻力大，但稳定性好，射击精度高，此外弹丸无旋转或微旋转（70 r/s 以下）。因此，张开式尾翼结构特别适于直瞄射击的破甲弹（或榴弹）。

张开式尾翼的结构形式主要取决于使尾翼张开的载荷类型。这些张开载荷包括空气阻力、旋转离心力、汽缸内的火药气体压力、弹簧力等。

在设计张开式尾翼结构时，应确保尾翼在膛内呈合拢状态。弹丸出炮口后，尾翼应迅速张开到位；对有炮口制退器的火炮，尾翼张开时不碰打炮口制退器，弹丸在飞行过程中，尾翼的张开状态应稳固等。

这里主要分析这种结构形式在设计中出现的一些问题。

（一）汽缸张开式尾翼的结构

1. 汽缸张开式尾翼的结构特点

汽缸张开式尾翼弹丸的典型结构如图 3 - 2 - 9 所示。

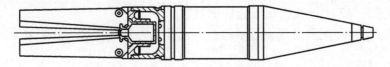

图 3 - 2 - 9 汽缸张开式尾翼弹丸

这种结构的特点是：弹底部有一个气室（或称汽缸），其内部的活塞上有小孔，以进出火药气体。平时活塞由剪切销（图 3 - 2 - 10）或紧塞圈（图 3 - 2 - 11）固定，阻止尾翼张开；弹丸出炮口后，汽缸内压力使活塞切断剪切销或挤压紧塞圈而向下运动到位，并带动尾翼呈张开状态。尾翼张开后应自锁，不能因受空气阻力而返回。图 3 - 2 - 10 所示的尾翼平面与活塞外侧面靠紧而自锁的；图3-2-11所示的活塞与紧塞圈间以很大的摩擦力自锁的，这种结构的自锁性较好，一般多用此种结构。

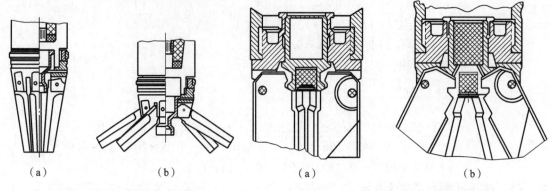

图3-2-10　尾翼张开后平面固定
（a）合拢状态；（b）张开状态

图3-2-11　尾翼张开后紧塞圈固定
（a）合拢状态；（b）张开状态

在设计汽缸张开式尾翼结构时，主要应根据膛压时间曲线合理选择汽缸直径和容积、活塞小孔直径、活塞行程，并严格控制其小孔直径的公差，以及紧塞圈上挤压凸起的尺寸和材料性能。

汽缸内压力时间曲线（p-t曲线）和活塞的运动，主要与膛压曲线与后效期压力时间曲线、汽缸的容积及小孔的面积，以及紧塞圈的抗力等有关。

2. 汽缸充放气过程分析

膛内火药气体压力的变化规律如图3-2-12所示。图中p表示膛内压力，p_g表示汽缸内压力，汽缸内压力开始是大气压力。在起始阶段，膛压迅速上升，膛压大于汽缸内压力，气体将向汽缸内流动，称为流入阶段。当弹丸运动至最大膛压以后，膛压开始下降，从而可能在某处使膛内压力与汽缸压力相等（图3-2-12中之Ⅱ处）。过此点后，膛压下降很快，使汽缸内压力大于膛压，开始转为流出阶段。在设计时，应控制汽缸内外压力差，使弹丸刚出炮口时，由图3-2-12膛内压力与汽缸内压力的变化压力差所导致的载荷能迅速准确地推动尾翼张开到位。图3-2-12中虚线表示不合适的汽缸

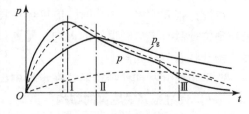

**图3-2-12　膛内压力与
汽缸内压力的变化**

压力变化情况，它将使尾翼过迟或过早地打开，甚至打不开。这是设计中所不希望出现的情况。

分析汽缸内的压力规律，实质上是研究气流经小孔的流动问题，通常提出以下假设：气体为理想气体；流动过程是准定常的，也是绝热的；汽缸容积相对炮膛较小，气体流入与流出汽缸对膛压的影响可忽略不计。

下面先给出有关流动的基本公式，在此基础上即可进行汽缸充/放气过程的计算。

1）流量公式

汽缸与膛内空间的气体通过小孔相互流动。当两端压力不同，即发生气体由高压往低压

方向的流动。假设低压与高压之比为 $\bar{p}$（$0 \leqslant \bar{p} \leqslant 1$），单位时间的流量 Q 将随 $\bar{p}$ 值的减小而增大；但当 $\bar{p}$ 减小至某临界值 $\bar{p}_{cr}$ 后，流量 Q 不再随 $\bar{p}$ 的进一步减小而变化，而保持在某临界值 Q_{cr}。从气体动力学理论，前者称为非临界流动；后者称为临界流动。

采用下列符号：

p，ρ，T——膛内气体压力、密度和温度；

p_q，ρ_q，T_q——汽缸内气体压力、密度和温度。

当 $p > p_q$ 或 $\bar{p} = \dfrac{p_q}{p}$，气体流入汽缸。对于非临界流动，即 $\bar{p}_{cr} \leqslant \bar{p} \leqslant 1$，相应的流量公式为

$$Q = \varphi S_0 \gamma_0 \sqrt{p\rho} \sqrt{\bar{p}^{\frac{2}{\gamma}} - \bar{p}^{\frac{\gamma+1}{\gamma}}} \tag{3-2-6}$$

式中　φ——流量系数，其值与压力及小孔结构有关，由试验确定，通常取 $0.85 \sim 0.95$；

ρ——膛内火药气体的密度（kg/m^3）；

S_0——小孔的截面积（m^2）；

γ_0——与气体热指数 γ 有关的参量，其表达式为

$$\gamma_0 = \sqrt{\frac{2\gamma}{\gamma-1}}$$

对膛内火药气体，有

$$\frac{p}{\rho} = RT \approx f\tau \tag{3-2-7}$$

式中　R——气体常数；

f——火药力（$N \cdot m/kg$）；

τ——火药气体温度与火药爆温的相对量，通常取其平均值（0.8 左右）。

将式（$3-2-7$）代入式（$3-2-6$），整理后得

$$Q = \varphi S_0 \gamma_0 \frac{p}{\sqrt{f\tau}} \sqrt{\bar{p}^{\frac{2}{\gamma}} - \bar{p}^{\frac{\gamma+1}{\gamma}}} \tag{3-2-8}$$

对于临界流入，即当 $0 \leqslant \bar{p} \leqslant \bar{p}_{cr}$ 时，流量公式为

$$Q_{cr} = \varphi S_0 \gamma_0 \frac{p}{\sqrt{f\tau}} \sqrt{\bar{p}_{cr}^{\frac{2}{\gamma}} - \bar{p}_{cr}^{\frac{\gamma+1}{\gamma}}} \tag{3-2-9}$$

临界压力比 $\bar{p}_{cr}$ 取决于气体绝热指数 γ，并按下式计算，即

$$\bar{p}_{cr} = \left(\frac{2}{\gamma+1}\right)^{\frac{\gamma}{\gamma+1}} \tag{3-2-10}$$

例如，当 $\gamma = 1.3$ 时，$\bar{p}_{cr} = 0.547$。故压力比 $\bar{p} = 0.547 \sim 1$ 时，按式（$3-2-8$）计算流量；$\bar{p} = 0 \sim 0.547$ 时，按式（$3-2-9$）计算流量。

反之，当 $p_q > p$ 或 $\bar{p} = \dfrac{p}{p_q}$ 时，气体从汽缸中流出，流量公式与上述类似，仅需将式中的 p 与 ρ 换为 p_q 及 ρ_q 即可。

非临界流出时，有

$$Q = -\varphi S_0 \gamma_0 \sqrt{p_q \rho_q} \sqrt{\bar{p}^{\frac{2}{\gamma}} - \bar{p}^{\frac{\gamma+1}{\gamma}}} \quad (\bar{p}_{cr} \leqslant \bar{p} \leqslant 1) \tag{3-2-11}$$

式中　p_q，ρ_q——汽缸内压力、密度。

临界流出时，有

$$Q_{cr} = -\varphi S_0 \gamma_0 \sqrt{p_q \rho_q} \sqrt{\bar{p}_{cr}^{\frac{2}{\gamma}} - \bar{p}_{cr}^{\frac{\gamma+1}{\gamma}}} \quad (0 \leqslant \bar{p} \leqslant \bar{p}_{cr}) \quad (3-2-12)$$

2）汽缸内密度变化公式

由于汽缸的容积 V 是固定的，当微分时间 dt 内有 Qdt 气体流入或流出时，引起的密度变化为

$$\Delta \rho_q = \frac{Qdt}{V} \quad (3-2-13)$$

流量对膛内密度的变化可不予考虑。

3）汽缸内压力变化公式

不考虑热传导或其他热损失，根据热力学第二定律，流入气体的热能应使汽缸气体内能增加，即

$$\prod Qdt = dU_q \quad (3-2-14)$$

式中 $\prod$ —— 流入气体之热焓；

U_q ——汽缸气体的内能。

根据热力学知识可知

$$\prod = \frac{\gamma}{\gamma-1} \frac{p}{\rho} \quad (3-2-15)$$

$$U_q = \frac{p_q V}{\gamma-1} \quad (3-2-16)$$

由于汽缸容积 $V = \text{const}$，故

$$dU_q = \frac{V}{\gamma-1} dp_q \quad (3-2-17)$$

将式（3-2-15）和式（3-2-17）代入式（3-2-14），并引入式（3-2-7）及式（3-2-13），最后得

$$dp_q = \frac{\gamma}{V} \frac{p}{\rho} Qdt = \gamma f \tau \Delta \rho_q \quad (3-2-18)$$

临界流出时，汽缸压力减小，此时式（3-2-18）变为

$$dp_q = \frac{\gamma}{V} \frac{p_q}{\rho_q} Qdt = \frac{\gamma p_q}{\rho_q} \Delta \rho_q \quad (3-2-19)$$

4）汽缸充放气过程及 $p_q(t)$ 规律计算

根据膛压变化规律及流动性质，经汽缸小孔的气体流动可分为以下 4 个阶段。第 I 阶段：膛压迅速上升，膛内气体向汽缸内临界流入；第 II 阶段：膛内气体向汽缸内非临界流入；第 III 阶段：过最大膛压点以后，膛压开始下降，汽缸内气体发生非临界流出；第 IV 阶段：膛压下降更剧，汽缸气体发生临界流出。流入阶段汽缸活塞不运动；流出阶段，当汽缸压力高于膛内压力一定值后，活塞可能切断保险支件而运动。为了使活塞正确运动，必须计算汽缸内的压力变化曲线，即 $p_q - t$ 曲线。其具体计算步骤如下：

（1）首先解出弹丸的膛内压力及后效期内压力变化规律 $p(t)$。后效期的压力规律可用斯鲁哈茨基公式计算，即

$$p = p_g e^{-\alpha t} \quad (3-2-20)$$

式中　p——后效期压力（MPa）；

　　　p_g——炮口压力（MPa）；

　　　t——炮口为起点的延续时间（s）；

　　　α——经验指数，其表达式为

$$\alpha = 0.0263 \frac{v_g}{d} \ln \frac{p_g}{0.101}$$

式中　v_g——弹丸炮口速度（m/s）；

　　　d——弹丸直径（m）。

（2）将获得的 $p(t)$ 曲线按时间间隔 Δt 分为若干段，若忽略弹丸挤进阶段的压力变化，可写成下列序列：

$$\begin{cases} 0, \ t_1, \ \cdots, \ t_i \cdots, \ t_g, \ \cdots \\ p_0, \ p_1, \ \cdots, \ p_i, \ \cdots, \ p_g, \ \cdots \end{cases}$$

（3）根据火药气体的绝热指数，按式（3-2-10）求出临界压力比 $\bar{p}_{cr}$。当 $\gamma = 1.3$ 时，$\bar{p}_{cr} = 0.547$。

（4）确定低高压比 $\bar{p}_1 = p_{q0}/p_0 \approx 0$，在每一个小的时间 Δt 内，流动视为定常的，根据流量公式（3-2-9）计算流量 Q_1。

（5）按式（3-2-13）计算汽缸内的密度增量 $\Delta\rho_{q1}$：

$$\Delta\rho_{q1} = Q_1 \Delta t / V_0$$

（6）按式（3-2-18）计算汽缸内的压力增量 Δp_{q1}：

$$\Delta p_{q1} = \gamma f \tau \Delta\rho_{q1}$$

（7）在此间隔终点 t_1 时，汽缸内的压力和密度分别为

$$p_{q1} = p_{q0} + \Delta p_{q1}$$

$$\rho_{q1} = \rho_{q0} + \Delta\rho_{q1}$$

（8）在此基础上进行下一点的计算，例如，对于临界流入的第 i 点公式为

$$\begin{cases} \bar{p}_i = \dfrac{p_{q(i-1)}}{p_{i-1}} \\[2mm] Q_i = \varphi S_0 \gamma_0 \dfrac{p_{i-1}}{\sqrt{\tau f}} \sqrt{\bar{p}_{cr}^{\frac{2}{\gamma}} - \bar{p}_{cr}^{\frac{\gamma+1}{\gamma}}} \\[2mm] \Delta\rho_{qi} = Q_i \Delta t / V \\[2mm] \rho_{qi} = \rho_{q(i-1)} + \Delta\rho_{qi} \\[2mm] \Delta p_{qi} = rf\tau\Delta\rho_{qi} \\[2mm] p_{qi} = p_{q(i-1)} + \Delta p_{qi} \\[2mm] t_i = i\Delta t \end{cases}$$

（9）当 $\bar{p} = \dfrac{p_q}{p} \geqslant \bar{p}_{cr}$ 时，进入非临界流入的第 Ⅱ 阶段。此时改用式（3-2-9）计算流量 Q，其余步骤同上。

（10）当计算至 $\dfrac{p_q}{p} \geqslant 1$，开始转为非临界流出的第 Ⅲ 阶段，此时低高压比换为 $\bar{p} = \dfrac{p}{p_q}$，

改用式（3-2-11）计算流出流量，并用式（3-2-19）计算压力变化量，其余步骤同上。

（11）当 $\bar{p} = \dfrac{p}{p_q} \leqslant \bar{p}_{cr}$ 时，进入临界流出的第IV阶段，应注意用式（3-2-12）计算流量。

（12）在上述计算基础上，可以获得汽缸内压力、密度与时间的关系曲线 $p_q(t)$、$\rho_q(t)$ 及汽缸内外压差变化规律 $\Delta p(t) = p_q(t) - p(t)$。然后根据汽缸活塞、保险件的抗力及相应的启动条件，计算启动时刻。

启动条件为

$$S\Delta p = R_{tp} \tag{3-2-21}$$

式中　S——活塞运动部分截面积；

　　　R_{tp}——保险件的抗力。

如前所述，要求弹丸出炮口后，活塞应立即启动，并使尾翼张开到位。

（二）微旋张开式尾翼结构

这种结构通常利用旋转弹带使弹丸在膛内产生微旋。弹丸出炮口时，在离心力的作用下使尾翼张开。因此，它适用于线膛火炮发射的弹丸。微旋张开式尾翼弹丸的典型结构如图3-2-13和图3-2-14所示。

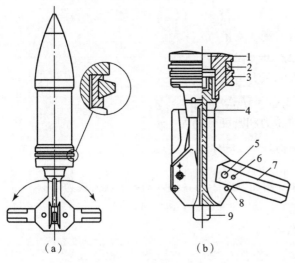

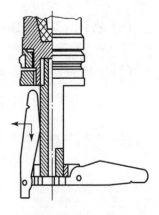

图3-2-13　旋转导引装置（一）

1—引信；2—旋转弹带；3—压螺；4—尾翼槽；
5—旋转销；6—剪切销；7—尾翼；8—定位销；9—曳光管

图3-2-14　旋转导引装置（二）

1. 旋转导引装置的结构

在旋转弹带环上有镶嵌或焊接的弹带。利用旋转弹带环与弹体或压螺的接触面积大小，来控制旋转弹带环与弹体间的摩擦力矩的大小，从而控制弹丸的转速。尾翼装置由尾翼和尾杆组成。弹丸出炮口后借助离心力和空气阻力的作用使尾翼从前向后张开到位，通过定位销（图3-2-13（b））或尾翼底根的凸起（图3-2-14）定位。在飞行中空气阻力保持尾翼的稳固位置，超声速弹丸的尾翼要做成一定的后掠角，以减小弹丸飞行阻力。例如，苏联100 mm坦克炮用破甲弹，其初速 1×10^{13} m/s由弹轴起后掠139°。

在设计这种结构时，应注意旋转弹带除了应可靠紧塞火药气体和使弹丸在膛内定心外，主要要控制弹带环与弹体之间有适当的配合间隙，使弹丸转速小于 70 r/s，确保尾翼在膛内和通过炮口制退器时不张开；而弹丸出炮口后应可靠张开，并迅速到位。此外，尾翼张开的同步性要好（这主要由尾翼尺寸的一致性及其与尾翼座上的翼槽之间的配合公差所决定）。

2. 弹带环（或旋转环）与压螺（或弹体）之间轴向作用力的确定

图 3 - 2 - 15 所示为导带旋转环尺寸和所受外力，图中参数定义如下：

r_{cp}——考虑膛线时，炮膛断面的换算半径（m）；

r_h——压螺外半径（m）；

p——膛压（Pa）；

r_a——旋转环内表面的半径（m）；

m——弹丸质量（kg）；

m_b——带有弹带的旋转环质量（kg）；

F——弹带对火炮膛壁的摩擦力（N）（由导转侧压力和弹带压力所产生的总摩擦力）；

F_n——作用在弹带环（或旋转环）上的轴向惯性力；

Q_1——压螺和旋转环在轴向上的相互作用力（N）；

Q_2——弹丸和旋转环在轴向上的相互作用力（N）。

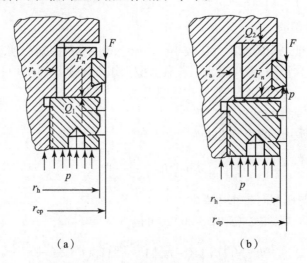

（a）　　　　　　　　　　（b）

图 3 - 2 - 15　导带旋转环尺寸和所受外力

先假设弹丸在膛内运动的整个行程上，旋转环都紧压在压螺端面上（图 3 - 2 - 15 （a））。旋转环的运动方程式为

$$m_b \frac{\mathrm{d}v}{\mathrm{d}t} = p\pi(r_{cp}^2 - r_h^2) - F + Q_1 \tag{3-2-22}$$

旋转环同弹体在轴向上的相互作用力为

$$Q_1 = m_b \frac{\mathrm{d}v}{\mathrm{d}t} - p\pi(r_{cp}^2 - r_h^2) + F$$

因为弹丸加速度 $\dfrac{\mathrm{d}v}{\mathrm{d}t} = \dfrac{p\pi r_{cp}^2}{m}$，则

$$Q_1 = p\pi \left[r_h^2 - r_{cp}^2 \left(1 - \frac{m_b}{m} \right) \right] + F \tag{3-2-23}$$

当 $r_h = r_{cp}\sqrt{1 - \dfrac{m_b}{m}}$ 时，有

$$Q_{1\min} = F$$

摩擦力 F 之值必须通过试验方法进行近似测定。弹丸在沿炮膛运动的整个过程中，旋转环紧压在弹丸的端面上（图 3 - 2 - 15 （b））。

旋转环的运动方程式为

$$m_b \frac{\mathrm{d}v}{\mathrm{d}t} = p\pi(r_{cp}^2 - r_a^2) - Q_2 - F \tag{3-2-24}$$

由式 （3 - 2 - 24），得

$$Q_2 = p\pi(r_{cp}^2 - r_a^2) - p\pi r_{cp}^2 \frac{m_b}{m} - F$$

或

$$Q_2 = p\pi\left[r_{cp}^2\left(1 - \frac{m_b}{m}\right) - r_a^2\right] - F \tag{3-2-25}$$

当 $p\pi\left[r_{cp}^2\left(1 - \dfrac{m_b}{m}\right) - r_a^2\right] = F$ 时，则

$$Q_2 = 0$$

因为弹带和膛线壁之间的摩擦力比较小，实际上这一条件是难以实现的。此外，随着旋转弹带环质量的增加，作用力 Q_2 增大，导致摩擦力矩和转速迅速增加。所以，在弹丸沿炮膛运动的整个行程上，应使旋转环紧压在压螺上。

3. 旋转环与压螺的摩擦力矩

根据作用力 Q_1 所引起的摩擦力矩为

$$M = \frac{2}{3} f_1 Q_1 \frac{r_h^3 - r_a^3}{r_h^2 - r_a^2} \tag{3-2-26}$$

式中 f_1——旋转环与压螺间的摩擦系数。

将式 （3 - 2 - 23） 代入式 （3 - 2 - 26），可得

$$M = \frac{2}{3} f_1 \left\{ p\pi\left[r_h^2 - r_{cp}^2\left(1 - \frac{m_b}{m}\right)\right] + F \right\} \frac{r_h^3 - r_a^3}{r_h^2 - r_a^2} \tag{3-2-27}$$

令 $R' = \dfrac{2}{3} \dfrac{r_h^3 - r_a^3}{r_h^2 - r_a^2}$，$F' = p\pi\left[r_h^2 - r_{cp}^2\left(1 - \dfrac{m_b}{m}\right)\right]$，则

$$M = f_1 F'R' + f_1 FR' \tag{3-2-28}$$

当 $Q_1 = Q_{1\min}$ 时，有

$$M_{\min} = \frac{2}{3} f_1 F \frac{r_h^3 - r_a^3}{r_h^2 - r_a^2} = f_1 FR'$$

4. 弹丸的转速

为计算弹丸的转速引入下列符号：

J_x——弹丸的极转动惯量 （$kg \cdot m^2$）；

ω——弹丸的转速 （r/s）；

t_g——弹丸沿炮膛运动的时间 （s）；

l_g——弹丸沿炮膛运动的全行程（m）；

S——弹丸横断面积（m^2）；

v_0——弹丸初速（m/s）。

弹丸旋转方程式为

$$J_x \frac{d\omega}{dt} = M$$

或

$$J_x \frac{d\omega}{dt} = \frac{2}{3} f_1 \left\{ p\pi \left[r_h^2 - r_{cp}^2 \left(1 - \frac{m_b}{m} \right) + F \right] \right\} \frac{r_h^3 - r_a^3}{r_h^2 - r_a^2} \qquad (3-2-29)$$

为便于积分，近似取平均膛压 p_{cp}，用平均摩擦力 F_{cp} 代替 p 及 F，从而有

$$\omega = \frac{2}{3} f_1 \frac{1}{J_x} \left\{ p_{cp} \pi \left[r_h^2 - r_{cp}^2 \left(1 - \frac{m_b}{m} \right) + F_{cp} \right] \right\} \frac{r_h^3 - r_a^3}{r_h^2 - r_a^2} t_g \qquad (3-2-30)$$

因 $t_g \approx \frac{2l_g}{v_0}$ 和 $p_{cp} \approx \frac{mv_0^2}{2\pi r_{cp}^2 l_g}$，将这两个公式代入式（3-2-30）后，可得

$$\omega = \frac{4}{3} \frac{f_1 l_g}{J_x v_0} \left\{ \frac{mv_0^2}{2l_g r_{cp}^2} \left[r_h^2 - r_{cp}^2 \left(1 - \frac{m_b}{m} \right) \right] + F_{cp} \right\} \frac{r_h^3 - r_a^3}{r_h^2 - r_a^2} \qquad (3-2-31)$$

当 $r = r_{cp}\sqrt{1 - \frac{m_b}{m}}$ 时，获得弹丸的最小转速，即

$$\omega_{min} = \frac{4}{3} \frac{f_1 l_g}{J_x v_0} F_{cp} \frac{r_h^3 - r_a^3}{r_h^2 - r_a^2}$$

这种微旋弹丸角速度的最小值，可能减少到一般旋转弹丸转速的 5% ~ 6%。但是，这个不大的转速对射击精度能产生很好的改善。

5. 尾翼的张开条件

弹丸沿炮膛运动时（包括后效期），每个翼片上作用有两个力（图3-2-16）：一个为轴向惯性力 F_e；另一个为离心力 C_e。

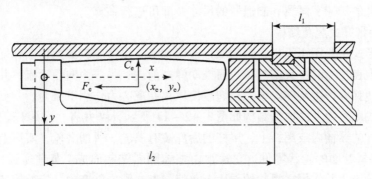

图 3-2-16　张开式尾翼顺利通过炮口制退器

离心力和轴向惯性力对翼片轴的转矩分别为

$$\begin{cases} M_C = C_e x_e \\ M_F = F_e y_e \end{cases} \qquad (3-2-32)$$

式中　x_e，y_e 分别为尾翼在合扰状态下，其质心距转动轴的纵向和横向距离（m）。

当 $M_F > M_C$ 时，尾翼片不会外张，则

$$\begin{cases} F_e = p\pi r_{cp}^2 \dfrac{m_e}{m} \\ C_e = m_e r_e \omega^2 \end{cases} \tag{3-2-33}$$

式中　m_e——每个翼片的质量（kg）；

　　　m——弹丸的质量（kg）；

　　　p——作用在弹丸上的压力（Pa）；

　　　r_e——翼片质心距弹轴的距离（m）。

由此可得，弹丸在完全通过炮口制退器以前尾翼不张开的条件为

$$p > \frac{m r_e \omega_g^2}{\pi r_{cp}^2} \cdot \frac{x_e}{y_e} \tag{3-2-34}$$

式中　ω_g——弹丸在炮口的转速。

p 应取后效期相应点的压力值，可按下式计算，即

$$p = p_g e^{-\alpha t_1}$$

式中　p——后效期压力（MPa）；

　　　p_g——炮口压力（MPa）；

　　　α——系数，其表达式为

$$\alpha = 0.0263 \frac{v_g}{d} \ln \frac{p_g}{0.101}$$

式中　v_g——炮口速度（m/s）；

　　　d——火炮口径（m）；

　　　t_1——经过炮口制退器的时间（s），其表达式为

$$t_1 = (l_1 + l_2)/v_g$$

式中　l_1——炮口制退器孔的长度（m）；

　　　l_2——尾杆长度（m）。

如已知弹丸的转速、尾翼和制退器的尺寸，即可进行核算。

（三）涡轮张开式尾翼结构

这种结构形式主要用于无坐力炮的增程破甲弹上，以适应较高速度下弹丸飞行稳定性的要求。无坐力炮在发射时：火药气体一面推动弹丸前进；另一面向后喷流，并作用在弹丸尾杆的涡轮上，使弹丸产生旋转。弹丸出炮后使尾翼在离心力作用下张开。

涡轮张开式尾翼弹丸的典型结构如图 3-2-17 所示，弹丸有一个尾杆。前张式的翼片平时合拢在尾杆的翼槽内或尾杆上，尾杆的后部装有涡轮。所谓涡轮，实质上是一个有数片（常为 4 片）斜置叶面的轮状零件，它通常由整体圆料铣制而成。如前所述，弹丸发射时，火药气体向后喷流，并作用在滑轮的斜面上，使弹丸在膛内就产生一定的旋转运动。

下面着重分析弹丸的转速问题。

小涡轮实质可以理解为一个直列翼栅，按翼栅理论可取单位翼展长，沿其周向展开即成直列翼栅。

假设膛内火药气体向后面炮尾喷管的流动是一维流动；流动过程是绝热的；气流是不可压缩的；翼型两侧压力对旋转不起作用。

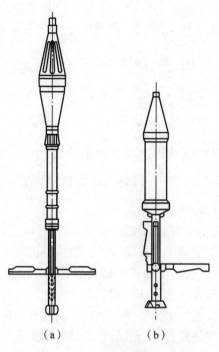

（a）　　　（b）

图 3 - 2 - 17　涡轮张开式尾翼弹丸

根据翼栅理论，可以推出单位翼展长在距离 r（图 3 - 2 - 18）上的升力为

$$Y = |\tan\alpha| T\rho v_1^2 \qquad (3-2-35)$$

式中　Y——单片翼型单位翼展长上的升力（N）；

　　　α——翼型与弹轴的夹角；

　　　ρ——流动气体的密度（kg/m^3）；

　　　v_1——翼栅上气流的轴向流速（m/s）；

　　　T——翼栅栅隔，对涡轮取

$$T = \frac{2\pi r}{n}$$

式中　r——升力 Y 作用的位置（m）；

　　　n——涡轮翼片数目，一般取 $n=4$。

全部翼型的总升力矩为

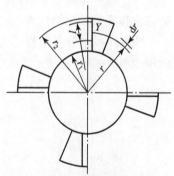

图 3 - 2 - 18　涡轮翼型的结构
（由弹顶向弹尾的视图）

$$M = n\int_{r_1}^{r_2} Y \cdot r \cdot \mathrm{d}r = \frac{2}{3}\pi |\tan\alpha|\rho v_1^2 (r_2^3 - r_1^3)$$

$$(3-2-36)$$

这个力矩使弹丸产生旋转，由动量矩定理，可知

$$J_x \frac{\mathrm{d}\omega}{\mathrm{d}t} = M \qquad (3-2-37)$$

式中　J_x——弹丸在膛内的极转动惯量（$kg \cdot m^2$）；

　　　ω——弹丸在膛内的旋转角速度（rad/s）；

　　　M——翼型上的升力矩（$N \cdot m$）；

　　　$r_1,\ r_2$——翼型内外半径（m）。

将式（3-2-36）代入式（3-2-37），并除以 $\dfrac{1}{2\pi}$ 得弹丸以 r/s 为单位的转速 Ω，即

$$\mathrm{d}\Omega = \frac{1}{3} \cdot \frac{|\tan\alpha|}{J_x}(r_2^3 - r_1^3)\rho v_1^2 \mathrm{d}t \qquad (3-2-38)$$

从启动到炮弹出炮口止，对式（3-2-38）积分，可得

$$\Omega = \frac{1}{3} \cdot \frac{|\tan\alpha|}{J_x}(r_2^3 - r_1^3)\int_{t_0}^{t_g}\rho v_1^2 \mathrm{d}t \qquad (3-2-39)$$

式（3-2-39）表明弹丸炮口转速与涡轮翼片数无关。为了得到 Ω，需要求出积分 $\int_{t_0}^{t_g}\rho v_1^2 \mathrm{d}t$。$\rho$ 和 v_1 随 t 的变化规律，可通过解无坐力炮内弹道获得。然后在此基础上，采用数值积分方法获得弹丸的炮口转速。

（四）火药气体直接作用的张开式尾翼结构

在一些高初速滑膛炮的直瞄破甲弹或榴弹中，也采用火药气体直接作用的张开式尾翼结构，弹丸结构如图 3-2-19 所示。尾翼装置的上部有一个挡板，挡板上开有直槽，使尾翼插入其间，挡板与弹底之间形成一个高压气室。

在膛内高压火药气体储存在气室内。弹丸出炮口后圈外部压力骤减，火药气体便从气室中冲出，作用在尾翼斜面上使尾翼张开。此外，后效期的火药气体冲向挡板并被反射，反射气流进一步使尾翼加速张开。尾翼一旦张开，在空气阻力作用下便完全打开。试验证明，挡板的存在对尾翼的张开是十分有利的。例如，100 mm 破甲弹用挡板，尾翼在弹丸出炮口 5 m 内就开始张开，10 m 内已基本张开到位。如果没有挡板，弹丸飞至 30 m 处尾翼尚未全部张开。这种尾翼装置结构简单，尾翼张开迅速可靠。缺点是整个尾翼装置比较笨重，其质量占全弹质量的比例较大。

现在尾翼的张开过程还无法进行计算，一般是通过试验确定其合理结构尺寸，尾翼一般结构如图 3-2-20 所示。

图 3-2-19　张开式尾翼弹丸

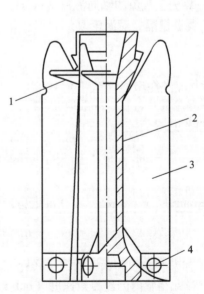

图 3-2-20　有挡板的尾翼结构
1—挡板；2—尾杆；3—尾翼；4—销

三、杆形头部尾翼弹的结构

（一）概述

所谓杆形头部结构，是指在圆柱形的弹体或圆弧形弹头部前面伸出一个较细长的圆杆。这种特殊形状的弹丸在气动力方面也具有一些特点。

1. 产生锥形激波和锥形分离区

如图 3 - 2 - 21（a）所示。在超声速情况下，一个平钝头部的弹丸将产生强烈的脱体正激波，这时的波阻是很大的。如在平钝头部的前方伸出一个尖锐的短杆（图 3 - 2 - 21（b）），当杆较短时，与平钝头部的波阻没有明显区别。随着杆长的增加，开始出现新的波形图（图 3 - 2 - 21（c）），即在杆尖处产生斜激波，并伴随一个锥形分离区，使波阻明显下降。此时弹丸前部的正面空气阻力相当于"等效锥形头部"下的空气阻力，它随杆长增加而下降。但当杆子过长，波阻又开始上升，同时发生所谓"两重流"现象，即气流激波分离点变得极不稳定。激波在杆上位置有前有后，空气阻力有大有小。"两重流"可使弹丸的射击精度明显降低，应极力避免这种情况出现。

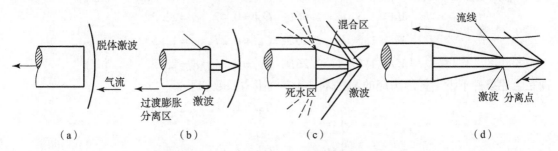

（a）　　　　　　　（b）　　　　　　　（c）　　　　　　　（d）

图 3 - 2 - 21　杆形头部形状与长度对激波的影响

2. 减小法向力，使阻心后移

上述"等效锥"仅对正面阻力而言，对于法向力，仍决定于圆杆的断面积，故法向力比普通弹丸要小。因此，弹丸阻心后移，稳定力矩增加。这样，在超声速下，在弹丸后面安置同口径尾翼或小翼展的超口径尾翼，就可保证弹丸的飞行稳定性。而一般弹丸采用同口径尾翼在超声速下是很难保证稳定飞行的。

根据这一原理，目前许多国家广泛利用杆形头部结构的尾翼弹丸，应用在使用直接瞄准的破甲弹上。它的优点是结构简单，头部空气阻力虽然比流线型的头部空气阻力略大些，但飞行稳定性好，精度高，头部的无用质量可以减轻。杆形头部还可装弹头引信，并保证破甲弹的有利炸高，杆形头部特别适合用于高初速的破甲弹上。

（二）圆杆的尺寸与其头部形状

为了避免"二重流"，常将弹丸前面的圆杆做成锥形（图 3 - 2 - 22），或者在杆子前端处安置一个分流环或加工出有锥度的台阶（图 3 - 2 - 23），迫使气流在此分离。

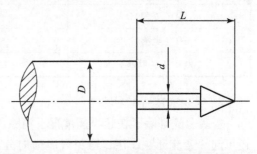

图 3 - 2 - 22　带有头锥的杆形头部模型

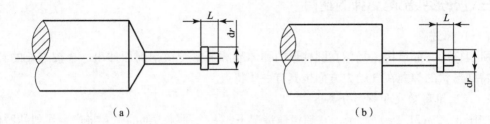

图 3 - 2 - 23 带有分流环杆形头部模型

（a）Ⅰ型；（b）Ⅱ型

1. 带头锥的杆形头部

通过风洞试验得到下述结论：

（1）在超声速下圆杆的锥形头部的半锥角为 15°时，其空气阻力最小。

（2）当圆杆的锥形头部的半锥角为 15°时，马赫数 Ma 与最有利杆长 L、最小空气阻力系数 C_{x0} 及相应的等效锥半锥角 α 的结果如下：

$$\begin{cases} Ma = 1.5, & L = 1.66D, & C_{x0} = 0.47, & \alpha = 22.5° \\ Ma = 1.6, & L = 2.16D, & C_{x0} = 0.27, & \alpha = 12.5° \\ Ma = 1.8, & L = 2.26D, & C_{x0} = 0.21, & \alpha = 15.5° \end{cases}$$

而在上述条件下没有杆形头部的圆柱体，其空气阻力系数如下：

$$\begin{cases} Ma = 1.5, & C_{x0} = 1.41 \\ Ma = 1.6, & C_{x0} = 1.41 \\ Ma = 1.8, & C_{x0} = 1.47 \end{cases}$$

（3）当圆杆长度较大，为避免发生"两重流"，可增大其锥形头部的半锥角（30° ~ 40°）；同时增加杆的直径，保证圆杆一定的刚度，即可防止其受气流振荡的影响。

（4）目前，国外几种杆形头部的尾翼式破甲弹，其杆长与直径的尺寸见表 3 - 8。

表 3 - 8 杆形头部的参数

弹丸口径/mm	l/d_h	l/d
57（美国）	4.0	1.6
100（苏联）	4.6	1.78
90（美国）	4.6	1.64
90（美国）	5.5	1.92
100（罗马尼亚）	4.9	1.96

2. 带分流环的杆形头部

安装分流环除了在超声速情况下消除"两重流"现象和减小波阻外；在亚声速情况下，还可起"紊流环"作用，避免气流横向分离，减小头部法向力及弹丸的翻转力矩。带分流环的杆形头部有两种形式（图 3 - 2 - 23），下面通过风洞试验可得以下结论：

（1）在亚声速范围，分流环应尽可能采用大的尺寸。分流环的直径增大，可使阻心后移3%～9%，增加弹丸的静稳定性。而在超声速下，则安装小直径分流环较好，甚至不装分流环对空气阻力影响也不大。

（2）分流环距杆顶端位置。在亚声速条件下：可取5 mm左右，此时稳定性最好。在超声速条件下：Ⅰ型距杆端15～20 mm附近装小分流环，气动特性好；Ⅱ型可不装分流环。

（3）对反坦克破甲弹，从弹丸飞行稳定性要求来看，可采用加分流环的杆形头部，空气动力特性改善，即空气阻力减少和静稳定性增大；再结合采用尾翼稳定，对提高精度和提高破甲效率都有好处。

（三）带有杆形头部结构的弹丸实例

苏联100 mm坦克炮用破甲弹，弹丸的结构如图3－2－24所示。

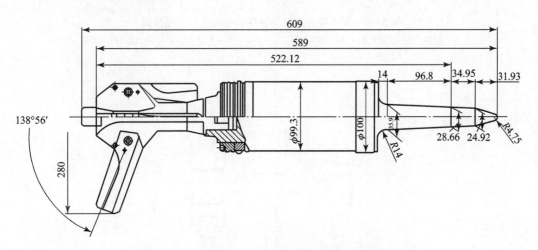

图3－2－24 带头锥的杆形头部张开尾翼式破甲弹

主要战术技术性能如下：

弹丸质量：9.46 kg
弹丸长：609 mm
初速：1013 m/s
破甲深：440 mm/0°
直射距离：800 m

该弹由带头锥的杆形头部、圆柱形弹体及张开式尾翼的稳定装置构成。它采用滑动微旋弹带，出炮口后尾翼张开，而在飞行中弹丸微旋，以提高射击精度。杆的 $L/d = 1.78$，锥形头部的半锥角为15°11′。该弹所受空气阻力虽然较大，但由于头部法向力小，因此其稳定储备量大（30%左右），射击精度较好。

图3－2－25所示为美国90 mm坦克炮用破甲弹，它为带分流环的同口径尾翼弹。其弹径为90 mm，弹丸质量为5.9 kg，弹丸全长540 mm，初速1200 m/s。该弹采用活动尼龙弹带，可使弹丸出炮口后产生低速旋转。

国外现装备的杆形头部的尾翼弹类型较多，图3－2－26（a）、（b）所示为亚声速下飞行的破甲弹的弹形，图3－2－26（c）所示为超声速下飞行的破甲弹的弹形。

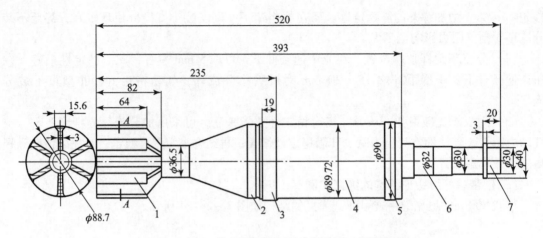

图 3 - 2 - 25　带分流环的杆形头部的同口径尾翼弹
1—尾翼；2—下定心部；3—旋转弹带；4—弹体；5—上定心部；6—头螺；7—引信

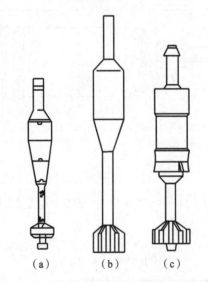

（a）　　　　（b）　　　　（c）

图 3 - 2 - 26　几种杆形头部尾翼弹的弹形

四、次口径脱壳尾翼弹的结构

次口径脱壳尾翼弹早在第二次世界大战中就已经应用了，现代许多国家又普遍重视起来。特别在超声速穿甲弹上，目前广泛采用这种结构。在一些远程榴弹上，也采用了这种结构原理。

（一）构造特点

1. 次口径脱壳尾翼榴弹

图 3 - 2 - 27 所示为一种典型的次口径脱壳尾翼榴弹。

弹丸全长约为 $(9 \sim 10)d$。因为用尾翼稳定，弹长实际不受限制。即使弹长增加，其威力仍可达到原口径弹丸的水平或者更高。

次口径比（弹径炮径比）一般大于 0.4。

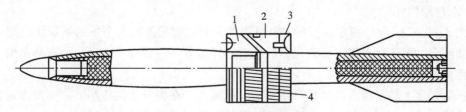

图 3 – 2 – 27　次口径尾翼榴弹

1—橡胶闭气环；2—塑料闭气环；3—铝制支持环；4—弹托

弹托由三部分组成：带环形沟槽并分成几块的铝制支持环 3，用来将力传至弹丸；瓣状的塑料闭气环 2 用于密封火药气体；橡胶闭气环 1 用于密闭初始火药气体。闭气环上均刻有线膛沟槽，以便于进入线膛火炮内。

弹托与弹体可通过螺纹连接或沟槽咬合，装配成一个整体。

尾翼采用了四片流线型铝质尾翼，有后掠角。在尾翼下端外侧面装有铝制定心块，与弹托构成导引部，保证在膛内有较长的定心距离，以减少弹丸在膛内的摆动。

这种弹丸的射程可比同口径普通榴弹提高 1 ~ 1.8 倍。此外，这种尾翼弹在远射程上的密集度仍可达到常规旋转稳定弹丸的水平。这种弹丸的缺点是有弹托的残块，落在炮口前方几百米的范围内，可能伤人，因此，较适于海军舰炮弹丸使用。

2. 次口径脱壳尾翼穿甲弹

普通同口径弹丸已不适应穿甲弹进一步提高弹丸初速的要求，故目前主要采用次口径脱壳尾翼弹的结构形式。它主要由弹托和带尾翼的弹体（或侵彻体）构成，也称为杆式脱壳穿甲弹或箭形弹。弹体多用高强度、高密度的材料做成。弹托有多种类型，由于这类弹丸的结构随弹托结构的不同而有不同特点。下面，着重介绍各类典型弹托的结构。

1）窄环形弹托

如图 3 – 2 – 28（a）所示，弹托由合金钢制成，在其中间底上有斜孔。膛内火药气体由此冲出时，使弹丸低速旋转。弹托分为三瓣，平时借助周边的铜带固联为一体。铜带还起着密封火药气体与减小弹托与炮膛的摩擦和碰撞的作用。膛内导引靠弹托与尾翼的支持面来保证。这种弹托的缺点是膛内定心性差。

2）马鞍形弹托

如图 3 – 2 – 28（b）所示。马鞍形弹托的明显特点是，弹托后面为实心部分，其上嵌有闭气环。前面部分一般为盅形截面，可起定心部的作用。这种外形使弹托的导引部长度增大，膛内定心好。其缺点是，多瓣弹托间的抱紧力较小。特别是弹托后部火药气体的压力，常常有打开弹托瓣的趋势。因此，在弹托的底部需要一个附加的密封圈防止漏气。

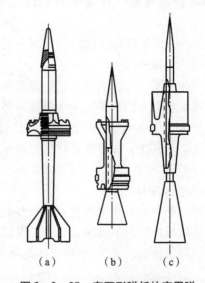

图 3 – 2 – 28　有环形弹托的穿甲弹

（a）窄环形弹托；（b）马鞍形弹托；（c）双锥形弹托

3）双锥形弹托

如图 3-2-28（c）所示。这种弹托从腰部开始向前后伸出两个长的锥形体。闭气环即位于此腰部上。由于尾部无定心表面，故在定心环前方还需要有一个延伸的定心表面，这可以在前锥体上用盅形结构解决。

弹托后锥面上的高压火药气体产生很高的抱紧力。在抱紧力的作用下，多瓣弹托自动夹紧，并抱紧弹体，密封火药气体，这是它优于马鞍形弹托结构的一个特点。

4）混合型弹托

如图 3-2-29 所示，混合型弹托是在马鞍形结构基础上，增加了一个后锥部分。它的前端有腔内解脱的塑料带；其腰部安置一个可相对滑转的塑料弹带，能传给弹托约 15% 的转速，以保证弹托出炮口后立即自动分离，使次口径弹体获得最佳飞行性能。弹托的后锥面包覆一个橡胶套，起密封火药气体的作用。弹托为铝质的，其膛内导引性好。

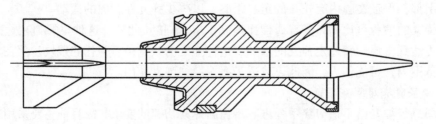

图 3-2-29　具有混合型弹托的穿甲弹

（二）次口径脱壳穿甲弹弹体的发展趋势

现代次口径脱壳尾翼穿甲弹的发展趋势是采用钨或贫铀合金的高密度金属弹体，代替合金钢弹体。钨或贫铀合金的密度可达 18×10^3 kg/m³ 以上；有的穿甲弹体的头部采用锆合金制成，在碰击目标时具有发火的特性。它既有纵火效果，又便于炮手观察。

为了改进穿甲弹体结构，提高高密度弹体材料的力学性能，已将原来带钢外套的弹体结构逐渐变为整体式的。

加大弹丸的长细比不但有利于弹道系数的改善，提高弹丸存速能力，而且在终点弹道上提高了弹丸侵彻大倾角多层非均质复合装甲的能力。目前，新式穿甲弹的长细比都大于 12，有的大于 14，某些国家的研制产品已超过 20。

加大次口径比，减小弹丸质量，进一步提高初速，看来是穿甲弹发展的新趋势。例如，105 mm 脱壳穿甲弹弹体直径只有 24 mm，次口径比接近 1∶4.5，120 mm 滑膛炮脱壳穿甲弹的次口径比达到 1∶5。

另外，要合理设计尾翼形状。在保证弹丸稳定飞行的前提下，使飞行体的空气阻力最小，并对横风的影响不敏感。此外，尾翼材料应能承受发射时火药气体的高压作用，并具有一定的抗烧蚀性能。表 3-9 列出了几种国外穿甲弹的结构数据。

表 3 – 9　几种国外穿甲弹的结构数据

国别	口径/mm	弹丸质量/kg	次口径弹体 直径/mm	次口径弹体 结构材料	初速/(m·s⁻¹)	侵彻威力 距离/m	侵彻威力 靶板/mm
美国	90 mm（线）穿甲弹		20 ~ 23	整体钨合金	1356	1500	150/60°
美国	105 mm（线）M735 穿甲弹		24 ~ 28	多钨合金带钢套	1500	1800	10/25/80/65°
美国	M774 穿甲弹		25	整体铀合金			
美国	M883 穿甲弹		24	整体铀合金			
美国	120 mm 滑 M827 穿甲弹	7. 2	38				
美国	120 mm 滑 M829 穿甲弹		24	整体铀合金			
英国	105 mm（线）穿甲弹	5. 7 ~ 6. 1	28	整体钨合金	1470	2000	
英国	120 mm（线）穿甲弹		32		1500		
德国	120 mm（滑）穿甲弹	7. 1	32	整体钨合金	1650	2200	北约三靶 140/85°
法国	90 mm（线）穿甲弹	3. 4	22	整体钨合金	1300	1900	10/25/60/65°
法国	105 mm（线）穿甲弹	5. 8	27	整体钨合金	1525	2000	10/25/60/65°
法国	120 mm（滑）穿甲弹	6. 3		整体钨合金	1630	3000	10/25/60/65°
比利时	90 mm（线）穿甲弹	2. 8	21. 5	整体钨合金	1300	2000	120/60°
比利时	90 mm（线）穿甲弹	2. 8	21. 5	整体钨合金	1300	1000	150/60°
以色列	60 mm（线）穿甲弹	1. 35	17	整体钨合金	1620	2000	

第三节　弹丸结构特征数的计算

所谓弹丸结构特征数，是指表征弹丸结构基本特点的某些参量，包括以下部分：

（1）弹丸的口径 d（mm）和质量 m（kg）；

（2）弹丸的相对质量 $C_{\mathrm{m}} = m/d^3$（kg/m³）；

（3）弹丸装填物的质量 m_{w}（kg）；

（4）装填物的相对质量 $C_{\mathrm{w}} = m_{\mathrm{w}}/d^3$（kg/m³）；

（5）弹丸的装填系数 $\alpha = \dfrac{m_{\mathrm{w}}}{m}$（%）；

（6）弹壁在圆柱部上的平均厚度 $t_{\mathrm{b}} =$（mm）；

（7）弹丸质心至弹底端面的距离 x_{c}（cm）；

（8）弹丸的极转动惯量 J_x（kg·m²）；

（9）丸的赤道转动惯量 J_y（kg·m²）。

弹丸的结构特征数是弹丸威力计算、强度计算和飞行稳定性计算的必要数据。在上述特征数中，主要的计算量有 5 个：弹丸质量 m、装填物质量 m_{w}、质心位置 x_{c}、极转动惯量 J_x 和赤道转动惯量 J_y。这些参量的计算是在弹丸尺寸、弹壳及零件材料和装填物已选定的基础上进行的。计算弹丸结构特征数的方法很多，这里主要介绍目前国内常用的基本计算法。此外，也附带地介绍一些国外用的简单经验计算公式。因为在弹丸设计的整个过程中，弹丸的尺寸是不断修改的，其结构特征数也需要多次计算。后一种计算方法可以做出迅速的概略估算。当尺寸基本确定后，再采用精确的基本计算法。无论采用哪种计算方法，一律按弹丸的名义尺寸进行计算。应该指出，有关结构特征数的计算也可借助 CAD 软件及三维造型软件在计算机上自动完成。

一、基本计算法

基本计算法是将弹丸划分为许多单元部分，分别对各单元部分进行计算，然后相加得出整个弹丸的构造特征数。

（一）单元的划分

弹体单元的划分是根据弹丸外形轮廓和内腔几何形状的特点，分别划分成许多单元部分。例如，外形轮廓可在尾锥部、尾柱部、弹带槽、下定心部、圆柱部、上定心部分别划分为截锥形和圆柱形的单元部分；同样，在内腔也可划分为锥形、柱形等单元部分（图 3 - 3 - 1）。

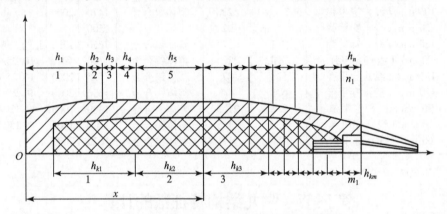

图 3 - 3 - 1　弹丸单元的划分

弹头弧形部的划分，弹头部为圆弧旋成体，为了计算简便，可将它划成许多等分的小单元体（图 3 - 3 - 2）。在计算时，把每个小单元体近似看作截锥体。

为了保证必要的计算精度，划分的间隔应使

$$h \leqslant (0.03 \sim 0.04)\rho$$

式中　ρ——弧形体母线的曲率半径。

弧形体在 x_k 处的半径为

$$r_k = \sqrt{\rho^2 - (x_k + a)^2} - b$$

式中　a，b——弧形体母线曲率中心的坐标。

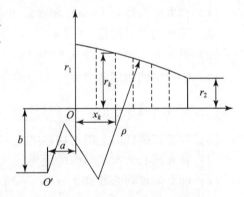

图 3 - 3 - 2　弹丸弧形部单元的划分

同理，内形如有弧形部，也按上述方法划分；零件如炸药、弹带、引信等也用相同的办法划分单元。

尾翼的划分。对尾翼弹，尾翼是非旋成体，每片尾翼看作平板。因为尾翼是对弹轴对称配置的，各尾翼的形状和距弹底的位置均相同。所以可取出一片尾翼，根据其外形将尾翼划分成多个梯形，称为梯形单元。尾翼的内形（取决于尾管的形状）也按此法划分单元。

假设取出第 k 个单元，其尺寸与位置如图 3 - 3 - 3 所示。

这个单元如果是取自尾翼部分，表示一片尾翼中的一个梯形单元；如果取自弹丸中其他部分，则表示截锥体单元。

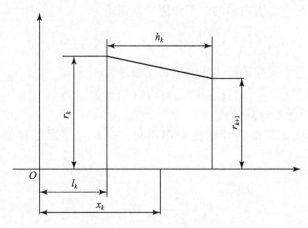

图3-3-3　单元的形状位置

在图3-3-3中：r_k、r_{k+1}分别为单元左、右端面的半径（cm）；h_k为单元的高度（cm）；l_k为单元左端面到计算基点的距离（cm）；坐标原点一般对旋转弹取弹底平面中心，对尾翼弹，坐标原点取弹顶平面中心；x_k为单元形心到坐标原点的距离（cm）。

引信单元的划分，按外形也可分成许多截锥体弹体（图3-3-4）。

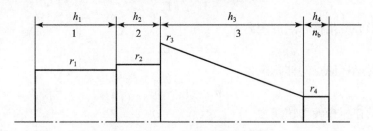

图3-3-4　引信单元的划分

（二）截锥体的计算公式

由截锥体的几何关系，可得出下列公式。

截锥体的体积为

$$V_k = \frac{\pi}{3} h_k (r_k^2 + r_k r_{k+1} + r_{k+1}^2) \tag{3-3-1}$$

截锥体形心至其左端面的距离为

$$C_k = \frac{\pi h_k^2}{12 V_k} (r_k^2 + 2 r_k r_{k+1} + 3 r_{k+1}^2) \tag{3-3-2}$$

截锥体形心至坐标原点（弹底）的距离为

$$x_k = l_k + C_k \tag{3-3-3}$$

截锥体体积对坐标原点的体积矩为

$$M_{vk} = V_k \cdot x_k \tag{3-3-4}$$

截锥体体积的极转动惯量为

$$J_{xvk} = \frac{\pi h_k}{10} (r_k^4 + r_k^3 r_{k+1} + r_k^2 r_{k+1}^2 + r_k r_{k+1}^3 + r_{k+1}^4) \tag{3-3-5}$$

截锥体对过其本身质心横向轴的体积赤道转动惯量为

$$J'_{yvk} = \frac{J_{xvk}}{2} + \frac{\pi h_k^3}{30}(r_k^2 + 3r_k r_{k+1} + 3r_{k+1}^2) - V_k C_k^2 \qquad (3-3-6)$$

截锥体对过全弹质心横向轴的体积赤道转动惯量为

$$J_{yvk} = J'_{yvk} + V_k(x_c - x_k)^2 \qquad (3-3-7)$$

（三）梯形平板单元的计算公式

当梯形平板的厚度与其他尺寸相比为很小时，对 n 片尾翼的梯形平板单元计算公式如下。

梯形板的体积为

$$V_k = \frac{n h_k t}{2}(r_k + r_{k+1}) \qquad (3-3-8)$$

式中　n——尾翼片数；

　　　t——梯形单元的厚度（cm）。

其余符号与截锥体相同。

梯形单元形心距其左端面的距离为

$$C_k = \frac{h_k(r_k + 2r_{k+1})}{3(r_k + r_{k+1})} \qquad (3-3-9)$$

梯形单元形心距坐标原点的距离为

$$x_k = l_k + C_k \qquad (3-3-10)$$

梯形单元对坐标原点的体积矩为

$$M_{vk} = V_k \cdot x_k \qquad (3-3-11)$$

梯形单元的体积极转动惯量为

$$J_{xvk} = \frac{n t h_k}{12}(r_k^3 + r_k^2 r_{k+1} + r_k r_{k+1}^2 + r_{k+1}^3) \qquad (3-3-12)$$

梯形单元对过其本身质心横向轴的体积赤道转动惯量为

$$J'_{yvk} = \frac{J_{xvk}}{2} + \frac{n t}{12} h_k^3(3r_k + r_{k+1}) - V_k C_k^2 \qquad (3-3-13)$$

梯形单元对过全弹质心横向轴的体积赤道转动惯量为

$$J_{yvk} = J'_{yvk} + V_k(x_c - x_k)^2 \qquad (3-3-14)$$

（四）弹丸结构特征数的计算

将弹丸各零件分别按外廓、内廓分成数量不等的单元，然后将各部分按外廓各单元计算的特征数总和减去按内廓各单元计算的特征数总和就得该部分的特征数。再将这些零件的特征数相加，就得到全弹丸的特征数。这些特征数包括质量、质心位置、极转动惯量和赤道转动惯量等。

1. 弹丸质量

弹丸质量为

$$m = \sum_{i=1}^{nn} m_i \qquad (3-3-15)$$

式中　m_i——各零件的质量，如弹壳质量、炸药质量、引信质量、弹带质量、尾翼质量等；

nn——零件个数。

各零件的质量计算公式为

$$m_i = \left(\sum_{k=1}^{n_1} V_k - \sum_{k=1}^{m_1} v_k \right) \rho_i \qquad (3-3-16)$$

式中　V_k——该零件外形单元体积；

　　　v_k——该零件内形单元体积；

　　　n_1——外形所分单元数；

　　　m_1——内形所分单元数；

　　　ρ_i——各零件的密度（kg/m^3）。

某些选购零件如引信等，其质量已知，而零件整体的密度未知，这时可用零件体积除其质量得出其相应的密度 ρ_i，再代入公式计算，即

$$\rho_i = \frac{m_i}{\displaystyle\sum_{k=1}^{n_1} V_k - \sum_{k=1}^{m_1} v_k} \qquad (3-3-17)$$

由式（3-3-17）可知，各零件的质量等于各零件外形体积与其内形体积之差再乘以零件的密度。

2. 弹丸质心位置

弹丸质心位置为

$$x_c = \frac{1}{m} \sum_{i=1}^{nn} M_i \qquad (3-3-18)$$

式中　M_i——各零件对坐标原点（弹底）的质量矩，其表达式为

$$M_i = \left(\sum_{k=1}^{n_1} V_k x_k - \sum_{k=1}^{m_1} v_k x_k \right) \rho_i$$

$$= \left(\sum_{k=1}^{n_1} M_{vk} - \sum_{k=1}^{m_1} M_{vk} \right) \rho_i \qquad (3-3-19)$$

由式（3-3-19）可见，各零件质量矩等于各零件外形体积矩与内形体积矩之差再乘以零件密度。

3. 弹丸极转动惯量

弹丸极转动惯量为

$$J_x = \sum_{i=1}^{nn} J_{xi} \qquad (3-3-20)$$

式中　J_{xi}——各零件的极转动惯量（$kg \cdot m^2$），其表达式为

$$J_{xi} = \left(\sum_{k=1}^{n_1} J_{xvk} - \sum_{k=1}^{m_1} J_{xvk} \right) \rho_i \qquad (3-3-21)$$

由式（3-3-21）可见，各零件的极转动惯量，等于各零件外形体积极转动惯量与内形体积极转动惯量之差再乘以零件密度。

4. 弹丸的赤道转动惯量

弹丸的赤道转动惯量为

$$J_y = \sum_{i=1}^{nn} J_{yi} \qquad (3-3-22)$$

式中　J_{yi}——各零件对全弹质心的赤道转动惯量（kg·m²），其表达式为

$$J_{yi} = \left(\sum_{k=1}^{n_1} J_{yvk} - \sum_{k=1}^{m_1} J_{yvk} \right) \rho_i \qquad (3-3-23)$$

由式（3-3-23）可见，各零件的赤道转动惯量等于各零件外形体积赤道转动惯量与内形体积赤道转动惯量之差再乘以零件密度。

（五）基本计算法的精确度与优缺点

由于把弹丸弧形部看作用由许多截锥体构成，因此由基本计算法计算出的最终结果仍然具有一定的误差。误差的大小取决于弧形部的分段间隔。当此间隔 $h = (0.03 \sim 0.04)\rho$，并且所有的计算均保持四位有效数字时，其计算结果的可能误差如下：

弹丸质量相对误差：±0.10%；

炸药质量相对误差：±0.10%；

弹丸质心位置的相对误差：±0.20%；

弹丸极转动惯量的相对误差：±0.15%；

弹丸赤道转动惯量的相对误差：±0.5%。

二、经验计算法

为了便于在结构设计过程中迅速估算弹丸的诸特征数，许多作者常常综合一定结构类型的弹丸，制定一些简便有效的经验公式，从而很快地估算出弹丸诸构造特征数。下面，介绍有关榴弹方面的经验公式。

质心位置为

$$x_c = 0.375l(d) \qquad (3-3-24)$$

极转动惯量为

$$J_x = 0.140md^2 \quad (\text{kg} \cdot \text{m}^2) \qquad (3-3-25)$$

赤道转动惯量为

$$J_y = md^2(0.070 + 0.0594l^2)(\text{kg} \cdot \text{m}^2) \qquad (3-3-26)$$

式中　l——弹丸长（包括引信）（d）；

　　　d——弹径（m）；

　　　m——弹丸质量（kg）。

显然，上述经验公式所得的结果与实际值有一定的误差，只能作为初步估算之用。当弹丸结构基本确定后，再用基本计算法进行计算。

第四章

弹丸发射安全性及膛内运动正确性分析

弹丸在发射时的安全性，是指各零件在膛内运动中都能保证足够的强度，不发生超过允许的变形，炸药、火工品等零件不会引起自燃、爆轰等现象，使弹丸在发射时处于安全状态。

弹丸在膛内运动时，受各种载荷的作用。由于这些载荷的作用，弹丸各零件会发生不同程度的变形。当变形超过一定允许程度，就可能影响弹丸沿炮膛的正确运行，严重时会使弹丸在膛内受阻，或使弹丸零件发生破裂，或因炸药被引爆等而发生膛炸事故。如果发生这些情况，则认为弹丸发射不安全，这是弹丸设计中绝对不允许的。

弹丸在膛内运行时，除了必须保证安全性以外，还必须保证运动正确性，即有良好的运动姿态，这对弹丸的射击精度具有重要的意义。这就要求弹丸的导引部设计较为合理，即弹炮之间的间隙、弹带的尺寸形状、定心部的尺寸等都较合理，使弹丸在膛内运行较精确，出炮口瞬间的初始偏量较小，从而可以提高弹丸的射击精度和火炮寿命。

在弹丸发射强度计算方面，由于弹丸结构形状的不规则性和所受载荷与变形的复杂性，至今尚没有一种精确的解析方法计算弹丸的强度，一般都要使用简化假设才能作应力-应变计算，或者采用数值计算近似解。另外，对弹丸及其零件的强度条件也应当作专门考虑，简单地采用机械设计中的强度条件对于只作一次使用的弹丸来说，也存在一定的不合理性。总之，在计算弹丸强度的同时，必须注意参考各种现用弹丸在战斗中所积累的有关经验数据；而在初步的计算结果基础上，最终还要经过一系列严格的射击试验进行校核。同样，在弹丸射击精度方面，也存在类似情况，只能在一定条件下作有限的分析。

第一节　发射时所受的载荷

弹丸及其零件发射时在膛内所受到的载荷主要包括：火药气体压力、惯性力、装填物压力、弹带压力（弹带挤入膛线引起的力）、不均衡力（弹丸运动中由不均衡因素引起的力）、导转侧力、摩擦力。

这些载荷，有的对发射强度起直接影响，有的则主要影响膛内运动的正确性。其中，以火药气体压力为基本载荷。在火药气体压力作用下，弹丸在膛内产生运动，获得一定的加速度，并由此引起其他载荷。

所有这些载荷在作用过程中，其值都是变化的。变化过程有些是同步的，有些则不同步。为此应找到其最大临界状态时的值，并使设计的弹丸在各相应临界状态下都能满足安全性要求。

在这些载荷中，摩擦力相对较小，一般可忽略不计。

一、火药气体压力

火药气体压力是指炮弹发射中，发射药被点燃后，形成大量高压气体，在炮膛内形成的气体压力，称为膛压。

（一）膛压曲线

火药气体压力一方面随着发射药的燃烧而变化，另一方面又随着弹丸在膛内的运动而变化。图 4 - 1 - 1 所示为膛压随弹丸行程的变化规律，膛压曲线上的最大值 p_{max} 表示火药气体压力的最大值，设计弹丸的强度计算必须考虑这个临界状态。

获得膛压曲线的一种方法是按照装药条件以内弹道基本问题解出，另一种方法是用试验测定。对新火炮系统，只能用前一种方法获得；对现有火炮系统，可用前一种方法也可用后一种方法求得。

（二）弹底压力

用上述方法获得的膛压曲线上的膛压值，实际上是指弹后容积的平均压力。弹丸在膛内运动过程中，任意瞬间弹后容积内的火药气体压力分布是不均匀的，其分布情况如图 4 - 1 - 2 所示。以炮膛底部压力 p_t 为最大，然后沿弹丸运动方向近似按直线关系递减。在弹底处，压力 p_d 最小。弹后空间的平均压力 p 即为膛压曲线上的名义压力值。

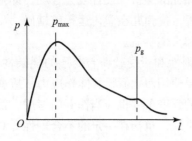

图 4 - 1 - 1 $p - l$ 曲线

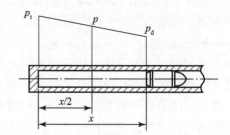

图 4 - 1 - 2   弹后容积内的火药气体压力分布

根据内弹道学，可知

$$p_t = p_d \left(1 + \frac{m_w}{2m} \right) \tag{4 - 1 - 1}$$

式中 m_w——发射药装药质量（kg）；

m——弹丸质量（kg）。

由于假设按直线关系递减，因此

$$p = \frac{1}{2}(p_t + p_d) \tag{4 - 1 - 2}$$

由式（4 - 1 - 1）和式（4 - 1 - 2），可得

$$p_d = \frac{p}{1 + \frac{1}{4}\frac{m_w}{m}} \tag{4 - 1 - 3}$$

在临界状态下 $p = p_{max}$，相应之最大弹底压力为

$$p_{d\,max} = \frac{p_{max}}{1 + \frac{1}{4}\frac{m_w}{m}} \qquad (4-1-4)$$

对于一般火炮，比值$\frac{m_w}{m} \approx 0.2$，故$p_{d\,max} \approx 0.952 p_{max}$；对高初速火炮，比值$\frac{m_w}{m}$可达到1，则$p_{d\,max} \approx 0.8 p_{max}$，也就是说弹丸实际上承受的火药气体压力$p_d$，比膛压曲线的压力名义值$p$要小5%~20%。

弹底压力可以通过试验方法测量，例如，在弹底装一个压力传感器（如压电式传感器或应变式传感器），在发射过程中，传感器将弹底上所受到的压力信号传出炮口，并记录之。信号传输可以用导线法、光学法、遥测法等，其中的导线法最为简单，图4-1-3所示为弹底压力测量示意图。用此法测得$p_t/p_d = 1.1 \sim 1.2$。

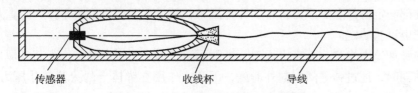

传感器　　　　　收线杯　　　　导线

图4-1-3　弹底压力测量示意图

（三）火药气体的计算压力

计算弹体及零部件强度所采用的压力，称为火药气体的计算压力，以符号p_j表示之。计算压力值的确定，实际上就是考虑在各种情况下，弹底所承受压力的最大可能值。从实际情况考虑，发射药温度对膛压的影响十分显著。因此在计算压力时主要考虑温度的影响。

一般所指的最大膛压p_{max}是相应于标准条件（$t = 15℃$）下的数值，如果发射时药温由于某种原因比标准值上升了Δt，则相应的最大膛压也将改变，其变化量Δp_{max}可由经验公式求得，即

$$\Delta p_{max} = \alpha p_{max} \Delta t$$

式中　α为温度修正系数，它取决于发射药性质和最大膛压的范围，其值约为0.0036。因此，在非标准条件下，最大弹底压力可用式（4-1-3）修正之，即

$$p_{d\,max} = \frac{(1 + \alpha\Delta t)}{1 + \frac{1}{4}\frac{m_w}{m}} p_{max}$$

在确定计算压力p_j时，必须考虑最不利情况下的$p_{d\,max}$值，并使$p_j \geqslant p_{d\,max}$。目前，我国尚未对计算压力作出统一规定。根据我国各地区气温的变化情况，再考虑在炎热条件下，发射药的实际温度会超过气温的最不利条件，所以暂定发射药的温度变化条件为$-40℃ \sim 50℃$。在极值情况下，$t = 50℃$，$\Delta t = 35℃$。对火炮弹丸，$m_w/m = 0.2$，则$p_d(t = 50℃) \approx 1.07 p_{max}$。迫击炮弹一般$m_w/m$较小，弹底上最大压力不会超过$1.07 p_{max}$。根据$p_j \geqslant p_{d\,max}$的条件，目前各类火炮都取

$$p_j = 1.1 p_{max}$$

其他国家所取计算压力值也在此附近，如美国取$p_j = 1.2 p_{max}$，法国也取$p_j = 1.2 p_{max}$，苏联取$p_j = 1.1 p_{max}$。

另外，弹丸靶场验收试验中，对弹体强度试验规定采用强装药射击。所谓强装药，即用增加装药量或保持高温的方法，使膛压达到最大膛压的 1.1 倍。因此，在弹丸的设计计算中必须用 p_j 进行校核，以保证弹丸发射安全性。

（四）弹丸上的压力分布

对于线膛火炮所配用之旋转稳定式弹丸，由于有弹带的密闭作用，火药气体几乎完全作用在弹带后部的弹尾区，如图 4-1-4 所示。在有些情况下，如火炮膛线磨损过大，弹带直径偏小，有部分火药气体通过弹带缝隙泄漏，则弹带前部的弹体也受到部分火药气体压力的作用，但此值较小，对弹体强度影响不大。有些线膛火炮发射的弹丸，要求弹丸不发生旋转或仅微旋，如 85 mm 加农炮破甲弹。这类弹丸没有弹带，火药气体可以通过炮膛与弹丸间的缝隙，以及火炮阴线沟槽向前冲出。在这种情况下，弹体的整个圆柱部上均作用有火药气体压力。但由于定心部与炮膛间缝隙较小，气流经过缝隙速度加快，压力下降。因此，作用在弹体圆柱部与定心部上的压力将小于计算压力，其减少程度将取决于弹炮间隙及火炮磨损情况，一般由试验确定。

滑膛炮弹如迫击炮弹、无坐力炮弹、高膛压滑膛炮弹均没有弹带，火药气体在推动炮弹向前运动的同时，通过弹炮间隙向外泄漏，因此，作用在弹体上的火药气体压力可以认为：弹尾部为均布载荷，数值为计算压力，圆柱部为线性分布，如图 4-1-5 所示。

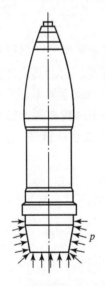 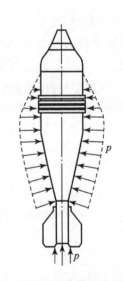

图 4-1-4　弹丸上的压力分布　　　　　图 4-1-5　迫击炮弹上的压力分布

有些弹丸为了提高射击精度，在弹上装有闭气环。可以认为，闭气环前部不受火药气体压力作用，而后部则全部作为计算压力考虑。

二、惯性力

弹丸在膛内做加速运动时，整个弹丸各零件上均作用有直线惯性力；旋转弹丸还产生径向惯性力与切向惯性力。

（一）轴向惯性力

弹丸发射时，火药气体推动弹丸向前运动，产生加速度。加速度 a 可由牛顿第二定律求

得，即

$$a = \frac{\mathrm{d}v}{\mathrm{d}t} = \frac{p\pi r^2}{m} \qquad (4-1-5)$$

式中 p——计算压力，为方便起见，本章 p_j 均以 p 表示；

r——弹丸半径。

由于加速度存在，弹丸各断面上均有直线惯性力，作用在弹丸任意断面 n—n 上的惯性力为（图 4-1-6）

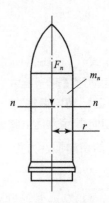

$$F_n = m_n a = p\pi r^2 \frac{m_n}{m} \qquad (4-1-6)$$

式中 m_n——n—n 断面以上部分弹丸质量。

由于弹丸各断面上的质量是不相等的，故各断面上所受的惯性力也不相等，越靠弹底，m_n 越大，F_n 也越大。

图 4-1-6 作用在 n—n 断面上的惯性力

弹丸加速度是弹丸设计（包括引信、火工品设计中）的重要参量。加速度越大，各断面上所受的惯性力也越大。弹丸最大加速度等于弹丸所受火药气体总压力与弹丸质量之比，对于一定的火炮弹丸系统为定值，一般也可用重力加速度 g 的倍数表示。

目前，常用火炮系统的最大加速度值如下：

$$\begin{cases} \text{小口径高炮：} a = 40000g \\ \text{线膛火炮：} a = 10000g \sim 20000g \\ \text{迫击炮：} a = 4000g \sim 10000g \\ \text{无后坐炮：} a = 5000g \sim 10000g \end{cases}$$

（二）径向惯性力

径向惯性力是由于弹丸旋转运动所产生的径向加速度（向心加速度）而引起的（图 4-1-7）。任意断面上半径 r_1 处质量 m_1 的径向惯性力为

$$F_r = m_1 r_1 \omega^2 \qquad (4-1-7)$$

式中 ω——弹丸的旋转角速度。

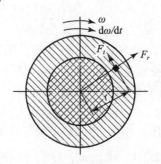

图 4-1-7 弹丸的径向惯性力和切向惯性力

当膛线为等齐时，弹丸的旋转角速度与膛内直线运动速度的关系为

$$\omega = \frac{\pi}{\eta r} v \qquad (4-1-8)$$

式中 η——膛线缠度（以口径 d 的倍数表示）。

将式（4-1-8）代入式（4-1-7），则径向惯性力为

$$F_r = m_1 r_1 \left(\frac{\pi}{\eta r} \right)^2 v^2 \qquad (4-1-9)$$

由式（4-1-9）可知，弹丸质量所产生的径向惯性力与速度平方成正比，随着弹丸在膛内运动速度越来越大，径向惯性力也越来越大，直至炮口达最大值。

（三）切向惯性力

切向惯性力是由弹丸角加速度 $\mathrm{d}\omega/\mathrm{d}t$ 引起的（图 4-1-7），断面上任意半径 r_1 处质量为 m_1 的切向惯性力为

$$F_t = m_1 r_1 \frac{\mathrm{d}\omega}{\mathrm{d}t} \qquad (4-1-10)$$

当膛线为等齐时，弹丸角加速度与轴向加速度成正比，即

$$\frac{\mathrm{d}\omega}{\mathrm{d}t} = \frac{\pi}{\eta r} \frac{\mathrm{d}v}{\mathrm{d}t} \qquad (4-1-11)$$

将式（4-1-11）代入式（4-1-10），并考虑式（4-1-5）的关系，可得

$$F_t = \frac{p\pi^2 r r_1}{\eta} \cdot \frac{m_1}{m} \qquad (4-1-12)$$

由式（4-1-12）可知，切向惯性力与膛压成正比。

（四）惯性力

由上述分析可知，弹丸任意剖面上的惯性力由下列公式计算，即

$$\begin{cases} F_n = p\pi r^2 \dfrac{m_n}{m} \\[2mm] F_r = m_1 r_1 \left(\dfrac{\pi}{\eta r} \right)^2 v^2 \\[2mm] F_t = \dfrac{p\pi^2 r r_1}{\eta} \cdot \dfrac{m_1}{m} \end{cases} \qquad (4-1-13)$$

1. 惯性力在发射过程中的变化

比较式（4-1-13）中的三个公式可知，轴向惯性力 F_n 和切向惯性力 F_t 与膛压成正比，在发射过程中，其变化规律与膛压曲线相似，径向惯性力 F_r，则与弹丸速度的平方成正比，故其变化规律与速度曲线的变化趋势有关（图 4-1-8），所以 F_n 与 F_t 的最大值在最大膛压处，而 F_r 的最大值在炮口处。

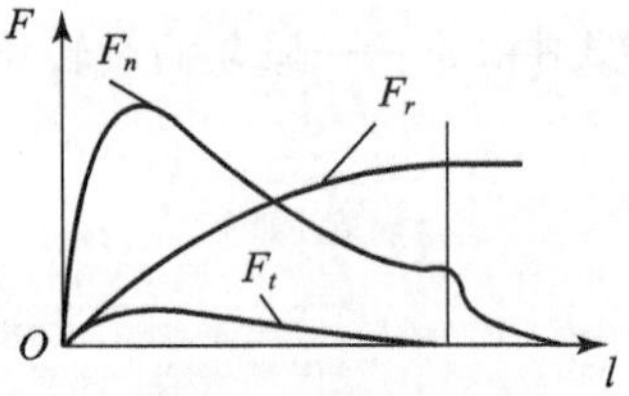

2. 惯性力的大小

轴向惯性力 F_n 与切向惯性力 F_t 相比较，后者较小；在极

图 4-1-8 惯性力的变化曲线

限条件下，其值也不超过前者的 1/10，即 $F_t = 0.1 F_n$。故在强度计算时，切向惯性力可以略去。至于径向惯性力 F_r，虽然与 F_n 变化不同步，但就其最大值而言，仍然小于轴向惯性力。由图 4-1-8 可知，当 F_n 达到最大值时，F_r 仍很小，因此计算最大膛压时弹丸的发射强度，也可以略去径向惯性力。如果计算炮口区的弹体强度，就应当考虑径向惯性力的影响。

3. 惯性力对弹体变形的影响

对一般旋转式榴弹而言，轴向惯性力与火药气体压力的综合作用，使整个弹体均产生轴

向压缩变形；切向惯性力的作用是使弹丸产生轴向扭转变形。但对某些尾翼式弹（如迫击炮弹，无坐力炮弹），轴向惯性力与火药气体压力的综合作用，就不一定使整个弹体轴向都产生压缩变形，这是因为在尾翼弹的弹尾部，由于火药气体的直接作用，其任意断面 n—n 以上的轴向力 N_n 应为轴向惯性力与火药气体总压力之差（图 $4-1-9$），即

$$N_n = p\pi r^2 \frac{m_n}{m} - p\pi(r^2 - r_n^2)$$

$$= p\pi r^2 \left[\frac{m_n}{m} - \left(1 - \frac{r_n^2}{r^2} \right) \right] \qquad (4-1-14)$$

式中　r_n——n—n 断面之外半径。

从式（$4-1-14$）可知，轴向力并不都是压力，它与断面以上弹丸的质量 m_n 及断面半径 r_n 有关：

当 $\frac{m_n}{m} > 1 - \frac{r_n^2}{r^2}$ 时，轴向力为压力；当 $\frac{m_n}{m} < 1 - \frac{r_n^2}{r^2}$ 时，轴向力为拉力；当 $\frac{m_n}{m} = 1 - \frac{r_n^2}{r^2}$ 时，轴向力为零。

尾翼弹轴向力的变化曲线如图 $4-1-10$ 所示，从图可见，在整个弹轴上，绝大部分呈压力状态，而且压力的峰值比拉力大得多。在尾翼区局部出现拉力状态，并有某些断面出现轴向力为零的情况（并非所有尾翼弹都会出现这种情况）。

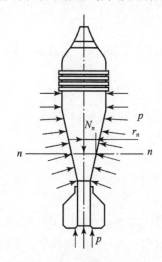

图 4-1-9　尾翼弹的轴向力

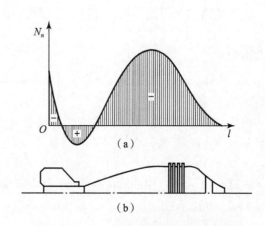

图 4-1-10　尾翼弹轴向力的变化曲线

三、装填物压力

除某些特种弹、实心穿甲弹外，绝大多数弹丸都装填炸药。发射时，装填物本身也产生惯性力，其中轴向惯性力使装填物下沉，因而产生轴向压缩径向膨胀的趋势，径向惯性力则直接使装填物产生径向膨胀，这两种作用均使装填物对弹壳产生压力。

（一）轴向惯性力引起的装填物压力

为了计算轴向惯性力引起的装填物压力，现作如下假设：

（1）装填物为均质理想弹性体。

（2）弹体壁为刚性，即在装填物的挤压下不发生变形，因为在一般情况下，金属的弹性模量比炸药的弹性模量大 100 倍左右。因此上述假设，相对来说还是合理的。

（3）装填物对弹壁的压力为法向方向（忽略了弹壁与装填物间的摩擦影响）。

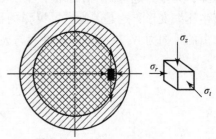

图 4 - 1 - 11　装填物微元体上的应力

下面分析靠近断面内壁处的装填物对弹壁的作用。为此在该处装填物上取一微元体（图 4 - 1 - 11），并令微元体上的三向主应力分别为 σ_z、σ_r 和 σ_t，其中径向应力 σ_r，也就是装填物对弹壁的法向压力。

由弹性理论可知，此微元体在三个方向的应变分别为

$$\begin{cases} \varepsilon_z = \dfrac{1}{E_c}[\sigma_z - \mu_c(\sigma_r + \sigma_t)] \\[2mm] \varepsilon_r = \dfrac{1}{E_c}[\sigma_r - \mu_c(\sigma_z + \sigma_t)] \\[2mm] \varepsilon_t = \dfrac{1}{E_c}[\sigma_t - \mu_c(\sigma_z + \sigma_r)] \end{cases}$$

式中　E_c——装填物的弹性模量；

　　　μ_c——装填物的泊松比。

由上述第二个假设可知，弹体壁不变形，故装填物的径向和切向也不发生变形，即

$$\varepsilon_r = \varepsilon_t = 0$$

由此可知

$$\begin{cases} \sigma_r = \mu_c(\sigma_z + \sigma_t) \\ \sigma_t = \mu_c(\sigma_z + \sigma_r) \end{cases} \tag{4 - 1 - 15}$$

将式（4 - 1 - 15）中二式联立，并消去 σ_t，可得

$$\sigma_r = \frac{\mu_c}{1 - \mu_c}\sigma_z \tag{4 - 1 - 16}$$

式（4 - 1 - 16）中的轴向应力 σ_z 是由于装填物在轴向惯性力 F_{wn} 的作用下产生的，由式（4 - 1 - 6），可知

$$F_{wn} = m_{wn}a = p\pi r^2 \frac{m_{wn}}{m} \tag{4 - 1 - 17}$$

式中　m_{wn}——此断面上部的装填物质量。

由此轴向惯性力在此断面上产生的轴向压应力为 σ_z，其值为

$$\sigma_z = \frac{F_{wn}}{\pi r_{an}^2} \tag{4 - 1 - 18}$$

式中　r_{an}——此断面上弹壳的内径。

将式（4 - 1 - 17）代入式（4 - 1 - 18），可得

$$\sigma_z = p \frac{r^2}{r_{an}^2} \cdot \frac{m_{wn}}{m} \tag{4 - 1 - 19}$$

再将式（4-1-19）代入式（4-1-16），即可求得由轴向惯性力引起的装填物压力 p_c，即

$$p_c = \sigma_r = \frac{\mu_c}{1-\mu_c} p \frac{r^2}{r_{an}^2} \cdot \frac{m_{wn}}{m} \qquad (4-1-19a)$$

装填物的泊松比 μ_c 随装填物的性质及装填条件而变化。对注装炸药，$\mu_c = 0.4$；螺旋装药和压装时，$\mu_c = 0.35$；对于液体及一切不可压缩材料，$\mu_c = 0.5$。

当所取断面位于弹丸内腔锥形部时，由于单元体上的主应力方向改变，p_c 的精确表达式变得十分复杂，为了简化起见，在设计实践中均将装填物看作液体来处理，这样只需考虑断面面积上方相应装填物柱形体内的质量 m'_{wn} 计算装填物压力，而将其余部分 m''_{wn} 附加作用在弹体金属上（图4-1-12），尾翼式弹丸也是如此。

这时 $n—n$ 断面上装填物对弹壁压力为

$$p_c = p \frac{r^2}{r_{an}^2} \cdot \frac{m'_{wn}}{m} \qquad (4-1-19b)$$

并且可知，装填物压力 p_c 是与膛压 p 成正比的，因而在发射过程中其变化规律也与膛压曲线相似。

（二）径向惯性力引起的装填物压力

径向惯性力即离心惯性力。弹丸旋转时，在离心惯性力的作用下，装填物向外胀，对弹壁有压力。如将装填物按液体处理，截取单位厚度的弹丸进行计算，只要研究中心角为 α 的小扇形块对弹壁的压力。设微元体的离心惯性力为 $\mathrm{d}F_r$（图4-1-13），则

$$\mathrm{d}F_r = \mathrm{d}m r_k \omega^2 \qquad (4-1-20)$$

式中　$\mathrm{d}m$——微元体的质量；

　　　r_k——微元体的半径；

　　　ω——弹丸旋转角速度。

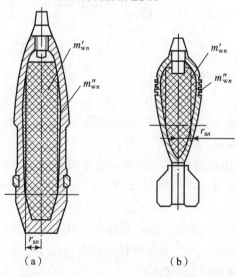

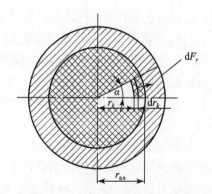

图4-1-12　作用在 $n—n$ 断面上装填物质量　　　图4-1-13　径向惯性力引起的装填物压力

由图4-1-13，可知

$$\mathrm{d}m = \alpha \rho_w r_k \mathrm{d}r_k \qquad (4-1-21)$$

式中　ρ_w——装填物密度（kg/m^3）。

将式（4-1-21）代入式（4-1-20），并在小扇形块内积分之，就可得小扇形块总的离心惯性力为

$$F_r = \int_0^{r_{an}} \alpha\rho_w \omega^2 r_k^2 \mathrm{d}r_k = \alpha\omega^2\rho_w \frac{r_{an}^3}{3} \qquad (4-1-22)$$

此离心惯性力作用在弹体内壁扇形柱面上，则由离心惯性力引起的装填物压力为

$$p_r = \frac{F_r}{\alpha r_{an}} = \frac{r_{an}^2}{3}\omega^2\rho_w$$

考虑式（4-1-8），则

$$p_r = \frac{\pi^2\rho_w}{3}\left(\frac{v}{\eta}\right)^2\left(\frac{r_{an}}{r}\right)^2 \qquad (4-1-23)$$

由式（4-1-23）可知，p_r 与弹丸在膛内的速度平方成正比，变化规律也和速度曲线变化趋势有关。

总的装填物压力应为 p_c 与 p_r 之和，但这两个力并不同步，p_c 在最大膛压时刻达到最大，p_r 则在炮口区达到最大。从绝对值来讲，$p_r \ll p_c$，所以计算最大膛压时的弹体强度，可以忽略 p_r 的影响。

四、弹带压力

弹丸入膛过程中，弹带嵌入膛线，弹带赋予炮膛一个作用力；反之炮膛壁对弹带也有一个反作用力，均称为弹带压力。此压力使炮膛发生径向膨胀，并使弹带、弹体产生径向压缩，所以此力是炮管、弹丸设计中需要考虑的一个重要因素。

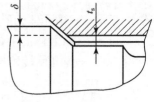

（一）弹带压力产生的原因

如前所述，弹带入膛时有强制量 δ 存在（图4-1-14），所以在嵌入过程中，弹带金属将发生以下变化。

图4-1-14　弹带入膛时的情况

（1）弹带发生弹塑性变形，并挤入炮管膛线内。

（2）弹带被向后部挤压，挤压后的弹带材料顺延在弹带后部，尤其是被炮膛阳线凸起部挤出的弹带，发生轴向流动，使弹带变宽。

（3）少量弹带金属将被膛线切削下来，成为铜屑，有的粘在炮膛内部，有的留在膛内。一般情况下，由炮弹发射装药内的除铜剂将其清除掉。

由此可见，弹丸的入膛过程，是一种强迫挤压的过程，必须有一定的启动压力（挤进压力）弹丸才开始运动。一旦弹丸的弹带嵌入膛线，弹带将受到很大的径向压力即弹带压力。

弹带压力一般用 p_b 表示，是指炮膛壁赋予弹带的压力，并非直接作用在弹体上，但此压力经由弹带材料的传递，包括弹带材料变形的消耗，再作用在弹体材料上。这个压力也称为弹带压力，用 p_{b1} 表示，弹带压力 p_{b1} 对弹体强度有较大的影响。

（二）弹带压力的分布与变化

如果弹带的加工是对称的，装填入膛与嵌入膛线也是均匀的和对称的，那么弹带压力的分布也是对称的、均匀的（图4-1-15（a）），如果弹带加工具有壁偏差，或弹带嵌入偏向

一方，则弹带压力也相应偏向一边（图 4 – 1 – 15（b））。

这种弹带压力不对称的情况，会造成弹丸在膛内的倾斜；严重时，将使定心部或圆柱部产生膛线印痕，使弹丸出炮口后射击精度降低。

弹带压力在弹丸沿炮膛运行过程中的变化情况如图 4 – 1 – 16 所示。

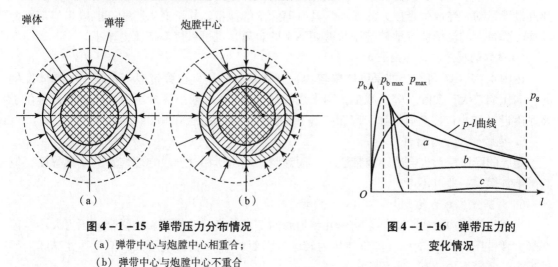

图 4 – 1 – 15　弹带压力分布情况
（a）弹带中心与炮膛中心相重合；
（b）弹带中心与炮膛中心不重合

图 4 – 1 – 16　弹带压力的
变化情况

弹带刚嵌入膛线时，弹带压力随之产生，并且迅速上升，至弹带全部嵌入完毕而达到最大值 $p_{b\,max}$，但此时膛压还很低。随着弹丸向前运动，膛压急剧上升，使炮膛发生径向膨胀，弹体发生径向压缩，减弱了炮膛壁与弹带的相互作用。另外，弹带在嵌入过程中的磨损与切削，会使弹带压力逐渐下降。对于薄壁弹体，其影响更为显著。在最大膛压时，弹带压力将减至最小值，甚至为零，即在此瞬间，弹带与炮膛内壁之间互相没有压力作用。当弹丸经过最大膛压点后，火药气体压力开始下降，膛压对弹带压力的影响效应随之减弱，对于厚壁弹体（图 4 – 1 – 16 曲线 a），弹带压力下降开始缓和，下降至一定程度后，弹带压力趋于稳定，直至炮口；对于薄壁弹体，由于火药气体压力的影响效应超过弹带的磨损因素，因此当膛压下降时其弹带压力将有所回升（图 4 – 1 – 16 中的曲线 b 和曲线 c）。弹丸出炮口后，弹带压力全部消失。

（三）影响弹带压力的因素

弹带压力的大小取决于下列因素。

1. 弹带强制量 δ 的大小

弹带强制量 δ 是密闭火药气体和保证赋予弹丸旋转所必需的，如果强制量 $\delta = 0$，将会引起火药气体外泄、弹丸初速产生跳动影响射弹精度；但强制量 δ 增加，弹带在嵌入过程中，被挤压的金属增多，因而弹带压力也会增加。如果强制量增加很多，弹带压力将成不正比地增加。因为这时大部分弹带材料被剪切和推向后部，使弹带压力不会明显上升，但会造成较多的铜屑留在膛内，影响火炮的射击。

2. 弹带材料的性质

弹带材料的力学性能，特别是其韧性或延展性的好坏，将影响弹带压力的大小。一般弹带均采用软质韧性较大的材料制成，使弹带容易产生变形，并减小嵌入时的阻力。当材料产生流动后，内部应力将不再增加，弹带压力也就不会增加。反之，过硬的材料将会使弹带压力增大，从而会削弱弹体强度。

3. 弹带的尺寸与形状

弹带的尺寸中对弹带压力影响较大的是弹带宽度与前倾角。弹带宽度不宜过大，宽度过大，弹带难以嵌入膛线，而且被挤压和剪切下来的弹带材料过多地堆积在弹带后部，不利于弹丸继续运动，造成弹带压力的增加。具有前倾角的弹带，易于嵌入膛线，能减缓弹带压力增加。弹带上的沟槽能容纳被挤压与剪切下来的金属，也可以使弹带压力减小。

4. 弹体的壁厚与弹体材料的性质

由图 4 – 1 – 14 可知，如果弹体壁较薄，弹体材料较软，在弹带嵌入过程中，弹体发生的径向压缩较大，实际上等于减少了弹带强制量 δ，因而可减小弹带压力。但对于弹带位于弹底附近（如小口径高射榴弹、底凹弹等）的结构，没有多大影响。

5. 炮膛的尺寸与材料

炮膛的膨胀变形也会减小弹带压力，而炮膛尺寸与所用材料决定着炮膛的变形程度，但其影响甚微，一般可不考虑。

6. 火药气体压力的大小

火药气体压力大小将直接影响弹丸和炮膛的变形程度，并间接影响弹带的压力大小。但在最大弹带压力 $p_{b\,max}$ 时，火药气体压力较小，因而对 $p_{b\,max}$ 的影响不大，但对弹丸继续运行过程中的弹带压力，有一定程度的影响。

（四）弹带压力的试验测定

由于影响弹带压力的因素较多，很难直接列出解析表达式。利用试验方法测定弹带压力，或者在试验基础上总结的经验表达式将是有效的方法。

这种方法是用真实弹体从实际炮膛中挤压出去，并测量出炮膛外表面的应变值，从而可计算出弹带压力值。具体试验装置如图 4 – 1 – 17 所示。

截取一段实际的炮管，其位置必须在坡膛部前后，并保留完整的坡膛部，其长短视压力机的工作行程而定。在炮管外表面适当位置粘贴应变片。炮管下面有一个支撑座，以便于取出压过后的弹体，将真实弹体从炮膛中压入。当弹带嵌入膛线后，弹带压力达到最大，炮膛发生变形。当炮膛壁较厚和所用材料较硬时，一般处于弹性变形范围以内。因此，在测量出炮管外表面的应变值后，就可计算内膛的弹带压力值。

这个试验的原理比较简单，装置也不复杂，困难之处在于测量出炮管外表面的应变值后，如何计算相应的弹带压力值。从试验分析，当弹带嵌入炮管膛线后，在炮膛内壁的局部位置

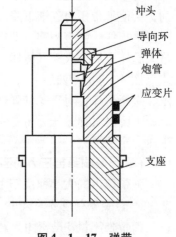

图 4 – 1 – 17 弹带
压力试验装置

上受弹带压力 p_b 作用。其作用宽度等于弹带宽度。另外，由于炮管膛线有缠度和摩擦所产生的影响，在此宽度上还作用有轴向力 F。在此两种局部载荷作用下，炮管的应力分析如何计算？一般情况下，炮管也可看作厚壁圆筒，但受局部载荷的厚壁圆筒的应力分析，仍没有适当的解析式可供计算。此问题的最终解决，现是采用有限元法，可最终计算出弹带压力与炮管应变的关系。

本试验需要测量的数据为炮管外表面的应变 ε_i（通过应变片、动态应变仪和示波器等）

和轴向压力 F（通过压力机上读数或用压力计测得）。当弹丸开始压入炮管，应变片立即反映出弹带压力的变化，随着弹带向前运动，即嵌入量增加，弹带压力随之增加，应变也随之加大。当弹带通过粘贴应变片位置的横截面时，应变达到最大值。弹带通过此截面继续向前运动，其应变片上反映出的应变值也逐渐减小。严格地说，应变片上测量出的应变，是弹带嵌入过程中，在炮膛壁某一个断面上的应变值。如果需要测量出最大弹带压力 $p_{b\,max}$，则应将应变片贴在弹带全部嵌入膛线时相应的断面处。

如果需要求出弹带压力的变化情况，可在炮管沿轴线的表面上多贴一些应变片，分别测量出多条 $\varepsilon_i - l$ 曲线，从中可以求得弹带压力的变化情况。图 4 - 1 - 18 所示为测量出的 57 mm 高射榴弹的 $\varepsilon_i - l$ 曲线。

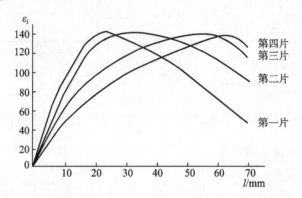

图 4 - 1 - 18　57 mm 高射榴弹 $\varepsilon_i - l$ 曲线

这个试验方法没有考虑火药气体压力，因而测得的弹带压力可能偏大。另外，在压力机上将弹带压入炮管比较缓慢，属于静态压力，同时摩擦力的影响也偏大。为了消除这两个影响因素，以便与实际情况符合，可采用动态射击试验。这又分为两种：一种方法是将弹丸固定在某一固定杆上，用空气炮将炮膛模发射过来，使弹带嵌入膛线，这样可测量出动态的弹带压力；另一种方法是弹丸在真实火炮内发射，并在炮管外表面粘贴一系列应变片，测量出动态射击条件下的应变值，再通过有限元法计算其弹带压力。这种试验方法更符合实际要求。

（五）弹带压力计算

如前所述，影响弹带压力的因素很多，要写出其解析表达式是困难的。对于弹丸设计而言，要求在试验的基础上，推导出满足一定条件的经验关系式，以便估算弹带压力。

为推导关系式，现作如下假设。

（1）弹体材料与弹带材料均满足线性硬化条件，即应力 - 应变曲线呈双线性关系（图 4 - 1 - 19）。在弹性阶段，弹性模量 $E = \tan \alpha_1$；达到屈服应力 σ_s 后，直线斜率为 $\tan \alpha_2$，称为强化弹性模量 E'，并存在强化参数 λ，即

$$\lambda = \frac{E - E'}{E} \qquad (4 - 1 - 24)$$

对于一般弹体钢材：$\lambda = 0.95 \sim 1.0$；对于弹带铜材：$\lambda = 0.98 \sim 0.99$。

（2）在塑性变形中，弹体的金属材料体积不变。

（3）弹体变形中发生的径向压缩量在内外表面相等，此假设的误差不会超过 4%。

其力学模型是将弹体看作半无限长圆筒，以其一端置于刚性壁内，可近似表征弹底的影响（图 4 – 1 – 20）。首先设弹带压力为 p_b，经弹带传到弹体上的力为 p_{b1}；然后分析弹带嵌入后能充满膛线的情况（强制量 $\delta > 0$ 的情况）：对于弹体可利用壳体理论；对于弹带可利用大变形塑性理论，从而导出下列关系式。

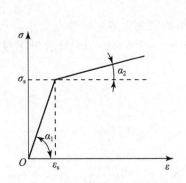

图 4 – 1 – 19　真实应力 – 应变曲线

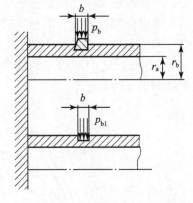

图 4 – 1 – 20　弹带压力的力学模型

1. 下列关系式中所采用的符号

（1）弹体部分（图 4 – 1 – 21）：

r_a——弹带区弹体内半径；

r_b——弹带区弹体外半径；

r_0——弹带区弹体中间半径；

h_0——弹体弹带区壁厚；

E_0——弹体材料弹性模量；

λ_0——弹体材料强化参数；

σ_{s0}——弹体材料屈服极限；

W_0——弹体压缩变形，半径上的位移量。

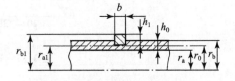

图 4 – 1 – 21　弹带区的尺寸

（2）弹带部分：

r_{b1}——弹带外半径，如有沟槽，可用等效外径（用面积等效法计算）；

r_{a1}——弹带内半径；

h_1——弹带厚度；

b——弹带宽度；

E_1——弹带材料弹性模量；

λ_1——弹带材料强化参数；

σ_{s1}——弹带材料屈服极限；

δ_1——弹带平均强制量，即弹带外半径减去膛线平均半径。

（3）炮膛膛线部分：

r_1——炮膛阳线半径；

r_g——炮膛阴线半径；

r_c——炮膛平均半径，采用面积等效法求得；

b_1——阳线宽度；

b_g——阴线宽度。

2. 计算弹带压力

（1）求出弹体所受局部载荷 p_{b1} 与弹体压缩变形 W_0 的关系：

$$p_{b1} = A_0 + B_0 W_0 \tag{4-1-25}$$

式中 A_0，B_0 是与弹体尺寸、材料有关的系数，分别为

$$A_0 = 0.94\lambda_0 \frac{r_0 \sigma_{s0}}{KE_0}\left(1 + \frac{h_0}{2r_0}\right) \tag{4-1-26}$$

$$B_0 = \frac{1}{K}(1 - 0.94\lambda_0) \tag{4-1-27}$$

式中 系数 0.94 是对目前各种榴弹适用的系数；K 是由壳体理论推导出来的变形与载荷关系的系数，在弹带不是位于弹底处情况下，K 的表达式为

$$K = \left(1 + \frac{h_0}{2r_0}\right)\frac{r_0^2}{E_0 h_0}\left(1 - e^{-\beta b/2}\cos\frac{\beta b}{2}\right) \tag{4-1-28}$$

式中 系数 β 可由弹性理论得出，即

$$\beta = \sqrt[4]{\frac{3(1 - \mu^2)}{r_0^2 h_0^2}} \tag{4-1-29}$$

（2）求出弹带压力的传递关系，由弹带的大变形规律可以求出

$$p_b - p_{b1} = A_1 + B_1 W_0 \tag{4-1-30}$$

式中 A_1，B_1 是与弹带尺寸材料有关的系数，分别为

$$A_1 = \frac{2\lambda_1 \sigma_{s1}}{\sqrt{3}}\ln\frac{r_{b1}}{r_{a1}} \tag{4-1-31}$$

$$B_1 = \frac{4}{3r_{a1}}E_1(1 - \lambda_1)\left(1 - \frac{r_{a1}^2}{r_{b1}^2}\right) \tag{4-1-32}$$

（3）求出弹带压力与弹带变形的关系，对于弹带充满膛线的情况，可得

$$p_b = A_2 - B_2 W_0 \tag{4-1-33}$$

式中 A_2，B_2 是与弹带尺寸、材料有关的系数，分别为

$$A_2 = \frac{2\lambda_1 \sigma_{s1}}{\sqrt{3}} + \frac{8}{3}E_1(1 - \lambda_1)\frac{\delta_1}{h_1} \tag{4-1-34}$$

$$B_2 = \frac{8}{3}E_1(1 - \lambda_1)\left(\frac{1}{h_1} - \frac{1}{r_{b1}}\right) \tag{4-1-35}$$

由式（4-1-25）、式（4-1-30）和式（4-1-33）联立求解，可得

$$\begin{cases} p_{b1} = A_0 + B_0 W_0 \\ p_b - p_{b1} = A_1 + B_1 W_0 \\ p_b = A_2 - B_2 W_0 \end{cases}$$

则

$$W_0 = \frac{A_2 - A_1 - A_0}{B_0 + B_1 + B_2} \tag{4-1-36}$$

例 4-1 试求 57 mm 高射榴弹的弹带压力。已知：弹带区体外半径 $r_b = 2.8$ cm；弹带区体内半径 $r_a = 1.625$ cm；弹体材料弹性模量 $E_0 = 206$ GPa；弹体材料强化系数 $\lambda_0 = 1.0$；弹体材料屈服极限 $\sigma_{s0} = 412$ MPa；弹带外直径 $r_{b1} = 2.949$ cm；弹带内直径 $r_{a1} = 2.625$ cm；弹带宽度 $b = 2.64$ cm；弹体材料弹性模量 $E_1 = 118$ GPa；弹体材料强化系数 $\lambda_1 = 0.99$；弹体材料屈服极限 $\sigma_{s1} = 157$ MPa；炮管阳线直径 $r_1 = 2.85$ cm；炮管阴线直径 $r_g = 2.94$ cm；阳线宽度 $b_1 = 0.245$ cm；阴线宽度 $b_g = 0.5$ cm。

解： (1) 计算系数 r_0、h_0、h_1、r_c、δ_1：

$$r_0 = (r_b + r_a)/2 = (28 \times 10^{-3} + 16.25 \times 10^{-3})/2 = 22.125 \times 10^{-3} \ (\text{m})$$

$$h_0 = r_b - r_a = 28 \times 10^{-3} - 16.25 \times 10^{-3} = 11.75 \times 10^{-3} \ (\text{m})$$

$$h_1 = r_{b1} - r_{a1} = 29.49 \times 10^{-3} - 26.25 \times 10^{-3} = 3.24 \times 10^{-3} \ (\text{m})$$

$$r_c = \sqrt{r_1^2 \frac{b_1}{b_g + b_1} + r_g^2 \frac{b_g}{b_g + b_1}}$$

$$= \sqrt{(28.5 \times 10^{-3})^2 \times \frac{2.45 \times 10^{-3}}{(5.0 + 2.45) \times 10^{-3}} + (29.4 \times 10^{-3})^2 \times \frac{5.0 \times 10^{-3}}{(5.0 + 2.45) \times 10^{-3}}}$$

$$= 29.1 \times 10^{-3} \ (\text{m})$$

$$\delta_1 = r_{b1} - r_c = 29.49 \times 10^{-3} - 29.1 \times 10^{-3} = 0.39 \times 10^{-3} \ (\text{m})$$

(2) 计算系数 β、K、A_0、B_0：

$$\beta = \sqrt[4]{\frac{3(1-\mu^2)}{r_0^2 h_0^2}} = \sqrt[4]{\frac{3(1-0.3^2)}{(22.125 \times 10^{-3})^2 \times (11.75 \times 10^{-3})^2}}$$

$$= 0.7972 \times 10^2 = 79.72 \ (\text{m}^{-1})$$

$$K = \left(1 + \frac{h_0}{2r_0}\right) \frac{r_0^2}{E_0 h_0} \left(1 - e^{-\beta b/2} \cos \frac{\beta b}{2}\right)$$

$$= \left(1 + \frac{11.75 \times 10^{-3}}{2 \times 22.125 \times 10^{-3}}\right) \times \frac{(22.125 \times 10^{-3})^2}{206 \times 10^9 \times 11.75_0 \times 10^{-3}} \times$$

$$\left[1 - e^{-\frac{1}{2} \times 79.72 \times 26.4 \times 10^{-3}} \times \cos\left(\frac{1}{2} 79.72 \times 0.264\right)\right] = 21.16 \times 10^{-14} \ (\text{m/Pa})$$

$$A_0 = 0.94 \lambda_0 \frac{r_0 \sigma_{s0}}{K E_0}\left(1 + \frac{h_0}{2r_0}\right)$$

$$= 0.94 \times 1.0 \frac{22.125 \times 10^{-3} \times 412 \times 10^6}{21.16 \times 10^{-14} \times 206 \times 10^9} \times \left(1 + \frac{11.75 \times 10^{-3}}{2 \times 22.125 \times 10^{-3}}\right) = 249 \ (\text{MPa})$$

$$B_0 = \frac{1}{K}(1 - 0.94\lambda_0) = \frac{1}{21.16 \times 10^{-14}} \times (1 - 0.94 \times 1.0) = 2.8 \times 10^{11} \ (\text{Pa/m})$$

(3) 计算系数 A_1、B_1、A_2、B_2：

$$A_1 = \frac{2\lambda_1 \sigma_{s1}}{\sqrt{3}} \ln \frac{r_{b1}}{r_{a1}} = \frac{2 \times 0.99 \times 157 \times 10^6}{\sqrt{3}} \times \ln \frac{29.49 \times 10^{-3}}{26.25 \times 10^{-3}} = 20.9 \times 10^6 \ (\text{Pa}) = 20.9 \ (\text{MPa})$$

$$B_1 = \frac{4}{3 r_{a1}} E_1 (1 - \lambda_1)\left(1 - \frac{r_{a1}^2}{r_{b1}^2}\right)$$

$$= \frac{4}{3 \times 26.25 \times 10^{-3}} \times 118 \times 10^9 \times (1 - 0.99) \times \left[1 - \frac{(26.25 \times 10^{-3})^2}{(29.49 \times 10^{-3})^2}\right]$$

$$= 0.124 \times 10^{11} (\text{MPa/m})$$

$$A_2 = \frac{2\lambda_1 \sigma_{s1}}{\sqrt{3}} + \frac{8}{3} E_1 (1 - \lambda_1) \frac{\delta_1}{h_1}$$

$$= \frac{2 \times 0.99 \times 157 \times 10^6}{\sqrt{3}} + \frac{8}{3} \times 118 \times 10^9 \times (1 - 0.99) \times \frac{0.39 \times 10^{-3}}{3.24 \times 10^{-3}}$$

$$= 558 \times 10^6 \ (\text{Pa}) = 558 \ (\text{MPa})$$

$$B_2 = \frac{8}{3} E_1 (1 - \lambda_1) \left(\frac{1}{h_1} - \frac{1}{r_{b1}} \right)$$

$$= \frac{8}{3} \times 118 \times 10^6 \times (1 - 0.99) \times \left(\frac{1}{3.24 \times 10^{-3}} - \frac{1}{29.49 \times 10^{-3}} \right)$$

$$= 8.645 \times 10^{11} \ (\text{Pa/m})$$

（4）计算 W_0、p_b：

$$W_0 = \frac{A_2 - A_1 - A_0}{B_0 + B_1 + B_2} = \frac{(558 - 20.9 - 249) \times 10^6}{(2.8 + 0.124 + 8.645) \times 10^{11}}$$

$$= 24.9 \times 10^{-5} \ (\text{m}) = 0.249 \ (\text{mm})$$

$$p_b = A_2 - B_2 W_0 = 558 \times 10^6 - 8.645 \times 10^{11} \times 24.9 \times 10^{-5} = 342.7 \times 10^6 \ (\text{Pa}) = 342.7 \ (\text{MPa})$$

五、不均衡力

旋转式弹丸在膛内运动时，如果处于理想状况下，弹丸与膛壁之间除弹带压力外不再有其他作用力。但实际上，由于下列不均衡因素的影响，弹丸与膛壁之间互相有作用力存在。这些不均衡因素包括：弹丸质量的不均衡性；旋转轴与弹轴不重合；火药气体合力的偏斜；炮管的弯曲与振动。

由于有不均衡因素，旋转弹丸在膛内运动时，弹丸的定心部将与炮膛接触并产生压力，称为不均衡力。对旋转弹丸而言，此力主要作用在上定心部与弹带上，方向为径向；对尾翼弹而言，主要作用在定心部与尾翼凸起部。一般来讲，这种力对弹丸的发射强度影响不大，但对弹丸在膛内的运动、弹丸出炮口的初始姿态影响较大，最后将直接影响弹丸的射击精度。

下面主要讨论前三个因素引起的不均衡力，炮管振动的影响暂不考虑。

（一）由弹丸不均衡质量引起的力

由于弹丸尺寸公差及材料密度公差，弹丸的质量分布不可能完全对称，这种质量的不均衡性，发射时就破坏了弹丸均衡运动的条件，因而将与膛壁之间产生作用力。为了更好地分析这些力，下面介绍有关回转体的静平衡和动平衡的概念。

1. 回转体平衡的概念

（1）当一个质量均衡的回转体放置于无摩擦的水平支座上时，其支座反力与重力相平衡。无论把回转体转到什么位置，物体都可以在该位置保持静止平衡，因而称为静平衡体（图 4-1-22（a））。此物体旋转时，各质点离心力的合力为零，支座反力不会增加或减少，物体处于平衡状态，称为动平衡体（图 4-1-22（b））。如果物体由于质量不均衡，旋转时离心力合力不为零，支座反力除平衡其重力外，还将产生附加反力以平衡其转动形成的力矩，这种物体称为动不平衡体（图 4-1-22（c））。

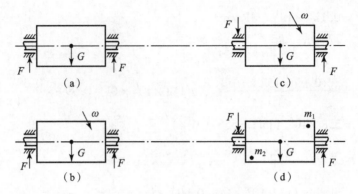

图 4 – 1 – 22　静平衡和动平衡

一般来讲，任何动不平衡体都可以分解为一个动平衡体加上两个不均衡质量 m_1、m_2（图 4 – 1 – 22（d）），这两个质量的大小、位置（设 m_1 位于半径 r_1 处，m_2 位于半径 r_2 处）、夹角 α 的大小可用来表示物体动不平衡的程度。一般常用如下参量表示，即

$$\begin{cases} D_1 = m_1 r_1 \\ D_2 = m_2 r_2 \end{cases} \tag{4 – 1 – 37}$$

（2）弹丸的不均衡质量。显然，弹丸是一个动不平衡体。根据上述分析，可以将它分解为两个较小的不均衡的质量 m_1、m_2，并认为这两个质量分别位于上定心部与弹带的外表面处（这样假设并不会引起很大误差，但可使问题简化）。

由此可知，m_1、m_2、α 的具体数值与加工精度、尺寸公差、材料密度等均有关系。要写出具体解析表达式是有困难的，一般只能通过试验确定。

（3）弹丸质量不均衡力的计算。当弹丸沿炮膛运动时，弹丸均衡部分产生的离心力互相抵消，而不均衡质量的影响则通过上定心部和弹带传至炮膛壁上，从而形成炮膛反力。

图 4 – 1 – 23 所示为弹丸在膛内运动时所受的力，图中考虑两种极限情况，即 $\alpha = 0°$ 和 $\alpha = 180°$，其他情况显然均在此范围以内。根据力的平衡条件，可列出下列方程式。

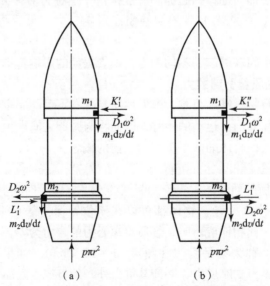

图 4 – 1 – 23　不均衡质量引起的膛壁反力

对于 $\alpha = 180°$ 的情况，有

$$\begin{cases} K_1' + m_2 r\omega^2 = L_1' + m_1 r\omega^2 \\ (K_1' - m_1 r\omega^2)l_y + m_2 \dfrac{\mathrm{d}v}{\mathrm{d}t}r = m_1 \dfrac{\mathrm{d}v}{\mathrm{d}t}r \end{cases} \qquad (4-1-38)$$

式中　l_y——上定心部中心至弹带中心的距离；

　　　ω——弹丸的旋转角速度；

　　　v——弹丸膛内速度；

　　　K_1'——作用在上定心部的质量不均衡力；

　　　L_1'——作用在弹带上的质量不均衡力；

　　　r——弹丸半径。

由式（4-1-38），可得

$$\begin{cases} K_1' = r\left[m_1\omega^2 + (m_1 - m_2)\dfrac{1}{l_y}\dfrac{\mathrm{d}v}{\mathrm{d}t} \right] \\ L_1' = r\left[m_2\omega^2 + (m_1 - m_2)\dfrac{1}{l_y}\dfrac{\mathrm{d}v}{\mathrm{d}t} \right] \end{cases} \qquad (4-1-39)$$

由式

$$\begin{cases} K_1'' + L_1'' = m_1 r\omega^2 + m_2 r\omega^2 \\ (K_1'' - m_1 r\omega^2)l_y = \left(m_1 \dfrac{\mathrm{d}v}{\mathrm{d}t} + m_2 \dfrac{\mathrm{d}v}{\mathrm{d}t} \right)r \end{cases}$$

解得

$$\begin{cases} K_1'' = r\left[(m_1 + m_2)\dfrac{\mathrm{d}v}{\mathrm{d}t}\dfrac{1}{l_y} + m_1\omega^2 \right] \\ L_1'' = r\left[m_2\omega^2 - (m_1 + m_2)\dfrac{1}{l_y}\dfrac{\mathrm{d}v}{\mathrm{d}t} \right] \end{cases} \qquad (4-1-40)$$

比较式（4-1-39）与式（4-1-40），可得

$$\begin{cases} K_1'' > K_1' \\ L_1' > L_1'' \end{cases}$$

也就是说，当 $\alpha = 180°$ 时，弹带处的不均衡力 L_1' 达到最大值；$\alpha = 0°$ 时，上定心部处的不均衡力 K_1'' 达到最大值。

2. 由旋转轴与弹轴不重合引起的力

回转体的动平衡性要求回转体绕其对称轴旋转。如果绕对称轴以外的任何轴线旋转时，它的动平衡性也会遭到破坏，此时将会成为一个动不平衡体。

弹丸装填入膛后，由于弹炮之间的间隙，弹丸在膛内总是倾斜一些。此时弹丸旋转是以炮膛轴线为旋转轴，于是在旋转轴与弹轴之间将产生一定角度。最严重的情况是，上定心部完全靠在一边（图4-1-24），这时

$$\delta = \arctan\frac{\Delta}{l_y} \approx \frac{\Delta}{l_y}$$

式中　δ——膛内最大偏转角；

　　　Δ——弹炮半径上间隙，为火炮阳线半径减去弹丸上定心部半径。

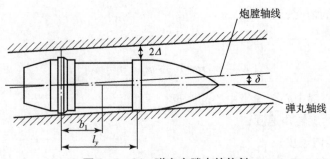

图 4 – 1 – 24　弹丸在膛内的偏斜

偏转角 δ 值取决于弹丸性能、火炮磨损，以及操作技术熟练程度。在良好情况下，δ 值可能只有上述值的 1/5。

下面讨论旋转轴与弹轴不重合时所产生的不均衡力。先选择笛卡儿坐标系 $OXYZ$，原点位于弹带中心，X 轴与弹丸旋转轴重合，Y 轴垂直 OX 轴并在旋转轴与弹轴所成的平面内，Z 轴垂直 XOY 平面（图 4 – 1 – 25）。

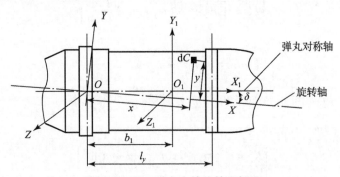

图 4 – 1 – 25　弹丸上的旋转坐标系

然后，在弹体上截取一个长条形单元体，它垂直于坐标平面 XOY，其横截面为 $\mathrm{d}x\mathrm{d}y$，质量为 $\mathrm{d}m$，质心坐标为 $(x, y, 0)$。此单元体产生的离心力为

$$\mathrm{d}C = y\omega^2 \mathrm{d}m \tag{4 – 1 – 41}$$

式中　ω——弹丸的旋转角速度。

积分式（4 – 1 – 41），得出弹丸的总离心力为

$$C = \int_m \mathrm{d}C = \omega^2 \int_m y\mathrm{d}m = m\omega^2 b_1 \sin\delta \tag{4 – 1 – 42}$$

式中　b_1——弹丸质心至弹带中心的距离。

因为 δ 值很小，故可认为 $\sin\delta = \delta$，则式（4 – 1 – 42）可改写为

$$C = m\omega^2 b_1 \delta \tag{4 – 1 – 43}$$

由于旋转轴不是弹轴，总离心力也不通过弹丸质心，故在 XOY 平面内，不均衡力垂直于旋转轴 OX。

条形单元体的离心力对 Z 轴产生的转矩为

$$\mathrm{d}M = x\mathrm{d}C = xy\omega^2 \mathrm{d}m$$

对整个弹丸质量积分，则得总转矩为

$$M = \int_m xy\omega^2 \mathrm{d}m = \omega^2 \int_m xy\mathrm{d}m = \omega^2 J_{xy} \tag{4 – 1 – 44}$$

式中 $\int_m xy\mathrm{d}m$ 为弹丸对 X 轴和 Y 轴的惯性积,以 J_{xy} 表示,即 $\int_m xy\mathrm{d}m = J_{xy}$。为了求 J_{xy},必须另取一个坐标系 $O_1X_1Y_1Z_1$,原点 O_1 取在弹丸质心,O_1X_1 轴与弹轴重合,O_1Y_1 轴位于旋转轴与弹轴所组成的平面内。

可以看出,这两个坐标系的 XOY 平面和 $X_1O_1Y_1$ 平面重合,而 OX 轴和 O_1X_1 轴的夹角为 δ(图 4-1-25),这两个坐标系的关系由下列变换式得出,即

$$\begin{cases} x = (b_1 + x_1)\cos\delta - y_1\sin\delta \\ y = (b_1 + x_1)\sin\delta + y_1\cos\delta \\ z = z_1 \end{cases}$$

将惯性积 J_{xy} 用此坐标系表示,即

$$J_{xy} = \int_m (b_1\cos\delta + x_1\cos\delta - y_1\sin\delta)(b_1\sin\delta + x_1\sin\delta + y_1\cos\delta)\mathrm{d}m$$

$$= b_1^2\frac{\sin 2\delta}{2}\int_m x_1\mathrm{d}m + \frac{\sin\delta}{2}\int_m x_1\mathrm{d}m + b_1\cos^2\delta\int_m y_1\mathrm{d}m + b_1\frac{\sin 2\delta}{2}\int_m x_1\mathrm{d}m +$$

$$\frac{\sin 2\delta}{2}\int_m x_1^2\mathrm{d}m + \cos^2\delta\int_m x_1 y_1\mathrm{d}m - b_1\sin^2\delta\int_m y_1\mathrm{d}m - \sin^2\delta\int_m x_1 y_1\mathrm{d}m -$$

$$\frac{\sin 2\delta}{2}\int_m y_1^2\mathrm{d}m$$

因为新坐标系的原点即弹丸的质心,故

$$\int_m x_1\mathrm{d}m = 0$$

及

$$\int_m y_1\mathrm{d}m = 0$$

又因为弹丸为对称的回转体,X_1 轴又是弹丸对称轴,故

$$\int_m x_1 y_1\mathrm{d}m = 0$$

所以

$$J_{xy} = mb_1^2\frac{\sin 2\delta}{2} + \frac{\sin 2\delta}{2}\int_m x_1^2\mathrm{d}m - \frac{\sin 2\delta}{2}\int_m y_1^2\mathrm{d}m \tag{4-1-45}$$

根据弹丸赤道转动惯量的公式

$$J_y = \int_m (x_1^2 + y_1^2)\mathrm{d}m$$

及无限薄圆片转动惯量的公式,可知

$$\int_m y_1^2\mathrm{d}m = \frac{1}{2}J_x$$

并得出

$$\int_m x_1^2\mathrm{d}m = J_y - \frac{1}{2}J_x$$

将上面两个关于 x_1^2 和 y_1^2 的积分公式,代入惯性积公式(4-1-45),可得

$$J_{xy} = mb_1^2\frac{\sin 2\delta}{2} + \frac{\sin 2\delta}{2}\left(J_y - \frac{1}{2}J_x\right) - \frac{\sin 2\delta}{2}\cdot\frac{J_x}{2}$$

$$= (J_y + mb_1^2 - J_x) \frac{\sin 2\delta}{2} \tag{4-1-46}$$

因 δ 一般很小，$\sin 2\delta \approx 2\delta$，式（4-1-46）可以改写为

$$J_{xy} = (J_y + mb_1^2 - J_x)\delta$$

将上式代入式（4-1-44），可得

$$M = \omega^2 J_{xy} = (J_y + mb_1^2 - J_x)\delta\omega^2$$

在最不利用情况下，$\delta = \Delta/l_y$，故

$$M = (J_y + mb_1^2 - J_x)\frac{\Delta}{l_y}\omega^2$$

此转矩使弹丸紧靠在膛壁上，从而产生不均衡力为

$$K_2 = \frac{M}{l_y} = (J_y + mb_1^2 - J_x)\frac{\Delta}{l_y^2}\omega^2 \tag{4-1-47}$$

式中　K_2——由旋转轴与弹轴不重合引起的上定心部的不均衡力。

若不考虑总离心力的方向误差，则在弹带上同样也产生不均衡力 L_2（图 4-1-26）。由图 4-1-26，可知

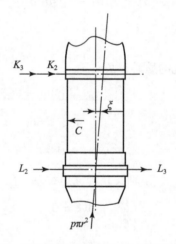

图 4-1-26　旋转轴与对称轴不重合而引起的不均衡力

$$L_2 = C - K_2 \tag{4-1-48}$$

式中　L_2——由旋转轴与弹轴不重合引起的弹带的不均衡力。

将式（4-1-43）代入式（4-1-48），并整理可得

$$L_2 = [mb_1(l_y - b_1) - (J_y - J_x)]\frac{\Delta}{l_y}\omega^2 \tag{4-1-49}$$

比较式（4-1-47）和式（4-1-49）可知，当弹丸质心位置正好在弹带中心（$b_1 = 0$），则两个力的大小相等，方向相反。但一般情况下，弹丸质心位于弹带前面（$b_1 > 0$），则 $K_2 > L_2$。

3. 由火药气体压力合力的偏斜引起的力

一般认为，火药气体压力合力的作用线与炮膛轴线重合，由于弹丸在膛内运动时相对炮膛轴线有偏斜，因而火药气体压力的合力也与弹轴发生偏斜。在此情况下，火药气体对弹丸产生转矩作用（图 4-1-26）。

弹丸质心离开火药气体作用线距离为

$$\xi = b_1 \sin\delta \approx b_1\delta$$

由此产生的转矩为

$$M = p\pi r^2 \xi = p\pi r^2 b_1\delta$$

此转矩在上定心部与弹带处产生的反力分别为 K_3 与 L_3，于是

$$K_3 = L_3 = \frac{M}{l_y} = p\pi r^2 b_1 \frac{\Delta}{l_y^2} \qquad (4-1-50)$$

可见，K_3 与 L_3 大小相等、方向相反。

尾翼式弹丸在膛内同样存在火药气体压力偏心问题，并产生转矩。

4. 最大可能不均衡力

（1）上定心部处。在最不利的情况下，各种因素引起的不均衡力在上定心部同时达最大值，且方向一致，这时有

$$K_{max} = K_1'' + K_2 + K_3 \qquad (4-1-51)$$

分别将式（4-1-40）、式（4-1-47）和式（4-1-50）中的 K_1''、K_2 和 K_3 之值代入式（4-1-51），并注意到 $\mathrm{d}v/\mathrm{d}t = p\pi r^2/m$ 和 $\omega = \dfrac{\pi}{\eta}\dfrac{v}{r}$，则

$$K_{max} = \left[m_1 r + (J_y - J_x + b_1^2 m)\frac{\Delta}{l_y^2} \right]\left(\frac{\pi}{r\eta}\right)^2 v^2 + p\pi r^2\left(\frac{m_1 + m_2}{m}\cdot\frac{r}{l_y} + \frac{\Delta b_1}{l_y^2}\right) \quad (4-1-52)$$

（2）弹带处。如果满足 K_{max} 条件，L_1' 与 L_3 与 K_{max} 反向，L_2 与 K_{max} 同向，所以最大不均衡力为

$$L_{max} = L_1' - L_2 + L_3 \qquad (4-1-53)$$

分别将式（4-1-39）、式（4-1-49）和式（4-1-50）中的 L_1'、L_2 和 L_3 之值代入式（4-1-53），整理可得

$$L_{max} = \left\{ m_2 r + \left[J_y - J_x - mb_1(l_y - b_1) \right]\frac{\Delta}{l_y^2} \right\}\left(\frac{\pi}{\eta r}\right)^2 v^2 + p\pi r^2\left(\frac{m_1 - m_2}{m}\cdot\frac{r}{l_y} + \frac{\Delta b_1}{l_y^2}\right) \quad (4-1-54)$$

从式（4-1-52）和式（4-1-54）可知，K_{max} 与 L_{max} 与炮膛内的膛压和速度有关。由于它们和速度的平方相关，因此总的来说还是在炮口处达到最大值。

例 4-2 计算 85 mm 榴弹最大可能不均衡。已知：弹丸质量 $m = 9.54$ kg；弹丸极转动惯量 $J_x = 9.27 \times 10^{-3}$ kg·m²；弹丸赤道转动惯量 $J_y = 98.15 \times 10^{-3}$ kg·m²；上定心部中心与弹带中心的距离 $l_y = 0.112$ m；弹丸质心距弹带 $b_1 = 0.08$ m；定心部与炮膛半径间隙 $\Delta = 5 \times 10^{-4}$ m；火炮缠度 $\eta = 25d$；试验测得上定心部的不平衡质量 $m_1 = 0.011$ kg；试验测得弹带处的不平衡质量 $m_2 = 0.006$ kg。

解：

（1）计算上定心部最大不均衡力：

$$K_{max} = \left[m_1 r + (J_y - J_x + b_1^2 m)\frac{\Delta}{l_y^2} \right]\left(\frac{\pi}{r\eta}\right)^2 v^2 + p\pi r^2\left(\frac{m_1 + m_2}{m}\frac{r}{l_y} + \frac{\Delta b_1}{l_y^2}\right)$$

$$= \left[0.011 \times 42.5 \times 10^{-3} + (98.15 \times 10^{-3} - 9.27 \times 10^{-3} + 0.08^2 \times 9.54) \times \frac{5 \times 10^{-4}}{0.112^2} \right] \times$$

$$\left(\frac{3.14}{42.5 \times 10^{-3} \times 25}\right)^2 \times v^2 + p \times 3.14 \times (42.5 \times 10^{-3})^2 \times$$

$$\left(\frac{0.011+0.006}{9.54}\times\frac{42.5\times10^{-3}}{0.112}+\frac{5\times10^{-4}\times0.08}{0.112^2}\right)=5.6\times10^{-2}v^2+2.19\times10^{-5}p \quad (\text{N})$$

（2）计算弹带处最大不均衡力：

$$L_{max}=\left\{m_2r+\left[J_y-J_x-mb_1(l_y-b_1)\right]\frac{\Delta}{l_y^2}\right\}\left(\frac{\pi}{\eta r}\right)^2v^2+p\pi r^2\left(\frac{m_1-m_2}{m}\frac{r}{l_y}+\frac{\Delta b_1}{l_y^2}\right)$$

$$=\left\{0.006\times42.5\times10^{-3}+\left[98.15\times10^{-3}-9.27\times10^{-3}-9.54\times0.08(0.112-0.08)\right]\times\frac{5\times10^{-4}}{0.112^2}\right\}\times$$

$$\left(\frac{3.14}{25\times42.5\times10^{-3}}\right)^2v^2+p\times3.14\times(42.5\times10^{-3})^2\times\left(\frac{0.011-0.006}{9.54}\times\frac{42.5\times10^{-3}}{0.112}+\frac{5\times10^{-4}\times0.08}{0.112^2}\right)$$

$$=2.47\times10^{-2}v^2+0.192\times10^{-4}p \quad (\text{N})$$

（3）进行 85 mm 榴弹内弹道计算，求出膛内各点的速度 v 与膛压 p。

（4）将计算结果列入表 4 - 1 中。

（5）绘出 K_{max} 与 L_{max} 曲线（图 4 - 1 - 27）。

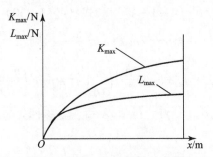

图 4 - 1 - 27 K_{max} 与 L_{max} 曲线

表 4 - 1 85 mm 榴弹不均衡力

x/m	$v/(\text{m}\cdot\text{s}^{-1})$	p/MPa	K_{max}/N	L_{max}/N
0.01	15.8	45.4	1008	877.1
0.03	45.8	89	2066	1762
0.05	71.2	125.2	3025	2528
0.092	115.3	173	4533	3645
0.181	180	216	6545	4949
0.280	246	239	8623	6080
0.398	303	245	10506	6968
0.460	332	245	11538	7419
0.60	384	235	13404	8154
0.75	436	223	15529	8967
1.046	510	201	18967	10280
1.556	606	167	24222	12269
1.944	660	143	27525	13504
2.508	719	111	31380	14886
3.016	759	89	34209	15934
3.592	793	74	36836	16944

六、导转侧力

炮膛膛线的侧表面称为导转侧。发射时，弹丸嵌入膛线。由于膛线有缠度，导转侧表面对弹带凸起部产生压力，此力称为导转侧力（图4-1-28）。

在计算导转侧力时，先假设弹带均匀嵌入膛线，而且每根膛线导转侧的压力均相等。将膛线展开，若是等齐膛线则为一直线，非等齐膛线为一曲线（图4-1-29），若此曲线为 $y = f(x)$，则弹丸运动时，受的力为膛压 p、导转侧力 N 及摩擦力 fN，产生直线运动与旋转运动。

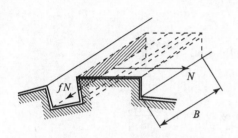

图 4-1-28 导转侧力

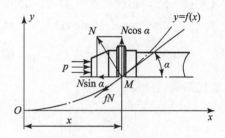

图 4-1-29 导转侧力分析

旋转运动方程为

$$nr(N\cos\alpha - fN\sin\alpha) = J_x \frac{\mathrm{d}^2\varphi}{\mathrm{d}t^2} \tag{4-1-55}$$

式中 n——膛线根数；

  f——弹带与膛线的摩擦系数；

  α——M 点处的膛线的倾斜角（缠角）；

  r——弹丸半径；

  φ——角位移。

直线运动方程为

$$p\pi r^2 - n(N\sin\alpha + fN\cos\alpha) = m\frac{\mathrm{d}v}{\mathrm{d}t} \tag{4-1-56}$$

根据角位移和线位移的关系

$$y = r\varphi$$

得弹丸角速度为

$$\frac{\mathrm{d}\varphi}{\mathrm{d}t} = \frac{1}{r}\frac{\mathrm{d}y}{\mathrm{d}t} = \frac{1}{r}\frac{\mathrm{d}f(x)}{\mathrm{d}x}\frac{\mathrm{d}x}{\mathrm{d}t}$$

弹丸的角加速度为

$$\frac{\mathrm{d}^2\varphi}{\mathrm{d}t^2} = \frac{1}{r}\left[\frac{\mathrm{d}^2f(x)}{\mathrm{d}x^2}\left(\frac{\mathrm{d}x}{\mathrm{d}t}\right)^2 + \frac{\mathrm{d}f(x)}{\mathrm{d}x}\frac{\mathrm{d}^2x}{\mathrm{d}t^2}\right]$$

考虑到

$$\frac{\mathrm{d}x}{\mathrm{d}t} = v, \quad \frac{\mathrm{d}^2x}{\mathrm{d}t^2} = \frac{\mathrm{d}v}{\mathrm{d}t}, \quad \frac{\mathrm{d}f(x)}{\mathrm{d}x} = \tan\alpha$$

则

$$\frac{d^2\varphi}{dt^2} = \frac{1}{r}\left[\frac{d^2f(x)}{dx^2}v^2 + \frac{dv}{dt}\tan\alpha\right] \tag{4-1-57}$$

由式（4-1-56），可得

$$\frac{dv}{dt} = \frac{1}{m}\left[p\pi r^2 - nN(\sin\alpha + f\cos\alpha)\right] \tag{4-1-58}$$

将式（4-1-58）代入式（4-1-57），可得

$$\frac{d^2\varphi}{dt^2} = \frac{1}{r}\left\{\frac{d^2f(x)}{dx^2}v^2 + \left[p\pi r^2 - nN(\sin\alpha + f\cos\alpha)\right]\frac{\tan\alpha}{m}\right\}$$

将式（4-1-58）再代入式（4-1-55），可得

$$Nnr(\cos\alpha - f\sin\alpha)$$
$$= \frac{J_x}{r}\left\{\frac{d^2f(x)}{dx^2}v^2 + \left[p\pi r^2 - nN(\sin\alpha + f\cos\alpha)\right]\frac{\tan\alpha}{m}\right\}$$

将上式化简后，可得

$$nN\left[\cos\alpha - f\sin\alpha + \frac{J_x}{r^2}(\sin\alpha + f\cos\alpha)\frac{\tan\alpha}{m}\right]$$
$$= \frac{J_x}{r^2}\left[\frac{d^2f(x)}{dx^2}v^2 + p\pi r^2\frac{\tan\alpha}{m}\right] \tag{4-1-59}$$

式（4-1-59）左端方括号内的数，在缠角 α 较小时趋近于 1，因此式（4-1-59）可简化为

$$N = \frac{J_x}{nr^2}\left[\frac{d^2f(x)}{dx^2}v^2 + p\pi r^2\frac{\tan\alpha}{m}\right]$$

对于等齐膛线，$\dfrac{d^2f(x)}{dx^2} = 0$，导转侧力为

$$N = p\frac{\pi}{n}\frac{J_x}{m}\tan\alpha$$

此时导转侧力与膛压曲线同步。

对于非等齐膛线，则要由 $y = f(x)$ 曲线形式来决定。目前一般渐速膛线都是采用二次曲线中的一段。

例 4 - 3　计算 122 mm 榴弹的导转侧力。已知：膛线为渐速膛线，方程 $y = ax^2$；膛线根数 $n = 36$；炮管膛线长度 $L = 2.278$ m；初缠角 $\alpha_0 = 4°59'14''$；末缠角 $\alpha_1 = 9°4'23''$；计算压力 $p = 253$ MPa；弹丸质量 $m = 21.76$ kg；弹丸极转动惯量 $J_x = 46 \times 10^{-3}$ kg·m²。

解：（1）求曲线具体方程。图 4 - 1 - 30 所示为将 122 mm 榴弹炮膛线展开图，M_0 为膛线起点，M_1 为膛线终点。

由图 4 - 1 - 30，可知

$$\frac{dy}{dx} = 2ax = \tan\alpha$$

其边界条件为

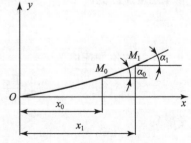

图 4 - 1 - 30　122 mm 榴弹炮膛线曲线

$$\begin{cases} \tan \alpha_0 = 2ax_0 \\ \tan \alpha_1 = 2ax_1 \end{cases}$$

因为 $x_1 - x_0 = L$，故可解出

$$a = \frac{\tan \alpha_1 - \tan \alpha_0}{2(x_1 - x_0)} = \frac{\tan \alpha_1 - \tan \alpha_0}{2L} = \frac{\tan 9°4'23'' - \tan 4°59'14''}{2 \times 2.278} = 1.59 \times 10^{-2} \, (\mathrm{m}^{-1})$$

$$x_0 = \frac{\tan \alpha_0}{2a} = \frac{\tan 4°59'14''}{2 \times 1.59 \times 10^{-2}} = 2.744 \, (\mathrm{m})$$

$$x_1 = \frac{\tan \alpha_1}{2a} = \frac{\tan 9°4'23''}{2 \times 1.59 \times 10^{-2}} = 5.002 \, (\mathrm{m})$$

（2）求导转侧力：

$$N = \frac{J_x}{nr^2}\left[2av^2 + p\pi r^2 \frac{2ax}{m} \right]$$

$$= \frac{46 \times 10^{-3}}{36 \times 0.061^2} \times \left(2 \times 1.59 \times 10^{-2} \times v^2 + p\pi \times 0.061^2 \times \frac{2 \times 1.59 \times 10^{-2}}{21.76}x \right)$$

$$= 1.092 \times 10^{-2}v^2 + 5.866 \times 10^{-6}px \, (\mathrm{kN})$$

（3）将计算结果列入表 4 – 2 中。

表 4 – 2　122 mm 榴弹导转侧力

t/ms	l/m	x/m	p/MPa	v/(m·s^{-1})	N/kN
1.0	0.002	2.746	70.5	9.7	1.233
2.0	0.031	2.775	169	55	2.784
3.0	0.134	2.878	228	157	4.118
4.0	0.346	3.09	197	264	4.33
5.0	0.653	3.397	147	348	4.252
6.0	1.034	3.778	110	410	4.273
7.0	1.669	4.213	84	457	4.356
8.0	1.944	4.688	60	492	4.293
8.87	2.278	5.022	48	514	4.299

七、摩擦力

弹丸在膛内运动时所受的摩擦阻力分为两部分：一部分是弹带嵌入膛线后，在导转侧面上和外圆柱面都与炮膛紧密接触，从而产生摩擦力；另一部分是由于不均衡力使弹丸上定心部与弹带偏向一方，在某些位置上引起摩擦力。其摩擦阻力为

$$F = f \cdot N + fp_{\mathrm{b}}S_0 \tag{4 – 1 – 60}$$

式中　p_{b}——弹带压力；

N——导转侧力；

S_0——弹带与炮膛接触的外圆柱部面积；

f——弹带材料与炮膛材料的摩擦系数。

上述两种摩擦力，总的来说比其他载荷小得多，因而在弹丸设计中可不予考虑。

第二节　弹丸发射时的安全性分析

弹丸发射时的安全性，主要是指弹体和其他零件在发射时满足强度要求，炸药等装填物不发生危险。因此对其分析的方法是：计算在各种载荷下所产生的应力与变形，并使其满足一定的强度条件，即达到设计要求。

弹丸设计中的强度计算与一般机械零件设计的主要区别在于弹丸是一次使用的产品，其强度计算没有必要过分保守，这样可以充分发挥弹丸的威力；另外弹丸的安全性又是整个火炮系统中必须绝对可靠的。因此根据实际情况，制定出既科学又合理的强度条件是具有重要意义的。

一、发射时弹体的应力与变形

弹体在发射时的应力分析，是基于材料力学的应力－应变分析方法。由于弹体结构和载荷条件的特殊性，现作以下假设与简化。

第一节所介绍的各种载荷中，有的对发射强度影响甚微，因此在弹体应力分析中，只考虑火药气体压力、惯性力、装填物压力和弹带压力，其余可不计及。

（一）主应力与主平面

由材料力学可知，任意点的应力状态可以在该点处取一个小的立方体来分析。一般情况下，立方体上有三个正应力和三个剪应力。也可以另外取一个立方体，使其表面上只有正应力而没有剪应力。这样的立方体的三个平面称为主平面，其表面上的正应力称为主应力。主平面的法线方向即为主方向。

在结构的应力分析中，坐标系选取不同，得到应力的表达式也不相同。坐标系选得合适，也就是研究截面选取合适，使这些截面上只有主应力。用主应力表示应力状态，将使问题的分析与计算大为简化。

弹体是轴对称体，弹体的外表面上显然没有剪应力，因而外表面任意点的切平面都是主平面。对于火炮弹丸而言，一般即认为轴向、径向和切向即为其主方向，其三向主应力为轴向应力 σ_z、径向应力 σ_r 和切向应力 σ_t（图 $4-2-1$）。

由图 $4-2-1$ 可见，对于弹体圆柱部这三向主应力是与实际相符合的，而对于弹头部与弹尾部则有一定的误差。一般认为弹头部受力较小，应力也比较小，对弹体强度影响不大，应力方向的误差可以不予考虑。弹尾部带有尾锥角，三个主方向也要发生变化，但大部分弹尾部的尾锥角为 $6° \sim 9°$，对主方向改变也影响不大。因此为简化起见，对整个弹体均以轴向应力、径向应力和切向应力为三向主应力。

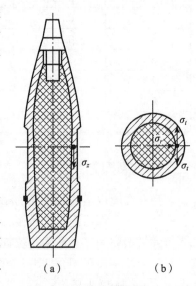

（a）　　　　　　（b）

图 $4-2-1$　榴弹弹体的
主应力

对于带有卵形弹尾部的迫击炮弹、无坐力炮弹等，弹头部与圆柱部仍然可以应用上述三个方向的应力为主应力。但是对于弹尾部，由于其曲率较大，受的载荷也比较大，因此要重新考虑。可以认为火药气体压力与内部装填物压力都是垂直作用于弹体内外表面的，因而内外表面仍然是主平面，平面法线方向的应力仍是主应力，称为径向应力 σ_{r0}。但由于曲率的存在，垂直弹轴的平面不再是主平面了，而与弹壁垂直的锥形断面才是主平面，此锥形截面的法向称为子午方向，在此方向上的应力也是主应力，称为子午应力 σ_{z0}。另外，由于旋转体的对称性，弹丸纵剖面也不会有剪应力存在，它必须也是主平面。此平面法线上的应力，同时也在锥形截面的切线方向上，此时可称为纬度应力 σ_{t0}。弹尾卵形部上的子午应力与纬度应力相当于球面上的子午方向与纬度方向。由图 4-2-2 可见，σ_{z0} 与弹轴方向有一个夹角 α，σ_{r0} 与垂直弹轴方向也有一个夹角 α，此夹角 α 随所取截面位置不同而不同。

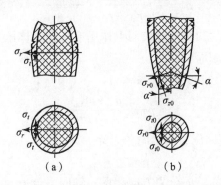

图 4-2-2　迫击炮弹弹体上的主应力

（二）轴向应力、径向应力和切向应力

1. 轴向应力 σ_z

弹体内的轴向应力，主要是由轴向惯性力引起的，在弹体的不同断面上轴向惯性力不同，因而轴向应力也不相同。以 $n\text{—}n$ 断面割截弹体，则弹体截面上受的惯性力（图 4-2-3）为

$$F_n = p\pi r^2 \frac{m_n}{m} \qquad (4-2-1)$$

式中　p——计算压力；

　　　r——弹丸半径；

　　　m_n——$n\text{—}n$ 断面以上弹体质量（包括与弹体连在一起的其他零件）；

　　　m——弹丸质量。

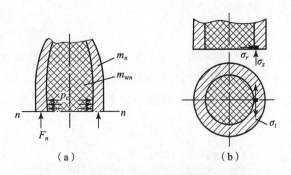

图 4-2-3　$n\text{—}n$ 断面上所受载荷与应力

由惯性力 F_n 引起的轴向应力为

$$\sigma_z = \frac{-F_n}{\pi(r_{bn}^2 - r_{an}^2)} = -p\frac{r^2}{r_{bn}^2 - r_{am}^2} \cdot \frac{m_n}{m} \qquad (4-2-2)$$

式中 r_{bn} —— n—n 断面上弹体的外半径；

r_{an} —— n—n 断面上弹体的内半径。

当 n—n 断面取在尾锥部时，作用在此断面上的质量除断面以上弹体质量外，还有一部分装填物（发射药装药）质量（图 4-1-12），故此时轴向应力为

$$\sigma_z = -p\frac{r^2}{r_{bn}^2 - r_{an}^2} \cdot \frac{m_n + m_{wn}''}{m} \qquad (4-2-3)$$

迫击炮弹、无坐力炮弹的弹尾部外表面上作用有火药气体压力，是由轴向惯性力与火药气体压力的轴向分力综合作用而引起的。

弹尾部 n—n 断面上所受轴向惯性力为

$$p\pi r^2 \frac{m_n + m_{wn}''}{m}$$

n—n 断面上所受火药气体压力的轴向分力为

$$p\pi(r^2 - r_{bn}^2)$$

轴向惯性力与气体压力的轴向分力方向相反，轴向力合力为

$$N_n = p\pi r^2 \frac{m_n + m_{wn}''}{m} - p\pi(r^2 - r_{bn}^2) = p\pi r^2 \left[\frac{m_n + m_{wn}''}{m} - \left(1 - \frac{r_{bn}^2}{r^2}\right)\right] \qquad (4-2-4)$$

则此断面上的轴向应力为

$$\sigma_z = -\frac{N_n}{\pi(r_{bn}^2 - r_{an}^2)} = -p\frac{r^2}{r_{bn}^2 - r_{an}^2}\left[\frac{m_n + m_{wn}''}{m} - \left(1 - \frac{r_{bn}^2}{r^2}\right)\right] \qquad (4-2-5)$$

由式（4-2-2）和式（4-2-3）可见，榴弹的轴向应力恒为压应力，而迫击炮弹弹尾部的轴向应力与式（4-2-5）中括号内的值有关。

当 $\dfrac{m_n + m_{wn}''}{m} > 1 - \dfrac{r_{bn}^2}{r^2}$ 时，轴向应力为压应力；

当 $\dfrac{m_n + m_{wn}''}{m} < 1 - \dfrac{r_{bn}^2}{r^2}$ 时，轴向应力为拉应力；

当 $\dfrac{m_n + m_{wn}''}{m} = 1 - \dfrac{r_{bn}^2}{r^2}$，轴向应力为零。

2. 径向应力 σ_r

在整个弹体壁厚上径向应力是不相等的。由厚壁圆筒应力分布可知，一般内表面的应力较大，因此从强度分析来说主要分析内表面的应力状态。

弹体 n—n 断面的内表面上所受的压力即装填物对弹体的压力，由式（4-1-19）可知，其径向应力为

$$\sigma_{r1} = -p_c = -p\frac{r^2}{r_{an}^2} \cdot \frac{m_{wn}'}{m}$$

对于旋转式弹丸，由于弹丸旋转，内部装填物将有附加压力作用于弹壁上，由式（4-1-23）可知，其附加的径向应力为

$$\sigma_{r2} = -p_r = -\frac{\pi^2 \rho_{\rm w}}{3}\left(\frac{v}{\eta}\right)^2\left(\frac{r_{an}}{r}\right)^2$$

其总的径向应力应为 σ_{r1} 与 σ_{r2} 之和，但 $\sigma_{r2} \ll \sigma_{r1}$，故在分析最大膛压时刻的弹体强度时，也可以忽略 σ_{r2} 的影响。

3. 切向应力 σ_t

若将弹体简化为只受内压的厚壁圆筒，则切向应力为

$$\sigma_{t1} = \frac{p_{\rm c}(r_{\rm bn}^2 + r_{an}^2)}{r_{\rm bn}^2 - r_{an}^2} \qquad (4-2-6)$$

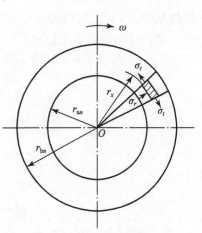

图 4-2-4　旋转圆盘

4. 由弹体旋转产生的径向应力与切向应力

旋转式弹丸由于弹丸旋转在弹体上引起的应力，可以应用材料力学中旋转圆盘公式进行计算，如图 4-2-4 所示。圆盘任意半径 r_x 处的应力为

$$\begin{cases} \sigma_{r3} = \dfrac{(3+\mu)\rho_{\rm m}\omega^2}{8}\left(r_{an}^2 + r_{\rm bn}^2 - \dfrac{r_{an}^2 r_{\rm bn}^2}{r_x^2} - r_x^2\right) \\[4mm] \sigma_{t2} = \dfrac{\rho_{\rm m}\omega^2}{8}\left[(3+\mu)\left(r_{an}^2 + r_{\rm bn}^2 + \dfrac{r_{an}^2 r_{\rm bn}^2}{r_x^2}\right) - (1+3\mu)r_x^2\right] \end{cases} \qquad (4-2-7)$$

因为旋转圆盘的应力状态是平面应力状态，而弹丸旋转时存在 σ_z，应当看作为平面应变状态。只需将式（4-2-7）中的 μ 用 $\dfrac{\mu}{1-\mu}$ 代替，即可得弹体旋转时的应力为

$$\sigma_{r3} = \frac{3-2\mu}{1-\mu} \cdot \frac{\rho_{\rm m}\omega^2}{8}\left(r_{an}^2 + r_{\rm bn}^2 - \frac{r_{an}^2 r_{\rm bn}^2}{r_x^2} - r_x^2\right) \qquad (4-2-8)$$

和

$$\sigma_{t2} = \frac{3-2\mu}{1-\mu} \cdot \frac{\rho_{\rm m}\omega^2}{8}\left(r_{an}^2 + r_{\rm bn}^2 - \frac{r_{an}^2 r_{\rm bn}^2}{r_x^2} - \frac{1-2\mu}{3-2\mu}r_x^2\right) \qquad (4-2-9)$$

式中　μ——弹体材料泊松比；

$\rho_{\rm m}$——弹体材料密度；

ω——弹丸旋转角速度。

若只计算弹体内表面处的应力，则由式（4-2-8）和式（4-2-9）可见，当 $r_x = r_{an}$ 时，$\sigma_{r3} = 0$，此时 σ_t 为最大值，内表面处的切向应力为

$$\sigma_{t2} = \frac{3-2\mu}{1-\mu} \cdot \frac{\rho_{\rm m}}{4}\left(\frac{\pi}{\eta r}\right)^2 v^2\left(r_{\rm bn}^2 + \frac{1-2\mu}{3-2\mu}r_{an}^2\right) \qquad (4-2-10)$$

从式（4-2-10）可知，由旋转产生的应力与弹丸膛内速度的平方成正比，故在炮口区达到最大值。

弹体总的切向应力为

$$\sigma_t = \sigma_{t1} + \sigma_{t2}$$

由于 σ_{t1} 与 σ_{t2} 不同步，σ_{t1} 在最大膛压时刻达到最大值，σ_{t2} 在炮口处达到最大值。一般在计算最大膛压下的发射强度时，也可以忽略 σ_{t2} 的影响。

例 4 - 4 试求 130 mm 榴弹发射时弹体应力。已知：弹丸质量 $m = 33.4$ kg；计算压力 $p = 388$ MPa；金属密度 $\rho_m = 7810$ kg/m³；金属泊松比 $\mu = 0.33$；炸药密度 $\rho_w = 1740$ kg/m³；膛线缠度 $\eta = 30$；炮口压力 $p_g = 108$ MPa；炮口初速 $v_0 = 930$ m/s。

解：（1）在弹体上任意取三个断面：1—1 断面在上定心部下沿，2—2 断面在下定心部下沿，3—3 断面在下弹带槽下沿，如图 4 - 2 - 5 所示。

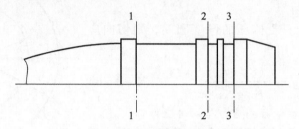

图 4 - 2 - 5 130 mm 榴弹弹体应力计算

（2）由图纸查出三个断面的内外半径，并用特征数计算方法分别计算这三个断面以上弹体质量 m_n 和发射药装药质量 m_{wn}，数据列入表 4 - 3 中。

表 4 - 3 130 mm 榴弹弹体结构数据

断面	r_{bn}/cm	r_{an}/cm	m_n/kg	m_{wn}/kg
1—1 断面	6.5	3.5	13.616	1.444
2—2 断面	6.45	3.5	22.806	2.995
3—3 断面	6.1	3.5	26.792	2.623

（3）计算各断面内表面处的应力。用下述公式计算各向应力：

$$\sigma_z = -p \frac{r^2}{r_{bn}^2 - r_{an}^2} \frac{m_n}{m}$$

$$\begin{cases} \sigma_{r1} = -p_c = -p \dfrac{r^2}{r_{an}^2} \cdot \dfrac{m_{an}}{m} \\[2mm] \sigma_{r2} = -p_r = -\dfrac{\pi^2 \rho_w}{3} \left(\dfrac{v}{\eta} \right)^2 \left(\dfrac{r_{an}}{r} \right)^2 \end{cases}$$

$$\begin{cases} \sigma_{t1} = \dfrac{p_c (r_{bn}^2 + r_{an}^2)}{r_{bn}^2 - r_{an}^2} \\[3mm] \sigma_{t2} = \dfrac{3 - 2\mu}{1 - \mu} \dfrac{\rho_m}{4} \left(\dfrac{\pi}{\eta r} \right)^2 v^2 \left(r_{bn}^2 + \dfrac{1 - 2\mu}{3 - 2\mu} r_{bn}^2 \right) \end{cases}$$

$$\begin{cases} \sigma_r = \sigma_{r1} + \sigma_{r2} \\ \sigma_t = \sigma_{t1} + \sigma_{t2} \end{cases}$$

（4）通过内弹道计算得出最大膛压时刻，弹丸的速度约为 300 m/s。

（5）计算结果列入表 4 - 4 中。

表 4 – 4　130 mm 榴弹弹体应力

时期	断面	轴向应力 σ_z /MPa	径向力/MPa			切向应力/MPa		
			σ_{r1}	σ_{r2}	σ_r	σ_{t1}	σ_{t2}	σ_t
最大 膛压 时刻	1—1 断面	−222	−57.8	−0.16	−58	105	7	112
	2—2 断面	−381	−92	−0.16	−92.2	168.8	6.9	175.7
	3—3 断面	−527	−105	−0.16	−105.2	208	6.2	214.2
炮口	1—1 断面	−62	−16.1	−1.59	−17.7	29.2	67.4	96.6
	2—2 断面	−106	−25.1	−1.59	−27.2	47	66.4	113.4
	3—3 断面	−147	−29.3	−1.59	−30.9	58	59.7	117.7

从该例题可以看出，在最大膛压时，由于弹丸转速较小，由旋转引起的应力比较小，此时可以略去旋转的影响，只计算 σ_{r1} 与 σ_{t1} 即可。但在炮口区，由旋转产生的应力比较大，此时不能忽略旋转的影响。

（三）子午应力、径向应力、纬度应力

1. 子午应力

迫击炮弹弹尾部由于曲率的影响，轴向应力不再是主应力，一般取锥形断面上的子午应力 σ_{z0} 表示一个方向的主应力。锥形断面的子午应力如图 4 – 2 – 6 所示，并要使锥形断面与垂直断面在弹壁的中间表面处相交。

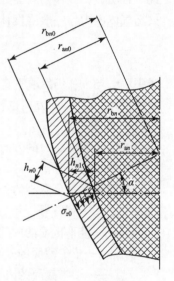

图 4 – 2 – 6　子午应力

由图 4 – 2 – 6 可有如下关系：

$$\begin{cases} h_n = r_{bn} - r_{an} \\ h_{n0} = r_{bn0} - r_{an0} \end{cases}$$

式中　h_n——垂直断面上弹体的壁厚；

　　　h_{n0}——锥形断面上弹体的壁厚；

　　　r_{bn}——垂直断面上弹体外半径；

　　　r_{an}——垂直断面上弹体内半径；

　　　r_{bn0}——锥形断面上弹体外半径；

　　　r_{an0}——锥形断面上弹体内半径。

若锥形断面倾角为 α，则

$$h_{n0} = h_n \cos \alpha$$

可认为垂直断面上作用的轴向应力 σ_z 在弹体断面上是均匀分布的，则同样可以认为子午应力 σ_{z0} 在弹体锥形断面上也是均匀分布的，并且在同一处这两种应力之间的关系为

$$\sigma_z \cdot S_n = \sigma_{z0} \cdot S_{n0} \cdot \cos \alpha \qquad (4 – 2 – 11)$$

式中　S_n——垂直断面上弹体环形面积，其表达式为

$$S_n = 2\pi \frac{r_{bn} + r_{an}}{2}(r_{bn} - r_{an})$$

　　　S_{n0}——锥形断面上弹体环形面积，其表达式为

$$S_{n0} = 2\pi \frac{r_{bn} + r_{an}}{2}(r_{bn0} - r_{an0})$$

将 S_n 与 S_{n0} 的表达式代入式（4-2-11）并化简，最后可以得出同一处子午应力与轴向应力的关系为

$$\sigma_{z0} = \sigma_z \frac{1}{\cos^2 \alpha} \qquad\qquad (4-2-12)$$

将式（4-2-5）代入式（4-2-12），可得

$$\sigma_{z0} = -\frac{p}{\cos^2 \alpha} \cdot \frac{r^2}{r_{bn}^2 - r_{an}^2} \left[\frac{m_n + m_{wn}''}{m} - \left(1 - \frac{r_{bn}^2}{r^2}\right) \right] \qquad (4-2-13)$$

2. 径向应力 σ_{r0}

弹尾部的径向应力 σ_{r0} 仍然垂直于弹壁，但其方向与垂直断面不一致，而与锥形断面一致。很明显，弹体内表面处的径向应力即等于装填物压力，弹体外表面处的径向应力即等于火药气体压力。一般强度计算中都是分析弹体内表面处的应力状态，所以

$$\sigma_{r0} = -p_c = -p \frac{r^2}{r_{an}^2} \cdot \frac{m_{wn}'}{m} \qquad\qquad (4-2-14)$$

式中 r_{an} 与 m_{wn}' 仍然取垂直断面的内半径与断面以上的装填物有效质量。因为将装填物近似看成液体，故 p_c 的方向也就是 σ_{r0} 的方向。

3. 纬度应力 σ_{t0}

弹尾部纬度应力的方向与切向应力的方向相同，但其计算方法不能直接应用厚壁圆筒的公式，需要另行分析。

首先截取一个微小的受力单元体，它由两个子午断面和两个锥形断面组成（图4-2-7），并定义下列符号：

ρ_{t0}——锥形截面的中间半径；

r_{bm0}——子午截面的外半径；

r_{am0}——子午截面的内半径；

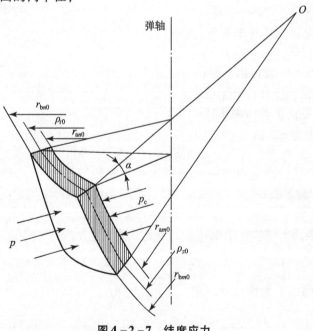

图 4-2-7 纬度应力

ρ_{z0}——子午截面的中间半径。

由图 4 - 2 - 7，可知

$$\begin{cases} \rho_{t0} = \dfrac{1}{2}(r_{bn0} + r_{an0}) \\ \rho_{z0} = \dfrac{1}{2}(r_{bm0} + r_{am0}) \end{cases} \qquad (4 - 2 - 15)$$

再引入两个几何特征参量：

$$\begin{cases} a = \dfrac{\rho_{t0}}{\rho_{z0}} \\ b = \dfrac{r_{bn0}}{r_{an0}} \end{cases} \qquad (4 - 2 - 16)$$

参量 a 和 b 表示弹尾部卵形部的几何特征，参量 a 表示卵形部的曲率情况，例如：

$$\begin{cases} \text{圆球：} \rho_{t0} = \rho_{z0}, \ a = 1 \\ \text{圆筒：} \rho_{z0} = \infty, \ a = 0 \end{cases}$$

而一般弹尾卵形部其曲率在圆球与圆筒之间，即 $0 < a < 1$。参量 b 表示弹体壁厚情况，是一个大于 1 的系数（$b > 1$）。

纬度应力的分析方法是：先将弹尾卵形部当成薄壁容器，用薄壁容器的公式计算纬度应力，然后进行壁厚修正。

受内压 p_c 与外压 p 的薄壁容器，其子午应力与纬度应力的关系已由拉普拉斯方程给出，即

$$\frac{\sigma_{t0}}{\rho_{t0}} + \frac{\sigma_{z0}}{\rho_{z0}} = \frac{p_c - p}{h_{n0}} \qquad (4 - 2 - 17)$$

式中符号如前所述。

解式（4 - 2 - 17），可得

$$\sigma_{t0} = \left(\frac{p_c - p}{h_{n0}} - \frac{\sigma_{z0}}{\rho_{z0}} \right) \rho_{t0} \qquad (4 - 2 - 18)$$

式（4 - 2 - 18）为薄壁容器中计算纬度应力的公式，此式认为薄壁容器的 σ_{t0} 在壁厚上是相等的。但是实际情况弹体并非薄壁容器，σ_{t0} 也不是均匀分布，一般来讲，内表面的值较大，因此要对式（4 - 2 - 18）进行修正。

将式（4 - 2 - 18）改写为

$$\sigma_{t0} = \frac{p_c}{h_{n0}} \rho_{t0} - \frac{p}{h_{n0}} \rho_{t0} - \frac{\sigma_{z0}}{\rho_{z0}} \rho_{t0} \qquad (4 - 2 - 19)$$

式（4 - 2 - 19）等号右端第一项表示内压 p_c 对 σ_{t0} 的贡献，第二项表示外压 p 对 σ_{t0} 的贡献，然后对内压和外压所在项分别进行修正，则式（4 - 2 - 19）变为

$$\sigma_{t0} = \frac{p_c}{h_{n0}} \rho_{z0} \eta_B - \frac{p}{h_{n0}} \rho_{z0} \eta_H - \frac{\sigma_{z0}}{\rho_{z0}} \rho_{t0} = (p_c \eta_B - p\eta_H) \frac{\rho_{t0}}{h_{n0}} - a\sigma_{z0} \qquad (4 - 2 - 20)$$

式中　η_B——对内压的壁厚修正系数；

η_H——对外压的壁厚修正系数。

壁厚修正系数 η_B 和 η_H 取决于弹尾卵形部的几何形状和相对壁厚，其确定方法如下。

分析两种极限的情况：一种是将弹尾部看作为圆筒；另一种是看作为圆球，用厚壁公式

和薄壁公式计算其应力，就可得出壁厚修正系数 η_B 和 η_H。

对圆筒情况（$a = 0$），如按厚壁公式计算，其内表面的切向应力为

$$\sigma_{t0} = p_c \frac{r_{bn0}^2 + r_{an0}^2}{r_{bn0}^2 - r_{an0}^2} - 2p \frac{r_{bn0}^2}{r_{bn0}^2 - r_{an0}^2}$$

考虑式（4-2-17），可得

$$\sigma_{t0} = p_c \frac{b^2 + 1}{b^2 - 1} - 2p \frac{b^2}{b^2 - 1} \tag{4-2-21}$$

如按薄壁公式计算，可用式（4-2-20），并注意到 $a = 0$ 的情况，以及式（4-2-15）和式（4-2-16），则

$$\sigma_{t0} = p_c \frac{b+1}{2(b-1)} \eta_B - p \frac{b+1}{2(b-1)} \eta_H \tag{4-2-22}$$

因为式（4-2-21）和式（4-2-22）所求的是同一点的应力状态，利用对应项相等的关系，以得出圆筒对内外压的壁厚修正系数分别为

$$\begin{cases} \eta_B = 2 \dfrac{b^2 + 1}{(b+1)^2} \\ \eta_H = 2 \dfrac{2b^2}{(b+1)^2} \end{cases}$$

对圆球情况（$a = 1$），如按厚壁球公式计算，其内表面切向应力为

$$\begin{aligned} \sigma_{t0} &= p_c \frac{2r_{an0}^3 + r_{bn0}^3}{2(r_{bn0}^3 - r_{an0}^3)} - p \frac{3r_{bn0}^3}{2(r_{bn0}^3 - r_{an0}^3)} \\ &= p_c \frac{2 + b^3}{2(b^3 - 1)} - p \frac{3b^3}{2(b^3 - 1)} \end{aligned} \tag{4-2-23}$$

如按薄壁公式计算，用式（4-2-20），并考虑圆球情况 $\sigma_{z0} = \sigma_{t0}$，可得

$$\sigma_{t0} = p_c \frac{b+1}{4(b-1)} \eta_B - p \frac{b+1}{4(b-1)} \eta_H \tag{4-2-24}$$

同理，比较式（4-2-23）和式（4-2-24），可求出圆球内外压的壁厚系数为

$$\begin{cases} \eta_B = \dfrac{2(b^3 + 2)}{(1+b)(1+b+b^2)} \\ \eta_H = 2 \dfrac{3b^3}{(1+b)(1+b+b^2)} \end{cases} \tag{4-2-25}$$

将上述两种特例的壁厚修正系数列入表 4-5 中。

表 4-5　壁厚修正系数

载荷	圆筒（$a = 0$）	圆球（$a = 1$）
内压 p_c	$\eta_B = 2 \dfrac{b^2 + 1}{(b+1)^2}$	$\eta_B = \dfrac{2(b^3 + 2)}{(1+b)(1+b+b^2)}$
外压 p	$\eta_H = 2 \dfrac{2b^2}{(b+1)^2}$	$\eta_H = 2 \dfrac{3b^3}{(1+b)(1+b+b^2)}$

弹尾卵形部的形状是介于圆筒与圆球之间，即 $0 < a < 1$，故可以用下列公式统一两种特殊情况：

$$\begin{cases} \eta_B = 2\dfrac{1 + a + b^{2+a}}{(1+b)(1+b+ab^2)} \\[2mm] \eta_H = 2\dfrac{(2+a)\ b^{2+a}}{(1+b)(1+b+ab^2)} \end{cases} \qquad (4-2-26)$$

显而易见,式(4-2-26)中的两个公式对于圆筒和圆球同样适用。

至此可以计算 σ_{t0},其计算步骤如下:

(1) 按产品图纸得出 r_{bn0}、r_{an0}、r_{bm0}、r_{am0}、α 等;

(2) 计算参量 ρ_{t0}、ρ_{z0}、h_{n0}、a、b 等;

(3) 计算壁厚修正系数 η_B、η_H;

(4) 按式(4-2-20)计算 σ_{t0}。

例4-5　计算 120 mm 迫击炮弹弹尾部的子午应力、径向应力和纬度应力。已知:计算压力 $p=107.8$ MPa;弹丸质量 $m=16.8$ kg。

解:(1) 先在图纸上任意截取几个断面(本例为 4 个断面),作其垂直断面与锥形断面(图4-2-8),并得出原始数据,见表4-6。

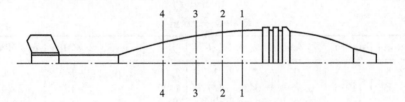

图4-2-8　120 mm 迫击炮弹应力计算

表4-6　120 mm 迫击炮弹计算原始数据

断面	r_{bn}/cm	r_{an}/cm	r_{bn0}/cm	r_{an0}/cm	r_{bm0}/cm	r_{am0}/cm	α
1—1 断面	6.0	5.0	6.0	5.0	—	—	$0°$
2—2 断面	5.65	4.8	5.67	4.82	120	119	$4°40'$
3—3 断面	5.3	4.4	5.34	4.44	120	119	$6°30'$
4—4 断面	4.2	3.26	4.27	3.31	120	119	$10°10'$

(2) 利用特征数计算,求出各断面上的质量,列入表4-7中。

表4-7　120 mm 迫击炮弹各断面上的质量

断面	m_n/kg	m_{wn}/kg	m'_{wn}/kg	m''_{wn}/kg
1—1 断面	6.79	2.141	2.141	0
2—2 断面	7.85	2.567	2.535	0.032
3—3 断面	8.7	2.967	2.569	0.398
4—4 断面	10.15	3.537	1.87	1.667

(3) 利用下列公式求各参量和应力值:

$$\begin{cases} \rho_{t0} = \dfrac{1}{2}(r_{bn0} + r_{an0}) \\[2mm] \rho_{z0} = \dfrac{1}{2}(r_{bm0} + r_{am0}) \end{cases}$$

$$h_{n0} = r_{bn0} - r_{an0}$$

$$\begin{cases} a = \rho_{t0} / \rho_{z0} \\ b = r_{bn0} / r_{an0} \end{cases}$$

$$\begin{cases} \eta_B = 2\, \dfrac{1 + a + b^{2+a}}{(1+b)(1+b+ab^2)} \\[3mm] \eta_H = 2\, \dfrac{(2+a)\,b^{2+a}}{(1+b)(1+b+ab^2)} \end{cases}$$

$$\begin{cases} \sigma_{z0} = -\dfrac{p}{\cos^2\alpha} \cdot \dfrac{r^2}{r_{bn}^2 - r_{an}^2}\left[\dfrac{m_n + m''_{wn}}{m} - \left(1 - \dfrac{r_{bn}^2}{r^2}\right)\right] \\[4mm] \sigma_{r0} = -p_c = -p\,\dfrac{r^2}{r_{an}^2} \cdot \dfrac{m'_{wn}}{m} \\[4mm] \sigma_{t0} = (p_c \eta_B - p\eta_H)\dfrac{\rho_{t0}}{h_{n0}} - a\sigma_{z0} \end{cases}$$

计算结果列入表 4 - 8 中。

表 4 - 8　计算结果

断面	ρ_{t0}/cm	ρ_{z0}/cm	h_{n0}/cm	a	b	η_B	η_H	σ_{z0}/MPa	σ_{r0}/MPa	σ_{t0}/MPa
1—1 断面	5.5		1.0	0	1.2	1.008	1.19	-143	-19.8	-596
2—2 断面	5.25	119.5	0.85	0.0439	1.176	1.001	1.17	-157	-25.4	-615
3—3 断面	4.89	119.5	0.9	0.0409	1.203	1.003	1.194	-145	-30.7	-526
4—4 断面	3.79	119.5	0.96	0.0317	1.29	1.01	1.27	-110	-40.7	-379

（四）发射时弹体的受力状态和变形

发射时弹丸在各种载荷作用下，材料内部产生应力和变形。根据载荷变化的特点，对于一般线膛火炮弹丸而言，弹丸受力与变形有三个危险的临界状态，如图 4 - 2 - 9 中所示的Ⅰ、Ⅱ、Ⅳ状态。对一般滑膛炮弹丸，由于不存在弹带压力，所以只有Ⅱ、Ⅲ两个临界状态。为了确保弹丸发射时的安全性，必须对每个临界状态进行强度校核。

1. 弹丸受力和变形的第一临界状态

这一临界状态相当于弹带嵌入完毕，弹带压力达最大值时（图 4 - 2 - 9 中Ⅰ处）的情况。这一时期的特点是：火药气体压力及弹体上相应的其他载荷都很小，整个弹体其他区域的应力和变形也很小，唯有弹带区受较大的径向压力，使其达到弹性或弹塑性径向压缩变形。变形情况如图 4 - 2 - 10 所示。

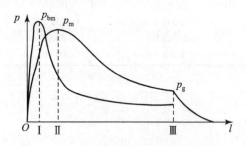

图 4 - 2 - 9　发射时弹体的受力状态

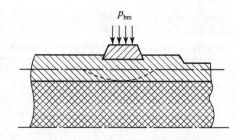

图 4 - 2 - 10　第一临界状态时弹带区的变形情况

2. 弹丸受力和变形的第二临界状态

这一临界状态相当于最大膛压时期（图4-2-9中Ⅱ处）。这一时期的特点是：火药气体压力达到最大，弹丸加速度也达到最大，同时由于加速度而引起的惯性力等均达到最大，这时弹体各部分的变形也为极大。线膛榴弹的变形情况是：弹头部和圆柱部在轴向惯性力作用下产生径向膨胀变形，轴向墩粗变形；弹带区与弹尾部，由于有弹带压力与火药气体压力作用，会发生径向压缩变形；弹底部在弹底火药气体作用下，可能产生向里弯凹，如图4-2-11（a）所示。这些变形中，尤其是弹尾部与弹底区变形比较大，有可能达到弹塑性变形。

与此相似，尾翼弹丸在第二临界状态的变形也是弹头部发生径向膨胀，其弹尾部发生径向压缩变形，在弹尾部与圆柱部交界处，发生变形较大，可能达到弹塑性变形，如图4-2-11（b）所示。

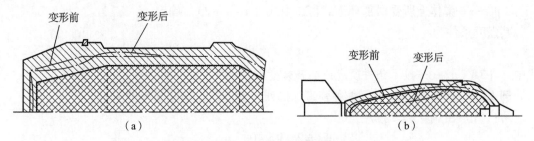

图4-2-11　第二临界状态弹体的变形

从弹丸发射安全性角度出发，只要能保持弹体金属的完整性、弹体结构的稳定性和弹体在膛内运动的可靠性，以及发射时炸药的安全性，弹体发生一定的塑性变形是可以允许的。

3. 弹丸受力和变形的第三临界状态

这一临界状态相当于弹丸出炮口时刻（图4-2-9的Ⅲ处）。这一时期的特点是：弹丸的旋转角速度达到最大，与角速度有关的载荷达到最大值，但与弹体强度有关的火药气体压力等载荷均迅速减小，弹体上变形也相应减小。弹丸飞出炮口瞬间，大部分载荷突然卸载，将使弹体材料因弹性恢复而发生振动，这种振动会引起拉伸应力与压缩应力的相互交替作用。因此，对于某些抗拉强度大大低于抗压强度的脆性材料，必须考虑由于突然卸载而产生的拉伸应力对弹体的影响。

二、发射时弹体强度计算

发射时弹体强度计算，实质上就是在求解弹体内各处应力的条件下，根据有关强度理论对弹体进行校核。如前所述，弹丸在膛内应当校核第一临界状态（弹带压力最大）和第二临界状态（膛压最大）时的强度。弹体强度校核的标准有两类：第一类校核方法用应力表示，即按照不同强度理论计算弹体上各断面的相当应力（综合应力），然后与弹体材料的许用应力相比较；第二类校核方法用变形表示，即按照不同的理论公式或经验公式计算某几个断面上的变形和残余变形，然后与战术技术指标要求的变形值相比较。实际应用中这两类方法可同时采用，其中第二类校核方法，可以用试验验证，它是弹药验收的必做项目。

（一）第一临界状态的强度校核

在此时期，弹体上所受载荷主要是弹带压力，其余载荷均比较小，因此只考虑弹带压力的影响。故在此时期只需校核弹带区域的强度，一般均应用第二类校核方法，即校核其变形或残余变形。

由前所述，弹带区可以简化为半无限长圆筒，承受局部环形载荷（图4-1-20）。由式（4-1-36）可知，外表面的变形为

$$W_0 = \frac{A_2 - A_1 - A_0}{B_0 + B_1 + B_2}$$

弹体、弹带的材料、尺寸等因素的影响均反映在参量 A_1，B_1，…之中。

弹体的残余变形为总变形减去弹性恢复的变形，即

$$W^* = W_0 - Kp_{b1}$$

式中　W^*——为弹体（弹带区）外半径上的残余变形；

　　　K——系数，由式（4-1-28）确定；

　　　p_{b1}——弹体上所受局部环形载荷，由式（4-1-25）确定。

其强度条件为

$$2W^* < [2W^*] \tag{4-2-27}$$

式中　$[2W^*]$——技术条件所允许的残余变形。

例4-6　计算57 mm高射榴弹弹带区的残余变形。已知数据同例4-1。

解：（1）由例4-1的解已求出：

$$\begin{cases} W_0 = 24.9 \times 10^{-5} \text{ m} \\ A_0 = 249 \text{ MPa} \\ B_0 = 2.8 \times 10^{11} \text{ Pa/m} \\ K = 21.16 \times 10^{-14} \text{ m/Pa} \end{cases}$$

（2）计算 p_{b1}：

$$p_{b1} = A_0 + B_0 W_0 = 249 \times 10^6 + 2.8 \times 10^{11} \times 24.9 \times 10^{-5}$$
$$= 319 \times 10^6 \text{ （Pa）} = 319 \text{ MPa}$$

（3）计算 W_0^*：

$$W_0^* = W_0 - Kp_{b1} = 24.9 \times 10^{-5} - 21.16 \times 10^{-14} \times 319 \times 10^6$$
$$= 18.15 \times 10^{-5} \text{ （m）} = 0.1815 \text{ mm}$$

（4）直径上的残余变形为

$$2W_0^* = 0.363 \text{ mm}$$

（二）第二临界状态的强度校核

在此时期，弹体受到的膛内火药气体压力作用达到最大，加速度也达到最大，因而惯性力、装填物压力等均达到最大值。相比之下，弹带压力下降很多，故可将弹带压力略去（若不略去此压力，则对弹体安全更有利）。另外，此时期弹丸的旋转角速度尚很小，在应力计算中可以略去由旋转产生的应力。

此时期必须对整个弹体所有部位都进行强度校核，实际上是在整个弹体上找出最危险断面（应力最大断面），并对最危险断面进行强度校核。可以用第一类校核方法（限制应力），也可以用第二类校核方法（限制变形）。

常用的校核方法有以下几种。

1. 布林克方法

将弹体简化为无限长厚壁圆筒，并将弹体分成若干断面，计算每个断面内表面处的三向主应力，用第二强度理论校核弹体内表面的强度。

对于旋转式弹丸，如不计及旋转的影响，其三向主应力分别为

$$\begin{cases} \sigma_z = -p \dfrac{r^2}{r_{bn}^2 - r_{an}^2} \cdot \dfrac{m_n}{m} \\[3mm] \sigma_r = -p \dfrac{r^2}{r_{an}^2} \cdot \dfrac{m_{wn}}{m} \\[3mm] \sigma_t = \dfrac{p_c(r_{bn}^2 + r_{an}^2)}{r_{bn}^2 - r_{an}^2} \end{cases} \qquad (4-2-28)$$

式中 应力符号正号（＋）表示拉伸；负号（－）表示压缩。

如果断面位于弹尾部，σ_z 将用式（4－2－3）代替，而 σ_r 用式（4－1－19b）代替，因为是压力，故取负号。

根据广义虎克定律，三向主应变分别为

$$\begin{cases} \varepsilon_z = \dfrac{1}{E}[\sigma_z - \mu(\sigma_r + \sigma_t)] \\[3mm] \varepsilon_r = \dfrac{1}{E}[\sigma_r - \mu(\sigma_z + \sigma_t)] \\[3mm] \varepsilon_t = \dfrac{1}{E}[\sigma_t - \mu(\sigma_r + \sigma_z)] \end{cases} \qquad (4-2-29)$$

式中 E——弹体金属的弹性模量；

μ——弹体金属的泊松比。

根据第二强度理论（最大应变理论），若某点处主应变超过一定值，则材料屈服（或破坏），而对应此应变的相当应力为

$$\begin{cases} \overline{\sigma}_z = \varepsilon_z E = \sigma_z - \mu(\sigma_r + \sigma_t) \\[2mm] \overline{\sigma}_r = \varepsilon_r E = \sigma_r - \mu(\sigma_z + \sigma_t) \\[2mm] \overline{\sigma}_t = \varepsilon_t E = \sigma_t - \mu(\sigma_r + \sigma_z) \end{cases} \qquad (4-2-30)$$

将应力的表达式（4－2－28）代入式（4－2－30），并取 $\mu = 1/3$，可得

$$\begin{cases} \overline{\sigma}_z = -\dfrac{p}{3m} \cdot \dfrac{r^2}{r_{bn}^2 - r_{an}^2}(2m_{wn} + 3m_n) \\[3mm] \overline{\sigma}_r = -\dfrac{p}{3m} \cdot \dfrac{r^2}{r_{bn}^2 - r_{an}^2}\left(2m_{wn}\dfrac{2r_{bn}^2 - r_{an}^2}{r_{an}^2} - m_n\right) \\[3mm] \overline{\sigma}_t = \dfrac{p}{3m} \cdot \dfrac{r^2}{r_{bn}^2 - r_{an}^2}\left(2m_{wn}\dfrac{2r_{bn}^2 + r_{an}^2}{r_{an}^2} + m_n\right) \end{cases} \qquad (4-2-31)$$

从式（4－2－31）可知：

（1）轴向相当应力 $\overline{\sigma}_z$ 恒为负值，故弹体材料在轴向恒为压缩变形；

（2）切向相当应力 $\overline{\sigma}_t$ 为正值，故弹体内表面切向恒为拉伸变形；

（3）径向相当应力 $\overline{\sigma}_r$ 可正可负，取决于括号内的数值。

弹体的强度条件为

$$\begin{cases} \overline{\sigma}_z \leqslant \sigma_{0.2} \\ \overline{\sigma}_r \leqslant \sigma_{0.2} \\ \overline{\sigma}_t \leqslant \sigma_{0.2} \end{cases} \qquad (4-2-32)$$

一般情况下，$\overline{\sigma}_r$ 远小于 $\overline{\sigma}_z$ 和 $\overline{\sigma}_t$，故只需校核 $\overline{\sigma}_z$ 与 $\overline{\sigma}_t$ 即可。

最危险断面可能发生在弹尾区（因为这些断面上 m_n、m_{wn} 较大），也可能发生在弹带槽处（因为这些断面处面积较小）。为了找出最危险断面，可作出相当应力沿弹长分布曲线（图 4-2-12）。应当指出，布林克方法是基于无限长厚壁圆筒的力学模型，故对于弹体定心部、圆柱部等处的断面校核比较合理，而接近弹底区域不能简化为无限长圆筒，其误差就大得多。因此，用布林克方法校核强度只需计算到弹尾尾柱部分，不宜一直计算到弹底。显然，在弹底断面处是不符合假设条件的。

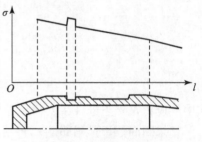

图 4-2-12　弹体上相当应力分布曲线

布林克方法的优点是计算简单，对弹带区以前的弹体强度基本上与实际符合。因此，布林克法目前仍然被广大弹丸设计工作者所采用。它的缺点是简化模型与弹尾部相差较大，因而弹尾部计算误差也较大。另外，也没有考虑弹体材料的塑料变形，用材料屈服极限限制应力，要求太苛刻。为了与实际情况更接近，可将强度条件修改为

$$\overline{\sigma} \leqslant k\sigma_{0.2}$$

式中　k 为符合系数，它可由经过考验的类似弹丸的数据得出，目前弹丸的 k 值一般取为 1.2~1.4。

对于尾翼式弹（迫击炮弹、无坐力炮弹等），也可用类似方法进行强度校核。先将弹体分成若干断面，计算每个断面内表面处的三向主应力，再用有关强度理论进行校核。

弹头部三向主应力为

$$\begin{cases} \sigma_z = -p \dfrac{r^2}{r_{bn}^2 - r_{an}^2} \cdot \dfrac{m_n}{m} \\ \sigma_r = 0 \\ \sigma_t = 0 \end{cases} \qquad (4-2-33)$$

圆柱部三向主应力为

$$\begin{cases} \sigma_z = -p \dfrac{r^2}{r_{bn}^2 - r_{an}^2} \cdot \dfrac{m_n + m''_{wn}}{m} \\ \sigma_r = -p_c = -p \dfrac{r^2}{r_{an}^2} \cdot \dfrac{m'_{wn}}{m} \\ \sigma_t = \dfrac{p_c r_{an}^2 - p r_{bn}^2}{r_{bn}^2 - r_{an}^2} - \dfrac{(p - p_c) r_{bn}^2}{r_{bn}^2 - r_{an}^2} \end{cases} \qquad (4-2-34)$$

对于弹尾部的情况，若弹尾部曲率半径 $\rho > 10d$，则可以忽略曲率的影响，其三向主应力为

$$\begin{cases} \sigma_z = -p\,\dfrac{r^2}{r_{\mathrm{b}n}^2 - r_{\mathrm{a}n}^2}\left[\dfrac{m_n + m''_{\mathrm{w}n}}{m} - \left(1 - \dfrac{r_{\mathrm{b}n}^2}{r^2}\right)\right] \\[2mm] \sigma_r = -p_{\mathrm{c}} = -p\,\dfrac{r^2}{r_{\mathrm{a}n}^2}\cdot\dfrac{m'_{\mathrm{w}m}}{m} \\[2mm] \sigma_t = \dfrac{p_{\mathrm{c}}r_{\mathrm{a}n}^2 - pr_{\mathrm{b}n}^2}{r_{\mathrm{b}n}^2 - r_{\mathrm{a}n}^2} - \dfrac{(p - p_{\mathrm{c}})r_{\mathrm{b}n}^2}{r_{\mathrm{b}n}^2 - r_{\mathrm{a}n}^2} \end{cases} \tag{4-2-35}$$

若弹尾部曲率半径 $\rho \leqslant 10d$，则要用子午应力、径向应力和纬度应力表示三向主应力，即

$$\begin{cases} \sigma_{z0} = \sigma_z\,\dfrac{1}{\cos^2\alpha} \\[2mm] \sigma_{r0} = -p_{\mathrm{c}} \\[2mm] \sigma_{t0} = (p_{\mathrm{c}}\eta_{\mathrm{B}} - p\eta_{\mathrm{H}})\dfrac{\rho_{t0}}{h_{n0}} - \dfrac{\rho_{t0}}{\rho_{z0}}\sigma_{z0} \end{cases} \tag{4-2-36}$$

式中　　ρ_{t0}——锥形截面的中间半径；

h_{n0}——锥形截面上弹体的壁厚；

ρ_{z0}——子午截面的中间半径。

强度条件可以用第二强度理论，也可用第四强度理论校核，第二强度理论的条件为

$$\begin{cases} \overline{\sigma}_z = \sigma_z - \mu(\sigma_r + \sigma_t) \leqslant \sigma_{0.2} \\[2mm] \overline{\sigma}_t = \sigma_t - \mu(\sigma_r + \sigma_z) \leqslant \sigma_{0.2} \end{cases} \tag{4-2-37}$$

第四强度理论的条件为

$$\overline{\sigma} = \frac{\sqrt{2}}{2}\sqrt{(\sigma_z - \sigma_r)^2 + (\sigma_r - \sigma_t)^2 + (\sigma_t - \sigma_z)^2} \leqslant \sigma_{0.2}$$

同理，为了考虑弹体的塑性变形，可将 $\sigma_{0.2}$ 加以修正，即

$$\overline{\sigma} \leqslant k\sigma_{0.2}$$

目前，迫击炮弹的 k 值为 $1.5 \sim 1.6$。

2. 弹塑性计算

上述布林克方法基本上没有考虑弹体的塑性变形。实际上在第二临界状态，弹丸受到的膛压为最大，弹体有可能发生塑性变形。因此，在各断面处均需计算其弹塑性变形，尤其在上定心部和下定心部等处，弹炮间隙较小，膨胀变形过大，将会引起较大的膛线印痕，甚至发生阻塞事故。

弹塑性计算，是考虑弹体材料进入塑性变形后弹体外表面所发生的应变和残余变形，并将残余变形限制在某一允许范围内。

若材料符合线性硬化规律，则其应力应变 $\sigma - \varepsilon$ 曲线如图 4-2-13 所示。当材料所受的应力 σ_{i} 超过屈服极限 σ_{s} 后，其应力为

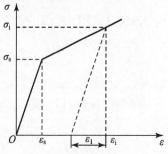

图 4-2-13　线性硬化的
$\sigma - \varepsilon$ 曲线

$$\sigma_{\mathrm{i}} = \varepsilon_{\mathrm{s}}E + (\varepsilon - \varepsilon_{\mathrm{s}})E' \tag{4-2-38}$$

式中　E——弹性区的弹性模量；

E'——塑性区的强化系数。

根据已经假设的强化参数 $\lambda = (E - E')/E$，则式 (4 – 2 – 38) 可简化为

$$\sigma_i = \varepsilon_s E + \varepsilon_i E' - \varepsilon_s E' = \varepsilon_s \lambda E + \varepsilon_i (1 - \lambda) E \qquad (4 - 2 - 39)$$

由此可得

$$\varepsilon_i = \frac{\sigma_i - \varepsilon_s \lambda E}{(1 - \lambda) E} = \frac{\sigma_i - \sigma_s \lambda}{E(1 - \lambda)}$$

$$= \frac{\sigma_i - \sigma_s \lambda}{E(1 - \lambda) \sigma_i} \sigma_i = \frac{\sigma_i}{E''}$$

式中　E''——总应变折算弹性模量，其表达式为

$$E'' = \frac{\sigma_i (1 - \lambda)}{\sigma_i - \sigma_s \lambda} E = \frac{1 - \lambda}{1 - \dfrac{\sigma_s}{\sigma_i} \lambda} E \qquad (4 - 2 - 40)$$

因此，弹塑性应力 – 应变关系仍可以采用弹性区相似形式的关系式，只是将弹性模量 E 换算成总应变折算弹性模量 E'' 即可。

按弹塑性变形计算弹体应变一般是计算弹体外表面的应变，在所选择断面的外表面处取一微元体 (图 4 – 2 – 14)，计算此微元体的三向主应力。由于弹带密闭火药气体，计算中可以将弹体看作为只受内压的薄壁圆筒处理，则三向主应力为

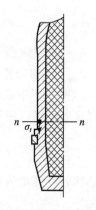

$$\begin{cases} \sigma_z = - p \dfrac{r^2}{r_{bn}^2 - r_{an}^2} \dfrac{m_n}{m} \\[3mm] \sigma_r = 0 \\[3mm] \sigma_t = \dfrac{p_c (r_{bn} + r_{an})}{2(r_{bn} - r_{an})} \end{cases} \qquad (4 - 2 - 41)$$

图 4 – 2 – 14　外表面处的微元体

其三个方向的主应变为

$$\begin{cases} \varepsilon_z = \dfrac{1}{E''} \left[\sigma_z - \dfrac{1}{2} (\sigma_r + \sigma_t) \right] \\[3mm] \varepsilon_r = \dfrac{1}{E''} \left[\sigma_r - \dfrac{1}{2} (\sigma_z + \sigma_t) \right] \\[3mm] \varepsilon_t = \dfrac{1}{E''} \left[\sigma_t - \dfrac{1}{2} (\sigma_r + \sigma_z) \right] \end{cases} \qquad (4 - 2 - 42)$$

总折算弹性模量 E'' 应用式 (4 – 2 – 40) 计算，式中的 σ_i 可用综合应力表示，即

$$\sigma_i = \frac{1}{\sqrt{2}} \sqrt{(\sigma_z - \sigma_r)^2 + (\sigma_r - \sigma_t)^2 + (\sigma_t - \sigma_z)^2}$$

材料进入塑性状态后，泊松比 $\mu = 1/2$。为了与试验结果相比较，尚需计算外表面的残余变形。

由图 4 – 2 – 13，可见

$$\varepsilon^* = \varepsilon_i - \varepsilon_1 = \frac{\sigma_i - \sigma_s \lambda}{E(1 - \lambda)} - \frac{\sigma_i}{E}$$

$$= \frac{(\sigma_i - \sigma_s) \lambda}{E(1 - \lambda)} = \frac{(\sigma_i - \sigma_s) \lambda}{E(1 - \lambda) \sigma_i} \cdot \sigma_i = \frac{\sigma_i}{E^*}$$

式中　E^*——残余应变折算弹性模量，其表达式为

$$E^* = \frac{E(1-\lambda)\sigma_i}{(\sigma_i - \sigma_s)\lambda} = \frac{1-\lambda}{\left(1 - \dfrac{\sigma_s}{\sigma_i}\right)\lambda} E \tag{4-2-43}$$

式中 σ_i 可用相当应力代入。

弹体外表面的径向变形为

$$W = r\varepsilon_t$$

径向残余变形为

$$W^* = r\varepsilon_t^* = r\frac{1}{E^*}\left[\sigma_t - \frac{1}{2}(\sigma_r + \sigma_z)\right]$$

$$= r\frac{\left(1 - \dfrac{\sigma_s}{\sigma_i}\right)\lambda}{E(1-\lambda)}\left[\sigma_t - \frac{1}{2}(\sigma_r + \sigma_z)\right] \tag{4-2-44}$$

弹体强度条件为

$$2W^* < [2W^*] \tag{4-2-45}$$

式中 $[2W^*]$ ——战术技术指标要求所允许的残余变形，由产品图规定。

例4-7 计算130 mm 榴弹上下定心部的残余变形量。已知：弹体材料屈服极限 $\sigma_s =$ 441 MPa；弹体材料弹性模量 $E = 205.8$ GPa；弹体材料强化系数 $\lambda = 0.95$。其余数据见例4-4。

解：（1）计算上下定心部外表面处的三向主应力：

$$\begin{cases} \sigma_z = -p \cdot \dfrac{r^2}{r_{bn}^2 - r_{an}^2} \cdot \dfrac{m_n}{m} \\[3mm] \sigma_r = 0 \\[3mm] \sigma_t = \dfrac{p_c(r_{bn} + r_{an})}{2(r_{bn} - r_{an})} \end{cases}$$

由例4-4的计算结果，可知上、下定心部的应力如下：

$$\begin{cases} 上定心部：\sigma_z = -222 \text{ MPa}；p_c = 57.8 \text{ MPa} \\[2mm] 下定心部：\sigma_z = -381 \text{ MPa}；p_c = 92 \text{ MPa} \end{cases}$$

所以，上定心部三向主应力为

$$\begin{cases} \sigma_z = -222 \ (\text{MPa}) \\[2mm] \sigma_r = 0 \\[3mm] \sigma_t = \dfrac{57.8 \times 10^6 \times (6.5+3.5) \times 10^{-2}}{2 \times (6.5-3.5) \times 10^{-2}} = 96.3 \ (\text{MPa}) \end{cases}$$

下定心部三向主应力为

$$\begin{cases} \sigma_z = -381 \ (\text{MPa}) \\[2mm] \sigma_r = 0 \\[3mm] \sigma_t = \dfrac{92 \times 10^6 \times (6.5+3.5) \times 10^{-2}}{2 \times (6.5-3.5) \times 10^{-2}} = 153.3 \ (\text{MPa}) \end{cases}$$

（2）计算 σ_i 和 W^*：

$$\sigma_i = \frac{1}{\sqrt{2}}\sqrt{\sigma_z^2 + \sigma_t^2 + (\sigma_t - \sigma_z)^2}$$

$$W^* = r \frac{\left(1 - \dfrac{\sigma_s}{\sigma_i}\right)\lambda}{E(1-\lambda)}\left(\sigma_t - \frac{1}{2}\sigma_z\right)$$

上定心部：

$$\sigma_i = \frac{1}{\sqrt{2}}\sqrt{222^2 + 96.3^2 + (96.3 + 222)^2} = 282.7 \ （\text{MPa}）$$

因此，可知上定心部没有发生塑性变形，则不用计算残余变形。

下定心部：

$$\sigma_i = \frac{1}{\sqrt{2}}\sqrt{381^2 + 153.3^2 + (153.3 + 381)^2} = 476 \ （\text{MPa}）$$

$$W^* = 0.065 \frac{\left(1 - \dfrac{441}{476}\right) \times 0.95}{205 \times 10^3 \times (1 - 0.95)} \times \left(153.3 - \frac{1}{2} \times 381\right) = 0.152 \times 10^{-3} \ （\text{m}）$$

下定心部直径上的残余变形为

$$2W^* = 0.304 \times 10^{-3} \ （\text{m}）$$

尾翼弹弹体强度的弹塑性计算方法与上述方法基本相同，只是三向主应力计算应当考虑外压。轴向应力可按式（4-2-5）计算，径向应力即为膛压，切向应力可按薄壁容器考虑，即

$$\begin{cases} \sigma_z = -p \dfrac{r^2}{r_{bn}^2 - r_{an}^2}\left[\dfrac{m_n + m_{wn}''}{m} - \left(1 - \dfrac{r_{bn}^2}{r^2}\right)\right] \\ \sigma_r = -p \\ \sigma_t = \dfrac{(p_c - p)(r_{bn} + r_{an})}{2(r_{bn} - r_{an})} \end{cases}$$

（三）对弹体强度计算分析

上述弹体强度计算的方法，无论第一时期或第二时期，也无论是弹性方法或弹塑性方法，其共同的优点是计算比较简单。对不同的设计方案采用同一理论进行计算比较还是适用的，因此目前国内许多单位仍应用这一套理论和方法对弹体强度进行分析计算。

上述校核方法存在如下缺点：

（1）实际结构与简化的力学模型相差较远。上述方法一般都将厚壁圆筒弹体简化为薄壁圆筒，但实际上弹丸的外形还是比较复杂的。这样使所计算的应力有较大误差，尤其在弹尾区域。由于有弹底存在，应力分布与圆筒假设相差甚远，用上述方法计算弹体应力误差较大。

（2）上述方法只计算个别断面上内表面（或外表面）处的应力状态，对整个弹体上应力分布情况缺乏系统的了解；对强度不足的零件的改进设计缺乏指导作用。

考虑到上述缺点，有必要对弹体强度计算进行改进。比较理想的方法是采用有限元法计算，可以克服上述缺点。对于有限元法将在下面详细介绍。

三、弹底强度计算

发射时弹底直接承受火药气体压力和惯性力的作用，使弹底部产生弯曲变形。当变形过

大可能引起其上部装填物产生较大的局部应力，甚至使弹底破坏，导致发射事故发生。

目前，弹底强度计算主要是从弯曲强度考虑。

（一）弹底上的受力与变形分析

因为弹底与弹尾部是一个整体，研究弹底部的应力与变形必须联系到弹尾部的受力状态。图 4-2-15 所示为弹底区的受力情况，由图可见，弹底和弹尾区的外表面受火药气体压力 p（具体计算中要用计算压力），内部承受装填物压力 p_c，此外弹底金属本身还有惯性力 F_d。

根据弹底的受力情况，将弹底区作如下简化。将弹底看成一块周边受到夹持的圆板，受轴向均布载荷 $\bar{p}_z$ 和径向压缩载荷 p。其中，轴向均布载荷为包括三个轴向载荷的等效载荷（图 4-2-16），即

$$\bar{p}_z = p - p_c - \frac{F_d}{\pi r_d^2}$$

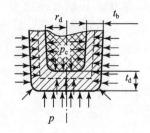

图 4-2-15　弹底区的受力情况

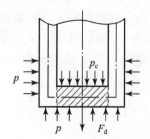

图 4-2-16　弹底的等效载荷

压力 p_c 与惯性力 F_d 的计算公式为

$$\begin{cases} p_c = p\dfrac{r^2}{r_d^2} \cdot \dfrac{m_w'}{m} \\ F_d = p\pi r^2 \dfrac{m_d}{m} \end{cases} \tag{4-2-46}$$

式中　r——弹丸半径；

r_d——弹底的半径；

m_w'——弹底面上装填物柱体质量；

m_d——弹底部分质量。

由式（4-2-46），可得

$$\bar{p}_z = p\left(1 - \frac{r^2}{r_d^2} \cdot \frac{m_w' + m_d}{m}\right) \tag{4-2-47}$$

弹底区的变形情况，可以分别考虑轴向载荷与径向载荷的作用。轴向载荷情况，一般 $p \gg p_c$，故弹底向上弯曲变形，如图 4-2-17（a）所示。随着弹底向上弯曲，弹尾部侧面将向外膨胀；径向载荷情况同样是 $p > p_c$，因而径向也是向内压缩，如图 4-2-17（b）所示。随着弹尾部侧面向内压缩，弹底将产生向下弯曲的趋势，所以轴向载荷与径向载荷对弹底的作用是互相补偿的。这对提高弹底强度是有利的。

为了简化弹底强度计算和保证安全，仅从轴向载荷考虑弹底部的强度。

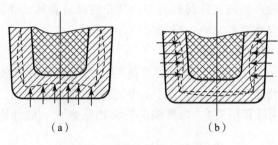

图 4 - 2 - 17 弹底的变形情况

（二）平底弹底的弯曲强度分析

1. 弹底应力的计算

平底弹底的应力分析是将其简化为一周边夹持的圆板，受轴向有效载荷的作用后，发生弯曲，板内各点的应力计算，可利用受均布载荷的圆板弯曲公式计算。

单独考虑弹底算板的应力状态，将弹底圆板与弹体壁分开，其相互作用可用一个力偶 M_0 和一个剪力 F 代替（图 4 - 2 - 18）。计算板的应力状态可通过这些载荷分析确定。

由弹性理论可知，受均布载荷的圆板其任意点 N 的应力与变形的关系（图 4 - 2 - 19）为

$$\begin{cases} \sigma_r = -\dfrac{Ez}{1-\mu^2}\left(\dfrac{\mathrm{d}\varphi}{\mathrm{d}r} + \mu\,\dfrac{\varphi}{r}\right) \\ \sigma_t = \dfrac{Ez}{1-\mu^2}\left(\dfrac{\varphi}{r} + \mu\,\dfrac{\mathrm{d}\varphi}{\mathrm{d}r}\right) \end{cases} \qquad (4-2-48)$$

式中　σ_r，σ_t——N 点的径向应力与切向应力；

　　　　φ——N 点的角变形；

　　　　z——N 点的 z 坐标位置；

　　　　r——N 点的 r 坐标位置。

由图 4 - 2 - 19 可以看出，圆板下表面受压缩变形，其上的应力为负；上表面受拉伸变形，它的应力为正。

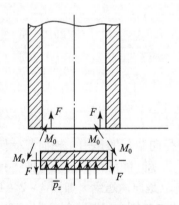

图 4 - 2 - 18　弹底圆板的载荷

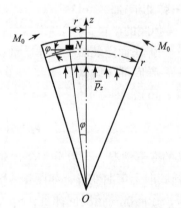

图 4 - 2 - 19　圆板的弯曲变形

弹底圆板的角变形为

$$\varphi_{\mathrm{d}} = \frac{\bar{p}_z r}{16D}\left(\frac{3+\mu}{1+\mu}r_{\mathrm{d}}^2 - r^2\right) - \frac{M_0 r}{D(1+\mu)} \tag{4-2-49}$$

式中 D——圆板的抗弯刚度，其表达式为

$$D = \frac{Et_{\mathrm{d}}}{12(1-\mu^2)} \tag{4-2-50}$$

式中 r_{d}——弹底圆板外半径；

t_{d}——弹底圆板厚度。

从式（4-2-49）可见，圆板中心处 $r=0$，角变形 $\varphi=0°$，所以仍为对称变形。将式（4-2-49）代入式（4-2-48）中，即可求出 σ_r 与 σ_t。但在代入求解以前，应先求出弹底与弹体的相互作用力偶 M_0。

为了求出力偶 M_0，首先需要分析弹体的变形，将弹尾部看成端部受力偶 M_0 作用的空圆筒（图4-2-20），并分析其角变形。然后将弹体壁简化为弹性基础梁，受力偶 M_0 的作用，按弹性理论，离底面距离为 z 的任意点的角变形为

$$\varphi_{\mathrm{b}} = \frac{M_0}{D_{\mathrm{b}}\beta}\mathrm{e}^{-\beta z}\cos\beta z \tag{4-2-51}$$

式中 D_{b}——圆筒的抗弯刚度，其表达式为

$$D_{\mathrm{b}} = \frac{Et_{\mathrm{b}}^3}{12(1-\mu^2)} \tag{4-2-52}$$

式中 t_{b}——圆筒壁厚；

β——系数，其表达式为

$$\beta = \sqrt[4]{\frac{3(1-\mu^2)}{t_{\mathrm{b}}^2 r_0^2}}$$

式中 r_0——圆筒中性面初始半径。

由于弹体与弹底变形的连续性，在交接处必须满足角变形相等的原则（图4-2-21），即

$$(\varphi_{\mathrm{d}})_{r=r_{\mathrm{d}}} = (\varphi_{\mathrm{b}})_{z=0}$$

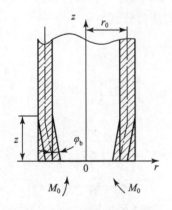

图4-2-20 弹尾部的角变形

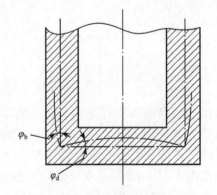

图4-2-21 弹尾部的角变形

上式为弹底周边处的角变形。将 $r=r_{\mathrm{b}}$ 代入式（4-2-49），可得

$$(\varphi_{\mathrm{d}})_{r=r_{\mathrm{d}}} = \frac{\bar{p}_z r_{\mathrm{d}}^3}{16D}\left(\frac{3+\mu}{1+\mu}-1\right) - \frac{M_0 r_{\mathrm{d}}}{D(1+\mu)} \tag{4-2-53}$$

即圆筒底端面的角变形。将 $z=0$ 代入式（4-2-51），可得

$$(\varphi_b)_{z=0} = \frac{M_0}{D_b \beta} \qquad (4-2-54)$$

联立式（4-2-53）和式（4-2-54），可得

$$M_0 = \frac{\overline{p}_z r_d^2}{8} \cdot \frac{1}{1 + \dfrac{(1+\mu)D}{D_b \beta}}$$

令

$$K = \frac{1}{1 + \dfrac{(1+\mu)D}{D_b \beta}} \qquad (4-2-55)$$

考虑到

$$\begin{cases} D = \dfrac{E t_d^3}{12(1-\mu^2)} \\[3mm] D_b = \dfrac{E t_b^3}{12(1-\mu^2)} \end{cases} \qquad (4-2-56)$$

将式（4-2-56）代入式（4-2-55），可得

$$K = \frac{1}{1 + \left(\dfrac{t_d}{t_b}\right)^3 \dfrac{1+\mu}{\beta r_d}}$$

和

$$M_0 = K \frac{\overline{p}_z r_d^2}{8} \qquad (4-2-57)$$

式中 K 为弹底与弹体的联系系数。K 值越大，表示夹紧影响也越大。当 $K=1$，表明弹底被完全夹紧；当 $K=0$，表示弹底周边为自由支撑。

现将式（4-2-57）代入式（4-2-49），然后将 φ 对 r 取导，再代入式（4-2-48），最后可得弹底圆板内任意点 (E, r) 的径向应力与切向应力分别为

$$\begin{cases} \sigma_r = \dfrac{3z}{4 t_d^3} \overline{p}_z r_d^2 \left[(3+\mu)\left(1 - \dfrac{r^2}{r_d^2}\right) - 2K \right] \\[3mm] \sigma_t = \dfrac{3z}{4 t_d^3} \overline{p}_z r_d^2 \left[(3+\mu) - (1+3\mu)\dfrac{r^2}{r_d^2} - 2K \right] \end{cases} \qquad (4-2-58)$$

实际上在弹底强度计算中，并不需要将弹底内所有位置的应力都计算出来，只需考虑其中某些较危险的位置即可。根据弹底变形的性质，可以分析如图4-2-22所示4个危险点的位置。需将这4个位置的坐标代入式（4-2-58）中，即可求出径向应力与切向应力，另外还需要考虑其轴向应力。

若取 $\mu=0.3$，则4个危险点的应力可计算如下。

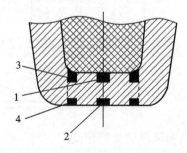

图4-2-22　弹底内4个危险点位置
1，2，3，4—危险点

第 1 点：$r = 0$，$z = t_d/2$，有

$$\begin{cases} \sigma_{r1} = \dfrac{3\bar{p}_z r_d^2}{t_d^2} \cdot \dfrac{3.3 - 2K}{8} \\[3mm] \sigma_{t1} = \dfrac{3\bar{p}_z r_d^2}{t_d^2} \cdot \dfrac{3.3 - 2K}{8} \\[3mm] \sigma_{z1} = -p_c \end{cases}$$

第 2 点：$r = 0$，$z = -t_d/2$，有

$$\begin{cases} \sigma_{r2} = -\dfrac{3\bar{p}_z r_d^2}{t_d} \cdot \dfrac{3.3 - 2K}{8} \\[3mm] \sigma_{t2} = -\dfrac{3\bar{p}_z r_d^2}{t_d^2} \cdot \dfrac{3.3 - 2K}{8} \\[3mm] \sigma_{z2} = -p \end{cases} \qquad (4-2-59)$$

第 3 点：$r = r_d$，$z = t_d/2$，有

$$\begin{cases} \sigma_{r3} = -\dfrac{3\bar{p}_z r_d^2}{t_d^2} \cdot \dfrac{K}{4} \\[3mm] \sigma_{t3} = \dfrac{3\bar{p}_z r_d^2}{t_d^2} \cdot \dfrac{K - 0.7}{4} \\[3mm] \sigma_{z3} = -p_c \end{cases}$$

第 4 点：$r = r_d$，$z = -t_d/2$，有

$$\begin{cases} \sigma_{r4} = \dfrac{3\bar{p}_z r_d^2}{t_d^2} \cdot \dfrac{K}{4} \\[3mm] \sigma_{t4} = -\dfrac{3\bar{p}_z r_d}{t_d} \cdot \dfrac{K - 0.7}{4} \\[3mm] \sigma_{z4} = -p \end{cases}$$

弹底的强度可用第四强度理论校核，计算上述 4 个危险点的相当应力：

$$\bar{\sigma}_i = \frac{1}{\sqrt{2}} \sqrt{(\sigma_z - \sigma_r)^2 + (\sigma_r - \sigma_t)^2 + (\sigma_t - \sigma_z)^2}$$

强度条件为

$$\sigma_i \leqslant \sigma_{0.2}$$

在平底弹的弹底强度计算中，还可以用简化公式进行计算，即计算弹底金属所能承受的临界相当应力，即

$$\bar{p}_z' = 2.42\sigma_{0.2} \left(\frac{t_d}{r_d} \right)^2$$

其强度条件为

$$\bar{p}_z < \bar{p}_z'$$

当不满足此条件时，应当增加弹底厚度，才能保证发射安全。

发射时，由于弹底弯曲，其中心处挠度最大值为

$$f = \frac{1}{2} \, \frac{r_d^4}{t_d^3} \cdot \frac{\bar{p}_z}{E} \qquad\qquad (4-2-60)$$

式中 E——弹底金属的弹性模量。

例4-8 计算122 mm榴弹弹底厚度。已知：弹丸质量 $m=21.8$ kg；装填物有效药柱质量 $m_w'=1.8$ kg；弹底半径 $r_d=0.03$ m；弹体尾部壁厚 $t_d=t_b=0.02$ m；计算压力 $p=264.6$ MPa；弹底金属屈服极限 $\sigma_{0.2}=343$ MPa。

解：（1）假设弹底厚度 $t_d'=0.02$ m。

①装填物压力：

$$p_c = p \, \frac{r^2}{r_d^2} \, \frac{m_w'}{m} = 264.6 \times 10^6 \times \frac{0.061^2}{0.03^2} \times \frac{1.8}{21.8} = 90 \;（\text{MPa}）$$

②计算联系系数：

$$r_0 = r_d + \frac{1}{2}t_b = 0.03 + \frac{1}{2} \times 0.02 = 0.04 \;（\text{m}）$$

$$\beta = \sqrt[4]{\frac{3(1-\mu^2)}{t_b^2 r_0^2}} = \sqrt[4]{\frac{3(1-0.3^2)}{0.02^2 \times 0.04^2}} = 45.4 \;（\text{m}^{-1}）$$

$$K = \frac{1}{1 + \left(\dfrac{t_d}{t_b}\right)^3 \dfrac{1+\mu}{\beta r_d}} = \frac{1}{1 + \left(\dfrac{0.02}{0.02}\right)^3 \times \dfrac{1+0.3}{45.4 \times 0.03}} = 0.51$$

③计算轴向有效载荷：

$$m_d = \pi r_d^2 t_d \rho_m = 3.14 \times 0.03^2 \times 0.02 \times 7810 = 0.442 \;（\text{kg}）$$

$$\bar{p}_z = p\left(1 - \frac{r^2}{r_d^2} \, \frac{m_w' + m_d}{m}\right) = 264.6 \times 10^6 \times \left(1 - \frac{0.061^2}{0.03^2} \times \frac{1.8 + 0.442}{21.8}\right) = 152 \;（\text{MPa}）$$

④计算各危险点的应力和相当应力：

第1点：

$$\begin{cases} \sigma_{r1} = \dfrac{3\bar{p}_z r_d^2}{t_d^2} \cdot \dfrac{3.3 - 2K}{8} = \dfrac{3 \times 152 \times 10^6 \times 0.03^2}{0.02^2} \times \dfrac{3.3 - 2 \times 0.51}{8} = 292 \;（\text{MPa}） \\[2mm] \sigma_{t1} = \sigma_{r1} = 292 \;（\text{MPa}） \\[2mm] \sigma_{z1} = -p_c = -90 \;（\text{MPa}） \\[2mm] \bar{\sigma}_1 = \dfrac{1}{\sqrt{2}} \sqrt{(\sigma_{z1} - \sigma_{r1})^2 + (\sigma_{r1} - \sigma_{t1})^2 + (\sigma_{t1} - \sigma_{z1})^2} \\[2mm] \qquad = \dfrac{1}{\sqrt{2}} \sqrt{(-292 - 90)^2 + (292 + 90)^2} = 382 \;（\text{MPa}） \end{cases}$$

第2点：

$$\begin{cases} \sigma_{r2} = -292 \text{ MPa} \\[1mm] \sigma_{t2} = -292 \text{ MPa} \\[1mm] \sigma_{z2} = -p = -264.6 \text{ MPa} \\[1mm] \bar{\sigma}_2 = 27.5 \text{ MPa} \end{cases}$$

第3点：

$$\begin{cases} \sigma_{r3} = -131.4 \text{ MPa} \\ \sigma_{t3} = 48.3 \text{ MPa} \\ \sigma_{z3} = -90 \text{ MPa} \\ \overline{\sigma}_3 = 163 \text{ MPa} \end{cases}$$

第4点：

$$\begin{cases} \sigma_{r4} = 131.4 \text{ MPa} \\ \sigma_{t4} = -48.3 \text{ MPa} \\ \sigma_{z4} = -264.6 \text{ MPa} \\ \overline{\sigma}_4 = 343.4 \text{ MPa} \end{cases}$$

由于第1点与第4点综合应力大于 $\sigma_{0.2}$，故应加厚弹底厚度。

（2）设定 $t_d'' = 0.025$ mm。

①计算联系系数：

$$K = \cfrac{1}{1 + \left(\cfrac{t_d}{t_b}\right)^3 \cfrac{1+\mu}{\beta r_d}} = \cfrac{1}{1 + \left(\cfrac{0.025}{0.02}\right)^3 \times \cfrac{1+0.3}{45.4 \times 0.03}} = 0.349$$

②计算轴向有效载荷：

$$m_d = \pi r_d^2 t_d \rho_m = 3.14 \times 0.03^2 \times 0.025 \times 7810 = 0.552 \text{（kg）}$$

$$\overline{p}_z = p\left(1 - \frac{r^2}{r_d^2} \cdot \frac{m_w' + m_d}{m}\right) = 264.6 \times 10^6 \times \left(1 - \frac{0.061^2}{0.03^2} \times \frac{1.8 + 0.552}{21.8}\right) = 146.5 \text{（MPa）}$$

③仍按上述公式计算各危险点的应力和相当应力：

第1点：

$$\begin{cases} \sigma_{r1} = 206 \text{ MPa} \\ \sigma_{t1} = 206 \text{ MPa} \\ \sigma_{z1} = -90 \text{ MPa} \\ \overline{\sigma}_1 = 292 \text{ MPa} \end{cases}$$

第2点：

$$\begin{cases} \sigma_{r2} = -206 \text{ MPa} \\ \sigma_{t2} = -206 \text{ MPa} \\ \sigma_{z2} = -264.6 \text{ MPa} \\ \overline{\sigma}_2 = 58.7 \text{ MPa} \end{cases}$$

第3点：

$$\begin{cases} \sigma_{r3} = -55.3 \text{ MPa} \\ \sigma_{t3} = 55.3 \text{ MPa} \\ \sigma_{z3} = -90 \text{ MPa} \\ \overline{\sigma}_3 = 131.8 \text{ MPa} \end{cases}$$

第4点：

$$\begin{cases} \sigma_{r4} = 55.3 \text{ MPa} \\ \sigma_{t4} = -55.3 \text{ MPa} \\ \sigma_{z4} = -264.6 \text{ MPa} \\ \overline{\sigma}_4 = 281.4 \text{ MPa} \end{cases}$$

从上述计算中可以看出，弹底的应力分布是第 1 点的相当应力最大，即弹底的内表面中心处应力最大；在第 2 点，即弹底中心外表面处的应力最小。这是由于仅考虑弯曲应力，在第 2 点是三向受压，而在第 1 点是两向受拉一向受压所致。这种结果与有限元计算结果（下面将详述）是相互矛盾的。有限元法计算表明，弹底中心外表面与弹底周边内表面处（第 2 点和第 3 点）的材料首先开始屈服。所以有必要对上述公式进行修正。

2. 弹底应力的修正

在上述应力分析中出现的矛盾是由于仅考虑轴向载荷 $\overline{p}_z$ 的作用，而忽略了径向载荷 p 的作用造成的。如果将径向载荷 p_r 所产生的径向应力与切向应力叠加上去，即可对弹底压力进行修正。

弹底圆板的径向载荷即为圆板周边上承受的径向均布压力 p_r。这是一个均匀受载问题，其板内任意点的应力为

$$\begin{cases} \sigma_r = -p \\ \sigma_t = -p \end{cases}$$

将此关系迭加到弹底 4 个危险点的应力计算上去，则可得修正后的弹底应力公式。

第 1 点：

$$\begin{cases} \sigma_{r1} = \dfrac{3\overline{p}_z r_{\mathrm{d}}^2}{t_{\mathrm{d}}^2} \cdot \dfrac{3.3 - 2K}{8} - p \\ \sigma_{t1} = \dfrac{3\overline{p}_z r_{\mathrm{d}}^2}{t_{\mathrm{d}}^2} \cdot \dfrac{3.3 - 2K}{8} - p \\ \sigma_{z1} = -p_{\mathrm{c}} \end{cases}$$

第 2 点：

$$\begin{cases} \sigma_{r2} = -\dfrac{3\overline{p}_z r_{\mathrm{d}}^2}{t_{\mathrm{d}}^2} \cdot \dfrac{3.3 - 2K}{8} - p \\ \sigma_{t2} = -\dfrac{3\overline{p}_z r_{\mathrm{d}}^2}{t_{\mathrm{d}}^2} \cdot \dfrac{3.3 - 2K}{8} - p \\ \sigma_{z2} = -p \end{cases}$$

第 3 点：

$$\begin{cases} \sigma_{r3} = -\dfrac{3\overline{p}_z r_{\mathrm{d}}^2}{t_{\mathrm{d}}^2} \cdot \dfrac{K}{4} - p \\ \sigma_{t3} = -\dfrac{3\overline{p}_z r_{\mathrm{d}}^2}{t_{\mathrm{d}}^2} \cdot \dfrac{K - 0.7}{4} - p \\ \sigma_{z3} = -p_{\mathrm{c}} \end{cases}$$

第 4 点：

$$
\begin{cases}
\sigma_{r4} = \dfrac{3\bar{p}_z r_{\mathrm{d}}^2}{t_{\mathrm{d}}^2} \cdot \dfrac{K}{4} - p \\[3mm]
\sigma_{t4} = \dfrac{3\bar{p}_z r_{\mathrm{d}}^2}{t_{\mathrm{d}}^2} \cdot \dfrac{K - 0.7}{4} - p \\[3mm]
\sigma_{z4} = -p
\end{cases}
\tag{4-2-61}
$$

例 4 – 9　用修正弹底公式计算例 4 – 8。设弹底厚度 $t_{\mathrm{d}} = 2$ cm。

解：计算各危险点的应力和相当应力。

第 1 点：

$$
\begin{cases}
\sigma_{r1} = 292 - 264.6 = 27.4 \ （\mathrm{MPa}） \\
\sigma_{t1} = 27.4 \ \mathrm{MPa} \\
\sigma_{z1} = -90 \ \mathrm{MPa} \\
\bar{\sigma}_1 = 117.8 \ \mathrm{MPa}
\end{cases}
$$

第 2 点：

$$
\begin{cases}
\sigma_{r2} = -292 - 264.6 = -556.6 \ （\mathrm{MPa}） \\
\sigma_{t2} = -556.6 \ \mathrm{MPa} \\
\sigma_{z2} = -264.6 \ \mathrm{MPa} \\
\bar{\sigma}_2 = 292 \ \mathrm{MPa}
\end{cases}
$$

第 3 点：

$$
\begin{cases}
\sigma_{r3} = -131.4 - 264.6 = -396 \ （\mathrm{MPa}） \\
\sigma_{t3} = 48.3 - 264.6 = -216.3 \ （\mathrm{MPa}） \\
\sigma_{z3} = -90 \ \mathrm{MPa} \\
\bar{\sigma}_3 = 266 \ \mathrm{MPa}
\end{cases}
$$

第 4 点：

$$
\begin{cases}
\sigma_{r4} = 131.4 - 264.6 = -133.2 \ （\mathrm{MPa}） \\
\sigma_{t4} = -48.3 - 264.6 = -312.9 \ （\mathrm{MPa}） \\
\sigma_{z4} = -264.6 \ \mathrm{MPa} \\
\bar{\sigma}_4 = 161 \ \mathrm{MPa}
\end{cases}
$$

从上述计算中，可得出以下几点结论：

（1）用修正公式计算的各点相当应力值比较小，这对改进弹底设计是有利的。由于目前榴弹弹底一般都比较厚，而从榴弹的威力来分析，弹底部分所产生的破片又较大，但数量较少，所以弹底厚，不利于提高威力。应在满足发射强度条件下，弹底厚度取最小值。

（2）用修正公式计算的弹底第 2 点和第 3 点应力较大，而第 1 点和第 4 点应力较小。这与原公式刚好相反。这种应力分布与有限元计算的分布趋势基本相同，符合实际情况。

（3）即使采用修正公式，计算结果并不很精确，这是因为没有考虑弹尾区总的变形。弹尾区的变形对弹底应力产生一定影响，尤其是弹塑性变形的影响更大。故按此方法计算的弹底尺寸，还必须经过射击试验的考核。

（4）比较理想的方法是，用有限元法进行弹塑性应力分析。

（三）变厚度弹底的弯曲强度分析

为了减薄弹底厚度，又满足发射强度要求，有些弹丸设计成变厚度弹底（图4-2-23），以利于提高弹底强度，减轻弹底质量，增大药室容积。

对这种弹底的应力分析，主要也是分析其弯曲强度。即将弹底简化为一块变厚度圆板，利用弹性理论的结果进行计算。

变厚度圆板（图4-2-24）在一般情况下可用下式精确地表示，即

$$y = e^{-\frac{\beta_1 x^2}{6}} \tag{4-2-62}$$

式中　y——某一位置的相对厚度，其表达式为

$$y = \frac{t}{t_d}$$

式中　t——某一位置的板厚；

　　　t_d——圆板中心的板厚；

　　　x——某一位置的相对半径，其表达式为

$$x = \frac{r_x}{r_d}$$

式中　r_x——某一位置的半径；

　　　r_d——圆板的外半径；

　　　β_1——形状系数。

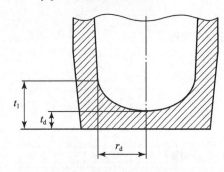

图4-2-23　变厚度弹底

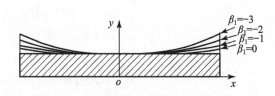

图4-2-24　变厚度圆板

对凹形板，形状系数β_1为负值，负值越大，凹形越严重；而$\beta_1 = 0$，即为平板，所以式（4-2-62）又可写为

$$\frac{t}{t_d} = e^{-\frac{\beta_1 r_x^2}{6 r_d^2}} \tag{4-2-63}$$

根据皮奇勒（Pichler）的计算，对于轴向载荷为$\bar{p}_z$且周边夹持的变厚度圆板，在任意径向距离上的最大弯曲应力为

$$
\begin{cases}
\sigma_r = \pm \gamma \, \dfrac{3 \bar{p}_z r_d^2}{t_d^2} \\[3mm]
\sigma_t = \pm \gamma_1 \, \dfrac{3 \bar{p}_z r_d^2}{t_d^2}
\end{cases}
\tag{4-2-64}
$$

式中 γ，γ_1——系数，按 β_1 与 x 值查图 4 - 2 - 25 曲线，或由表 4 - 9 查得。

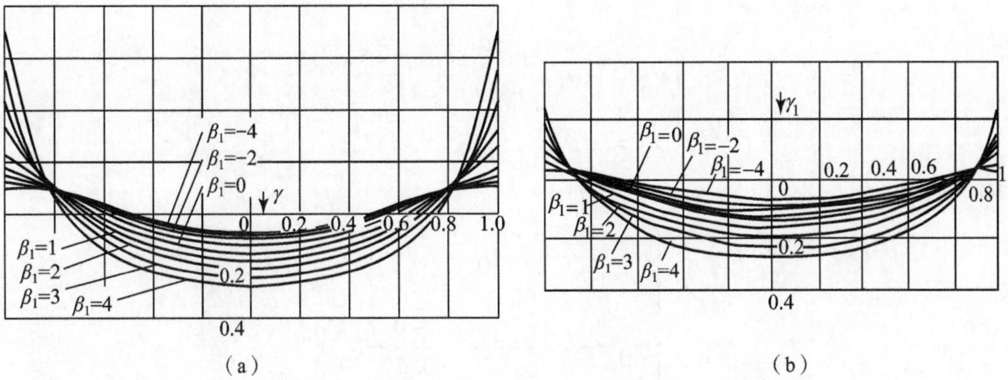

（a）   （b）

图 4 - 2 - 25 γ 和 γ_1 曲线

由于式（4 - 2 - 64）是表示圆板周边完全夹紧状态的，而弹底实际情况并非完全如此，它与弹体的变形有一定关系，因此，在计算弹底应力时仍要考虑弹底与弹体的联系系数 K。按照平底弹的相似关系，变厚度弹底的联系系数为

$$K_1 = \frac{1}{1 + \left(\dfrac{t_d}{t_b}\right)^3 \dfrac{1+\mu}{\beta_1 r_d}} \qquad (4 - 2 - 65)$$

表 4 - 9 γ 值与 γ_1 值表

	β_1	\multicolumn{11}{c}{x}
		0	0.1	0.2	0.3	0.4	0.5	0.6	0.7	0.8	0.9	1.0
γ 值	0	0.1625	0.1583	0.146	0.1253	0.1065	0.0593	0.014	-0.0397	-0.1015	-0.1717	-0.25
	-1	0.1410	0.1365	0.1232	0.1019	0.0729	0.0375	0.0031	-0.0474	-0.0942	-0.1413	-0.1883
	-2	0.1223	0.1176	0.1039	0.082	0.0536	0.0202	-0.015	-0.0511	-0.0852	-0.1155	-0.141
	-3	0.1065	0.1016	0.0875	0.0656	0.0381	0.0077	-0.0229	-0.0511	-0.0751	-0.0931	-0.1049
	-4	0.093	0.0879	0.0737	0.052	0.0258	-0.0018	-0.0276	-0.0492	-0.0654	-0.0745	-0.0775
γ_1 值	0	0.1625	0.1602	0.153	0.1412	0.1245	0.1032	0.077	0.0462	0.0105	-0.0298	-0.075
	-1	0.1410	0.1385	0.1312	0.1193	0.1029	0.0827	0.059	0.0327	0.0041	-0.0246	-0.0565
	-2	0.1223	0.1197	0.1123	0.1003	0.0844	0.0646	0.0445	0.0215	0.000	-0.0217	-0.0423
	-3	0.1064	0.1038	0.0964	0.0844	0.0691	0.0516	0.0332	0.0147	-0.0028	-0.0181	-0.0315
	-4	0.093	0.0903	0.0828	0.0710	0.0564	0.0403	0.0241	0.009	-0.0043	-0.0149	-0.0232

考虑联系系数后，弹底的应力仍然按 4 个危险点的应力计算。

第 1 点：

$$\begin{cases} \sigma_{r1} = \gamma \dfrac{3\,\overline{p}_z r_d^2}{t_d^2} \cdot \dfrac{3.3 - 2K_1}{1.3} \\[3mm] \sigma_{t1} = \gamma_1 \dfrac{3\,\overline{p}_z r_d^2}{t_d^2} \cdot \dfrac{3.3 - 2K_1}{1.3} \\[3mm] \sigma_{z1} = -p_c \end{cases}$$

第 2 点：

$$\begin{cases} \sigma_{r2} = -\gamma \dfrac{3\,\overline{p}_z r_{\mathrm d}^2}{t_{\mathrm d}^2} \cdot \dfrac{3.3 - 2K_1}{1.3} \\[3mm] \sigma_{t2} = -\gamma_1 \dfrac{3\,\overline{p}_z r_{\mathrm d}^2}{t_{\mathrm d}^2} \cdot \dfrac{3.3 - 2K_1}{1.3} \\[3mm] \sigma_{z2} = -p \end{cases}$$

第 3 点：

$$\begin{cases} \sigma_{r3} = \gamma \dfrac{3\,\overline{p}_z r_{\mathrm d}^2}{t_{\mathrm d}^2} K_1 \\[3mm] \sigma_{t3} = \gamma_1 \dfrac{3\,\overline{p}_z r_{\mathrm d}^2}{t_{\mathrm d}^2} \cdot \dfrac{K_1 - 0.7}{0.3} \\[3mm] \sigma_{z3} = -p_c \end{cases}$$

第 4 点：

$$\begin{cases} \sigma_{r4} = -\gamma \dfrac{3\,\overline{p}_z r_{\mathrm d}^2}{t_{\mathrm d}^2} K_1 \\[3mm] \sigma_{t4} = -\gamma_1 \dfrac{3\,\overline{p}_z r_{\mathrm d}^2}{t_{\mathrm d}^2} \cdot \dfrac{K_1 - 0.7}{0.3} \\[3mm] \sigma_{z4} = -p \end{cases} \qquad (4-2-66)$$

上述这组公式与平底弹公式（4 - 2 - 59）相类似，即当变厚度公式中 $\beta_1 = 0$（$K_1 = K$，$t_0 = t_{\mathrm d}$）时，即变为平底弹公式。

应用式（4 - 2 - 66）时，应注意以下几点：

（1）p_c 的方向。p_c 是垂直作用于弹底内表面的。由于内表面为曲面，故 p_c 不全是轴向压力（第 1 点除外）。

（2）$m'_{\mathrm w}$ 的大小。计算 $\overline{p}_z$ 的式（4 - 2 - 47）中所用 $m'_{\mathrm w}$ 是弹底上装填物柱体质量，对变厚度弹底仍取整个弹底上的装填物柱体质量，但装填物柱体也带有凸起的底部。

（3）β_1 值的计算。如果已知变厚度弹底周边厚度 t_1，则可直接用式（4 - 2 - 63）计算，此时

$$\begin{cases} r_x = r_{\mathrm d} \\[2mm] t = t_1 \\[2mm] \beta_1 = -6\ln \dfrac{t_1}{t_{\mathrm d}} \end{cases} \qquad (4-2-67)$$

若弹底内表面为圆弧面（图 4 - 2 - 26），则

$$\beta_1 = -6\ln \dfrac{r_t + t_{\mathrm d} - \sqrt{r_t^2 - r_{\mathrm d}^2}}{t_{\mathrm d}} \qquad (4-2-68)$$

式中 r_t——弹底圆弧半径。

例 4 - 10 若将 122 mm 榴弹弹底改为变厚度弹底，其中心厚度 $t_{\mathrm d} = 2$ cm；周边厚度 $t_1 = 2.5$ cm，其他数据与例 4 - 9 相同。计算弹底应力。

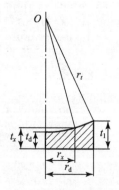

图 4 - 2 - 26　圆弧形弹底

解：（1）计算 β_1：

$$\beta_1 = -6\ln\frac{t_1}{t_d} = -6\ln\frac{2.5 \times 10^{-2}}{2 \times 10^{-2}} = -1.34$$

（2）查表得出 r 与 r_1：

弹底中心 $x = 0$，$r = 0.135$，$r_1 = 0.135$

弹底周边：$x = 1$，$\gamma = -0.172$，$\gamma_1 = -0.0517$

（3）利用例 $4-9$ 结果和 $K_1 = 0.512$、$\bar{p}_z = 152$ MPa 计算各危险点应力：

第 1 点：

$$
\begin{cases}
\sigma_{r1} = \gamma\dfrac{3\bar{p}_z r_d^2}{t_d^2} \cdot \dfrac{3.3 - 2K_1}{1.3} = 0.135 \times \dfrac{3 \times 152 \times 10^6 \times 0.03^2}{0.02^2} \times \dfrac{3.3 - 2 \times 0.152}{1.3} \\
\qquad = 242.5 \text{（MPa）} \\
\sigma_{t1} = \gamma_1\dfrac{3\bar{p}_z r_d^2}{t_d^2} \cdot \dfrac{3.3 - 2K_1}{1.3} = 0.135 \times \dfrac{3 \times 152 \times 10^6 \times 0.03^2}{0.02^2} \times \dfrac{3.3 - 2 \times 0.152}{1.3} \\
\qquad = 242.5 \text{（MPa）} \\
\sigma_{z1} = -p_c = -90 \text{ MPa} \\
\bar{\sigma}_1 = \dfrac{1}{\sqrt{2}}\sqrt{(\sigma_{z1} - \sigma_{r1})^2 + (\sigma_{r1} - \sigma_{t1})^2 + (\sigma_{t1} - \sigma_{z1})^2} = 332.9 \text{（MPa）}
\end{cases}
$$

第 2 点：

$$
\begin{cases}
\sigma_{r2} = -242.5 \text{ MPa} \\
\sigma_{t2} = -242.5 \text{ MPa} \\
\sigma_{z2} = -264.6 \text{ MPa} \\
\bar{\sigma}_2 = 22.05 \text{ MPa}
\end{cases}
$$

第 3 点：

$$
\begin{cases}
\sigma_{r3} = -90 \text{ MPa} \\
\sigma_{t3} = -33.3 \text{ MPa} \\
\sigma_{z3} = -90 \text{ MPa} \\
\bar{\sigma}_3 = 123.4 \text{ MPa}
\end{cases}
$$

第 4 点：

$$
\begin{cases}
\sigma_{r4} = 90 \text{ MPa} \\
\sigma_{t4} = -33.3 \text{ MPa} \\
\sigma_{z4} = -264.6 \text{ MPa} \\
\bar{\sigma}_4 = 312 \text{ MPa}
\end{cases}
$$

由上述两个例题可看出，当弹底中心厚度相同时，在第 1 点处的综合应力下降 13%。

（四）球形弹底的强度分析

有些小口径弹丸作成球形弹底（图4-2-27），以提高威力。在这种情况下可用厚圆球公式计算弹底应力，并校核弹底内表面中心部位的强度即可。

内表面中心点的三向应力为

$$\begin{cases} \sigma_r = \sigma_t = p_c \dfrac{2r_{ad}^3 + r_{bd}^3}{2(r_{bd}^3 - r_{ad}^3)} - p \dfrac{3r_{bd}^3}{2(r_{bd}^3 - r_{ad}^3)} \\ \sigma_z = -p_c \end{cases} \tag{4-2-69}$$

式中　r_{ad}，r_{bd}——球形弹底的内外半径。

式（4-2-69）中，一般也是将装填物看作液体，即

$$p_c = \rho_w gh \tag{4-2-70}$$

式中　ρ_w——装填物的密度；

　　　h——从弹底中心到装填物表面的高度。

若球形弹底的壁厚较薄，如某些枪榴弹、带预制破片的小口径高射榴弹等，其壁厚比曲率半径小得多，则应力可按薄壁容器的公式进行计算。

仍然计算弹底内表面中心点的三向应力（图4-2-28）：

$$\begin{cases} \sigma_r = \sigma_t = \dfrac{(p_c - p)r_0}{2t_d} \\ \sigma_z = -p_c \end{cases}$$

式中　r_0——球形弹底中间半径；

　　　t_d——弹底壁厚。

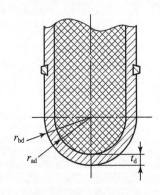

图4-2-27　球形弹底

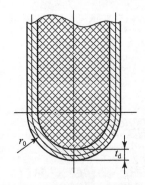

图4-2-28　薄壳球形弹底

（五）弹底的抗剪强度计算

发射时由于火药气体的作用，在弹底周边上还作用有剪力，因此还需要校核其剪切强度。由图4-2-15可知，弹底周边所受的剪力为

$$Q = \bar{p}_z \pi r_d^2$$

抗剪面积为

$$S = 2\pi r_d t_d$$

式中　t_d——弹底厚度，对于变厚度弹底应取周边处厚度t_1。

剪应力为

$$\tau = \frac{Q}{S} = \frac{\bar{p}_z r_d}{2t_d} \qquad (4-2-71)$$

弹底的抗剪强度为

$$\tau \leqslant [\tau]$$

式中　$[\tau]$——弹底材料的允许剪应力，通常取 $[\tau] = \frac{1}{2}\sigma_{0.2}$

对于带底螺的弹底（图 4-2-29），考虑到螺纹部分使强度减弱，所以用螺纹高度的 1/2 作为有效承受载荷的面积，则

$$S = 2\pi r_d\left(t_f + \frac{1}{2}t_p\right)$$

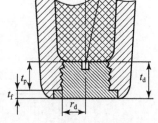

图 4-2-29　带底螺的弹底

式中　t_f——底缘高度；

　　　t_p——螺纹部分高度；

　　　r_d——螺纹中径。

（六）底凹强度计算

底凹式榴弹的底凹部分通常较薄，使弹丸质心前移，弹底部成为一块隔板。其弹带位于弹底部，以增加强度（图 4-2-30）。

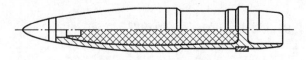

图 4-2-30　底凹式榴弹

校核这种弹体在发射时的强度，不但要校核第二临界状态（最大膛压时刻）的强度，而且还要校核第三临界状态的强度。由于弹带在弹底处，弹带压力作用在弹底周围，使弹底处于三向受压状态，故对材料强度影响较小，可以不校核强度。

底凹部的第二临界状态应力计算与普通榴弹相似，所以弹底部应力可由平底公式（4-2-61）计算。由于尾裙部分在膛内也是处于三向受压状态，故其强度也可不校核。

底凹部第三临界状态的受力与普通榴弹有所不同：弹丸出炮口后，其外表面压力消失，但底凹内部仍作用有较高的压力（可以认为是炮口压力 p_g）。底凹部的受力模型可简化为图 4-2-31 所示的一端固定、一端自由的变壁厚圆筒，它受内压 p_g 作用。圆筒将向外膨胀变形，并由此产生弯曲应力。在进行强度校核时，应校核自由端边缘处的弯曲强度，以及底凹根部的弯曲强度和剪切强度。

1. 自由端边缘强度计算

底凹结构如图 4-2-32 所示。选取 x、y 坐标，在自由端边缘处取出一个宽度为单位弧长、高度为 dx 的壳体，计算其变形。由板壳理论可知，对于变壁厚圆筒，其对称变形的方程式为

$$\frac{d^2}{dx^2}\left(D\frac{d^2\omega}{dx^2}\right) + \frac{Et_x\omega}{a^2} = p_g \qquad (4-2-72)$$

式中　ω——径向位移；

　　　p_g——炮口压力；

t_x——壁厚；

E——弹性模量；

a——中间半径；

D——圆筒的抗弯刚度。

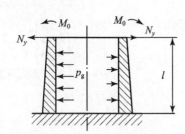

图 4 - 2 - 31 底凹部受力模型

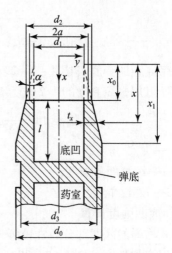

图 4 - 2 - 32 底凹部尺寸

这里，壁厚是变化的，对于角度 α 很小的情况下，有

$$t_x = x\tan \alpha \approx \alpha \cdot x \qquad (4-2-73)$$

圆筒的抗弯刚度由式（4 - 2 - 52）可知

$$D = \frac{Et_x^3}{12(1-\mu^2)} \qquad (4-2-74)$$

将式（4 - 2 - 73）代入式（4 - 2 - 74），可得

$$D = \frac{E\alpha^3 x^3}{12(1-\mu^2)} \qquad (4-2-75)$$

将式（4 - 2 - 75）代入式（4 - 2 - 72），可得

$$\frac{d^2}{dx^2}\left(x^3 \frac{d^2\omega}{dx^2}\right) + \frac{12(1-\mu^2)x\omega}{\alpha^2 a^2} = -\frac{12(1-\mu^2)}{E\alpha^3}p_g \qquad (4-2-76)$$

式（4 - 2 - 76）为四阶线性非齐次微分方程，有特解

$$\omega = -\frac{a^2}{E\alpha x}p_g \qquad (4-2-77)$$

此特解表示在内压 p_g 作用下，底凹部自由边缘的径向膨胀量，则自由端所受的弯矩为

$$M_x = -D\frac{d^2\omega}{dx^2} = \frac{a^2\alpha^2}{6(1-\mu^2)}p_g \qquad (4-2-78)$$

则弯曲应力为

$$\sigma = \frac{M_x}{W} = \frac{M_x}{J/z_{max}} \qquad (4-2-79)$$

式中 M_x——为单位长度的弯矩；

　　　W——抗弯断面系数；

J——对中性轴的惯性矩；

z_{max}——从中性轴到外层的距离。

图4-2-33　单元体

由于单元体宽度 l 的单位为弧度（rad），厚度为 t（图4-2-33），则

$$\begin{cases} J = \dfrac{1}{12} t^3 \\ z_{max} = \dfrac{t}{2} \end{cases} \qquad (4-2-80)$$

式中　t——圆筒自由端的厚度。

将式（4-2-80）和式（4-2-78）代入式（4-2-79），可求出沿尾裙部自由边缘处的弯曲应力为

$$\sigma = \frac{a^2 \alpha^2}{(1 - \mu^2) t^2} p_g \qquad (4-2-81)$$

此外，式（4-2-76）还存在着另一个解，即为齐次方程

$$\frac{d^2}{dx^2} \left(x^3 \frac{d^2 \omega}{dx^2} \right) + \frac{12(1 - \mu^2) x \omega}{\alpha^2 a^2} = 0 \qquad (4-2-82)$$

的解。此方程求解比较复杂，需用特殊函数处理，但在 $x = x_0$ 处（自由端边缘处），可以求出切向力为

$$N_y = -\frac{E t_x \omega}{a} \qquad (4-2-83)$$

将式（4-2-77）代入式（4-2-83），可得

$$N_y = a p_g$$

故尾裙部自由边缘处的切向应力为

$$\sigma_t = \frac{N_y}{t} = \frac{a}{t} p_g$$

此式与薄壁圆筒公式是一致的。

底凹部自由端的强度计算，可以通过校核弹底内表面的综合应力达到，并用第四强度理论进行校核。此处的三向应力为

$$\begin{cases} \sigma_r = -p_g \\ \sigma_t = \dfrac{a}{t} p_g \\ \sigma_z = \dfrac{a^2 \alpha^2}{(1 - \mu^2) t^2} p_g \end{cases} \qquad (4-2-84)$$

由于自由端没有剪应力，故上述三向应力即为主应力，按第四强度理论计算综合应力，即

$$\bar{\sigma} = \frac{1}{\sqrt{2}} \sqrt{(\sigma_r - \sigma_t)^2 + (\sigma_t - \sigma_z)^2 + (\sigma_z - \sigma_r)^2}$$

强度条件为

$$\overline{\sigma} \leqslant \sigma_{0.2}$$

2. 底凹根部强度计算

根据图 4-2-31 所示底凹部的受力模型，可以认为弹底是固定在刚性支撑面上的薄圆筒。又根据板壳理论可知，作用在壁厚为 t_1 的圆筒根部的单位长度的力矩为

$$M_0 = \frac{at_1 p_g}{\sqrt{12(1-\mu^2)}}\left(1 - \frac{1}{\beta l}\right) \qquad (4-2-85)$$

式中 a——底凹根部的中性半径；

t_1——底凹根部的壁厚；

l——底凹部深度；

β——与刚度有关的系数，由下式确定，即

$$\beta = \sqrt[4]{\frac{3(1-\mu^2)}{a^2 t_1^2}}$$

用与式（4-2-81）相同的处理方法，即利用断面抵抗矩计算弯曲应力，可得

$$\sigma = \frac{6p_g a}{t_1 \sqrt{12(1-\mu^2)}}\left(1 - \frac{1}{\beta l}\right) \qquad (4-2-86)$$

同样，根据板壳理论知道，底凹根部产生的剪力为

$$N_1 = \frac{p_g a t_1}{\sqrt{12(1-\mu^2)}}\left(2\beta - \frac{1}{l}\right) \qquad (4-2-87)$$

则单位弧长的单元体上，剪应力为

$$\tau = \frac{p_g a}{\sqrt{12(1-\mu^2)}}\left(2\beta - \frac{1}{l}\right) \qquad (4-2-88)$$

根据强度条件，有

$$\begin{cases} \sigma \leqslant \sigma_{0.2} \\ \tau \leqslant [\tau] \end{cases}$$

例 4-11 试对 105 mm 底凹弹的底凹部进行强度校核。已知：底凹内径 $d_1 = 82.8$ mm；底凹边缘处外径 $d_2 = 88.4$ mm；尾锥角 $\alpha = 8° = 0.1396$ rad；弹带槽外径 $d_3 = 100$ mm；底凹深度 $l = 97$ mm；炮口压力 $p_g = 48.3$ MPa；材料屈服极限 $\sigma_{0.2} = 657$ MPa。

解：（1）自由端边缘处的强度校核：

$$a = \frac{1}{4}(d_1 + d_2) = \frac{1}{4}(0.0828 + 0.0884) = 0.0428 \text{ (m)}$$

$$t = \frac{1}{2}(d_2 - d_1) = \frac{1}{2}(0.0884 - 0.0828) = 0.0028 \text{ (m)}$$

$$\sigma_r = -p_g = -48.3 \text{ (MPa)}$$

$$\sigma_t = \frac{a}{t}p_g = \frac{0.0428}{0.0028} \times 48.3 \times 10^6 = 738.5 \text{ (MPa)}$$

$$\sigma_z = \frac{a^2 \alpha^2}{(1-\mu^2)t^2}p_g = \frac{0.0428^2 \times 0.1396^2}{(1-0.3^2) \times 0.0028^2} \times 48.3 \times 10^6 = 241 \text{ (MPa)}$$

$$\overline{\sigma} = \frac{1}{\sqrt{2}} \sqrt{(\sigma_z - \sigma_r)^2 + (\sigma_r - \sigma_t)^2 + (\sigma_t - \sigma_z)^2}$$

$$= \frac{1}{\sqrt{2}} \sqrt{(241 + 48.3)^2 + (-48.3 - 738.5)^2 + (738.5 - 241)^2}$$

$$= 689.3 \quad (\text{MPa})$$

（2）底凹根部强度校核：

$$a = \frac{1}{4}(d_1 + d_3) = \frac{1}{4}(0.0828 + 0.1) = 0.0457 \ (\text{m})$$

$$t_1 = \frac{1}{2}(d_3 - d_1) = \frac{1}{2}(0.1 - 0.0828) = 0.0086 \ (\text{m})$$

$$\beta = \sqrt[4]{\frac{3(1 - \mu^2)}{a^2 t_1^2}} = \sqrt[4]{\frac{3(1 - 0.3^2)}{0.0457^2 \times 0.0086^2}} = 64.8 \ (1/\text{m})$$

$$\sigma = \frac{6p_{\mathrm{g}}a}{t_1 \sqrt{12(1 - \mu^2)}} \Big(1 - \frac{1}{\beta l}\Big) = \frac{6 \times 48.3 \times 10^6 \times 0.0457}{0.0086 \sqrt{12(1 - 0.3^2)}} \times \Big(1 - \frac{1}{64.8 \times 0.097}\Big) = 392 \ (\text{MPa})$$

$$\tau = \frac{p_{\mathrm{g}}a}{\sqrt{12(1 - \mu^2)}} \Big(2\beta - \frac{1}{l}\Big) = \frac{48.3 \times 10^6 \times 0.0457}{\sqrt{12(1 - 0.3^2)}} \times \Big(2 \times 64.8 - \frac{1}{0.097}\Big) = 79.7 \ (\text{MPa})$$

（3）结论。在 105 mm 底凹弹的底凹自由端边缘处，当弹丸出炮口时综合应力（689.3 MPa）已超过屈服极限（657 MPa），但超过不多，该处将发生轻微塑性变形；底凹根部的强度合格。

四、弹丸零件的强度计算

弹丸的零件数随弹种的不同而异，一般榴弹的零件比较少，而特种弹、破甲弹等零件较多。这些零件大致有头螺、隔板、爆管、尾管和尾翼等，其强度计算方法也不尽相同，下面分别予以介绍。

（一）弹丸头螺的强度计算

早期的榴弹带有头螺，现在破甲弹仍采用头螺，某些特种弹也带有头螺。头螺强度计算是计算它与弹体相接触并承受压力的断面，如图 4 - 2 - 34 所示的 $n—n$ 断面。

$n—n$ 断面上所受的惯性力为

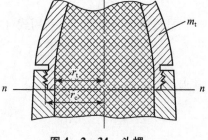

图 4 - 2 - 34 头螺

$$F_n = m_{\mathrm{t}} a = p \pi r^2 \frac{m_{\mathrm{t}}}{m}$$

式中 m_{t}——头螺及其联系部分质量。

$n—n$ 断面上的压应力为

$$\sigma = \frac{F}{\pi(r_{\mathrm{c}}^2 - r_{\mathrm{t}}^2)} = p \frac{r^2}{r_{\mathrm{c}}^2 - r_{\mathrm{t}}^2} \frac{m_{\mathrm{t}}}{m} \qquad (4 - 2 - 89)$$

式中 r_{c}——头螺螺纹部分的平均半径；

r_t——断面处头螺内壁的半径。

则其强度条件为

$$\sigma \leqslant \sigma_{0.2}$$

螺纹的长度一般由经验确定。螺纹连接处涂以密封材料。为了防止螺纹松动，一般可在螺纹上加固定销钉。

（二）隔板强度的计算

某些杀伤榴弹（子母弹）或特种弹，为了将弹内元件推出弹外，通常装有隔板（图4-2-35）。在对隔板作强度计算时，可将它看作受均布载荷的简支圆板考虑。

现设隔板上的参数定义如下：

m_c——隔板上所支撑物的质量；

m_g——隔板本身的质量；

t_g——隔板的厚度；

r_g——隔板的支撑半径。

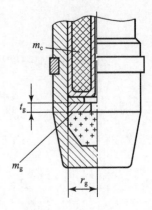

图4-2-35　隔板

发射时，作用在隔板上的惯性力为

$$F = (m_c + m_g)a = p\pi r^2 \frac{m_c + m_g}{m}$$

故隔板上所受的有效均布载荷为

$$\bar{p}_f = \frac{F}{\pi r_g^2} = p \frac{r^2}{r_g^2} \frac{m_c + m_g}{m}$$

校核隔板强度应校核其弯曲强度与剪切强度。校核弯曲强度只需校核圆板的中心处，因为自由支撑板中心处应力最大。利用式（4-2-59）中对应中心处的公式，并使 $K=0$（自由支撑情况），则

$$\sigma_r = \sigma_t = \frac{3\bar{p}_f r_g^2}{t_g^2} \cdot \frac{3.3}{8} = \frac{1.24\ \bar{p}_f r_g^2}{t_g^2} \qquad (4-2-90)$$

校核剪切强度，可以利用式（4-2-71）计算剪应力，即

$$\tau = \frac{\bar{p}_f r_g}{2t_g}$$

其强度条件为

$$\begin{cases} \sigma \leqslant \sigma_{0.2} \\ \tau \leqslant [\tau] \end{cases}$$

如果强度不符合要求，则需将隔板加厚。

（三）爆管强度计算

目前，弹丸中使用的爆管有两种：一种是短爆管，在大口径榴弹中使用较多，主要用于加强引信中传爆药的能量，以达到完全引爆炸药的目的；另一种是长爆管，在特种弹中使用较多，这种爆管有时作为传爆管用，有时作为点火管用。

1. 短爆管的抗拉强度

短爆管的强度计算主要是校核其抗拉强度。由图4-2-36可知，作用于 n—n 断面上的惯性力由 n—n 断面以下的爆管质量及传爆药质量决定，其惯性力与轴向应力为

$$\begin{cases} F_n = p\pi r^2 \dfrac{m_{\mathrm{b}n} + m_{\mathrm{wb}}}{m} \\[3mm] \sigma_n = \dfrac{F_n}{\pi(r_{\mathrm{b}n}^2 - r_{\mathrm{a}n}^2)} = p\dfrac{r^2}{r_{\mathrm{b}n}^2 - r_{\mathrm{a}n}^2}\dfrac{m_{\mathrm{b}n} + m_{\mathrm{wb}}}{m} \end{cases} \quad (4-2-91)$$

式中　m_{wb}——螺管内传爆药的质量；

　　　$m_{\mathrm{b}n}$——n—n 断面以下传爆管壳体质量；

　　　$r_{\mathrm{b}n}$，$r_{\mathrm{a}n}$——n—n 断面处爆管的外半径和内半径。

爆管上的轴向拉应力随所取断面不同而不同，一般在螺纹连接部分最大，所以其强度条件为

$$(\sigma_n)_{\max} \leqslant \sigma_{0.2}$$

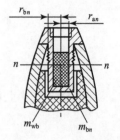

图 4 - 2 - 36　短爆管

2. 长爆管的弯曲强度

长爆管的强度计算除要计算其抗拉强度外，还要计算其弯曲强度。爆管安装在弹体上。如果安装时轴线偏心，则发射时随弹丸旋转而产生一个离心力。此离心力相对于爆管与弹体的螺纹连接处（支点）产生弯矩。爆管越长、转速越高，产生的弯矩也越大。因此，有必要校核其弯曲强度。

为了计算长爆管的弯曲强度，选取坐标系时应使 Ox 轴与弹轴重合，坐标原点位于爆管螺纹连接部分的中心平面上（图 4 - 2 - 37），其参数定义如下：

a——爆管在螺纹连接处的偏心值；

b——爆管在底端处的偏心值；

r_{b}，r_{a}——爆管的外半径和内半径；

ρ_{m}，ρ_{w}——爆管金属和传爆药的密度；

l——坐标原点至爆管底面处的长度；

ω——弹丸旋转角速度。

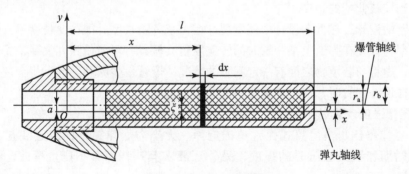

图 4 - 2 - 37　长爆管

在距原点为 x 的断面上截取微元体（包括管壳与传爆药的一个薄圆片），微元体质量为

$$\mathrm{d}m = \pi\left[(r_{\mathrm{b}}^2 - r_{\mathrm{a}}^2)\rho_{\mathrm{m}} + r_{\mathrm{a}}^2\rho_{\mathrm{w}}\right]\mathrm{d}x \quad (4-2-92)$$

此微元体的偏心矩为

$$\xi = a + \frac{b-a}{l}x \quad (4-2-93)$$

其离心力为

$$dF_c = \omega^2 \xi dm$$

微元体对坐标原点的弯矩为

$$dM = x dF_c = \omega^2 \xi x dm \qquad (4-2-94)$$

将式（4-2-92）与式（4-2-93）代入式（4-2-94），并进行积分，得

$$M = \pi\omega^2 \left[(r_b^2 - r_a^2)\rho_m + r_a^2\rho_w \right] \int_0^l \left(a + \frac{b-a}{l}x \right) x dx$$

$$= \pi\omega^2 \left[(r_b^2 - r_a^2)\rho_m + r_a^2\rho_w \right](a + 2b)\frac{l^2}{6}$$

由此弯矩在爆管中引起的最大弯曲应力为

$$\sigma = \frac{M}{W}$$

式中 W 为爆管的断面抗弯矩，对于圆管状，其表达式为

$$W = \frac{\pi}{4} \frac{r_b^4 - r_a^4}{r_b}$$

最后可得弯曲应力为

$$\sigma = \frac{2r_b\omega^2 \left[(r_b^2 - r_a^2)\rho_m + r_a^2\rho_w \right](a + 2b)l^2}{3(r_b^4 - r_a^4)}$$

则其强度条件为

$$\sigma \leqslant \sigma_{0.2}$$

弹丸在炮口处具有最大旋转角速度，所以必须校核第三临界状态时的强度。如果强度条件不符合要求，应设法减小爆管在制造和安装上的误差（限制 a 和 b）。有时，也可将爆管底部延伸，并固定在弹底上，但应考虑爆管受热时轴向伸长变形。

爆管的弯曲力矩也可能作用在弹体上，使该处产生应力。对于钢性铸铁弹体或口部很薄的弹体，应当校核此处的强度。

对长爆管的设计，在近期设计中还发现存在一个危险长度。即在此长度下，爆管自身的旋转固有频率与弹丸在弹道上某一瞬时的转速发生共振，有可能使弹丸失稳，尤其是对装填物密度较小、爆管与装填物之间有一定间隙的情况，爆管发生激烈振动，将会使弹丸发生摆动。因此，在设计爆管时，应避免采用引起共振的长度。

（四）尾管强度计算

尾管（也称尾杆）是尾翼式弹（迫击炮弹、无坐力炮弹等）的稳定装置，其强度计算包括点火时期和最大膛压时的强度，另外还要求其连接部分不产生弯曲，保证飞行稳定性。

1. 点火时期尾管的强度校核

点火时期就是尾管内基本装药的火药气体冲出传火孔瞬间，此时尾管内压力达到最大值，但尾管外面的发射药尚未点燃，因此没有外压的作用。

1）将尾管看成密封圆筒的强度公式

基本药管内的点火药被点燃后，开始是在密封容器内燃烧的，当压力达到某一定值（一般为 $80 \sim 120$ MPa），才冲击传火孔，此时的压力即为点火压力。达到点火压力时，可以将尾管看成密封圆筒进行强度校核。

对图 4 – 2 – 38 中的符号定义如下：

d_1——尾管外径，

d_2——尾管内径；

p_0——点火压力。

对于受内压的密封圆筒，其筒壁内表面上的三向主应力为

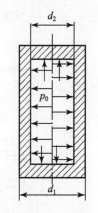

图 4 – 2 – 38　简化的密闭筒之尾

$$\begin{cases} \sigma_z = \dfrac{p_0 \pi d_2^2}{\pi(d_1^2 - d_2^2)} = p_0 \dfrac{d_2^2}{d_1^2 - d_2^2} \\[2mm] \sigma_r = -p_0 \\[2mm] \sigma_t = p_0 \dfrac{d_1^2 + d_2^2}{d_1^2 - d_2^2} \end{cases}$$

用第二强度理论（最大变形理论）计算相当应力，只需要计算最大的切向相当应力，即

$$\overline{\sigma_t} = \sigma_t - \mu(\sigma_r + \sigma_z) \tag{4 – 2 – 95}$$

将 $\mu = \dfrac{1}{3}$ 代入式（4 – 2 – 95），可得

$$\overline{\sigma_t} = \dfrac{p_0(4d_1^2 + d_2^2)}{3(d_1^2 - d_2^2)} \tag{4 – 2 – 96}$$

则其强度条件为

$$m'\overline{\sigma_t} \leqslant \sigma_{0.2}$$

式中　m'——考虑传火孔使尾管强度减弱的修正系数，对于迫击炮弹，$m' = 1.03$。

2）考虑传火孔应力集中的影响

由于尾管上开有许多传火孔，这些孔对尾管强度有所削弱，故应考虑传火孔应力集中的影响。

作用在尾管上的应力以切向应力为最大，其变形方式主要是膨胀变形。对于传火孔，其应力集中在传火孔的上下两点，如图 4 – 2 – 39 所示的 A、B 两点。由材料力学可以求出这两点的最大切向应力，即

$$\sigma_t = \dfrac{p_0}{d_1^2 - d_2^2}\left[d_1^2(1 + k) + 2d_2^2\right] \tag{4 – 2 – 97}$$

式中　k——应力集中系数，其表达式为

$$k = \dfrac{2\beta^2(\beta^2 + 2)}{(\beta^2 - 1)^2}$$

其中

$$\beta = \dfrac{S_k}{d_k}$$

式中　d_k——传火孔直径；

S_k——传火孔之间的距离（一般指垂直距离）。

应力集中系数 k 取决于 β 的大小，即取决于传火孔的尺寸与分布情况。传火孔越大，分布越密，应力集中系数也就越大，因此，传火孔不宜过密，直径也不宜过大。k 值的变化情

况如图 4 – 2 – 40 所示。

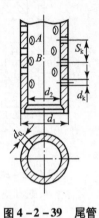

图 4 – 2 – 39 尾管

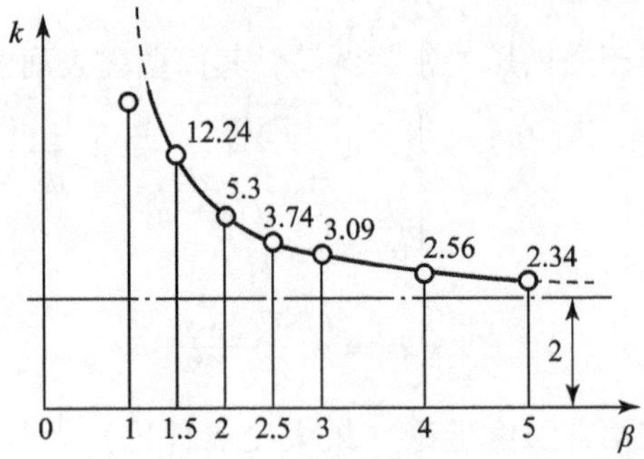

图 4 – 2 – 40 k 值的变化

可以明显看出，在应力集中点处，有

$$\begin{cases} \sigma_z = 0 \\ \sigma_r = -p_0 \end{cases}$$

则由第四强度理论可知，其相当应力为

$$\overline{\sigma} = \sqrt{\sigma_t^2 + \sigma_r^2 - \sigma_r \sigma_t}$$

其强度条件为

$$m'\overline{\sigma} \leqslant \sigma_b$$

式中 m'——应力修正系数，$m' = 0.3 \sim 0.65$。

这里不用屈服极限作为强度条件，是考虑在应力集中点，只要不发生破坏，即使有一定的塑性变形也是允许的。

2. 最大膛压时期尾管的强度校核

如果尾管较长，而且膛压也较大，则除校核点火时期的强度外，还需要校核最大膛压时期的尾管强度。在一般情况下，是校核如图 4 – 2 – 41 所示的 1—1、2—2、3—3 断面上的强度。如前所述，此时没有内外压力差，即尾管内外压力一致，仅有轴向应力。

（1）1—1 断面的强度。单独分析 1—1 断面以下部分的受力情况，就可容易求出 1—1 断面上的轴向力为

$$N = p\pi r^2 \frac{m_1}{m} - p\pi \left(\frac{d_1}{2}\right)^2 = p\pi r^2 \left(\frac{m_1}{m} - \frac{d_1^2}{4r^2}\right)$$

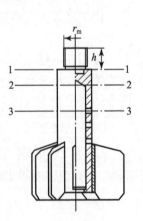

图 4 – 2 – 41 尾管的
危险断面

则轴向应力为

$$\sigma_{z1} = p \frac{r^2}{r_m^2} \left(\frac{m_1}{m} - \frac{d_1^2}{4r^2}\right) \tag{4 – 2 – 98}$$

式中 m_1——1—1 断面以下稳定装置的质量；

d_1，d_2——尾管的外径和内径；

r_m——1—1 断面处的连接半径。

其强度条件为

$$\sigma_{z1} \leqslant \sigma_{0.2}$$

（2）2—2 断面的强度。分析 2—2 断面以下部分的受力，可以得出 2—2 断面上的轴向力为

$$N = p\pi r^2 \frac{m_2}{m} - p\pi \frac{d_1^2 - d_2^2}{4} = p\pi r^2 \left(\frac{m_2}{m} - \frac{d_1^2 - d_2^2}{4r^2} \right)$$

则轴向应力为

$$\sigma_{z2} = p\frac{4r^2}{d_1^2 - d_2^2}\left(\frac{m_2}{m} - \frac{d_1^2 - d_2^2}{4r^2} \right) = p\left(\frac{4r^2}{d_1^2 - d_2^2} \cdot \frac{m_2}{m} - 1 \right) \qquad (4-2-99)$$

式中　m_2——2—2 断面以下稳定装置的质量。

其强度条件为

$$\sigma_{z2} \leqslant \sigma_{0.2}$$

（3）3—3 断面的强度。若不考虑应力集中，则轴向应力与式（4-2-99）相似，即

$$\sigma_{z3} = p\left(\frac{4r^2}{d_1^2 - d_2^2} \cdot \frac{m_3}{m} - 1 \right) \qquad (4-2-100)$$

式中　m_3——3—3 断面以下稳定装置的质量。

在单向拉伸情况下，如考虑传火孔附近的应力集中，则以孔水平两侧的位置为最危险点，根据资料给出的结论：

$$\sigma'_{z3} = 3\sigma_{z3}$$

其强度条件为

$$\sigma'_{z3} \leqslant \sigma_b$$

3. 尾管的连接强度

由图 4-2-41 可知，尾管螺纹所承受的剪力为 1—1 断面上的轴向力，而抗剪面积可以取螺纹高度的 1/2，即

$$S = 2\pi r_m \frac{h}{2} = \pi r_m h$$

则剪应力为

$$\tau = \frac{N}{S} = p\frac{r^2}{r_m h}\left(\frac{m_1}{m} - \frac{d_1^2}{4r^2} \right)$$

其强度条件为

$$\tau \leqslant [\tau]$$

钢性铸铁取 $[\tau] = 24.5$ MPa，钢或球墨铸铁取 $[\tau] = \frac{1}{2}\sigma_{0.2}$。

例 4-12　计算 120 mm 迫击炮弹尾管点火时期的强度。已知：点火压力 $p_0 = 117.6$ MPa；尾管外径 $d_1 = 4$ cm；尾管内径 $d_2 = 2.6$ cm；传火孔直径 $d_k = 8$ mm；传火孔距离 $S_k = 16$ mm；尾管材料屈服极限 $\sigma_{0.2} = 411.6$ MPa；尾管材料强度极限 $\sigma_b = 686$ MPa。

解：（1）将尾管看成密封圆筒：

$$\overline{\sigma}_t = \frac{p_0(4d_1^2 + d_2^2)}{3(d_1^2 - d_2^2)} = \frac{117.6 \times 10^6 \times (4 \times 0.04^2 + 0.026^2)}{3(0.04^2 - 0.026^2)} = 300 \quad (\text{MPa})$$

$$m'\overline{\sigma}_t = 1.03 \times 300 = 309 \text{ (MPa)}$$

故

$$m'\overline{\sigma}_t < \sigma_{0.2}$$

（2）考虑传火孔应力集中的影响：

$$\beta = \frac{S_k}{d_k} = \frac{16 \times 10^{-3}}{8 \times 10^{-3}} = 2$$

$$k = \frac{2\beta^2(\beta^2+2)}{(\beta^2-1)^2} = \frac{2 \times 2^2(2^2+2)}{(2^2-1)^2} = 5.3$$

（3）考虑传火孔的应力计算：

$$\sigma_t = \frac{p_0}{d_1^2 - d_2^2}[d_1^2(1+k) + 2d_2^2]$$

$$= \frac{117.6 \times 10^6}{0.04^2 - 0.026^2}[0.04^2(1+5.3) + 2 \times 0.026^2] = 1455 \text{ (MPa)}$$

$$\sigma_z = 0$$

$$\sigma_r = -p_0 = -117.6 \text{ (MPa)}$$

$$\overline{\sigma} = \sqrt{\sigma_t^2 + \sigma_r^2 - \sigma_r\sigma_t} = \sqrt{1455^2 + 117.6^2 + 1455 \times 117.6} = 1517 \text{ (MPa)}$$

$$m\overline{\sigma} = 0.4 \times 1517 = 606.8 \text{ (MPa)}$$

所以

$$m\overline{\sigma} < \sigma_b$$

（五）尾翼的连接强度计算

尾翼与弹体的连接，一般有两种形式：一种是焊接（如迫击炮弹、无坐力炮弹），另一种是用销钉连接（各种张开式尾翼）。尾翼的连接强度，只需要校核在最大膛压时期尾翼片的惯性力能否破坏其连接状态。

（1）焊接尾翼。若一组尾翼（两片）的质量为 m_i，则其惯性力为

$$F = p\pi r^2 \frac{m_i}{m}$$

若焊点或焊缝的面积为 S，则焊接部位的剪应力为

$$\tau = \frac{F}{S} = p\frac{\pi r^2}{S} \cdot \frac{m_i}{m} \tag{4-2-101}$$

其强度条件为

$$\tau \leqslant [\tau]$$

电焊焊缝处的容许剪应力为 $70 \sim 75$ MPa。

（2）销钉连接尾翼。若一片尾翼质量为 m_i，则其发射时的惯性力为

$$F = p\pi r^2 \frac{m_i}{m}$$

如果销钉的直径为 d_0，则作用在销钉上的剪应力为

$$\tau = \frac{F}{\pi\frac{d_0^2}{4}} = p\frac{4r^2}{d_0^2} \cdot \frac{m_i}{m} \tag{4-2-102}$$

其强度条件为 $\tau \leqslant [\tau]$，销钉的强度条件为 $[\tau] = \dfrac{1}{2}\sigma_{0.2}$。

五、装填物安全性计算

弹丸的主要装填物是炸药，因此必须保证发射时炸药的安定性。根据爆炸理论，炸药之所以引起爆炸，是由于外界给予了一定的起爆能量（或起始能量）。起爆能量可以为机械能、热能、电能以及这些能的综合形式。起爆不同的炸药，需要的初始能量也不同。需要起始能量小的炸药，其敏感度大，反之则敏感度小。另外，同一种炸药，由于其理化性能特点，对不同形态的起爆能量的灵敏度也是不同的。如有的炸药对机械能较敏感，有的则对热能较敏感等。还有，同一种炸药，对于同一形态的起爆能量，随着能量的传递方式和条件不同，其感度也有明显的差异。因此，影响炸药起爆的因素是很多的。

发射时，在炸药中作用有惯性力和相应的压应力，并使炸药内部产生一定的变形，或者发生颗粒间的相对移动和摩擦，从而导致热现象。如果炸药应力过大，就有可能引起炸药早炸。为了确保发射时的安全，必须限制发射时炸药内的最大应力值，此值通常与炸药的敏感度有关。

由轴向惯性力在炸药任意断面上引起的压应力，已由式（4 - 1 - 19）给出，即

$$\sigma_{wn} = p\,\frac{r^2}{r_{an}^2} \cdot \frac{m_{wn}}{m}$$

式中　m_{wn}——n—n 断面以上炸药质量；

　　　r_{an}——n—n 断面处弹丸内腔半径。

在弹底断面上，炸药受压应力达到最大，即

$$\sigma_{w\,max} = p\,\frac{r^2}{r_d^2} \cdot \frac{m_w}{m}$$

式中　r_d——弹底内腔半径；

　　　m_w——炸药柱质量，当内腔底部有锥度时，m_w 应以相应的药柱质量 m_w' 代替（图 4 - 1 - 12）。

炸药发射时安全性条件为

$$\sigma_{w\,max} \leqslant [\sigma_m]$$

各种炸药的力学性能与许用应力 $[\sigma_m]$ 值列入表 4 - 10 中。

对炸药安全性分析时应注意以下几点：

（1）不能把 $[\sigma_w]$ 当作某种炸药的一种固定不变的特征值。因为 $[\sigma_w]$ 取决于炸药的装填方式和装填质量，并与弹丸的加速情况有关。在计算弹丸炸药安全性时，除了参考表 4 - 10 中数据外，还可参考相似弹丸的数据，最后还应通过试验验证。

表 4 – 10　某些炸药的力学性能和许用应力

炸药名称	$\rho/(\mathrm{kg \cdot m^{-3}})$	E_c/GPa	μ_c	σ_c/MPa	$[\sigma_w]/\mathrm{MPa}$
黑药					14.7
苦味酸					49
阿马托					98
梯恩梯（压装）	1500	1.078	0.35	176.4	98
梯恩梯（注装）	1580	1.15	0.4	196	107.8
特屈儿	1450	1.2	0.35	83.3	83.3
梯/黑 – 50/50	1620			142	73.5
梯/黑 – 1/2					103
A – IX – 2	1650			245	147
A – IX – 1				294	127.4
注：表中 $[\sigma_w]$ 为炸药的许用应力					

（2）炸药底部最大应力（也称炸药底层应力）的计算，是基于弹底面积上相应的药柱质量全部作用在底层断面上，而忽略了炸药与弹体之间的相互作用，以及炸药颗粒之间的相互作用。实际上，这两者的相互作用是很复杂的，简单地把装填物处理成流体将使应力计算出现误差。从炸药介质来看，它既不同于金属固体，也不同于液体，其弹性模量 $E_c = 1.078$ GPa，仅为金属的 $\dfrac{1}{200}$，结构比较松，属于黏弹性介质。

（3）如果所设计的弹丸内腔底部是曲面，则给炸药底层应力计算带来较大的困难。对此，目前尚没有精确的解析式。较好的办法是，采用有限元法计算炸药内部应力。

（4）实际上，炸药的安全性不仅与作用在炸药上的压力有关，而且与压力的作用持续时间有关。图 4 – 2 – 42 所示为 B 炸药的起爆概率，说明在一定的载荷和作用时间下，各种炸药具有一定的起爆概率。这种观点是值得弹丸设计者考虑的。

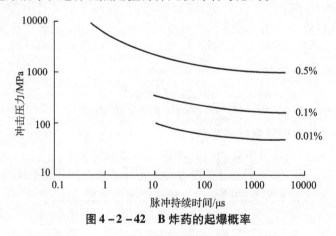

图 4 – 2 – 42　B 炸药的起爆概率

第三节　弹丸强度的有限元法计算

在弹丸发射强度计算中，往往由于下列问题给计算带来困难，并造成一定的误差。

（1）弹丸结构不规则，无法建立精确的力学模型，从而难以得出理想的解析式。在第二节的强度计算中，一般是将弹体简化为厚壁圆筒，将弹底简化成平板，忽略其他部分的影响。因而从这种简化模型得出的应力分布与实际情况有较大的误差。

（2）弹丸是一次性使用的，允许产生一定的塑性变形。而弹塑性问题的计算，目前仍局限于某些理想化的结构和载荷问题，对弹丸这样的结构和载荷条件尚无合适的解析方法。

（3）在弹丸所受的载荷中，弹带压力的计算较为复杂，以往多将其略去，增加了强度计算的误差。

（4）应力计算时只计算某些点的应力状态，而对整弹应力分布没有全面考虑，尤其是忽略了细节处的应力分布计算。

从以上分析可以看出，对弹丸强度的分析存在一定的局限性。多年来，弹丸设计人员在寻求计算弹丸强度的新方法，但始终没有找到理想的途径。20世纪50年代出现的有限元法为弹丸强度的计算提出了一套全新的方法，可以较满意地解决上述问题。

一、有限元法的基本概念

一般结构力学的解析方法，都是从研究连续体中微元体的性质着手，得出描述弹性体性质的偏微分方程。求解微分方程，即可得出解析解，这种解是一个数学表达式，它给出物体内每一点上所要求未知量的值。然而，对于大多数工程实际问题，由于物体形状不规则、材料的非线性等原因，要得到精确的解析解是很困难的。

有限元法则是将一个连续体看成由有限多个元素（或称单元）组成，也就是将连续体离散化，但这些元素在节点上是相互连接的。然后借用结构矩阵分析方法，按照变分原理，得出一组以节点位移为未知量的代数方程组。由方程组就可以求出物体上有限个离散节点的位移，从而得出应变与应力的分布。

有限元法从原理上讲是一种近似计算方法，但当物体分得足够细时，所得结果的精度完全可以满足工程计算要求。另外，随着元素的细分，计算量十分庞大，是手工无法完成的，因此必须求助于电子计算机。

有限元法具有以下主要优点：

（1）有限元法适应性强，应用范围广。它可以用来处理结构应力计算中的非均质材料、各向异性材料、非线性应力－应变关系，以及复杂边界条件问题。

（2）有限元法采用矩阵形式表达，便于编制计算机程序。

（3）有限元法的理论虽然较高深，但作为使用者来说，只需了解其基本概念，完全可用它解决具体问题。

二、轴对称问题的有限元法

弹丸及其零件绝大多数是轴对称零件，如弹体、弹底、头螺、螺管等，在发射时所受的载荷如火药气体压力、惯性力、弹带压力等也具有轴对称性。所以，弹丸强度的有限元计算可以应用轴对称问题的有限元计算进行分析。

轴对称问题选取柱坐标 (r, z, θ)，将使问题大为简化。取对称轴为 z，半径方向为 r，任意对称面为 rOz 平面。由轴对称性质可知，其径向位移 v 与轴向位移 ω 只与 r、z 有关，而与 θ 无关，因而可将三维问题简化为二维问题。

轴对称问题通常采用的元素有三角形环形元素和四边形环形等参元素（图 4-3-1）。三角形元素较简单，所用计算时间也较少，但计算结果误差较大。尤其是对曲线边界问题，由于用折线代替，因而误差较大。四边形等参元素较精确，特别适合曲线边界问题，但要进行数值积分的计算时间较长。下面以三角形元素为例说明其计算原理。

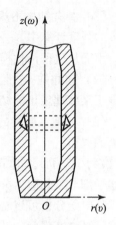

图 4-3-1 轴对称问题的柱坐标

（一）位移模式

取位移模式为线性位移模式（位移函数），即

$$\begin{cases} v = \alpha_1 + \alpha_2 r + \alpha_3 z \\ \omega = \alpha_4 + \alpha_5 r + \alpha_6 z \end{cases} \tag{4-3-1}$$

式中　$\alpha_1 \sim \alpha_6$ 为常数，由三角形元素的三个顶点的坐标位置决定。

式（4-3-1）表明，在三角形元素内位移与坐标的关系是线性关系，这将使计算大为简化。

（二）应变矩阵

由几何方程可知轴对称问题应变与位移的关系为

$$\{\varepsilon\} = \begin{Bmatrix} \varepsilon_r \\ \varepsilon_z \\ \varepsilon_t \\ r_{rz} \end{Bmatrix} = \begin{Bmatrix} \dfrac{\partial v}{\partial r} \\ \dfrac{\partial \omega}{\partial z} \\ \dfrac{v}{r} \\ \dfrac{\partial v}{\partial z} + \dfrac{\partial \omega}{\partial r} \end{Bmatrix} \tag{4-3-2}$$

根据位移函数对坐标取导数，式（4-3-2）可简化为

$$\{\varepsilon\} = B\{\delta\}^e \tag{4-3-3}$$

式中　B——应变矩阵，它与元素节点坐标有关；

　　　$\{\delta\}^e$——元素各节点的位移矩阵，其表达式为

$$\{\delta\}^e = \begin{bmatrix} v_i & \omega_i & v_j & \omega_j & v_m & \omega_m \end{bmatrix}^T$$

（三）应力矩阵

由广义胡克定律可以知道轴对称问题应力与应变的关系为

$$\{\sigma\} = \begin{Bmatrix} \sigma_r \\ \sigma_z \\ \sigma_t \\ \tau_{rz} \end{Bmatrix} = [D] \begin{Bmatrix} \varepsilon_r \\ \varepsilon_z \\ \varepsilon_t \\ r_{rz} \end{Bmatrix} = [D] \cdot [B]\{\delta\}^e = [S]\{\delta\}^e \tag{4-3-4}$$

式中　$[D]$——弹性矩阵，它与材料性质有关；

　　　$[S]$——应力矩阵。

对于轴对称问题，弹性矩阵 $[D]$ 可表示为

$$[D] = \frac{E(1-\mu)}{(1+\mu)(1-2\mu)} \begin{bmatrix} 1 & \dfrac{\mu}{1-\mu} & \dfrac{\mu}{1-\mu} & 0 \\[2mm] \dfrac{\mu}{1-\mu} & 1 & \dfrac{\mu}{1-\mu} & 0 \\[2mm] \dfrac{\mu}{1-\mu} & \dfrac{\mu}{1-\mu} & 1 & 0 \\[2mm] 0 & 0 & 0 & \dfrac{1-2\mu}{2(1-\mu)} \end{bmatrix} \qquad (4-3-5)$$

（四）元素刚度矩阵

刚度矩阵可以利用变分原理或用虚位移原理导出。如采取虚位移原理，轴对称情况下元素的虚功方程为

$$(\{\delta^*\}^e)^T \{R\}^e = \iiint \{\varepsilon^*\}^T \{\sigma\} r \mathrm{d}r \mathrm{d}\theta \mathrm{d}z \qquad (4-3-6)$$

式中　$\{\delta^*\}^e$——元素节点的虚位移；

　　　$\{R\}^e$——元素等效节点力；

　　　$\{\varepsilon^*\}$——元素内虚应变。

式（4-3-6）等号左边为元素等效节点力所做的虚功，等式右边为三角形环形元素中应力的虚功。

由式（4-3-3）可知，虚应变 $\{\varepsilon^*\}$ 可以表示为

$$\{\varepsilon^*\} = \{B\}\{\delta^*\}^e \qquad (4-3-7)$$

将式（4-3-7）代入式（4-3-6），并注意到 $\int_0^{2\pi} \mathrm{d}\theta = 2\pi$ ，则得

$$(\{\delta^*\}^e)^T \{R\}^e = (\{\delta^*\}^e)^T 2\pi \iint [B]^T \cdot [D] \cdot [B] r \mathrm{d}r \mathrm{d}z \{\delta\}^e$$

由于虚位移是任意的，所以有

$$\{R\}^e = 2\pi \iint [B]^T \cdot [D] \cdot [B] r \mathrm{d}r \mathrm{d}z \{\delta\}^e \qquad (4-3-8)$$

令

$$[K]^e = 2\pi \iint [B]^T \cdot [D] \cdot [B] r \mathrm{d}r \mathrm{d}z$$

为元素刚度矩阵，则式（4-3-8）可改写为

$$\{R\}^e = [K]^e \{\delta\}^e \qquad (4-3-9)$$

式（4-3-9）即为有限元法的基本计算格式，它将载荷与位移通过刚度矩阵联系在一起，它是线性代数方程组。

（五）结构刚度矩阵

以上计算仅是对一个元素而言。若整个结构有 n 个元素，则

$$\begin{cases} \{R\} = \displaystyle\sum_1^n \{R\}^e \\[4mm] [K] = \displaystyle\sum_1^n [K]^e = 2\pi \sum_1^n \iint [B]^T \cdot [D] \cdot [B] r \mathrm{d}r \mathrm{d}z \end{cases}$$

式中　$\{R\}$——载荷列阵，表示所有节点上的等效节点；

$[K]$ ——结构刚度矩阵，表示整体结构的刚度特性。

于是对整体结构而言，也可以得出类似式（4-3-9）的关系，即

$$[K]\{\delta\} = \{R\} \tag{4-3-10}$$

这就是求解节点位移的平衡方程组。一般来讲，它是一个大型线代数方程组，只有通过电子计算机才能求解。式中 $\{R\}$ 为载荷条件，可将外载折算成等效节点力；$[K]$ 为总体刚度矩阵，可以由结构的尺寸、材料性质决定。因而可以解出各节点的位移，然后通过式（4-3-2）和式（4-3-4）可求出各点的应变与应力。

三、弹丸所受载荷的等效节点力

弹丸发射时所受载荷，一般有三类，第一类是惯性力、离心力等，属于体积力；第二类是火药气体压力，属于表面力；第三类为集中力。若只计算弹体的强度，则可将引信，弹带等零件的作用表示为集中力的作用。

（一）体积力

1. 惯性力

在此情况下，每个节点的 r 方向不受力，z 方向受此元素惯性力产生的等效节点力，其表达式为

$$\{p_i\}^e = \begin{Bmatrix} p_{ir} \\ p_{iz} \end{Bmatrix}^e = \begin{Bmatrix} 0 \\ -\dfrac{\pi a\rho\Delta}{\sigma}(3\bar{r}+r_i) \end{Bmatrix} (i,\ j,\ m) \tag{4-3-11}$$

式中　p_{ir}——i 节点 r 方向的等效节点力；

p_{iz}——i 节点 z 方向的等效节点力；

ρ——材料密度；

a——弹丸轴向最大加速度；

Δ——三角形环形元素的三角形面积；

$\bar{r}$——元素 r 方向的平均半径，其表达式为

$$\bar{r} = \frac{1}{3}(r_i + r_j + r_m)$$

式中　r_i，r_j，r_m——元素三个节点的 r 坐标。

2. 离心力

在此情况下，z 方向不受力，r 方向受元素旋转离心力产生的等效节点力，其表达式为

$$\{p_i\}^e = \begin{Bmatrix} p_{ir} \\ p_{iz} \end{Bmatrix} = \begin{Bmatrix} \dfrac{\pi\rho\omega^2\Delta}{15}(9\bar{r}^2 + 2r_i^2 - r_jr_m) \\ 0 \end{Bmatrix} (i,\ j,\ m) \tag{4-3-12}$$

式中　ω——弹丸膛内旋转角速度。

（二）表面力

设某元素 ij 面上受均布压力 q（图 4-3-2），根据 i、j 的坐标可分解为径向分量 q_r 与轴向分量 q_z，i、j 边长为 l。在此情况下 m 节点上不受力，i，j 节点的 r、z 方向都有等效节点力，其表达式为

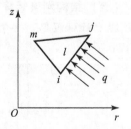

图 4-3-2　元素表面力

$$\begin{cases} \{Q_i\}^e = \begin{Bmatrix} Q_{ir} \\ Q_{iz} \end{Bmatrix} = \dfrac{\pi l}{3} \begin{Bmatrix} q_r(2r_i + r_j) \\ q_z(2r_i + r_j) \end{Bmatrix} \\ \{Q_j\}^e = \begin{Bmatrix} Q_{jr} \\ Q_{jz} \end{Bmatrix} = \dfrac{\pi l}{3} \begin{Bmatrix} q_r(r_i + 2r_j) \\ q_z(r_i + 2r_j) \end{Bmatrix} \end{cases} \tag{4-3-13}$$

（三）集中力

一般往往将受集中力的地方划分成网格的节点处。这样，此集中力即变为作用在节点的等效节点力，所以

$$\{F\}^e = \begin{bmatrix} F_{ir} & F_{iz} & F_{jr} & F_{jz} & F_{mr} & F_{mz} \end{bmatrix}^T$$

（四）载荷列阵

元素载荷列阵为

$$\{R\}^e = \{F\}^e + \{Q\}^e + \{P\}^e$$

结构载荷列阵为

$$\begin{aligned} \{R\} &= \sum_1^n \{R\}^e = \sum_1^n (\{F\}^e + \{Q\}^e + \{P\}^e) \\ &= \{F\} + \{Q\} + \{P\} \end{aligned} \tag{4-3-14}$$

四、弹塑性问题的有限元法

由于弹丸及其零件是一次使用的，因而在发射时允许具有一定量的塑性变形。对于这种结构与载荷条件的弹塑性应力应变，要用解析法来计算是十分困难的，而应用有限元法则可以得到较为满意的结果。

弹塑性问题即材料非线性问题（材料应力应变关系是非线性的），它与加载过程有关。用有限元法处理材料非线性问题较为有效，方法也较多。如一般常用的有变刚度法，初应力法和初应变法，还有将它们混合使用的混合法等。在此只简要介绍变刚度法。

（一）塑性应力－应变关系

在弹塑性小变形情况下（弹丸的变形一般都属于小变形范畴），平衡方程与几何方程仍然成立，即

$$\begin{cases} \iint [B]^T \{\sigma\} \, dV = \{R\} \\ \{\varepsilon\} = [B]\{\delta\} \end{cases}$$

此关系式仍然成立，但物理方程不再是线性关系，即应力与应变不是单值关系，应变不仅取决于当时的应力状态，而且还依赖于整个加载历史。

在一般情况下，对弹塑性状态的物理方程，无法建立起最终应力状态与最终应变状态的全量关系，而只能建立反映加载路径的应力应变增量的关系。为此，需要了解材料屈服后的应力－应变关系。

1. 屈服条件

在单向拉伸或压缩状态，材料发生屈服的界限是单向拉伸曲线上的屈服极限 $\sigma_s(\sigma_{0.2})$。在复杂应力状态下，一般要用屈服准则（屈服条件）判别。常用的是米赛斯（Mises）屈服准则，即

$$\overline{\sigma} \leqslant \sigma_s$$

一般认为等效应力$\bar{\sigma}$超过屈服限即发生屈服，等效应力$\bar{\sigma}$的表达式可用主应力表示，也可用一般应力表示，对于轴对称情况，有

$$\bar{\sigma} = \sqrt{\frac{1}{2}\left[(\sigma_1 - \sigma_2)^2 + (\sigma_2 - \sigma_3)^2 + (\sigma_3 - \sigma_1)^2\right]}$$

或

$$\bar{\sigma} = \sqrt{\frac{1}{2}\left[(\sigma_r - \sigma_t)^2 + (\sigma_t - \sigma_z)^2 + (\sigma_z - \sigma_r) + 6\tau_{rz}^2\right]} \qquad (4-3-15)$$

若引入应力偏量的概念，则有

$$\begin{cases} S_r = \sigma_r - \sigma_{cp} \\ S_z = \sigma_z - \sigma_{cp} \\ S_t = \sigma_t - \sigma_{cp} \\ S_{rz} = \tau_{rz} \end{cases} \qquad (4-3-16)$$

式中 $\sigma_{cp} = (\sigma_r + \sigma_t + \sigma_z)/3$ 为平均应力，则等效应力可写为

$$\bar{\sigma} = \sqrt{\frac{3}{2}}\sqrt{S_r^2 + S_t^2 + S_z^2 + 2S_{rz}^2} \qquad (4-3-17)$$

材料初始屈服的条件$\bar{\sigma} = \sigma_s$，即等效应力达到单向拉伸时的屈服极限即发生屈服。但是对于大多数金属来说，均有应变强化现象出现，所以其进一步屈服则按照强化规律来考察。

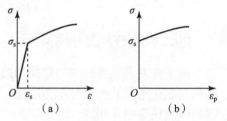

图 4 - 3 - 3 $\sigma - \varepsilon$ 曲线

2. 强化规律

弹塑性材料的应力 – 应变（$\sigma - \varepsilon$）关系，如图 4 - 3 - 3（a）所示。这种关系在屈服强度 σ_s 以前为直线，而在 σ_s 以后为曲线。

$$\begin{cases} \sigma = E\varepsilon, & \sigma < \sigma_s \\ \sigma = \phi(\varepsilon) = H(\varepsilon_p), & \sigma \geqslant \sigma_s \end{cases} \qquad (4-3-18)$$

式中 ε_p——塑性应变。

当应力超过 σ_s 以后，应力与应变的关系不一定由全部应变表示，也可以用塑性应变 ε_p 表示，一般对后者更感兴趣。因此，可以将应力 – 应变曲线改为图 4 - 3 - 3（b）所示的应力 – 塑性应变曲线。已知总应变 ε 为弹性应变 ε_e 和塑性应变 ε_p 之和，即

$$\begin{cases} \varepsilon = \varepsilon_e + \varepsilon_p = \dfrac{\sigma}{E} + \varepsilon_p \\ \sigma = \phi(\varepsilon) = \phi\left(\dfrac{\sigma}{E} + \varepsilon_p\right) \end{cases} \qquad (4-3-19)$$

设在 $\sigma - \varepsilon$ 曲线上，弹性阶段斜率为 E，曲线段某点为 E'，对应 $\sigma - \varepsilon_p$ 曲线上的相应点为 H'，则取其微分，即

$$d\sigma = E'd\varepsilon = E'\left(\frac{d\sigma}{E} + d\varepsilon_p\right) = \frac{E'd\sigma}{E} + E'd\varepsilon_p$$

从 $\sigma - \varepsilon_p$ 曲线上，可得

$$d\sigma = H'd\varepsilon_p$$

则

$$H' = \frac{\mathrm{d}\sigma}{\mathrm{d}\varepsilon_\mathrm{p}} = \frac{E'H'}{E} + E'$$

解得

$$H' = \frac{EE'}{E - E'} \qquad\qquad (4-3-20)$$

当材料进入塑性以后，由于材料的强化，进一步屈服将与加载过程或材料的变形过程有关。因此，载荷要按微小增量方式逐步加载，应力和应变也在原来水平上增加 $\mathrm{d}\{\sigma\}$ 和 $\mathrm{d}\{\varepsilon\}$。其中应变增量也可分成两部分，即

$$\mathrm{d}\{\varepsilon\} = \mathrm{d}\{\varepsilon\}_\mathrm{e} + \mathrm{d}\{\varepsilon\}_\mathrm{p} \qquad\qquad (4-3-21)$$

式中　$\mathrm{d}\{\varepsilon\}_\mathrm{e}$——弹性应变增量；

　　　$\mathrm{d}\{\varepsilon\}_\mathrm{p}$——塑性应变增量；

　　　$\mathrm{d}\{\varepsilon\}$　——全应变增量。

将图 4-3-3 所示的情况推广到复杂应力状态下，则产生新的屈服只有当等效应力满足下式时才有可能，即

$$\overline{\sigma} = H\left(\int \mathrm{d}\overline{\varepsilon}_\mathrm{p}\right) \qquad\qquad (4-3-22)$$

式中　$\mathrm{d}\overline{\varepsilon}_\mathrm{p}$——等效塑性应变增量；

　　　H——$\overline{\sigma}$ 与 $\mathrm{d}\overline{\varepsilon}_\mathrm{p}$ 的函数关系。

按照塑性力学，在等效塑性应变增量对于轴对称条件下，有

$$\mathrm{d}\overline{\varepsilon}_\mathrm{p} = \sqrt{\frac{2}{3}\left(\mathrm{d}\varepsilon_{rp}^2 + \mathrm{d}\varepsilon_{tp}^2 + \mathrm{d}\varepsilon_{zp}^2 + \frac{1}{2}r_{rzp}^2\right)} \qquad\qquad (4-3-23)$$

式中　$\mathrm{d}\varepsilon_{rp}$，$\mathrm{d}\varepsilon_{tp}$，$\cdots$ 为塑性应变增量的分量。

式（4-3-23）已经考虑了塑性变形不产生体积变化与 $\mu = 1/2$ 的因素。同样，在复杂应力情况下，曲线的斜率为

$$H' = \frac{\mathrm{d}\overline{\sigma}}{\mathrm{d}\overline{\varepsilon}_\mathrm{p}} \qquad\qquad (4-3-24)$$

3. 流动法则

材料进入塑性变形以后，将产生塑性流动，并满足普朗特 – 路斯（Prandtl—Reuss）流动法则，即

$$\mathrm{d}\{\varepsilon\}_\mathrm{p} = \mathrm{d}\overline{\varepsilon}_\mathrm{p}\frac{\partial \overline{\sigma}}{\partial\{\sigma\}} \qquad\qquad (4-3-25)$$

式中　$\mathrm{d}\{\varepsilon\}_\mathrm{p}$——塑性应变增量列阵，在轴对称情况下其表达式为

$$\mathrm{d}\{\varepsilon\}_\mathrm{p} = \begin{bmatrix} \mathrm{d}\varepsilon_{rp} & \mathrm{d}\varepsilon_{zp} & \mathrm{d}\varepsilon_{tp} & \mathrm{d}r_{rzp} \end{bmatrix}^\mathrm{T}$$

应力列阵 $\{\sigma\}$ 与式（4-3-4）相同。

下面可以导出增量形式的应力 – 应变关系，如前所述，全应变增量也可以分为两部分，即

$$\mathrm{d}\{\varepsilon\} = \mathrm{d}\{\varepsilon\}_\mathrm{e} + \mathrm{d}\{\varepsilon\}_\mathrm{p}$$

在弹性部分，有

$$\mathrm{d}\{\sigma\} = [D] \cdot \mathrm{d}\{\varepsilon\}_\mathrm{e}$$

式中　$[D]$ 为弹性矩阵，只与材料性质 E、μ 等有关，而与加载状态、应力状态无关。

对于弹性部分，可以推导出

$$\mathrm{d}\{\sigma\} = [D]_{ep} \cdot \mathrm{d}\{\varepsilon\} \tag{4-3-26}$$

式中　　$[D]_{ep}$——弹塑性矩阵，其表达式为

$$[D]_{ep} = [D] - [D]_p \tag{4-3-27}$$

其中

$$[D]_p = \frac{[D] \cdot \frac{\partial \overline{\sigma}}{\partial \{\sigma\}} \left\{ \frac{\partial \overline{\sigma}}{\partial \{\sigma\}} \right\}^{\mathrm{T}} \cdot [D]}{H' + \left\{ \frac{\partial \overline{\sigma}}{\partial \{\sigma\}} \right\}^{\mathrm{T}} \cdot [D] \cdot \frac{\partial \overline{\sigma}}{\partial \{\sigma\}}} \tag{4-3-28}$$

对于轴对称问题，若令

$$\begin{cases} \mathrm{d}\{\sigma\} = [\mathrm{d}\sigma_r \quad \mathrm{d}\sigma_t \quad \mathrm{d}\tau_{rz}]^{\mathrm{T}} \\ \mathrm{d}\{\varepsilon\} = [\mathrm{d}\varepsilon_r \quad \mathrm{d}\varepsilon_z \quad \mathrm{d}\varepsilon_t \quad \mathrm{d}r_{rz}]^{\mathrm{T}} \end{cases}$$

则可以将 $[D]_p$ 与 $[D]_{ep}$ 写成显式，即

$$[D]_p = \frac{9G^2}{(H'+3G)\overline{\sigma}^2} \begin{bmatrix} s_r^2 & & & \\ s_r s_z & s_z^2 & & \\ s_r s_t & s_z s_t & s_t^2 & \\ s_r s_{rz} & s_z s_{rz} & s_t s_{rz} & s_{rz}^2 \end{bmatrix} \tag{4-3-29}$$

式中　　$s_r, \cdots, s_{rz}$——应力偏量；

G——剪切模量，其表达式为

$$G = \frac{E}{2(1-\mu)}$$

则

$$[D]_{ep} = \frac{E}{1+\mu} \begin{bmatrix} \frac{1-\mu}{1-2\mu} - \omega s_r^2 & & & \\ \frac{\mu}{1-2\mu} - \omega s_r s_z & \frac{1-\mu}{1-2\mu} - \omega s_z^2 & & \\ \frac{\mu}{1-\mu} - \omega s_r s_z & \frac{\mu}{1-2\mu} - \omega s_z s_t & \frac{1-\mu}{1-2\mu} - \omega s_t^2 & \\ - \omega s_r s_{rz} & - \omega s_z s_{rz} & - \omega s_t s_{rz} & \frac{1}{2} - \omega s_{rz}^2 \end{bmatrix} \tag{4-3-30}$$

其中

$$\omega = \frac{9G}{2\overline{\sigma}^2(H'+3G)} \tag{4-3-31}$$

由此可见，$[D]_{ep}$ 不仅决定于材料性质 E、μ 等，而且与当前的应力状态有关。所以，在整个加载过程中，当进入屈服阶段以后，弹塑性矩阵 $[D]_{ep}$ 是一个变量。在应用式（4-3-31）时，对于理想塑性材料，$H'=0$；对于线性硬化材料，H' 为常数；对于幂次硬化材料，H' 是变量。

（二）以增量变刚度法求解弹塑性问题

根据式（4-3-26），可以将弹塑性应变增量和应力增量之间的关系近似表示为

$$\Delta\{\sigma\} = [D]_{ep}\Delta\{\varepsilon\} \tag{4-3-32}$$

式中　$[D]_{ep}$已由式（4 - 3 - 30）确定，它是元素当时应力水平的函数。因此在式（4 - 3 - 32）中，它对应某一应力水平，就可以看作定值。

解决非线问题的一种办法，就是在适当小的范围内，使其线性化，然后采取逐步增加载荷的方法（载荷增量法）求解。具体的方法是：在一定应力和应变的水平上增加一次载荷，而每次增加的载荷要适当地小，以致求解非线性问题可以用一系列线性问题所代替。有限元方法中常用的增量法有增量变刚度法、增量初应力法和增量初应变法。它们各有优缺点，也可以将它们混合应用。下面仅简单介绍增量变刚度法的原理。

在初始受载时，弹体内部产生的应力和应变还是弹性的，因此可以用线弹性理论进行计算。随着载荷的增加，应力与应变也逐渐增大，在某些位置可能发生屈服，也就是有某些元素进入屈服阶段，这时就要采用增量加载方式。设此时的位移、应变和应力列阵分别为$\{\delta\}_0$、$\{\varepsilon\}_0$和$\{\sigma\}_0$。

在此基础上作用载荷增量$\Delta\{R\}$，并且组成相应的总体刚度矩阵。其中对于应力尚在弹性范围内的元素，则其元素刚度矩阵仍为

$$[K] = \int [B]^T \cdot [D] \cdot [B] dV$$

对于应力已达到塑性范围内的元素，其元素刚度矩阵为

$$[K] = \int [B]^T \cdot [D]_{ep} \cdot [B] dV$$

而弹塑性矩阵$[D]_{ep}$中的应力水平应取当时的应力水平$\{\sigma\}_0$。把所有元素的刚度矩阵按照通常的组合方法得到整体刚度矩阵$[K]_0$，它与当时的应力水平有关。

求解平衡方程：

$$[K]_0 \cdot \Delta\{\delta\}_1 = \Delta\{R\}_1 \qquad (4 - 3 - 33)$$

求得$\Delta\{\delta\}_1$、$\Delta\{\varepsilon\}_1$和$\Delta\{\sigma\}_1$以后，就可得出第一次载荷增量后的位移、应变和应力的新水平：

$$\begin{cases} \{\delta\}_1 = \{\delta\}_0 + \Delta\{\delta\}_1 \\ \{\varepsilon\}_1 = \{\varepsilon\}_0 + \Delta\{\varepsilon\}_1 \\ \{\sigma\}_1 = \{\sigma\}_0 + \Delta\{\sigma\}_1 \end{cases} \qquad (4 - 3 - 34)$$

继续增加载荷重复上述计算，直到全部载荷加完为止。最后得到的位移、应变和应力就是所要求的弹塑性应力分析的结果。

（三）残余变形的计算

用弹塑性有限元法计算结构的位移、应变和应力后，可以很方便地计算其残余值。若将各节点发生屈服前所对应的位移、应变和应力值分别记为$\{\delta\}_e$、$\{\varepsilon\}_e$和$\{\sigma\}_e$，则经过卸载后，弹性部分能够恢复，塑性部分即为残余值，即

$$\begin{cases} \{\delta\}_r = \{\delta\} - \{\delta\}_e \\ \{\varepsilon\}_r = \{\varepsilon\} - \{\varepsilon\}_e \\ \{\sigma\}_r = \{\sigma\} - \{\sigma\}_e \end{cases} \qquad (4 - 3 - 35)$$

式中　$\{\delta\}_r$，$\{\varepsilon\}_r$和$\{\sigma\}_r$分别为残余位移、残余应变和残余应力。

从以上分析可知，利用有限元法计算弹体强度是比较合理的，可以解决弹丸结构与材料非线性问题，而且作为有限元方法的应用者，并不需要对有限元的理论有很深的理解，甚至

不一定要自己编制程序，只要对其基本原理有一定的理解，会使用程序即可。目前，利用有限元方法已编制了许多结构分析的通用程序，如 ANSYS、LS - DYNA、AUTODYN 等，其解题的功能都很强，完全能够满足设计者选用的需要。

五、计算实例

（一）82 mm 破甲弹弹体应力分析

82 mm 破甲弹属于无坐力炮破甲弹，弹体材料为优质低碳钢，壁厚较薄，经冷挤压后屈服极限有较大提高。

在有限元计算中，取弹体为计算模型，而将其余零件（药型罩、引信、尾管、尾翼等）略去，分别以相应的外力代替，简化后的模型如图 4 - 3 - 4 所示。

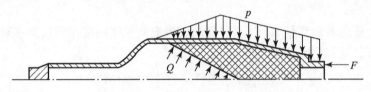

图 4 - 3 - 4　82 mm 破甲弹计算模型

下面介绍计算的方法和步骤。

（1）弹体材料经冷加工后出现大的加工硬化现象，根据对弹体试件所做的拉伸试验，其硬化情况可以用幂次硬化曲线描述，即

$$H' = \frac{7E}{3n'}\left(\frac{\sigma_{0.7}}{\sigma}\right)^{n'-1} \tag{4 - 3 - 36}$$

式中　n'——塑性指数（通常为 3 ~ 30），本次计算 $n' = 3$；

$\sigma_{0.7}$——相当于 $\sigma - \varepsilon$ 曲线上割线斜率为 $0.7E$ 处的应力值。

在计算中，取弹体材料的其他常数为

$$E = 196 \text{ GPa}, \ \mu = 0.3, \ \rho_w = 7810 \text{ kg/m}^3, \ \sigma_s = 392 \text{ MPa}$$

（2）考虑到炸药对弹体应力变形有直接影响，因此在计算模型中保留了炸药，并将炸药按理想弹性介质处理。炸药与弹体的界面上不产生相对滑动。炸药的性能数据为

$$E_c = 1.27 \text{ GPa}, \ \mu_c = 0.35, \ \rho_w = 1600 \text{ kg/m}^3$$

（3）计算模型中所受的外载荷有火药气体压力 p，尾管部分的作用力 F，药型罩部分作用力 Q 以及弹体本身惯性力 F_n。其中 F 为集中力，p、Q 为表面力，F_n 为体积力。可分别将它们简化为等效节点载荷，加到有关节点上。

（4）计算程序采用复旦大学编制的弹塑性应力分析程序。采用元素为三角形环形元素，在弹体和炸药上共取 382 个节点、609 个元素，计算了压力 $p = 49$ MPa 条件下各点的位移、应变、应力和残余变形。有关弹体、炸药的质量均在计算中自动形成，以达到轴向平衡。

（5）计算结果表明，弹体在膛内的变形（各点的位移），大致是轴向稍有伸长，在直接受火药气体作用的尾弧部分，径向发生压缩，最大变形发生在内表面距弹底端（不包括螺纹）80 mm 处。这与工厂试验测量相吻合。

在膛压为 49 MPa 及 $\overline{\sigma_s} = 392$ MPa 的条件下，最大等效应力为 $\overline{\sigma}_{max} = 433$ MPa，其各应力分量为 $\overline{\sigma}_r = -11$ MPa，$\overline{\sigma}_z = -78$ MPa，$\overline{\sigma}_t = -474$ MPa，$\tau_{rz} = -0.47$ MPa。内表面应力稍高

于外表面应力。

由此可见，在此条件下弹体材料刚进入屈服状态，故残余变形较小，外表面残余变形量为 –0.00808 cm。这与工厂所做的 60 发实弹射击平均统计结果为 –0.00995 cm 相比，在一定程度上是接近的。

（二）203 mm 远射程榴弹发射应力分析

203 mm 远射程榴弹由引信、头螺、弹体、炸药、弹底、底凹部、塑料弹带和定心块组成，其计算说明如下：

（1）计算模型将头螺、弹体和弹底放在一起分析，而将引信、炸药、弹带、底凹与定心块分别用外力代替。

（2）采用线弹性程序，八节点等参元素，将计算模型分为 659 个元素、783 个节点，计算了最大膛压时刻与炮口处的应力分布。其原始数据取 9 号发射装药数据如下：

$$
\left\{
\begin{array}{l}
\text{弹丸质量：91 kg} \\
\text{装填物质量：19.8 kg} \\
\text{作用弹丸上的最大火药气体压力：283 MPa} \\
\text{弹丸最大加速度：}10300g \\
\text{最大膛压时的弹丸速度：332 m/s} \\
\text{炮口膛压：52 MPa} \\
\text{炮口加速度：1890 g} \\
\text{炮口速度：770 m/s}
\end{array}
\right.
$$

（3）计算模型上所受的载荷：

①火药气体压力，作用弹底部元素外表面，系表面力。

②轴向惯性力，由轴向加速度产生，作用于每个元素，系体积力。

③径向惯性力，由弹丸旋转产生，作用于每个元素，系体积力。

④装填物压力，按液体装填物考虑，其最大内部压力在最大膛压时刻为 147 MPa，在炮口处为 32 MPa，也是表面力。

⑤弹带压力，按线性分布假设，即弹带后部等于火药气体压力，弹带前部即为自由表面等于零。这对于塑料弹带来说是允许的。此力作为表面力作用在弹带区。

⑥略去的零件（如引信、定心块等）的相当载荷，其值见表 4 – 11。

表 4 – 11 远程榴弹所受载荷

零件名称	最大膛压时刻/kN	炮口处/kN
引信	92	16.8
定心块	92	16.8
弹带	78	14.3
底凹部	280	51.5
注：这些载荷均作用在相应节点的轴向方向上，系集中力		

（4）计算结果填在图 4 – 3 – 5（最大膛压时）和图 4 – 3 – 6（炮口）上，并可以得出以下结论：

①203 mm 榴弹的弹体材料有两种：一种是 HF – 1 钢，σ_s =930 MPa，δ =6%；另一种是合金钢 σ_s =1171 MPa，δ =15%。发射时弹体等效应力都没有达到屈服极限，强度满足要求。

②由图 4 – 3 – 6 可见，最大等效应力发生在弹底的周边处，这是由于此弹底较薄之故，但也没有超过屈服极限。

③考虑了旋转的影响，并进行炮口处（该处弹丸转速最大）的应力分析。计算结果表明，炮口处的等效应力远小于最大膛压时刻的应力。因此，对一般弹丸强度分析没有必要计算炮口应力，甚至可以略去旋转的影响。

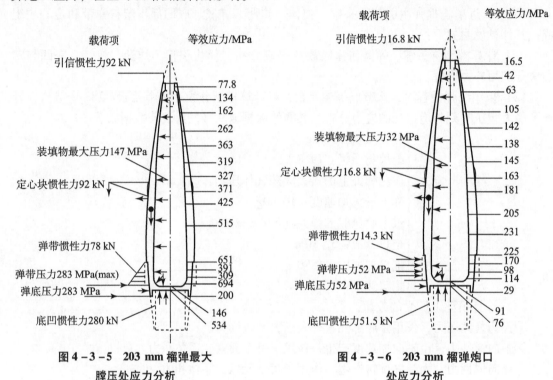

图 4 – 3 – 5　203 mm 榴弹最大　　　　　　图 4 – 3 – 6　203 mm 榴弹炮口
　　　　　膛压处应力分析　　　　　　　　　　　　　　处应力分析

（三）弹带压力的试验与有限元计算

本章第一节中已介绍了弹带压力的试验方法。但这种方法的试验数据处理是依赖于有限元法的计算。

利用图 4 – 1 – 17 试验装置通过试验测出的炮管外表面的应变值，并不能直接用来计算出弹带压力。处理的办法是，先对试验炮管进行有限元计算，假设一定的载荷作用在炮管内表面的某一范围内，例如，作用于图 4 – 3 – 7 所示的 A 段，作为某一段的表面力（也可直接作为某些节点上的等效节点力）处理，然后计算炮管外表面的应变。由于炮管基本上为弹性变形，故外表面上各点的应变与内部载荷呈线性关系。这样就可以做出对应于贴应变片位置的标定曲线，并根据测得的应变值在标定曲线上查出内部载荷值。此载荷即为弹带赋于炮管的压力，其反作用力即为弹带压力。随着弹丸的前进，作用在炮管上的载荷也向下移动。通过对炮管进行多次有限

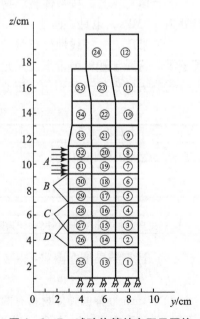

图 4 – 3 – 7　试验炮管的有限元网格

元计算，并使外载作用于 B 段、C 段等，可得出多条标定曲线，最后就可以按照测出的应变值的变化，得出弹带压力的变化过程。

用逐步加载方法，从有限元计算中可以看出结构的变形过程。尤其当发生塑性变形后，可以看出塑性区是如何扩展的。这对于深入了解结构的变形过程是有益的。如在弹带压力作用下弹带区弹体的变形，通过有限元法计算（图 4 - 3 - 8），可看出其塑性变形是从内表面开始逐步向外表面扩展的，然后再向两侧扩展。

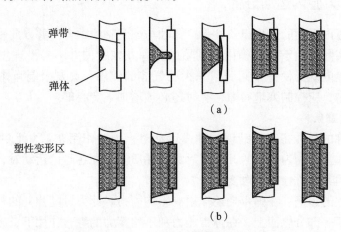

图 4 - 3 - 8　弹带区塑性变形的扩展

（四）脱壳穿甲弹弹托发射应力分析

脱壳穿甲弹（图 4 - 3 - 9）的弹托与弹体可以采用多个环形齿相连，发射时火药气体压力主要作用于弹托上。弹托承受压力后，利用环形齿将力传递给弹体，从而带动弹体一起运动。弹托又由几瓣组成，出炮以后自动分离脱壳。穿甲弹发射时膛压较高，弹托一般多是由铝合金制成，因此应考虑弹托的发射强度。

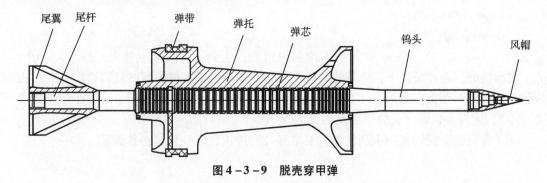

图 4 - 3 - 9　脱壳穿甲弹

对弹托的应力分析，困难之处是弹体与弹托之间的相互作用力难以确定。而采用有限元法计算可以避开此作用力，将弹托与弹体同时考虑。这样它们之间的作用力就可看作内力，在计算中自动形成。

因为环形齿的尺寸较小，计算中可以先对整个模型进行计算，然后再对环形齿部分作局部细节计算。一般将第一次计算结果作为第二次计算的初始条件，这样就可解决零件要求和简化计算的矛盾。

例如，分析 100 mm 脱壳穿甲弹弹托的计算结果，发现弹托上最后 4 个齿将发生塑性变形，而从实弹射击后找回的弹托看出，弹托上最后 3～5 个齿上有塑性变形，说明计算结果与实际基本符合。

第四节　弹丸膛内运动正确性分析

一、旋转弹丸膛内运动分析

旋转弹丸在膛内运动的最理想条件是，弹轴与炮膛轴线重合，并以此轴作为旋转轴，边前进边旋转，但实际上由于不均衡因素的影响，弹丸在膛内并不是沿理想轴线运动的，因此，要求弹丸在膛内既要使弹带起到紧塞火药气体的作用，又要限制弹体上膛线印痕的程度。在弹丸设计中，应控制弹炮间隙，有时还必须增加下定心部。

（一）弹带紧塞条件

当一均衡对称的弹丸在膛内沿理想轴线运动时，膛壁作用在弹丸上的力仅仅是弹带压力。此压力在弹体上是均匀分布的，具有对称的性质。弹丸在膛内运动时，弹带压力的大小随行程而变化，但其对称性并不改变。

由于不均衡性的影响，在弹带处还作用有不均衡力。此力也随弹丸的行程而变化，而且仅作用于弹带的某一部分侧面上，在弹带压力和不均衡力的综合作用下，破坏了弹带区压力的对称性（图 4-1-15）。由图可见，分布在圆周上压力的最小值与最大值分别为

$$\begin{cases} p_{b\ min} = p_b - \dfrac{L}{bD} \\ p_{b\ max} = p_b + \dfrac{L}{bD} \end{cases} \tag{4-4-1}$$

式中　p_b——弹带压力；

L——弹带处的不均衡力；

b——弹带宽度；

D——弹带直径。

由式（4-4-1）可知，弹带处不均衡力越大，造成不对称性也越大。当 $L > p_b bD$ 时，p_{bmin} 成为负值。在此条件下，弹带的某处将与炮膛脱离接触，使弹带的紧塞作用失效，火药气体将由此向外泄漏。如果发生紧塞失效现象，一般出现在最大膛压处（此外对应弹带压力最小），或者炮口处（此处不均衡力最大）。

为了保证弹带能够密闭火药气体，要求弹丸在膛内任意位置都必须满足

$$p_b > \frac{L}{bD} \tag{4-4-2}$$

为此在保证弹丸发射强度的前提下，适当增加弹带压力也是可行的。或者提高弹丸的制造精度，从而减少不均衡力，以便满足密闭条件的要求。

（二）弹体膛线印痕

弹丸在膛内运动是否正确的重要标志之一，是弹体上有否膛线印痕。印痕的分布与深度常作为靶场验收的条件之一。

弹丸在膛内的理想运动情况是，弹体上无论定心部与圆柱部都没有膛线印痕。也就是说，上定心部、圆柱部都与膛线不接触。但实际上，由于装填弹丸时的偏心，以及不均衡因

素的存在，弹丸从入膛一开始就处于非理想情况下。一般弹丸的上定心部都与炮膛有所接触，因而在运动时上定心部将有阳线印痕产生。如果仅在局部位置（圆周的1/3上）有轻微印痕，尚属允许范围内，但印痕过大就说明弹丸膛内运动不够正常。

弹丸定心部（上、下定心部），甚至圆柱部出现膛线印痕的现象，多产生于初速大、身管长的火炮上。尤其对于磨损严重的炮管，此现象更为明显。从弹丸角度分析，产生膛线印痕的原因有以下几点：

（1）弹丸质量偏心较大，因而产生的不均衡力较大，使弹丸的一侧压紧在膛壁上。

（2）弹带相对于弹丸轴线有倾斜，装填时弹丸产生偏斜。

（3）弹丸发射时，上定心部产生膨胀变形。如果膨胀变形过大，超过弹炮间隙，将产生整个圆周上膛线印痕。

因此，膛线印痕的产生，表明弹丸在膛内运动不正确，从而影响弹丸的散布。应当采取各种措施减少弹丸的不均衡因素，并适当减少弹炮之间的间隙，以及规定正确的弹带尺寸。

在减少不均衡力的措施中，增加弹丸下定心部是一种实用的办法。下定心部可以保证弹带比较准确地嵌入膛线，加强弹丸在腔内的定心性。应该指出，下定心部并非弹丸必要的组成部分，如果控制弹丸的制造误差，减少不均衡因素，并不一定要增加下定心部。

（三）定心部与膛壁的间隙

为了便于装填，定心部与膛壁间保持一定的间隙是必要的。如果没有这个间隙，或者间隙值偏小，则将使装填困难，达不到规定的射击速度要求。因此定心部与膛壁之间应具有一个最低限度的保证间隙 $\Delta_{\min}$，即

$$\Delta_{\min} = 0.1 \sim 0.25 \text{ mm}$$

另外，定心部间隙增大，将会引起不均衡力 K、L 增大，并产生一系列不利因素。为此，又必须限制此间隙值在最小限度以内。

对于理想的均衡弹丸来说，此间隙越小越好；但对于实际的不均衡弹丸而言，有一个最适当的间隙值 Δ_{s}。在此情况下，不均衡力最小，而在其他情况下，不均衡力都会增加。Δ_{s} 值可用下式表示，即

$$\Delta_{\text{s}} = k \frac{l_y}{b_1} \xi \tag{4-4-3}$$

式中　ξ——弹丸的偏心距（质心偏离弹轴之距离）；

　　　l_y——弹丸导引部长度；

　　　b_1——弹丸质心至弹带中心之距；

　　　k——取决于弹丸质量分布的系数，它始终小于1而接近于1。

弹炮间隙是通过弹丸定心部公差实现的。若定心部制造公差为 Δ_d，炮膛制造差为 Δ_t，则弹炮最大间隙为

$$\Delta_{\max} = \Delta_{\min} + (\Delta_d + \Delta_t)$$

由于公差不会同时出现最大值，一般取为

$$\overline{\Delta} = \Delta_{\min} + 0.15(\Delta_d + \Delta_t)$$

为了使实际间隙等于最合适间隙，应由下式确定弹丸上定心部公差，即

$$\begin{cases} \Delta_{\min} + 0.15(\Delta_t + \Delta_d) = k\dfrac{l_y}{b_1}\xi \\ \Delta_d = \dfrac{1}{0.15}\Big(k\dfrac{l_y}{b_1}\xi - \Delta_{\min}\Big) - \Delta_t \end{cases} \qquad (4-4-4)$$

一般炮膛的制造公差 $\Delta_t = 0.1 \sim 0.2$ mm，则式（4-4-4）的 Δ_d 即可确定。

（四）炮口精度分析

弹丸在出炮口瞬间，除有向前运动的直线速度外，还存在有侧方速度。侧方速度的大小与方向，对于每次射击来说都不相同，这是造成弹丸产生散布的原因之一。

1. 第一侧方速度

由于弹丸上定心部与炮膛壁之间存在间隙，以及弹丸质量中心不通过其旋转轴，在这种情况下，弹丸质心在膛内的运动轨迹不再是一根理想的直线，而是一条螺旋线。因此，弹丸出炮口时；其质心由于旋转产生一个侧向分速度 W_1，称为第一侧方速度（图4-4-1）。

考虑不利情况，即弹丸的不均衡质量 m_1、m_2 位于同一侧（$\sigma = 0°$），并偏向旋转轴的另一方（图4-4-2）。由于不均衡质量的原因，弹丸质心不在其对称轴上，稍微偏向不均衡质量一侧，于是弹丸质心相对于对称轴的偏心距为

$$\xi' = \frac{m_1 + m_2}{m}r$$

式中　r——弹丸半径；

　　　m——弹丸质量。

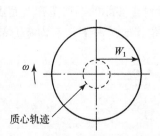

图4-4-1　第一侧方速度

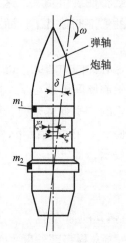

图4-4-2　弹丸的偏心距

又因为弹丸对称轴与旋转轴有倾角 δ，故弹丸质心至旋转轴的距离为

$$\xi = \xi' + \xi'' = \frac{m_1 + m_2}{m}r + \frac{\Delta}{l_y}b_1$$

式中　Δ——弹炮半径上的间隙值。

其第一侧方速度为

$$W_1 = \xi\omega = \Big(\frac{m_1 + m_2}{m}r + \frac{\Delta}{l_y}b_1\Big)\frac{\pi}{\eta r}v_0 \qquad (4-4-5)$$

第一侧方速度的向量位于转轴的横断面上。因为每发弹丸的偏心距都有变动，出炮口瞬时偏心位置也不一样，因此，第一侧方速度每次发射在大小、方向上都不相同。这是影响弹丸散布的原因之一。

2. 第二侧方速度

当弹丸定心部飞出炮口时，上定心部处的不均衡力不再为膛壁所抵消。在弹丸继续向前运动时，此力将使弹丸在子午面（通过弹轴的纵剖面）绕弹带中心回转。这种回转致使弹丸质心产生第二侧方速度（图 4-4-3）。

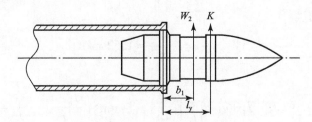

图 4-4-3　弹丸质心的第二侧方速度

以弹带中心为支点，弹丸偏转的运动方程为

$$(J_y + mb_1^2)\frac{\mathrm{d}^2\delta}{\mathrm{d}t^2} = Kl_y \tag{4-4-6}$$

将式（4-4-6）对时间积分，可得

$$(J_y + mb_1^2)\frac{\mathrm{d}\delta}{\mathrm{d}t} = Kl_y t$$

式中　t 指转矩 Kl_y 作用的时间，在数值上等于弹丸上定心部飞出炮口瞬间到弹带出炮口所经过的时间，即

$$t \approx \frac{l_y}{v_0} \tag{4-4-7}$$

将式（4-4-7）代入弹丸偏转运动方程式（4-4-6），并求出回转角速度为

$$\frac{\mathrm{d}\delta}{\mathrm{d}t} = \frac{Kl_y^2}{(J_y + mb_1^2)v_0}$$

故弹丸的第二侧方速度为

$$W_2 = b_1\frac{\mathrm{d}\delta}{\mathrm{d}t} = \frac{Kb_1 l_y^2}{(J_y + mb_1^2)v_0}$$

第二侧方速度的向量位于炮膛的子午面内。每次射击其大小与方向均不相同，这也是引起弹丸散布的原因之一。

3. 弹丸质心侧方速度的合成

弹丸出炮口时，在质心上同时作用两个侧方速度。从以上分析可知，这两个侧方速度在任意情况下都是互相垂直的（图 4-4-4），于是合成的侧方速度为

$$W = \sqrt{W_1^2 + W_2^2}$$

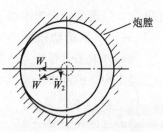

图 4-4-4　侧方速度合成

例 4-13　计算 122 mm 加农炮弹丸的侧方速度及其在最大射程处所引起的横向偏差。已知：弹丸质量 $m = 25$ kg；上

定心部处不均衡质量 $m_1 = 80$ g；弹带处不均衡质量 $m_2 = 60$ g；上定心部与炮膛间的间隙 $\Delta = 0.6$ mm；上定心部与弹带间的距离 $l_y = 155$ mm；质心至弹带的距离 $b_1 = 150$ mm；膛线缠度 $\eta = 25d$；弹丸初速 $v_0 = 800$ m/s；弹丸极转动惯量 $J_x = 0.0539$ kg·m²；弹丸赤道转动惯量 $J_y = 0.6419$ kg·m²；炮口压力 $p_g = 78.4$ MPa；

解：（1）弹丸的偏心距：

$$\xi = \frac{m_1 + m_2}{m} r + \frac{\Delta}{l_y} b_1 = 0.922 \text{ mm}$$

（2）第一侧方速度：

$$W_1 = \xi\omega = \xi \frac{\pi}{r\eta} v_0 = 1.52 \text{ m/s}$$

（3）不均衡力：

$$K = \left[m_1 r + (J_y - J_x + b_1^2 m) \frac{\Delta}{l_y^2} \right] \left(\frac{\pi}{r\eta} \right)^2 v_0^2 + p\pi r^2 \left(\frac{m_1 + m_2}{m} \cdot \frac{r}{l_y} + \frac{\Delta}{l_y^2} b_1 \right)$$

$$= \left[0.08 \times 0.061 + (0.6419 - 0.0539 + 0.15^2 \times 25) \frac{6 \times 10^4}{0.155^2} \right] \times$$

$$\left(\frac{\pi}{0.061 \times 25} \right)^2 \times 800^2 + 78.4 \times 10^{-6} \times \pi \times 0.061^2 \times$$

$$\left(\frac{0.08 \times 0.06}{25} \times \frac{0.061}{0.155} + \frac{6 \times 10^{-4} \times 0.15}{0.155^2} \right)$$

$$= 96.7 \text{ （kN）}$$

（4）第二侧方速度：

$$W_2 = \frac{K b_1 l_y^2}{(J_y + m b_1^2) v_0} = \frac{96729 \times 0.15 \times 0.155^2}{(0.6419 + 25 \times 0.15^2) 800} = 0.36 \text{ （m/s）}$$

（5）侧方速度的合成：

$$W = \sqrt{W_1^2 + W_2^2} = \sqrt{1.52^2 + 0.36^2} = 1.56 \text{ （m/s）}$$

（6）求最大射程处的横向偏差：查射表可知 122 mm 加农炮最大射程为 19800 m，则

$$\Delta x = x \frac{W}{v_0} = 19800 \times \frac{1.56}{800} = 38.6 \text{ （m）}$$

二、迫击炮弹膛内运动分析

迫击炮弹的膛内运动包括迫弹下滑运动与发射时的膛内摆动。分析下滑运动的目的，在于保证迫击炮弹有足够的下滑速度，从而保证发火能量；分析其膛内摆动，从而可确定其弹炮间隙，以得到符合要求的射击精度。

（一）下滑运动分析

大部分迫击炮弹都是从炮口装填的。装填时，迫击炮弹在重力作用下下滑，下滑至膛底时，迫击炮弹的基本药管以一定的速度与固定在膛底的击针相撞而发火。

1. 下滑运动方程

迫击炮弹在下滑中（图 4 - 4 - 5），受的载荷有重力、膛内气体阻力和弹炮之间的摩擦力。迫击炮弹能够下滑到膛底的必要条件是：重力在弹轴上的投影必须大于摩擦力与气体阻

力之和，故其下滑运动方程为

$$m\frac{\mathrm{d}^2x}{\mathrm{d}t^2} = mg\sin\theta_0 - fmg\cos\theta_0 - (p_x - p_0)S$$

$$(4-4-8)$$

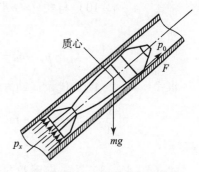

式中　m——迫击炮弹质量；

　　　f——摩擦系数；

　　　p_x——迫击炮弹下滑中膛内气体压力；

　　　p_0——大气压力；

　　　θ_0——迫击炮的射角；

　　　S——迫击炮弹的横断面积。

图 4-4-5　迫击炮弹下滑运动

要解式（4-4-8），必须求出压力差 $p_x - p_0$ 的函数式。可以利用连续方程求解。

为解式（4-4-8），现定义如下符号：

S_0——迫击炮膛的横断面积；

S_1——迫击炮弹与炮膛之间的间隙横断面积，即 $S_1 = S_0 - S$；

ρ_0——大气密度；

ρ_x——迫击炮弹下滑到某处时，膛内气体相应的密度；

l_0——迫击炮弹下滑的全部行程（注意，它不是炮管长度）；

v_p——膛内气体从缝隙中排出的速度。

设在某瞬间 t 迫击炮弹下滑到 x 的位置，经过 $\mathrm{d}t$ 时间后，迫击炮弹继续下滑 $\mathrm{d}x$ 距离。在这段时间内，膛内体积减小 $(S + S_1)\mathrm{d}x$，这一体积容量内的气体质量为 $(S + S_1)\rho_x\mathrm{d}x$。这些气体有一部分 $\alpha\rho_0(v_p\mathrm{d}t + \mathrm{d}x)S_1$ 经过缝隙向外泄出；另一部分 $(S + S_1)(l_0 - x)\,\mathrm{d}\rho_x$ 则留在膛内，使膛内气体密度增加。

根据质量守恒原理，可以得出气体的连续方程为

$$(S + S_1)\rho_x\mathrm{d}x = \alpha\rho_0(v_p\mathrm{d}t + \mathrm{d}x)S_1 + (S + S_1)(l_0 - x)\mathrm{d}\rho_x \qquad (4-4-9)$$

式中　α 为大于 1 的消耗系数，它表示缝隙出口处气体密度为大气密度 ρ_0 的倍数。

将式（4-4-9）等号两边都除以 $\mathrm{d}t$，并考虑到 $\mathrm{d}x/\mathrm{d}t = v$ 为迫击炮弹的下滑速度，而 $\mathrm{d}\rho_x/\mathrm{d}t = v\cdot\mathrm{d}\rho_x/\mathrm{d}x$，故式（4-4-9）可改写为

$$(S + S_1)\rho_x v - (S + S_1)(l_0 - x)v\frac{\mathrm{d}\rho_x}{\mathrm{d}x} = \alpha\rho_0(v_p + v)S_1$$

通常情况下，$v_p \gg v$，可得

$$v_p = \frac{(S + S_1)v\left[\rho_x - (l_0 - x)\dfrac{\mathrm{d}\rho_x}{\mathrm{d}x}\right]}{\alpha\rho_0 S_1} \qquad (4-4-10)$$

另外，根据气体流动的伯努利关系，气体从缝隙中排出的速度 v_p，与两边的压力差 $p_x - p_0$ 的关系，可表示为

$$v_p = \beta\sqrt{\frac{2(p_x - p_0)}{\rho_0}} \qquad (4-4-11)$$

式中　β 为气体流出的速度系数，取决于间隙的大小、气体的黏度、管壁表面粗糙度等，一般由试验决定。

将式（4-4-10）与式（4-4-11）联立，并令 $\mu = \alpha\beta$，可得

$$p_x - p_0 = \frac{(S + S_1)^2 v^2 \left[\rho_x - (l_0 - x)\dfrac{\mathrm{d}\rho_x}{\mathrm{d}x}\right]^2}{2\mu^2 \rho_0 S_1^2} \qquad (4-4-12)$$

将式（4-4-12）代入运动方程式（4-4-8）中，可得

$$m\frac{\mathrm{d}^2 x}{\mathrm{d}t^2} = mg\sin\theta_0 - fmg\cos\theta_0 - \frac{(S + S_1)^2}{2\mu^2 \rho_0 S_1^2}\left[\rho_x - (l_0 - x)\frac{\mathrm{d}\rho_x}{\mathrm{d}x}\right]^2 S\left(\frac{\mathrm{d}x}{\mathrm{d}t}\right)^2$$

$$(4-4-13)$$

式（4-4-13）为一变系数非线性二阶微分方程，由于有 ρ_x 项，故还需要有另外一个方程。

考虑到迫弹下滑比较慢，可以把膛内的气体近似看作等温压缩过程，从而有状态方程，即

$$\frac{\rho_x}{\rho_0} = \frac{p_x}{p_0} \qquad (4-4-14)$$

将式（4-4-12）代入式（4-4-14），可得

$$\frac{\rho_x}{\rho_0} = \frac{(S + S_1)^2 v^2 \left[\rho_x - (l_0 - x)\dfrac{\mathrm{d}\rho_x}{\mathrm{d}x}\right]^2}{2\mu^2 \rho_0 S_1^2 p_0} + 1 \qquad (4-4-15)$$

这样，式（4-4-13）与式（4-4-15）可以用近似逼近法求解。

2. 撞击速度的计算

利用起始条件 $t = 0$，$x = 0$，$\dfrac{\mathrm{d}x}{\mathrm{d}t} = 0$，并用近似逼近法可解出迫击炮弹下滑速度 v 与行程 x 的关系曲线（图4-4-6）。曲线的横坐标表示下滑的相对行程 x/l_0，纵坐标表示下滑速度 v。

由图4-4-6可见，当迫击炮弹开始下滑时，近似为等加速运动。因为这时膛内气体被压缩的程度不大，故对迫击炮弹下滑运动的影响较小。随后，加速度减慢。当运行至

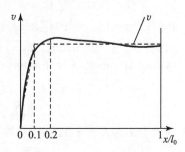

图4-4-6 迫击炮弹下滑曲线

$0.2l_0$ 处，下滑速度达最大值。以后迫击炮弹在膛内继续下滑时，近似为匀速运动，但略有微小的振动。这是因为膛内气体被下滑的弹体压缩后，来不及从缝隙中均匀稳定地泄出。这是一种弹性恢复的趋势造成的。

因此，在求迫击炮弹下滑速度时，可作如下假设。迫击炮弹开始以一定的加速度下滑，在 $0.1l_0$ 处以后，即以等速运动到膛底，如图4-4-6中虚线所示。在等速运动中，可以认为 $\mathrm{d}^2 x/\mathrm{d}t^2 = 0$ 及 $\mathrm{d}\rho_x/\mathrm{d}x = 0$。将这两个条件代入式（4-4-13），可得下滑速度的公式为

$$v_0 = \frac{\rho_0}{\rho_x} \cdot \frac{\mu S_1}{S + S_1}\sqrt{\frac{2mg(\sin\theta_0 - f\cos\theta_0)}{\rho_0 S}} \qquad (4-4-16)$$

由定义可知

$$S_1 = S_0 - S = \pi r^2 - \pi\left(r - \frac{\Delta}{2}\right)^2 = \pi\left(r\Delta + \frac{\Delta^2}{4}\right) \qquad (4-4-17)$$

式中 Δ——炮弹与膛壁之间直径上的间隙。

忽略高阶小量，则式（4-4-17）的 $S_1 = \pi r \Delta$，由于

$$S + S_1 = S_0 = \pi r^2$$

则

$$S = \pi r^2 - \pi r \Delta = \pi r^2 \left(1 - \frac{\Delta}{r}\right)$$

在一般情况下，$\Delta/r \ll 1$，故可认为 $S = \pi r^2$。将各横断面积 S 和 S_1 的计算公式代入式（4-4-16）中，可得

$$v = \mu \frac{\rho_0}{\rho_x} \frac{\Delta}{r^2} \sqrt{\frac{2mg(\sin\theta_0 - f\cos\theta_0)}{\pi \rho_0}} \qquad (4-4-18)$$

式中　ρ_x 可由式（4-4-8）$\left(\text{令其中的} \dfrac{\mathrm{d}^2 x}{\mathrm{d}t^2} = 0\right)$ 确定，即

$$\begin{cases} mg\sin\theta_0 - fmg\cos\theta_0 - (p_x - p_0)S = 0 \\ p_x = \dfrac{mg}{S}(\sin\theta_0 - f\cos\theta_0) + p_0 \end{cases}$$

考虑式（4-4-14），则有

$$\frac{\rho_x}{\rho_0} = \frac{mg}{Sp_0}(\sin\theta_0 - f\cos\theta_0) + 1 \qquad (4-4-19)$$

将式（4-4-19）代入式（4-4-18），得下滑速度的公式为

$$v = \mu \frac{\Delta}{r^2} \left[\frac{mg}{Sp_0}(\sin\theta_0 - f\cos\theta_0) + 1\right]^{-1} \sqrt{\frac{2mg(\sin\theta_0 - f\cos\theta_0)}{\pi \rho_0}}$$

在一般近似计算中，可以假设 $\rho_0/\rho_x = 1$（误差不大于 10%），可得

$$v = \mu \frac{\Delta}{r^2} \sqrt{\frac{2mg(\sin\theta_0 - f\cos\theta_0)}{\pi \rho_0}} \qquad (4-4-20)$$

对于团营的迫击炮弹，$\mu \approx 0.6 \sim 0.8$，摩擦系数 $f = 0.2$。式（4-4-20）表明间隙 Δ 的大小直接影响下滑速度。一般来说，Δ 增大，膛内气体容易泄出，加速度较大；当 Δ 足够大时，甚至不出现等速运动（图中水平段）；Δ 减小，膛内气体不容易泄出，气体受压缩后，下滑运动出现较明显的振动现象，如图 4-4-7 所示。

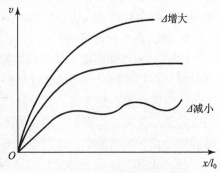

图 4-4-7　Δ 对下滑运动的影响

3. 下滑时间的计算

下滑时间可由图 4-4-6 所示的虚线计算，即

$$t = \frac{0.1 l_0}{\dfrac{v}{2}} + \frac{0.9 l_0}{v} = 1.1 \frac{l_0}{v} \qquad (4-4-21)$$

应在最小射角条件下（通常为 $45°$）计算下滑速度与下滑时间，以保证在最小下滑速度条件下的发火能量。

例 4-14　计算 100 mm 迫击炮弹的下滑速度与下滑时间。已知：迫击炮弹质量 $m = 8$ kg；射角 $\theta_0 = 45°$；下滑行程 $l_0 = 107.9$ cm；定心部与炮膛的直径间隙 $\Delta = 0.625$ mm；空

气密度 $\rho_0 = 1.225 \ \text{kg/m}^3$；大气压力 $p_0 = 9.8 \times 10^4 \ \text{Pa}$。

解：取常数 $\mu = 0.8$，摩擦系数 $f = 0.2$，则

$$\rho_x = \rho_0 \left[\frac{mg}{Sp_0}(\sin \theta_0 - f\cos \theta_0) + 1 \right]$$

$$= 1.225 \left[\frac{8 \times 9.8}{\pi \times 0.05^2 \times 9.8 \times 10^4}(\sin 45° - 0.2\cos 45°) + 1 \right]$$

$$= 1.296 \ (\text{kg/m}^3)$$

下滑速度为

$$v = \mu \frac{\rho_0}{\rho_x} \frac{\Delta}{r^2} \sqrt{\frac{2mg(\sin \theta_0 - f\cos \theta_0)}{\pi \rho_0}}$$

$$= 0.8 \times \frac{1.225}{1.296} \times \frac{0.625 \times 10^{-3}}{0.05^2} \sqrt{\frac{2 \times 8 \times 9.8(\sin 45° - 0.2\cos 45°)}{\pi \times 1.225}}$$

$$= 0.91 \ (\text{m/s})$$

下滑时间为

$$t = 1.1 \times \frac{l_0}{v} = 1.1 \times \frac{1.079}{0.91} = 1.3 \ (\text{s})$$

下滑动能为

$$\frac{1}{2}mv^2 = \frac{1}{2} \times 8 \times 0.91^2 = 3.31 \ (\text{J})$$

而火帽百分之百发火的能量为 1 J，所以能保证正常发火。

（二）膛内摆动分析

发射时，迫击炮弹在膛内同样存在着许多不均衡因素，如质量偏心、弹轴与炮轴不重合、火药气体压力偏心，以及火药气体的不均衡外泄等。但迫击炮弹在膛内不旋转，它的主要表现是膛内的摆动。这种摆动的随机性，将使迫击炮弹的散布增加。

1. 膛内摆动的原因

（1）火药气体不均匀外泄。迫弹下滑时一般是贴在膛壁下方，而在膛壁上方形成间隙。发射时，火药气体以一定的速度从间隙中流出。根据伯努利原理，在气体流出的一方压力将下降，这样在迫击炮弹定心部处将产生压力差，使迫击炮弹向上摆动。当摆动超过中心后，间隙的偏心位置发生变化，同样的原因又使迫击炮弹往回摆动。所以在这种情况下，迫击炮弹的摆动具有振动性质，其定心部不与膛壁接触。

（2）火药气体压力作用线不通过质心，以及质心不在对称轴上等原因，产生使迫击炮弹朝某固定方向摆动的力矩。此力矩使迫击炮弹向膛壁的某一方向紧靠。但由于膛内运动时间极短，也有可能在其出炮口时仍未达到对面膛壁。这种情况将使弹丸出炮口时产生侧方速度，影响射击精度。

2. 迫击炮弹的摆动力矩

（1）由火药气体径向压力差引起力矩 M_n，此力矩与下列因素有关：

①相对间隙 Δ/r 越大，引起径向压力差也越大。

②火药气体的压力值 p。

③弹尾部与圆柱部的子午面积 $\gamma l_y r$（l_y 为导引部长，γ 为取决于弹尾部形状的系数）。

④间隙的偏心性 $\Delta\varphi = \left(\dfrac{1}{2}\varphi_{\max} - \varphi\right)$。其中，$\varphi$ 表示任意

位置弹炮中心线的夹角，最大情况为 $\varphi_{\max}$，即 $\varphi_{\max} = \dfrac{\Delta}{l_y}$。

当弹炮夹角为 $\varphi_{\max}/2$ 时，两边间隙相等，即无偏心性（图 4 - 4 - 8）。因此，间隙的偏心性可用

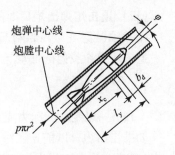

图 4 - 4 - 8　迫击炮弹在膛内的位置

$$\Delta\varphi = \frac{1}{2}\varphi_{\max} - \varphi$$

计算。显然，当 $\varphi = 0°$ 或 $\varphi = \varphi_{\max}$ 时，间隙有最大的偏心性。因为 $\Delta\varphi$ 具有正负的区别，结果造成迫击炮弹来回摆动。

将上述几个因素用关系式表示，并改变比例常数，可得

$$M_n = \beta\pi p l_y^2\left(\frac{1}{2}\varphi_{\max} - \varphi\right)\Delta \tag{4-4-22}$$

式中　β——比例系数。

（2）由火药气体合力不通过质心引起的力矩 M_B。与旋转弹情况相似，迫击炮弹质量偏离弹丸对称轴的距离为 ξ'，火药气体合力与迫击炮弹定心部中心距离为 ξ''，ξ'' 与间隙 Δ 成正比，也与间隙的偏心性 $\Delta\varphi$ 成正比。可以看出，当迫击炮弹摆到中心位置时 $\Delta\varphi = 0°$，这时 $\xi'' = 0$，所以可写成以下关系式，即

$$\xi'' = \alpha\Delta\varphi \cdot \Delta = \alpha\left(\frac{\varphi_{\max}}{2} - \varphi\right)\Delta$$

式中　α——比例系数。

在最不利的情况下，由合力至质心的距离为

$$\xi = \xi' + \xi''$$

火药气体合力不通过质心时所引起的力矩为

$$M_B = p\pi r^2\xi = p\pi r^2\left[\xi' + \alpha\left(\frac{\varphi_{\max}}{2} - \varphi\right)\Delta\right] \tag{4-4-23}$$

（3）总的力矩。在最不利情况下，M_B 与 M_n 在同一方向上，则总的力矩为

$$\begin{aligned}
M &= M_n + M_B \\
&= \beta\pi p l_y^2\left(\frac{1}{2}\varphi_{\max} - \varphi\right)\Delta + p\pi r^2\left[\xi' + \alpha\left(\frac{\varphi_{\max}}{2} - \varphi\right)\Delta\right] \\
&= p\pi r^2\left\{\xi' + \Delta\left[\alpha + \beta\left(\frac{l_y}{r}\right)^2\right]\left(\frac{\varphi_{\max}}{2} - \varphi\right)\right\}
\end{aligned}$$

令

$$\xi_1 = \Delta\left[\alpha + \beta\left(\frac{l_y}{r}\right)^2\right]\left(\frac{\varphi_{\max}}{2} - \varphi\right)$$

则

$$M = p\pi r^2(\xi' + \xi_1) \tag{4-4-24}$$

由此可见，使迫击炮弹在膛内摆动的力矩是由于迫击炮弹本身的质量偏心和间隙的偏心性引起的。

（三）迫击炮弹出炮口时的摆动角速度和侧方速度

1. 迫击炮弹在膛内摆动而引起出炮口处的摆动角速度 ω_1

迫击炮弹在膛内的摆动运动方程为

$$J_y' \frac{\mathrm{d}\omega}{\mathrm{d}t} = p\pi r^2 (\xi' + \xi_1) \qquad\qquad (4-4-25)$$

式中 J_y'——以定心凸起为支点的迫击炮弹转动惯量。

如果在出炮口以前，还没有来得及由初始位置摆动到最终位置（由炮膛的一方摆到另一方），这时迫击炮弹出炮口后将产生摆动角速度。

考虑最不利情况，即迫击炮弹刚好从一方摆到靠近另一方的极限位置即出炮口时，迫击炮弹的角速度变化为

$$\int_0^{\omega_1} J_y' \mathrm{d}\omega = \int_0^{T_1} p\pi r^2 \xi' \mathrm{d}t + \int_0^{T_1} p\pi r^2 \xi_1 \mathrm{d}t$$

式中 T_1——发射时迫击炮弹在膛内运动的时间。

对于所考虑的特殊条件，由于 ξ_1 的周期性，即

$$\int_0^{T_1} p\pi r^2 \xi_1 \mathrm{d}t = 0$$

且

$$\int_0^{T_1} p\pi r^2 \mathrm{d}t = mv_0$$

故

$$\omega_1 = \frac{\xi' mv_0}{J_y'} \qquad\qquad (4-4-26)$$

将 $J_y' = J_y + m(x_c^2 + r^2)$ 代入式（4-4-26），可得

$$\omega_1 = \frac{\xi' mv_0}{J_y + m(x_c^2 + r^2)} \qquad\qquad (4-4-27)$$

式中 J_y——迫击炮弹的赤道转动惯量；

x_c——质心至尾翼底面距离；

r——迫击炮弹半径。

由此产生的第一侧方速度为（图4-4-9）

$$W_1 = \omega_1 \sqrt{x_c^2 + r^2} \qquad (4-4-28)$$

2. 由火药气体后效引起的摆动角速度 ω_2

当迫击炮弹定心部下缘飞出炮口后，弹尾部仍然受到火药气体后效力的作用。这个作用力在迫击炮弹尾翼底面脱离炮口后消失。为了简化，将火药气体后效作用对迫击炮弹产生的平均转矩近似为

$$M_2 = p_{cp}\pi r^2 \xi' = \frac{1}{2} p_g \pi r^2 \xi'$$

由 M_2 引起迫击炮弹摆动的摆动方程为

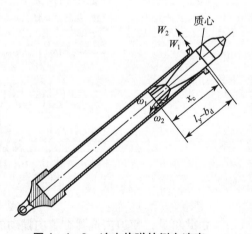

图4-4-9 迫击炮弹的侧方速度

$$J'_y \frac{\mathrm{d}\omega}{\mathrm{d}t} = M_2 = \frac{1}{2} p_\mathrm{g} \pi r^2 \xi' \qquad (4-4-29)$$

积分式（4-4-29），即

$$\int_0^{\omega_2} J'_y \mathrm{d}\omega = \frac{1}{2} p_\mathrm{g} \pi r^2 \xi' \int_0^{T_2} \mathrm{d}t$$

式中　T_2——由迫击炮弹定心部下缘出炮口起，至弹尾底面出炮口止所需要的时间。

这段时间近似为

$$T_2 = \frac{l_\mathrm{y} - b_\mathrm{d}}{v_0}$$

式中　l_y——导引部全长；

$\quad\quad b_\mathrm{d}$——定心部宽度。

则旋转角速度为

$$\omega_2 = \frac{1}{2} \frac{p_\mathrm{g} \pi r^2 \xi' (l_\mathrm{y} - b_\mathrm{d})}{J'_y v_0} = \frac{1}{2} \frac{p_\mathrm{g} \pi r^2 \xi' (l_\mathrm{y} - b_\mathrm{d})}{[J_y + m(x^2 + r^2)] v_0}$$

由此产生的第二侧方速度为

$$W_2 = \omega_2 \sqrt{x_\mathrm{c}^2 + r^2} \qquad (4-4-30)$$

其总的侧方速度为两者代数和，即

$$W = W_1 + W_2$$

（四）弹炮间隙值的确定

1. 满足发火可靠性的最小间隙 Δ_1

为了保证基本药管中的底火碰击迫击炮固击针时可靠作用，迫击炮弹下滑的碰击动能必须满足

$$\frac{1}{2} mv^2 \geqslant kE \qquad (4-4-31)$$

式中　v——迫击炮弹下滑至膛底的速度；

$\quad\quad E$——使底火百分之百起作用的碰击能量；

$\quad\quad k$——保证可靠发火的储备系数，一般取 $k = 2$。

将式（4-4-18）代入式（4-4-31），则可得满足发火可靠性的最小间隙为

$$\Delta_1 \geqslant \frac{r^2}{\mu m} \cdot \frac{\rho_x}{\rho_0} \sqrt{\frac{\pi k \rho_0 E}{g(\sin \theta_0 - f \cos \theta_0)}} \qquad (4-4-32)$$

在计算中应取最小射角。

2. 满足一定射速的最小间隙 Δ_2

迫击炮弹的射速取决于发射一发炮弹的循环时间 T。其中包括瞄准手和装填手工作时间 t_1，迫击炮弹下滑时间 t_2，以及发射时迫击炮弹在膛内的运动时间 t_3，即

$$T = t_1 + t_2 + t_3$$

t_3 一般很小，只有千分之几秒，故迫击炮弹的射速为

$$n = \frac{60}{T} = \frac{60}{t_1 + t_2} \quad （发/min）$$

对不同的迫击炮，要求射速不同。为满足一定射速要求，应限制 t_1 与 t_2。而一般 t_1 可

以通过技术训练达到，t_2 则与间隙 Δ 有关。由下滑时间关系可知

$$t_2 = 1.1\frac{l_0}{v} = \frac{60 - nt_1}{n} \qquad (4-4-33)$$

将式（4-4-18）代入式（4-4-33），则可得满足一定射速的最小间隙值为

$$\Delta_2 = 1.1\frac{nl_0 r^2}{\mu(60 - nt_1)} \cdot \frac{\rho_x}{\rho_0}\sqrt{\frac{\pi\rho_0}{2mg(\sin\theta_0 - f\cos\theta_0)}}$$

3. 满足摆动要求的最大间隙 Δ_3

迫击炮弹在膛内摆动过程中，若来不及摆到膛壁对面，将会产生第一侧方速度。为了消除或减少这种不利影响，其间隙值不能太大。由式（4-4-25）略去 ξ_1 的影响，可得

$$J'_y\frac{\mathrm{d}^2\varphi}{\mathrm{d}t^2} = p\pi r^2\xi' \qquad (4-4-34)$$

积分式（4-4-34），可得

$$J'_y\frac{\mathrm{d}\varphi}{\mathrm{d}t} = \int_0^t p\pi r^2\xi'\mathrm{d}t = mv\xi'$$

再积分上式，并考虑 $v\mathrm{d}t = \mathrm{d}l$，可得

$$J'_y\int_0^{\varphi_0}\mathrm{d}\varphi = m\xi'\int_0^{l_0}\mathrm{d}l$$

故

$$\varphi_0 = \frac{m\xi'}{J'_y}l_0 \qquad (4-4-35)$$

将 $J'_y = J_y + m(x_c^2 + r^2)$ 代入式（4-4-35），可得

$$\varphi_0 = \frac{m\xi'l_0}{J_y + m(x_c^2 + r^2)}$$

已知 $\varphi_0 = \dfrac{\Delta}{l_y}$，则满足摆动要求的最大间隙为

$$\Delta_3 \leqslant l_0 l_y\frac{m\xi'}{J_y + m(x_c^2 + r^2)} \qquad (4-4-36)$$

Δ_3 表示在此间隙条件下，迫击炮弹刚好摆到对面膛壁上再出炮口。这样就可减少或消除第二侧方速度。

4. 最有利间隙值的确定

从以上分析可以看出，最有利间隙应当大于 Δ_1 和 Δ_2，同时应小于 Δ_3。它通过调整迫击炮弹定心部尺寸的公差来达到。当上述条件不能同时满足时，首先应当满足 Δ_1 条件，因为它是保证发火所必要的。

（五）定心部的结构尺寸

迫击炮弹的定心部一般位于圆柱部上，其长度最好应等于圆柱部长度。大容积迫击炮弹一般有两个定心部，即上定心部与下定心部（图4-4-10）。

1. 定心部直径

设炮膛的名义直径为 d，其公差范围为 e_k，则炮管的最大直径

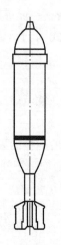

图4-4-10 大容积迫击炮弹

为 $d+e_k$，最小直径为 d，实际上加工出的炮管平均直径为 $d+0.2e_k$。又设迫击炮弹定心部最大直径为 d_{max}，公差范围为 e_m，则定心部最小直径为 $d_{max}-e_m$，而实际加工出的炮弹的平均尺寸大致为 $d_{max}-0.2e_m$，弹炮直径之差即为最有利间隙，即

$$(d+0.2e_k)-(d_{max}-0.2e_m)=\Delta$$

故迫击炮弹定心部直径的最大尺寸为

$$d_{max}=d+0.2(e_k+e_m)-\Delta$$

此式中的 Δ 值应取上述最有利间隙值。

2. 定心凸起部的尺寸

定心凸起部是尾翼片边缘的凸起部分（图 4-4-11），它在膛内也起定心的作用。

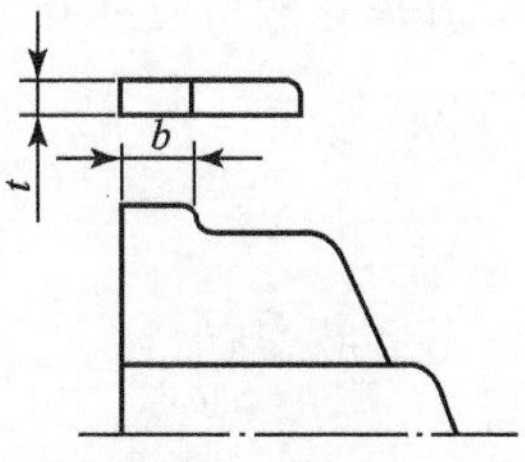

定心凸起部的宽度 b 应保证其本身的强度。在最不利的情况下，是认为某一个定心凸起的接触面完全承受了炮膛的反作用力。炮弹在膛内所承受的膛壁反作用力为

$$F_m=\frac{M}{l_y}=\frac{p\pi r^2\xi'}{l_y}$$

则定心凸起部上的应力为

$$\sigma=\frac{F_m}{bt}=p\pi r^2\frac{\xi'}{btl_y}$$

式中　b——定心凸起部宽度；

　　　t——尾翼片厚度。

由强度条件 $\sigma\leqslant\sigma_{0.2}$，可以得出定心凸起部宽度应为

$$b\geqslant p\pi r^2\frac{\xi'}{l_yt\sigma_{0.2}}$$

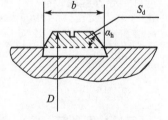

图 4-4-11　尾翼片上的凸起部

第五节　弹带设计

弹带设计主要是对已定结构进行校核计算，即先选择若干尺寸，然后通过某些校核计算来加以确定。需要确定的尺寸有：弹带直径 D，弹带宽度 b，倾角 α_h，如图 4-5-1 所示。除此以外，还需确定弹带的数目、弹带的位置和弹带的断面形状等。

在以下的校核计算中采用弹带等效宽度的概念。弹带等效宽度为

$$B=\frac{S_d}{t_s} \qquad (4-5-1)$$

式中　S_d 为弹带的承压面积，即嵌入膛线以前弹带暴露部分的断面积，如图 4-5-1 中所示的阴影面积；t_s 为膛线深度。

由此可见，弹带的等效宽度相当于弹带嵌入膛线以后弹带的宽度，但没有考虑弹体的变形，弹带被挤压、剪切部分，也没有考虑膛线缠角的影响。

图 4-5-1　弹带的尺寸

一、弹带的膛内性能

发射时，弹带应具有一定强度，能承受导转侧压力的作用，而不能被压坏或剪切；在膛内运动过程中，其磨损不能过大，否则会破坏闭气性能。

（一）抗压强度

在导转侧力 N 作用下，弹带凸起部受有压力，其承受力的面积为 Bt_s，故弹带上压应力为

$$\sigma = \frac{N}{Bt_s}$$

对于等齐膛线有

$$N = p \, \frac{\pi}{n} \cdot \frac{J_x}{m} \tan \alpha \qquad (4-5-2)$$

则

$$\sigma = \frac{p}{Bt_s} \cdot \frac{\pi}{n} \cdot \frac{J_x}{m} \tan \alpha \qquad (4-5-3)$$

式中　p——膛压（这里仍用计算压力）；

　　　J_x——弹丸极转动惯量；

　　　α——膛线缠角。

弹带的强度条件式为

$$\sigma \leqslant \sigma_b$$

式中　σ_b——弹带材料的强度极限。

（二）抗剪强度

弹带嵌入膛线后，每一个弹带凸起部都将受到剪切应力（图4-5-2）作用，即

$$\tau = \frac{N}{Bb_1}$$

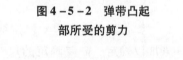

图4-5-2　弹带凸起部所受的剪力

式中　b_1——膛线的阴线宽。

对于等齐膛线，有

$$\tau = \frac{p}{Bb_1} \cdot \frac{\pi}{n} \cdot \frac{J_x}{m} \tan \alpha \qquad (4-5-4)$$

其剪切强度条件为

$$\tau \leqslant \frac{\sigma_b}{2}$$

（三）抗磨强度

弹丸在膛内运动时，弹带凸起部与膛线激剧摩擦而产生磨损。当磨损过大时，将会影响弹带的正常作用，这对于高初速火炮尤其明显。

以摩擦比功 a 作为抗磨强度的特征数。摩擦比功是指每一弹带凸起部在单位面积上所受的摩擦功。

弹带凸起部与膛线导转侧之间的摩擦力为

$$F = fN$$

式中　f——钢与铜的摩擦系数。

弹丸在膛内运动的整个行程 l_g 的摩擦功为

$$T = \int_0^{l_g} fN \frac{\mathrm{d}l}{\cos \alpha}$$

式中　l_g——炮管中膛线部分长度。

故摩擦比功为

$$a = \frac{T}{t_s B} = \frac{f}{t_s B \cos \alpha} \int_0^{l_g} N \mathrm{d}l \tag{4-5-5}$$

将式（4-5-2）代入式（4-5-5），可得

$$a = \pi \frac{f \tan \alpha}{t_s B n \cos \alpha} \cdot \frac{J_x}{m} \int_0^{l_g} p \mathrm{d}l$$

由于

$$\int_0^{l_g} p \pi r^2 \mathrm{d}l = \frac{1}{2} m v_0^2$$

故

$$a = J_x \frac{v_0^2}{2r^2} \cdot \frac{f \tan \alpha}{n t_s B \cos \alpha} \tag{4-5-6}$$

弹带的抗摩强度条件为

$$a \leqslant [a]$$

式中　$[a]$ 为容许的摩擦比功，它可由相近的制式弹丸的摩擦比功来取值（表4-12）。

表4-12　各种弹丸的摩擦比功

火　炮	$a/((\mathrm{N} \cdot \mathrm{m}) \cdot \mathrm{m}^{-2})$	火　炮	$a/((\mathrm{N} \cdot \mathrm{m}) \cdot \mathrm{m}^{-2})$
37 mm 高射炮榴弹	34×10^6	100 mm 加农炮榴弹	48×10^6
57 mm 高射炮榴弹	22×10^6	122 mm 加农炮榴弹	50×10^6
100 mm 高射炮榴弹	50×10^6	130 mm 加农炮榴弹	44×10^6
57 mm 反坦克炮榴弹	32×10^6	152 mm 加农炮榴弹	82×10^6
85 mm 加农炮榴弹	91×10^6		

二、弹带的膛外性能

当弹丸出炮口后，离心力的作用可能将弹带从弹体上撕开。这就会影响弹丸在空中飞行时的外弹道性能。克服弹带撕破的抗力取决于弹带的连接强度。目前，广泛使用的弹带有两种形式：小口径弹丸多采用环状弹带毛坯压入矩形弹带槽内；中大口径弹丸多采用条状弹带毛坯压入燕尾形弹带槽内。对于这两种弹带的连接强度分别按如下方法校核。

（1）矩形槽弹带（图4-5-3）的连接强度的计算方法：在环形弹带上，坐标位置为 φ 角处，取质量为 $\mathrm{d}m$ 的扇形微元体，则此微元体在出炮口瞬间的离心力为

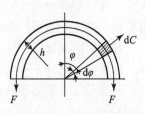

图4-5-3　矩形槽弹带

$$dC = dmr_{cp}\omega_0^2 \qquad\qquad (4-5-7)$$

式中　r_{cp}——出炮口时弹带的平均半径；

　　　ω_0——出炮口时弹丸角速度。

由于

$$\omega_0 = \frac{\pi}{\eta r}v_0 \qquad\qquad (4-5-8)$$

和

$$dm = Bhr_{cp}\rho_b d\varphi \qquad\qquad (4-5-9)$$

将式 $(4-5-8)$ 和式 $(4-5-9)$ 代入式 $(4-5-7)$，并考虑到 $r_{cp} \approx r$，可得

$$dC = Bh\frac{\pi^2}{\eta^2}\rho_b v_0^2 d\varphi$$

式中　h——弹带厚度；

　　　ρ_b——弹带密度。

则由离心力在弹带断面上产生的撕破力为

$$F = \int_0^{\frac{\pi}{2}}\cos\varphi dC = Bh\rho_b\frac{\pi^2 v_0^2}{\eta^2} \qquad\qquad (4-5-10)$$

撕破力 F 在弹带断面上产生的应力为

$$\sigma = \frac{F}{S} \qquad\qquad (4-5-11)$$

式中　S 应当取弹带的最弱断面，其表达式为

$$S = B(h - t_s) \qquad\qquad (4-5-12)$$

由式 $(4-5-10) \sim$ 式 $(4-5-12)$，可得

$$\sigma = \frac{\pi^2 v_0^2 \rho_b}{\eta^2} \cdot \frac{h}{h-t_s} \qquad\qquad (4-5-13)$$

弹带的连接强度条件式为

$$\sigma \leqslant [\sigma]$$

式中　$[\sigma]$ 为弹带金属的许用压应力，它的值是根据弹带金属的强度极限 σ_b 和弹带强度的储备系数确定的。储备系数一般为 $1.6 \sim 2.0$。所以弹带连接强度条件式为

$$(1.6 \sim 2.0)\frac{\pi^2 v_0^2 \rho_b}{\eta^2} \cdot \frac{h}{h-t_s} < \sigma_b \qquad\qquad (4-5-14)$$

（2）燕尾槽弹带的连接强度计算。燕尾槽弹带一般是由条状毛坯压入的。条状毛坯压入后，其两端经过多次锻压而连接在一起，所以其连接处是弹带的最薄弱环节。根据有关技术要求，弹丸射击后，条状毛坯弹带在接缝处的分离不能超过 0.5 mm。

在计算燕尾槽弹带的连接强度时，假设作用在弹带上的离心力全部由燕尾槽的斜面所支撑，而在弹带内部不产生圆周切线方向的拉伸应力。

从弹带压合的接触断面开始，取一个单位长度的单元体（图 $4-5-4$），则单元体的质量为

$$m' = Bh\rho_b \qquad\qquad (4-5-15)$$

其离心力为

$$C = m' r_{cp} \omega_0^2 \qquad (4-5-16)$$

将式（4-5-8）和式（4-5-15）代入式（4-5-16），并考虑到 $r_{cp} \approx r$，则单元体的离心力为

$$C = Bh \frac{\pi^2 v_0^2 \rho_b}{\eta^2 r}$$

根据上面假设，受离心力作用的弹带单元体，可以看作为一个两端简支并受均布载荷的矩形梁（图4-5-5）。为了保证弹带的连接强度，此矩形梁必须保持一定的抗压强度（在支撑面处）、抗剪强度（在 m—m 和 n—n 断面处）和抗弯强度。

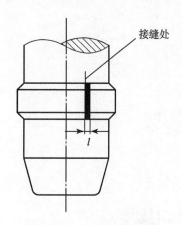

图 4-5-4　弹带单元体

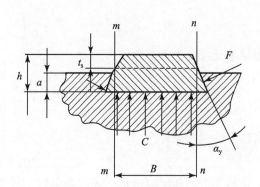

图 4-5-5　弹带单元的受力

（1）抗压强度校核。由图4-5-5可知，支撑面的法向反力为

$$F = \frac{C}{2} \cdot \frac{1}{\sin \alpha_y} = \frac{Bh}{2} \cdot \frac{\pi^2 v_0^2 \rho_b}{\eta^2 r \sin \alpha_y}$$

其支撑面积为

$$S = a \frac{1}{\cos \alpha_y}$$

支撑面上的压应力为

$$\sigma = \frac{F}{S} = \frac{1}{2} \frac{Bh \rho_b}{a \tan \alpha_y} \cdot \frac{\pi^2 v_0^2}{\eta^2 r} \qquad (4-5-17)$$

式中　a——燕尾槽深度；

　　α_y——燕尾槽斜面倾角。

为了不被压坏，单元体上的压应力应小于或等于弹带金属材料的强度极限，即

$$\sigma \leqslant \sigma_b$$

（2）抗剪强度校核。单元体在 m—m 断面与 n—n 断面上剪应力为

$$\tau = \frac{C}{2a} = \frac{Bh \rho_b}{2a} \cdot \frac{\pi^2 v_0^2}{\eta^2 r} \qquad (4-5-18)$$

为了不被剪断，单元体上的剪应力应该小于或等于弹带金属材料的许用剪应力 $[\tau]$，即

$$\tau \leqslant [\tau]$$

式中 $[\tau]$ 值通常可以取弹带金属强度极限 σ_b 值的 $1/2$。

（3）抗弯强度校核。如果把弹带单元体看成一个受均布载荷 C' 的梁，则最大弯矩 M 可由简支梁条件得出。由于

$$C' = \frac{C}{B \times 1}$$

则

$$M = \frac{C'B^2}{8} = \frac{CB}{8}$$

弹带单元体的平均厚度为 $h - \dfrac{t_\mathrm{s}}{2}$，它的断面弯矩为

$$W = \frac{1}{6}\left(h - \frac{t_\mathrm{s}}{2} \right)^2 \times 1$$

故弹带单元部分最大弯曲应力为

$$\sigma_\mathrm{p} = \frac{M}{W} = \frac{3}{4} \cdot \frac{B^2 h \rho_\mathrm{b}}{\left(h - \dfrac{t_\mathrm{s}}{2} \right)^2} \cdot \frac{\pi^2 v_0^2}{\eta^2 r} \tag{4-5-19}$$

抗弯强度的强度条件为

$$\sigma_\mathrm{p} \leqslant \sigma_\mathrm{b}$$

尾槽弹带必须同时满足上述三个条件，才能达到弹带的性能要求。

三、弹带尺寸的确定

（一）弹带宽度 b

首先由式（4-5-3）、式（4-5-4）和式（4-5-6）计算出弹带的等效宽度 $B_1 \sim B_3$；然后在三者中取最大值作为设计值，再由等效宽度求出弹带凸起部的承压面积；最后选择适当的弹带形状即可得出弹带宽度 b。

（二）弹带的位置

弹带的位置是相对弹底而言的。从弹体强度考虑，弹带的位置应当越靠近弹底越好。这样安置，由于有弹底的支撑，弹体壁上的变形大为减小，所以底凹式榴弹或带曳光药室的小口径榴弹，其弹带均位于中间底附近。但实际上并非所有弹丸其弹带都能安置在弹底处，这是因为还需要考虑以下情况：

（1）定装式弹丸需要与药筒相连接，弹带后面的弹体长度应该为药筒提供足够的支撑面。在支撑面上还要加工 1~2 个紧口槽。所以弹带的位置距弹底不能太近。对于具有尾锥部的弹丸，弹尾圆柱部也应保证有 1/4 倍口径（$d/4$）的长度。

（2）从膛内运动正确性分析来看，如果弹带位于质心处，将会使运动较为平稳。弹带离弹丸质心越远，对弹丸起始章动的影响越大。故从膛内运动的观点看，弹带不宜离质心太远。

（三）弹带的厚度

弹带的厚度 h 在弹带外径确定以后将取决于弹带槽的深度。弹带槽不宜过深，以保证弹

带的连接强度为准。

　　对于矩形槽的弹带，其厚度由式（4 – 5 – 13）所确定，对于燕尾槽的弹带，其厚度由式（4 – 5 – 17）、式（4 – 5 – 18）和式（4 – 5 – 19）确定，应取同时满足这三个公式的 h 值。

　　如采用堆焊弹带，则需要确定其外径，而弹带厚度就自然确定了。

第五章

弹丸的飞行性能设计

为了保证弹丸良好的飞行性能，弹丸必须具有最佳的空气动力外形，确实可靠的飞行稳定性，此外，弹丸还应具有尽可能小的散布。这些都是弹丸飞行性能设计要涉及的基本内容。

第一节　弹丸空气动力和力矩的计算

弹丸在飞行中，受到空气动力的作用。空气动力的大小主要取决于弹丸外形、弹丸飞行速度及飞行姿态。空气动力本身又将影响弹丸的射程、飞行稳定性及散布特征。因此，必须很好地考虑作用在弹丸上的空气动力。目前，由空气动力学理论得出了各种计算方法与试验数据，可在一定条件下，对弹丸的空气动力及其力矩做出初步估计。

一、空气动力和力矩

如图 5 - 1 - 1 所示，通过弹丸质心建立右手笛卡儿坐标系 $Oxyz$。Ox 轴与弹丸的速度 v 一致，但指向相反。Ox 轴与弹轴之夹角称为章动角（或攻角），相应的平面称为阻力面。Oy 轴在阻力面内，与 Ox 轴垂直；Oz 轴则与阻力面垂直。

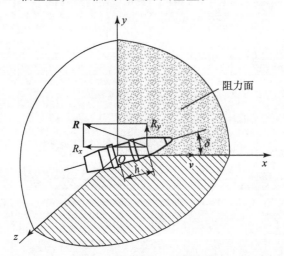

图 5 - 1 - 1　作用在弹丸上的空气动力

作用在弹丸上的空气动力 R 可在各坐标方向上进行投影。在 Ox 轴方向上的分量称为正面阻力，以 R_x 表之；在 Oy 轴方向上的分量称为升力，以 R_y 表之；在 Oz 轴方向上的分量称为侧向力，以 R_z 表之。在一般情况下，弹丸都有正面阻力；如有攻角，也有升力。对于旋转弹丸，当存在攻角时，还将出现侧向力，即马格努斯力。

按照空气动力学理论，上述空气动力可以表示为

$$\begin{cases} R_x = \dfrac{\rho v^2}{2} S C_x \\[2mm] R_y = \dfrac{\rho v^2}{2} S C_y \\[2mm] R_z = \dfrac{\rho v^2}{2} S C_z \end{cases} \qquad (5-1-1)$$

式中　ρ——空气密度，

　　　S——弹丸最大横截面积，

　　　v——弹丸飞行速度；

　　　C_x——正面阻力系数，

　　　C_y——升力系数；

　　　C_z——侧向力（或马格努斯力）系数。

阻力系数 C_x、C_y、C_z 又与弹丸飞行马赫数、弹丸形状及章动角有关，并可近似写成

$$\begin{cases} C_x = C_{x0}(1 + k\delta^2) \\[2mm] k = \dfrac{C'_y}{C_{x0}} \\[2mm] C_y = C'_y \delta \\[2mm] C_z = C'_z \cdot \delta \cdot \left(\dfrac{\omega_r d}{v} \right) \end{cases}$$

式中　δ——弹丸章动角；

　　　C_{x0}——零章动角正面阻力系数；

　　　ω_r——弹丸自转角速度；

　　　d——弹丸直径；

　　　k，C'_y，C'_z——取决于弹丸形状及飞行马赫数的函数。

若 k、C'_y、C'_z 之值已知，则作用在弹丸上的空气动力即可求得。

从工程计算的角度出发，式（5-1-1）也可写为

$$\begin{cases} R_x = m b_x v^2 \\[2mm] R_y = m b_y v^2 \delta \\[2mm] R_z = m b_z v \omega_r \delta \end{cases} \qquad (5-1-2)$$

式中　m——弹丸质量；

　　　b_x，b_y，b_z——相应阻力项的系数。

联立式（5-1-1）和式（5-1-2），可得

$$\begin{cases} b_x = \dfrac{\rho S}{2m} C_x' \\[2mm] b_y = \dfrac{\rho S}{2m} C_y' \\[2mm] b_z = \dfrac{\rho S}{2m} C_z' d \end{cases} \qquad (5-1-3)$$

同理，在弹丸上还作用有下列空气动力矩：由 R_x、R_y 引起的弹丸质心的翻转力矩 M_z，其指向与 Oz 轴方向一致（当为反向时，即为稳定力矩）；由 R_z 引起的马格努斯力矩 M_y。此外，当弹丸绕赤道轴摆动时，有赤道阻尼力矩 M_{zz} 和弹丸自转时的轴向阻尼力矩 M_{xz}。这些空气动力矩可以表示为

$$\begin{cases} M_z = \dfrac{\rho v^2}{2} S l m_z \\[2mm] M_y = \dfrac{\rho v^2}{2} S l m_y \\[2mm] M_{zz} = \dfrac{\rho v^2}{2} S l m_{zz} \\[2mm] M_{xz} = \dfrac{\rho v^2}{2} S l m_{xz} \end{cases} \qquad (5-1-4)$$

式中　l——特征长度或弹丸全长；

　　　m_z，m_y，m_{zz}，m_{xz}——相应的力矩系数，它们可表示为

$$\begin{cases} m_z = m_z' \delta \\[2mm] m_y = m_y' \delta \left(\dfrac{\omega_r d}{v} \right) \\[2mm] m_{zz} = m_{zz}' \left(\dfrac{\omega_\varphi d}{v} \right) \\[2mm] m_{xz} = m_{xz}' \left(\dfrac{\omega_r d}{v} \right) \end{cases} \qquad (5-1-5)$$

式中　ω_φ——弹丸绕赤道轴的摆动角速度；

　　　m_y'，m_z'，m_{zz}'，m_{xz}'——取决于弹丸形状及飞行马赫数的力矩系数。

同理，也可将空气动力矩写为

$$\begin{cases} M_z = J_y k_z v^2 \delta \\[1mm] M_y = J_x k_y v \omega_r \delta \\[1mm] M_{zz} = J_y k_{zz} v \omega_\varphi \\[1mm] M_{xz} = J_x k_{xz} v \omega_r \end{cases} \qquad (5-1-6)$$

式中　J_y——弹丸赤道转动惯量；

　　　J_x——弹丸极转动惯量。

式（5-1-6）中的有关系数相应为

$$\begin{cases} k_z = \dfrac{\rho S}{2J_y} l m_z' \\[2mm] k_y = \dfrac{\rho S}{2J_x} l d m_y' \\[2mm] k_{zz} = \dfrac{\rho S}{2J_y} l d m_{zz}' \\[2mm] k_{xz} = \dfrac{\rho S}{2J_x} l d m_{xz}' \end{cases} \qquad (5-1-7)$$

为了便于分析弹丸飞行特征，有时直接采用弹丸压力中心位置。所谓压力中心位置，通常是指正面阻力与升力的合力通过弹轴点的位置，一般从弹顶算起，以 x_p 表示（图 5-1-2）。x_p 可表示为

$$x_\mathrm{p} = C_\mathrm{p} d$$

式中　C_p——压力中心系数。

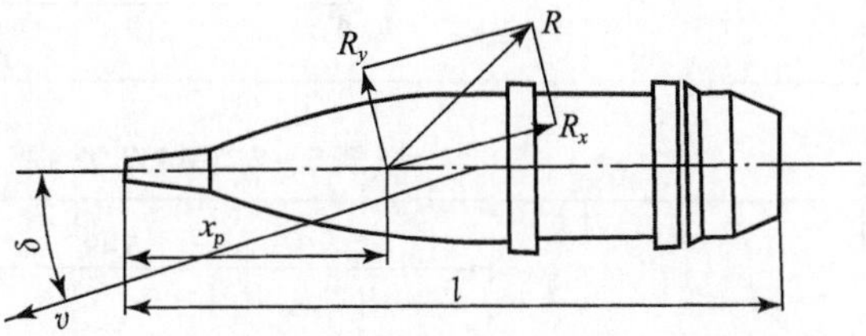

图 5-1-2　弹丸压力中心的位置

在大多数情况下，将弹丸做成各种标准形状的模型，进行吹风试验，可以获得上述空气动力和力矩系数作为参考之用。

二、弹丸的空气动力数据

下面介绍 5 种标准形状旋转弹丸及 4 种标准形状尾翼弹丸的空气动力数据，见表 5-1~表 5-9。根据所设计的弹丸形状，可以选用其中形状近似的有关数据，以估计设计弹丸的空气动力和力矩。

表 5-1　M-1 型（改进）105 mm 榴弹的气动力数据

弹丸形状及数据	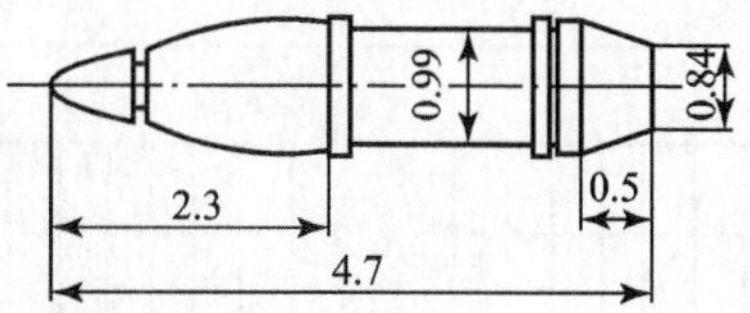 $v_0 = 460 \text{ m/s}$ $\omega_r = 220 \text{ r/s}$ 火炮缠度 $\eta = 20d$		
	Ma	0.7	0.95	1.35
空气动力数据	$k(Ma)$	0.1 ± 0.5		8.1 ± 2.0
	$C_y'(Ma)$	1.6 ± 0.2	2.0	1.9
	$m_z'(Ma)$	0.809	1.0437	0.820
	$m_y'(Ma)$	-0.0639	0.117	0.00639
	$m_{zz}'(Ma)$	-1.619	-2.705	-1.4697
	$C_\mathrm{p}(d)$	0.8 ± 0.2	0.2 ± 0.2	1.3

C_{x0} 及 $\dfrac{l}{d}m_z'$ 曲线	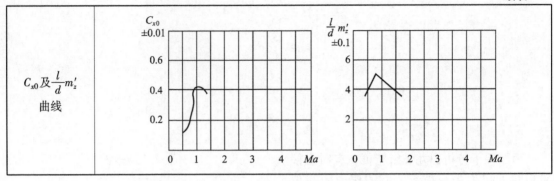

表 5 - 2 M437 型 175 mm 榴弹的气动力数据

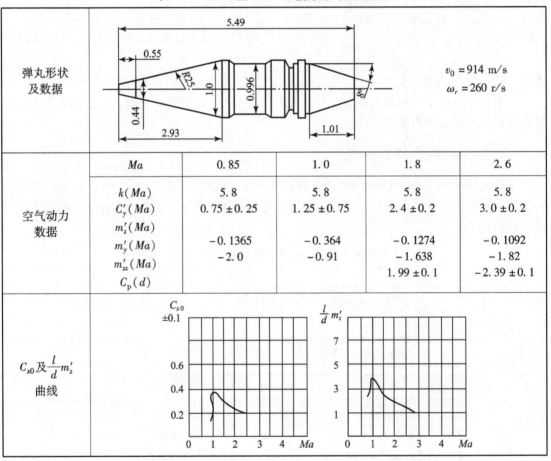

弹丸形状及数据	$v_0 = 914$ m/s $\omega_r = 260$ r/s			
Ma	0.85	1.0	1.8	2.6
$k(Ma)$	5.8	5.8	5.8	5.8
$C_y'(Ma)$	0.75 ± 0.25	1.25 ± 0.75	2.4 ± 0.2	3.0 ± 0.2
$m_z'(Ma)$	-0.1365	-0.364	-0.1274	-0.1092
$m_y'(Ma)$	-2.0	-0.91	-1.638	-1.82
$m_{zz}'(Ma)$			1.99 ± 0.1	-2.39 ± 0.1
$C_p(d)$				

表 5 - 3 T203 型弹丸模型的气动力数据

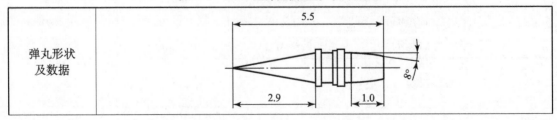

弹丸形状及数据	

续表

空气动力数据	Ma	1.15	1.65	2.6
	$k(Ma)$	5.8	5.8	5.8
	$C'_y(Ma)$	1.4 ± 0.08	3.0 ± 0.05	3.5 ± 0.05
	$m'_z(Ma)$	0.864	0.78	0.68
	$m'_y(Ma)$	0.051	0.051	0.035
	$m'_{zz}(Ma)$	-1.42	-1.455	-1.22
	$C_p(d)$	0.8	2.25	2.55

表 5-4 圆锥圆柱组合弹的气动力数据

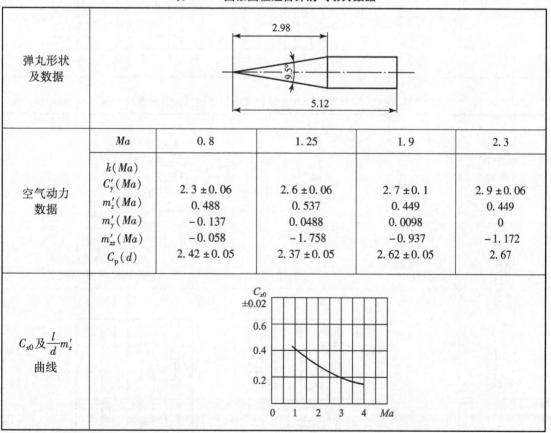

空气动力数据	Ma	0.8	1.25	1.9	2.3
	$k(Ma)$ $C'_y(Ma)$	2.3 ± 0.06	2.6 ± 0.06	2.7 ± 0.1	2.9 ± 0.06
	$m'_z(Ma)$	0.488	0.537	0.449	0.449
	$m'_y(Ma)$	-0.137	0.0488	0.0098	0
	$m'_{zz}(Ma)$	-0.058	-1.758	-0.937	-1.172
	$C_p(d)$	2.42 ± 0.05	2.37 ± 0.05	2.62 ± 0.05	2.67

表 5 – 5　弹长为 7 倍弹径的旋转稳定火箭弹的气动力数据

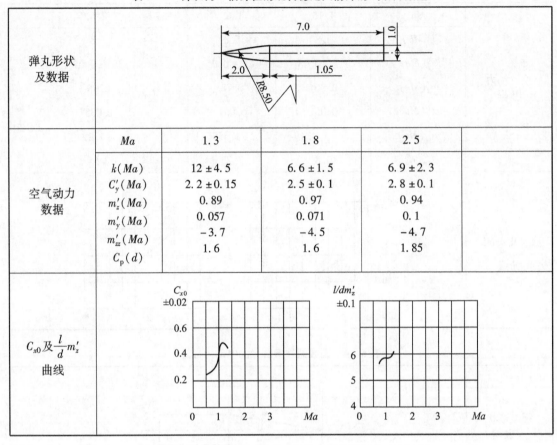

	Ma	1.3	1.8	2.5	
空气动力 数据	$k(Ma)$	12 ± 4.5	6.6 ± 1.5	6.9 ± 2.3	
	$C_y'(Ma)$	2.2 ± 0.15	2.5 ± 0.1	2.8 ± 0.1	
	$m_z'(Ma)$	0.89	0.97	0.94	
	$m_y'(Ma)$	0.057	0.071	0.1	
	$m_{zz}'(Ma)$	-3.7	-4.5	-4.7	
	$C_p(d)$	1.6	1.6	1.85	

表 5 – 6　T171 型 105 mm 反坦克破甲弹的气动力数据

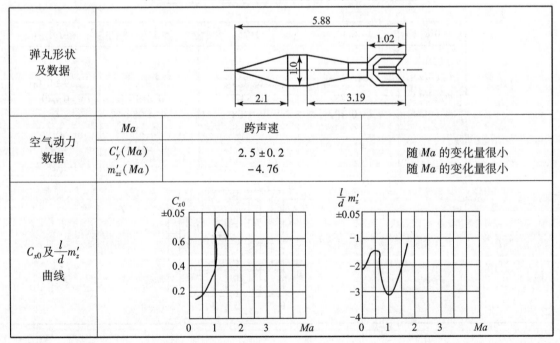

	Ma	跨声速	
空气动力 数据	$C_y'(Ma)$	2.5 ± 0.2	随 Ma 的变化量很小
	$m_{zz}'(Ma)$	-4.76	随 Ma 的变化量很小

表 5 – 7　T53 型 105 mm 迫击炮弹的气动力数据

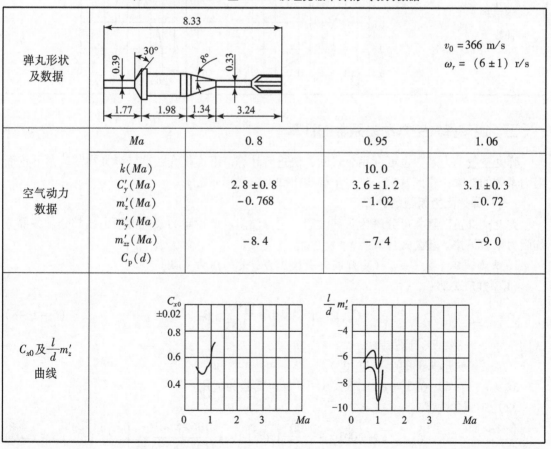

弹丸形状及数据			$v_0 = 281$ m/s
空气动力数据	Ma	0.82	跨声速	
	$k(Ma)$	7 ± 2		
	$C'_y(Ma)$	3 ± 0.2		
	$m'_z(Ma)$	-0.44	不旋转时	
	$m'_y(Ma)$	-0.174		
	$m'_{zz}(Ma)$	-6.85		
	$C_p(d)$	7.95	7.87	

表 5 – 8　T188E18 型 57 mm 反坦克破甲弹的气动力数据

弹丸形状及数据				$v_0 = 366$ m/s $\omega_r = (6 \pm 1)$ r/s
空气动力数据	Ma	0.8	0.95	1.06
	$k(Ma)$		10.0	
	$C'_y(Ma)$	2.8 ± 0.8	3.6 ± 1.2	3.1 ± 0.3
	$m'_z(Ma)$	-0.768	-1.02	-0.72
	$m'_y(Ma)$			
	$m'_{zz}(Ma)$	-8.4	-7.4	-9.0
	$C_p(d)$			
C_{x0} 及 $\frac{l}{d}m'_z$ 曲线				

表 5 – 9　弹长为 10 倍口径的箭形弹的气动力数据

弹丸形状及数据			
空气动力数据	Ma	1.1	1.8	2.4

空气动力数据	Ma	1.1	1.8	2.4
	$k(Ma)$		12 ± 1	9 ± 1
	$C_y'(Ma)$	21 ± 3	12 ± 1	8.5 ± 0.5
	$m_z'(Ma)$	-4.2	-2.1	-1.2
	$m_y'(Ma)$			
	$m_{zz}'(Ma)$	-22 ± 5	-29 ± 5	-27 ± 5
	$C_p(d)$	7.9	7.9	7.4

C_{x0} 及 $\dfrac{l}{d} m_z'$ 曲线	

三、旋转弹丸空气动力系数的计算

弹丸空气动力系数也可利用公式的方法进行计算，下面仅介绍旋转弹丸在零攻角下正面阻力系数的计算，在此基础上进一步确定出弹丸的弹形系数。

（一）弹体阻力系数的计算

弹丸全部正面阻力可分解为头部波阻、尾锥波阻、摩擦阻力及底部阻力四部分。各部分的阻力系数可按下述公式计算。

1. 头部波阻系数 $C_{x头波}$（由弹头部激波阻力引起的阻力系数）

（1）锥形头部：

$$C_{x头波} = \left(0.0016 + \frac{0.002}{Ma^2} \right) \beta_0^{1.7} \qquad (5-1-8)$$

式中　Ma——弹丸飞行马赫数；

　　　β_0——锥形头部的半顶角（°）。

式（5 – 1 – 8）在 $5° \leqslant \beta_0 \leqslant 25°$，$1.5 \leqslant Ma \leqslant 5$ 最为适用。

（2）圆弧形头部：

$$C_{x头波} = \left(0.0016 + \frac{0.002}{Ma^2} \right) \beta_0^{1.7} \left[1 - \frac{196\lambda_H^2 - 16}{14(Ma + 18)\lambda_H^2} \right] \qquad (5-1-9)$$

式中　λ_H——圆弧形头部的相对长度（d）；

　　　β_0——圆弧形头部的半顶角（°）。

式（5 - 1 - 9）的适用范围是 $1.5 \leqslant Ma \leqslant 3.5$，$10° \leqslant \beta_0 \leqslant 45°$。

2. 尾锥波阻系数 $C_{x尾波}$

尾锥波阻系数为

$$C_{x尾波} = \left(0.0016 + \frac{0.002}{Ma^2}\right)\alpha_k^{1.7}\sqrt{1 - \frac{S_D}{S}} \tag{5 - 1 - 10}$$

式中　α_k——尾锥角（°），

S_D——弹底部横截面积；

S——弹丸最大横截面积。

3. 摩擦阻力系数 $C_{x摩阻}$（由气流黏性引起的摩擦阻力系数）

当 $Re < 10^6$ 时，有

$$C_{x摩阻} = \frac{1}{\sqrt{1 + 0.12Ma^2}}\frac{0.072}{Re^{0.2}}\frac{S_\sigma}{S} \tag{5 - 1 - 11}$$

当 $2 \times 10^6 < Re < 10^{10}$ 时，有

$$C_{x摩阻} = \frac{1}{\sqrt{1 + 0.12Ma_\infty^2}}\frac{0.032}{Re^{0.145}}\frac{S_\sigma}{S} \tag{5 - 1 - 12}$$

式中　Re——雷诺数，$Re = v_0 l/\nu$；

$\nu = \mu/\rho$——空气的运动黏度；

S_σ——弹丸侧面积。

摩擦阻力还与弹丸表面粗糙度有关。制造粗糙的弹丸，其摩擦阻力可增加 2 ~ 3 倍。一般常用涂漆的办法改善弹丸表面粗糙度（同时可防锈），这样可使射程增加 0.5% ~ 2.5%。

4. 底部阻力系数 $C_{x底阻}$（由底部负压引起的底部阻力系数）

底部阻力系数为

$$C_{x底阻} = \left[\frac{1.43}{Ma^2} - \frac{0.772}{Ma^2}(1 - 0.11Ma^2)^{3.5}\right]\frac{S_D}{S} \tag{5 - 1 - 13}$$

5. 弹丸总阻力系数 C_{x0}

将以上各部阻力系数相加，即可求得弹丸的总阻力系数，即

$$C_{x0} = C_{x头波} + C_{x尾波} + C_{x摩阻} + C_{x底阻} \tag{5 - 1 - 14}$$

6. 弹形系数 i

当弹丸的总阻力系数求出后，根据弹形系数的定义，可以写为

$$i = C_{x0}/C_{x0}^*$$

式中　C_{x0}^*——相对于某标准弹的阻力系数（阻力定律）。

目前，我国主要采用 1943 年阻力定律作为标准。1943 年阻力定律 C_{x43}^* 的数值见表 5 - 10。弹形系数可表示为

$$i_{43} = C_{x0}/C_{x43}^* \tag{5 - 1 - 15}$$

弹形系数还可采用下列经验公式进行估计：

$$\begin{cases} i_{43} = 2.9 - 1.373\lambda + 0.32\lambda^2 - 0.0267\lambda^3 \\ \lambda = \lambda_H + \lambda_k - 0.3 \end{cases} \tag{5 - 1 - 16}$$

式中　λ_H——弹头部相对长度（d）；

λ_k——尾锥部相对长度（d）。

以上公式的适用范围：圆弧形弹头部；初速范围 $v_0 \geqslant 500$ m/s；射角 $\theta_0 = 45°$。

表 5 - 10　C_{x43}^* 的数值

Ma	0	1	2	3	4	5	6	7	8	9
0.7	0.157	0.157	0.157	0.157	0.157	0.157	0.158	0.158	0.159	0.159
0.8	0.159	0.160	0.161	0.162	0.164	0.166	0.168	0.170	0.174	0.178
0.9	0.184	0.192	0.204	0.219	0.234	0.252	0.270	0.287	0.302	0.314
1.0	0.325	0.334	0.343	0.351	0.357	0.362	0.366	0.370	0.373	0.376
1.1	0.378	0.379	0.381	0.382	0.382	0.383	0.384	0.384	0.385	0.385
1.2	0.384	0.384	0.384	0.383	0.383	0.382	0.382	0.381	0.381	0.380
1.3	0.379	0.379	0.378	0.377	0.376	0.375	0.374	0.373	0.372	0.371
1.4	0.370	0.370	0.369	0.368	0.367	0.365	0.365	0.365	0.364	0.363
1.5	0.362	0.361	0.359	0.358	0.357	0.356	0.355	0.354	0.353	0.353
1.6	0.352	0.350	0.349	0.348	0.347	0.346	0.345	0.344	0.343	0.343
1.7	0.342	0.341	0.340	0.339	0.338	0.337	0.336	0.335	0.334	0.333
1.8	0.333	0.332	0.331	0.330	0.329	0.328	0.327	0.326	0.325	0.324
1.9	0.322	0.322	0.322	0.321	0.320	0.320	0.319	0.318	0.318	0.317
2.0	0.317	0.317	0.315	0.314	0.314	0.313	0.313	0.312	0.311	0.310
2.2	0.310	0.308	0.303	0.298	0.293	0.288	0.284	0.280	0.276	0.273
2.3	0.270	0.269	0.268	0.266	0.264	0.263	0.262	0.261	0.261	0.260
2.4	0.260	0.260	0.260	0.260	0.260	0.260	0.260	0.260	0.260	0.260

例 5 - 1　试用气体动力学方法计算 122 mm 榴弹的弹形系数。已知：口径 $d = 122$ mm；初速 $v_0 = 781$ m/s；弹头部相对长度 $\lambda_H = 2.6505$；弹丸全长 $l = 564$ mm；尾锥角 $\alpha_k = 9°$；弹底面积与最大横断面积之比 $\dfrac{S_D}{S} = 0.7754$；弹丸侧面积与最大横断面积之比 $\dfrac{S_\sigma}{S} = 11.0676$。

解：（1）求 Ma、Re、β：

$$Ma = \frac{v_0}{a} = \frac{781}{340} = 2.2971$$

$$Re = \frac{v_0 l}{\nu} = \frac{781 \times 0.564}{1.49 \times 10^{-5}} = 2.956 \times 10^6$$

由弹头部母线几何关系，有

$$\tan \frac{\beta_0}{2} = \frac{0.5}{\lambda_H}$$

则

$$\beta = 2\arctan(0.5/\lambda_H) = 21.36°$$

（2）求 $C_{x头波}$、$C_{x尾波}$、$C_{x摩阻}$、$C_{x底阻}$：

$$C_{x头波} = \left(0.0016 + \frac{0.002}{Ma^2}\right)\beta_0^{1.7}\left[1 - \frac{196\lambda_H^2 - 16}{14(Ma + 18)\lambda_H^2}\right]$$

$$= \left(0.0016 + \frac{0.002}{2.2971^2}\right) \times 21.36^{1.7}\left[1 - \frac{196 \times 2.65^2 - 16}{14 \times (2.297 + 18) \times 2.65^2}\right]$$

$$= 0.1147$$

$$C_{x尾波} = \left(0.0016 + \frac{0.002}{Ma^2}\right)\alpha_k^{1.7}\sqrt{1 - \frac{S_D}{S}}$$

$$= \left(0.0016 + \frac{0.002}{2.2971^2}\right)9^{1.7}\sqrt{1 - 0.7754} = 0.0393$$

$$C_{x摩阻} = \frac{1}{\sqrt{1 + 0.12Ma^2}} \times \frac{0.032}{(2.956 \times 10^6)^{0.145}} \times 11.0676$$

$$= \frac{1}{\sqrt{1 + 0.12 \times 2.2971^2}} \times \frac{0.032}{(2.956 \times 10^6)^{0.145}} \times 11.0676 = 0.0319$$

$$C_{x底阻} = \left[\frac{1.43}{Ma^2} - \frac{0.772}{Ma^2}(1 - 0.011Ma^2)^{3.5}\right]\frac{S_D}{S}$$

$$= \left[\frac{1.43}{2.2971^2} - \frac{0.772}{2.2971^2}(1 - 0.011 \times 2.2971^2)^{3.5}\right] \times 0.7754 = 0.1181$$

（3）弹丸的总阻力系数：

$$C_{x0} = C_{x头波} + C_{x尾波} + C_{x摩阻} + C_{x底阻}$$

$$= 0.1147 + 0.0393 + 0.0319 + 0.1181 = 0.304$$

（4）弹形系数：

$$i_{43} = \frac{C_{x0}}{C_{x43}^*} = \frac{0.304}{0.273} = 1.114$$

四、追击炮弹空气动力系数的计算

迫击炮弹是一种最普通的尾翼弹丸。苏联炮兵科学院曾将不同结构尺寸的迫击炮弹进行了大量风洞试验，并将所得数据用表格或经验公式的形式表示出来，从而为确定迫击炮弹的空气动力系数提供了一个重要方法，常称为 АНИИ 法。

（一）概述

影响空气动力系数的迫击炮弹尺寸有：圆柱部长度 l_z、弹尾部长度 l_w、弹头部长度 l_{t0}、稳定杆长 a、尾翼片宽度 b、尾翼片直径 D 及尾翼片数目 n。АНИИ 法的表格部分仅载有其他尺寸均已固定的情况下，对应于不同圆柱部尺寸 l_z 和弹尾部尺寸 l_w 的空气动力系数，而其他尺寸则通过经验公式表示。

АНИИ 法的风洞试验条件：

$$\begin{cases} 气流速度：v = 60 \text{ m/s} \\ 气流与迫弹轴线所成之偏角：\delta = 10° \end{cases}$$

标准模型弹的尺寸：

$$\begin{cases} 弹头部长度：l_{t0}' = 0.5d \\ 圆柱部长度：l_z = (0.1 \sim 3.0)d \\ 弹尾部长度：l_w = (1.0 \sim 3.0)d \\ 稳定杆长度：a' = 0.75d \\ 尾翼片宽度：b' = 0.5d \\ 尾翼片厚度：t' = 1.5 \text{ mm} \\ 尾翼片直径：D' = 1d \\ 尾翼片数目：n' = 12 \text{ 片} \end{cases}$$

（二） AHИИ 法的表格部分

表格的编制方法是以模型弹其他所有尺寸（弹头部及稳定装置）为固定宗标，仅仅改变弹尾部尺寸 l_w [1~3 倍口径即 (1~3)d] 和圆柱部尺寸 l_z [0.1~3 倍口径即 (0.1~3)d]，然后将试验获得的结果 C_{x0}、C_{y0} 和 x_{p0} 之值列入表中（见附录）。表格中所包含的 l_w 与 l_z 值，能够包括目前所用各种迫击炮弹的尺寸，这样根据具体设计的迫击炮弹的 l_w 与 l_z 值即可查出相应的 C_{x0}、C_{y0} 和 x_{p0} 值。

（三） AHИИ 法的经验公式部分

当其他因素（如弹头部、稳定装置）改变时，则应根据表格内数据并通过经验公式进行修正。这些经验公式的获得，也是从风洞试验中得到的。各经验公式如下（公式中的单位均用口径倍数 d 表示）。

1. 弹头部长度的影响

弹头部长度 l_{t0} 的改变（相对于试验标准长度 l'_{t0} 而言），对空气动力系数 x_p 的影响为

$$\begin{cases} \Delta x_{pt} = 0.39(l_{t0} - l'_{t0}) \\ \Delta C_{xt} = 0 \\ \Delta C_{yt} = 0 \end{cases} \qquad (5-1-17)$$

从式（5-1-17）看出，弹头部的增加会使阻力中心的位置（阻力中心至弹顶之距离）后移。当然这并不一定意味着，弹头部的增长会引起由质心至阻力中心距离的增加。相反，在一般情况下，由于弹头部的增长，整个迫弹质心后移的程度将超过其阻力中心后移的程度，反而缩短了两者之间的距离 h。

弹头部的改变对正面阻力与外力的大小与方向均不产生影响。

2. 尾翼片数目的影响

当尾翼片数目 n 有改变时，对空气动力系数的影响为

$$\begin{cases} \Delta C_{xn} = 0.0055(n - n') \\ \Delta C_{yn} = 0.011(n - n') \\ \Delta x_{pn} = 0 \end{cases} \qquad (5-1-18)$$

由式（5-1-18）可知，尾翼数目的变化对空气阻力中心位置不发生影响，而且对正面阻力的影响也较小，但对外力影响较大。

3. 尾翼片宽度的影响

尾翼片宽度 b 改变时，对空气动力系数的影响为

$$\begin{cases} \Delta C_{xb} = 0.32(b - b') \\ \Delta C_{yb} = 0.158(b - b') \\ \Delta x_{pb} = 0.428(b - b') \end{cases} \qquad (5-1-19)$$

由式（5-1-19）可知，若加大尾翼片的宽度，则正面阻力的增量将比升力的增量大 1 倍左右。

4. 尾翼直径的影响

尾翼直径 D 的变化对空气动力系数的影响为

$$\begin{cases} \Delta C_{xd} = 0.05\rho_1(D-1)d \\ \Delta C_{yd} = 0.1\rho_2(D-1)d \\ \Delta x_{pd} = 0.7(D-1)d \end{cases} \qquad (5-1-20)$$

式中　ρ_1、ρ_2 是取决于尾翼片数目 n 的系数：

$$\begin{cases} \text{当 } n = 4 \text{ 时，} \rho_1 = 1.5, \ \rho_2 = 3.25 \\ \text{当 } n = 8 \text{ 时，} \rho_1 = 2.02, \ \rho_2 = 5.00 \\ \text{当 } n = 12 \text{ 时，} \rho_1 = 3 \end{cases}$$

由上述公式可知，尾翼直径对空气阻力中心位置的影响较大，而对升力的影响又比正面阻力大。

5. 稳定杆长度的影响

稳定杆长度 a 的变化，对阻心位置的影响较为显著，而对空气阻力不产生影响：

$$\begin{cases} \Delta C_{xa} = 0 \\ \Delta C_{ya} = 0 \\ \Delta x_{pa} = 0.62(a-a') \end{cases} \qquad (5-1-21)$$

（四）用 AHИИ 法计算空气动力系数的步骤

首先根据迫击炮弹圆柱部长度 l_z 与弹尾部长度 l_w，由附录的表格中查出风洞试验弹形的空气动力系数 C_{x0}、C_{y0} 和 x_{p0}，然后再根据迫击炮弹的其他部分尺寸，利用相应的经验公式进行修正，即

$$\begin{cases} C_x = C_{x0} + \Delta C_{xn} + \Delta C_{xb} + \Delta C_{xd} \\ C_y = C_{y0} + \Delta C_{yn} + \Delta C_{yb} + \Delta C_{yd} \\ x_p = x_{p0} + \Delta x_{pt} + \Delta x_{pb} + \Delta x_{pd} + \Delta x_{pa} \end{cases} \qquad (5-1-22)$$

最后应当指出，AHИИ 法中所采用的空气动力系数 C_x、C_y 是按下式定义的，即

$$\begin{cases} C_x = \dfrac{R_x}{\rho v^2 S} \\ C_y = \dfrac{R_y}{\rho v^2 S} \end{cases} \qquad (5-1-23)$$

式（5-1-23）与式（5-1-1）的标准定义相比，两者相差 2 倍。也就是说，将 AHИИ 法中获得的正面阻力系数 C_x 与升力系数 C_y 乘以 2，即可用于式（5-1-1）的标准定义各有关计算中。

第二节　旋转弹丸的飞行稳定性

一、基本概念

弹丸的飞行稳定性，是指弹丸飞行时，其弹轴不过于偏离弹道切线的性能。弹丸飞行稳定性越好，不但有利于提高射程，而且射击精度较高。旋转弹丸飞行稳定性包括急螺稳定性、追随稳定性及动态稳定性三部分。

（1）急螺稳定性。发射时，在膛内由于各种不均衡因素的作用，弹丸获得一个力矩冲量。当弹丸出炮口后，弹轴与弹道切线不重合。这样，空气阻力的作用线不通过弹丸的质心，而形成一个迫使弹丸翻转的力矩。此力矩的大小取决于弹丸飞行速度和弹轴对弹道切线的偏角，并在弹道的起始段具有最大值。在该力矩的作用下，弹丸产生翻转的趋势。为了实现飞行稳定，弹丸应绕自身轴线进行高速旋转，以此克服翻转力矩的不利作用。旋转弹丸的这种性质，一般称为急螺稳定效应。

（2）追随稳定性。当弹丸在弹道曲线段飞行时弹道切线的方向时刻都在改变。这时，也要求弹丸的动力平衡轴作相应的变化，以保持二者在任何时刻都没有很大的偏差。弹丸的动力平衡轴能够随着弹道切线作相应的变化，这种跟随弹道切线以同样角速度向下转动的特性称为追随稳定性。弹丸的追随稳定性是由于空气动力矩对弹丸的作用实现的，在弹道顶点处，该处的空气动力矩小而弹道曲率较大，故其追随稳定性最差。

（3）动态稳定性。弹丸在整个飞行过程中，应该同时满足上述两个要求：在弹道的起始段，弹丸具备必要的急螺稳定性；在弹道的曲线段，弹丸具有必要的追随稳定性。除此以外，还要求弹丸在全弹道上的章动运动是逐渐衰减的，弹丸的这种性质称为动态稳定性。

二、弹丸的急螺稳定性

（一）弹丸急螺稳定性的特征数

如上所述，弹丸在直线段的飞行稳定性是通过其急螺稳定性衡量的。根据外弹道学，弹丸的急螺稳定性可表示为

$$\sigma = \sqrt{1 - \frac{\beta}{\alpha^2}} \qquad (5-2-1)$$

式中　σ——稳定系数；

　　　α——进动角速度；

　　　β——翻转力矩参数。

根据弹丸飞行的具体情况，可能出现以下三种情况：

（1）当 σ 为虚数，即 $\beta > \alpha^2$，弹丸的章动角（弹轴与弹道切线的偏角）将随时间呈指数函数（双曲 E 弦函数）而迅速增加，说明弹丸不具备急螺稳定性。

（2）当 $\sigma = 0$，即 $\beta = \alpha^2$，弹丸在初始力矩冲量作用下，其章动角随时间呈直线递增，表明弹丸也不具备急螺稳定性。

（3）当 σ 为实数，即 $\beta < \alpha^2$，则章动角随时间在有限幅度内做周期性的振动，即

$$\delta = \frac{1}{\alpha\sigma} \frac{d\delta_0}{dt} \sin \alpha\sigma t \qquad (5-2-2)$$

式中　$\dfrac{d\delta_0}{dt}$——弹丸在初始力矩冲量作用下的章动角速度。

根据上述分析可知，若使弹丸具备急螺稳定性，必须使 σ 为大于零的实数，并且 σ 越大，弹丸的急螺稳定性也越大。当 $\sigma \to 1$ 时（相当于 $\alpha \to \infty$），由式（5-2-2）可见，弹丸在有限的外界冲量作用下，弹轴不会发生章动，而且不会偏离其初始平衡位置。

对于旋转弹丸，α 及 β 可表示为

$$\begin{cases} \alpha = \dfrac{J_x}{2J_y}\omega_r \\[2mm] \beta = \dfrac{M_z}{J_y\delta} = k_z v^2 \end{cases} \qquad (5-2-3)$$

式中 J_x——弹丸极转动惯量（kg·m^2）；

$\quad\quad J_y$——弹丸的赤道转动惯量（kg·m^2）；

$\quad\quad M_z$——由空气阻力产生的翻转力矩；

$\quad\quad \omega_r$——弹丸的角速度（s^{-1}），一般认为

$$\omega_r = \omega_{r_0} = \frac{2\pi}{\eta d}v_0$$

当章动角 δ 较小时，翻转力矩又可写为

$$M_z = \frac{hd^2}{g}1000\frac{\rho_0}{\rho_{0n}}H(y)v^2 k_{mz}(Ma)\delta$$

式中 h——弹丸质心到空气阻力中心的距离；

$\quad\quad \rho_0/\rho_{0n}$——射击条件下与标准条件下的空气密度之比；

$\quad\quad H(y)$——取决于弹道高度的函数，当 $y=0$ 时 $H(y)=1$；

$\quad\quad k_{mz}(Ma)$——翻转力矩的速度函数给出单位（N/m^3）。

将式（5-2-3）代入式（5-2-1），可得

$$\sigma = \sqrt{1 - \frac{hd^4\eta^2}{\pi^2 gJ_x}\left(\frac{J_y}{J_x}\right)\left(\frac{v}{v_0}\right)^2 1000H(y)k_{mz}(Ma)} \qquad (5-2-4)$$

为了进一步简化，将

$$J_x = m\mu\left(\frac{d}{2}\right)^2 = \frac{C_m\mu}{4}d^5$$

代入式（5-2-4），可得

$$\sigma = \sqrt{1 - \frac{4}{\pi^2}\cdot\frac{\eta^2}{\mu C_m g}\cdot\frac{h}{d}\cdot\frac{J_y}{J_x}\left(\frac{v}{v_0}\right)^2 1000H(y)k_{mz}(Ma)}$$

式中 μ 为弹丸的惯性系数，对薄壁圆筒 $\mu=1$，实心圆柱 $\mu=0.5$，一般实心枪弹 $\mu=0.45$，榴弹 $\mu=0.55\sim0.65$；C_m 为弹丸的相对质量，$C_m = \dfrac{m}{d^3}$。

计算弹丸的急螺稳定性时，应当控制炮口处的急螺稳定系数，因为这点的 $H(y)=1$，$v/v_0=1$，故 σ 值最小，即

$$\sigma = \sqrt{1 - \frac{4000}{\pi^2}\cdot\frac{\eta^2}{\mu C_m g}\cdot\frac{h}{d}\cdot\frac{J_y}{J_x}k_{mz}(Ma)}$$
$$(5-2-5)$$

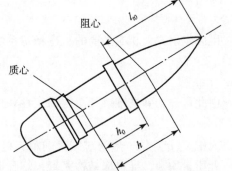

图 5-2-1 弹丸质心到阻心的距离

式中 h/d 可按下式计算（图 5-2-1）：

$$\frac{h}{d} = \frac{h_0}{d} + 0.57\frac{l_{t0}}{d} - 0.16 \qquad (5-2-6)$$

式中　h_0——弹丸质心到弹头部界面的距离；

　　　l_{t0}——弹头部的长度。

函数 $k_{mz}(Ma)$ 值取决于弹丸的全长 l 和初速 v_0，可按下式计算：

$$k_{mz}(Ma) = \sqrt{\frac{l}{4.5d}} k'_{mz}(Ma) \qquad (5-2-7)$$

式中　$k'_{mz}(Ma)$ 查表 5-11 求得。

表 5-11　函数 $k'_{mz}(Ma)$ 的数值

v_0/(m·s^{-1})	$k'_{mz}(Ma)$/(N·m^{-3})	v_0/(m·s^{-1})	$k'_{mz}(Ma)$/(N·m^{-3})	v_0/(m·s^{-1})	$k'_{mz}(Ma)$/(N·m^{-3})	v_0/(m·s^{-1})	$k'_{mz}(Ma)$/(N·m^{-3})	v_0/(m·s^{-1})	$k'_{mz}(Ma)$/(N·m^{-3})
200	95×10^{-4}	400	105×10^{-4}	560	98×10^{-4}	720	93×10^{-4}	1000	88×10^{-4}
260	95×10^{-4}	420	104×10^{-4}	580	98×10^{-4}	740	93×10^{-4}	1050	88×10^{-4}
280	96×10^{-4}	440	103×10^{-4}	600	97×10^{-4}	760	92×10^{-4}	1100	87×10^{-4}
300	98×10^{-4}	460	102×10^{-4}	620	96×10^{-4}	780	91×10^{-4}	1150	86×10^{-4}
320	100×10^{-4}	480	101×10^{-4}	640	96×10^{-4}	800	91×10^{-4}		
340	104×10^{-4}	500	101×10^{-4}	660	95×10^{-4}	850	90×10^{-4}		
360	105×10^{-4}	520	100×10^{-4}	680	95×10^{-4}	900	89×10^{-4}		
380	105×10^{-4}	540	99×10^{-4}	700	94×10^{-4}	950	88×10^{-4}		

（二）弹丸急螺稳定性的计算

在理论上，只要使急螺稳定系数 $\sigma_0 > 0$，即可使弹丸保持稳定。这个"稳定"的含义是：弹丸飞行时，其章动角 δ 应维持在有限的范围内变化。也就是说，弹丸不会翻筋斗。实际上，由于射击精度的要求，仅仅不翻筋斗还不够，还必须进一步限制弹丸的最大章动角 δ_{max} 不超过某允许值。

由式（5-2-2）可知，弹丸章动角的最大值为

$$\delta_{max} = \frac{1}{\alpha\sigma} \cdot \frac{\mathrm{d}\delta_0}{\mathrm{d}t}$$

现令保证一定射击精度所允许的章动角为 $[\delta]$，根据 $\delta_{max} \leqslant [\delta]$ 的条件，即

$$\frac{1}{\alpha\sigma} \cdot \frac{\mathrm{d}\delta_0}{\mathrm{d}t} \leqslant [\delta]$$

可以定出弹丸相应必要的急螺稳定系数为

$$(\sigma) = \frac{1}{\alpha[\delta]} \cdot \frac{\mathrm{d}\delta_0}{\mathrm{d}t} \qquad (5-2-8)$$

由此可知，弹丸维持其急螺稳定性条件为

$$\sigma_0 > (\sigma) \qquad (5-2-9)$$

式中　(σ) 值一般通过试验确定。对于现代火炮弹丸系统的榴弹，$(\sigma) = 0.3 \sim 0.6$。当弹丸质量均衡，导引部结构完善，炮身振动小时，则作用在弹丸上的初始力矩冲量也较小。这时 $(\sigma_0) = 0.3$ 即可；反之，弹丸质量不均衡较严重，火炮磨损较大等，则弹丸一出炮口就可能有较大的章动角速度，此时至少应取 $(\sigma) = 0.6$。

另外，(σ) 的取值还要考虑到弹道曲线段上的追随稳定性。如果 (σ) 值取值过高，

则将使追随稳定性变坏。对于高射炮一类弹丸，因它主要在直线段上射击，故（σ）可适当高一些。

根据式（5-2-5），弹丸的急螺稳定性可以写为

$$\sqrt{1-\frac{4000}{\pi^2}\cdot\frac{\eta^2}{\mu C_{\mathrm{m}}g}\cdot\frac{h}{d}\cdot\frac{J_y}{J_x}k_{mz}(Ma)}\geqslant\sigma_0$$

解出火炮缠度为

$$\eta\leqslant\frac{\pi}{2}\sqrt{1-\sigma_0^2}\sqrt{\frac{J_x}{J_y}\cdot\frac{\mu C_{\mathrm{m}}g}{1000\frac{h}{d}k_{mz}(Ma)}}\qquad(5-2-10)$$

令 $\sqrt{1-\sigma_0^2}=K$，并将 σ_0 取为（σ）$=0.3\sim0.6$，则 $K=0.95\sim0.8$。系数 K 具有表征火炮弹丸系统完善程度的意义。试验结果表明，对于普通榴弹，K 值可取 0.95；对于底排弹，K 值可取 $0.9\sim0.92$；对于底排火箭复合增程弹，K 值取 $0.85\sim0.9$ 比较合适。通常，所设计弹丸的急螺稳定性条件为

$$\eta\leqslant\frac{\pi}{2}K\sqrt{\frac{J_x}{J_y}\cdot\frac{\mu C_{\mathrm{m}}g}{1000\frac{h}{d}k_{mz}(Ma)}}\qquad(5-2-11)$$

若令式（5-2-11）的左端以 $[\eta]$ 表示，则式（5-2-10）的意义为：实际使用的火炮膛线缠度应小于等于设计弹丸结构所要求的缠度 $[\eta]$。

急螺稳定性条件的另一种表示方法是用陀螺稳定因子 S 表示，即

$$S=\frac{\alpha^2}{\beta}=\frac{1}{4k_z}\left(\frac{J_x}{J_y}\right)^2\left(\frac{\omega_r}{v}\right)^2=\frac{\pi^2gJ_x^2}{1000J_y\eta^2hd^4k_{mz}(Ma)}\qquad(5-2-12)$$

急螺稳定性条件为 $S>1$，最好保持 S 在 $1.3\sim1.5$ 的范围内，因为 S 越大，动平衡角就越大，追随稳定性便降低。

例 5-2 计算 122 mm 榴弹的急螺稳定性。已知：弹丸的相对质量 $C_{\mathrm{m}}=11\times10^3$ kg/m³；弹丸相对长度 $l/d=5$；弹头部相对长度 $l_{t0}/d=2$；弹丸质心至弹头部界面的相对距离 $h_0/d=0.42$；惯性系数 $\mu=0.5$；转动惯量比 $J_y/J_x=11$；弹丸初速 $v_0=515$ m/s；火炮缠度 $\eta=20$。

解：（1）用缠度条件计算：

①取 $\sigma_0=0.6$，则

$$K=\sqrt{1-\sigma_0^2}=0.8$$

②计算 h/d：

$$\frac{h}{d}=\frac{h_0}{d}+0.57\frac{l_{t0}}{d}-0.16=1.4$$

$$h=1.4d=0.1708\text{ m}$$

③由表 5-11 查出 $v_0=515$ m/s 时，有

$$k'_{t0}(Ma)=0.01$$

④计算 $k_{mz}(Ma)$：

$$k_{mz}(Ma)=\sqrt{\frac{5}{4.5}}k'_{mz}(Ma)=0.0105\text{ （N·m}^{-3}\text{）}$$

⑤计算 $[\eta]$：

$$[\eta] = \frac{\pi}{2} K \sqrt{\frac{J_x}{J_y} \cdot \frac{\mu C_m g}{1000 \frac{h}{d} k_{mz}(Ma)}}$$

$$= \frac{\pi}{2} \times 0.8 \sqrt{\frac{1}{11} \times \frac{0.5 \times 11 \times 10^3 \times 9.8}{1000 \times 1.4 \times 0.0105}} = 22.8d$$

⑥因为 $\eta = 20$，$\eta < [\eta]$，故判明所设计弹丸具有急螺稳定性。

（2）用陀螺稳定因子计算：

①计算 J_x、J_y、h：

$$J_x = \frac{1}{4} C_m \mu d^5 = \frac{1}{4} \times 11 \times 10^3 \times 0.5 \times 0.1225 = 0.037 \ (kg \cdot m^2)$$

$$J_y = 11 \cdot J_x = 11 \times 0.037 = 0.409 \ (kg \cdot m^2)$$

$$h = 1.4d = 1.4 \times 0.122 = 0.1708 \ (m)$$

②计算 S：

$$S = \frac{\pi^2 g J_x^2}{1000 J_y \eta^2 h d^4 k_{mz}(Ma)} = \frac{\pi^2 \times 9.81 \times 0.037^2}{1000 \times 0.409 \times 20^2 \times 0.1708 \times 0.122^4 \times 0.0105} = 2.04$$

因为 $S > 1$，故弹丸具有急螺稳定性。

三、弹丸的追随稳定性

（一）弹丸追随稳定性的特征数

弹丸在曲线段飞行时，弹轴的进动运动较之于直线段上的进动运动具有某些质的差别。这时，弹轴不再是绕弹道切线做圆锥运动，而是绕某一动力平衡轴做圆锥运动。动力平衡轴偏离弹道切线的夹角，称为动力平衡角，以 δ_p 表示。一般采用动力平衡角 δ_p 作为弹丸追随稳定性的特征数。也就是说，δ_p 值越小，弹丸的飞行定向性也越好。

动力平衡角的表达式可写为

$$\delta_p = \frac{2\alpha}{\beta} \cdot \frac{g \cos \theta}{v} \tag{5-2-13}$$

式中　θ——弹道切线与水平轴的夹角。

将式（5-2-12）中的 α、β 值代入式（5-2-13），并整理可得

$$\delta_p = \frac{\pi g^2}{2} \cdot \frac{\mu C_m v_0 d}{1000 \eta \frac{h}{d} H(y) v^3 k_{mz}(Ma)} \cos \theta \tag{5-2-14}$$

从式（5-2-14）可知，δ_p 在弹道上是变化的。在弹道顶点附近，因 v、$H(y)$、$k_{mz}(Ma)$ 值均达到最小值，而 $\cos\theta$ 值最大，故相应的 δ_p 也最大，即该处的追随稳定性最差，所以应把 δ_p 控制在符合要求的范围内。

将弹道顶点的参量代入式（5-2-14）中，得到顶点的飞行动力平衡角为

$$\delta_{ps} = \frac{\pi g^2}{2} \cdot \frac{\mu C_m v_0 d}{1000 \eta \frac{h}{d} H(\bar{Y}) v_s^3 k_{mz}(Ma)} \tag{5-2-15}$$

式中　v_s——弹道顶点的速度；

　　　$\bar{Y}$——弹道顶点的高度；

δ_{ps}——弹道顶点的飞行动力平衡角（rad）。

（二）弹丸追随稳定性的计算

为了保证所设计弹丸具有需要的追随稳定性，必须使弹丸在最不利条件下，也就是顶点的动力平衡角小于一个允许值 $[\delta_p]$，即

$$\delta_{ps} \leq [\delta_p] \qquad (5-2-16)$$

因为 v_s 在大射角 θ_0 下具有比较小的值，而 $H(\bar{Y})$ 则在大初速 v_0 下具有比较小的值，故当其他条件相同时，大的射角和初速将引起最大的动力平衡角 δ_{ps}。在计算弹丸追随稳定性时，应当在这个最不利条件下，采用全装药和最大射角发射来进行。

动力平衡角的允许值 $[\delta_p]$，是根据追随稳定性良好的制式弹丸的弹道特征数，利用问题逆解法求得的。表 5-12 列出了一些榴弹的 δ_{ps} 值，可供设计时参考。

表 5-12　一些榴弹的 δ_{ps} 值

弹丸名称	射角/(°)	初速/(m·s⁻¹)	δ_{ps}
100 mm 加农炮杀伤爆破榴弹	45	885	1°32′
122 mm 榴弹炮杀伤爆破榴弹	65	515	11°53′20″
122 mm 加农炮杀伤爆破榴弹	65	800	9°14′
152 mm 榴弹炮杀伤爆破榴弹	60	508	9°11′
152 mm 加榴炮杀伤爆破榴弹	60	655	5°56′
152 mm 加农炮杀伤爆破榴弹	60	880	12°51′
203 mm 榴弹炮爆破榴弹	60	557	11°23′

例 5-3　当用全装药发射时，计算 122 mm 榴弹的追随稳定性。已知：弹丸的弹道系数 $C_{43}=0.712$；其他数据同例 5-2。

解：（1）利用地面火炮外弹道表，由 $v_0=515$ m/s，$\theta_0=60°$和 $C_{43}=0.712$ 求出弹丸的弹道高度为

$$Y = 5389 \text{ m}$$

同时查出 $H(Y)=0.5754$。

（2）用西亚切方法求出弹丸在弹道顶点上的速度，由式

$$\begin{cases} v_s = U_s\cos\theta_0 \\ I(U_s) = c'\sin 2\theta_0 + I(v_0) \\ c' = c\beta \end{cases}$$

先根据 v_0 及 C 值，用外弹道表查出

$$\begin{cases} \beta = 0.922 \\ c' = 0.712 \times 0.922 = 0.656 \\ c'\sin 2\theta = 0.567 \end{cases}$$

再根据值 v_0，求出

$$\begin{cases} I(v_0) = 0.2387 \\ I(U_s) = 0.567 + 0.239 = 0.806 \end{cases}$$

由此可反查出

$$U_s = 292.9$$

则顶点速度为

$$v_s = U_s \cos \theta_0 = 292.9 \times \cos 60° = 146.5 \quad (m/s)$$

（3）由 v_s 查表 5 – 11，得

$$k'_{mz}(Ma) = 0.0088$$

并计算出

$$k_{mz}(Ma) = \sqrt{\frac{l}{4.5}} k'_{mz}(Ma) = 0.0093$$

（4）例 5 – 2 已计算出

$$z/d = 1.4$$

（5）计算 δ_{ps}：

$$\delta_{ps} = \frac{\pi g^2}{2} \cdot \frac{\mu C_m v_0 d}{1000 \eta \frac{h}{d} H(\bar{Y}) v_s^3 k_{mz}(Ma)}$$

$$= \frac{\pi \times 9.8^2 \times 0.5 \times 11 \times 10^3 \times 515 \times 0.122}{2 \times 1000 \times 20 \times 1.4 \times 0.575 \times 146.5^3 \times 0.0093} = 0.105 \quad (rad) = 6°$$

（6）由表 5 – 12 可见弹丸具有追随稳定性。

四、弹丸飞行稳定性的综合解法

如前所述，弹丸在整个弹道上必须分别满足急螺稳定性与追随稳定性要求，即

$$\sqrt{1 - \frac{4000}{\pi^2} \frac{\eta^2}{\mu C_m g} \frac{h}{d} \frac{J_y}{J_x} k_{mz}(Ma)} \geq [\sigma_0]$$

和

$$\frac{\pi g^2}{2} \cdot \frac{\mu C_m v_0 d}{1000 \eta \frac{h}{d} H(\bar{y}) v_s^3 k_{mz}(Ma)} \leq [\delta_{ps}]$$

在有些场合下，欲使所设计的弹丸同时满足上述两个要求是很困难的，甚至是相互矛盾的，即当改善了其中一个特征数，又会使另一特征数变坏，例如，当减少弹丸质心和空气阻心间的距离，可以提高 σ 值，但加大了 δ_{ps} 值。对于其他参量也有类似情况，因此，必须综合全面地解决弹丸飞行稳定性问题，现将有关方法介绍如下。

根据两个条件，考虑到 $\mu C_m = 4 J_x / d^5$，可以写出

$$\left(\frac{1}{J_x} \cdot \frac{h}{d} \right) \leq \left[\frac{\pi^2 g (1 - \sigma_0^2)}{1000 d^5 \eta^2 k_{mz}(Ma)} \right] \left(\frac{J_x}{J_y} \right) \tag{5-2-17}$$

和

$$\left(\frac{1}{J_x} \cdot \frac{h}{d} \right) \geq \left[\frac{2 \pi g^2 v_0}{1000 d^4 \eta H(\bar{Y}) v_s^3 k_{mz}(Ma) \delta_{ps}} \right] \tag{5-2-18}$$

式中 σ_0 与 δ_{ps} 均表示允许值。

如果令

$$\begin{cases} \dfrac{\pi^2 g(1-\sigma_0^2)}{1000d^5\eta^2 k_{mz}(Ma)} = a \\[4mm] \dfrac{2\pi g^2 v_0}{1000d^4\eta H(\overline{Y})v_s^3 k_{mz}(Ma)\delta_{ps}} = b \end{cases}$$

则可知 a、b 与所设计弹丸的结构无关。当射击条件一定时，a、b 为固定不变常量。现在，弹丸飞行稳定条件为

$$\begin{cases} \dfrac{1}{J_x}\cdot\dfrac{h}{d} \leqslant a\dfrac{J_x}{J_y} \\[4mm] \dfrac{1}{J_x}\cdot\dfrac{h}{d} \geqslant b \end{cases} \qquad (5-2-19)$$

联立式（5-2-19）中二式，可以解出

$$\begin{cases} \dfrac{J_x}{J_y} \geqslant \dfrac{b}{a} \\[4mm] \dfrac{h}{d} \geqslant bJ_x \end{cases}$$

或

$$\begin{cases} \dfrac{J_y}{J_x} \leqslant \dfrac{a}{b} \\[4mm] \dfrac{h}{d} \geqslant \dfrac{b^2}{a}J_y \end{cases} \qquad (5-2-20)$$

因此，为了全面满足弹丸的飞行稳定性要求，最有效的措施是减小 J_y 值，同时增加 h 值（如加大弹头部长度，或增添风帽），使之适应上述条件式。

五、动态稳定性

在上述急螺稳定性分析中，只考虑了翻转力矩的作用，也就是只将炮口章动角限制在某一允许值的范围以下。在考虑弹丸的动态稳定性时，必须考虑在全部力矩（包括翻转力矩、马格努斯力矩，赤道阻尼力矩）的综合作用下，弹丸在全弹道上的章动运动是否衰减的问题。

根据弹丸摆动方程的特征，为使弹丸满足动态稳定，必须满足下述条件，即

$$\frac{1}{S} < 1 - S_d^2 \qquad (5-2-21)$$

式中　S——陀螺稳定因子，由式（5-2-12）计算，

　　　S_d——动态稳定因子。

可以说，弹丸飞行中满足急螺稳定 $\dfrac{1}{S} < 1$ 是弹丸稳定性的必要条件；而满足动态稳定 $\dfrac{1}{S} < 1 - S_d^2$ 则是弹丸稳定的充要条件。

以 S_d 为横坐标，$\dfrac{1}{S}$ 为纵坐标，并以 $\dfrac{1}{S} = 1 - S_d^2$ 表示稳定的临界情况，则可绘成稳定区域图（图 5-2-2）。

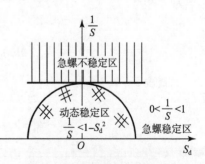

图 5-2-2　动态稳定区域图

图中的抛物线以内表示满足动态稳定区；抛物线两侧表示满足急螺稳定区；而直线以上，则表示不满足稳定性的区域。

动态稳定因子也可用 S_d^* 表示，即

$$S_d^* = S_d + 1 \tag{5-2-22}$$

则由式（5-2-21）和式（5-2-22），可得

$$\begin{cases} S_d^* - 1 < \sqrt{1 - \dfrac{1}{S}} \\[2mm] (S_d^* - 1)^2 < 1 - \dfrac{1}{S} \\[2mm] S_d^*(2 - S_d^*) > \dfrac{1}{S} \end{cases} \tag{5-2-23}$$

式（5-2-23）即为动态稳定条件式，其中 S_d^* 可由下式求得，即

$$S_d^* = \frac{2\left(C_y' + \dfrac{md^2}{J_x}m_y'\right)}{C_y' - \dfrac{md^2}{J_y}m_{zz}'} \tag{5-2-24}$$

由式（5-2-23）可知，当以 $S_d^*(2 - S_d^*) = 1/S$ 表示临界状态，用 $\dfrac{1}{S}$ 表示纵坐标，S_d^* 表示横坐标，可作出另一个稳定区域图（图5-2-3）。

由图5-2-3可以看出，曲线以内为急螺稳定与动态稳定均满足的区域，阴影部分为急螺稳定而动态不稳区，再外面则表示两者均不稳区。故在弹丸设计中，应尽量使设计弹丸的特征值落在曲线以内。

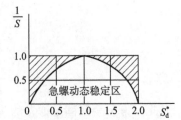

图5-2-3 动态稳定区域图

例5-4 试计算美105 mm 榴弹飞行稳定性。已知：弹丸质量 $m = 14.6$ kg；初速 $v_0 = 460$ m/s；极转动惯量 $J_x = 0.0232$ kg·m²；赤道转动惯量 $J_y = 0.2278$ kg·m²；火炮缠度 $\eta = 20d$；弹长 $l = 4.7d$。

解：（1）计算陀螺稳定因子：

$$S = \frac{\pi^2 g J_x^2}{1000 J_y \eta^2 h d^4 k_{mz}(Ma)}$$

由 $v_0 = 460$ m/s 查表5-11，可得

$$k_{mz}'(Ma) = 102 \times 10^{-4}$$

$$k_{mz}(Ma) = \sqrt{\frac{l}{4.5}} \times 102 \times 10^{-4} = 104 \times 10^{-4}$$

查表5-1，可得

$$x_p = 1.3d, \quad x = 1.74d$$

$$h = l - x_p - x = 4.7 - 1.3 - 1.74 = 1.66d = 0.1743 \ (\text{m})$$

$$S = \frac{\pi^2 g J_x^2}{1000 J_y \eta^2 h d^4 k_{mz}(Ma)} = \frac{\pi^2 \times 9.8 \times (0.0232)^2}{1000 \times 0.2278 \times 20^2 \times 0.1143 \times 0.105^4 \times 104 \times 10^{-4}} = 2.6$$

因为 $S > 1$，故弹丸满足急螺稳定性。

（2）计算动态稳定性：先根据 $Ma = 440/340 = 1.35$，查表 5-1，可得

$$C_y' = 1.9, \quad m_{zz}' = -1.4697, \quad m_y' = 0.00639$$

$$S_d^* = \frac{2\left(C_y' + \dfrac{md^2}{J_x}m_y'\right)}{C_y' - \dfrac{md^2}{J_y}m_{zz}'} = \frac{2\left(1.9 + \dfrac{14.6 \times 0.105^2}{0.0232}\right) \times 0.00639}{1.9 - \dfrac{14.6 \times 0.105^2}{0.2278} \times (-1.4697)} = 1.33$$

$$S_d^*(2 - S_d^*) = 1.33(2 - 1.33) = 0.89$$

$$\frac{1}{S} = 1/2.6 = 0.38$$

可见 $S_d^*(2 - S_d^*) > \dfrac{1}{S}$ 满足动态稳定性要求。

第三节 尾翼弹丸的飞行稳定性

尾翼弹丸的飞行稳定性不同于一般旋转弹丸，它主要借助尾翼所产生的升力，使弹丸的阻力中心移至弹丸质心之后。这样，空气动力对弹丸产生的力矩，是一个迫使弹丸攻角不断减小的稳定力矩。正是由于这个稳定力矩，当弹丸一旦出现由攻角产生的扰动时，它将阻止攻角进一步增大，并迫使弹丸绕弹道切线做往返摆动，这是尾翼弹飞行稳定性的必要条件。此外，为了使弹丸在整个弹道上稳定飞行，还要求尾翼弹丸的摆动迅速衰减，在曲线段具有追随稳定性，对于微旋尾翼弹，还要求弹丸具有动态稳定性。

一、尾翼弹飞行稳定性分析

（一）不旋转尾翼弹的飞行稳定性

1. 稳定储备量

所谓稳定储备量，是指弹丸阻力中心与质心位置的相对距离，即

$$B = \left(\frac{x_p}{l} - \frac{x_s}{l}\right) \times 100\% = (C_p - C_s) \times 100\% \tag{5-3-1}$$

式中　x_p，C_p——弹丸阻力中心至弹顶的绝对距离和相对距离（C_p 又称为弹丸压力中心系数）；

　　　x_s，C_s——弹丸质心至弹顶的绝对距离和相对距离；

　　　l——弹丸的全长。

为了求得阻力中心至弹顶的距离 x_p 或 C_p，通常应首先求出弹体及尾翼的法向力及其作用点的位置，然后用作用力的合成原理再求出全弹的法向力和阻力中心的位置。当攻角不大时，可近似将升力代替法向力处理（图 5-3-1）。

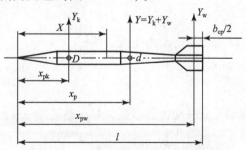

图 5-3-1　尾翼弹的压力中心计算图

现将图 5 - 3 - 1 的符号定义如下：

Y_k，x_{pk}——由弹体引起的升力及其作用点距弹顶的距离；

Y_w，x_{pw}——由尾翼引起的升力及其作用点距弹顶的距离；

Y，x_p——全弹的升力及其作用点距弹顶的距离。

根据空气动力学的公式，有

$$\begin{cases} Y_k = \dfrac{1}{2}\rho v^2 S C_{yk} \\[2mm] Y_w = \dfrac{1}{2}\rho v^2 S C_{yw} \\[2mm] Y = Y_k + Y_w = \dfrac{1}{2}\rho v^2 S (C_{yk} + C_{yw}) \end{cases} \tag{5-3-2}$$

根据力的合成原理，有

$$x_p = \frac{Y_k x_{pk} + Y_w x_{pw}}{Y} \tag{5-3-3}$$

令相对距离为

$$C_p = \frac{x_p}{l}, \quad C_{pk} = \frac{x_{pk}}{l}, \quad C_{pw} = \frac{x_{pw}}{l}$$

它们分别称为弹丸压力中心系数、弹体压力中心系数和尾翼压力中心系数，从而有

$$C_p = \frac{C_{pk} \cdot C_{yk} + C_{pw} \cdot C_{yw}}{C_{yk} + C_{yw}} \tag{5-3-4}$$

将式（5-3-4）代入式（5-3-1），即可得到弹丸的稳定储量 B。

如前所述，为使空气动力对弹丸质心的力矩为稳定力矩，必须使，$B > 0$，这是所有尾翼弹丸飞行稳定性的必要条件。良好的尾翼稳定弹丸，其稳定储备量必须至少为 15% ~28%。

2. 弹丸摆动运动分析

不旋转尾翼弹丸在飞行中如有章动产生，则稳定力矩将使弹丸极力朝着攻角减小的方向运动。但由于惯性，弹丸最终在阻力面内绕自身质心做往返摆动。由此可见，稳定力矩能够防止弹丸翻倒，但不能消除摆动。伴随弹丸摆动中的赤道阻尼力矩才能阻尼摆动，逐渐使弹丸的摆动振幅衰减。

不考虑弹道曲率的影响，根据弹丸的摆动运动方程可得下列近似解：

$$\delta = \frac{\dot{\delta}_0}{v_0 \sqrt{k_z}} e^{-bs} \sin \sqrt{k_z}\, s \tag{5-3-5}$$

式中　δ——弹丸的摆动攻角；

　　$\dot{\delta}_0$——弹丸出炮口时的初始摆动角速度，即 $\left(\dfrac{\mathrm{d}\delta}{\mathrm{d}t}\right)_0$；

　　v_0——弹丸初速；

　　s——弹道弧长；

　　b——取决于弹丸运动及空气动力的参量，其表达式为

$$b = \frac{1}{2}\left(b_y + k_{zz} - b_x - \frac{g\sin\theta}{v^2}\right) \tag{5-3-6}$$

式中 v——弹丸的飞行速度；

$\qquad$ θ——弹道切线与水平线的倾角；

$\qquad$ g——重力加速度；

$\qquad$ b_y，b_x，k_z，k_{zz}——空气动力有关项内的系数（见本章第一节）。

式（5-3-5）可近似写为

$$\delta = \delta_{\max 0} e^{-bvt} \sin v \sqrt{k_z}\, t \qquad (5-3-7)$$

式中 t——弹丸的飞行时间。

从式（5-3-7）可知，δ 随时间做周期性变化。当 $b>0$ 时，摆动是衰减的。摆动运动有下列特征量。

（1）最大振幅：

$$\delta_{\max 0} = \frac{\dot{\delta}_0}{v_0 \sqrt{k_z}}$$

（2）摆动周期：

$$T = \frac{2\pi}{v \sqrt{k_z}} \qquad (5-3-8)$$

将式（5-1-7）中 k_z 的关系式代入式（5-3-8），可得

$$T = \frac{2\pi}{v} \sqrt{\frac{2J_y}{\rho Slm'_z}}$$

（3）摆动波长：摆动波长为弹丸摆动一次所飞行的距离，即

$$\lambda = Tv = 2\pi \sqrt{\frac{2J_y}{\rho Slm'_z}} \qquad (5-3-9)$$

由稳定力矩的公式，可知

$$M_z = \frac{1}{2}\rho v^2 Sl\delta m'_z \qquad (5-3-10)$$

从 АНИИ 法中，可得

$$M_z = \rho v^2 Sh(C_x + C'_y)\delta \qquad (5-3-11)$$

式中 h——弹丸质心到阻力中心的距离。

从式（5-3-10）和式（5-3-11），可得

$$\frac{1}{2}lm'_z = h(C_x + C'_y)$$

则式（5-3-9）又可改写为

$$\lambda = 2\pi \sqrt{\frac{J_y}{(C_x + C'_y)\rho Sh}} \qquad (5-3-12)$$

式中 C_x 与 C'_y 可以直接从 АНИИ 法查表得出。

（4）对数衰减率 ε：振幅的对数衰减率 ε 表示相隔半周期振幅之比的自然对数（图5-3-2），即

$$\varepsilon = \ln\left|\frac{\delta_2}{\delta_1}\right| = bv\frac{T}{2} = b\frac{\pi}{\sqrt{k_z}} \qquad (5-3-13)$$

将式（5-3-6）、式（5-1-3）和式（5-1-7）代入式（5-3-13），可得

$$\varepsilon = \pi\left(\frac{\rho Sdlm'_{zz}}{2J_y} + \frac{\rho SC'_y}{2m} - \frac{\rho SC_x}{2m} - \frac{g\sin\theta}{v^2}\right)\sqrt{\frac{2J_y}{\rho Slm'_z}}$$

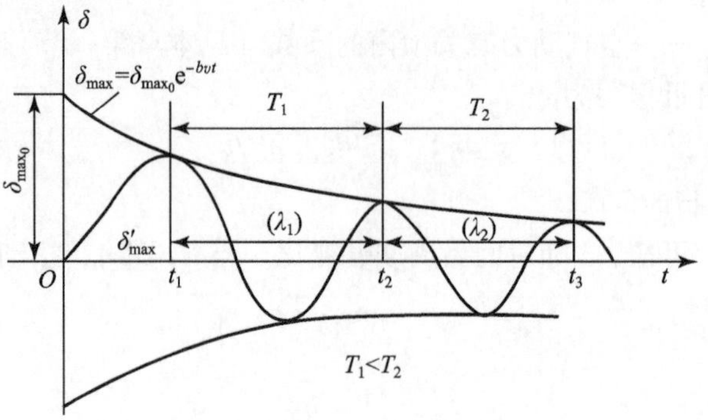

图 5-3-2　尾翼弹的衰减摆动

为使弹丸稳定，必须使特征波长 λ 及对数衰减率控制在一定的范围内。

3. 追随稳定性

尾翼弹丸在进入曲线段后，由于重力作用，弹道切线不断向下转动。但弹丸惯性使弹轴在铅直面内产生滞后攻角 δ_p，从而伴随产生相应的稳定力矩 M_z。在此力矩作用下弹轴将追随弹道切线的向下转动而转动，这个弹轴对弹道切线的滞后攻角称为动力平衡角，尾翼弹丸的追随稳定性即通过此动力平衡角描述。当动力平衡角小时，相应的追随稳定性也就好。

由外弹道理论，尾翼弹丸的动力平衡角可近似写为

$$\delta_p = \frac{2J_y g\cos\theta}{m'_z \rho Slv^3}\left(\frac{2g\sin\theta}{v} + \frac{C_x\rho Sv}{2m} + \frac{m'_{zz}\rho Sdlv}{2J_y}\right) \tag{5-3-14}$$

从式（5-3-14）可见，倾角 θ 及速度 v 对动力平衡角 δ_p 的影响很大。尤其在大射角（$\theta = 80°$）与小初速条件下，需要着重考虑尾翼弹丸的追随稳定性。

（二）旋转尾翼弹的动态飞行稳定性

尾翼弹常采用低速旋转的方法来减少某些不对称性干扰因素引起的散布。如因外形不对称而造成的气动偏心、内部结构不对称而造成的质量偏心，以及火箭增程弹推力产生的偏心等。理论与实践都已证明，这种方法是行之有效的。目前，许多尾翼稳定的聚能破甲弹、杆式穿甲弹以及某些迫击炮弹都采用低速旋转。当旋转尾翼弹存在某些不对称性的干扰（气动偏心，动不平衡）时，随着弹体的旋转，这些不对称的干扰因素将表现为周期性的干扰作用。当周期干扰频率与弹丸摆动频率相等时，即产生共振现象。这时弹丸攻角 δ 将急剧增加，使弹丸的飞行稳定性受到破坏。此外，由于攻角的存在，旋转尾翼弹还会产生马格努斯力矩。马格努斯力矩亦为另一种不稳定因素。马格努斯力矩对飞行稳定性的影响，仍然可采用类同于旋转弹丸的动态稳定性条件来判断。因此这里着重分析旋转尾翼弹的共振不稳定性。

1. 共振不稳定性

前面在分析非旋转尾翼弹的稳定性时，已经阐明弹丸以弹道切线为平衡位置绕自身质心做衰减性摆动运动。这是针对理想情况而言的。如果尾翼弹丸存在气动偏心或质量偏心等不

均衡因素，此时弹丸摆动的平衡位置不再是弹道切线，而是偏于速度矢量一定角度 δ_M 处。δ_M 又称静平衡攻角。当弹丸还有旋转运动，气动偏心或动不平衡质量将随弹体一道旋转，形成对弹丸的周期性干扰作用。在这种情况下，弹丸的摆动运动可视为均衡摆动与周期干扰摆动二者的叠加。由于第一项摆动很快衰减并消失，故旋转尾翼弹丸的稳定性应着重控制后一项摆动运动。

由外弹道理论可知，周期干扰摆动攻角的幅值 A_p 与静平衡攻角 δ_M 之比 μ 可写为

$$\mu = \frac{k_z}{\sqrt{(b^2 - \chi^2 + k_z)^2 + (2b\chi)^2}} \qquad (5-3-15)$$

式中 χ 为弹丸旋转角速度 ω_r 与线速度 v 之比，即

$$\chi = \frac{\omega_r}{v} \qquad (5-3-16)$$

系数 b 及 k_z 与弹丸空气动力的有关参量和系数有关。在一定条件下，b 及 k_z 均为常数，故振幅比 μ 将随 χ 而变，求其极值可得。

当 $\chi = \sqrt{k_z + b^2}$ 时，有

$$\mu_{max} = \frac{k_z}{2b\sqrt{k_z + b^2}} \qquad (5-3-17)$$

式（5-3-17）又称为共振条件。因为通常 $b^2 \ll k_z$，故此共振条件又可简化如下。

当 $\chi = \sqrt{k_z}$ 时，有

$$\mu_{max} = \frac{\sqrt{k_z}}{2b} \qquad (5-3-18)$$

将式（5-3-18）代入式（5-3-16），可求出尾翼弹的共振角速度为

$$\omega_{r0} = \chi v = \sqrt{k_z} v = v\sqrt{\frac{m_z' \rho S l}{2J_y}} \qquad (5-3-19)$$

共振转速为

$$n_{r0} = \frac{\omega_{r0}}{2\pi} = \frac{v}{2\pi}\sqrt{k_z}$$

由式（5-3-16）及式（5-3-19）可知，弹丸实际转速 n_r 与共振转速 n_{r_0} 之比 η 可写为

$$\eta = \frac{n_r}{n_{r_0}} = \frac{\chi}{\sqrt{k_z}} \qquad (5-3-20)$$

注意：式（5-3-20）η 值相当于弹丸转动频率 f_ω 与弹丸摆动频率 f_λ 之比，因此，为方便起见，又称 η 为旋转尾翼弹的频率比，即

$$\eta = \frac{f_\omega}{f_\lambda} \qquad (5-3-21)$$

将式（5-3-20）值代入式（5-3-15），可得振幅比 μ 与频率比 η 的关系为

$$\mu = \frac{k_z}{\sqrt{[b^2 + k_z(1-\eta^2)]^2 + 4b^2\eta^2 k_z}} \qquad (5-3-22)$$

将式（5-3-22）作成曲线，如图 5-3-3 所示。从图中可以看出：当频率比 $\eta = 1.0$

时，即弹丸转速达到共振转速，或者弹丸每摆动一次，弹丸刚好自转一周，所具有的振幅比 μ 也达到最大值。即使不使尾翼弹翻转，也会使正面阻力突然增大，密集度恶化，甚至出现近弹。随着 η 值离开共振点一定范围，振幅比 μ 迅速变小。

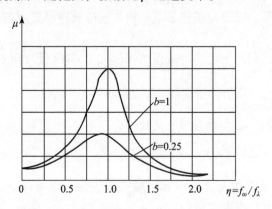

图 5 - 3 - 3   振幅比 μ 与频率比 η 之关系

当尾翼弹由不旋转而逐步加速到平衡转速时，必然有与共振转速接近相等的阶段。如果此阶段时间很短，由于共振而引起攻角的增大较小，对尾翼弹的密集度和射程不会产生大的影响。如果停留于共振转速的时间较长（产生所谓转速闭锁现象），则可能因共振导致攻角增大到有害的程度，使密集度变坏，甚至产生近弹。平衡转速 η_L 与共振转速 n_{r_0} 的比值越大，则经过共振阶段的时间越短，其影响就越小。根据经验，从避免共振不稳定现象出发，应至少使尾翼弹的实际平衡转速 η_L 与计算共振转速 n_{r_0} 的比 η（式（5 - 3 - 20））达到下列要求，即

$$\eta \geqslant 1.4 \sim 4 \tag{5 - 3 - 23}$$

η 值也不宜过大，否则会造成动不平衡力矩过大，对密集度带来不利影响。

下面，简要分析尾翼弹的平衡转速计算问题。赋予尾翼弹旋转的方法除了采用微旋弹带外（见第二章），目前大多采用斜置尾翼或斜切翼面方法。斜置尾翼（图 5 - 3 - 4 (a)）是将尾翼片平面与弹轴成一个倾角 β；而斜切翼面（图 5 - 3 - 4 (b)）是将尾翼片平面的一侧削去一部分，使削面与弹轴成一个倾角 β。这类方法借助于作用在尾翼斜面上的空气动力导转力矩，使弹丸获得不断增大的转速。与此同时，由于极阻尼力矩 M_{xz} 的作用，最终弹丸转速处于某个平衡值。下面将导出其计算公式。

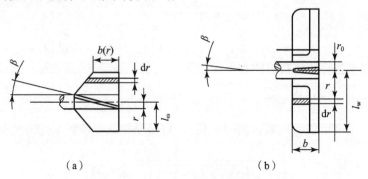

（a）   （b）

图 5 - 3 - 4   斜置、斜切尾翼的尺寸

为了使问题简化，仍将尾翼视为直置的，而气流以一定偏斜角 β 吹在翼片上，产生的导转力矩作用在弹丸上，如图 5 – 3 – 4 所示。翼片上任意微面 dS_w 上的升力导转力矩为

$$dM_z = \frac{1}{2}\rho v^2 dS_w C'_y \beta r = \frac{1}{2}\rho v^2 C'_y \beta br dr \tag{5-3-24}$$

式中　b——微面宽度；

　　　r——微面距弹丸轴线的半径坐标。

对整个翼面积分，求出气流对弹丸的导转力矩为

$$M_z = \frac{1}{2}\rho v^2 C'_y \beta \int_{r_0}^{l_w} br dr = \frac{1}{2}\rho v^2 C'_y \beta S_w r_{cp} \tag{5-3-25}$$

式中　r_0——尾翼片的根部半径；

　　　l_w——尾翼片张开后弹轴至翼片末端的外半径；

　　　r_{cp}——翼片的面心半径坐标，一般取

$$r_{cp} = \frac{1}{2}(l_w - r_0) \tag{}$$

另外，作用在此旋转尾翼片微面上的极阻尼力矩 dM_{xz}，可视为气流以相对偏角 δ 吹在静止翼片上的负升力所致（图 5 – 3 – 4），即

$$dM_{xz} = \frac{1}{2}\rho v^2 dS_w C'_y \delta_0 r \tag{5-3-26}$$

由于微面 dS_w 的切向速度分量为 $\omega_r \cdot r$，与来流速度 v 合成后，偏角 δ 可近似表示为

$$\delta \approx \tan \delta = \frac{\omega_r r}{v} \tag{5-3-27}$$

将式（5 – 3 – 27）代入式（5 – 3 – 26），并进行积分，可得

$$M_{xz} = \frac{1}{2}\rho v^2 C'_y \omega_r \int_{r_0}^{l_w} br^2 dr = \frac{1}{2}\rho v^2 C'_y \frac{\omega_r}{v} S_w r_j^2 \tag{5-3-28}$$

式中　r_j——翼片面相对于极轴的二次矩半径。

当 $M_z = M_{xz}$ 时，相应的转速即为平衡转速，即

$$\omega_{rL} = \frac{v\beta r_{cp}}{r_j^2} \text{ (rad/s)} \tag{5-3-29}$$

或

$$n_L = \frac{\omega_{rL}}{2\pi} = \frac{v\beta r_{cp}}{2\pi r_j^2} \text{ (r/s)} \tag{}$$

斜置尾翼和斜切尾翼的平衡转速，常用下面近似公式计算，即

$$\omega_{rL} = 1.5K\frac{v}{l_w}\beta \text{ (rad/s)} \tag{5-3-30}$$

或

$$n_L = \frac{1.5Kv\beta}{2\pi l_w} \text{ (r/s)} \tag{}$$

式中　β——尾翼斜置角或斜切角；

　　　K——翼型系数，可按下列公式进行计算。

对于斜置尾翼，有

$$K = \frac{1 - \left(\dfrac{r_0}{l_w}\right)^2}{1 - \left(\dfrac{r_0}{l_w}\right)^3} \qquad (5-3-31)$$

对于斜切尾翼，有

$$K = \frac{1}{2} \, \frac{1 - \left(\dfrac{r_0}{l_w}\right)^2}{1 - \left(\dfrac{r_0}{l_w}\right)^3}$$

例 5－5 试计算 37 mm 低速旋转尾翼弹的平衡转速。已知：$r_0 = 0.7$ cm；$l_w = 1.85$ cm；$\beta = 5°$；$v_0 = 312$ m/s；$J_y = 0.00268$ kg·m^2；$C_m = C_x + C_y' = 1.34$；$h = 0.05716$ m。

解：（1）平衡转速：此弹为斜置尾翼，则

$$K = \frac{1 - \left(\dfrac{r_0}{l_w}\right)^2}{1 - \left(\dfrac{r_0}{l_w}\right)^3} = \frac{1 - \left(\dfrac{0.7}{1.85}\right)^2}{1 - \left(\dfrac{0.7}{1.85}\right)^3} = 0.9059$$

$$\omega_{rL} = 1.5 K \frac{v}{l_w} \beta = 1.5 \times 0.9059 \times \frac{312}{0.0185} \times 0.08727 = 200 \ (\text{rad/s})$$

$$n_L = \frac{\omega_r}{2\pi} = \frac{200}{2\pi} = 31.8 \ (\text{r/s})$$

（2）用 АНИИ 法计算摆动波长：

$$\lambda = 2\pi \sqrt{\frac{J_y}{(C_x + C_y')\rho S h}} = 2\pi \sqrt{\frac{0.00268}{1.34 \times 1.225 \times \pi \times 0.0185^2 \times 0.05716}} = 32.4 \ (\text{m})$$

$$(5-3-32)$$

（3）弹丸摆动频率：

$$f_\lambda = \frac{v}{\lambda} = \frac{312}{32.4} = 9.63 \ (\text{次/s})$$

由上式可见，弹丸转速 $n_L \gg f_\lambda$，远离共振条件。

二、迫击炮弹的飞行稳定性计算

一般迫击炮弹的特点是：飞行速度较低（大部在亚声速范围），同口径尾翼，弹道曲射，弹丸在全弹道上飞行。因此，迫击炮弹的飞行稳定性除了保持充分的稳定储备量及追随稳定性外，弹丸在飞行中还应有适当的摆动波长，且摆动振幅要迅速衰减，这样才能使迫击炮弹获得良好的密集度。

下面着重介绍苏联炮兵科学技术研究院制定的摆动频率法，它是以摆动波长 λ 作为评定迫击炮弹飞行稳定性的基本特征量。

（一）飞行稳定性条件

前已述明，摆动波长 λ 为弹丸每摆动一次所飞过的距离。当 λ 值过大，表明弹丸攻角长久偏离其平衡位置，因而弹丸飞行稳定性差；当 λ 值过小表明弹丸摆动过频，结果引起阻力增大，射程减小。必须使弹丸的 λ 值保持在一合适的范围内，此范围可根据飞行性能

良好的现有迫击炮弹的经验值确定。

由式（5 – 3 – 12）可知，摆动波长为

$$\lambda = 2\pi \sqrt{\frac{J_y}{(C_x + C_y')\rho Sh}} \qquad (5-3-33)$$

对于已定的弹丸结构，其结构特征量与弹丸直径 d 呈一定的比例，即

$$\begin{cases} J_y = jd^5 \\ S = kd^2 \\ h = id \end{cases} \qquad (5-3-34)$$

式中　i，j，k——比例常数；

　　　J_y——弹丸的赤道转动惯量；

　　　S——弹丸最大横截面积；

　　　h——弹丸质心至阻心的距离。

将式（5 – 3 – 34）代入式（5 – 3 – 33）中，可得

$$\lambda = 2\pi d \sqrt{\frac{j}{(C_x + C_y')\rho ki}} \qquad (5-3-35)$$

令式（5 – 3 – 35）中常数项用 n 表示，即

$$n = 2\pi \sqrt{\frac{j}{(C_x + C_y')\rho ki}}$$

则

$$\lambda = nd$$

式中　n 取决于弹丸形状和结构及空气动力系数，对于几何相似与气动力相似的弹丸系统，当材料相同，n 具有相同数值，而与弹丸的绝对尺寸无关。

联立下述方程

$$\begin{cases} \lambda = nd \\ J_y = jd^5 \end{cases}$$

可得

$$\left(\frac{J_y}{j}\right)^{0.2} = \frac{\lambda}{n}$$

或

$$\lg J_y = 5\lg \lambda + C \qquad (5-3-36)$$

式中　C 为取决于相似系统的常数。

式（5 – 3 – 36）所示 $J_y - \lambda$ 关系，也可用曲线形式表示。可将现有迫击炮弹，根据它们的形状和结构：首先确定出系数 C 的值；然后分别做出曲线。如上所述，一个相似系统对应一条曲线，不同的相似系统获得一个曲线簇，它又称为迫击炮弹的稳定性曲线图。稳定性曲线图表明：对于所有飞行稳定良好的迫击炮弹，λ 值只能在一定的范围内。一般将此范围作为新设计迫击炮弹飞行稳定性的条件，也就是说，新设计的迫击炮弹的 λ 值应当落在此范围内，才能认为具有飞行稳定性。

（二）迫击炮弹飞行稳定性设计

迫击炮弹的飞行稳定性设计是通过上述现有迫击炮弹的稳定性曲线图完成的。

新设计的迫击炮弹，其形状、结构经初步拟定后，按上述方法，首先计算迫击炮弹的各气动力系数；然后再计算其摆动波长 λ。根据迫击炮弹的赤道转动惯量 J_y 和参数 λ，并借助图 5-3-5 初步确定所设计的炮弹是否符合飞行稳定性的要求。如果 λ 值落在稳定性曲线簇区域内，表明所设计的迫击炮弹具有飞行稳定性。如果 λ 值落在稳定性区域以上，表示所设计迫击炮弹稳定性差，因而密集度也不好。为了改善其飞行稳定性能，必须改进迫击炮弹原来的结构和形状。改变结构的原则是：不削弱迫击炮弹的威力，不引起射程很大下降，所以一般主要是通过对稳定装置的修改，达到稳定性的要求。首先加长稳定杆的长度，因为稳定杆长度的增加，仅仅引起空气阻力中心后移，不会导致阻力的增大，这是十分有利的。在稳定杆增长后，仍然没有达到稳定性要求时，再增加尾翼片的数目。但尾翼片数目的增多，将使升力大大加大。当然正面阻力也有所增加，但仅仅是前者的 1/2。如果还没有达到稳定性要求，只好再增加尾翼片的宽度。不过，翼片宽度的增加将会导致正面阻力大大增大，而正面阻力有降低射程的效应。所以靠加大正面阻力增加迫击炮弹的飞行稳定性，是十分不利的，只有在万不得已的情况下才采用。

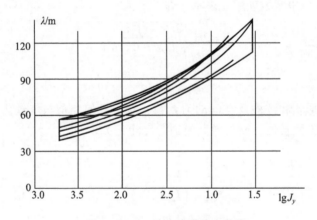

图 5-3-5　迫击炮弹稳定曲线

如果所设计的迫击炮弹的 λ 值落在稳定性曲线簇的下方时，表明该弹具有过渡的稳定性。也就是说，迫击炮弹在弹道上摆动过频，结果引起阻力增大，射程下降。为了改变这种情况，应重新修改稳定装置的结构。这时，首先改善那些可能导致增大正面阻力的结构部分，即先减小尾翼片的宽度。如果允许的话，再减少尾翼片的数目，减小稳定杆的长度是无意义的。因为它几乎不影响正面阻力的增减，因而也不会引起射程的增减。

例 5-6　计算 100 mm 杀爆迫击炮弹的飞行稳定性。已知：弹丸长度 $l=5.29d$；弹头部长度 $l_{t_0}=1.32d$；圆柱部长度 $l_z=0.37d$；弹尾部长度 $l_w=2.1d$；稳定杆长度 $a=1.11d$；尾翼片宽度 $b=0.42d$；尾翼片数目 $n=10$ 片；赤道转动惯量 $J_y=0.106$ kg·m^2；质心至弹底距离 $x=3.1235d$。

解：（1）计算迫击炮弹气动力系数：由 $l_w=2.1d$ 和 $l_z=0.37d$ 查本书附录得到标准弹形的气动力系数为

$$C_{x0} = 0.1037, \ C_y = 0.1987, \ x_{p0} = 2.707(d)$$

由结构进行气动力系数修正如下：

弹头部修正：

$$\Delta x_{pt} = 0.39(1.32 - 0.5) = 0.3198$$

尾翼片数目修正：

$$\begin{cases} \Delta C_{xn} = 0.0055(10 - 12) = -0.011 \\ \Delta C_{yn} = 0.011(10 - 12) = -0.022 \end{cases}$$

尾翼片宽度修正：

$$\begin{cases} \Delta C_{xb} = 0.32(0.42 - 0.5) = -0.0256 \\ \Delta C_{yb} = 0.158(0.42 - 0.5) = -0.01264 \\ \Delta x_{pb} = 0.428(0.42 - 0.5) = -0.03424 \end{cases}$$

稳定杆长度修正：

$$\Delta x_{pa} = 0.62(1.11 - 0.75) = 0.2232$$

迫击炮弹的气动力系数如下：

$$C_x = C_{x0} + \Delta C_{xn} + \Delta C_{xb} = 0.1037 - 0.011 - 0.0256 = 0.0671$$

$$C_y = C_{y0} + \Delta C_{yn} + \Delta C_{yb} = 0.1987 - 0.022 - 0.01264 = 0.16406$$

$$x_p = x_{p0} + \Delta x_{pt} + \Delta x_{pb} + \Delta x_{pa}$$

$$= 2.707 + 0.3198 - 0.03424 + 0.2232 = 3.21576(d)$$

$$C_y' = \frac{C_y}{\delta} = \frac{0.16406}{0.1745} = 0.94$$

（2）计算迫击炮弹飞行摆动波长 λ：阻力中心至质心距离为

$$h = x + x_p - l = 3.1235 + 3.21576 - 5.29$$

$$= 1.0493(d) = 0.1049 \ (\text{m})$$

摆动波长为

$$\lambda = 2\pi \sqrt{\frac{J_y}{(C_x + C_y')\rho Sh}} = 2\pi \sqrt{\frac{0.106}{(0.0671 + 0.94) \times 1.226 \times 0.00785 \times 0.1049}}$$

$$= 64.68 \ (\text{m})$$

将点 $(\lg J_y, \lambda)$ 画在迫击炮弹飞行稳定曲线图上（图 5-3-5）。因点 $(\lg J_y, \lambda)$ 落在稳定性曲线簇的范围内，故认为弹丸具有飞行稳定性。

三、杆式尾翼穿甲弹飞行稳定性计算

杆式尾翼穿甲弹的特点是：弹身长，超口径尾翼，飞行速度高，仅做直线飞行，以及弹丸无旋或低速旋转。在计算这类弹丸的飞行稳定性时，必须注意以下几个问题：

（1）弹丸必须具备一定稳定储备量，即空气动力作用在弹丸上的压力中心应在弹丸质心之后，且有一定的裕量。

（2）对于旋转的弹丸，还必须具有动态稳定性。此外，应注意弹丸的转速的非共振性。

（一）稳定储备量的计算

由式（5-3-1），尾翼弹丸的稳定储备量为

$$B = (C_p - C_s) \times 100\%$$

式中 C_p 可按式（5-3-4）计算，即

$$C_p = \frac{C_{pk} \cdot C_{yk} + C_{pw} \cdot C_{yw}}{C_{yk} + C_{yw}} \tag{5-3-37}$$

式（5-3-37）中的诸系数分别取决于弹体、尾翼的升力及其作用点位置。下面具体介绍其计算方法。

1. 弹体升力及其作用点

弹体升力及其作用点位置随弹体形状而异。典型的弹体形状可视为弧形头部或锥形头部与柱形弹身的组合体（图5-3-6，图5-3-7）。设弹身直径为 d，头部长度为 l_{t0}，弹身长度为 l_z，弹体全长为 l。各部分相对长度为

$$\lambda_{t0} = \frac{l_{t0}}{d}, \ \lambda_z = \frac{l_z}{d}, \ \lambda_1 = \frac{l}{d}$$

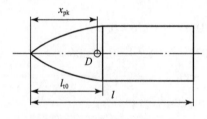

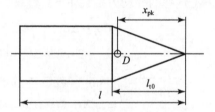

图5-3-6 弧形头部尺寸 　　　　　　图5-3-7 锥形头部尺寸

弹体的升力公式为

$$Y_k = \frac{1}{2}\rho v^2 S C_{yk} \tag{5-3-38}$$

式中 S——弹身的横截面积；

C_{yk}——弹体的升力系数。

弹体的升力系数 C_{yk} 又可写为

$$C_{yk} = C'_{yk}\delta \tag{5-3-39}$$

式中 δ——攻角（°）。

C'_{yk} 值可根据弹体尺寸 λ_{t0}、λ_z 和马赫数（Ma），由图5-3-8所示的曲线查取，也可按下列经验公式近似计算：

$$C'_{yk} \approx 0.042 \tag{5-3-40}$$

弹体升力作用点位置 x_{pk} 可按下列公式计算。

对于弧形头部的弹体（图5-3-6）其压力中心系数公式为

$$C_{pk} = \frac{x_{pk}}{l} = \frac{0.733 + 0.667\delta\lambda_{t0}(\bar{x}_k^2 - 1)}{\bar{x}_k[1.57 + 1.334\delta\lambda_{t0}(\bar{x}_k - 1)]} \tag{5-3-41}$$

式中 $\bar{x}_k = \frac{l}{l_{t0}} = \frac{\lambda_1}{\lambda_{t0}}$；

δ——攻角（rad）。

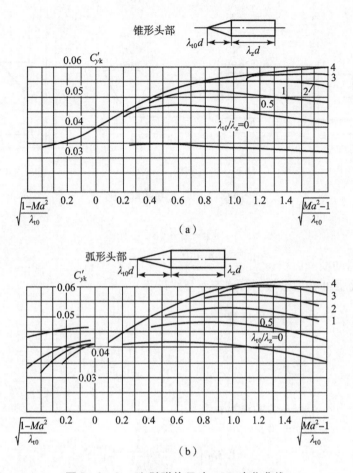

图 5 – 3 – 8　C'_{yk} 随弹体尺寸、Ma 变化曲线

式（5 – 3 – 41）适用于 $\delta < \beta_0$（弹尖的半顶角）的情况。

对于锥形头部的弹体（图 5 – 3 – 7），其压力中心系数为

$$C_{pk} = \frac{x_{pk}}{l} = \frac{0.667\lambda_{t0} + 0.813\lambda_z(\lambda_{t0} + 0.5\lambda_z)}{(1 + 0.813\delta\lambda_z)\lambda_1} \qquad (5 – 3 – 42)$$

在更近似的情况下，可取

$$C_{pk} \approx 0.4 \qquad (5 – 3 – 43)$$

最后，弹体升力作用点的位置为

$$x_{pk} = C_{pk} \cdot l$$

2. 尾翼的升力及其作用点

尾翼的升力与尾翼形状有关。描述尾翼形状的特征尺寸（图 5 – 3 – 9）有翼片面积 S_w，翼片展度 l_w，翼片的平均弦长 b_{cp} 及翼片厚度 t_c。此外，还与下列量纲为 1 的参数有关，即

$$\lambda_w = \frac{2l_w^2}{S_w} = \frac{2l_w}{b_{cp}}, \quad S_w = l_w \cdot b_{cp}$$

式中　λ_w——翼片的展弦比。

尾翼的升力公式为

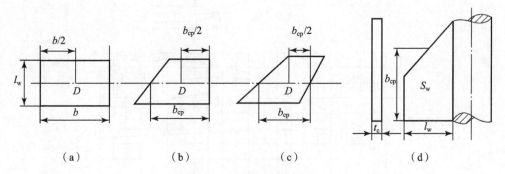

图 5 - 3 - 9　尾翼的展弦比

$$Y_w = \frac{1}{2}\rho v^2 S C_{yw} \tag{5-3-44}$$

式中　S——弹身的横截面积；

　　C_{yw}——尾翼的升力系数，可用下面公式计算。

对于展弦比 $\dfrac{\lambda_w}{4} > \dfrac{1}{\sqrt{Ma^2-1}}$ 的尾翼，有

$$C_{yw} = \frac{4\delta}{\sqrt{Ma^2-1}}\left(1 - \frac{1}{2\lambda_w}\frac{1}{\sqrt{Ma^2-1}}\right)\frac{2S_w}{S} \tag{5-3-45}$$

对于展弦比 $\dfrac{\lambda_w}{4} < \dfrac{1}{\sqrt{Ma^2-1}}$ 的尾翼，有

$$C_{yw} = 1.35\delta\left(\lambda_w + \frac{1}{\sqrt{Ma^2-1}}\right)\frac{2S_w}{S} \tag{5-3-46}$$

式（5 - 3 - 45）和式（5 - 3 - 46）一般适用于 4 片尾翼的情况。对于 6 片尾翼，如不考虑翼片间的相互影响，可将 $3S_w$ 代替公式中的 $2S_w$，由于通常翼片间的气流干扰作用，使有效攻角及实际升力均减小，这时也可取 $2.5S_w$ 计算。

在超声速条件下，尾翼压力中心的位置可近似认为在平均弦长的中点处（图 5 - 3 - 1），故压力中心至弹顶的距离为

$$x_{pw} = l - \frac{1}{2}b_{cp} \tag{5-3-47}$$

尾翼压力中心系数为

$$C_{pw} = \frac{x_{pw}}{l} = 1 - \frac{1}{2}\cdot\frac{b_{cp}}{l} \tag{5-3-48}$$

3. 弹丸的稳定储备量

将系数 C_{yk}、C_{pk}、C_{yw}、C_{pw} 之值代入式（5 - 3 - 4）中，求出弹丸阻心的相对位置 C_p 后，再根据已知的弹丸质心位置，即可利用式（5 - 3 - 1）求出弹丸的稳定储备量。

为了保持可靠的静稳定性，超声速杆式尾翼弹应使 B 值保持在 15% 以上。

（二）动态稳定性计算

当杆式尾翼弹丸有旋转运动时，相应的马格努斯力矩对飞行稳定性会带来不利影响。此时尚需校核其动态稳定性。根据动态稳定条件式（5 - 2 - 23），必须满足

$$S_d^* (2 - S_d^*) > \frac{1}{S}$$

式中　S——陀螺稳定因子；

　　　S_d^*——动态稳定因子。

由式（5-2-12）可知，陀螺稳定因子为

$$S = \frac{1}{4k_z}\left(\frac{J_x}{J_y}\right)^2 \left(\frac{\omega_r}{v}\right)^2$$

对于尾翼弹丸，由于空气动力在阻力面内的力矩为稳定力矩，即 $k_z < 0$，故 $S < 0$

由式（5-2-24）可知，动态稳定因子为

$$S_d^* = \frac{2\left(C_y' + \frac{md^2}{J_x}m_y'\right)}{C_y' - \frac{md^2}{J_y}m_{zz}'}$$

另外，为了避免发生共振不稳定性，必须按照下列条件设计杆式尾翼穿甲弹平衡转速，即

$$n_0 \geqslant \frac{1.4v}{2\pi}\sqrt{\frac{m_z'\rho Sl}{2J_y}} \quad (\text{r/s}) \tag{5-3-49}$$

式中　l——弹丸全长；

　　　S——弹丸横截面积。

四、尾翼破甲弹（亚声速）的飞行稳定性

由无后坐炮发射的多数破甲弹，采用火箭增速技术及张开式尾翼稳定。一般说来，飞行速度不高，处于亚声速范围，它与上面讨论的杆式尾翼穿甲弹情况有较大差异。针对这类弹丸，这里介绍某些较适用的计算方法，它也适用于其他亚声速火箭增程尾翼弹的稳定性计算。

（一）空气动力系数近似计算方法

1. 升力系数 C_y 的计算

（1）弹体升力系数 C_{yk}：当弹丸飞行马赫数 $Ma < 0.8$ 时，属于亚声速范围，这时可近似表示为

$$C_{yk} \approx \delta \tag{5-3-50}$$

式中　δ——攻角（rad）；

（2）尾翼升力系数 C_{yw}：

$$C_{yw} = \frac{1.84\pi\lambda_w\delta}{2.4 + \lambda_w} \cdot \frac{1}{\sqrt{1 - Ma^2}} \cdot \frac{2S_w}{S} \tag{5-3-51}$$

式中　λ_w——尾翼的展弦比，$\lambda_w = \frac{2l_w}{b_{cp}}$；

　　　$2l_w$——翼展（悬臂部分，图5-3-9）；

　　　b_{cp}——尾翼平均弦长；

　　　S_w——尾翼片面积，$S_w = l_w b_{cp}$；

　　　S——弹体最大横截面积；

δ——攻角（rad）。

2. 压力中心系数 C_p 的计算

在亚声速条件下，当 δ 很小时，可近似认为压力中心分别处于弹体或尾翼片的中间位置，即

$$C_{pk} \approx 0.5 \tag{5-3-52}$$

$$C_{pw} \approx \frac{x_w + 0.5 b_{cp}}{l} \tag{5-3-53}$$

式中　x_w——尾翼平均气动弦长前沿点至弹顶的距离（图5-3-10）

当求出 C_{yk}、C_{yw}、C_{pk}、C_{pw} 后，再由式（5-3-4）求压力中心系数 C_p。

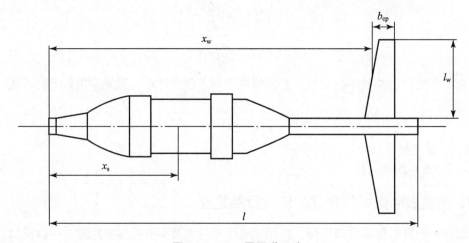

图 5-3-10　尾翼弹尺寸

3. 稳定条件

仍然用式（5-3-1）稳定储备量公式，计算弹丸的稳定储备量。对于亚声速尾翼弹丸，飞行稳定性条件为

$$B > 15\% \sim 28\% \tag{5-3-54}$$

为了保证弹丸良好的飞行稳定性，并满足精度要求，最有效的办法是在一定翼片面积基础上，加大翼展，减小弦长，即以增大展弦比提高升力，加大稳定储备量。

（二）弗兰克里方法（亚声速尾翼弹丸）

这种方法根据空气动力计算中的某些简化，可直接得出压力中心位置，其结果有一定适用性。

弹丸几何特征尺寸如图5-3-11所示，弹丸的压力中心位置 x_p 可按下式计算：

$$x_p = l_k + (\sigma - 0.75)b - \frac{\frac{\pi}{90}[W + S_t(\sigma - 0.75)b]}{S\left(C_y' + \frac{\pi}{90} \cdot \frac{S_t}{S}\right)} \tag{5-3-55}$$

式中　x_p——压力中心至弹顶的距离；

l_k——弹体全长（不包括尾翼）；

σ——参量，$\sigma = b_1/b$；

b_1——尾翼超出弹体的长度（图5-3-11）；

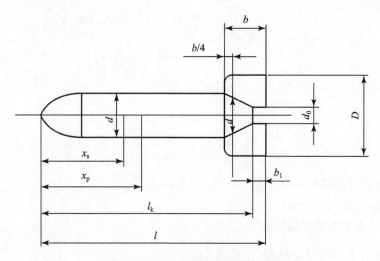

图 5 - 3 - 11　尾翼弹的稳定性计算

b——尾翼平均宽度；

W——弹丸的体积；

S_t——喷管出口的横截面积；

S——弹体最大横截面积，$S = \dfrac{\pi d^2}{4}$；

d——弹体最大直径；

C'_y——每度攻角的升力系数，$C'_y = C_y/\delta$，C'_y 之值与弹丸几何尺寸有关，即

$$C'_y = \frac{C_y}{\delta} = 0.107 \frac{bD}{d^2} \frac{\left(1 + \dfrac{\bar{d}}{D}\right)\left(1 - \dfrac{\bar{d}^2}{D^2}\right)}{1 + 0.8\left(1 + \dfrac{2}{n}\right)\left(1 + \dfrac{\bar{d}}{D}\right)\dfrac{b}{D}} \tag{5-3-56}$$

式中　δ——攻角（°）；

D——翼展（翼片展开后的直径，图 5 - 3 - 12）；

$\bar{d}$——距尾翼前沿 0.25b 处之弹丸端面直径（图 5 - 3 - 12）；

n——尾翼片对数。

相应的稳定条件为

$$B = (C_p - C_s) \times 100\% = 20\% \sim 30\% \tag{5-3-57}$$

式中　C_p——弹丸压力中心系数，$C_p = x_p/l_k$；

C_s——弹丸质心距弹顶的相对距离，其表达式为

$$C_s = x_s/l_k$$

（三）　新 40 法

结合新 40 mm 破甲弹的具体特点，对弗兰克里法进行一些修正，即为新 40 法。这种方法的特点是比较简单，计算结果与空气动力计算结果比较接近，可作为类似弹丸在稳定性计算时的参考，其计算公式为

$$x_p = l - (0.75b + l_2) - \frac{\frac{\pi}{90}[W_1 - (0.75bS_t + W_2)]}{S\left(C'_y + \frac{\pi}{90}\frac{S_t}{S}\right)} \qquad (5-3-58)$$

而

$$C'_y = \frac{C_y}{\delta} = 0.107\frac{bD}{d^2}\frac{\left(1 + \frac{\bar{d}}{D}\right)\left(1 - \frac{\bar{d}^2}{D^2}\right)}{1 + 0.8\left(1 + \frac{2}{n}\right)\left(1 + \frac{\bar{d}}{D}\right)\frac{b}{D}} \qquad (5-3-59)$$

式中　l_2——尾翼以后的尾杆部分长度（图 5 - 3 - 12）；

　　　W_1——l_1 长度内的弹体体积；

　　　W_2——l_2 长度内的弹体体积；

　　　S_t——尾杆部分的横截面积，$S_t = \frac{\pi\bar{d}^2}{4}$；

　　　S——弹体最大横截面积，$S = \frac{\pi d^2}{4}$；

　　　n——尾翼片对数；

　　　l——弹丸全长；

　　　D——翼展；

　　　b——尾翼片宽度。

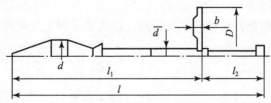

图 5 - 3 - 12　新 40 mm 破甲弹外形尺寸示意图

弹丸的稳定性条件为

$$B = \frac{x_p - x_s}{l} \geqslant 20\% \sim 30\% \qquad (5-3-60)$$

例 5 - 7　计算 69 式 40 mm 火箭增程弹稳定性。已知：$W_1 = 1420\ \text{cm}^3$；$W_2 = 39.3\ \text{cm}^3$；$\bar{d} = 2.2\ \text{cm}$；$d = 85\ \text{mm}$；$b = 1.5\ \text{cm}$；$D = 28.2\ \text{cm}$；$n = 2$；$l = 91.1\ \text{cm}$；$l_2 = 12.4\ \text{cm}$；$x_s = 38.25\ \text{cm}$。

解：（1）计算 C'_y：

$$C'_y = 0.107\frac{bD}{d^2}\frac{\left(1 + \frac{\bar{d}}{D}\right)\left(1 - \frac{\bar{d}^2}{D^2}\right)}{1 + 0.8\left(1 + \frac{2}{n}\right)\left(1 + \frac{\bar{d}}{D}\right)\frac{b}{D}}$$

$$= 0.107 \times \frac{1.5 \times 28.2}{8.5^2} \times \frac{\left(1 + \frac{2.2}{28.2}\right)\left(1 - \frac{2.2^2}{28.2^2}\right)}{1 + 0.8\left(1 + \frac{2}{2}\right)\left(1 + \frac{2.2}{28.2}\right) \times \frac{1.5}{28.2}} = 0.0615$$

（2）计算 x_p：

$$x_p = l - (0.75b + l_2) - \frac{\dfrac{\pi}{90}\left[W_1 - (0.75bS_t + W_2)\right]}{S\left(C_y' + \dfrac{\pi}{90}\dfrac{S_t}{S}\right)}$$

因为 $S_t = \dfrac{1}{4}\pi\bar{d}^2 = \dfrac{\pi}{4}\times 2.2^2 = 3.8$ （cm²）， $S = \dfrac{1}{4}\pi d^2 = \dfrac{\pi}{4}\times 8.5^2 = 56.75$ （cm²），则

$$x_p = 91.1 - (0.75\times 1.5\times 12.4) - \frac{\dfrac{\pi}{90}\left[1420 - (0.75\times 1.5\times 3.8 + 39.3)\right]}{56.75\left(0.0615 + \dfrac{\pi}{90}\times\dfrac{3.8}{56.75}\right)} = 64.31 \quad （cm）$$

（3）计算稳定性条件：

$$B = \frac{x_p - x_s}{l} = \frac{64.31 - 38.25}{91.1} = 28.6\%$$

因此，认为火箭增程弹是稳定的。

五、杆形头部筒式弹的飞行稳定性

某些反坦克破甲弹也常采用杆形头部的结构。例如，美国 90 mm 破甲弹为杆形头部结合同口径尾翼（图 3 - 2 - 25）；俄罗斯 100 mm 坦克炮破甲弹为杆形头部结合小翼展超口径尾翼（图 3 - 2 - 24）；57 mm 破甲弹为杆形头部结合稳定筒。

这种杆形头部弹丸在气动力上有下列特点：头部法向力减小，并使压力中心后移；在有攻角 δ 条件下，台阶端面可产生较大的稳定力矩。这样，杆形头部弹丸比一般曲线形头部弹丸更有利于稳定。例如，在超声速情况下，一般同口径尾翼弹丸是难以稳定的，必须采用超口径尾翼，然而采用杆形头部结合同口径尾翼就能保持稳定。一般说来，杆形头部弹丸阻力系数 C_x 较大，升力系数 C_y 较小，故弹丸密集度也较好。

杆形头部尾翼弹的稳定性计算可参考上述方法进行，而结果更趋于安全。但筒形弹具有较多的独特之点，故这里主要介绍这类弹丸的计算方法。

（一）台阶端面力矩的计算

当气流以攻角 δ 吹在弹丸的台阶面上，由于压力场分布的不对称性，端面下部的压力大，上部压力小。压力差对弹轴产生一个稳定力矩 M_{zd}（图 5 - 3 - 13），根据资料，此稳定力矩可近似写为

$$M_{zd} = n\frac{\pi}{2l_t}\cdot\frac{\varepsilon\rho v^2}{2}(r_b^4 - r_a^4)\delta \qquad (5 - 3 - 61)$$

式中　l_t——杆形头部的长度；

　　　ρ——空气密度；

　　　v——弹丸速度；

　　　δ——攻角（rad）；

　　　r_a——端面的内半径；

　　　r_b——端面的外半径；

　　　n——大于 1 的综合系数，计算时可取为 $n = 2$；

　　　ε——考虑大扰动时引起压缩性的修正系数，即

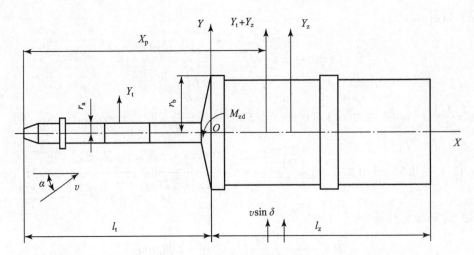

图 5 - 3 - 13　筒式弹的结构尺寸

$$\varepsilon = 1 + \frac{1}{4}Ma^2 + \frac{1}{40}Ma^4 + \cdots \tag{5-3-62}$$

式中　Ma 为弹丸的马赫数，计算 ε 时，式（5 - 3 - 62）通常取前面两项即可。

（二）圆柱体上的法向力计算

当存在攻角 δ 时，来流在垂直弹轴的法向方向具有速度分量 v_y；当攻角不大时，v_y 可写为

$$v_y = v\sin\delta \approx v \cdot \delta \tag{5-3-63}$$

由于法向速度分量 v_y 的存在，气流绕经圆柱体时，产生局部附面层离体现象（图 5 - 3 - 14）并造成压力差，形成对圆柱体的法向阻力。阻力大小主要取决于雷诺数（Re）。

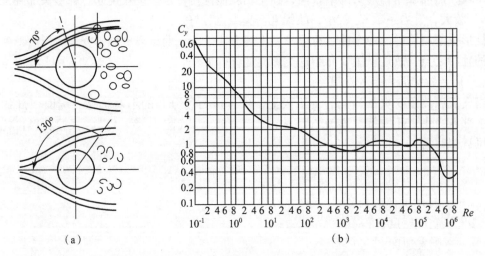

图 5 - 3 - 14　绕圆柱体的法向系数曲线

横向流对圆柱的法向阻力公式可写为

$$Y = S\frac{\rho v_y^2}{2}C_y \tag{5-3-64}$$

式中 Y——法向阻力；

S——绕流圆柱体的特征面积，一般取 $S=DL$；

D——圆柱体直径；

L——圆柱体长度。

法向阻力系数 C_y 随 Re 而改变，目前尚无满意的计算公式，主要通过试验途径获得，图 5 − 3 − 14 所示为有绕经圆柱的法向阻力系数 C_y 随 Re 变化的曲线。Re 由下式确定：

$$Re = \frac{\rho v_y D}{\mu} = \frac{v_y D}{\nu} \qquad (5-3-65)$$

式中 μ——空气的黏度系数，一般取 $\mu = (1.8 \sim 5) \times 10^{-5}$ kg/s；

ν——空气的动力黏度系数，一般取 $\nu = 1.45 \times 10^{-5}$ m²/s。

采用上面的公式可分别计算出气流对杆形头部和弹身柱部二者的法向阻力。

（三）弹丸阻力中心的计算

假定杆形头部及弹身柱部二者的法向力 Y_t 和 Y_z 分别作用在二者圆柱的中心。将它们分别对弹顶取矩（图 5 − 3 − 13），再加上端面力矩后，最后可简化为全弹丸的阻力中心位置距弹顶的距离，即

$$x_p = \frac{M_{zd} + Y_z\left(l_t + \dfrac{l_z}{2}\right) + Y_t\,\dfrac{l_t}{2}}{Y_t + Y_z} \qquad (5-3-66)$$

（四）杆形头部弹丸的稳定性设计

弹丸的稳定储备量为

$$B = \frac{x_p - x_s}{l_z + l_t} \qquad (5-3-67)$$

当 $B > 12\%$，认为这类弹丸即可获得满意的飞行稳定性。

例 5 − 8 计算 57 mm 反坦克破甲弹的稳定性。已知：弹丸速度 $v = 280$ m/s；杆形头部直径 $d_t = 2.2$ cm；杆形头部长度 $l_t = 11.5$ cm；圆柱弹体长度 $l_z = 15.4$ cm；攻角 $\delta = 5°$；空气的运动黏度 $\nu = 1.45 \times 10^{-5}$ m²/s；质心距弹顶的距离 $x_s = 14.9$ cm。

解： （1）计算 M_{zd}：

$$v_y = v\sin\delta = 280\sin 5° = 24.4 \ (\text{m/s})$$

$$Ma = 280/340 = 0.8235$$

$$\varepsilon = 1 + \frac{1}{4}Ma^2 = 1.17$$

$$M_{zd} = n\frac{\pi}{2l_t} \cdot \frac{\rho v^2}{2}\varepsilon\delta(r_b^4 - r_a^4) = 2\frac{\pi}{4 \times 0.115} \times 1.226 \times$$

$$280^2 \times 1.17 \times 0.0873(0.0285^4 - 0.011^4) = 0.0865 \ (\text{N} \cdot \text{m})$$

（2）分别计算杆形头部与圆柱弹身的法向力。

① 杆形头部：

$$Re = \frac{v_y d_t}{\nu} = \frac{24.4 \times 0.022}{1.45 \times 10^{-5}} = 3.7 \times 10^4$$

查图 5 – 3 – 14 曲线，可得

$$C_y = 1.1$$

$$S = d_t l_t = 0.022 \times 0.115 = 0.00253 \ （m^2）$$

$$Y_t = \frac{1}{2} C_y \rho v_y^2 S = \frac{1}{2} \times 1.1 \times 1.226 \times 24.4^2 \times 0.00253 = 1.016 \ （N）$$

②圆柱弹体：

$$Re = \frac{24.4 \times 0.057}{1.45 \times 10^{-5}} = 9.59 \times 10^4$$

查图 5 – 3 – 14 曲线，可得

$$C_y = 1.25$$

$$S = d_z l_z = 0.057 \times 0.154 = 0.00878 \ （m^2）$$

$$Y_z = \frac{1}{2} \times 1.25 \times 1.226 \times 24.4^2 \times 0.00878 = 4.005 \ （N）$$

（3）计算阻力中心位置：

$$x_p = \frac{M_{zd} + Y_z \left(l_t + \frac{l_z}{2} \right) + Y_t \frac{l_t}{2}}{Y_t + Y_z} = \frac{0.0865 + 4.005 \left(0.115 + \frac{0.154}{2} \right) + 1.016 \times \frac{0.115}{2}}{1.016 + 4.005}$$

$$= 0.1823 \ （m） = 18.23 \ cm$$

（4）计算稳定储备量：

$$B = \frac{x_p - x_s}{l_z + l_t} = \frac{18.23 - 14.9}{15.4 + 11.5} = 12.4\%$$

所以此弹满足飞行稳定性要求。

当然，上述计算是概略的，不能完全反映结构细节变化的影响。从理论分析可知，来流效应可分解为轴向气流 v_x 及法向气流 v_y 两部分考虑。当轴向气流沿杆形头部流向台阶端面时，发生折转成为径向气流 v_r。径向气流速度 v_r 对台阶端面上的稳定力矩有极大影响。当 v_r 值增大，相应的稳定力矩随之增大。而 v_r 值又取决于台阶的形式，因而正确设计台阶形状，是杆形头部弹丸飞行稳定性设计的一个主要问题。

台阶的典型形式为垂直台阶、锥形台阶、过渡台阶三类（图 5 – 3 – 15）。

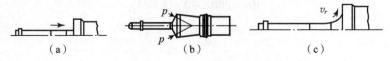

图 5 – 3 – 15　台阶形式

（a）垂直台阶；（b）锥形台阶；（c）过渡台阶

垂直台阶端面不利于轴向来流的折转，既增大了气流的扰动，加剧空气阻力，也不能有效增大 v_r 值，提高稳定力矩，故不宜采用。

锥形台阶端面利于来流折转，同时也能增大径向速度 v_r，这是有利的。但锥形台阶端面上的压力作用方向对弹轴有一定倾斜，在一定程度上减弱了稳定力矩值。此外，锥形台阶的 v_r 方向与法向气流 v_y 不在同一平面，削弱了端面压力场的上下压差值，这也将减小稳定力矩值。实践证明，当锥形台阶的锥角超过一定值（如 $\alpha > 40°$）时，弹丸不再具有飞行稳定性。通常锥角 α 可在 $20° \sim 30°$ 范围内取值。

过渡台阶的形状使轴向来流逐渐折转，这既减少了总压损失，又有利于 v_r 值的提高，使弹丸阻力减小，稳定力矩增大。所以它是比较理想的台阶形式。苏联 100 mm 破甲弹即采用这种台阶形式。台阶的内部有一个截锥体，而台阶外部则为平直形。

实弹射击证明，$\alpha = 45°$ 的锥形台阶方案飞行不稳定，当改换成过渡台阶后，获得了良好的飞行稳定性。随着外层垂直圆环面积的增大，其稳定力矩也相应增大。

除台阶形式应很好设计外，杆形头部长度对弹丸气动性也有重要影响。杆过长或过短均会导致阻力增大，或造成空气动力的不稳定状态，严重影响弹丸的散布。但目前尚无有效的计算公式可循，主要依靠吹风试验或射击试验解决。根据经验，杆长可取为 $(1.5 \sim 2.2)d$，同时还应考虑到有利炸高来选择杆长。

第四节　弹丸的射击精度分析

在外弹道学基本假设的条件下，理想弹道是对应一定标准初速 v_0（又称为表定初速，即射表上指定的初速）、标准的弹道系数 C（又称为表定弹道系数）、火炮射角和不受任何干扰情况下的理想弹道。但是射击时的实际条件和基本假设条件是不可能完全相同的。例如，有起始扰动就会有攻角 δ 和其角速度 $\dot{\delta}_0$，这将引起弹丸的周期性章动运动；弹道切线下降引起动力平衡角 δ_p；气象的非标准条件（包括阵风的影响）、弹丸生产上的误差及其他偏差因素等，使实际弹道与理想弹道之间产生误差，因此也就造成了射弹的散布。为了解决弹丸的射击精度问题，必须研究弹丸的散布，并找出影响散布的关键因素。在弹丸设计时考虑这些因素，并竭力减小弹丸的散布。

实际弹道与理想弹道之间产生的误差分为两类。一类是系统误差，例如，发射时实际气温、气压、弹丸质量等与标准值之间的差。由于这类误差值可以事先确定，它们对弹着点的影响也可进行修正；又如因重力加速度 g 引起的弹道弯曲而出现的动力平衡角 δ_p，它对（质点）弹道解的误差对每发弹丸而言是相同的，也可通过相应的理论进行系统修正。另一类是偶然误差，即一般所谓随机变量所引起的误差。如射击时火炮的跳动、弹丸出炮口时所受的起始扰动 δ_0、弹丸几何形状和质量分布不对称引起的气动偏心和动不平衡，以及气象条件包括阵风的突然变化等，它们也造成了实际弹道与理想弹道之间的误差。由于这种误差具有偶然性，不能事先确定，其影响也不能定量修正。这些都是造成射弹散布的原因。本节着重讨论后一类误差。

一、评定弹丸散布的指标

弹丸散布的评定一般类似地面榴弹的射击密集度，采用距离中间误差 E_x 和方向中间误差 E_z 度量；评定直瞄弹丸的射击密集度，则采用高低中间误差 E_y 和方向误差度量。它们可以根据射弹的弹着点位置按下列公式计算：

$$E_x = 0.6745 \sqrt{\frac{\sum_{i=1}^{n} (X_i - \bar{X})^2}{n-1}} \qquad (5-4-1)$$

$$E_z = 0.6745 \sqrt{\frac{\sum_{i=1}^{n}(Z_i - \bar{Z})^2}{n-1}} \tag{5-4-2}$$

$$E_y = 0.6745 \sqrt{\frac{\sum_{i=1}^{n}(Y_i - \bar{Y})^2}{n-1}} \tag{5-4-3}$$

式中 X_i，Z_i，Y_i——地面或靶面各发弹着点的距离、高低和方向坐标值；

$\bar{X}$，$\bar{Z}$，$\bar{Y}$——n 发射弹弹着点的距离、高低和方向平均值，其表达式分别为

$$\bar{X} = \frac{\sum_{i=1}^{n} X_i}{n} \tag{5-4-4}$$

$$\bar{Y} = \frac{\sum_{i=1}^{n} Y_i}{n} \tag{5-4-5}$$

$$\bar{Z} = \frac{\sum_{i=1}^{n} Z_i}{n} \tag{5-4-6}$$

高低中间误差 E_y 与距离中间误差 E_x 的关系为

$$E_y = E_x \tan|\theta_0|$$

故一般情况下，只需详细讨论 E_x 与 E_z 即可。

（一）距离中间误差 E_x

由于射程 x 在一定条件下是初速 v_0、射角 θ_0 及弹道系数 C 的函数，即

$$x = f(v_0, \theta_0, C)$$

从而 v_0、θ_0、C 的随机误差是造成距离随机误差的基本因素。根据误差理论，v_0、θ_0、C 本身散布的中间误差 E_{v_0}、E_{θ_0}、E_C 与距离中间误差 E_x 有下列关系：

$$E_x = \sqrt{\left(\frac{\partial f}{\partial v_0}\right)^2 E_{v_0}^2 + \left(\frac{\partial f}{\partial \theta_0}\right)^2 E_{\theta_0}^2 + \left(\frac{\partial f}{\partial C}\right)^2 E_C^2} \tag{5-4-7}$$

对于一定精度的现有火炮弹丸系统，$\dfrac{\partial f}{\partial v_0}$、$\dfrac{\partial f}{\partial \theta_0}$、$\dfrac{\partial f}{\partial C}$ 与 E_{v_0}、E_{θ_0}、E_C 有一定的经验值可供参考，这里主要简述相应的试验处理方法。

1. 初速中间误差 E_{v_0}

初速散布主要由发射药、点火药系统及其他内弹道初始条件引起。弹丸质量虽有影响，但比之前者影响甚微，可以不予考虑。初速散布误差可通过测试仪或用多普勒雷达测速仪测量炮口速度的方法来确定。测速时，一组弹药数目 $n = 5 \sim 10$ 发，如测得的单发初速为 v_{0i}，一组的平均速度为

$$\bar{v}_0 = \sum_{i=1}^{n} v_{0i}/n$$

相应的初速中间误差为

$$E_{v_0} = 0.6745 \sqrt{\frac{\sum\limits_{i=1}^{n} (v_{0i} - \bar{v}_0)^2}{n-1}} \qquad (5-4-8)$$

在具体计算时，还应注意除去测量仪本身的系统误差。根据目前经验，E_{v_0} 通常小于 $0.3v_0$，即

$$E_{v_0} \approx 0.3v_0 \qquad (5-4-9)$$

2. 射角中间误差 E_{θ_0}

射击前，炮身轴线的倾角称仰角（在射击面内），用 φ 表示。射击时，弹丸初速矢量线与仰线间的夹角称为跳角，以 ψ 表示。角 ψ 所在平面具有任意性：ψ 的铅直分量用 γ 表示，简称跳角或定起角；ψ 的水平分量用 ω 表示，称方向跳角。射角散布则由起定角散布及仰角装定的散布组成，即

$$E_{\theta_0} = \sqrt{E_\gamma{}^2 + E_\varphi{}^2} \qquad (5-4-10)$$

式中　E_γ——起定角的中间误差；

　　　E_φ——仰角装定的中间误差。

起定角的中间误差 E_γ 通常用立靶射击试验方法确定。设从立靶上测得的高低中间误差为 E_y，则

$$E_\gamma \approx \frac{E_y}{x} \qquad (5-4-11)$$

式中　x——立靶靶距（一般 $x = 100 \sim 120$ m）。

高低中间误差 E_y 可根据立靶上的弹着点按式（5-4-3）计算。

根据现有火炮的射表所列数据看，E_{θ_0} 的数值是很小的。$\theta_0 = 45°$ 时，$E_{\theta_0} < 0.001$ rad，表 5-13 列出了某些火炮的 E_{θ_0} 数据。

表 5-13　$\theta_0 = 45°$ 时几种火炮的 E_{θ_0} 值

火炮	$v_0/(\text{m} \cdot \text{s}^{-1})$	E_{θ_0}/rad
122 mm 加农炮	885	0.00032
130 mm 加农炮	930	0.00021
152 mm 加农炮	770	0.00026

3. 弹道系数中间误差 E_C

引起弹道系数散布原因是很复杂的。由于弹丸质量、表面光洁度、几何不对称、质量分布不均匀等因素的随机变化，弹丸飞行中产生攻角不一致，以致使作用在弹丸上的空气阻力也随机变化，造成实际弹道偏离理想弹道，产生距离散布。弹道系数中间误差 E_C 不易直接计算。目前，采用的方法是先求出 E_{v_0} 与 E_x 的试验值之后，忽略 E_{θ_0} 的微量变化（因在最大射程角 $\frac{\partial f}{\partial \theta_0} E_{\theta_0}$ 值影响较小），然后按下式求出，即

$$E_C = \frac{1}{\partial f/\partial C} \sqrt{E_x^2 - \left(\frac{\partial f}{\partial v_0}\right)^2 E_{v_0}^2} \qquad (5-4-12)$$

表 5-14 列出了几种火炮的各项散布误差的经验值。

表 5 - 14　$\theta_0 = 45°$ 时几种火炮的各项散布误差的经验值

炮　种	$v_0/$ $(\mathrm{m \cdot s^{-1}})$	$\theta_0/(°)$	C	x/m	$E_C/\%$	$E_{v_0}/$ $(\mathrm{m \cdot s^{-1}})$	$E_{\theta_0}/\mathrm{rad}$
85 mm 加农炮	793	35	0.796	15650	0.60	1.8	—
122 mm 加农炮	885	45	0.521	23900	0.65	1.3	0.000326
130 mm 加农炮	930	45	0.472	27200	0.35	1.4	0.00021
152 mm 加农炮	770	45	0.529	20470	0.70	1.6	0.000262

炮　种	$\dfrac{\partial f}{\partial C}$	$\dfrac{\partial f}{\partial v_0}$	$\dfrac{\partial f}{\partial \theta_0}$	$E_C\dfrac{\partial f}{\partial C}$ $/\mathrm{m}$	$E_{v_0}\dfrac{\partial f}{\partial v_0}$ $/\mathrm{m}$	$E_{\theta_0}\dfrac{\partial f}{\partial \theta_0}$ $/\mathrm{m}$	E_x $/\mathrm{m}$	$\dfrac{E_x}{x}$
85 mm 加农炮	93	17.5		55.8	31.5	—	64	1/250
122 mm 加农炮	154	31	3813	100	40.3	1.23	108	1/210
130 mm 加农炮	197	39	6405	69	54.6	1.34	88	1/310
152 mm 加农炮	116	29	1901	81.2	46.4	0.50	94	1/220

从表 5 - 14 可以看出：造成距离中间误差 E_x 的主要原因首先是由于弹道系数的偶然变化，其次是初速误差引起的散布也占很大比例，而射角误差的影响是很小的。必须注意，表 5 - 14 是在最大射程角的条件下得出的。在小射角时，射角的误差对距离散布影响将大为增加。

（二）方向中间误差 E_z

方向散布主要由射击时方向跳角 ω 的散布和弹道上侧向加速度散布所引起，故方向中间误差 E_z 可用下式计算：

$$E_z = \sqrt{E_{z\omega}^2 + E_{zj}^2} = \sqrt{(x\gamma_\omega)^2 + \left(\gamma_j \cdot \frac{T^2}{2}\right)^2} \qquad (5-4-13)$$

式中　γ_ω——方向跳角的中间误差（rad）；

$E_{z\omega}$——表示由方向跳角产生的横向中间误差，$E_{z\omega} = x\gamma_\omega$；

γ_j——侧向加速器中间误差；

T——全飞行时间；

E_{zj}——由侧向加速度中间误差所引起的横向中间误差，$E_{zj} = \gamma_j \dfrac{T^2}{2}$。

方向跳角的散布，是由于火炮横向跳动或振动、火炮上的方向机的空回、侧向瞄准的误差以及由于初始扰动等原因所引起的。方向跳角中间误差 γ_ω，可通过立靶试验的方向中间误差 $E_{z\omega}$ 近似确定，即

$$\gamma_\omega = \frac{E_{z\omega}}{x} = \frac{0.6745\sqrt{\dfrac{\sum\limits_{i=1}^{n}(\bar{Z}_i - \bar{Z})^2}{n-1}}}{x} \qquad (5-4-14)$$

式中　x 为立靶的靶距（100 ~ 200 m），一般不能超过侧向加速度误差。它是由于弹丸几何形状、质量分布误差，以及横风的随机变化引起的。其中间误差 γ_j 可以在测出 E_{zj}、γ_ω 后进行计算，所以 γ_j 具有符合系数的性质。

在设计新兵器时，如果给定了所要达到的密集度要求，即给出 E_x 等值，首先应从内弹道方面考虑，在满足其他方面要求的情况下，尽量使 E_{v_0} 小一些。一般可以使 $E_{v_0} \cdot \dfrac{\partial f}{\partial v_0} \approx 0.5E_x$，由此可得出 E_{v_0} 的概略值。然后再使 $E_C(\partial f/\partial C) \approx 0.85E_x$ 左右，给出 E_C 的概略值。这样就可以初步得出 E_{v_0} 与 E_C 的范围，以便在设计与试验中分析减小散布的方法。

二、散布因素分析

如前所述，理想弹道与实际弹道的偏差由两方面因素造成：一是系统误差，这类误差对一组射击弹丸而言，其值均为固定的，故可事先修正；二是偶然误差，它由各种随机的干扰因素造成。对于一组射击弹丸而言，它或远或近，彼此不同。虽不能定量修正，但服从一定分布规律（通常认为服从正态分布）。如果找出造成这种误差的根本原因，便有可能控制这个误差的范围或其数学平均值，达到改善弹丸射击精度的目的。

引起弹丸散布有射击武器及内弹道方面的原因，也有弹丸本身方面的原因。从弹丸设计的角度出发，应着重分析与弹丸有关联的影响散布的因素。主要影响因素有：弹丸质量偏心或动不平衡质量的影响，弹丸外形不对称引起的气动偏心影响，阵风变化的影响，弹丸出炮口时所受初始扰动的影响。根据外弹道学理论，由于基本方程为线性的，这些因素对弹丸总的散布的影响具有叠加性，可以单独进行研究。为了避免数学上烦琐的推导，这里只引出其最终结论。

（一）初始扰动引起的散布

弹丸飞出炮口在后效期受到火药气体的作用产生初始扰动 $\dot{\delta}_0$ 和 δ_0，它使弹丸出炮口时其速度矢量线与炮轴线不一致，而产生一个偏角，又称跳角。由于初始扰动是随机变量，因此产生的跳角的散布将引起射弹的散布。

1. 旋转弹丸

对于旋转弹丸，由初始章动角速度 $\dot{\delta}_0$ 引起的平均偏角为

$$\bar{\psi}_{\dot{\delta}_0} = \frac{r_{jy}^2}{h} \cdot \frac{\dot{\delta}_0}{v_0} \tag{5-4-15}$$

式中　r_{jy}——赤道转动惯量半径，$r_{jy}^2 = \dfrac{J_y}{m}$；

　　　h——阻心到质心的距离。

上述偏角所在平面具有任意性。在特殊条件下，例如，在铅垂平面或水平面内，它本身就是跳角的铅垂分量或侧向分量。

由初始章动角 δ_0 引起的平均偏角为

$$\bar{\psi}_{\delta_0} = \frac{r_{jx}^2}{h} \cdot \frac{\delta_0 \omega_{\gamma_0}}{v_0} \tag{5-4-16}$$

式中　r_{jx}——极转动惯量半径，$r_{jx}^2 = \dfrac{J_x}{m}$；

　　　ω_{r_0}——弹丸出炮口时的角速度。

减小平均偏角主要应减小初始扰动 $\dot{\delta}_0$ 和 δ_0，增加 h 和 v_0。另外，弹丸的 r_{jx} 和 r_{jy} 减小也能使偏角减小。

例 5－8 试求 152 mm 加榴炮榴弹的平均方向偏角 $\bar{\dot{\psi}}_{\delta_0}$ 和地面侧偏角 ψ_z。已知：弹丸质量 $m = 43.56$ kg；赤道转动惯量 $J_y = 1.25$ kg·m²；初速 $v_0 = 655$ m/s；射角 $\theta_0 = 45°$；阻心与质心的距离 $h = 0.2$ m；初始章动角速度 $\dot{\delta}_0 = 2$ rad/s。

解：平均方向偏角为

$$\bar{\dot{\psi}}_{\delta_0} = \frac{r_{jy}^2}{h} \cdot \frac{\dot{\delta}_0}{v_0} = \frac{1.25}{43.56} \times \frac{2}{0.2 \times 655} = 4.4 \times 10^{-4} \text{ (rad)}$$

地面侧偏角为

$$\psi_z = \frac{\bar{\dot{\psi}}_{\delta_0}}{\cos \theta_0} = \frac{4.4 \times 10^{-4}}{\cos 45°} = 6.2 \times 10^{-4} \text{ (rad)}$$

2. 尾翼弹丸

尾翼弹由于有初始攻角的角速度 $\dot{\delta}_0$，将引起摆动运动，并使速度矢量线偏离初速矢量的方向。

摆动所引起的平均偏角可由下式计算：

$$\bar{\dot{\psi}}_{\delta_0} = \frac{b_y}{k_z} \cdot \frac{\dot{\delta}_0}{v_0} = \frac{C_y'}{m_z'} \cdot \frac{r_{jy}^2}{l} \cdot \frac{\dot{\delta}_0}{v_0} \tag{5－4－17}$$

式中 l——弹丸全长。

因为 $C_y' \cdot h = m_z' \cdot l$，所以平均偏角又可写为

$$\bar{\dot{\psi}}_{\delta_0} = \frac{r_{jy}^2}{h} \cdot \frac{\dot{\delta}_0}{v_0} \tag{5－4－18}$$

在一般情况下，尾翼弹出炮口时的攻角 δ_0 是比较小的，它对偏角的影响可忽略不计。但是，在某些特殊情况下，如射击时与初速矢量垂直的风速 $\bar{W}_\perp$，将引起较大的起始攻角 $\delta_0 = \delta W_\perp = \dfrac{W_\perp}{v_0}$，这时产生的平均偏角为

$$\bar{\dot{\psi}}_{\delta_0} = b \frac{b_y \delta_0}{k_z} = b \frac{C_y'}{m_z'} \cdot \frac{r_{jy}^2}{l} \delta_0 \approx b \frac{r_{jy}^2}{h} \delta_0 \tag{5－4－19}$$

式中

$$b = \frac{1}{2} \left(b_y + k_{zz} - b_x - \frac{g \sin \theta}{v^2} \right)$$

减小平均偏角主要靠减小起始扰动，尤其使 $\dot{\delta}_0$ 减小。对尾翼弹来说，如采用增加稳定力矩（增加 h 值）的方法使 $\dot{\psi}_{\delta 0}$ 减小，然而由于后效期炮口冲击波是以反向气流作用在尾翼上，尾翼效能增加往往会增大尾翼对炮口压力场的敏感性。这样增加 $\dot{\delta}_0$ 反而会使 $\dot{\psi}_{\delta_0}$ 也增加，如改用杆形弹头，则减小 C_y' 也使 $\dot{\psi}_{\delta_0}$ 减小。一方面，采用闭气装置能减小炮口区压力的不均匀性，从而减小冲击波区的横向压力差，并缩短其对尾翼作用的时间，从而减小 $\dot{\delta}_0$；另一方面，由于闭气作用使初速散布减小，也可提高射击精度。

例 5－9 试求 82 mm 迫击炮弹由于 $\dot{\delta}_0$ 以及横风所引起的平均方向偏角。已知：弹丸初速 $v_0 = 100$ m/s；气动力系数 $b_x = 0.02 \times 10^{-2}$，$k_{zz} = 1.47 \times 10^{-2}$，$k_z = 2.51 \times 10^{-2}$，$b_y = 0.20 \times 10^{-2}$；射角 $\theta_0 = 85°$；起始扰动 $\dot{\delta}_0 = 4$ rad/s；发射时横风 $\bar{W}_\perp = 20$ m/s。

解：（1）计算 $\bar{\dot{\psi}}_{\delta_0}$：

$$\overline{\dot{\psi}}_{\delta_0} = \frac{b_y}{k_z} \cdot \frac{\dot{\delta}_0}{v_0} = \frac{0.20 \times 10^{-2}}{2.5 \times 10^{-2}} \times \frac{4}{100} = 3.18 \times 10^{-3} \ （\mathrm{rad}）$$

（2）计算 $\overline{\psi}_{\delta_0}$：

$$b = \frac{1}{2}\left(b_y + k_{zz} - b_x - \frac{g\sin\theta}{v^2} \right)$$

$$= \frac{1}{2}\left(0.20 \times 10^{-2} + 1.47 \times 10^{-2} - 0.20 \times 10^{-2} - \frac{9.81 \times \sin 85°}{100^2} \right)$$

$$= 6.78 \times 10^{-2}$$

$$\delta_0 = \delta_{W_\perp} = \frac{W_\perp}{v_0} = \frac{20}{100} = 0.2 \ （\mathrm{rad}）$$

$$\overline{\psi}_{\delta_0} = b\frac{b_y\delta_0}{k_z} = 0.78 \times 10^{-2} \times \frac{0.2 \times 10^{-2} \times 0.2}{2.51 \times 10^{-2}} = 1.24 \times 10^{-4} \ （\mathrm{rad}）$$

由上述计算结果可知，$\overline{\dot{\psi}}_{\delta_0} \gg \overline{\psi}_{\delta_0}$。

（二）气动偏心引起的散布

气动偏心对于旋转弹丸的散布影响甚微，一般不予考虑，故这里只分析对尾翼弹丸的影响。

1. 不旋转尾翼弹

对于理想均匀对称尾翼弹，当攻角 $\delta = 0°$ 时，稳定力矩和升力均为零。但由于生产制造误差，尾翼加工不对称，尾翼装置轴线与弹体轴线不一致，则当攻角 $\delta = 0°$ 时稳定力矩和升力均不为零。此时，稳定力矩与升力公式分别为

$$\begin{cases} M_z = \dfrac{\rho v^2}{2} S l m_z'(\delta - \beta_a) = J_y k_z v^2(\delta - \beta_a) \\ R_y = m b_y v^2(\delta - \beta_r) \end{cases} \tag{5-4-20}$$

式中　β_a——稳定力矩偏心角；

　　　β_r——升力偏心角。

由于 β_a 与 β_r 的影响，弹丸将发生横向位移 z_β，其值为

$$z_\beta = b_x \beta_a \int_0^{S_c} S \mathrm{d}S = \frac{1}{2} b_x \beta_a S_c^2 \tag{5-4-21}$$

式中　S_c——全弹道弧长（可由外弹道表查得）。

由此可知，落点的平均方向偏差是与 S_c^2 成正比。要提高射击密集度，必须减小法向力系数及由于质量偏心和稳定装置的不对称所形成的平衡攻角的中间误差。若能赋予尾翼弹以低速旋转，将可以使不对称和质量偏心等所造成的方向中间误差显著减小。

2. 低速旋转尾翼弹

对于低速旋转尾翼弹可以求出由于稳定力矩偏心角 β_a 所产生的相应的径向散布的最大值为

$$r_{\max} = \frac{\rho v^2 S C_y'}{2m\omega_r^2}\sqrt{4 + \omega_r^2 t_c}\,\beta_{ak} \tag{5-4-22}$$

式中　t_c——全弹道飞行时间；

　　　β_{ak}——相当气动偏心角，其表达式为

$$\beta_{ak} = \frac{k_z v^2 \beta_a}{\omega_r^2 - (b_y + k_{zz})v\omega_r \mathrm{i} - k_z v^2}$$

式中 ω_r——弹丸的旋转角速度。

从以上分析可知，增加旋转角速度 ω_r 将会使径向散布减小。

（三）质量不均衡引起的散布

当弹丸的质量分布不对称时，将出现动不平衡和质量偏心现象。这样，当弹丸绕弹轴旋转时，将出现垂直于弹轴的横向惯性力矩，强迫弹轴偏离原来的状态，从而引起散布。

1. 动不平衡引起的散布

动不平衡引起的散布并不是很小的，应当予以考虑。假设弹丸的动不平衡质量 Δm_1、Δm_2 位置位于图 5 - 4 - 1 所示的平面内。图中坐标原点 O 取在弹丸质心上。由于旋转将产生弹轴偏转力矩为

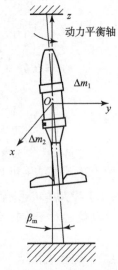

$$M_0 = (\Delta m_1 z_1 + \Delta m_2 z_2)r\omega_r^2 \qquad (5-4-23)$$

式中 r——弹丸半径；

z_1——不平衡质量 Δm_1 的 z 坐标；

z_2——不平衡质量 Δm_2 的 z 坐标。

弹丸在此力矩作用下，将产生以质心为顶点的圆锥形运动。也即由于 Δm_1、Δm_2 的存在，在弹体内将存在一个新的平衡轴。

图 5 - 4 - 1 不平衡质量
产生的力矩 M_0

当尾翼弹绕此轴旋转时，将无惯性力矩作用于此轴（称为动平衡轴）。它采用和几何对称轴 Oz 间夹角 β_m 度量，β_m 值可按下式求得：

$$\beta_m = \frac{(\Delta m_1 z_1 + \Delta m_2 z_2)r}{J_y - J_x} \qquad (5-4-24)$$

可见，β_m 角只与不平衡质量大小、方向有关，而与旋转角速度无关。

此外，弹丸在飞行中，由于尾翼的不对称性，导转力矩不绕几何对称轴，使弹丸的瞬时旋转轴与几何对称轴 Oz 之间存在一个夹角 $\boldsymbol{\beta}_c$。此时，惯性主轴与瞬时旋转轴之间夹角 $\boldsymbol{\beta}_d$ 为

$$\boldsymbol{\beta}_d = \boldsymbol{\beta}_c + \boldsymbol{\beta}_m \qquad (5-4-25)$$

式（5-4-25）表示角度的矢量和。$\boldsymbol{\beta}_d$ 的存在使弹丸产生相应的最大径向散布值：

$$r_{\max} = \frac{\rho v^2 S C_y'}{2m\omega_r^2}\sqrt{4 + \omega_r^2 t_c^2}\beta_{dk} \qquad (5-4-26)$$

式中 β_{dk}——由不平衡质量造成的相当动不平衡角，其表达式为

$$\beta_{dk} = \frac{\left(1 - \dfrac{J_x}{J_y}\right)\omega_r^2 \beta_d}{\omega_r^2 - (b_y + k_{zz})v\omega_r \mathrm{i} - k_z v^2}$$

当 ω_r 值过大时，由于 β_{dk} 值增大，将会增大动不平衡引起的散布。此外，当 ω_r 和攻角 δ 过大，还必须考虑对马格努斯力矩的影响。马格努斯力矩将会导致弹丸的动态不稳定。采用环式尾翼或筒式弹能减小马格努斯力矩。

2. 质量偏心引起的散布

当有质量偏心存在时，在零攻角下，会出现空气阻力对质心的力矩效应，即

$$M = \frac{1}{2}\rho v^2 S C_x h_0 \tag{5-4-27}$$

式中 h_0——弹丸质心距离弹轴的距离，即偏心距。

也就是说，零攻角时稳定力矩并不为零，而相当于出现了气动偏心现象。质量偏心的等效气动偏心角 β_a^* 可按下式计算：

$$\beta_a^* = \frac{C_{x0}}{l m_z'} h_0 \tag{5-4-28}$$

这样质量偏心所引起的散布，与气动偏心角 β_a 所引起的散布相仿，可按上述公式计算。

根据以上分析可知，质量不平衡引起的散布应该包括动不平衡所产生的散布和质量偏心所产生的散布。

（四）风偏引起的散布

风对弹道的影响，可分为垂直风和纵风两部分。垂直风是指垂直弹道的风；纵风则为平行于弹道的风。一般来说，纵风对弹丸的散布影响很小，而垂直风影响则较大。因此，这里只研究垂直风所引起的散布，尤其着重研究垂直风中的水平分量，即所谓横风引起的角散布。

图 5-4-2 平衡攻角

如图 5-4-2 所示，当有从左向右吹的横风 $W_\perp$ 时，弹丸相对空气运动的速度矢量 v_a 将不与弹轴重合，因而产生一个气动力矩，迫使弹轴摆向相对速度矢量方向。也就是说，在有风的情况下，弹轴不是以速度矢量线 v_0 为平衡位置做摆动，而是以相对速度矢量线 v_a 为平衡位置做摆动。v_a 与 v_0 之夹角 δ_a 称为平衡攻角。

由于平衡攻角的存在，弹丸绕平衡位置摆动的影响将为下列两部分的叠加：一是弹丸平衡攻角引起附加升力而导致的偏角 ψ_p，又称为平均项；二是弹轴绕相对速度 v_a 摆动。摆动产生的升力而导致偏角 $\psi_{\delta\omega\perp}$，又称为摆动项。

根据分析，平均项为

$$\psi_p = \frac{1}{mv} \cdot \frac{1}{2}\rho v_a^2 S C_{x0} \delta_a t \tag{5-4-29}$$

式中 t——横风的作用时间；

δ_a——平衡攻角，其表达式为

$$\delta_a \approx W_\perp / v_a$$

式中 $W_\perp$——横风风速；

v_a——相对速度，其表达式为

$$v_a = \sqrt{W_\perp^2 + v^2};$$

式中 v——弹丸速度（相对于地面惯性系）。

ψ_p 使弹丸质心运动产生顺风偏。对火箭弹来说，由于推力大于阻力，推力在弹轴方向，推力的法向分量使弹丸运动产生逆风偏。

摆动项为

$$\psi_{\delta\omega\perp} = b \frac{b_y \cdot \delta_a}{k_z} = b \frac{C_y'}{m_z'} \cdot \frac{r_{jy}^2}{l} \delta_a \approx b \frac{r_{jy}^2}{h} \delta_a \tag{5-4-30}$$

横风引起总的偏角为

$$\psi_{\omega\perp} = \psi_{\mathrm{p}} + \psi_{\delta\omega\perp} = \frac{1}{2mv}\rho v_{\mathrm{a}}^2 SC_{x0}\delta_{\mathrm{a}}t + b\frac{r_{\bar{j}y}^2}{h}\delta_{\mathrm{a}} \qquad (5-4-31)$$

由此可见，风所引起的散布与转速无关，即旋转并不改变风所引起的散布。

（五）结语

上面讨论了与弹丸有关的几种主要扰动因素引起的散布，它们是：初始扰动 $\psi_{\omega\delta}$，横风 $W_\perp$，气动偏心 β_{a}。对旋转弹丸，还有动不平衡 β_{d} 等。在分析时，应考虑各种扰动的中间误差，并根据误差理论用平方和定理综合计算。

第六章
弹丸的威力设计

设计武器的根本目的，在于给敌方各种目标以毁伤，使之丧失战斗功能。而这一任务，是通过发射至目标处的弹丸完成的。由此可见，弹丸是整个武器系统中最核心的部分；而弹丸的威力设计则是整个弹丸设计中最主要的一环。

弹丸有许多重要战术技术性能，如充分可靠的发射安全性、良好的空气动力外形、全弹道上的飞行稳定性、在目标处的威力等。这些战术技术性能都是为了使弹丸最终能在目标处完成对目标的毁伤。由此可见，弹丸威力是弹丸所有性能中最重要的特性，也是衡量弹丸完善程度最首要的一个指标。

由于弹丸威力设计中涉及的问题很多，例如，各类目标的功能和易损伤性、弹丸的作用与毁伤原理等。这些影响因素很复杂，在很大程度上给弹丸的威力设计带来了困难。长期以来，弹丸的威力设计几乎完全通过大量实弹射击方式解决，同时还依赖于设计者个人的经验积累。这不仅使弹丸设计和研制周期加长，加重了人力和财力的负担，往往也难以获得最佳的弹丸结构方案。因此，将有关研究成果，主要是终点弹道学中的理论与试验研究成果，及时引入弹丸设计实践之中，使弹丸的威力设计摆脱纯经验的方式，逐渐建立在完善的系统的理论分析的基础上，这是弹丸设计工作者的重要职责。

本章重点讲述弹丸威力指标的制定原则，主要弹种威力指标的计算以及弹丸威力设计的要点。

第一节　弹丸的威力指标

一、基本概念

何谓威力？威力是一个笼统的概念。一般地说，它是指一定射击条件下弹丸对一定目标的毁伤能力。

何谓对目标的毁伤？即在弹丸一定的毁伤手段作用下，目标的生命力受到某种程度的毁伤。

为了进一步了解威力的概念，并在此基础上确定弹丸的威力指标，下面介绍与弹丸和目标特性有关的几个基本概念。

（一）弹丸的毁伤手段（毁伤方式或毁伤机制）

弹丸为了毁伤目标，常常通过一定的机械的、热的、化学的或核的效应来完成，这些效应可由一定的物理参量进行定量描述。

对于常规弹丸，主要为机械效应毁伤方式。例如，爆炸冲击波的超压、高速破片或金属射流的动能、应力波冲量等，以下简称这些参量（超压、动能、冲量等）为杀伤参量或杀伤因素。

所述的毁伤手段有两种形式：一种是连续的弥散形式，即杀伤参量在环境的连续介质中构成一定范围的作用场。处于场中任何位置上的目标，均将受到作用，冲击波超压属于这种方式。另一种是离散的集中形式，即杀伤参量集中在一定的杀伤元件上，当杀伤元件击中目标才能发生效应，金属射流及动能穿甲弹属于这种形式。同时存在某些中间类型（如破片场），它可根据不同的情况，按前一种形式或后一种形式进行考虑。

弹丸毁伤手段的度量包括两个方面：一是强度，即杀伤参量值，例如，冲击波的超压值、破片的动能或比动能、金属射流的速度等；二是广延性，即杀伤手段作用的范围或距离。杀伤手段的强度与广延性二者间是相互关联的，在一般情况下随着范围或距离的增大，强度（杀伤参量值）逐渐衰减。

（二）弹丸的结构参量

弹丸的毁伤手段又是通过弹丸的一定结构形式，包括弹丸内的炸药及其他能源物质，一定形状或尺寸的弹体结构，或成型装药及金属药型罩，以及其他产生或形成杀伤元素的零件予以实现的。也就是说，基于弹丸的一定结构才能在弹道终点处产生一定的毁伤手段。对弹丸结构的定量描述为结构参量，它包括炸药及有关部件的形状、尺寸、质量及其他特征数据等。

（三）目标的生命力（生存力）

所谓目标的生命力，是指在弹丸一定强度的毁伤手段作用下目标仍能保持其正常战斗动能的能力。有必要强调，弹丸毁伤目标的目的，在于使目标丧失战斗功能。这里所指的生命力是针对目标的战斗功能而言的，不是泛指目标全部功能的总和。相同目标，由于在战斗中的地位和任务不同，生命力的内容也不相同。例如，对于进攻中的人员，其战斗功能不仅为操作武器的能力，还包含能迅速转移阵地的能力。当他下肢受伤而失去行动能力时，则可以认为严重丧失战斗功能；反之，对于防御人员主要要求操作武器的能力，上述情况，则不能认为他已丧失战斗功能（除非已妨碍他操作武器）。换句话说，必须根据战斗功能确定生命力所代表的内容。

至于生命力的强弱，主要取决于目标各功能组成部分的固有强度。一个复杂目标，如人和飞机等，它是一个整体，通常由多个功能部分组成。每个部分在形状、大小上不同，不仅对整个目标战斗功能的贡献不同，其固有强度也不相同。次要部分的损伤，虽然在一定程度上对目标功能有所影响，但并不妨碍其战斗力的发挥；而要害部位的损伤则可导致整个目标伤亡。因此，在分析目标的生命力时，主要只考虑目标的要害部位及其固有强度。

（四）目标的易损性分析

目标的固有强度决定于目标的结构，即当目标已定，目标的固有强度也被确定。但是，强度是相对于抵抗一定的外界作用因素而言的。对于目标而言，外界作用即为杀伤因素。一个目标可为多种杀伤因素致毁，但目标的固有强度可呈现不同的抵抗能力。例如，建筑结构抗破片杀伤能力较大；而抗空气冲击波毁伤的能力则较小。所谓目标的易损性，即目标生命力对不同毁伤手段的反应敏感程度。目标生命力是目标的固有特征，但是在一定的毁伤手段作用下，判断目标的生存或伤亡以及伤亡的严重程度，必须通过易损性分析达到。易损性分析的实质就是在给定的条件下将目标与弹丸联系起来，找出毁伤与杀伤因素之间的定量或者定性的依存关系。这是终点弹道学的重大课题，也是弹丸威力设计的依据。由于目标的复杂性，要从理论上进行精确的定量描述，不仅是困难的，有时甚至是不可能的。目前，易损性分析，尤其是较准确的分析，在很大程度上仍然基于战斗经验或实弹试验。虽然如此，但为了预示，也可将问题进行某些假设或简化处理，从而获得一定的分析形式。

（五）杀伤（毁伤）准则

根据上面的分析，要杀伤一个目标，该目标的强度与弹丸的杀伤参量二者应满足一定的依从关系。所谓杀伤准则，正是给定目标在给定杀伤参量作用下的上述函数关系。

杀伤准则也是在目标易损性分析基础上（包括经验的、试验的和理论的）获得的具体数量形式。例如，长期以来一直援用的破片对人员目标 $8 \sim 10 \ kgf \cdot m$ 或 78 J 的动能杀伤标准，便是一个较老的杀伤准则，它可写成下列形式的数学表达式：

$$P_{hk} = \begin{cases} 1, & E \geqslant 78 \ J \\ 0, & E < 78 \ J \end{cases}$$

式中：P_{hk} 为目标被杀伤的条件概率，它与杀伤参量（破片动能）E 呈阶跃函数关系（图 6 - 1 - 1（a））。

当然，这个杀伤准则比较简单。实际证明，对于一个复杂目标，它对杀伤因素的反应，常常伴随大量随机因素的影响。采用单一因素的阶跃函数进行描述，不仅过于粗略，有时甚至导致明显差错。更为完善的形式应考虑到多种因素的影响，并且，杀伤目标的条件概率 P_{hk} 常为这些参量的连续递增函数。例如，1956 年 F. Allen 和 J. Sperazza 提出了一个新的对人员目标的杀伤准则，该准则可描述不同战斗任务的人员目标被一定质量、速度的随机破片击中后在一定时间内丧失战斗力的概率（图 6 - 1 - 1（b））。

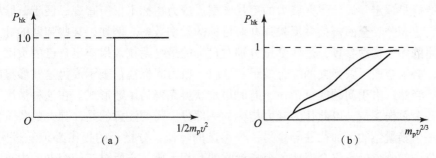

图 6 - 1 - 1　破片对人员的杀伤准则

（六）射击条件或弹目遭遇条件

射击条件是指弹丸在弹道终点的作用瞬刻，弹丸相对于目标的运动速度、方位和距离等。由于在弹丸作用场内其杀伤参量是呈正态分布的，并且在多种情况下直接受牵连速度的影响。因此，对不同位置处的目标或目标的不同部位，其作用强度是不同的。也就是说，弹丸对目标的作用除取决于弹丸及目标本身外，还与射击条件有关。

二、弹丸威力指标的确定

威力是弹丸对目标的毁伤能力，根据上面的分析可知，弹丸对目标的作用取决于弹丸的杀伤手段、目标特性和射击条件。从而，弹丸的威力也应是就一定的作用方式而言，针对一定的目标而言。例如，榴弹，谈其威力，应当指明是借助于空气冲击波手段的爆破威力，或是借助于高速破片手段的杀伤威力。爆破威力高的榴弹其杀伤威力不一定高；反之亦然。又如，高射榴弹针对的目标是单架飞机；地面榴弹则主要针对集群人员目标。

以高射榴弹对付地面人员目标，其杀伤威力未必高；反之亦然。至于射击条件，它主要是影响弹丸威力发挥程度的因素。

为了能定量评定弹丸威力的大小，必须提出一个可以度量的指标，这就是威力指标，威力指标最好与弹丸的射击效率紧密相联。也就是说，在相同条件下对相同目标进行射击，弹丸的效率高，认为其威力也大。应当指出，射击效率通常包含两个方面的因素：即弹丸是否击中目标，击中目标后是否能毁伤目标。威力指标主要从后一个因素考虑。由于弹丸作用方式不同，对付的目标情况亦不一致，故威力指标的拟定并无固定程式可循，但可从以下几个方面考虑。

（1）对于以离散型杀伤元件对付单个目标的弹丸，可用单发弹丸对目标生命力的毁伤程度或毁伤概率衡量。例如，穿甲弹或破甲弹的威力指标可采用穿甲厚度或侵彻深度。因为作为目标的坦克，其生命力可近似简化为一定厚度的装甲板。弹丸的穿甲能力大，意味着能毁伤生命力更强的目标，故威力也高，可能条件下还应考虑杀伤后效问题。

（2）对于以杀伤作用场毁伤集群目标的弹丸，可采用与毁伤目标数的数学期望相关的量来衡量。例如，地面杀伤榴弹，通过破片场杀伤地面密集人员目标，常用"杀伤面积"（或杀伤幅员）衡量。因为杀伤面积大，被杀伤人员数目的数学期望值也高。

（3）对于以杀伤作用场对付单个目标的弹丸，可采用足以毁伤目标的距离和范围衡量。例如，爆破弹对地面目标的破坏可近似用某种威力半径表征，在此半径上仍然具有使目标毁伤的一定强度的冲击波超压值。

威力指标是评定、设计弹丸威力的度量依据。威力指标不仅应直观，便于试验检验，更重要的，它应充分、全面概括并反映弹丸对目标的毁伤效率。例如，某些弹丸的威力取决于对目标作用的多个物理参量，这些参量分别对目标的最终毁伤效果作出自己的贡献。但作为威力指标，必须全面反映弹丸的综合效果。这时，威力指标往往表示成为这些参量的综合函数的形式。当然，由于问题的复杂性，有时很难获得完善的函数形式。在这种情况下，也可分别控制各个杀伤参量，以此作为威力指标的一部分。需要注意的是，弹丸的各杀伤参量互相依存，一个参量值的增加往往导致另一个参量的降低，分指标的提出必须经过周密论证。否则，不合理的分指标不仅会造成各个指标间的互相矛盾，它所对应的弹丸威力也未必为最佳值。

如前所述，射击条件，影响弹丸威力的发挥。可能存在一个最有利的射击条件，它对应弹丸最佳威力效果，但是应当根据弹丸的实际使用情况确定出最典型的射击条件。

三、弹丸的威力设计

弹丸威力设计的任务在于拟定弹丸的合理结构，使之达到威力指标的要求，或具有最高的威力指标。前已说明，弹丸结构决定弹丸的杀伤参量；弹丸的杀伤参量又决定对一定目标的毁伤，它们中间存在固有的依存关系，这种依存关系是弹丸威力设计的唯一基础。虽然终点弹道学为这种关系提供了理论依据，但目前为止，要获得这种关系的准确定量分析形式十分困难。许多公式都是在一定简化假设下获得的，具有相当程度的近似性；某些公式本身直接来自经验，也有相当的局限性。即使如此，这些资料仍然是威力设计的借鉴和遵循的依据。

计算与试验是弹丸设计过程中两个必不可少的环节。在设计中，首先依据经验初步定出对弹丸威力最为关键的结构形式和尺寸等，在此基础上进行威力指标的计算。在计算中逐步摸索出各结构参量对威力指标的影响特性，根据计算结果多次修改结构。此后对弹丸进行局部性威力试验，应特别注意试验结果与计算结果间的差别，并利用这种差别作为修正计算的反馈信息。重新进行计算和方案修改，如此反复，不断提高，直至获得较为满意的结果。设计弹丸的威力，最终只有通过全面的靶场试验和长期的使用实践才能获得准确的评定。

第二节　榴弹爆破威力的计算与设计

一、概述

通常所说的榴弹，是指弹丸内装有高能炸药，以其爆破作用或破片的杀伤作用毁伤目标的弹丸，一般榴弹兼具这二者的作用。以爆破作用为主的称为爆破榴弹，以破片杀伤作用为主的称为杀伤榴弹。某些不含炸药的群子弹、榴霰弹或箭散弹，具有与杀伤榴弹相同的功能，常常归并在杀伤榴弹内。榴弹属于压制性弹药，所对付目标很多，例如，各种野战工事、障碍物、人员、车辆、飞机及其他技术兵器及设备等。但是根据其作用主次的不同，适于对付的主要目标也有差别。就威力设计而言，将榴弹的爆破威力与破片杀伤威力进行分别讨论。本节仅讨论爆破威力的计算与设计。

爆破作用的实质为炸药爆炸后高温、高压、高速爆轰产物膨胀功的作用。爆破作用有两个方面的含义：一是爆轰产物的直接作用，即弹丸直接接触目标爆炸，或在目标内部狭小封闭的空间内爆炸，爆轰产物的巨大冲量直接作用在目标上，使目标毁伤；二是弹丸在介质（如空气、水等）中爆炸，爆轰产物的能量传给介质，使介质产生冲击波（又称爆炸波），冲击波向四周传播，当目标被撞击，在冲击波的一定超压和动压或冲量作用下而被毁伤。这种作用也称爆炸（冲击）波作用。十分明显，冲击波的作用距离比爆轰产物直接作用的距离要大。

二、空气中爆炸计算

（一）爆炸冲击波的超压与比冲量

炸药在空气中爆炸后，爆轰波由炸点向外传播某一瞬时的典型波形如图 6 - 2 - 1 （a）所示。冲击波阵面的压力 p_ϕ 相对于波前的大气压力 p_a 具有一个突跃。二者之差 $\Delta p_m = p_\phi - p_a$ 称为冲击波超压峰值。随着冲击波的传播，超压 Δp 迅速衰减，波长拉大。图 6 - 2 - 1 （b）所示为冲击波传过某确定位置时所作用的超压 - 时间曲线 $\Delta p(t)$。由图可见，冲击波阵面在时刻 t_0 到达此点，经历 t_+ 时间间隔，超压下降至零。t_+ 称正压时间。此阶段的压力冲量为

$$i_+ = \int_{t_0}^{t_0+t_+} \Delta p(t)\, dt$$

在中等距离上还存在负压阶段。当距离较大时，负压阶段不明显。对不同目标起毁伤作

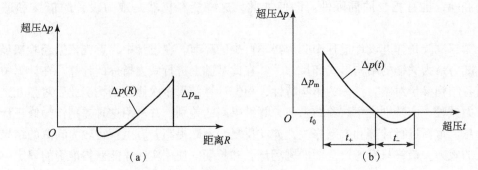

图 6 – 2 – 1　爆炸冲击波的 $\Delta p(R)$ 及 $\Delta p(t)$ 曲线

(a) 时间一定；(b) 距离一定

用的主要因素是超压峰值 Δp_m、正压时间 t_+ 及正压段压力冲量 i_+ 这三个特征量。

(二) 超压峰值计算

超压峰值 Δp_m 主要取决于炸药种类、质量及传播距离，通常在相似理论基础上通过试验获得工程计算的经验公式。

1. 空中爆炸

假设 TNT 球形或相似形状装药在无限空气介质中爆炸，所形成球面冲击波未受其他界面的影响，则距爆炸中心任意距离 R 处的超压峰值 Δp_m 可用下式计算：

$$\begin{cases} \Delta p_m = 0.0981 \times \left(\dfrac{14.0717}{\bar{R}} + \dfrac{5.5397}{\bar{R}^2} - \dfrac{0.3572}{\bar{R}^3} + \dfrac{0.00625}{\bar{R}^4} \right) \text{ (MPa)}, \ 0.05 \leqslant \bar{R} \leqslant 0.3 \\[3mm] \Delta p_m = 0.0981 \times \left(\dfrac{6.1938}{\bar{R}} - \dfrac{0.3262}{\bar{R}^2} + \dfrac{2.1324}{\bar{R}^3} \right) \text{ (MPa)}, \ 0.3 \leqslant \bar{R} \leqslant 1 \\[3mm] \Delta p_m = 0.0981 \times \left(\dfrac{0.662}{\bar{R}} + \dfrac{4.05}{\bar{R}^2} + \dfrac{3.288}{\bar{R}^3} \right) \text{ (MPa)}, \ 1 \leqslant \bar{R} \leqslant 10 \end{cases}$$

$$(6-2-1)$$

式中　$\bar{R}$——相对距离，其表达式为

$$\bar{R} = R / \sqrt[3]{m_w} \quad (\text{m/kg}^{1/3}) \qquad (6-2-2)$$

式中　R——距炸点的距离 (m)；

m_w——TNT 炸药当量 (kg)。

式 (6 – 2 – 2) 适用于 TNT 炸药，计算时必须按照给定单位进行。对于其他种类的炸药，只需将炸药质量换算成 TNT 炸药当量代入式 (6 – 2 – 2) 即可：

$$m_w = m_{ws} Q_s / Q_T \qquad (6-2-3)$$

式中　m_w——TNT 炸药当量；

m_{ws}——炸药的质量 (kg)；

Q_s——该炸药的爆热 (J/kg)；

Q_T——TNT 的爆热 ($\approx$4187 kJ/kg)。

各种炸药的爆热值见表 6 – 1。

表 6 - 1　几种常用炸药的爆热

炸药	装药密度/(kg·m⁻³)	爆热/(kJ·kg⁻¹)
TNT（梯恩梯）	1.53×10^3（有外壳）	4576
RDX（黑索今）	1.69×10^3（无壳） 1.50×10^3	5594 5401
TNT/RDX50/50（梯 - 黑 50/50）	1.68×10^3（注装）	4773
B 炸药（黑 - 梯 60/40）	1.73×10^3	5045
梯 - 黑 - 铅 - 560/24/16	1.7610×10^3	4886
特屈儿	1.6×10^3（有外壳）	4857
PETN（泰安）	$1.73 \sim 1.74 \times 10^3$（有外壳） 1.65×10^3	6226 5694
阿马托 80/20	1.30×10^3	4145
阿马托 40/20	1.55×10^3	4187

上面指出的是无限空气介质中的爆炸条件。通常认为，当装药的爆炸高度 H 符合下列关系：

$$H/\sqrt[3]{m_w} \geq 0.35 \quad (m/kg^{1/3})$$

空气介质中的爆炸条件即可适用。

对于高空爆炸（如对空射击），由于高空的大气压力比标准值低，推荐采用下式进行超压峰值的计算：

$$\begin{cases} \Delta p_m = 0.0981 \times (20.06/\bar{R} + 1.94/\bar{R}^2 - 0.04/\bar{R}^3) \quad (MPa), \ 0.05 \leq \bar{R} \leq 0.5 \\ \Delta p_m = 0.0981 \times (0.67/\bar{R} + 3.01/\bar{R}^2 + 4.31/\bar{R}^3) \quad (MPa), \ 0.5 \leq \bar{R} \leq 70.9 \end{cases}$$

$$(6 - 2 - 4)$$

2. 地面爆炸

地面爆炸时，由于地面的反射作用将使冲击波增强，这时可在式（6 - 2 - 3）基础上进行适当修正，即

$$m_w = Km_w \qquad (6 - 2 - 5)$$

式中　K——修正系数。

式（6 - 2 - 5）表示以 Km_w 代替原式中的 m_w，修正系数 K 取决于反射强弱的程度。

对于混凝土、岩石一类的刚性地面，取 $K = 2$，有下列超压峰值公式：

$$\begin{cases} \Delta p_m = 0.0981 \times \left(\dfrac{17.7292}{\bar{R}} + \dfrac{8.7937}{\bar{R}^2} - \dfrac{0.7144}{\bar{R}^3} + \dfrac{0.0157}{\bar{R}^4} \right) \ (MPa), \ 0.05 \leq \bar{R} \leq 0.3 \\[2mm] \Delta p_m = 0.0981 \times \left(\dfrac{7.8037}{\bar{R}} - \dfrac{0.5178}{\bar{R}^2} + \dfrac{4.2648}{\bar{R}^3} \right) \ (MPa), \ 0.3 \leq \bar{R} \leq 1 \\[2mm] \Delta p_m = 0.0981 \times \left(\dfrac{0.8341}{\bar{R}} + \dfrac{6.43}{\bar{R}^2} + \dfrac{6.576}{\bar{R}^3} \right) \ (MPa), \ 1 \leq \bar{R} \leq 10 \end{cases}$$

$$(6 - 2 - 6)$$

对于一般土壤，取 $K = 1.8$，可得

$$
\begin{cases}
\Delta p_{\mathrm{m}} = 0.0981 \times \left(\dfrac{17.1174}{\bar{R}} + \dfrac{8.1972}{\bar{R}^2} - \dfrac{0.643}{\bar{R}^3} + \dfrac{0.0137}{\bar{R}^4} \right) \; (\mathrm{MPa}), \; 0.05 \leqslant \bar{R} \leqslant 0.3 \\[3mm]
\Delta p_{\mathrm{m}} = 0.0981 \times \left(\dfrac{7.5344}{\bar{R}} - \dfrac{0.4827}{\bar{R}^2} + \dfrac{3.838}{\bar{R}^3} \right) \; (\mathrm{MPa}), \; 0.3 \leqslant \bar{R} \leqslant 1 \\[3mm]
\Delta p_{\mathrm{m}} = 0.0981 \times \left(\dfrac{0.805}{\bar{R}} + \dfrac{5.99}{\bar{R}^2} + \dfrac{5.918}{\bar{R}^3} \right) \; (\mathrm{MPa}), \; 1 \leqslant \bar{R} \leqslant 10
\end{cases}
$$

$$(6-2-7)$$

3. 坑道内爆炸

在坑道、堑壕、矿井、地道内爆炸时，空气冲击波仅沿坑道两个方向传播，可用下式计算：

$$
\Delta p_{\mathrm{m}} = 0.0981 \times \left[1.46 \left(\frac{m_{\mathrm{w}}}{S \cdot R} \right)^{1/3} + 9.2 \left(\frac{m_{\mathrm{w}}}{S \cdot R} \right)^{2/3} + 44 \frac{m_{\mathrm{w}}}{S \cdot R} \right] \; (\mathrm{MPa}) \quad (6-2-8)
$$

式中　S——坑道截面面积（m^2）；

　　　R——距离（m）。

如果坑道一端堵死，也可将 $2m_{\mathrm{w}}$ 替换 m_{w} 代入式（6-2-8），则

$$
\Delta p_{\mathrm{m}} = 0.0981 \times \left[1.84 \left(\frac{m_{\mathrm{w}}}{S \cdot R} \right)^{1/3} + 14.6 \left(\frac{m_{\mathrm{w}}}{S \cdot R} \right)^{2/3} + 88 \frac{m_{\mathrm{w}}}{S \cdot R} \right] \; (\mathrm{MPa}) \quad (6-2-9)
$$

（三）正压作用时间 t_+ 的计算

t_+ 是空气爆轰波另一个特征参数，是影响目标破坏作用大小的重要参数之一，可根据爆炸相似律建立的经验公式进行计算。

TNT 装药空中爆炸时，可采用以下公式：

$$
\begin{cases}
\dfrac{t_+}{\sqrt[3]{m_{\mathrm{w}}}} = 10^{-3} \; (0.107 + 0.444\,\bar{R} + 0.264\,\bar{R}^2 - 0.129\,\bar{R}^3 + 0.0335\,\bar{R}^4) \; (\mathrm{s/kg^{1/3}}) \\[3mm]
0.05 \leqslant \bar{R} \leqslant 3 \; (\mathrm{m/kg^{1/3}})
\end{cases}
$$

$$(6-2-10)$$

也可采用简便公式：

$$
\frac{t_+}{\sqrt[3]{m_{\mathrm{w}}}} = 1.5 \times 10^{-3} \bar{R}^{1/2} \; (\mathrm{s/kg^{1/3}}) \tag{6-2-11}
$$

对于其他炸药，仍然采取如同式（6-2-3）的处理方法；对于地面爆炸，则采取如同式（6-2-5）的修正方式，即以 $(1.8 \sim 2)m_{\mathrm{w}}$ 代替原计算式中的 m_{w}。

（四）比冲 i_+ 的计算

Josef Henrych 提出 TNT 球形装药的经验公式：

$$
\begin{cases}
\dfrac{i_+}{\sqrt[3]{m_{\mathrm{w}}}} = 9.81 \times \left(663 - \dfrac{1115}{\bar{R}} + \dfrac{629}{\bar{R}^2} - \dfrac{100.4}{\bar{R}^3} \right) \; (\mathrm{Pa \cdot s/kg^{1/3}}), \; 0.4 \leqslant \bar{R} \leqslant 0.75 \\[3mm]
\dfrac{i_+}{\sqrt[3]{m_{\mathrm{w}}}} = 9.81 \times \left(-32.2 + \dfrac{211}{\bar{R}} - \dfrac{216}{\bar{R}^2} + \dfrac{80.1}{\bar{R}^3} \right) \; (\mathrm{Pa \cdot s/kg^{1/3}}), \; 0.75 \leqslant \bar{R} \leqslant 3
\end{cases}
$$

$$(6-2-12)$$

CAДOBCKИЙ 提出的计算公式为

$$\begin{cases} i_+ = 9.81 \times (15 m_\text{w} / \bar{R}^2) \ (\text{Pa} \cdot \text{s}), & \bar{R} < 0.25 \\ i_+ = 9.81 \times (34 \sim 36) \sqrt[3]{m_\text{w}^2} / \bar{R} \ (\text{Pa} \cdot \text{s}), & \bar{R} > 0.5 \end{cases} \qquad (6-2-13)$$

（五）目标在空气冲击波作用下的毁伤

人员、地面建筑、车辆、飞机等不同目标对空气冲击波的易损性是不同的。

1. 人员

人受冲击波作用，因中枢神经系统和心脏受损而引起心力衰竭，产生窒息，肠胃系统遭到破坏，中耳膜破裂；对于密度变化率显著的机体组织，尤其是含气器官，损伤极为明显。此外，冲击波还可使人体各部位产生位错损伤。空气冲击波超压对暴露人员的损伤程度见表6-2。空气冲击波对掩蔽人员的杀伤作用小得多：如掩蔽在堑壕内，杀伤半径将为暴露时的2/3；掩蔽在掩蔽所或避弹所时，杀伤半径仅为暴露时的1/3。

表6-2　空气冲击波对人员的杀伤

杀伤程度	冲击波超压/MPa
轻微挫伤	0.02 ~ 0.03
中等伤（听觉器官损伤，中等挫伤、骨折等）	0.03 ~ 0.05
重伤（内脏严重损伤，可引起死亡）	0.05 ~ 0.1
极严重伤（大部分导致死亡）	>0.1

2. 车辆

不同车辆对空中爆炸冲击波的易损性差别很大。对于坦克等重型装甲车辆，在一般情况下空气冲击波的破坏能力是很小的。但当弹丸直接命中坦克爆炸时，可使其运动部分（如天窗盖、炮罩、履带等）发生不同程度的损坏和变形，造成整个坦克或该部件的运动失效；当爆炸波作用在装甲结构上，虽不能造成结构的损坏，但由于甲板的振动，可使安装在甲板的内部设备遭到破坏，某些构件甚至崩落，起着"二次弹丸"的作用。另外，滑行机构、仪表控制盘、观察系统、无线电设备、炮台底座等重要部分均可因震动冲击而失灵。所以，通过榴弹的直接爆炸作用亦是对付坦克的有效手段。对于装甲运输车或轻型自行火炮，当超压为0.035 ~ 0.3 MPa 时，可发生不同程度的损伤；对于无装甲轻型车辆，空气冲击波的杀伤能力更大。表6-3列出了冲击波超压对各类车辆的损伤数据。

表6-3　超压对车辆目标的毁伤作用

超压 Δp_m/MPa	目标的毁伤程度
0.02 ~ 0.11	载重汽车遭不同程度的损坏
0.03 ~ 0.12	履带式拖拉机遭到不同程度的损坏
0.035 ~ 0.3	装甲运输车、轻型自行火炮遭到不同程度的损坏
0.4 ~ 0.5	中型、重型坦克严重破坏
1 ~ 1.5	中型、重型坦克完全破坏

3. 地面结构

空气冲击波是破坏地面结构最主要的杀伤手段之一，它对目标的作用通常分为两个阶段考虑：绕射阶段和阻滞阶段。从冲击波阵面撞击目标前壁面至阵面抵达目标背面以前为绕射阶段，这一阶段的载荷特点为：结构前壁面承受冲击波超压和动压（爆炸风）的双重作用。目标侧面则仅受超压，而目标背面尚未承受载荷。由于前后压差，整个结构处于一个强大的横向平移力作用之下，它力图使结构朝波的传播方向位移，引起结构歪斜，墙壁损坏，框架扭曲。当冲击波阵面完全通过目标背面，即进入阻滞阶段时，作用在目标背面的超压将抵消前壁超压的影响。但整个结构处于超压包围之中，此时门窗常被刮入屋内，对于四周封闭的油罐等常被压陷而严重变形。在阻滞阶段，作用在结构上的净横向平移力主要由动压所致（又称阻滞载荷）。根据冲击波计算和测量，当冲击波强度较高（$\Delta p_{\mathrm{m}} \geqslant 0.476$ MPa），动压峰值比超压峰值更大；弱冲击波则相反。对于大型封闭结构，因绕射阶段较长，故结构的毁伤在此阶段较为敏感；对于小型结构及框架结构（如桥梁等）绕射阶段短暂，阻滞载荷常常是导致进一步损坏的重要因素。阻滞载荷的作用时间一直延续至冲击波完全通过，仅与冲击波正压作用时间有关，与结构大小无关。

根据动力学理论，各种结构的变形或破坏需要一个时间过程。由理论分析得知，当冲击波对目标的正压作用时间 t_+ 远大于目标或构件自身的固有振动周期 T 时，目标或构件的最大变形值取决于超压 Δp_{m}，此时宜以超压峰值 Δp_{m} 作为冲击波破坏作用的衡量指标；反之，当 $t_+ < T$ 时，构件的最大变形值直接与作用的比冲量 i_+ 有关，这时则以 i_+ 作为衡量指标为宜。一般弹丸适于后种情况。

资料表明，冲击波作用按冲量计算时，必须满足

$$\frac{t_+}{T} \leqslant 0.25$$

而按超压计算时，必须在

$$\frac{t_+}{T} \geqslant 10$$

才能适用。在上述两个范围之间，无论按冲量还是按超压计算，误差都较大。

一些建筑构件的自振周期及破坏数据列于表 6-4 中。只要把冲击波正压作用时间 t_+ 同表中的自振周期相比较，即可确定冲击波的性质。

表 6-4 各种结构部件的自振周期及破坏载荷

构件	砖墙		钢筋混凝土墙 0.25 m	木梁上的挡板	轻隔板	装配玻璃
	2 层砖	1.5 层砖				
自振周期 T/s	0.01	0.015	0.015	0.3	0.07	0.02~0.04
超压 Δp_{m}/MPa	0.044	0.025	0.3	0.01~0.016	0.005	0.005~0.01
比冲 i/(Pa·s)	2160	1860				30~40

对于大量炸药爆炸，在估计整体结构的毁伤程度时，可参考表 6-5 中的数据。

表 6 - 5　超压对结构目标的毁伤作用

超压 Δp_m/MPa	目标的毁伤程度
0.01 ~ 0.02	建筑物部分破坏
0.02 ~ 0.03	城市大建筑物显著破坏
0.06 ~ 0.07	钢骨架和轻型钢筋混凝土结构破坏
0.1	除防地震钢筋混凝土结构外，其他建筑物均破坏
0.15 ~ 0.2	防震钢筋混凝土结构破坏或严重破坏
0.2 ~ 0.3	钢架桥位移

4. 飞机

地面高炮通常用小口径着发榴弹或中口径近炸榴弹对付飞机目标。一般认为，小口径榴弹（炸药 80 ~ 100 g）击中目标在机内爆炸足可使飞机毁伤。中口径近炸榴弹的空气冲击波可在一定程度上起毁伤作用。由于飞机设计时对飞机飞行和着陆载荷的限制相当严格，结构仅能承受武器效应引起的较小的附加载荷或超压。例如，苏联某些飞机允许的超压值 Δp_{yx} 如下：

$$\begin{cases} 对于图 - 4（Ty - 4）飞机，\Delta p_{yx} \leqslant 0.006（MPa） \\ 对于伊尔 - 28（ИЛ - 28）飞机，\Delta p_{yx} \leqslant 0.01（MPa） \\ 对于米格 - 17（МИГ - 17）飞机，\Delta p_{yx} \leqslant 0.02（MPa） \end{cases}$$

当冲击波撞击翼面时，可引起翼段凹陷及加强筋板的弯曲。冲击波侧向撞击时，其反射压力可使飞机的一侧压力剧增。当机翼、尾翼和机体完全陷于冲击波超压包围时，内外压差的挤压效应可使飞机蒙皮、结构进一步受损。冲击波的动压作用在飞机上，可使翼面及机体结构产生弯曲、剪切和扭转效应。这些都是空气冲击波对飞行飞机的主要作用。表 6 - 6 列出了冲击波超压对飞机目标的毁伤数据。

表 6 - 6　冲击波超压对飞机的毁伤作用

超压 Δp_m/MPa	目标的毁伤程度
0.007 ~ 0.014	运输机遭到不同程度的损坏
0.01 ~ 0.02	螺旋桨飞机遭受轻伤
0.041	地面飞机将招致完全破坏
0.02 ~ 0.049	螺旋桨飞机蒙皮严重损伤、歼击机遭到轻伤
0.049 ~ 0.98	螺旋桨飞机完全失灵，歼击机蒙皮招致严重损伤
> 0.98	所有飞机全遭损坏

5. 其他武器及技术装备

表 6 - 7 列出了冲击波超压对地面火炮、雷达站、地雷区的作用数据。

表 6 – 7　冲击波超压对地面武器及技术设备的毁伤作用

超压 Δp_m/MPa	目标的毁伤程度
≥0.049	雷达站无线电设备遭到破坏
0.15 ~ 0.2	地面火炮遭到严重破坏、失去作用
0.049	德国 TMi43 反坦克地雷可引爆
0.049 ~ 0.067	美国 M6 反坦克地雷可引爆
0.083 ~ 0.11	意大利 SAC$_j$ 反坦克地雷可引爆

（六）弹丸冲击波威力半径 R_{ch}

榴弹爆轰波主要用来对付如人员、一般车辆、技术装备、轻型结构、飞机等软目标或半软目标。这类目标通常在冲击波超压 $\Delta p_m = 0.1$ MPa 时发生较重的损伤，其战斗功能基本失效。为了描述榴弹的爆炸威力，这里提出一个冲击波威力半径的概念，即弹丸爆炸冲击波超压峰值 $\Delta p_m = 0.1$ MPa 所对应的距炸点的平均半径 R_{ch}，并以此作为衡量榴弹空气中爆炸的威力指标。

为此，将 $\Delta p_m = 0.1$ MPa 代入式（6 – 2 – 1）中，可以解出相对距离 $\bar{R} = 2.63$ m/kg$^{1/3}$，故弹丸的冲击波威力半径为

$$R_{ch} = 2.63 \sqrt[3]{m_w} \quad (\text{m})$$

式中　m_w——弹丸装药的 TNT 爆炸当量。

对于不同的炸药及爆炸条件，m_w 可按式（6 – 2 – 3）、式（6 – 2 – 5）的方式处理，计算时 m_w 的单位为 kg。

例 6 – 1　求 122 mm 榴弹的冲击波威力半径 R_{ch}，已知 TNT 装药的质量 $m_w = 3.69$ kg。

解：$R_{ch} = 2.63 \sqrt[3]{m_w} = 4.064$　（m）

某些作者还针对具体目标提出了相应的冲击波破坏半径的计算公式，提出了小药量爆炸冲击波压力冲量对飞机目标的临界毁伤距离 R_s 的计算公式：

$$\begin{cases} R_s = \dfrac{A m_w^{2/3}}{2.5 \times 10^{-8} \sigma_b + 16} \ (\text{m}), & 19.6 \times 10^4 \leqslant \sigma_b h_m \leqslant 206 \times 10^4 \\[3mm] R_s = \left(\dfrac{15 m_w}{1.53 \times 10^{-7} \sigma_b - 247} \right)^{1/2} \ (\text{m}), & 206 \times 10^4 \leqslant \sigma_b h_m \leqslant 441 \times 10^4 \end{cases} \quad (6 - 2 - 14)$$

式中　A——系数，可取 $A = 34 \sim 36$；

σ_b——飞机结构的铝板强度（Pa），对于硬铝 LY – 12，可取 $\sigma_b = 461$ MPa；

h_m——飞机结构蒙皮的等效厚度（m），对于不同飞机类型，可取 $h_m = 3 \sim 55$ mm；

m_w——装药的 TNT 爆炸当量（kg）。

三、土壤中爆炸计算

对于地下结构，如掩蔽的火力点、观察所、指挥所、武器的掩体等，空气冲击波的作用

效果很小，常通过弹丸的侵彻作用，在距地面一定深度处爆炸毁伤这类目标。

（一）漏斗坑体积计算

根据弹丸作用理论，随着爆炸深度的不同，在土中爆炸的情况亦不相同。当深度较浅，产生所谓抛掷型爆破：弹丸上部土壤被掀掉，形成漏斗形弹坑，简称漏斗坑。漏斗坑本身即为对目标的破坏结果。随着深度的增加，漏斗形状由浅坦逐渐变为细深。若深度进一步增加，则发生所谓松动型爆炸，即土壤仅产生松动凸起而不形成显露的漏斗坑。当深度超过一定临界值时，仅出现盲炸。

为了发挥弹丸的最大破坏威力，必须形成抛掷型爆破，并通过漏斗坑达到对目标的破坏效果。所以，也可采用漏斗体积作为直接衡量弹丸土中爆炸威力的定量指标。

在计算漏斗坑体积时，近似将它简化为一个如图 6-2-2 所示锥形坑，其高度为 h，半径为 r，并以比值 $r/h = n$ 表示其形状特征，n 又称为形状作用指数。

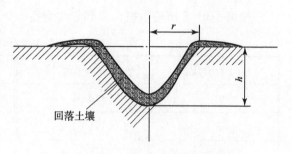

图 6-2-2　典型漏斗形弹坑尺寸

回落土壤

漏斗坑体积可近似写为

$$V = \frac{\pi}{3}r^2 h = n^2 h^3 \tag{6-2-15}$$

大量试验研究表明，在不考虑重力和结合键力的影响下，抛掷漏斗坑形状作用指数 n 与装药质量 m_w 及爆炸深度 h 的关系为

$$m_w = K_0 h^3 f(n) \tag{6-2-16}$$

式中　K_0——取决于土壤性质的抛掷系数，它表示爆破并抛出标准形漏斗坑（$n=1$）时单位体积土石的用药量（kg/m^3）；

$f(n)$——与形状作用指数 n 有关的函数。

不同作者提出了 $f(n)$ 的各种形式，这里推荐 Г. И. ПОКРОВСКИЙ 提出的下列适用范围较广的公式：

$$f(n) = \left(\frac{1+n^2}{2}\right)^2 \tag{6-2-17}$$

将式（6-2-17）代入式（6-2-16），可得

$$m_w = K_0 h^3 \left(\frac{1+n^2}{2}\right)^2 \tag{6-2-18}$$

表 6-8 列出了 2 号岩石炸药对我国一些土石爆破的 K_0 值。当应用于其他炸药时，应乘以换算系数 α。对于其他炸药，也可按 TNT 爆炸当量近似处理。

由式（6-2-18）解出 n^2 值，代入式（6-2-15）中，即可得到在给定装药及爆炸深度条件下的漏斗坑体积：

$$V = \left(2\sqrt{\frac{m_w}{K_0 h^3}} - 1\right)h^3 \tag{6-2-19}$$

从式（6-2-19）还可看出，在一定质量的装药条件下，漏斗坑体积 V 为爆炸深度 h 的函数。从而说明存在有某个最有利的爆炸深度，它对应的漏斗坑体积最大。为此，对式

（6-2-19）两端微分，即

$$dV = \left(3 \sqrt{\frac{m_{w}}{K_0 h^3}} h^{1/2} - 3h^2 \right) dh$$

并根据 $\dfrac{dV}{dh} = 0$ 的条件，解出最有利的爆炸深度为

$$h_{yl} = \sqrt[3]{\frac{m_{w}}{K_0}} \ (m) \tag{6-2-20}$$

根据表 6-8 所给数据，大部分典型目标介质的 K_0 值在 1.1~1.7 的范围内变化。

表 6-8　各类土石介质的抛掷系数 K_0

土石介质	$K_0/(\mathrm{kg \cdot m^{-3}})$	土石介质	$K_0/(\mathrm{kg \cdot m^{-3}})$
黏土	1.0~1.1	石灰岩，流纹岩	1.4~1.5
黄土	1.1~1.2	石英砂岩	1.5~1.7
坚实黏土	1.1~1.2	辉长岩	1.6~1.7
泥岩	1.2~1.3	变质石乐岩	1.6~1.8
风化石灰岩	1.2~1.3	花岗岩	1.7~1.8
坚硬砂岩	1.3~1.4	辉绿岩	1.8~1.9
石英斑岩	1.3~1.4		

将 K_0 值代入式（6-2-20）中，可得

$$h_{yl} = (0.84 \sim 0.97) \sqrt[3]{m_{w}} \ (m) \tag{6-2-21}$$

计算时，m_{w} 的单位为 kg。

若以式（6-2-20）的 h_{yl} 值代入式（6-2-19）中，即可得到相应最有利爆炸深度下的漏斗坑体积为

$$V = \frac{m_{w}}{K_0} \ (m^3) \tag{6-2-22}$$

式（6-2-20）~式（6-2-22）形式简便，对估算弹丸的土中爆破作用具有一定的参考价值。

例 6-2　已知 122 mm 榴弹内装 TNT 炸药 3.69 kg，试求在一般黏土中爆破的最有利侵彻深度及相应的漏斗坑体积。

解： 由表 6-8，取 $K_0 = 1.1$，代入式（6-2-20）中，求出最有利的爆炸深度为

$$h_{yl} = \sqrt[3]{\frac{m_{w}}{K_0}} = \sqrt[3]{\frac{3.69}{1.1}} = 1.5 \ (m)$$

由式（6-2-22），求出相应的漏斗坑体积为

$$V = \frac{m_{w}}{K_0} = \frac{3.69}{1.1} = 3.35 \ (m^3)$$

（二）弹丸侵彻能力计算

为了使弹丸在一定深度处爆炸，弹丸必须具有相应的侵彻能力。弹丸的最大侵彻深度 $h_{\max}$（图6-2-3）可按别列赞公式进行计算：

$$h_{\max} = \lambda K_n \frac{m}{d^2} v_c \sin\theta_c \qquad (6-2-23)$$

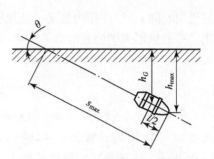

图6-2-3　弹丸的侵彻行程图

式中　m——弹丸质量（kg）；

$\quad\quad d$——弹径（m）；

$\quad\quad v_c$——着速（m/s）；

$\quad\quad \theta_c$——落角（rad）；

$\quad\quad K_n$——土壤介质的侵彻系数（$m^2 \cdot s/kg$）；

$\quad\quad \lambda$——弹丸形状系数（式（6-2-24））。

各类土壤介质的侵彻系数见表6-9。

表6-9　各类土壤介质的侵彻系数 K_n

土壤介质类型	$K_n/(m^2 \cdot s \cdot kg^{-1})$	土壤介质类型	$K_n/(m^2 \cdot s \cdot kg^{-1})$
新堆成的土地	$(13\sim15)\times10^{-6}$	砂堆砌物	9×10^{-6}
中等密度的土壤	$(11\sim13)\times10^{-6}$	砖的建筑物	$(2\sim2.5)\times10^{-6}$
黏质土壤、沼泽地、混黏土	10×10^{-6}	圆石	2.5×10^{-6}
坚实的土壤	$(6\sim8)\times10^{-6}$	石灰石或砂石	2×10^{-6}
坚实的黏土	7×10^{-6}	坚实的花岗岩，坚硬沙岗	1.6×10^{-6}
密实土地，植物土壤	5.5×10^{-6}	树木（松、柏等）	$(4\sim5)\times10^{-6}$
坚实冲积土潮湿砂地		混凝土	1.3×10^{-6}
与碎石混杂的土地	5×10^{-6}	钢筋混凝土	$(0.7\sim0.9)\times10^{-6}$
碎石土壤硬化黏土	4.5×10^{-6}		

弹丸形状系数 λ 主要取决于弹头部长度。对于现代榴弹，当弹丸相对质量 $C_m = 15\times10^3$ kg/m³ 时，λ 值一般可取为 1.3~1.5，也可用下列经验公式计算：

$$\lambda = 1 + 0.3\left(\frac{l_{t0}}{d} - 0.5\right)\sqrt{\frac{15}{C_m}} \qquad (6-2-24)$$

式中　l_{t0}——弹头部长度。

在实际考虑弹丸的爆炸深度时，通常按装药的质心位置计算（大致在弹丸的中部）。也就是说，当要求的最佳爆炸深度为 h_{yl} 时，弹丸的侵彻能力满足（图6-2-3）：

$$h_{\max} \geq h_{yl} + \frac{l}{2}\sin\theta_c \qquad (6-2-25)$$

式中　l——弹丸全长。

为了发挥弹丸在土壤中的爆破威力，控制弹丸在最佳深度处爆炸，还必须计算引信必需

的延期时间 t，以此作为装定、选用引信或设计引信的依据。假设侵彻阻力与侵彻深度成正比，并根据别列赞公式的结果，可以获得相应的侵彻时间公式，即

$$t = \frac{h_{\max}}{v_c \sin\theta_c} \arcsin \frac{h_{yl} + \frac{l}{2}\sin\theta_c}{h_m} \tag{6-2-26}$$

例 6 – 3　试校核 122 mm 榴弹的侵彻能力，并计算引信必需的延期时间 t。已知：弹丸质量 $m = 21.76$ kg；着速 $v_c = 214$ m/s；落角 $\theta_c = \pi/6$ rad；弹丸形状系数 $\lambda = 1.4$；弹丸全长 $l = 0.56$ m；土壤介质的侵彻系数 $K_n = 11 \times 10^{-6}$（$m^2 \cdot s$）/kg；最有利爆炸深度 $h_{yl} = 1.5$ m。

解：由式（6 – 2 – 23）可得弹丸的最大侵彻深度为

$$h_{\max} = \lambda K_n \frac{m}{d^2} v_c \sin\theta_c = 1.4 \times 11 \times 10^{-6} \times \frac{21.76}{(0.122)^2} \times 214 \times \sin 30° = 2.41 \ (\text{m})$$

弹丸所要求的最有利侵彻深度为

$$h_{yl} + \frac{l}{2}\sin\theta_c = 1.5 + \frac{0.56}{2}\sin 30° = 1.64 \ (\text{m})$$

此结果显然满足条件式（6 – 2 – 25），即弹丸的侵彻能力足够。

由式（6 – 2 – 26）解出必要的延期时间，即

$$t = \frac{h_{\max}}{v_c \sin\theta_c} \arcsin \frac{h_{yl} + \frac{l}{2}\sin\theta_c}{h_m}$$

注意：在计算 arcsin 函数值时，必须采用弧度（rad）单位，即

$$t = \frac{2.14}{214 \times 0.5} \arcsin \frac{1.64}{2.41} = \frac{2.41}{214} \times 0.748 = 0.017 \ (\text{s})$$

根据 122 mm 榴弹所配的榴 – 4 引信，上述时间属于"延期作用"，即在这种条件下射击，应将引信装定在"延期"上。

四、爆破榴弹的威力设计

上面介绍了榴弹的爆炸威力指标及其计算。不论是空气冲击波破坏半径或抛掷漏斗坑体积，都直接取决于弹丸内的爆炸装药的质量和能量（或 TNT 当量）。炸药类型及质量为弹丸的结构参量，但由于它直接与威力指标相联系，因此它本身也可视为衡量弹丸爆炸威力大小的指标。为了加大弹丸的爆破威力，应尽可能增大弹丸的装药当量。在具体的结构设计中，可采用下列措施：

（1）在总体方案上应正确选择弹丸的质量，即在满足其他战术技术的条件下（如射程、飞行稳定性等），应尽可能选择最大的弹丸质量。

（2）在一定弹丸质量前提下，为了增加装药质量，必须在保持发射强度的前提下减薄弹体壁厚。可利用有限元法，通过多次计算与修改调整，将弹体设计成等强度壁厚，也可采用高强度优质弹体材料。

从根本上突破现有的结构方式的措施是，采用新的底凹结构或其他新型结构形式。底凹结构形式不仅可改善空气动力，提高射程与射击精度，也有利于减薄弹壁，增加弹长，加大弹丸的内腔容积，多装炸药。例如，美国 105 mm 底凹榴弹比平底弹增加炸药量达 20%，也可以采用能量更高的炸药，以增加 TNT 当量。

第三节　榴弹杀伤威力的计算与设计

一、概述

榴弹爆炸后，弹壳碎成大量高速破片，向四周飞散，形成一个破片作用场，使处于场中的目标受到毁伤。地面杀伤榴弹主要用于对付集群人员目标；高射榴弹则用来对付飞机、导弹等单个目标。本节主要论述地面杀伤榴弹的威力指标及计算，这些原理与方法也适用于群子弹、榴霰弹、箭散弹等。本节对高射榴弹仅做简要说明。

目前，对地面杀伤榴弹的威力有几种不同的评定方法。威力指标均称为杀伤面积，但各自含义不同，相应的检验方式也不相同。其中最有代表性的有两个：即扇形靶杀伤面积和球形靶杀伤面积。目前，国内外均倾向于采用球形靶杀伤面积，这里也简称为杀伤面积。因此，以后提及杀伤面积，在不做解释时，系指球形靶杀伤面积。本节主要介绍这种杀伤面积，但为了对比，先对两者做简要介绍。

（一）扇形靶杀伤面积

一般按下列公式定义杀伤面积：

$$S = S_0 + S_1 \tag{6-3-1}$$

式中　S_0——密集杀伤面积；

　　　S_1——疏散杀伤面积。

对应密集杀伤面积的圆半径 R_0 称为密集杀伤半径。R_0 的含义是（图6-3-1）：在此半径圆周上的人员目标，平均被一块杀伤破片击中。相应的射击条件是：弹丸直立地面，头部朝上爆炸，人员目标正对弹丸呈立姿，投影面积（或受弹面积）为 $1.5\,\text{m} \times 0.5\,\text{m}$，相应的杀伤准则是：能击穿25 mm厚松木板的破片为杀伤破片（两块嵌入板内的未穿破片亦可折算为一块杀伤破片）；一片以上杀伤破片击中目标即为杀伤。

疏散杀伤面积 S_1 可按下式定义：

$$S_1 = \int_{R_0}^{R_{\max}} r\pi R \, \mathrm{d}R$$

式中　R——半径变量；

　　　r——在上述条件下，该半径圆周上每个人员目标接受的平均杀伤破片数；

　　　$R_{\max}$——取决于扇形靶试验布置的最大半径（对于口径大于76 mm的榴弹为60 m，小于76 mm口径的榴弹为24 m）。

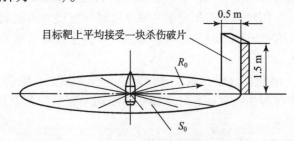

图6-3-1　扇形靶的密集杀伤面积和半径

上述杀伤面积主要通过扇形靶数据稍经处理而求得，免去了许多中间环节（如有关破片的形成、飞散、飞行中的衰减等）的计算与测试。这些中间环节的存在不可避免地会引入相应的误差。这是它的优点。但是，从理论上看，这个指标存在以下缺点。

（1）对射击条件（或弹目遭遇条件）做了硬性规定，但又与实战条件脱离较远，不够典型。

（2）杀伤准则比较粗糙（见本章第一节）。

（3）密集杀伤面积或半径尚有比较直观的含义，疏散杀伤面积的含义则不明显。杀伤面积不能直接预报在规定射击条件下被杀伤的目标平均数。从而，不便于部队直接使用。

此外，通过长期实践，发现扇形靶杀伤面积在某些情况下常常不能对弹丸的威力做出全面的评价，甚至出现明显的有偏差的检验结果。

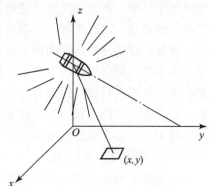

（二）球形靶杀伤面积

设弹丸在布有目标的地面上一定高度处爆炸（图6 - 3 - 2），破片向四周飞散，其中部分破片打击地面上的目标并使其伤亡。在地面任意处（x，y）取微面 dx、dy。设目标在此微面内被破片击中并杀伤的概率为 $P(x,y)$，则 $dS = P(x,y)dxdy$ 可视为微面 $dxdy$ 内的杀伤面积。定义全弹丸的杀伤面积为

图6 - 3 - 2　破片飞散图

$$S = \int_{-\infty}^{\infty} \int_{-\infty}^{\infty} P(x,y)\,dxdy \qquad (6-3-2)$$

从式（6 - 3 - 2）可见，杀伤面积是一个等效面积（或加权面积），它具有下列含义：如令目标在地面以一定方式布设，且目标密度 σ 为常数，以（个/m^2）表示，则微面 $dxdy$ 内的目标个数为 $dn = \sigma dxdy$，其中被杀伤的目标个数预期值为

$$dn_k = P(x,y)dn = \sigma P(x,y)dxdy$$

由此，地面上全部目标中被杀伤的预期数为

$$n_k = \int_{-\infty}^{\infty} \int_{-\infty}^{\infty} \sigma P(x,y)\,dxdy = \sigma S$$

即被杀伤目标数目的数学期望 n_k 直接与弹丸的杀伤面积 S 呈比例。当弹丸杀伤面积已知，将它乘以目标密度，即可求出目标被杀伤数目的预期值。

为了求出此杀伤面积，除了必须给出有关目标的信息外，首先应知道弹丸的破片初速、破片的质量分布和飞散时的密度分布，以及破片速度的衰减规律；然后利用这些信息按一定模型进行计算。目前，采用球形靶来测定破片在飞散时的密度分布数据，并利用破碎性试验测定破片的质量分布，在此基础上处理出杀伤面积。习惯上统称为球形靶法，采用此法定义的杀伤面积有下列特点：

（1）从理论上看，出发点合理，能较充分地说明弹丸威力；能衡量不同射击条件下的效果，并可由此获得最佳射击条件；能计算弹丸对不同类型目标的杀伤威力及其变化规律，便于综合评定弹丸的用途。

（2）直接与射击效率相关，便于部队使用。

（3）不便于直接试验检验，许多中间环节依赖于计算。

这里顺便指出，威力指标是一项战术技术指标。我们设法计算它，便于对新弹丸的进行结构设计和威力分析。精确的理论模型可导致较准确的计算结果；但计算结果必须通过试验验证；设计产品是否满足既定战术技术指标也只能通过实弹测试做出最终评定。也就是说，靶场试验测得的数据是决定性的。正因为如此，必须要求测试方案合理，测量数据准确，数据处理简单。从这个意义上看，球形靶试验还存在一定缺陷，它直接测得的数据，不是接近于最后结果（目标函数）的终端数据，而是某些初始数据或中间数据。它们还需要通过较多的中间计算与处理，才能转换成杀伤面积值。要想直接测定杀伤面积，必须按照规定的射击条件布置弹丸和模拟靶，并在多次试验后取得的杀伤目标平均数，才近似接近预期值。习惯上称为"盒形靶试验"或"人形靶试验"，即是按此原理拟定的检验弹丸杀伤面积的试验。这种鉴定试验过于麻烦，耗费极大的人力和物力。即使如此，它所获得的数据仍然基于有限次试验，具有相当的近似性。

从理论上看，上述杀伤面积是一个衡量弹丸杀伤威力较好的度量，这是前提。我们的任务在于寻求更加准确的计算方法以及更为有效的测试方法。

二、杀伤面积的计算

上面已经定义了杀伤面积。当弹丸结构一定、射击条件一定、目标一定时，相应的杀伤面积也一定。下面介绍杀伤面积的计算方法。计算的关键在于确定式（6-3-2）中取决于目标相对位置的杀伤概率 $P(x, y)$。为此，首先推导 $P(x, y)$ 公式。

（一）$P(x, y)$ 公式的推导

根据不同的假定，可获得 $P(x, y)$ 的不同形式。这里，介绍应用最广泛的 $P(x, y)$ 公式形式，该公式按下列思路导出：

（1）弹丸爆炸后，设有 N_0 块破片。破片大小和飞散都是随机的，故击中任意点（x, y）处目标的破片数与各破片的杀伤能力也是随机的。

（2）目标可能仅为一块破片击中，也可能为 2 块、3 块……甚或直至 N_0 块击中。现假设单块破片击中目标的概率为 P_h，则目标为 i 块破片击中的概率服从二项式分布，即

$$P_i = C_{N_0}^i P_h^i (1 - P_h)^{N_0 - i}$$

当 P_h 很小及 N_0 很大时，可导致

$$P_i \approx \frac{(N_0 P_h)}{i!} e^{-(N_0 P_h)} = \frac{\bar{m}}{i!} e^{-\bar{m}}$$

这就是普阿松分布，其中 $N_0 P_h = \bar{m}$ 为破片命中数目的数学期望。

（3）在击中的 i 块破片中，由于破片大小不同，杀伤能力也不相同。现令单块破片对目标的平均杀伤率以其条件概率 $\bar{P}_{hk}$ 表示，并假设各破片杀伤目标为独立事件，则击中 i 块破片条件下目标被杀伤的概率为

$$g_i = 1 - (1 - \bar{P}_{hk})^i$$

（4）i 块破片击中并杀伤目标的概率为 $P_i g_i$。

（5）目标为破片所杀伤的全概率为

$$P(x, y) = \sum_{i=1}^{N_0} P_i g_i = \sum_{i=1}^{N_0} \frac{\bar{m}}{i!} e^{-\bar{m}} [1 - (1 - \bar{P}_{hk})^i] \qquad (6-3-3)$$

注意：$\bar{m}$ 为固定值，式（6-3-3）可写为

$$P(x,y) = \mathrm{e}^{-\overline{m}} \Big[\sum_{i=1}^{N_0} \frac{\overline{m}^i}{i!} - \sum_{i=1}^{N_0} \frac{[\overline{m}(1-\overline{P}_{\mathrm{hk}})]^i}{i!} \Big] \qquad (6-3-4)$$

（6）当 N_0 很大时，有

$$\sum_{i=1}^{N_0} \frac{\overline{m}^i}{i!} \approx \mathrm{e}^{\overline{m}} - 1$$

$$\sum_{i=1}^{N_0} \frac{[\overline{m}(1-\overline{P}_{\mathrm{hk}})]^i}{i!} = \mathrm{e}^{\overline{m}(1-\overline{P}_{\mathrm{hk}})} - 1 \qquad (6-3-5)$$

将式（6-3-5）代入式（6-3-4），可得

$$P(x,y) = \mathrm{e}^{-\overline{m}} [\mathrm{e}^{\overline{m}} - 1 - \mathrm{e}^{\overline{m}(1-\overline{P}_{\mathrm{hk}})} + 1]$$

化简后，可得

$$P(x,y) = 1 - \mathrm{e}^{-\overline{m}\,\overline{P}_{\mathrm{hk}}} = 1 - \mathrm{e}^{-\overline{N}_{\mathrm{s}}}$$

式中　$\overline{m}$——破片命中数目的数学期望；

　　　$\overline{P}_{\mathrm{hk}}$——每个破片在击中目标前提下的平均杀伤概率；

　　　$\overline{N}_{\mathrm{s}}$——击在 (x, y) 处目标上杀伤破片数目的数学期望。

（7）击中目标的杀伤破片预期数又可写为

$$\overline{N}_{\mathrm{s}} = a_{\mathrm{s}}(x,y) S_{\mathrm{n}}$$

式中　$a_{\mathrm{s}}(x, y)$——杀伤破片的球面分布密度；

　　　S_{n}——目标的受弹面积，即目标在弹目方向上的投影面积。在更准确时也可考虑成目标的要害部位的投影面积。它取决于目标的布置方式。

（8）全概率公式的最终形成：

$$P(x,y) = 1 - \mathrm{e}^{-a_{\mathrm{s}}(x,y)S_{\mathrm{n}}}$$

所以，为了求得 $P(x, y)$，关键在于求出杀伤破片的分布密度。这涉及破片生成规律，包括破片初速、质量大小和飞散方向的分布，还涉及破片飞行规律及杀伤准则。

（二）破片规律与基本关系式

弹丸爆炸时，破片以一定速度 v_{p} 向四周飞散。各个方向上的飞散密度与破片的大小有一定的分布规律，它决定于弹丸结构。在飞行中，速度逐渐衰减，仍然具有杀伤能力的破片数目，随着飞行距离的增加而减少。我们的目的在于求出不同方位与距离处目标上的杀伤破片平均数目。

1. 破片数目随质量的分布规律

破片数目随质量的分布规律简称为破片质量分布规律，它主要按统计规律求得，并有不同的经验公式。目前，应用最普遍的仍为 Mott 公式，现介绍如下。

（1）破片总数 N_0：

$$N_0 = \frac{m_{\mathrm{s}}}{2\mu} \qquad (6-3-6)$$

式中　m_{s}——弹壳质量（kg）；

　　　2μ——破片平均质量（kg）。

破片平均质量取决于弹壳壁厚、内径、炸药相对质量，可用下式计算：

$$\mu^{0.5} = K t_0^{5/6} d_{\mathrm{i}}^{1/3} (1 - t_0 / d_{\mathrm{i}}) \qquad (6-3-7)$$

式中　t_0——弹壳壁厚（m）；

　　　d_i——弹壳内直径（m）；

　　　K——取决于炸药的系数（$kg^{1/2}/m^{7/6}$）。

表 6 - 10 列出了一些炸药的试验值，可供计算时参考。

对于薄壁弹，破片平均质量可用下式计算：

$$\mu^{0.5} = A \frac{t_0 (d_i + t_0)^{3/2}}{d_i} \sqrt{1 + \frac{1}{2} \frac{m_w}{m_s}} \tag{6-3-8}$$

式中　m_w/m_s——炸药与弹壳的质量比；

　　　A——取决于炸药能量的系数（$kg^{1/2}/m^{3/2}$），其值见表 6 - 10。

表 6 - 10　炸药系数 K 及 A 的试验值

炸药种类及装填方法		试验条件			炸药系数	
		t_0/mm	d_i/mm	m_w/m_s	$K/(kg^{1/2} \cdot m^{-7/6})$	$A/(kg^{1/2} \cdot m^{-3/2})$
铸装	B 炸药	6.4516	50.7746	0.377	2.71	8.91
	TNT	6.4262	50.8	0.355	3.81	12.6
	H - 6	6.4516	50.7746	0.395	3.38	11.2
	HBX - 1	6.477	50.7746	0.384	3.12	10.2
	HBX - 2	6.477	50.7746	0.403	3.95	12.9
	太恩/TNT（50/50）	6.4516	50.7746	0.366	3.03	9.92
	PTX - 1	6.4516	50.7746	0.367	2.71	8.9
	PTX - 2	6.4516	50.7746	0.363	2.78	9.14
炸药种类及装填方法		试验条件			炸药系数	
		t_0/mm	d_i/mm	m_w/m_s	$K/(kg^{1/2} \cdot m^{-7/6})$	$A/(kg^{1/2} \cdot m^{-3/2})$
压装	BTNEN/wax（90/10）	6.3754	51.0286	0.379	2.18	7.18
	BTNEU/wax（90/10）	6.3754	51.1048	0.367	2.59	8.59
	A - 3 炸药	6.4008	51.1048	0.367	2.69	8.83
	太恩/TNT（50/50）	6.4008	51.0794	0.363	3.24	9.92
	RDX/wax（95/5）	6.4262	51.054	0.37	2.59	8.52
	RDX/wax（85/15）	6.3754	51.1556	0.35	2.89	9.61
	TNT	6.4262	51.1048	0.348	4.94	16.4

（2）质量大于 m_p 的破片的累计数目为

$$N(m_p) = N_0 \exp\left[-(m_p/\mu)^{0.5} \right] \tag{6-3-9}$$

（3）破片单块质量 $m_{p_1} \sim m_{p_2}$ 间的累计块数为

$$N(m_{p_1} - m_{p_2}) = N_0 \left[e^{-(m_{p_1}/\mu)^{0.5}} - e^{-(m_{p_2}/\mu)^{0.5}} \right] \tag{6-3-10}$$

2. 破片数目随飞散方向的分布规律

破片数目随飞散方向的分布规律简称破片空间分布规律。由于弹丸的轴对称性，通常用函数 $f(\varphi)$ 表征破片的空间飞布，$f(\varphi)$ 的定义为

$$f(\varphi) = \frac{dN_\varphi}{N_0 d\varphi} \tag{6-3-11}$$

式中 φ——弹轴与飞散方向的夹角，称为飞散方位角（图 6-3-3）；

N_φ——由飞散方位角 φ 旋成的圆锥范围内破片数目；

dN_φ——圆锥范围 $d\varphi$ 的破片数的变化。

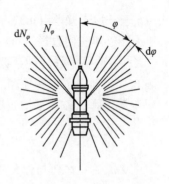

函数 $f(\varphi)$ 又称为破片飞散密度分布函数，实践证明，对于弹丸 $f(\varphi)$ 可近似用正态分布函数表示：

$$f(\varphi) = \frac{1}{\sqrt{2\pi}\sigma} e^{-(\varphi - \overline{\varphi})^2/(2\sigma^2)} \qquad (6-3-12)$$

图 6-3-3 破片的飞散方向与分布

对于一般的自然破片榴弹，φ 的数学期望值 $\overline{\varphi}$ 通常为 $\pi/2$ 左右；φ 的均方差 $\sigma \approx \pi/6 \sim 2\pi/9$。这里介绍一种近似计算 $\overline{\varphi}$ 与 σ 的经验方法。

画出弹丸爆炸时的膨胀壳体图（图 6-3-4）。这只需要在原弹体图上将弹丸轴线下移一段距离 $\Delta = Kd/2$ 即可，其中 d 为弹丸原来直径，K 取决于弹体材料。对于低碳钢 K 可取 $0.6 \sim 1.1$；中碳钢 K 取 0.84。假设侧面直接与装药接触的弹体部分为有效壳体，计算此有效部分的纵剖面积 S（图示的阴影部分），确定 a、b 两点，使图 6-3-4 中所示的截面积 S_a、S_b 分别为 S 的 5%。

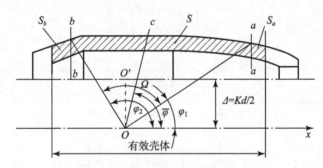

图 6-3-4 弹丸的膨胀壳体图

O'—弹丸原质心；O—弹丸膨胀壳体的质心；$\overline{\varphi} = (\varphi_1 + \varphi_2)/2$

从膨胀壳体质心 O 连接 a、b 两点，并令

$$\angle aOx = \varphi_1, \quad \angle bOx = \varphi_2$$

则

$$\begin{cases} \overline{\varphi} = (\varphi_1 + \varphi_2)/2 \\ \sigma = (\varphi_2 - \varphi_1)/3.3 \end{cases} \qquad (6-3-13)$$

根据正态分布特性可知，在 $\Omega = \varphi_2 - \varphi_1$ 的飞散范围内将包含 90% 的破片数目。有了飞散密度分布函数 $f(\varphi)$，任意飞散范围内的破片数目即可按下式计算（图 6-3-3）：

$$\begin{cases} dN_\varphi = N_0 f(\varphi) d\varphi & (6-3-14) \\ N_\varphi = \int_0^\varphi N_0 f(\varphi) d\varphi & (6-3-15) \\ N_{ab} = \int_{\varphi_a}^{\varphi_b} N_0 f(\varphi) d\varphi & (6-3-16) \end{cases}$$

式（6-3-16）表示在 $\varphi_a \sim \varphi_b$ 飞散范围内的破片数目，具体数值可通过正态分布函数获得。

破片飞散后的球面密度 a 与飞散方位角 φ 及距离 R 有关，即

$$a(\varphi, R) = \frac{\mathrm{d}N_\varphi}{\mathrm{d}S_\varphi} \qquad (6-3-17)$$

式中　$\mathrm{d}S_\varphi$——球带微面面积，其表达式为

$$\mathrm{d}S_\varphi = 2\pi R^2 \sin \varphi \mathrm{d}\varphi \qquad (6-3-18)$$

联立式（6-3-14）、式（6-3-17）和式（6-3-18），并将与 φ 有关的项归并为一个函数，即

$$\rho(\varphi) = \frac{f(\varphi)}{2\pi\sin \varphi} \qquad (6-3-19)$$

最后得

$$a(\varphi, R) = \frac{N_0}{R^2}\rho(\varphi) \qquad (6-3-20)$$

3. 破片速度规律

破片速度包括破片初速及破片飞行中的存速。

（1）破片初速：

$$v_p = \sqrt{2E}\left(\frac{m_w/m_s}{1+0.5m_w/m_s}\right)^{1/2} \quad (\mathrm{m/s}) \qquad (6-3-21)$$

式中　m_w/m_s——炸药与弹壳的质量比；

$\sqrt{2E}$——取决于炸药性能的 Gurney 常数（表6-11）。

（2）破片在飞行中的存速：

$$v = v_p\exp\left(-\frac{C_D \bar{S}\rho R}{2m_p}\right) \quad (\mathrm{m/s}) \qquad (6-3-22)$$

式中　C_D——破片阻力系数，取决于破片形状及速度，在近似情况下按表6-12取值；

R——飞行距离（m）；

ρ——空气密度（$\mathrm{kg/m^3}$）；

m_p——破片质量（kg）；

$\bar{S}$——破片平均迎风面积，它与破片质量与形状有关，一般可表示为

$$\bar{S} = Km_p^{2/3} \quad (\mathrm{m^2}) \qquad (6-3-23)$$

式中　K——破片形状系数（$\mathrm{m^2/kg^{2/3}}$）（表6-12）

表6-11　各种炸药的 Gurney 常数

炸药名称	$\sqrt{2E}/(\mathrm{m \cdot s^{-1}})$	炸药名称	$\sqrt{2E}/(\mathrm{m \cdot s^{-1}})$
C-3 混合炸药	2682	HBX（RDX + TNT + Al）	2469
B 混合炸药	2682	TNT	2316
托儿佩克斯-2（黑索今 + TNT + Al）	2682	特里托钠儿（TNT + Al）	2316
H-6 混合炸药	2560	比克拉托（苦味酸 + TNT）	2316
彭托立特（太恩 + TNT）	2560	巴拉托（硝酸钡 + TNT）	2073
米诺-2（硝酸铵 + TNT）	2530		

将式（6-3-23）代入式（6-3-22），并令

$$\frac{C_D\rho}{2} = \xi \quad (\text{kg/m}^3)$$

$$\frac{1}{\xi K} = H \quad (\text{m/kg}^{1/3})$$

式中 H 为符合系数，它主要决定于破片形状，对破片的存速能力影响很大，最后得到

$$v = v_p\exp\left(-\frac{R}{Hm_p^{1/3}}\right) \qquad (6-3-24)$$

表 6-12 列有各类破片飞行高度不大条件下的 C_D、ξ、K、H 值。

表 6-12 各类钢质破片的 C_D、ξ、K、H 的经验值

破片形状	球形	方形	柱形	菱形	长条形	不规则
C_D	0.97	1.56	1.16	1.29	1.3	1.5
$\xi/(\text{kg}\cdot\text{m}^{-3})$	0.528	0.936	0.696	0.774	0.78	0.9
$K/(\text{m}^2\cdot\text{kg}^{-2/3})$	3.07×10^{-3}	3.09×10^{-3}	3.35×10^{-3}	$(3.2\sim3.6)\times10^{-3}$	$(3.3\sim3.8)\times10^{-3}$	$(4.5\sim5)\times10^{-3}$
$H/(\text{m}\cdot\text{kg}^{-1/3})$	560	346	429	$404\sim359$	$389\sim337$	$247\sim222$

例 6-4 破片质量 $m_p = 2$ g，破片初速 $v_p = 1000$ m/s，求 30 m 处的存速 v。

解：由式（6-3-24），可得

$$v = v_p\exp\left(-\frac{R}{Hm_p^{1/3}}\right)$$

根据表 6-12，分别查出球形、方形及不规则形破片的符合系数 H 为 560、346 及 240，代入式（6-3-24），可得

$$\begin{cases} v_{球} = 1000\cdot\exp\left(-\dfrac{30}{560\times(0.002)^{1/3}}\right) = 654 \quad (\text{m/s}) \\[2mm] v_{方} = 1000\cdot\exp\left(-\dfrac{30}{346\times(0.002)^{1/3}}\right) = 502 \quad (\text{m/s}) \\[2mm] v_{不规则} = 1000\cdot\exp\left(-\dfrac{30}{240\times(0.002)^{1/3}}\right) = 371 \quad (\text{m/s}) \end{cases}$$

由此可见，理想形状破片与实际不规则形状破片的存速能力差别很大。

4. 杀伤准则

一块破片应具备何种能力才能杀伤目标？这一直是个比较复杂的问题。杀伤准则通常以 $P_{hk} = f(e_p)$ 的形式描述，其中 e_p 为破片的杀伤参量（如动能、比动量……），P_{hk} 为该破片击中目标后对目标的杀伤概率。这里介绍对人员目标几个有代表性的杀伤准则。

1）杀伤动能准则

当破片动能超过一定值时，则可完全（100%）杀伤目标，否则完全不能杀伤目标：

$$P_{hk} = \begin{cases} 1, & e_p \geqslant E_s \\ 0, & e_p < E_s \end{cases}$$

式中　p_{hk}——破片杀伤目标的条件概率（在命中目标的前提下）；

　　　E_s——杀伤动能，对于人员目标常取 78 ~ 98 J。

杀伤动能准则是从 19 世纪末沿用下来的杀伤准则，目前许多国家仍继续采用。

2）杀伤比动能准则

杀伤动能准则具有明显的不合实情之处，因而某些国家（如法国）目前采用了杀伤比动能（$m_p v^2 / \overline{S}$）准则：

$$P_{hk} = \begin{cases} 1, & e_p \geqslant e_s \\ 0, & e_p < e_s \end{cases} \qquad (6-3-25)$$

式中　e_s——杀伤比动能，对于人员目标可取 $(1.27 ~ 1.47) \times 10^6$ J/m^2。

3）比动量准则

1954 年，贝森提出不同比动量 i_p（$m_p v / \overline{S}$）的破片击中人员目标后，目标分别在 5 s、30 s、5 min 及更长时间内的伤亡概率规律 $P_{hk} = f(i_p)$，并用图线表示（图 6-3-5）。

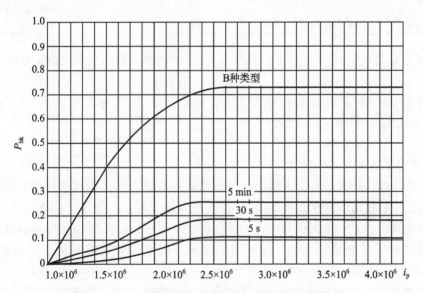

图 6-3-5　单块破片杀伤目标的条件概率 $P_{hk} = f(i_p)$

4）A-S 杀伤准则

1956 年，美国 F. Allen 和 Sperrazza 根据人员目标的战术任务（突击、防御、预备队和供应）及对丧失战斗力的时间要求，组成 4 种典型情况，并归纳出下列形式的 A-S 杀伤准则：

$$P_{hk} = 1 - e^{-a(9.17 \times 10^4 m_p v^{1.5} - b)^n} \qquad (6-3-26)$$

式中　m_p——破片质量（kg）；

　　　v——破片击靶速度（m/s）；

　　　a, b, n——决定于不同情况的常数值（表 6-13）。

表6-13　4种典型情况的 a、b、n 值

序号	说明	a	b	n
1	防御—30 s*	8.8771×10^{-4}	31400	0.45106
2	突击—30 s 防御—5 min	7.6442×10^{-4}	31000	0.49570
3	突击—5 min 防御—30 min 防御—12 h	1.0454×10^{-3}	31000	0.48781
4	供应—12 h 供应—24 h 供应—120 h 预备队—12 h 预备队—24 h	2.1973×10^{-3}	29000	0.44350
* 防御人员在30 s内丧失战斗力（其余类推）				

例6-5　破片质量 $m_p = 1$ g，$v = 1000$ m/s，击中防御人员，试求在30 s 内使之失去战斗力的概率。

解：由表6-13查出防御—30 s 之 a、b、n 值，分别为 8.8771×10^{-4}、31400 和 0.45106，将其代入式（6-3-26），可得

$$P_{hk} = 1 - e^{-8.877 \times 10^{-4}(9.17 \times 10^4 \times 0.001 \times 1000^{1.5} - 31400)^{0.45106}} = 0.516$$

5）关于有效破片与杀伤破片

在讨论准则时，不能不涉及有效破片与杀伤破片的概念。直至目前仍存在不同的提法。例如，规定以1 g破片作为有效破片，4 g破片作为杀伤破片。这是一种较老的规定。随着弹药技术的发展，破片初速的提高，人们对创伤机理的认识以及更加完善杀伤准则的提出，它已经逐渐失去了其合理性。为了计算杀伤面积，这里对有效破片及杀伤破片提出以下定义。

（1）有效破片。即弹丸爆炸后产生的对目标的杀伤概率 $P_{hk} > 0$ 的初始破片。所以破片初速高的弹丸，有效破片相应的质量较小。此外，有效破片质量还取决于杀伤准则。例如，当破片初速 $v_p = 1000$ m/s，根据78 J动能准则，其有效破片质量约为0.16 g；但根据A-S准则仅为0.01 g。根据比动能准则，相应的质量更小。

（2）杀伤破片。由于破片飞行过程中，速度不断衰减。在一定距离上，仍具有杀伤能力，即 $P_{hk} > 0$ 的破片定义为杀伤破片。可见，弹丸爆炸后，质量极小的有效破片在不大的距离内不再是杀伤破片。

6）杀伤破片飞失规律

按照上面的分析，在全部有效破片中，随着飞行距离的增大，杀伤破片的数量越来越少，这就是杀伤破片的飞失规律。

（1）杀伤破片的数目 N_s。设在一定距离上破片的存速为 v，相应的杀伤破片最小质量应为 v 的函数，以 $m_{ps}(v)$ 表之。由此，$m_{ps}(v)$ 以上的全部破片数目为

$$N_s = N(m_{ps}) = Ne^{-(m_{ps}/\mu)^{0.5}} \tag{6-3-27}$$

（2）杀伤破片平均数（预期值）$\overline{N}_s$。在 N_s 块杀伤破片中，其杀伤能力彼此不同。某些破片的杀伤概率 $P_{hk}=1$ 或 $P_{hk}\approx1$；另一些破片的杀伤概率却很低或 $P_{hk}=0$。所以杀伤破片的数目 N_s 与其平均数（或预期数）$\overline{N}_s$ 是有区别的。当采用动能准则时，由于认为每块杀伤破片具有充分的杀伤能力（$P_{hk}=1$），故杀伤破片平均数为

$$\overline{N}_s = N_s \tag{6-3-28}$$

当采用 A – S 杀伤准则时，应将 N_s 块破片按质量分为若干组（如 n 组），然后再按其条件杀伤概率用加权平均的方法求得，即

$$\overline{N}_s = \sum_{i=1}^{n} N_i P_{hk}^i \tag{6-3-29}$$

式中　N_i——第 i 组内破片数目，其表达式为

$$N_i = N_0 \left[\mathrm{e}^{-(m_{p_i}/\mu)^{0.5}} - \mathrm{e}^{-(m_{p_{i+1}}/\mu)^{0.5}} \right]$$

式中　m_{p_i}，$m_{p_{i+1}}$——该组内的破片单块质量界限；

　　　P_{hk}^i——该组内破片的平均条件杀伤概率，其表达式为

$$P_{hk}^i = 1 - \mathrm{e}^{-a(9.17 \times 10^4 \, \overline{m}_{p_i} v_i^{1.5} - b)^n}$$

式中　$\overline{m}_{p_i}$——该组内的破片平均质量，可近似取为 $(m_{p_i} + m_{p_{i+1}})/2$。

（3）杀伤破片平均球面密度 $a_s(R, \varphi)$。对于任意距离 R 及飞散方位 φ 上的杀伤破片平均球面密度 $a_s(R, \varphi)$，可以根据式（6 – 3 – 20）求出，即

$$a_s(R, \varphi) = \frac{\overline{N}_s}{R^2} \rho(\varphi) \tag{6-3-30}$$

（三）弹丸速度对破片场的影响

实际上由于弹丸爆炸时本身具有一定的运动速度 v_c。这个速度将附加在每个破片上，不仅使每块破片的速度值由原来的 v_p 变至 v_p'，而且也使破片飞散方向由原来的 φ 变为 φ'，破片的空间分布随之改变。

v_p' 及 φ' 可用平行四边形定律求出（图 6 – 3 – 6），即

$$\begin{cases} v_p'^2 = v_p^2 + v_c^2 + 2v_p v_c \cos\varphi \\[2mm] \tan\varphi' = \dfrac{\sin\varphi}{\cos\varphi + v_c/v_p} \end{cases} \tag{6-3-31}$$

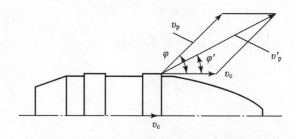

图 6 – 3 – 6　弹丸速度对破片运动的影响

弹丸速度 v_c 对破片作用场的总影响是：使靠近前部（弹头部）的大部分破片速度值增大，而后部（弹尾部）相当一部分弹丸速度减小；使全部破片的飞散方向前倾（方向角减

小）。对于全弹的杀伤面积而言，破片速度值的变化效果可以忽略不计；仅需要考虑飞散方向的变化影响。

在近似的情况下，仍然可以认为动态下的破片飞散密度服从正态分布，但是，飞散角的数学期望由 $\bar{\varphi}$ 变至 $\bar{\varphi}'$，均方差由 σ 变至 σ'，具体可按下式计算：

$$\begin{cases} \bar{\varphi}' = \arctan\left(\dfrac{\sin\bar{\varphi}}{\cos\bar{\varphi} + v_c/v_p} \right) \\ \sigma' = (\varphi_1' + \varphi_2')/3.3 \end{cases} \qquad (6-3-32)$$

式中 φ_1'，φ_2' 可由静态飞散角 φ_1，φ_2（图 6-3-4）按式（6-3-32）转换而得。

在动态条件下的破片飞散密度分布函数为

$$f_D(\varphi) = \frac{1}{\sqrt{2\pi}\sigma'} e^{-(\varphi - \bar{\varphi}')^2/(2\sigma'^2)} \qquad (6-3-33)$$

（四）杀伤面积计算步骤

设弹丸在高度 h 处爆炸，相应的速度为 v_c，落角为 θ_c（图 6-3-7）。建立坐标系 $Oxyz$，令 zOx 与射面重合，并将弹丸的爆炸中心 A 取在 Oz 轴上，xOy 为地面，在其上按一定等分划成单元小格。小格的面积 $\triangle S = \triangle xOy$；小格的中心点 M 的坐标为（x, y），它距弹丸中心的距离 $\overline{AM}$ 为 R，相应的破片飞散方位角 $\angle NAM$ 为 φ。

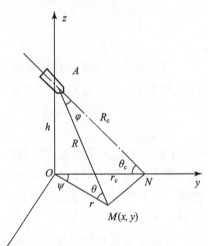

（1）按下式计算 R：

$$R = \sqrt{h^2 + (x^2 + y^2)} \qquad (6-3-34)$$

（2）根据 $\triangle AMN$ 及 $\triangle OMN$ 间的几何关系求得 φ（图 6-3-7）：

$$\overline{MN}^2 = R_c^2 + R^2 - 2RR_c\cos\varphi = r_c^2 + r^2 - 2rr_c\cos\psi$$

则

$$\cos\varphi = \frac{(R_c^2 - r_c^2) + (R^2 - r^2) + 2rr_c\cos\psi}{2RR_c}$$

图 6-3-7 杀伤面积的计算

考虑到

$$\begin{cases} R_c^2 - r_c^2 = R^2 - r^2 = h^2 \\ r\cos\psi = x \\ \dfrac{h}{R_c} = \sin\theta_c \\ \dfrac{r_c}{R_c} = \cos\theta_c \end{cases}$$

可得

$$\begin{cases} \cos\varphi = \dfrac{1}{R}(h\sin\theta_c + x\cos\theta_c) \\ \varphi = \arccos\left[\dfrac{1}{\sqrt{h^2 + x^2 + y^2}}(h\sin\theta_c + x\cos\theta_c) \right] \end{cases} \qquad (6-3-35)$$

（3）地面与飞散方向的夹角：

$$\sin\theta = h/R \tag{6-3-36}$$

（4）按式（6-3-7）及式（6-3-6）分别计算出 μ 值及总破片数 N_0。

（5）将破片按质量等级分为几个组，并标出各等级内的破片平均质量 $\overline{m}_{p_i}$，考虑到对人员目标的实际情况，小于 0.1 g 的破片质量可以不计入。按式（6-3-9）标出每个等级内的破片数目 N_i。

（6）按式（6-3-13）和式（6-3-12）的方法先确定破片的静态空间分布规律。当考虑弹丸速度影响时，则引入关系式（6-3-33），确定破片的动态空间分布规律 $f_D(\varphi)$，并按式（6-3-19）计算函数 $\rho(\varphi)$。

（7）按式（6-3-21）计算破片初速 v_p（略去了弹丸速度的影响效应）。

（8）按式（6-3-24）计算不同质量破片在距离 R 处的存速 v。

（9）根据所遵循的杀伤准则，计算各质量组破片的杀伤概率 P_{hk}^i。

（10）按式（6-3-29）计算出在半径为 R 球面上的杀伤破片预期值 $\overline{N}_s$。

（11）按式（6-3-30）计算在方向 φ 处的杀伤破片球面密度 $a_s(R, \varphi)$。

（12）根据目标的暴露面积 S_t 及布设方式，确定每个目标在破片飞散方向的投影面积 S_n。例如，对地面上的卧姿与立姿目标分别为

$$\begin{cases} S_n = S_t\sin\theta \\ S_n = S_t\cos\theta \end{cases} \tag{6-3-37}$$

（13）计算破片对目标的杀伤概率，即

$$P(x, y) = 1 - e^{-a_s(x,y)S_n}$$

（14）计算单元小格内的杀伤面积，即

$$\Delta S = P(x, y)\Delta x\Delta y$$

（15）基于每个微面的计算基础上，将所有小格的杀伤面积求和，得弹丸的全部杀伤面积为

$$S = \sum \Delta S \tag{6-3-38}$$

上面介绍的仅是计算杀伤面积的基本原理与方法。实际计算时，可按上述原理编成程序在计算机上进行。附录内附有相应的计算程序。必须指出，这种预示性的计算仅给出概略值，其目的在于获得一个初步合理的弹丸结构。在试验基础上再进行计算时，即可将已有的试验规律，包括破片大小、空间分布及破片的形状系数，代替原计算模型，以获得更为准确的结果。

三、高射杀伤榴弹的威力指标

高射杀伤榴弹通过破片场对单个空中活动目标（如飞机）进行杀伤。从战术使用的角度出发，通常取目标被毁概率作为射击效率的指标。为了较准确地反映弹丸的威力，也宜采用这个指标或它的关联函数作为弹丸的威力指标。飞机是一个复杂目标，它由不同要害部位组成，如驾驶舱、燃油箱、发动机、机械传动装置及承载元件、弹舱等。有的要害部位要求弹丸具有多重作用才能失效：如油箱油管，需要先击穿后燃烧；有的要害机构需重复设置，如双发动机飞机、多路操纵机构等，具有杀伤积累性，要求同时损伤才能失效。这些因素造成了杀伤准则的复杂化。此外，飞机的不同航速、航路，以及要害部位的不同分布，造成弹

目遭遇条件的复杂化，因此，精确计算目标的被毁概率相当困难。鉴于高炮武器对空射击的主要目的在于防御，即对来犯的敌机起威慑作用，因此，为了使问题简化，这里提出杀伤空间的概念，并以此作为高射杀伤榴弹的威力指标。

（一）杀伤空间 V_s

杀伤空间的定义为

$$V_s = \iiint\limits_D P(x,y,z)\, \mathrm{d}x\mathrm{d}y\mathrm{d}z \tag{6-3-39}$$

式中　D——弹丸杀伤破片的整个作用范围；

　　　$P(x, y, z)$——目标在此范围内某点 (x, y, z) 被杀伤的概率。

同理，有

$$P = 1 - \exp[1 - a_s(x, y, z)S_n]$$

式中　a_s——该处的杀伤破片的球面密度；

　　　S_n——目标沿炸点方向的投影面积。

杀伤空间的等效球半径为

$$\bar{R}_s = \left(\frac{3}{4}\pi V_s\right)^{1/3} \tag{6-3-40}$$

杀伤空间 V_s 或其等效球半径 $\bar{R}_s$ 可相对表征高射杀伤榴弹的威力范围。在计算杀伤空间时，采用下列假设条件：

（1）略去目标速度的影响。

（2）根据目标类型，将它简化为一定大小 S_n 与一定等效厚度 b 的硬铝 LY12 靶板。厚度 b 的计算方法为

$$b = b_1 \sigma_{b1}/\sigma_{b0} \quad (\mathrm{m}) \tag{6-3-41}$$

式中　b_1——目标的实际厚度（m）；

　　　σ_{b1}——目标材料的强度极限（Pa）；

　　　σ_{b0}——硬铝 LY12 的强度极限（其值可取为 461 MPa）。

（3）采用下列比动能杀伤准则：

$$P_{hk} = \begin{cases} 0, & e_b \leqslant 4.5 \times 10^8 \\ 1 + 2.65\mathrm{e}^{-0.347 \times 10^{-8}e_b} - 2.96\mathrm{e}^{-0.143 \times 10^{-8}e_b}, & e_b > 4.5 \times 10^8 \end{cases} \tag{6-3-42}$$

式中　P_{hk}——单块破片对目标的条件杀伤概率；

　　　e_b——破片在目标单位厚度上的撞击比动能，其表达式

$$e_b = \frac{e}{b} = \frac{m_p v^2}{2\bar{S}\,b} = \frac{m_p^{1/3} v^2}{2Kb} \quad (\mathrm{J/m^3}) \tag{6-3-43}$$

式中　e——破片对目标的撞击比动能（J/m²）；

　　　b——目标的等效硬铝（LY12）厚度（m）；

　　　m_p——破片质量（kg）；

　　　$\bar{S}$——破片平均迎风面积（m²），按式（6-3-23）计算；

　　　K——破片的形状系数（m²/kg²ᐟ³），按表 6-12 取值；

　　　v——撞击速度（m/s）。

鉴于破片空间分布的轴对称性，采用柱面坐标系 (R, φ) 更为方便。这时，杀伤空间

的公式为

$$V_s = \iint P(R,\varphi) 2\pi R^2 \sin\varphi \mathrm{d}\varphi \mathrm{d}R \qquad (6-3-44)$$

式中 $2\pi R^2 \sin\varphi \mathrm{d}\varphi$ 为球带壳的微元体积，而

$$P(R,\varphi) = 1 - \exp[1 - a_s(R,\varphi)S_n] \qquad (6-3-45)$$

（二）杀伤空间的计算步骤

在进行杀伤空间的数值计算时，可按下列步骤进行。

（1）将坐标空间以半径间距 ΔR 分割成以炸点为中心的同心球壳。

（2）再以 $\Delta\varphi$ 将球壳分割成几个球带部分。每个球带壳的体积为

$$\Delta V_i = 2\pi R^2 \sin\varphi_i \Delta\varphi \Delta R$$

（3）任意球带上的杀伤破片的平均密度为 $a_s(R,\varphi_i)$，可仿照上述杀伤面积的计算步骤求出。

（4）按式（6-3-45）求出，即

$$P(R,\varphi_i) = 1 - \exp[1 - a_s(R,\varphi_i)S_n]$$

（5）在半径 $R = R_j$ 的整个球壳内，相应的杀伤空间为

$$\Delta V_j = \sum_{i=1}^{n} P(R_j,\varphi_i) 2\pi R_j^2 \sin\varphi_i \Delta\varphi \Delta R$$

（6）令 $R_{j+1} = R_j + \Delta R$，重复步骤（2）～步骤（5）。如此反复，当计算至一定距离时，所获球壳的杀伤空间 ΔV_j 最小，即可终止计算。

（7）最后将计得的结果 ΔV_j 求和，即获得弹丸的全杀伤空间：

$$V_s = \sum_{j=1}^{\infty} \Delta V_j$$

（8）相应的等效球半径为

$$\bar{R}_s = \left(\frac{3}{4}\pi V_s\right)^{1/3}$$

四、杀伤榴弹的威力设计

上述分析表明：杀伤榴弹的威力可通过杀伤面积来衡量。对于一定目标和射击条件，弹丸的杀伤面积取决于破片初速、块数、破片质量分布；而这些破片参量又取决于弹丸结构。可以设想，当弹丸结构合理、破片状态良好时，相应的杀伤面积大；反之则较小。这种设想还表明：在一定条件下（如目标一定，弹丸口径一定，射击条件一定），一定弹丸结构对应一定的杀伤面积；其中必有某些弹丸结构对应着较大的杀伤面积。设计时尽可能地采用这些结构，这就是杀伤榴弹设计的出发点。

但是，正如前面多次指出，影响榴弹杀伤作用的因素很多，很难在弹丸结构与杀伤面积之间建立一个简单有效的分析公式，从而根据战术技术要求直接解出最佳的弹丸结构方案。因此，当前设计杀伤榴弹的主要方法，仍然是在分析与综合现有经验数据的基础上，初步定出弹丸结构，然后通过反复计算和必要的静止试验，修改结构并逐步完善。本节将着重分析影响杀伤面积的诸因素，并介绍一些实际数据，作为设计中的借鉴。

（一）破片参数对杀伤面积的影响

破片总数 N_0、破片质量分布、初速和形状对杀伤面积均有影响。一般说来，当破片数

目多，有效破片的数目及杀伤破片平均密度增加，杀伤面积随之增加。破片形状近于球形或立方体，有利于保持速度，在远距离上仍具有杀伤能力，也使杀伤面积增大。显然，破片存速增加，杀伤面积增大。此外，破片空间分布的变化对杀伤面积也有一定影响。为了能具体说明各个因素的影响，下面给出 152 mm 榴弹在一定射击条件下由于各个参量的变化引起的杀伤面积改变的具体数例。例如，采用了量纲为 1 的参量，而下标"0"则表征一定标准条件下的参量值。

1. **破片数目的影响**

其他条件不变，包括平均破片质量 2μ 也不变，仅仅由于弹体质量增加而导致破片总数增加。由此引起的杀伤面积的变化如图 6 – 3 – 8 所示。由图可以看出，杀伤面积的相对值 $\overline{S} = S/S_0$ 与破片相对数目 $\overline{N}_0 = N_0/N_{00}$ 是线性增长的关系。

2. **破片初速的影响**

其他条件不变，增加破片的初速，可以得到如图 6 – 3 – 9 所示的 $\overline{v}_p (v_p/v_{p0})$ 与 $\overline{S}$ 的关系。由图看出，$\overline{v}_p$ 在初始阶段的增长对杀伤面积 $\overline{S}$ 有较明显的影响；在较高速度范围的影响程度逐渐缓和。

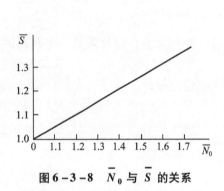

图 6 – 3 – 8　$\overline{N}_0$ 与 $\overline{S}$ 的关系

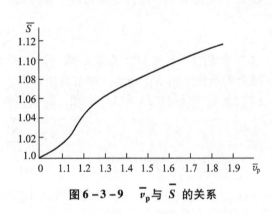

图 6 – 3 – 9　$\overline{v}_p$ 与 $\overline{S}$ 的关系

3. **破片形状的影响**

破片形状主要影响飞行时的阻力。为方便起见，这里用系数 H 描述破片形状。当 H 值大，相应的破片形状好，阻力小，存速能力大，破片的杀伤作用距离远。图 6 – 3 – 10 所示为 $\overline{H}$ 对 $\overline{S}$ 的影响。通常，立方形破片的 H 值约为不规则形破片的 1.5 倍。由图 6 – 3 – 10 可以看出，仅此即可提高弹丸威力近 40%。

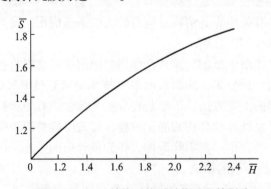

图 6 – 3 – 10　破片形状对杀伤面积的影响

上面仅给出了各个参量单独影响的结果。当然，在弹丸设计中，结构是一个整体，各个参量的变化是相互制约的。为了获得综合效果，关键在于改善弹壳的破碎性，即减少过重的破片，使有效破片的数目增多，同时使破片的形状尽量趋于立方体形。经验证明，改善弹体材料，正确选定弹体厚度及尺寸，并配合相适应的炸药，可以取得较大的杀伤威力。

（二）弹体金属材料对破片性能的影响

弹体金属材料主要是通过其力学性能，尤其是材料的塑性、断面收缩率和冲击韧性，对破片状态产生影响。一般说来，塑性材料（如钢）的断面收缩率和冲击韧性相应较大，脆性材料（如各种铸铁）则反之。

根据经验可知，随着材料塑性的增大，弹丸的破碎性变差：数目减小，质量分布不均，破片平均质量偏大；与此同时，破片速度却有所增大。反之，随着冲击韧性或断面收缩率的减小，材料脆性增大，破片形成较规则，破片弹道性能较好，但因破裂时没有很大的膨胀变形过程，故炸药传给破片的能量较小。表 6 - 14 列出了钢、可锻铸铁和钢性铸铁弹体对破片破碎性的影响。

表 6 - 14　钢、可锻铸铁和钢性铸铁弹体的破碎性数据

破片质量/g	该范围内破片的相对数量/%		
	钢	可锻铸铁	钢性铸铁
1 ~ 2	28.4	40.8	56.3
2 ~ 4	26.0	29.1	30.9
4 ~ 8	20.3	18.9	10.8
8 ~ 12	6.8	5.2	1.6
12 ~ 20	7.8	4.7	0.4
20 ~ 30	4.7	1.1	
30 ~ 50	4.4	0.2	
50 ~ 70	1.2		
70 ~ 100	0.2		
>100	0.2		

由于材料的力学性能在很大程度上还取决于材料中的化学成分和热处理情况，因此，材料中的化学成分和热处理情况直接影响弹丸的破片状态。

例如，钢中碳含量的增加，将导致钢的强度增加和塑性降低，从而可改善破片的破碎性（图 6 - 3 - 11）。因此，杀伤榴弹体材料常采用优质高碳钢；与此相反，在钢性铸铁中增加碳、硅含量，将使脆性进一步增加，使弹体破片过于粉碎。表 6 - 15 列出了钢性铸铁中化学成分对破片破碎性的影响。

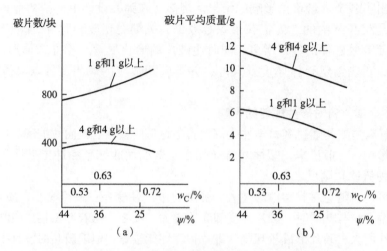

图 6-3-11　钢中碳含量对断面收缩率 ψ 和破片数的影响

表 6-15　钢性铸铁化学成分对破片的影响

化学成分/%			4 g 和 4 g 以上破片数/块	破片平均质量/(g·块⁻¹)	1 g 和 1 g 以上破片的金属利用率/%	1 g 以下破片的金属利用率/%
C	Si	Mn				
3.1	2.0	1.1	193	6.8	62.5	27.5
3.5	2.2	0.8	97	3.6	52.5	45.1

目前，我国榴弹主要采用 D-60 高碳钢。根据上述情况，为了进一步提高杀伤榴弹的威力，各国均采用所谓高破片率新钢种。高破片率钢材不仅具有较高的强度，同时还具有一定的冲击韧性和适中的断面收缩率，这主要通过控制钢材内的碳、硅、锰元素的含量达到。这种钢材爆炸后，1~4 g 的破片数目比原 D-60 钢大幅度增加，但过小（小于 0.2 g）和过大（大于 20 g）的破片数目减少；破片的总数增加，从而使弹体材料的金属利用率提高（表 6-16）。此外，破片的形状均匀，形状系数大大改善；弹丸的杀伤面积明显提高。表 6-17 列出了高破片率钢与 D-60 钢的破片性能对比数据，这些数据分别是从不同弹种的试验数据中摘出的。

表 6-16　钢质弹体热处理情况对破片的影响

榴弹口径/mm	弹体材料牌号（碳钢）	热处理种类	炸药	1 g 以上的破片		4 g 以上的破片	
				破片数/块	平均质量/g	破片数/块	平均质量/g
45	45	不经热处理	梯恩梯	319	4.5	88	13.0
45	45	淬火和回火	梯恩梯	191	8.0	75	17.8
76	60	不经热处理	80/20 阿马托	595	8.5	285	15.2
76	60	正火	80/20 阿马托	481	10.7	272	17.2
76	55	正火	梯恩梯	752	6.2	326	11.5

续表

榴弹口径 /mm	弹体材料 牌号 （碳钢）	热处理 种类	炸药	1 g 以上的破片		4 g 以上的破片	
				破片数 /块	平均质量 /g	破片数 /块	平均质量 /g
76	55	淬火和回火	梯恩梯	675	6.9	305	13.0
122	55	不经热处理	80/20 阿马托	1778	8.3	820	17.1
122	55	淬火和回火	80/20 阿马托	1100	15.3	522	29.0
152	55	不经热处理	80/20 阿马托	2223	15.4	1206	26.5
152	55	淬火和回火	80/20 阿马托	1080	32.3	780	43.5

表 6-17　高破片率钢与 D-60 钢的破片性能比较

1 g 以下的破片数	小于 0.2 g	0.2~0.6 g	0.6~1 g
D-60 钢/块	463	1032	324
高破片率钢/块	318.5	1339	696
提高率/%	-31	30	115
1~20 g 内的破片数	1~4 g	4~8 g	8~20 g
D-60 钢/块	868	339	366
高破片率钢/块	1508	683	474
提高率/%	74	101	29
20 g 以上的破片数	20~30 g	30~50 g	大于 50 g
D-60 钢/块	92	71	40
高破片率钢/块	79	37	5
提高率/%	-14	-48	-87.5
其他指标	1 kg 弹体金属形成的 1~4 g 的破片数/块	破片形状系数 H	杀伤面积比较值
D-60 钢	78	9.3	1
高破片率钢	115	15.8	1.53
提高率/%	47	70	53

（三）炸药性能和质量对破片的影响

弹体的破碎性质，主要决定于炸药对弹体壁的冲量。比冲量越大，破片越碎，数目越多，飞散速度也越大。而影响比冲量的主要因素是炸药的爆轰速度 D 和炸药对弹体的质量比 m_w/m_s。一般说来，炸药威力大，爆速和比冲量也大。同样，炸药质量多，比冲量也随之增加。图 6-3-12 及图 6-3-13 所示为炸药爆速和相对质量对破片破碎性的影响曲线。

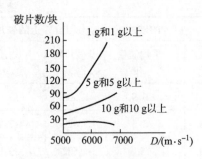

图6-3-12 炸药爆速对
破片破碎性的影响

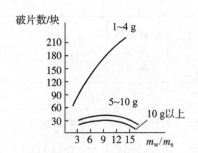

图6-3-13 炸药相对质量
m_w/m_s 对破片破碎性的影响

(四) 传爆系对破片的影响

传爆系主要指引信的雷管、扩爆药或传爆药，其作用在于保证炸药起爆安全。

传爆系主要通过其起爆位置和爆轰波的传播方向来影响破片状态。

当起爆位置在炸药柱的中心时，爆轰波沿径向传播。这种情况称为辐向爆轰；当起爆位置在炸药柱之一端，则称为轴向爆轰。一般说来，辐向爆轰可使炸药外层达到更完全的分解，而且对弹壁金属作用的比冲量比轴向爆轰时大，结果增加了弹体的破碎程度，并稍微提高了破片的飞散速度。通常将杆状起爆药柱插入炸药中心获得辐向爆轰。

另外，起爆药柱的威力对破片也有很大影响。威力大，可保证炸药起爆完全，同时也提高了整个爆炸系统的能量，使破片变小，破片数目增大，速度提高。

为了进一步提高起爆性能，有时还采用聚能原理的空心凹陷传爆药。这时起爆管壳体形成的金属聚能射流能以比炸药爆轰波更大的速度贯穿炸药。经验证明，这种起爆方式能增大破片的破碎性，提高飞散速度10%左右，并减小碎片的飞散角（破片速度矢量与弹壳表面法向所成的角度）。

(五) 弹丸口径和弹壳的几何形状

随着弹丸口径的增大，弹丸破片数目增多，破片的平均质量也增大。试验证明，由于弹丸口径增大而增多的破片数量中，其中70%～80%属于4 g以上的碎片，1～3 g的破片仅占20%～30%。因此，破片平均质量趋大，反而使单位质量内的破片数目相应减少。图6-3-14所示为弹丸口径对破片数目的影响。

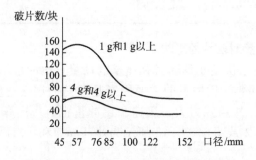

图6-3-14 弹丸口径对破片数的影响

弹壳的几何形状与结构主要影响破片的质量分布和飞散角。一般说来，弹壁薄，破片较小，弹壁厚，破片较大；弹壁各处厚薄不均匀，破片大小也不均。此外，弹壳内外表面的突变过渡处（如阶梯）能促使弹体在该处破裂。根据这个原理，为了获得较为理想均一的破片，可在弹壳外表面分别刻出相应的纵向和横向沟槽。

（六）杀伤弹威力设计要点

综上所述，提高杀伤弹丸威力的关键首先在于增加杀伤破片的数目，改善破片形状；其次为增大破片初速。注意到在弹丸质量已定的条件下，杀伤破片数目取决于单块破片的质量；而破片质量的最佳值取决于所杀伤的目标。

因此，当所设计的弹丸针对明确的固定目标，例如，仅用于对付人员或对付空中目标的专用杀伤榴弹，宜采用预制破片或控制破片的弹丸结构。预制破片的最佳质量的精确值必须通过多次选优计算确定。在目前条件下（初速为1500 m/s左右）：对于人员目标，约可取为1 g左右的圆珠形或箭形预制破片；对于空中目标，也可采用数克左右的重金属圆珠形或其他规则形破片。这种弹丸由于破片数目多，破片被充分利用，从而获得很高的杀伤面积。有人称这种结构为"小、多、快"：即为获得最大的杀伤面积，破片质量越小（基于外形的改善），数目越多，速度越高。

但是，对于一般压制性的榴弹，因其对付的目标比较广泛，从人员、技术装备至各种轻型车辆等，同时兼具爆炸作用，故在设计上不宜采用单一预制破片的结构形式，而应取整体弹体结构。破片呈自然分布，质量有小有大，但总的说来，地面榴弹应以1~4 g破片为主，高射榴弹则可适当加大。上面介绍的高破片率新钢材配以高能炸药（如B炸药），正是目前这种类型杀伤榴弹结构的发展趋向。

第四节 破甲弹威力的计算与设计

破甲弹利用炸药的聚能效应所产生的高速金属射流来侵彻装甲目标，其威力可以采用一定射击条件下的破甲深度衡量。

一、金属射流基本规律

在讨论破甲弹的威力计算以前，先简单回顾一下金属射流的形成，射流的运动规律以及侵彻与作用过程等。

（一）金属射流的形成过程

当装药起爆，爆轰波以速度分量 u 扫过罩面，使药型罩变形，并向中心轴线压垮闭合，形成射流。其过程图如图 6-4-1 所示。$\tau_0(A)$ 时，爆轰波扫至罩点 A 处，此时被扫部分已被压垮；$\tau_0(B)$ 时，爆轰波扫至罩点 B。罩微元 $\overline{AB}$ 即在这段时间发生变形。$\tau_0(A)$ 时，罩 A 点以压合速度 $\overline{v_0}(A)$ 运动至轴线的 $x_0(A)$ 处，开始闭合，并在此处被挤成一分为二：其中罩内壁部分成为金属射流，以 $v_j(A)$ 向前运动；罩外层部分则成为杆体，以 $v_j(A)$ 相对朝后运动。$t_0(B)$ 时，罩点 B 也达轴线 $x_0(B)$ 处。图 6-4-1 中的 $\overline{BA_j}$ 即为罩微元 $\overline{AB}$ 形成的射流微元；$\overline{BA_s}$ 则为 $\overline{AB}$ 形成的杆体微元。根据弹丸作用原理，通常采用以下计算公式。

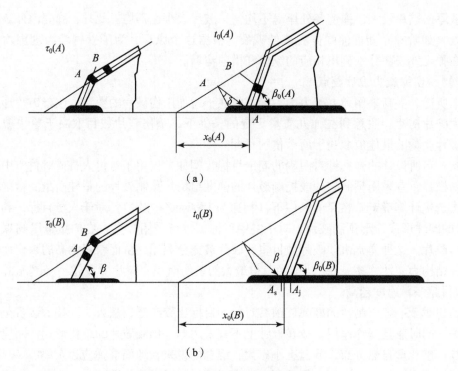

（a）

（b）

图 6 - 4 - 1 金属射流的形成过程

1. 压合（压垮）速度 v_0

这里仅介绍最常用也是最简单的公式。它基于瞬时爆轰的有效装药概念，并假设产物作一维膨胀推动金属罩微元而得（图 6 - 4 - 2），即

$$v_0 = \frac{D}{2} \sqrt{\frac{1}{2} \frac{\Delta m_{wi}}{\Delta m_i} \left[1 - \left(\frac{L_i}{L_i + n_i} \right)^2 \right]} \qquad (6 - 4 - 1)$$

式中　v_0——金属罩微元的压合速度（m/s）；

　　　D——装药的爆速（m/s）；

　　　Δm_i——罩微元的质量（kg）；

　　　Δm_{wi}——作用在该罩微元上的有效装药量（kg）；

　　　L_i——有效装药的高度（m）；

　　　n_i——罩微元压垮至轴的距离（近似按法向方向）（m）。

2. v_0 之方向角（或变形角）δ

在上面的 v_0 公式中由于基于瞬时爆轰概念，近似假定了压垮方向为罩面的法线方向。实际上，爆轰波以一定速度传播，使 v_0 与原罩面法线呈一定角度 δ。按泰勒公式可写为

$$\delta = \arcsin \frac{v_0}{2u} \qquad (6 - 4 - 2)$$

式中　u 为爆轰波沿罩面的扫掠速度，它取决于炸药的爆速 D，同时还与装药结构的起爆方式有关。

例 6 - 6　求图 6 - 4 - 3 所示带隔板的聚能装药结构的扫掠速度 u。

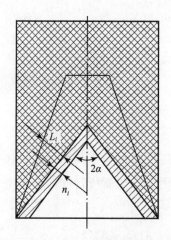

图 6 - 4 - 2 有效装药对金属罩微元的作用

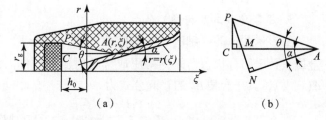

图 6 - 4 - 3 带隔板的聚能装药

解：由于隔板将从底部传来的爆轰波隔绝，故可视为主装药在 P 点呈环形引爆。以此时作为时间起点爆轰波至任意罩点 $A(r, \xi)$ 的时间为

$$\tau_0 = \frac{\overline{PA}}{D} = \frac{\sqrt{(h_0 + \xi)^2 + (r_g - r)^2}}{D} \tag{6-4-3}$$

沿罩面的扫掠速度为

$$u = \frac{\mathrm{d}s}{\mathrm{d}\tau_0}$$

注意到

$$\mathrm{d}s = \sqrt{(\mathrm{d}\xi)^2 + (\mathrm{d}r)^2} = \sqrt{1 + \left(\frac{\mathrm{d}r}{\mathrm{d}\xi}\right)^2}\,\mathrm{d}\xi = \sqrt{1 + r'^2(\xi)}\,\mathrm{d}\xi$$

式中 $r'(\xi)$ ——罩母线方程 $r(\xi)$ 在 $A(r, \xi)$ 点处的斜率。

另外，微分式（6-4-3），有

$$\mathrm{d}\tau_0 = \frac{(h_0 + \xi) - (r_g - r)r'(\xi)}{D\,\sqrt{(h_0 + \xi)^2 + (r_g - r)^2}}\,\mathrm{d}\xi$$

由此可得

$$u = \frac{\mathrm{d}s}{\mathrm{d}\tau_0} = \frac{D\,\sqrt{(h_0 + \xi)^2 + (r_g - r)^2}\,\sqrt{1 + r'^2(\xi)}}{(h_0 + \xi) - (r_g - r)r'(\xi)} \tag{6-4-4}$$

根据式（6-4-4）可以算出任意形状罩爆轰波扫过某点 $A(r, \xi)$ 处的速度 u。若令该点的倾角为 $\alpha(\xi)$，并注意图 6-4-3 中所示的几何关系，则有

$$\sqrt{(h_0 + \xi)^2 + (r_g - r)^2} = \overline{PA}$$

$$r'(\xi) = \tan \alpha$$

$$\sqrt{1 + r'^2(\xi)} = \sec \alpha$$

$$(h_0 + \xi) - (r_g - r)r'(\xi) = \overline{CA} - \overline{CM} = \overline{MA}$$

式（6-4-4）可改写为

$$u = D \cdot \frac{\overline{PA}}{\overline{MA}\cos \alpha} = D\frac{\overline{PA}}{\overline{NA}} = D/\cos \theta \tag{6-4-5}$$

式中　θ——罩母线与爆心连线（爆轰波传播方向）的夹角。

这是从一般条件下推出的结果，具有普遍的实用意义。例如，对于一维轴向爆轰，$\theta = \alpha$，则得 $u = \dfrac{D}{\cos \alpha}$。

3. 压合角（或压垮角）β_0

变形罩面顶部（轴线处）的倾角（图 6-4-1）称为压合角（或压垮角）β_0。该处罩金属正处于闭合状态，即将挤压成金属射流和杆体。设该闭合点金属所对应的初始坐标为 $A(r, \xi)$，其压合角 β_0 的普遍公式为

$$\tan \beta_0 = \frac{r' - \dfrac{v_0'}{v_0}r + v_0\cos(\alpha + \delta)\tau_0' + r\tan(\alpha + \delta)(\alpha + \delta)'}{1 + \dfrac{v_0'}{v_0}r\tan(\alpha + \delta) - v_0\sin(\alpha + \delta)\tau_0' + (\alpha + \delta)'} \tag{6-4-6}$$

式中　$r(\xi)$——闭合点金属所对应的原罩点的径向坐标；

$\qquad v_0(\xi)$——原罩点的压合速度；

$\qquad \alpha(\xi)$——原罩点处的倾角；

$\qquad \delta(\xi)$——压合速度的方向角；

$\qquad \tau_0(\xi)$——爆轰波到原罩点的时间。

上述全部参量均为原罩点轴向位置 ξ 的函数，上脚标"'"表示一阶导数。

当装药结构一定，药型罩形状一定，相应的 $r(\xi)$、$v_0(\xi)$、$\tau_0(\xi)$ 也可确定。而且由 $\tan \alpha = r'(\xi)$ 及式（6-4-2）、式（6-4-3）可以获得 $\alpha(\xi)$ 及 $\delta(\xi)$；相应的一阶导数也可随之得出。例如，对于最普遍的带隔板的锥形罩（图 6-4-3），有

$$\begin{cases} r(\xi) = \xi\tan \alpha, \quad r' = \tan \alpha = \text{const} \\[2mm] \tau_0' = \dfrac{(h_0 + \xi) - (r_g - \xi\tan \alpha)\tan \alpha}{D\sqrt{(h_0 + \xi)^2 + (r_g - \xi\tan \alpha)^2}} = \dfrac{\cos \theta}{D\cos \alpha} \\[3mm] \delta = \arcsin \dfrac{v_0\cos \theta}{2D} \\[3mm] \alpha' = 0 \\[3mm] \delta' = \dfrac{1}{\cos \delta}\left[\dfrac{v_0'}{2D}\cos \theta + \dfrac{v_0}{2D}\dfrac{\sin^2\theta}{\sqrt{(h_0 + \xi)^2 + (r_g - \xi\tan \alpha)^2}\cos \alpha}\right] \end{cases} \tag{6-4-7}$$

对于典型的一维轴向爆轰锥形罩，有

$$\begin{cases} \theta = \alpha = \text{const} \\ r(\xi) = \xi\tan\alpha \\ r' = \tan\alpha = \text{const} \\ \tau_0' = \dfrac{1}{D} \\ \delta = \arcsin\dfrac{v_0\cos\theta}{2D} \\ \alpha' = 0 \\ \delta = \tan\delta\dfrac{v_0'}{v_0} \end{cases} \tag{6-4-8}$$

若不考虑 v_0 的变化，即 $v_0 = \text{const}$，$v_0' = 0$，式（6-4-7）可进一步简化，代入式（6-4-6）中，可得

$$\beta_0 = \alpha + 2\delta \tag{6-4-9}$$

式（6-4-9）完全是从理论上导出的，使用不便，也存在一定误差。下面介绍一个适于锥形罩的经验公式：

$$\beta_0 = e^t \tag{6-4-10}$$

式中

$$t = \begin{cases} -0.035\alpha(\lambda - 0.28)^2 + 0.026\alpha + 2.465(\lambda - 0.152)^2 + 3.08 \quad （有隔板） \\ -0.1\alpha(\lambda - 0.228)^2 + 0.029\alpha + 4.49(\lambda - 0.16)^2 + 2.83 \quad （无隔板） \end{cases}$$

式中　α——金属罩半锥角（°）；

λ——罩微元的相对轴向位置，即 $\lambda = \xi/h$（图 6-4-6）；

h——锥形罩高度；

ξ——罩微元至罩顶之距离。

4. 射流速度 v_j 与杆体速度 v_s

原罩点 $A(r, \xi)$ 处之微元在闭合后所成的射流及杆体速度分别为

$$\begin{cases} v_j(\xi) = \dfrac{v_0(\xi)}{\sin\dfrac{\beta_0}{2}}\cos\left(\alpha + \delta - \dfrac{\beta_0}{2}\right) \\ v_s(\xi) = \dfrac{v_0(\xi)}{\cos\dfrac{\beta_0}{2}}\sin\left(\alpha + \delta - \dfrac{\beta_0}{2}\right) \end{cases} \tag{6-4-11}$$

（二）射流微元的初始参量

当罩微元在中心轴处闭合并被挤成射流微元后，射流微元将沿轴线方向自由运动。每个射流微元形成的时刻、位置均不相同；此外，由于速度分布不均，还存在速度梯度，并在以后的运动中导致射流的相对伸长。为了计算整个金属射流，必须首先确定出射流微元的这些初始参量。为此，先建立如下坐标系，并采用下列定义：

t——时间坐标，从起爆开始时刻算起；

x——空间坐标，以罩顶点位置为 0 点；

ξ——任意罩点（或质点）的初始位置，又称为物质坐标；

$x_0(\xi)$，$t_0(\xi)$ ——罩点 ξ 聚合于轴线并成为射流的初始位置和相应的时刻，又称为罩点 ξ 的聚合坐标；

$x(\xi,t)$ ——罩点 ξ 形成射流以后，在任意时刻（$t>t_0(\xi)$）的运动位置，很明显 $x(\xi,t_0(\xi))=x_0(\xi)$。

1. 罩点的聚合坐标 $x_0(\xi)$，$t_0(\xi)$

设罩上任意点 A 的初始轴向距离为 ξ，在 $t_0(\xi)$ 时刻开始受爆轰波作用并压垮，以压合速度 $\bar{v}_0(\xi)$ 聚于轴点 A' 处，对应的轴向位置为 $x_0(\xi)$（图 6 - 4 - 4）。

根据图 6 - 4 - 4，可知

$$\begin{cases} x_0(\xi) = \overline{OP} + \overline{PA'} = \xi + r(\xi)\tan(\alpha+\delta) \\ t_0(\xi) = \tau_0(\xi) + \dfrac{\overline{AA'}}{v_0} = \dfrac{r(\xi)}{\cos(\alpha+\delta)v_0} + \tau_0(\xi) \end{cases} \tag{6-4-12}$$

2. 射流微元的初始长度 $\mathrm{d}l_0(\xi)$

在罩上取邻近两点 A、B，相应的罩微元 $\overline{AB}$ 初始母线长为 $\mathrm{d}s$（图 6 - 4 - 5）。如图 6 - 4 - 5 所示，由于 A 点提前聚合于 A' 点，并以速度 $v_{\mathrm{j}}(\xi)$ 向前运动，待 B 点聚合于 B' 点时，已领先一段距离，至 A'' 处，即 $\overline{A''B'}$ 为射流微元的初始长度 $\mathrm{d}l_0(\xi)$。

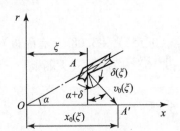

图 6 - 4 - 4 罩点 ξ 的聚合位置

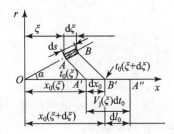

图 6 - 4 - 5 射流微元的初始长度

相邻点的聚合时间差（微分）为

$$\mathrm{d}t_0(\xi) = t_0(\xi+\mathrm{d}\xi) - t_0(\xi) = t_0'(\xi)\mathrm{d}\xi$$

同理，聚合位置的微分为

$$\mathrm{d}x_0(\xi) = x_0'(\xi)\mathrm{d}\xi$$

最后可得射流微元的初始长度为

$$\mathrm{d}l_0(\xi) = v_{\mathrm{j}}(\xi)\mathrm{d}t_0(\xi) - \mathrm{d}x_0(\xi) = (v_{\mathrm{j}}t_0' - x_0')\mathrm{d}\xi \tag{6-4-13}$$

利用微分原理式（6 - 4 - 13）可写为

$$\mathrm{d}l_0(\xi) = l_0'(\xi)\mathrm{d}\xi$$

可见

$$l_0'(\xi) = v_{\mathrm{j}}t_0' + x_0' \tag{6-4-14}$$

式（6 - 4 - 14）中的 $t_0'(\xi)$ 及 $x_0'(\xi)$ 可根据式（6 - 4 - 12）获得，分别为

$$\begin{cases} x_0'(\xi) = 1 + r'\tan(\alpha+\delta) + r\sec^2(\alpha+\delta)(\alpha+\delta)' \\ t_0'(\xi) = \tau_0'(\xi) + \dfrac{r'}{\cos(\alpha+\delta)v_0} - \dfrac{rv_0'}{\cos(\alpha+\delta)v_0^2} + \dfrac{r\tan(\alpha+\delta)}{v_0\cos(\alpha+\delta)}(\alpha+\delta)' \end{cases} \tag{6-4-15}$$

式中 导数 τ_0' 及 $(\alpha+\delta)'$，可根据具体的装药结构由式（6 - 4 - 7）式（6 - 4 - 8）进行

计算。

3. 射流微元的初始速度梯度 $\gamma(\xi)$

射流做一维运动，通常其头部速度高，尾部速度低，故速度梯度可按下式定义，即

$$\gamma_0 = \frac{v_j(\xi) - v_j(\xi + d\xi)}{dl_0} = -\frac{dv_j}{dl_0} \qquad (6-4-16)$$

引入式（6-4-13）的结果，可得

$$\gamma_0(\xi) = \frac{v_j'}{v_j t_0' - x_0'} \qquad (6-4-17)$$

式中 v_j' 可对式（6-4-11）求导而得，即

$$v_j'(\xi) = \frac{v_0'}{\sin(\beta_0/2)}\cos(\alpha + \delta - \beta_0/2) - \frac{v_0\cot(\beta_0/2)}{\sin(\beta_0/2)}\cos(\alpha + \delta - \beta_0/2)\left(\frac{\beta_0}{2}\right)' +$$

$$\frac{v_0}{\sin(\beta_0/2)}\sin(\alpha + \delta - \beta_0/2)(\alpha + \delta - \beta_0/2)'$$

式中 α'、δ' 的计算公式前面已给出；β_0 的计算可以按式（6-4-6）进行。当计算出的 γ_0 值为正，表示射流头部速度高，在运动过程中，射流微元将伸长；反之则缩短。

根据速度梯度的定义，利用它表示射流微元长度，即

$$dl_0(\xi) = -v_j' d\xi / \gamma_0(\xi) \qquad (6-4-18)$$

4. 初始金属射流

当最后一个罩微元在轴线处闭合时，则全部金属射流形成完毕。基于各射流微元的计算，即可得到整个初始射流的参量及其分布。这里应当指出，由于射流存在有内聚力，射流速度梯度势必对各射流微元的运动产生相互影响。为了简化起见，通常采用所谓"惯性"假设，即射流在自由运动中射流质点互无影响，各以自己的速度 $v_j(\xi)$ 做惯性运动。

下面利用图算法解出初始金属射流。

在 (x, t) 坐标平面内按式（6-4-12）做出曲线 Γ_0：$x_0 = \varphi(t_0)$，它的参变量 ξ 的形式为

$$\begin{cases} x_0(\xi) = \xi + r(\xi)\tan(\alpha + \delta) \\ t_0(\xi) = \tau_0(\xi) + \dfrac{r(\xi)}{v_0\cos(\alpha + \delta)} \end{cases}$$

当药型罩形状及装药结构确定后，上式中各量均为罩点位置 ξ 的已知函数，故可绘出整个曲线 Γ_0。

曲线上任意点 $P_0(x_0, t_0)$ 对应某个罩点 $A(\xi)$，它表征该质点 ξ 在 t_0 时刻于 x_0 位置上闭合成射流。此后质点 ξ 从该位置出发，以速度 $v_j(\xi)$ 做直线惯性运动。为此，过 P_0 点作一条斜率为 $\dfrac{\Delta x}{\Delta t} = v_j(\xi)$ 的直线，此直线称为射流速度线，它表征质点 ξ 的射流运动迹线。当然，过 P_0 点还可作一条相应的杆体速度线，表征质点 ξ 的杆体运动迹线。按此方法，即可获得如图6-4-6所示的速度线簇。

由图6-4-6可以看出，对于任意射流微元的两条相邻非平行的速度线，存在一个交点 (x_b, t_b)。称此点为射流微元的虚拟原点。射流微元的两端似乎浓缩在此虚拟点上。由此点出发，射流微元的两端逐渐伸长至 t_0 时刻，长度达 dl_0，虚拟点坐标可根据两速度线方程

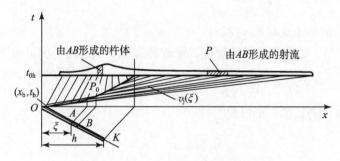

图 6 - 4 - 6　金属射流的速度线簇

$$\begin{cases} (x_0 + \mathrm{d}x_0) - x_b = (v_j + \mathrm{d}v_j)(t_0 + \mathrm{d}t_0 - t_b) \\ x_0 - x_b = v_j(t_0 - t_b) \end{cases}$$

联立求解，略去高阶微量，可得

$$t_b = \frac{v_j \mathrm{d}t_0 - \mathrm{d}x_0}{\mathrm{d}v_j} + t_0$$

　注意到

$$\mathrm{d}t_0 = t_0' \mathrm{d}\xi, \quad \mathrm{d}x_0 = x_0' \mathrm{d}\xi, \quad \mathrm{d}v_j = v_j' \mathrm{d}\xi$$

故

$$\begin{cases} t_b = \dfrac{v_j t_0' - x_0'}{v_j'} + t_0 \\ x_b = x_0 - v_j(t_0 - t_b) \end{cases}$$

由式（6 - 4 - 17），最后可得

$$\begin{cases} t_b(\xi) = t_0(\xi) + \dfrac{1}{\gamma_0(\xi)} \\ x_b(\xi) = x_0(\xi) + \dfrac{v_j(\xi)}{\gamma_0(\xi)} \end{cases} \tag{6 - 4 - 19}$$

　　将式（6 - 4 - 19）的 γ_0 代入式（6 - 4 - 18），即可得到射流微元初始长度与 t_0 的关系：

$$\mathrm{d}l_0(\xi) = v_j'(t_0 - t_b)\mathrm{d}\xi \tag{6 - 4 - 20}$$

　　图 6 - 4 - 6 中曲线的终点 K 对应最末一个罩点 $\xi = h$ 的闭合，其相应的时刻为 $t_{0h} = t_0(h)$。作水平线 $t = t_{0h}$，切割全部速度线，即可获得初始金属射流的长度。根据水平线与速度线的交点（图中的 P 点）还可得出射流任意位置上所对应的质点 ξ 及速度。

（三）金属射流的自由运动

　　金属射流由全部形成到碰击目标以前，做自由运动。在分析射流的自由运动时，如前所述，不考虑内聚力的影响，采用惯性假设。

　　1. 运动位置 $x(\xi, t)$

　　根据上述假设可以获得射流中任意质点 ξ 在时刻 t 时的运动位置为

$$x(\xi, t) = x_0(\xi) - v_j[t_0 - t(\xi)] \tag{6 - 4 - 21}$$

　　2. 射流微元的长度 $\mathrm{d}l(\xi, t)$

　　射流微元在运动过程中，由于有速度梯度，其长度将随时间 t 而变。鉴于射流通常头部速度高，可定义

$$\mathrm{d}l(\xi,t) = x(\xi,t) - x(\xi + \mathrm{d}\xi,t) = -\frac{\partial x}{\partial \xi}\mathrm{d}\xi \qquad (6-4-22)$$

由式（6-4-21），可得

$$\frac{\partial x}{\partial \xi} = x_0' + v_j'(t - t_0) - v_j t_0' \qquad (6-4-23)$$

将式（6-4-22）代入式（6-4-23），可得

$$\mathrm{d}l(\xi,t) = [v_j t_0' - x_0' - v_j'(t - t_0)]\mathrm{d}\xi$$

式中 t_0' 及 x_0' 可按式（6-4-15）计算。

当引入式（6-4-17）及式（6-4-19），任意时间 t 的射流微元长度可写为

$$\mathrm{d}l(\xi,t) = -v_j'(t - t_b)\mathrm{d}\xi \qquad (6-4-24)$$

当 $t = t_0$ 时，式（6-4-24）即为式（6-4-20）。

3. 射流微元的速度梯度 $\gamma(\xi,\ t)$

根据式（6-4-16），速度梯度是在固定时刻速度在单位长度上的变率，即

$$\gamma(\xi,t) = \frac{-\mathrm{d}v_j}{\mathrm{d}l(\xi,t)} = -v_j'(\xi)\frac{\mathrm{d}\xi}{\mathrm{d}l}$$

由式（6-4-24），可得

$$\gamma(\xi,t) = \frac{1}{t - t_b(\xi)} \text{或} \frac{1}{\gamma(\xi,t)} = t - t_b(\xi) \qquad (6-4-25)$$

利用式（6-4-19），可得到 γ 与 γ_0 间的关系，即

$$\frac{1}{\gamma(\xi,t)} = \frac{1}{\gamma_0(\xi)} + [t - t_0(\xi)] \qquad (6-4-26)$$

根据速度定义式并引用以上关系，可得到射流微元的运动长度为

$$\mathrm{d}l(\xi,t) = -(v_j'/\gamma)\mathrm{d}\xi = -v_j'\Big[\frac{1}{\gamma_0} + (t - t_0)\Big]\mathrm{d}\xi = [l_0' - v_j'(t - t_0)]\mathrm{d}\xi \qquad (6-4-27)$$

4. 射流微元的相对伸长 $\overline{l}(\xi,\ t)$

射流微元的初始长度为 $\mathrm{d}l_0(\xi)$，此后的运动长度为 $\mathrm{d}l(\xi,\ t)$，定义其相对伸长为

$$\overline{l}(\xi,t) = \frac{\mathrm{d}l - \mathrm{d}l_0}{\mathrm{d}l_0} = \frac{\mathrm{d}l}{\mathrm{d}l_0} - 1 \qquad (6-4-28)$$

注意：由式（6-4-20）和式（6-4-24），可得

$$\overline{l}(\xi,t) = \frac{t - t_0}{t_0 - t_b}$$

利用式（6-4-19），可得

$$\overline{l}(\xi,t) = \gamma_0(t - t_0) \qquad (6-4-29)$$

射流在运动过程中，当 $\overline{l}$ 超过一定值时，即

$$\overline{l}(\xi,t) \geqslant e_s \text{ 或 } \overline{l}(\xi,t) \geqslant e_D \qquad (6-4-30)$$

射流将在该处产生缩颈和断裂，这对射流的正常破甲是有影响的。

5. 小结

射流微元的形成时刻 t_0 及速度梯度 γ_0 为关键性初始参量，它们将直接决定射流微元以后运动的速度梯度 γ、长度 $\mathrm{d}l$ 及相对长度 $\overline{l}$：

$$\begin{cases} \dfrac{1}{\gamma(\xi,t)} = \dfrac{1}{\gamma_0(\xi)} + \left[t - t_0(\xi)\right] \\[3mm] \mathrm{d}l(\xi,t) = (-v_{\mathrm{j}}'/\gamma)\mathrm{d}\xi = -v_{\mathrm{j}}'\left[\dfrac{1}{\gamma_0} + (t-t_0)\right]\mathrm{d}\xi = l_0' - v_{\mathrm{j}}'(t-t_0)\mathrm{d}\xi \\[3mm] \bar{l}(\xi,t) = \gamma_0(\xi)\left[t - t_0(\xi)\right] = \dfrac{\gamma_0}{\gamma} - 1 \end{cases} \quad (6-4-31)$$

式中 γ_0 及 t_0 分别由式（6-4-17）和式（6-4-12）确定。当 $t \to t_0$ 时，式（6-4-31）中的各式即表示初始参量。

6. 自由运动的射流相图

自由运动的射流相图如图 6-4-7 所示。

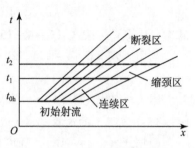

图 6-4-7 自由运动射流相图

（四）射流的侵彻规律

由于射流速度极高，射流碰击目标后，通常不考虑靶板及射流本身的强度影响，而按理想不可压缩流体处理破甲过程。

1. 定常侵彻模型

最简单的情况为定常侵彻过程：即全部射流不存在速度梯度，各质点的速度全同，射流在运动中无伸长。根据伯努利方程，可以获得下列定常破甲结果：

$$\begin{cases} u = \dfrac{v_{\mathrm{j}}}{1 + \sqrt{\dfrac{\rho_{\mathrm{b}}}{\rho_{\mathrm{j}}}}} \\[5mm] t = \dfrac{l}{v_{\mathrm{j}} - u} \\[4mm] L_{\mathrm{m}} = ut = l\sqrt{\dfrac{\rho_{\mathrm{j}}}{\rho_{\mathrm{b}}}} \end{cases} \quad (6-4-32)$$

式中 u——侵彻速度；

t——总侵彻时间；

L_{m}——总侵彻深度；

ρ_{b}，ρ_{j}——靶板及射流材料的密度；

l——射流的全长（为定值）。

2. 准定常侵彻模型

由于射流侵彻实际上很难具备上述定常侵彻条件，因此才提出了所谓准定常侵彻模型。准定常侵彻模型的要点为：虽然整个射流的运动是不定常的，不能直接采用伯努利公式，但就一段射流微元 $\mathrm{d}l(\xi)$ 而言，可以认为它的运动是定常的，因而对靶板的侵彻可引用上述结果，即

$$u(\xi) = \frac{v_{\mathrm{j}}(\xi)}{1 + \sqrt{\dfrac{\rho_{\mathrm{b}}}{\rho_{\mathrm{j}}}}} \quad (6-4-33)$$

$$\mathrm{d}t = \frac{\mathrm{d}l(\xi,t)}{v_{\mathrm{j}}(\xi) - u(\xi)} \quad (6-4-34)$$

$$dL = u(\xi)\,dt \qquad\qquad (6-4-35)$$

式中 符号与式（6-4-32）相同，仅注意射流微元的各参量均为质点 ξ 的函数，基于上述论点，准定常模型的总破甲深度为

$$L_m = \int_{t_{p0}}^{t_{ph}} u(\xi)\,dt$$

式中 t_{p0}——第一个侵彻微元（$\xi = 0$）达到靶板的时间；

t_{ph}——最后一个侵彻微元（$\xi = h$）达到破孔底部的时间。

3. 破甲深度的理论计算

先将式（6-4-33）代入式（6-4-34）及式（6-4-35），可得

$$\begin{cases} dt = \dfrac{dl(\xi,t)}{(1-\beta)v_j} \\[2mm] dL = \beta v_j\,dt \\[2mm] \beta = \dfrac{1}{1 + \sqrt{\dfrac{\rho_b}{\rho_j}}} \end{cases} \qquad (6-4-36)$$

由于式（6-4-36）中的第一式不能完全将 t 分离出来，故在一般情况下，式（6-4-36）不易直接用积分求出，必须用数值方法或图解法进行计算。下面仅讨论几种简化情况下的结果。

1）定常情况

此时有 $v_j = \text{const}$；$v_j' = 0$；dl 仅为 ξ 的函数，而与时间无关，即 $dl = dl_0(\xi)$。

将式（6-4-36）中前两个公式联立后，可得

$$dL = \frac{\beta}{1-\beta}dl$$

它的积分结果即为式（6-4-32）中的第三式。为了求得定常射流的全长，引入式（6-4-13），可得

$$dL = \frac{\beta}{1-\beta}(v_j t_0' - x_0')\,d\xi \qquad (6-4-37)$$

令 $v_j t_0' - x_0' = f(\xi)$，对于确定的装药结构，$f(\xi)$ 具有确定的形式。积分式（6-4-37），可得总侵彻深度为

$$L_m = \sqrt{\frac{\rho_j}{\rho_b}}\big[F(h) - F(0)\big]$$

式中 $F(\xi)$——被积函数 $f(\xi)$ 的原函数。

例 6-7 求锥形罩在一维轴向爆轰下的定常侵彻深度。已知：压合速度 $v_0 = 2000$ m/s；爆速 $D = 8000$ m/s；罩锥角 $2\alpha = \dfrac{5\pi}{18}$ rad（50°）；罩高 $h = 10$ cm；靶板密度 $\rho_b = 7.84 \times 10^3$ kg/m³；罩金属密度 $\rho_j = 8.93 \times 10^3$ kg/m³。

解： 由式（6-4-8）、式（6-4-9）和式（6-4-11），可得

$$\delta = \arcsin\frac{v_0 \cos\alpha}{2D} = \arcsin\frac{2000 \times \cos\dfrac{5\pi}{36}}{2 \times 8000} = 0.11353 \ (\text{rad}) = 6.505°$$

$$\beta_0 = \alpha + 2\delta = 25 + 2 \times 6.505 = 38.01°$$

$$v_j = \frac{v_0}{\sin(\beta_0/2)}\cos\left(\alpha + \delta - \frac{\beta_0}{2}\right) = \frac{2000}{\sin 19.0°}\cos 12.5° = 5996 \quad (m/s)$$

又由式（6-4-12），并注意 $\gamma(\xi) = \xi\tan\alpha$ 及 $\tau_0(\xi) = \xi/D$，则得

$$x_0 = \xi + \xi\tan\alpha\tan(\alpha + \delta)$$

$$t_0 = \frac{\xi}{D} + \frac{\xi\tan\alpha}{\cos(\alpha + \delta)v_0}$$

故

$$x_0' = 1 + \tan\alpha\tan(\alpha + \delta) = 1 + \tan 25°\tan 31.505° = 1.2858$$

$$t_0' = \frac{1}{D} + \frac{\tan\alpha}{\cos(\alpha + \delta)v_0} = \frac{1}{8000} + \frac{\tan 25°}{\cos 31.505° \times 2000} = 3.984 \times 10^{-4}$$

即

$$r(\xi) = v_j t_0' - x_0' = 5996 \times 3.984 \times 10^{-4} - 1.2858 = 1.103$$

$$F(\xi) = \int f(\xi)d\xi = 1.103\xi$$

射流全长为

$$l = F(h) - F(0) = 1.103 \times 10 = 11.03 \quad (cm)$$

侵彻深度为

$$L_m = \sqrt{\frac{\rho_j}{\rho_b}}l = \sqrt{\frac{8.93}{7.84}} \times 11.03 = 11.78 \quad (cm)$$

此外，锥形罩的母线长度为

$$l_m = h/\cos\alpha = 10/\cos 25° = 11.03 \quad (cm)$$

由此可知，定常破甲模型计算出射流长度大致与罩母线长度相等，并且在运动过程中不存在速度梯度，射流不拉长，其破甲深度大致与射流长度相等。因此，定常模型的计算结果比实际值要小。

2）等速度梯度射流

射流速度呈线性分布，或各射流微元在任意时刻的速度梯度彼此相等；换句话说，梯度 γ 仅为时间 t 的函数，而与质点 ξ 无关。根据式（6-4-25），可得

$$\gamma(\xi,t) = \frac{1}{t - t_b(\xi)} = \gamma(t)$$

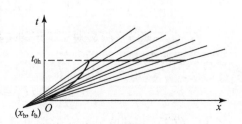

图 6-4-8　等速度梯度射流

由此可知，等梯度射流必须满足 $t_b(\xi) = $ const。并推知，等梯度射流的全部速度线具有共同的虚拟原点 (x_b, t_b)（图 6-4-8）。

由式（6-4-27），可得

$$dl = -v_j'd\xi/\gamma = -(t - t_b)v_j'd\xi \tag{6-4-38}$$

将式（6-4-38）代入式（6-4-36），可得

$$\frac{dt}{t - t_b} = \frac{v_j'}{(\beta - 1)v_j}d\xi = \frac{dv_j}{(\beta - 1)v_j} \tag{6-4-39}$$

将式（6-4-39）两端分别在 $t_{p0} \sim t_p$ 及 $v_{j0} \sim v_j$ 范围内积分，整理后得

$$t_p - t_b = (t_{p0} - t_b)\left(\frac{v_j}{v_{j0}}\right)^{\frac{1}{1-\beta}} \tag{6-4-40}$$

式中 v_{j0}——射流头部速度。

利用运动学条件（图6-4-9），即

$$\begin{cases} t_p - t_b = \dfrac{H + L - x_b}{v_j} \\ t_{p0} - t_b = \dfrac{H - x_b}{v_{j0}} \end{cases} \tag{6-4-41}$$

式中 H——靶距，即罩顶至靶表面的距离。

将式（6-4-41）代入式（6-4-40），整理后可得

$$L = (H - x_b)\left[\left(\frac{v_{j0}}{v_j}\right)^{\sqrt{\rho_j/\rho_b}} - 1\right] \tag{6-4-42}$$

最大破甲深度为

$$L_m = (H - x_b)\left[\left(\frac{v_{j0}}{v_{jh}}\right)^{\sqrt{\rho_j/\rho_b}} - 1\right] \tag{6-4-43}$$

式中 v_{jh}——射流尾部速度。

例6-8 已知等梯度射流的下列参量，试求其最大侵彻深度。已知：虚拟点坐标 $x_b = -100$ mm；$t_b = -20\ \mu s$；金属射流头部速度 $v_{j0} = 7000$ m/s；金属射流尾部速度 $v_{jh} = 2900$ m/s；靶距 $H = 120$ mm；靶板材料密度 $\rho_b = 7.84 \times 10^3$ kg/m³；金属射流密度 $\rho_j = 8.93 \times 10^3$ kg/m³。

解： 由式（6-4-43），可得最大破甲深度为

$$\begin{aligned} L_m &= (H - x_b)\left[\left(\frac{v_{j0}}{v_{jh}}\right)^{\sqrt{\rho_j/\rho_b}} - 1\right] \\ &= (0.12 + 0.1)\left[\left(\frac{7000}{2900}\right)^{\sqrt{8.93/7.84}} - 1\right] \\ &= 0.343\ (\text{m}) = 343\ \text{mm} \end{aligned}$$

4. 断裂射流的侵彻深度

如前所述，射流在运动过程中不断伸长，当相对伸长超过一定限度时，射流便发生断裂。在计算断裂射流的侵彻时，常采用以下假设：

（1）断裂的射流小段以某一总体平均速度运动，以后不再伸长。

（2）射流小段做断续侵彻时仍可采用定常模型，即不考虑重新开坑和分散等效应的影响。

假设在射流侵彻过程中的时刻 t_D，射流在某质点 ξ_D 处开始断裂；此后即以 $\xi > \xi_D$ 的射流部分进行断续侵彻。由式（6-4-27）可知，射流微元任意时刻的长度为

$$\mathrm{d}l = -v_j'\left[\frac{1}{\gamma_0} + (t - t_0)\right]\mathrm{d}\xi \tag{6-4-44}$$

根据式（6-4-29）式及式（6-4-30）可知，射流断裂的时间为

$$\gamma_0(t_D - t_0) = e_D \qquad\qquad (6 - 4 - 45)$$

求出式（6-4-45）中的 $t_D - t_0$ 值代入式（6-4-44）中，得到断裂后的射流微段长度为

$$dl = \frac{-v_j'}{\gamma_0}(1 + e_D)d\xi$$

根据此射流微段满足正常侵彻的假定条件，应用式（6-4-32），并引入式（6-4-17），可得该射流微段侵彻深度为

$$dl = \sqrt{\frac{\rho_j}{\rho_b}}dl = \sqrt{\frac{\rho_j}{\rho_b}}(1 + e_D)\frac{-v_j'}{\gamma_0}d\xi = (1 + e_D)\sqrt{\frac{\rho_j}{\rho_b}}f(\xi)d\xi \qquad (6 - 4 - 46)$$

将式（6-4-46）积分，可得

$$\int_{L_D}^{l_m} dl = (1 + e_D)\sqrt{\frac{\rho_j}{\rho_b}}\int_{\xi_D}^{h}f(\xi)d\xi$$

式中　L_D——连续射流的破甲深度。

最后得到断裂射流的侵彻深度为

$$\Delta L = (L_m - L_D) = (1 + e_D)\sqrt{\frac{\rho_j}{\rho_b}}[F(h) - F(\xi_D)]$$

关于 t_0、ξ_D 及 L_D 必须结合连续侵彻深度方程 $L - v_j$、时间方程 $t - v_j$ 及断裂条件式（6-4-45），即 $\gamma_0(\xi)[t - t_0(\xi)] = e_D$ 联立解出。对于等梯度射流，前两个方程分别为方程组（6-4-41）和式（6-4-42）。

二、破甲深度的计算

（一）图形－数值计算法

将坐标系 (x, t) 的原点与药型罩的顶点相重合。在坐标横轴下面绘出轴对称的药型罩轮廓（图6-4-9）。根据装药结构及引爆方式，可确定引爆中心的位置 (h_0, r_g)。

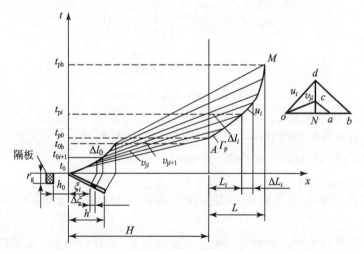

图 6-4-9　射流侵彻计算全图

（1）先将药型罩按一定间隔分为 n 个等分，即 $\Delta\xi = h/n$。再定出每个罩微元的中心位置 $\xi_i(i = 1, 2, \cdots, n)$，并计算下列参量：

r_i——罩微元的半径；

α_i——罩微元母线倾角；

θ_i——罩微元母线与引爆中心连线的夹角（对于一维轴向爆轰，$\theta_i = \alpha_i$）；

Δm_i——罩微元的质量；

Δw_i——作用在该微元上的有效装药量。

（2）利用式（6-4-1）求出罩微元的压合速度 v_{0i}。

（3）利用式（6-4-5）求出爆轰波沿罩壁的扫掠速度 u_i。

（4）利用式（6-4-2）求出罩壁的变形角 δ_i。

（5）求下列参量的一阶导数的近似值：

$$r_i' = \tan \alpha$$
$$v_{0i}' = (v_{0i+1} - v_{0i})/\Delta \xi$$
$$\tau_{0i}' = \frac{\cos \theta_i}{D\cos \alpha_i}$$
$$\delta_i' = (\delta_{i+1} + \delta_i)/\Delta \xi$$
$$\alpha_i' = (\alpha_{i+1} - \alpha_i)/\Delta \xi$$

（6）利用式（6-4-6）或式（6-4-10）求出压合角 β_{0i}。

（7）利用式（6-4-12）求出罩微元闭合成射流微元的初始位置及时刻，即闭合坐标 x_{0i}、t_{0i}。

（8）利用公式（6-4-11）求出闭合微元的射流速度 v_{ji} 及杆体速度 v_{si}。

（9）根据公式（6-4-13）及（6-4-16）求出初始射流微元的长度 Δl_{0i} 及速度梯度 γ_{0i}，即

$$\begin{cases} \Delta l_{0i} = v_{ji}(t_{0i+1} - t_{0i}) - (x_{0i+1} - x_{0i}) \\ \gamma_{0i} = (v_{ji} - v_{ji+1})/\Delta l_{0i} \end{cases}$$

（10）利用上述数据作出闭合边界曲线 Γ_0：（$x_0 \sim t_0$），并过曲线上的相应点画出射流及杆体速度线。

（11）在（x, t）平面内作 $t = t_{0h}$ 水平线，交速度线即可求得初始射流长度及其速度分布。

（12）根据式（6-4-29）、式（6-4-26）、式（6-4-28）及式（6-4-21），求出任意时刻 t 射流微元的运动参量，包括相对伸长 $\bar{l}_i$，速度梯度 γ_i，射流微元长度 Δl_i，以及运动位置 x_i，即

$$\begin{cases} \bar{l}_i = \gamma_{0i}(t - t_{0i}) \\ \gamma_i = \gamma_{0i}/(1 + \bar{l}_i) \\ \Delta l_i = \Delta l_{0i}[1 + \gamma_{0i}(t - t_{0i})] \\ x_i = x_{0i} + v_{ji}(t - t_{0i}) \end{cases}$$

（13）利用式（6-4-45），可得

$$\gamma_{0i}(t_{si} - t_{0i}) = e_s \quad 和 \quad \gamma_{0i}(t_{Di} - t_{0i}) = e_D$$

求出射流微元的缩颈时刻 t_{si} 及断裂时刻 t_{Di} 分别为

$$t_{si} = \frac{e_s}{\gamma_{0i}} + t_{0i}$$

$$t_{Di} = \frac{e_D}{\gamma_{0i}} + t_{0i}$$

相应的缩颈和断裂位置分别为

$$x_{si} = x_{0i} + v_{ji}(t_{si} - t_{0i})$$

$$x_{Di} = x_{0i} + v_{ji}(t_{Di} - t_{0i})$$

射流微元断裂时的长度为

$$\Delta l_{Di} = \Delta l_{0i}[1 + \gamma_{0i}(t_{Di} - t_{0i})]$$

（14）在 $x-t$ 平面内作曲线 Γ_s：（x_s—t_s）及曲线 Γ_D：（$x_D \sim t_D$），从而获得射流自由运动过程中的相图。

（15）根据靶的位置求第一个射流微元的侵彻时刻 t_{p1}，即

$$t_{p1} = \frac{H - x_{01}}{v_{j1}}$$

（16）求射流微元此时的长度为

$$\Delta l_1 = \Delta l(\xi_1, t_{p1}) = \Delta l_{01}[1 + \gamma_0(t_{p1} - t_{01})]$$

（17）根据式（6-4-32）求相应的侵彻深度为

$$\Delta L_1 = \begin{cases} \sqrt{\dfrac{\rho_j}{\rho_b}} \Delta l_1, & t_{p1} < t_{D1} \\[3mm] \sqrt{\dfrac{\rho_j}{\rho_b}} \Delta l_{D1}, & t_{p1} > t_{D1} \end{cases}$$

（18）在此基础上按类似方式求第 i 个射流微元的侵彻时间 t_{pi}，长度 Δl_i 及侵彻深度 ΔL_i。仅需注意，在求 t_{pi} 时，有

$$t_{pi} = \frac{H - x_{0i} + L_{i-1}}{v_{ji}}$$

式中 L_{i-1}——已侵彻的总深度，其表达式为

$$L_{i-1} = \sum_{j=1}^{i-1} \Delta L_j$$

（19）总破甲深度为

$$L_m = \sum_{i=1}^{m} \Delta L_i$$

根据上述计算步骤与原理，可全部编成计算程序进行计算。

此外，在速度图的基础上，也可辅以作图法来求得总破甲深度。其基本原理如下：先作适当长度的水平线 $\overline{oNab}$（图6-4-9内附图），注意 $\overline{Nb}/\overline{Na} = 1 + \sqrt{\rho_b/\rho_j}$，并过 N 点作垂线；作 $\overline{oc}$ 与速度线 v_{ji} 平行；作 $\overline{bd}$ 平行于 $\overline{ac}$，则 $\overline{od}$ 将与侵彻速度 u_i 相平行。有了 u_i 速度线，即可逐步作出全部连续射流侵彻深度的曲线 Γ_p：（L—t_p）。对于断裂射流，只需要考虑使射流微段不再伸长，并获得带有台阶状的侵彻曲线。具体处理方法可见图6-4-9，这里不再赘述。

（二）经验计算法

上述基于破甲理论的计算方法，不仅烦琐复杂；而且计算结果不精确。因此，在设计中采用简便的经验计算法有其一定的实用意义。这里介绍几个典型的经验公式，作为结构设计中初步估算破甲威力之用。

1. 静破甲深度经验公式之一

经验公式为

$$L_m = \beta(h + H_y) \qquad (6-4-47)$$

式中　L_m——静破甲的平均深度（m）；

　　　β——经验系数，对于一般中口径紫铜罩装药结构，目标为装甲钢时，$\beta \approx 1.7$；

　　　h——药型罩的高度，其表达式为

$$h = \frac{d_k}{2\tan\alpha}$$

式中　d_k——药性罩口部内直径（m）；

　　　α——药型罩的半顶角；

　　　H_y——有利炸高，可表示为

$$H_y = \gamma\delta K d_k \quad (m)$$

式中　γ——取决于罩锥角系数（表6-18）；

表 6-18　罩锥角系数

$2\alpha/(°)$	40	50	60	70
γ	1.9	2.05	2.15	2.2

　　　δ——取决于射流侵彻目标介质临界速度 v_{cr}（m/s）的系数，铜质射流侵彻装甲钢的临界速度为 2100 m/s，相应的 $\delta = 1$，对于其他条件可按下式计算，即

$$\delta = \frac{2100}{v_{cr}}$$

　　　K——取决于炸药爆速 D（m/s）的系数，可表示为

$$K = \left(\frac{D}{8300}\right)^2$$

最后得到

$$L_m = 1.7\left(\frac{d_k}{2\tan\alpha} + \frac{3 \times 10^{-5}\gamma d_k D^2}{v_{cr}}\right) \qquad (6-4-48)$$

这个经验公式是根据中口径高能炸药－隔板－紫铜罩结构对装甲钢的侵彻试验中总结出来的，可用来估算类似条件下的静破甲深度。当结构相差较大时，利用此公式计算的结果可能出现较大的误差。

2. 静破甲深度经验公式之二

根据现有装药结构的试验数据，利用定常流破甲理论归纳出以下两个经验公式：

$$L_{my} = \eta(-23.18\alpha^2 + 33.98\alpha + 0.475 \times 10^{-10}\rho_0 D^2 - 9.84)l_m \qquad (6-4-49)$$

$$L_{mw} = \eta(0.3874\alpha^2 + 6.073\alpha + 0.250 \times 10^{-10}\rho_0 D^2 - 0.50)l_m \qquad (6-4-50)$$

式中　L_{my}，L_{mw}——带隔板和不带隔板的静破甲深度（m）；

α——药型罩的半锥角（rad）；

l_m——药型罩的母线长（m）；

ρ_0——装药密度（kg/m^3）；

D——爆炸爆速（m/s）；

η——考虑药型罩材料、加工方法及靶板材料对破甲的影响系数（表 6 – 19）。

表 6 – 19　系数 η

药型罩	紫铜车制		紫铜冲压		钢冲压	铝车制	玻璃
靶板	碳钢	装甲钢	碳钢	装甲钢	装甲钢	装甲钢	装甲钢
η	1.0	0.88 ~ 0.93	1.1	0.97 ~ 0.79	0.77 ~ 0.79	0.40 ~ 0.49	~ 0.22

3. 其他经验公式

下列经验公式可用于初步判断所设计的装药结构是否合理：

$$L_m \approx (5.0 \sim 6.5) d_k \quad (m) \tag{6 – 4 – 51}$$

$$L_m \approx (0.7 \sim 1.0) m_w \quad (m) \tag{6 – 4 – 52}$$

$$L_m \approx 3 m_z \quad (m) \tag{6 – 4 – 53}$$

式中　d_k——药型罩口部内直径（m）；

$\quad\quad m_w$——装药质量（kg）；对柱状装药结构 L_m 取下限，对收敛形装药结构则取上限；

$\quad\quad m_z$——药型罩质量（kg）。

三、破甲弹的威力设计

破甲弹对付的主要目标为坦克，除了要求弹丸具有足够的侵彻能力外，还要求射流在贯穿钢甲后具有相应的后效作用，以破坏坦克内部机构，杀伤乘员，使坦克最终失去战斗力。此外，还要求弹丸的射流破甲作用稳定，并对各种随机因素的敏感性低。这些性能要求与弹丸结构（包括装药结构、药型罩、弹体）、射击条件（包括炸高、弹丸的旋转运动）及目标材料有关。在进行弹丸威力设计时，必须进行综合考虑。

（一）装药结构设计

装药结构包括炸药种类、药柱形状尺寸及隔板的配置等。

1. 炸药的选择

聚能效应与炸药的密度及爆速密切相关。为了提高破甲威力，应尽可能选择密度和爆速较大的炸药，以提高罩的变形速度和射流速度。对团以下用反坦克武器来说，因机动性要求较高，破甲弹应采用高能炸药；对大口径或威力足够的武器来说，在确保威力的前提下，可考虑使用较经济的一般炸药。

带隔板的装药结构一般采用主、副药柱的形式。主药柱的密度可尽量高一些；副药柱的密度则不宜过大，应与引信的起爆能量相匹配，而易于起爆。这样副、主药柱可迅速达到稳定爆轰，从而保证破甲威力的稳定性。

目前，在破甲弹中大量使用以黑索今为主体的混合炸药。例如，铸装的黑梯 – 50、黑梯 – 60 等，它们的密度一般可达 $1.6 \times 10^3 \ kg/m^3$ 左右，爆速约为 7600 m/s；压装的钝黑（A – Ⅸ – 1）密度可达 $1.65 \times 10^3 \ kg/m^3$，爆速可达 8300 m/s；高能炸药 8321，当密度为

1.70×10^3 kg/m^3 时，爆速可达 8300 m/s。以奥克托今（HMX）为主体的混合炸药，其密度和爆速可达更高的值，如 2701 炸药，密度可达 1.8×10^3 kg/m^3 时，爆速为 8600 m/s。表 6 – 20 列出了几种主要炸药的数据及相应的破甲深度。

表 6 – 20　装药性质对破甲的影响

试验条件与装药名称　性能	装药直径 48 mm 黑梯 – 60	罩锥角 44° 黑梯 – 50	罩口内径 41 mm 梯恩梯	罩壁厚 0.89 mm RDX	炸高 60 mm 特屈儿
密度/(kg·m^{-3})	1710	1646	1591	1126	1051
爆速/(m·s^{-1})	7880	7440	6910	6530	5760
爆轰压力/MPa	22751	19025	14906	12062	8238
破甲深度/m	0.144	0.140	0.124	0.114	0.081

2. 装药的形状及尺寸设计

装药的典型形状如图 6 – 4 – 10 所示。其主要特征尺寸有药柱直径 D_0、药柱高度 H_w 和罩顶药厚 h_0，对于收敛性装药还有圆柱部高度 h_z 及锥部收敛角 θ。

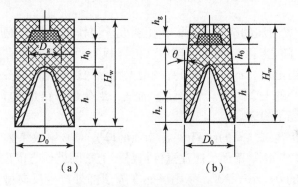

图 6 – 4 – 10　装药的形状和尺寸

（a）柱形装药；（b）收敛形装药

药柱直径与破甲深度密切相关。随着药柱直径的增加，破甲深度和孔径呈线性递增，但药柱直径受弹径的限制。因此，对于小口径发射装置，为保证必要的破甲威力，可采用超口径的弹丸结构。

随着药柱长度的增加，破甲深度增加。但是，药柱长度超过药柱直径一定倍数后，破甲深度增加已不明显。根据有效装药的原则，对于无隔板的装药结构，可取 $H_w = zh$（h 为药型罩高度）；对于有隔板的装药结构，可取 $H_w < 1.5D_0$。

对于滴状弹型或超口径破甲弹，为与弹丸外形相适应，可取收敛形装药结构，这对减轻弹重和提高初速是有利的。当然，这应当控制收敛角，不致使有效装药过分减小。通常 θ 可取为 $10° \sim 12°$，装药圆柱部高度 h_z 主要为了保证药型罩口部处的有效装药。当 h_z 过小，罩口部将因压垮速度过小（不会形成正常射流）而影响破甲威力，h_z 值通常应至少大于 25 mm。

3. 隔板设计

隔板就是在装药中放入非爆炸的惰性物或低爆速物，它们分别称为惰性隔板和活性隔板。置放隔板的目的在于改变药柱中传播的爆轰波形状，控制爆轰方向和爆轰波到达药型罩的时间，以提高爆炸载荷，从而增加射流速度，获得较高的破甲威力。试验证明，有隔板的装药结构与无隔板的装药结构比较，射流头部速度能提高 25% 左右，破甲深度可以提高 15% ~ 30%。目前，很多破甲弹都采用了隔板结构，尤其对弹重限制严格的团以下反坦克弹药，其装药结构中都装有隔板。不过，采用隔板也带来一些缺点：如破甲性能不稳定，破甲深度跳动大以及装药工艺复杂等。

隔板材料直接影响隔爆能力和爆轰波波形。对于惰性隔板，通常选用声速低、隔爆能力好、密度小，并具有一定强度的材料，如塑料、石墨、厚纸板等。厚纸板一般用于低爆速的装药中；石墨的隔爆性能虽好，但因生产工艺较差且高温强度低，其应用受到限制；塑料具有一定的隔爆性能，强度也较好，生产简便，已得到了较广泛的应用，其常用牌号为 FS - 501。低爆速药的活性隔板有 TNT + Ba(NO$_3$)$_2$（25/75）、TNT + PVAC（95/5）等，这类隔板可增加爆轰波的稳定性，也有利于提高破甲射流的稳定性。

隔板的厚度 h_g 应与材料的隔爆性能相匹配，通常按经验选取。隔板过厚，影响射流头部速度的提高；隔板过薄，则达不到预期效果。现有的中口径破甲弹的塑性隔板厚度多为 13 ~ 15 mm。

隔板直径 d_g 影响爆轰波的绕射。隔板直径越大，使作用在罩上的压力冲量越大，压垮速度 v_0 及射流速度 v_j 随之提高，有利于破甲。但隔板直径与其厚度有关，当隔板厚度越大时，则其直径也应适当增加。不过，隔板直径增大将导致射流稳定性变差。实践表明，隔板直径以不低于装药直径的 1/2 为宜。还需注意的是，当药型罩锥角大于 40° 时，无须采用隔板，否则会使破甲性能不稳定。

采用隔板后，隔板至罩顶间的距离 h_0（罩顶药厚）对破甲效果影响很大。为了使传来的爆轰波从罩顶起顺次压垮罩壁面，应注意保持隔板上端圆周处与罩顶的连线和罩母线所成夹角（图 6 - 4 - 3 中的 θ）小于 90°，否则可能在罩顶部处产生反向射流。为此，隔板至罩顶的距离 h_0 应大于 $d_g \tan(\alpha/2)$。一般说来，罩顶药厚过小、过大都不利。过小能量不足，破甲深度浅且射流稳定性差；过大则会降低隔板作用，使装药质量与弹重明显增加。因此，在不影响威力的情况下，应尽量减小罩顶药厚。根据经验，一般可取 $h_0 \geq 0.2D$。

表 6 - 21 列出了几种破甲弹的装药结构数据，可供设计时参考。

表 6 - 21　几种破甲弹装药结构

破甲弹	单兵一代	新 40 mm	65 式 82 mm	营 82 mm	某产品	85 mm 加	100 mm 滑	105 mm 无后坐炮	苏联 ЛГ - 9	美国 M - 72
装药名称（主+副）	8321	8321	钝黑 + 8321	3021	8321	黑梯 - 50	黑梯 - 50 + 钝黑	黑梯 - 60	钝黑	HMX
m_w/g	353	400	500	628	802	685	1000	1266	319	303
装药形状	副药柱收敛	收敛形	收敛形	圆柱形	圆柱形	圆柱形	圆柱形	圆柱形	收敛形	收敛形
D_0/mm	59.7	79	74.8	76	89	71	82.8	90.8	67	58

续表

装药 形状		副药柱 收敛	收敛形	收敛形	圆柱形	圆柱形	圆柱形	圆柱形	圆柱形	收敛形	收敛形
h_0/mm		13	16	20	16	5	—	—	—	25	—
H_w/mm		113	101	121	122	117	143	187	165	95.3	122.7
隔板	材料	FS-501	FS-501	FS-501	FS-501	FS-501				塑料	
	D_g/h_g	35/15	50/16	44/13	57/12.7	89/22				50/14	
主副药柱 密度比		1.69/ 1.64	1.68/ 1.62	1.58/ 1.64	1.69/ 1.67	1.68/ 1.68	1.63	1.63/ 1.65	1.65	1.64/ 1.66	

（二）药型罩设计

药型罩是形成射流的母体，因此其结构将直接影响射流的形成和破甲效果。在设计药型罩时，主要应确定药型罩形状、罩锥角、壁厚，并选择合适的药型罩材料。

1. 药型罩的形状

目前，常用的药型罩有半球形、喇叭形和锥形三种（图 6-4-11）。由破甲理论可知，当罩母线越长，形成的初始射流长度也长，破甲深度大。在口径相同情况下，喇叭形罩母线最长，锥形罩次之，半球形罩最短。就射流速度而言，以喇叭形罩最高，其头部速度可达 9000 m/s 以上；锥形罩次之，可达 7000 m/s 以上，而半球形罩通常只有 4000 m/s 左右。

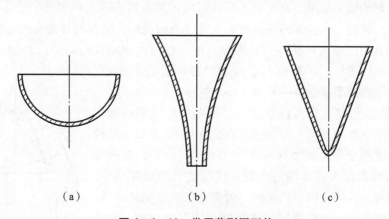

（a）　　　　　　　　（b）　　　　　　　　（c）

图 6-4-11　常用药型罩形状
（a）半球形；（b）喇叭形；（c）锥形

从理论分析来看，喇叭形罩的性能较好。如法国 105 mm 破甲弹、俄罗斯 122 mm 破甲弹均采用了这种形状的药型罩。但是由于喇叭形罩的稳定性和工艺性都较差，故采用并不普遍。锥形罩从威力上看可以满足使用要求，工艺也比较简单，故无论是单兵用破甲弹或炮兵用破甲弹均广泛采用锥形罩。半球形罩的破甲深度较小，但因射流粗，穿孔大，后效作用好，通常多用在大口径弹药中，如用在海军的海-海破甲弹上。

2. 药型罩锥角 2α

锥角较小，射流头部速度高且速度梯度大，有利于提高破甲深度；但当锥角过小（小于 30°），射流的稳定性变差。锥角增大，射流质量增加，破甲深度降低，但稳定性好，且破孔直径增大，弹丸的后效作用大；但当锥角大于 70°后，金属流形成过程发生新的变化，破甲深度迅速下降。当药型罩锥角超过 90°时，药型罩在变形过程中产生翻转现象，出现反向射流，药型罩的主体形成翻转弹丸，其破甲深度很小，但孔径很大。这种结构用于对付薄装甲，效果很好。

一般破甲弹药型罩锥角通常在 35°～60°范围内选取。对于中小口径弹丸，以选择 35°～44°为宜；对于中大口径战斗部，以选取 44°～60°为宜。采用隔板时锥角宜大些；不采用隔板时锥角宜小些。

药型罩口部的直径应尽量大一些，以利于提高破甲深度。目前，药型罩口部外径基本上都与药柱直径相一致，装药与弹体壁之间只要留有保证装配的适当缝隙即可。

3. 药型罩材料的选择

为了使药型罩形成正常的射流，在运动过程中不易拉断，而且破甲时具有较高的侵彻能力，要求药型罩材料塑性好，密度高，在形成射流过程中不气化。经验证明，紫铜可较好地满足这些要求，其破甲效果好，已成为目前药型罩广泛使用的材料。生铁虽然在通常情况下呈现脆性，但在高速、高压条件下具有良好的可塑性，其破甲效果也较好，但由于它的工艺性极差，目前尚未获得实际应用。此外，铅易气化，铝的密度太小，均不适宜作为药型罩的材料。

4. 药型罩的壁厚 δ

药型罩壁厚过大，使压合速度降低，甚至不能形成正常射流；反之，当壁厚过小，不仅射流质量小，影响破甲效果，甚至也不可能形成正常射流。因此存在一个最佳壁厚 δ，此值随药型罩材料、锥角、直径等多种因素而变化。总的说来，随罩材料密度的减小、罩锥角的加大、罩口部直径的增加以及外壳的加厚，最佳壁厚呈现增大的趋势。目前，在炮兵弹药中，通常按 $\delta = (0.02 \sim 0.03) d_k$（$d_k$ 为罩口部内直径）选取。中口径破甲弹铜质药型罩壁厚一般为 2 mm 左右。

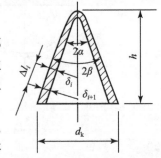

图 6 - 4 - 12　变壁厚药型罩

为了改善射流性能，提高破甲效果，实践中亦常采用顶部薄而口部厚的变壁厚药型罩，并以壁厚变化率 $\Delta = \Delta \delta / \Delta l$（单位母线长度上的壁厚变化）表示其特征（图 6 - 4 - 12），这种罩形成的射流头部速度大，尾部速度低，具有较大的速度梯度，有利于射流的充分拉长，但与此同时，射流稳定性亦随之降低。因此，对于大锥角罩，变壁厚罩的作用比较明显。目前，大多取 $\Delta = 0.6\% \sim 1.4\%$。例如，中口径破甲弹的药型罩，其顶部厚可取为 1.2 mm 左右，底部可取为 2 mm 左右。在设计时，壁厚变化率可参考下列经验值选取：

小锥角罩（$2\alpha < 50°$），　$\Delta \leqslant 1.0\%$

大锥角罩（$2\alpha > 50°$），　$\Delta \approx 1.1\% \sim 1.2\%$

（三）动炸高 H_T 的确定

这里说的动炸高是指弹丸药型罩口部至弹丸顶端（相当于目标表面）的距离。炸高增加，有利于射流充分拉长，提高破甲深度；炸高过大，射流不稳定性增加，射流易断裂，反而使破甲深度降低。由上述可知，存在着一个有利炸高。有利炸高是一个区间，在设计中，炸高通常取为有利炸高的下限（较低值），这样既能保证破甲深度，又可减轻弹重。

有利炸高值取决于多种因素。一般说来，随罩锥角的增加、罩材料延展性的提高以及炸药爆速的增大、隔板直径的加大，有利炸高值也趋大。此外，还应考虑弹头部在一定撞击速度下的变形及起爆系统的影响。目前，常根据弹丸着速和药型罩锥角按经验进行选取，现有破甲弹，其经验公式为

$$\begin{cases} 罩锥角 2\alpha < 50°时， H_T = (2.0 \sim 2.5)D_0 \\ 罩锥角 2\alpha > 50°时， H_T = (2.5 \sim 3.0)D_0 \end{cases}$$

式中 D_0——药柱直径。

当弹丸着速较大，或转速较小，H_T 可取偏高值；反之，取偏低值。在初步设计时，也可按下列经验公式进行估算，即

$$H_T = 2D_0 + v_c t$$

式中 D_0——弹药直径；

v_c——弹丸着速；

H_T——弹丸动炸高；

t——从弹丸碰击目标到炸药爆轰完毕的时间，对于机械着发引信，$t \approx 200 \sim 350 \ \mu s$；对于压电引信，$t \approx 50 \ \mu s$。

（四）抗旋性设计

旋转稳定的弹丸具有较高的转速，它对射流的运动形式及侵彻性能产生明显的不利影响。在离心力的作用下，射流发生径向飞散，并严重扭曲，使破孔变得浅而粗，表面粗糙，很不规则。旋转的不利影响随着装药直径的增大，药型罩锥角的减小以及炸高的加大而更加突出。以中口径破甲弹为例，当弹丸转速较高（一般旋转弹丸的转速），在小锥角（$2\alpha < 30°$）情况下，其破甲威力几乎可下降 60%；在大锥角（$2\alpha \geqslant 60°$）时，也可下降 30% 左右。当弹丸低速旋转（$n \approx 50 \ rad/s$），小锥角时约下降 20%；大锥角时约下降 5% 左右。

为了克服旋转对破甲的不利影响，在弹丸结构设计中可采用如下一些措施。

1. 错位式抗旋药型罩

错位式抗旋药型罩的作用是使形成的射流获得与弹丸转向相反的旋转运动，以抵消弹丸作用在金属流上的旋转矢量。错位式抗旋药型罩的结构如图 6-4-13 所示，它由若干个相同的扇形瓣组成，每个扇形瓣的圆心都不在弹丸轴线上，而是偏离一个距离，位于一个半径不大的圆周上。当爆轰压力作用在药型罩壁面上时，各个扇形瓣上的微元压合至此圆周上，并因偏心作用而引起旋转。设计时，应注意使形成金属流的固有旋转与弹丸赋予的旋转相互抵消。美 152 mm 多用途破甲弹即采用了这种错位抗旋药型罩。

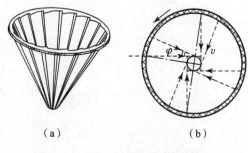

（a）　　　　　　　（b）

图 6-4-13 错位式抗旋药型罩

2. 相对滚动的匣式装药结构

这种破甲弹的聚能装药、药型罩及引信作为一个整体装配在匣壳内。此匣壳通过滚动轴承适当安装在弹体内。发射后，较重的弹体获得高旋转，并具有必要的急螺稳定性。匣壳内的装药部分仅通过滚动轴承的摩擦而具有较低转速（$20 \sim 30 \ rad/s$），从而减弱了旋转因素

的不利影响。法国 105 mm G 型破甲弹即采用这种结构（图 6 – 4 – 14）。

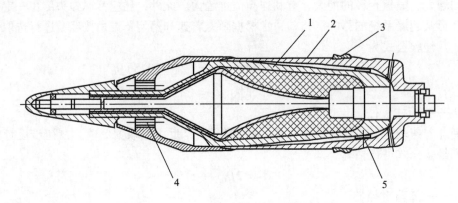

图 6 – 4 – 14　法国 105 mm G 型破甲弹
1—内壳；2—外壳；3—弹带；4—前轴承；5—后轴承

3. 旋压药型罩

旋压药型罩在成型过程中，晶粒随旋压方向产生一定程度的扭曲。药型罩压合时将产生沿扭面方向的压合分速度，使药型罩微元所形成的射流不在对称轴上聚合，而是在以对称轴为中心的一个小的圆周上聚合，从而使射流获得一定的旋转速度。当射流旋转方向与弹丸旋转方向相反时，即可抵消部分旋转运动的不利影响，起到相应的抗旋作用。

图 6 – 4 – 15 所示为有旋压药型罩的破甲试验结果，从图可以看出，旋压药型罩的抗旋效应是很明显的。

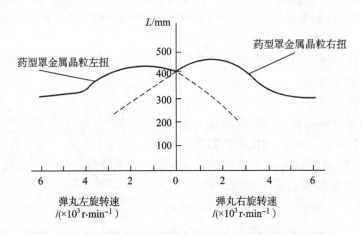

图 6 – 4 – 15　旋压药型罩在不同转速下的破甲深度曲线

弹丸在一定转速下不仅没有降低破甲深度，而且破甲深度有所提高。曲线的最高点表明：在此转速下，由于旋压药型罩的补偿作用，射流的净旋转趋于消失，而获得最大的破甲深度。旋压成型工艺简单，是解决旋转运动对破甲性能影响的一种有效的方法。

（五）现有装药结构的统计结果

表 6 – 22 列出了聚能装药破甲弹装药结构的主要数据统计值，可供设计时参考。

表 6 – 22　现有装药结构统计值

装药及隔板 结构或性能参数	有隔板装药结构 一般为高能炸药		无隔板装药结构 一般为黑梯–50、黑梯–60 或钝黑炸药	符号图
$K_1 = \dfrac{L_m}{d_k}$	$2\alpha = 40° \sim 50°$：6.0 ～ 6.3		4.0 ～ 5.5	
	$2\alpha = 60°$：5.3 ～ 5.5			
$K_2 = \dfrac{L_m}{l_m}$	$2\alpha = 40° \sim 50°$：5.5 ～ 6.0		4.5 ～ 5.0	
	$2\alpha = 60°$：6.5 ～ 7.0			
$K_3 = \dfrac{H}{D_0}$	$2\alpha < 50°$：2.0 ～ 2.5		2.0 ～ 2.5	
	$2\alpha > 50°$：2.5 ～ 3.0			
$K_4 = \dfrac{h_0}{D_0}$	0.2 左右		较大，一般大于 0.5	
$K_5 = \dfrac{H_w}{D_0}$	$2\alpha < 50°$：1.5 ～ 2.0		较大，一般为 2.0 左右	
	$2\alpha > 50°$：1.5 以下			l_m——破甲深度

第五节　穿甲弹的威力计算

穿甲弹是依靠自身的动能来击穿钢甲，常以穿甲弹在一定条件下的穿透厚度作为弹丸威力指标。有时也常用"极限穿透速度"的概念。所谓极限穿透速度是指一定条件下穿透给定厚度钢甲弹丸所需的最小着速。在相同条件下，弹丸的极限穿透速度越小，表明该弹丸消耗于穿甲过程中的能量小，其结构合理。因此，在相同着速下，此弹丸具有相对大的穿甲能力。普通旋转式穿甲弹，由于质量大、初速低、比动能小而穿甲威力小，因此，这种结构目前已逐渐被淘汰，以脱壳穿甲弹代之。杆式脱壳穿甲弹的长细比大，比动能大，穿甲效能高。新设计的穿甲弹多采用这种结构形式。

本节主要介绍杆式穿甲弹威力的计算，以及穿甲公式（主要为经验公式、半经验公式）。理论模型的条件具有很大的近似性，为节省篇幅，这里不做介绍。

一、杆式脱壳穿甲弹极限穿透速度的经验公式

长期以来，一直采用德·马尔（De Marr）公式计算穿甲弹的极限穿透速度。由于德·马尔公式是在较老的实弹射击基础上建立的经验公式，适于速度不高（500 m/s）的侵彻过程。目前，杆式穿甲弹的着速约为 1400 m/s。弹丸在穿甲过程中一面侵彻一面破碎，与建立德·马尔公式的穿甲过程相差甚远。

有资料提出了下列经验公式：

$$v_j = K \frac{db^{0.5}}{m^{0.5}(\cos \alpha)^{0.5}} \sigma_{st}^{0.2} \qquad (6-5-1)$$

式中　v_j——极限穿透速度（m/s）;

　　　　d——杆式弹丸直径（m）;

　　　　b——靶板厚度（m）;

　　　　α——碰靶时弹体轴线与靶面法线的夹角，亦称着角;

　　　　m——杆式弹丸的质量（kg）;

　　　　σ_{st}——靶板材料的流动极限（Pa）;

　　　　K——穿甲复合系数，可用下式计算;

$$K = 1076.6 \sqrt{\dfrac{1}{\xi + \dfrac{C_e 10^3}{C_m \cos \alpha}}} \qquad (6-5-2)$$

式中　C_e——靶板相对厚度，$C_e = b/d$;

　　　　C_m——弹丸相对质量（kg/m³），即 m/d^3;

　　　　ξ——取决于弹 - 靶系统的综合参量，可用下式计算:

$$\xi = \dfrac{15.83\,(\cos \alpha)^{1/3}}{C_e^{0.7} C_m^{1/3}} \beta_d \qquad (6-5-3)$$

式中　β_d——与杆式弹丸直径 d 相关的系数（表 6-23）。

注意：上面所提的杆式弹丸是指发射后已脱壳的击靶时的结构部分。

当弹 - 靶条件及射击条件（包括 d、m、b、σ_{st}、α）确定后，即可用上述经验公式计算极限穿透速度;反之，当弹丸着速已知，也可由上述经验公式逐次迭代解出穿甲厚度 b。试验表明，v_j 的计算值与实测值通常保持在 3% ~ 5% 的误差范围内。这个经验公式优点在于，它能将影响 K 值的各参量反映在 K 值的表达式内。这样，此公式不仅表明 K 值是个受多因素影响的变量，而且还能由它定量地估算出 K 值的大小和变化趋势。因此，式（6-5-1）比德·马尔公式优越，避免了估算时的盲目性。

表 6-23　相关系数 β_d 之值

d/mm	4.0	5.0	6.0	7.0	8.0	9.0	10	11	12
β_d	0.54	0.58	0.60	0.62	0.64	0.66	0.68	0.69	0.71
d/mm	13	14	15	16	17	18	19	20	>20
β_d	0.73	0.74	0.75	0.76	0.77	0.78	0.79	0.8	0.8

在计算过程中，由于得到靶板材料的强度数据 σ_{st} 比较困难，必须通过采样进行拉伸试验。鉴于材料强度与硬度呈一定依赖关系，因此，可以通过简便的硬度试验方法（例如，布氏印痕试验）间接获得材料的强度数据。为此目的，图 6-5-1 给出了布氏印痕值 d_{HB} 与靶板材料强度极限 σ_b 和屈服强度 σ_s 的相关曲线（适用于 603 钢板）。

例 6-9　已知模拟弹飞行部分及靶板的下列结构参量，试计算模拟弹的极限穿透速度 v_j。已知：质量 $m = 2.7$ kg;靶厚 $b = 0.1$ m，靶板材料屈服强度 $\sigma_{st} = 1.177 \times 10^9$ Pa;着角 $\alpha = 5\pi/18$（rad）(50°)，模拟弹飞行部分弹径 $d = 40$ mm。

解：求下列参量：

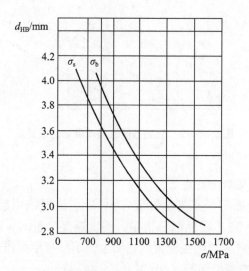

图 6 – 5 – 1　靶板材料 $d_{HB} - \sigma_s$（或 σ_b）曲线

$$C_e = b/d = 0.1/0.04 = 2.5$$

$$C_m = m/d^3 = 2.7/0.04^3 = 42.2 \times 10^3 \ (\text{kg/m}^3)$$

$$\beta_d = 0.8, \ \xi = \frac{15.83 \ (\cos \alpha)^{1/3}}{C_e^{0.7} C_m^{1/3}} \beta_d = \frac{15.83 \left(\cos \dfrac{5\pi}{18}\right)^{1/3} \times 0.8}{2.5^{0.7} (42.2 \times 10^3)^{1/3}} = 0.1653$$

$$K = 1076.6 \sqrt{\frac{1}{\xi + \dfrac{10^3 C_e}{C_m \cos \alpha}}} = 1076.6 \sqrt{\frac{1}{0.1653 + \dfrac{2.5 \times 10^3 C_e}{42.2 \times 10^3 \cos \dfrac{5\pi}{18}}}} = 2121.6$$

$$v_j = K \frac{db^{0.5}}{m^{0.5}(\cos \alpha)^{0.5}} \sigma_{st}^{0.2} = 2121.6 \times \frac{0.04 \times 0.1^{0.5}}{2.7^{0.5}(\cos 50°)^{0.5}}(1.177 \times 10^9)^{0.2} = 1328 \ (\text{m/s})$$

二、长杆弹对三层间隔靶的穿透性计算

目前，北约各国均采用三层间隔装甲钢靶作为考核长杆弹穿甲性能的一种手段。随着装甲技术的发展，最近这种方法在我国也有所应用，并以此作为考核穿甲弹的性能指标之一。

目前，世界各国考核穿甲弹三层间隔靶的结构如图 6 – 5 – 2 所示。第一层板厚度 $H_1 = 9.5 \sim 10$ mm；第二层板厚度 H_2 为第一层板的 4 倍；第三层板厚 H_3 为第二层板的 2 倍。它们都是均质的轧制装甲钢板；倾角均为 $6.5\pi/18$，即 65°。相对我们所考虑的弹径范围（20 ~ 40 mm）来说，可以认为第一层板和第二层板都是薄板；而第三层板可以认为是中等厚度板。据此，下面所介绍的方法，主要用于估算长杆弹丸穿透第一、第二两层靶后的剩余质量 m_r 和剩余速度 v_r，以便与弹丸残体对第三层靶作用的极限穿透速度 v_j 估算值进行比较，从而判断弹丸穿透三层靶的可能性。

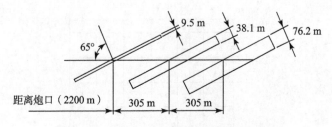

图 6-5-2 北约各国三层间隔靶的布局图

（一） 基本公式

1. 有效穿透动能 E_{py} 及剩余动能 E_p

弹丸在撞击每一层甲板前，其速度矢量为 v；穿透该层钢甲后，弹丸转折一个角度 β，速度矢量为 v_r（图 6-5-3）。在近似分析中，假设速度分量 $v_\beta = v\cos\beta$ 为穿甲过程中的有效分量，而分量 $v\sin\beta$ 的效应消耗在靶板的运动上，不参与穿甲作用。因此，穿甲时弹丸的总有效动能 E_{py} 及穿甲后的剩余动能 E_p 分别为

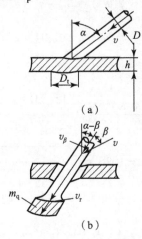

图 6-5-3 弹丸穿透过程中的速度矢量及转角

$$\begin{cases} E_{py} = \dfrac{1}{2}m(v\cos\beta)^2 \\ E_p = \dfrac{1}{2}mv_r^2 \end{cases} \tag{6-5-4}$$

式中　E_{py}——有效穿甲动能；

　　　E_p——剩余穿甲动能；

　　　m——穿甲弹丸的质量；

　　　β——弹丸穿甲过程中的转角；

　　　v——弹丸撞击钢甲的速度；

　　　v_r——弹丸穿透钢甲后的剩余速度。

2. 穿甲能量损耗 （$E_f + W_s + E_q$）

为分析方便，假设把穿透过程分为三个阶段考虑：减速阶段、冲塞阶段和塞块加速阶段。弹丸在各个阶段的能量损耗分别为 E_f、W_s 及 E_q。

1）减速阶段

由于弹—靶非弹性自由碰撞，弹丸速度将由速度分量 $v_\beta = v\cos\beta$ 减至 v_f，相应的能量损失为 E_f。按非弹性碰撞的下列动量与能量关系解出 v_f 及 E_f 值，即

$$\begin{cases} (m + m_q)v_f = mv_\beta \\ \dfrac{1}{2}mv_\beta^2 - \dfrac{1}{2}(m + m_q)v_f^2 = E_f \end{cases} \qquad (6-5-5)$$

式中 m，m_q——弹丸及靶塞的质量。

由式（6-5-5），可得

$$v_f = \frac{m}{m + m_q}v\cos\beta \qquad (6-5-6)$$

$$E_f = \frac{1}{2}\frac{mm_q}{m + m_q}(v\cos\beta)^2 \qquad (6-5-7)$$

2）冲塞阶段

在穿甲过程中，靶内形成一个剪切面。当其上剪力强度达到靶板材料所能承受的极限，即发生冲塞过程。为克服剪切面上的阻力，弹丸所消耗的阻力功为 W_s。通常认为 W_s 取决于穿甲条件下的极限穿透速度 v_j 值，并提出了下列关系式：

$$W_s = \frac{1}{2}\frac{m}{m + m_q}m(v_j\cos\beta)^2 \qquad (6-5-8)$$

式中 W_s——克服剪力面阻力的能量损失；

v_j——相应于倾角 α 下的极限穿透速度。

3）靶塞加速阶段

靶塞冲出后，速度将与弹丸存速 v_r 一致，相应的动能为

$$E_q = \frac{1}{2}m_q v_r^2 \qquad (6-5-9)$$

3. 弹丸的剩余速度 v_r

根据能量平衡有下列关系：

$$E_{py} = (E_f + E_s + E_q) + E_p \qquad (6-5-10)$$

将式（6-5-4）~式（6-5-9）分别代入式（6-5-10）中，化简后可得

$$v_r = \frac{m}{m + m_q}\sqrt{v^2 - v_j^2}\cos\beta \qquad (6-5-11)$$

靶塞质量可按下列公式进行近似计算：

$$m_q = \frac{\pi}{4}\rho_t D^2 H / \cos\alpha \qquad (6-5-12)$$

式中 ρ_t——靶塞密度；

D——弹丸直径；

H——靶板厚度。

4. 极限穿透速度 v_j

极限穿透速度 v_j 可按前面已给出的方法进行计算，也可按下列公式计算。对于硬度偏高、强度较大的薄板（如 2П 装甲钢板），有

$$v_j = 1000\sqrt{\frac{1}{3.101 \times 10^{-4}\dfrac{C_m^{0.8}}{C_e^{1.7}} + 0.1914}} \qquad (6-5-13)$$

对于具有一定韧性的中硬度板，如 603 钢板或 43ПCM 钢板，有

$$v_j = 1000 \sqrt{\frac{1}{3.523 \times 10^{-4} \frac{C_m^{0.8}}{C_e^{1.7}} + 0.2206}} \qquad (6-5-14)$$

式（6-5-13）和式（6-5-14）对应的弹丸着角 α 为固定值（65°）。由于在穿透一、二层靶板后，弹丸转折角 β 本身不大，α 虽有微小变化，但对 v_j 值不会产生明显影响。

5. 转折角 β 的计算

转折角 β 可按下式计算：

$$\sin 2\beta = \frac{\sin 2\beta_j}{\xi^2 + \xi \sqrt{\xi^2 - 1}} \qquad (6-5-15)$$

式中 ξ——比例系数，$\xi = v/v_j$；

β_j——极限穿透条件下所对应的转角，可近似取为 α，故

$$\sin 2\beta = \frac{\sin 2\alpha}{\left(\frac{v}{v_j}\right)^2 + \frac{v}{v_j} \sqrt{\left(\frac{v}{v_j}\right)^2 - 1}} \qquad (6-5-16)$$

应当指出的是，由于转折角 β 的存在，势必对弹丸的极限穿透速度 v_j 及下次击靶的着角 α 产生影响。但通常情况下，在穿透第一、二层靶板时，由于 ξ 值较大，相应的 β 值甚小。此外，试验表明，β 的方向也具有随机性。为简化起见，在作第一、二层靶板的穿透力计算时，常以 α 作为固定值考虑。

6. 穿透后弹丸的质量损失 Δm

高速杆式弹在穿甲过程中，一面侵彻，一面破碎，质量不断溅失，直至冲塞过程完毕为止。通常认为弹丸的破碎位置即处于弹靶的接触界面上，而破碎的传播速度即为弹丸材料内的塑性波波速。因此，弹丸在穿甲过程中的质量损失为

$$\Delta m = \frac{\pi}{4} D^2 \rho_d \Delta L = \frac{\pi}{4} D^2 \rho_d C_p t_p \qquad (6-5-17)$$

式中 ρ_d——弹丸材料的密度；

ΔL——破碎长度；

C_p——弹丸材料内的塑性波速，可按下式近似计算：

$$C_p = \sqrt{\frac{\sigma_b - \sigma_{0.2}}{\delta \rho_0}} \qquad (6-5-18)$$

式中 σ_b——弹丸材料的动态强度极限；

$\sigma_{0.2}$——弹丸材料动态屈服极限；

δ——拉伸破坏应变；

t_p——充塞过程的延续时间，可近似取为

$$t_p = \frac{2H/\cos \alpha}{v_f + v_r} \qquad (6-5-19)$$

将式（6-5-18）、式（6-5-19）代入式（6-5-17），可得

$$\Delta m = \frac{\pi D^2 H}{2(v_f + v_r)\cos \alpha} \cdot \sqrt{\frac{\rho_d(\sigma_b - \sigma_{0.2})}{\delta}} \qquad (6-5-20)$$

在计算时，材料的动态性能值可取为静态值的 1.2 ~ 1.3 倍，v_f、v_r 则按式（6 – 5 – 6）及式（6 – 5 – 11）计算。

注意到关系式（6 – 5 – 12），可得靶塞质量及弹丸质量损失之间的关系：

$$\frac{\Delta m}{m_q} = \frac{2\rho_d C_p}{\rho_t (v_f + v_r)} \qquad (6 - 5 - 21)$$

（二）计算步骤

（1）初始条件 v、α、m、ρ_d、ρ_r、H 等值为已知，先进行第一层靶的穿透计算。

（2）用式（6 – 5 – 13）或式（6 – 5 – 14）（或上节所述的方法）计算弹丸的极限穿透速度 v_j。

（3）用式（6 – 5 – 15）计算穿孔过程中的转折角 β。

（4）用式（6 – 5 – 12）计算靶塞质量 m_q。

（5）用式（6 – 5 – 11）计算穿透后的剩余速度 v_r。

（6）用式（6 – 5 – 6）计算 v_f。

（7）用式（6 – 5 – 18）计算塑性波波速 C_p。

（8）用式（6 – 5 – 19）计算冲塞过程的延续时间 t_p。

（9）用式（6 – 5 – 17）计算弹丸质量损失 Δm。弹丸的剩余质量为 $m_s = m - \Delta m$。

（10）将计算出的结果 v_r、m_s 作为第二层穿透计算的初始数据，即 $v = v_r$，$m = m_s$；而 α 值仍取初值，按上述的类似步骤进行计算。

（11）在进行第三次计算时，只需算出相应的极限穿透速度 v_j 后，并和第二层穿透后的剩余速度 v_r 进行比较，来判断弹丸是否具有对第三层靶板的穿透能力。

（三）讨论

（1）上述方法用来估算高密度长杆弹丸穿透三层间隔靶的能力，其适用范围是：弹丸直径为 20 ~ 40 mm，弹丸相对质量 $C_m = 70 ~ 150$ kg/m³，靶板为高硬度或中等硬度的装甲钢板组合系统。

（2）从计算公式可看出，影响穿透能力的参数主要是弹丸质量 m 和直径 D。因此，在设计弹丸时，应特别注意选择最有利的头部形状和结构，如台阶形头部，刻槽被帽结构等，使弹丸在穿透第一、二层板后，弹丸的质量损失控制在最低程度。此外，弹丸残体在碰击第三层靶板时应有尽可能小的直径，以提高 C_m 值，降低穿透第三层靶板的极限穿透速度。要求弹体材料除了具备足够的强度外，还应在碰撞条件下具有良好的塑性，即较小的硬化模量（E'），使塑性破坏波波速降低，以减少弹丸的质量损失。

（3）采用上述方法计算各种高密度合金长杆弹对三层间隔靶装甲钢的穿透能力时，均获得了较满意的效果。

例 6 – 10　已知钨合金为主体的长杆形弹丸的下列数据：弹丸质量 $m = 4.2$ kg；弹丸直径 $D = 33$ mm $= 0.033$ m；撞击速度 $v = 1392$ m/s；着角 $\alpha = 1.1345$ rad（65°）；弹丸材料的强度极限 $\sigma_b = 1.275 \times 10^9$ Pa；弹丸材料的屈服极限 $\sigma_{0.2} = 1.029 \times 10^9$ Pa；弹丸材料的延伸率 $\delta = 4\%$；弹丸材料的密度 $\rho_d = 17.7 \times 10^3$ kg/m³。

靶板系统的数据（厚度 mm/"牌号"）：第一层，10/"2П"；第二层，40/"603"；第三层，80/"603"；靶板材料密度 $\rho_t = 7.85 \times 10^3$ kg/m³。

试求弹丸对三层间隔靶的穿透能力。

解： 计算步骤及计算结果见表 6 – 24。

表 6 – 24 例 6 – 10 计算步骤与结果

序号	计算内容与公式	第一层计算结果	第二层计算结果	第三层计算结果
1	$C_m^{0.8}$：$(m/D^3)^{0.8}/(\text{kg} \cdot \text{m}^{-3})^{0.8}$	11328	11023	9497
2	$C_e^{1.7}$：$(H/D)^{1.7}$	0.13138	1.3868	4.5059
3	v_j：第一层式（6 – 5 – 13）/（$\text{m} \cdot \text{s}^{-1}$）	192.7		
	v_j：第二、三层式（6 – 5 – 14）/（$\text{m} \cdot \text{s}^{-1}$）		575.4	1019
4	ξ：(v/v_j)	7.2237	2.3092	
5	2β：式（6 – 5 – 16）/rad	0.007376	0.07563	
6	β/rad	0.003688	0.03781	
7	m_q：式（6 – 5 – 12）/kg	0.1589	0.6355	
8	v_r：式（6 – 5 – 11）/（$\text{m} \cdot \text{s}^{-1}$）	1328.7	1035.7	
9	v_f：式（6 – 5 – 6）/（$\text{m} \cdot \text{s}^{-1}$）	1341.2	1148	
10	C_p：式（6 – 5 – 18）/（$\text{m} \cdot \text{s}^{-1}$）	526.15	526.15	
11	t_p：式（6 – 5 – 19）/μs	17.72	86.64	
12	Δm：式（6 – 5 – 17）/kg	0.141	0.690	
13	m_s：$(m_p - \Delta m_p)$/kg	4.059	3.369	
14	α_s：$(\alpha - \beta)$/rad	1.1308	1.093	

结论：$(v_r)_{II} = 1035.7$；$(v_j)_{III} = 1019.0$ 由于 $(v_r)_{II} > (v_j)_{III}$，故可预期穿透三层间隔靶

第六节 碎甲弹的威力计算

碎甲弹是利用所谓霍普金森效应破坏装甲目标。当弹丸贴于钢甲表面爆炸时，给予钢甲一个高强度压缩加载冲击应力波。冲击波传至钢甲背面，将产生反射的拉伸应力波。入射波与反射波相互作用，可在钢甲内部引起拉应力。当某阵面上的拉应力值超出材料强度所能支撑的限度，即在该处产生层裂，并崩落击出一定大小和速度的碟形碎块，通过碟形碎块杀伤装甲目标内的人员或击毁各功能部件，导致目标失效。常用碟形碎块的质量、速度或动量衡量碎甲弹的威力。

目前，尚无十分有效的计算方法。困难在于高强度载荷条件下材料的动态响应及状态方程、应力波传播过程中的衰减规律以及材料的破坏准则均处于研究探讨阶段，有待于进一步认识解决。下面介绍的计算方法仅供设计中的参考。

一、经验计算法

（一）模型简述

假设入射波为具有陡峭前沿阵面的一维平面应变压缩波，不考虑波在传播过程中的衰

减，并认为波速为常数。当入射波传至钢甲背面时，取此时刻为初始时刻（$t=0$）。此时的波形，即初始波形可用下式表示，即

$$\sigma_0(x) = f(x)，0 \leqslant x \leqslant \lambda \tag{6-6-1}$$

式中　x——任意阵面的位置；

　　　σ_0——应力波在该阵面上的振幅（图 6-6-1）；

　　　λ——波长。

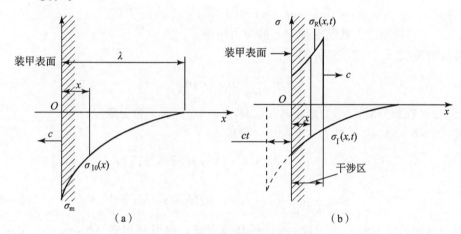

图 6-6-1　应力波的传播与反射

(a) $t=0$；(b) t 时刻

　　$f(x)$ 的具体形式按炸药及钢甲的具体条件由经验定出。对于图 6-6-1（a）所示的左行波，任意阵面 x 上的质点速度为

$$u_0(x) = \sigma_0/(\rho_0，c)，0 \leqslant x \leqslant \lambda \tag{6-6-2}$$

式中　u_0——应力波任意阵面上的质点速度；

　　　ρ_0——钢甲材料密度；

　　　c——波速。

　　当在 t 时刻（图 6-6-1（b）），入射波在 x 处阵面上的应力 σ_I 及质点速度 u_I 分别为

$$\begin{cases} \sigma_I(x,t) = f(x+ct) \\ u_I(x,t) = \sigma_I(x,t)/(\rho_0 c) \end{cases} \quad 0 \leqslant x \leqslant \lambda - ct \tag{6-6-3}$$

与此同时，从自由表面产生右传反射波。反射波与入射波呈倒镜关系，即反射波任意阵面 x 处的应力 σ_R 与质点速度 u_R 分别为

$$\begin{cases} \sigma_R(x,t) = -\sigma_I(-x,t) = -f(ct-x) \\ u_R(x,t) = -\sigma_R/(\rho_0 c) = f(ct-x)/(\rho_0 c) \end{cases} \quad 0 \leqslant x \leqslant ct \tag{6-6-4}$$

　　反射波与入射波互相作用的区域又称干涉区（$0 \leqslant x \leqslant ct$）或复杂波区，其内的应力 σ 与质点速度 u 分别为

$$\begin{cases} \sigma(x,t) = \sigma_I + \sigma_R = f(x+ct) - f(ct-x) \\ u(x,t) = u_I + u_R = \dfrac{1}{\rho_0 c}[f(x+ct) + f(ct-x)] \end{cases} \quad 0 \leqslant x \leqslant ct \tag{6-6-5}$$

　　当干涉区内的拉应力等于材料的动态抗拉强度 σ_T，即

$$\sigma(x,t) = \sigma_T \qquad (6-6-6)$$

将在该处（$\bar{x}$，$\bar{t}$）发生层裂。

对于应力峰值位于前沿阵面的入射波（冲击波），此 $\bar{x}$ 总位于反射波的前沿阵面上，故崩落出的层块厚度为

$$h = \bar{x} = c\bar{t} \qquad (6-6-7)$$

将式（6-6-7）代入式（6-6-5）后，崩落条件式（6-6-6）将变为

$$\sigma_T = f(\bar{x} + c\bar{t}) - f(c\bar{t} - \bar{x}) = f(2h) - f(0) \qquad (6-6-8)$$

式中 $f(0)$——初始应力波前沿阵面上的应力峰值。

崩落块的速度 $\bar{u}$ 可按下式计算：

$$\bar{u} = \frac{1}{h} \int_0^h u(x, \bar{t}) \, dx \qquad (6-6-9)$$

式（6-6-9）在积分时，$\bar{t}$ 为固定时刻，即 $\bar{t} = h/c$；而 x 为变量。

将式（6-6-5）代入式（6-6-9），可得

$$\bar{u} = \frac{1}{h} \int_0^h \frac{1}{\rho_0 c} [f(x + c\bar{t}) + f(c\bar{t} - x)] \, dx$$

$$= \frac{1}{h} \int_0^h \frac{1}{\rho_0 c} [f(x + h) + f(h - x)] \, dx \qquad (6-6-10)$$

只要知道初始应力波形或函数 $f(x)$ 的具体形式，则可利用式（6-6-8）及式（6-6-10）计算出层裂厚度及崩落块的速度。

（二）初始波形经验公式

初始波形通常可表示为如下的指数形式：

$$\sigma_0(x) = -\sigma_m e^{-\beta x/c} = f(x) \qquad (6-6-11)$$

式中 σ_m——前沿阵面上的应力峰值（图6-6-2）；

    β——系数；

    c——平面应变波波速。

当弹丸药柱的长径比小于3时，可提供下列确定应力峰值 σ_m 的经验公式，即

$$\sigma_m = \rho_0(a + bu)u \qquad (6-6-12)$$

$$u = k - dH/l \qquad (6-6-13)$$

式中 ρ_0——钢甲材料的密度（kg/m^3）；

    a，b——取决于钢甲材料性能的常数，一般可取 $a = 4600$，$b = 1.48$；

    k，d——取决于炸药—钢甲的系数，对于 B 炸药（梯黑-36/64）-钢板爆炸系统，可取 $k = 915$，$d = 554.49$；

    H——钢甲厚度（m）；

    l——炸药拉长度（m）（图6-6-2）。

此外，式（6-6-11）中的系数 β 可按下列经验公式计算，即

$$\beta = 96.8/H^3 \qquad (6-6-14)$$

式中 系数 β 的单位为 s^{-1}。

平面应力波波速可用下式计算：

$$c = \sqrt{\frac{(1 - \nu)E}{\rho_0(1 + \nu)(1 - 2\nu)}}$$

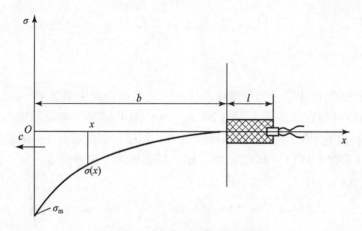

图 6 – 6 – 2 入射波的初始波形

式中 ν——钢甲材料的泊松比；

E——钢甲材料的弹性模量。

对于一般钢甲，如取 $\rho_0 = 7.85 \times 10^3 \ \text{kg/m}^3$，$\nu = 0.3$，$E = 2.06 \times 10^{11} \ \text{Pa}$，可以算出波速 $c = 5944 \ \text{m/s}$。

（三）崩落块的厚度

根据式 $(6-6-8)$，并注意到

$$\begin{cases} f(2h) = -\sigma_\text{m}^{-\beta(2h/c)} \\ f(0) = -\sigma_\text{m} \end{cases}$$

可以得到

$$\sigma_\text{T} = \sigma_\text{T}\left[1 - e^{-\beta(2h/c)}\right]$$

由此解出层裂厚度为

$$h = \frac{c}{2\beta}\ln\frac{\sigma_\text{m}}{\sigma_\text{m} - \sigma_\text{T}} \tag{6-6-15}$$

式中 σ_T——钢甲材料的动态抗拉强度，一般取 $3.02 \times 10^9 \ \text{Pa}$。

在实际计算中，仅计算第一次层裂即可。当应力波强度足够高时，从理论上看尚可发生多次层裂。但大量试验表明，第二次层裂以后崩落出的碎片不但极不规则，而且较小。此外，这种层裂碎片与上述模型的预示结果相差太远，这就说明，对以后的层裂参量再进行计算并无多大意义。

（四）崩落块的速度

由式 $(6-6-11)$，并注意到

$$\begin{cases} f(x + c\bar{t}) = f(x + h) = \sigma_\text{m}e^{-\beta(x+h)/c} \\ f(c\bar{t} - x) = f(h - x) = \sigma_\text{m}e^{-\beta(h-x)/c} \end{cases} \tag{6-6-16}$$

将式 $(6-6-16)$ 代入式 $(6-6-5)$ 后，可得干涉区内的速度分布，即

$$u(x, \bar{t}) = -\frac{\sigma_\text{m}}{\rho_0 c}e^{-\beta h/c}(e^{-\beta x/c} + e^{\beta x/c}) = -\frac{2\sigma_\text{m}}{\rho_0 c}e^{-\beta h/c}\text{ch}\frac{\beta x}{c} \tag{6-6-17}$$

式中 负号"–"代表速度方向与坐标方向相反。

将式 $(6-6-17)$ 代入式 $(6-6-9)$ 并积分，可得

$$\bar{u} = \frac{1}{h}\int_0^h u(x,\bar{t})\,\mathrm{d}x = -\frac{2\sigma_\mathrm{m}}{\rho_0 ch}\mathrm{e}^{-\beta h/c}\int_0^h \mathrm{ch}\frac{\beta x}{c}\mathrm{d}x$$

$$= -\frac{2\sigma_\mathrm{m}}{\rho_0 \beta h}\mathrm{e}^{-\beta h/c}\mathrm{sh}\frac{\beta h}{c} \qquad (6-6-18)$$

例 6 – 11 已知塑性炸药 – 钢甲爆炸系统的下列数据：钢甲厚度 $H = 0.12$ m；炸药柱高度 $l = 0.1$ m；钢甲材料密度 $\rho_0 = 7.85 \times 10^3$ kg/m³；钢甲材料的动态强度极限 $\sigma_\mathrm{T} = 3.02 \times 10^9$ Pa；钢甲材料内的平面应变波速 $c = 6000$ m/s；钢甲材料的系数 $a = 4600$；钢甲材料的系数 $b = 1.48$；经验系数 $k = 915$，$d = 554.49$。试求层裂厚度及碎块速度。

解：利用式（6 – 6 – 13）求出参量 u：

$$u = k - d\frac{H}{l} = 915 - 554.49 \times \frac{0.12}{0.1} = 249.6 \ (\mathrm{m/s})$$

将 u 值代入式（6 – 6 – 12）求出应力波前沿阵面上的最大应力为

$$\sigma_\mathrm{m} = \rho_0(a + bu)u = 7.85 \times 10^3 \times (4600 + 1.48 \times 249.6) \times 249.6$$
$$= 9.737 \times 10^9 \ (\mathrm{Pa})$$

利用式（6 – 6 – 14）求出参量 β，即

$$\beta = 96.8/H^3 = \frac{96.8}{(0.12)^3} = 5.6 \times 10^4 \ (\mathrm{s}^{-1})$$

将 β 值代入式（6 – 6 – 15），求得层裂厚度为

$$h = \frac{c}{2\beta}\ln\frac{\sigma_\mathrm{m}}{\sigma_\mathrm{m} - \sigma_\mathrm{T}} = \frac{6 \times 10^3}{2 \times 5.6 \times 10^4}\ln\frac{9.737}{9.737 - 3.02} = 0.02 \ (\mathrm{m}) = 2 \ \mathrm{cm}$$

利用式（6 – 6 – 18）求碎块速度，即

$$\bar{u} = -\frac{2\sigma_\mathrm{m}}{\rho_0 \beta h}\mathrm{e}^{-\beta h/c}\mathrm{sh}\frac{\beta h}{c} \qquad (6-6-19)$$

注意

$$\frac{\beta h}{c} = \frac{5.6 \times 10^4 \times 2 \times 10^{-2}}{6 \times 10^3} = 0.1866$$

将上述相应结果代入式（6 – 6 – 19），可得

$$\bar{u} = \frac{2 \times 9.737 \times 10^9}{7.85 \times 10^3 \times 5.6 \times 10^4 \times 2 \times 10^{-2}}\mathrm{e}^{-0.1866}\mathrm{sh}\,0.1866 = 345 \ (\mathrm{m/s})$$

二、理论计算法

炸药接触装甲表面爆炸时，根据钢甲材料特性，采用一维不定常理论可近似计算出作用在钢甲表面上的爆轰产物压力 – 时间的变化规律 $p(\tau)$。$p(\tau)$ 作为外加载荷，使钢甲产生初始冲击波，而在冲击波后面跟随连续的应力波，假设了整个应力波按球面传播。随着传播距离的加大，阵面上的应力值相应扩散而减小。当应力波传至钢甲背面时，产生如前所述的反射与层裂，并崩落出具有一定速度的碟形碎片。

（一）$p(\tau)$ 曲线计算

1. 初始冲击波参量

装药 – 钢甲系统如图 6 – 6 – 3 所示。当药柱做一维爆轰时，爆轰产物作用在钢甲上，并产生反射，在产物及钢甲中分别形成大小相等方向相反的初始冲击波。

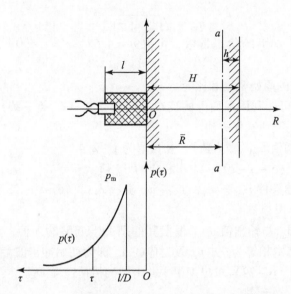

图 6 - 6 - 3　接触爆炸时作用在钢甲表面上的载荷曲线

冲击波参量采用的符号如下：

p_m——冲击波阵面上的压力；

u_m——冲击波阵面上的质点速度；

v_m——冲击波阵面上的比容，

D_s——冲击波的传播速度。

此外，对于产物的参量另加下标"1"，如 v_{m1}、D_{s1} 等。由于界面上的连续条件，有 $p_{m1} = p_m$，$u_{m1} = u_m$。

根据爆炸理论，对于产物冲击波，有

$$u_{m1} = \frac{D}{\gamma + 1}\left[1 - \frac{(\bar{p}_{m1} - 1)\sqrt{2\gamma}}{\sqrt{(\gamma + 1)\bar{p}_{m1} + (\gamma - 1)}} \right] \tag{6 - 6 - 20}$$

$$v_{m1} = \frac{(\gamma - 1)\bar{p}_{m1} + (\gamma + 1)}{(\gamma + 1)\bar{p}_{m1} + (\gamma - 1)}$$

$$D_{s1} = u_H - \sqrt{\frac{p_H v_H(\bar{p}_{m1} - 1)}{1 - \bar{v}_{m1}}} \tag{6 - 6 - 21}$$

式中　$\bar{p}_{m1} = p_{m1}/p_H$；

$\quad\bar{v}_{m1} = v_{m1}/v_H$；

$\quad p_H，v_H$——产物的 CJ 压力与比容；

$\quad D$——炸药爆速；

$\quad \gamma$——产物绝热指数，可取 $\gamma \approx 3$。

对于钢甲冲击波，有

$$D_s = a + bu_m \tag{6 - 6 - 22}$$

$$p_m = \rho_0 D_s u_m = \rho_0 (a + bu_m) u_m \tag{6 - 6 - 23}$$

$$u_{\mathrm{m}} = \sqrt{p_{\mathrm{m}}(v_0 - v_{\mathrm{m}})} \qquad (6 - 6 - 24)$$

式中　a，b——取决于钢甲的状态常数，可取 $a = 4.57$，$b = 1.490$，或者 $a = 3.574$，$b = 1.920$；

　　　　ρ_0，v_0——钢甲的原始密度和比容。

为了确定 p_{m} 值，可以利用界面上的连续条件联立式（6 - 6 - 20）及式（6 - 6 - 23）。在具体计算时，可采用下列迭代方法。

（1）选择适当的初值 $\bar{p}_{\mathrm{m1}}$（输入值），并可取为 1～2.4。

（2）将 $\bar{p}_{\mathrm{m}}$ 代入式（6 - 6 - 20），求出相应的 u_{m} 值。

（3）利用界面连续条件 $u_{\mathrm{m1}} = u_{\mathrm{m}}$，并将 u_{m} 值代入式（6 - 6 - 23），求出对应的 p_{m} 值（输出值）。

（4）比较输入值 $\bar{p}_{\mathrm{m1}}$ 与输出值 p_{m}，根据其差别适当调整输入值，重复上述步骤，直至输入值与输出值二者基本相等为止，p_{m} 及对应的 u_{m} 即为初始冲击波参量。

（5）再通过式（6 - 6 - 22）求出钢甲中冲击波的传播速度 D_{s}。

2. 加载曲线 $p(\tau)$ 的计算

如图 6 - 6 - 3 所示，炸药起爆后 l/D 时刻，产物作用在钢甲表面并立即反射，形成初始的压力值 p_{m1}。此后，外部压力 $p(\tau)$ 随时间而连续下降。对于钢甲，外部压力 $p(\tau)$ 将以连续应力波的形式从钢甲表面输入。加载曲线 $p(\tau)$ 及应力波的传播速度可根据一维不定常理论按下述方式进行近似计算。

（1）任意时刻 τ，界面（钢甲表面）的位移速度，即传入钢甲的应力波质点速度为

$$u(\tau) = u_{\mathrm{m}} \left(\frac{l}{D\tau} \right)^{\beta} \qquad (6 - 6 - 25)$$

式中　β——取决于炸药—钢甲阻抗比 y 的符合系数，即

$$\begin{cases} \beta = \dfrac{y}{0.2419 + 0.3643y} \\ y = \rho_0 D_{\mathrm{s}}/(\rho_{10}D) \end{cases} \qquad (6 - 6 - 26)$$

式中　ρ_{10}——炸药的原始密度；

　　　　D——炸药的爆速。

（2）从钢甲表面传入的应力波波速为

$$c(\tau) = a + bu(\tau) = a + bu_{\mathrm{m}} \left(\frac{l}{D\tau} \right)^{\beta} \qquad (6 - 6 - 27)$$

（3）钢甲表面的位移值为

$$x(\tau) = \int_{l/D}^{\tau} u(\tau) \mathrm{d}\tau = l \left\{ 1 + \frac{u(\tau)}{(1 - \beta)D} \left[\left(\frac{D\tau}{l} \right)^{(1 - \beta)} - 1 \right] \right\} \qquad (6 - 6 - 28)$$

（4）任意时刻作用在钢甲表面的压力为

$$p(\tau) = p_{\mathrm{H}} \frac{64}{27} \left[\frac{x(\tau)}{D\tau} - \frac{u(\tau)}{D} \left(\frac{l}{D\tau} \right)^{\beta} \right]^3 \qquad (6 - 6 - 29)$$

（5）在此压力作用下，传入的压力波幅值为

$$\sigma(\tau) = -p(\tau) \qquad (6 - 6 - 30)$$

（二）应力波传播过程中的参量变化

弹丸接触钢甲表面爆炸，由于接触表面有限，因而可把传入的应力波近似考虑为球面

波。为了简化起见，假设应力波在传播过程中波速不变，但由于球面扩散效应，应力波幅值随传播距离而衰减。例如，τ 时从钢甲表面传入的应力波幅值为 $\sigma(\tau) = -p(\tau)$；当 $t = \tau + \Delta t$ 时，该应力波阵面传播至距钢甲表面 R 处，即

$$R = c(\tau)(t - \tau) \tag{6-6-31}$$

而波阵面上的应力及质点速度值为

$$\sigma(R,t) = \sigma(\tau)l/(l + R) \tag{6-6-32}$$

$$u(R,t) = u(\tau)l/(l + R) \tag{6-6-33}$$

式中　R——从钢甲表面算起的传播距离；

　　　t——时间坐标；

　　　l——炸药柱长度；

　　　τ——初始加载曲线的时间坐标。

当 R、t 给定，先根据式 (6-6-31) 及式 (6-6-27) 近似解出 c 值，即 $\tau = \tau(R, t)$；然后通过式 (6-6-32) 和式 (6-6-33) 即可求出相应的 $\sigma(R, t)$ 及 $u(R, t)$。

（三）碎甲计算

1. 碟形碎块的质量

如图 6-6-3 所示，设钢甲在时刻 $\bar{t}$ 于 $\bar{R}$ 处（a—a 断面处）发生崩落，碎块的厚度为 h，则

$$\bar{R} = H - h$$

注意：崩落位置与反射波的前沿阵面位置一致，即

$$D_s\left(\bar{t} - \frac{l}{D}\right) = \bar{R} + 2h = H + h \tag{6-6-34}$$

式中　H——钢甲厚度；

　　　D_s——反射波前沿阵面的传播速度。

反射波相应的应力幅值为

$$\sigma_R(H + h, \bar{t}) = -\sigma_m \frac{l}{l + H + h} = p_m \frac{l}{l + H + h}$$

对于该位置处的入射波，即

$$c(\tau)(\bar{t} - \tau) = \bar{R} = H - h \tag{6-6-35}$$

应力幅值为

$$\sigma_I(H - h, \bar{t}) = \sigma(\tau)\frac{l}{l + H + h} = -p(\tau)\frac{l}{l + H - h}$$

由崩落条件，可得

$$\sigma_I + \sigma_R = \sigma_T$$

即

$$p(\tau) = \left(p_m \frac{l}{l + H + h} - \sigma_T\right)\frac{l + H - h}{l} \tag{6-6-36}$$

式 (6-6-34)、式 (6-6-35) 和式 (6-6-36) 中，$\bar{t}$、h 及 τ 为未知数，可按下列迭代方法近似求解。

（1）假设某个 τ 值，代入式 (6-6-36) 求出 h。

（2）将 h 分别代入式 (6-6-34) 及式 (6-6-35) 中，求出两个 $\bar{t}$ 值，进行比较；

根据其差值再调整 τ，重复上述计算，直至获得 τ（以后用 $\bar{\tau}$ 表示）、$\bar{t}$ 及 h 的近似解。

当崩落厚度 h 求出后，碟形碎块的质量 m_D 可按下列球冠公式近似求出：

$$m_D = \rho_0 \frac{\pi}{3} h^2 \left[3(l+H) + 2h \right] \tag{6-6-37}$$

2. 碟形碎块的速度

碟形碎块的速度 $\bar{u}$ 可根据右行应力波作用在 $a-a$ 断面以右的冲量近似求得，即

$$-\bar{u} = \frac{1}{\rho_0 h} \int_{t_1}^{\bar{t}} \sigma(\bar{R}, t) \, dt \tag{6-6-38}$$

式中　$\bar{R}$——$a-a$ 断面的位置，$\bar{R} = H - h$；

　　　h——碟形碎块的厚度；

　　　t——任意应力波阵面达到 $a-a$ 断面处的时刻变量；

　　　t_1——初始冲击波通过 $a-a$ 断面的时刻，其表达式为

$$t_1 = \frac{l}{D} + \frac{H-h}{D_s}$$

　　　$\bar{t}$——崩落时刻，可表示为

$$\bar{t} = \frac{l}{D} + \frac{H+h}{D_s}$$

注意

$$t = \tau + \frac{H-h}{c(\tau)} \tag{6-6-39}$$

所以

$$dt = d\tau - \frac{H-h}{c^2(\tau)} c'(\tau) \, d\tau \tag{6-6-40}$$

将

$$\sigma(\bar{R}, t) = \sigma(\tau) \frac{l}{l+H+h} = -p(\tau) \frac{l}{l+H-h} \tag{6-6-41}$$

和式（6-6-40）代入式（6-6-38），可得

$$\bar{u} = \frac{l}{(l+H-h)\rho_0 h} \int_{l/D}^{\bar{\tau}} p(\tau) \left[1 - \frac{H-h}{c^2(\tau)} c'(\tau) \right] d\tau \tag{6-6-42}$$

式中　$\bar{\tau}$——时刻 $\bar{t}$ 传至 $a-a$ 断面上的应力波所对应的初始入射时刻。

由于函数 $p(\tau)$ 及 $c(\tau)$ 可按式（6-6-29）和式（6-6-27）确定，故式（6-6-42）原则上可以由积分求出。在实际计算中，可采用数值方法（如矩形法，梯形法等）来获得最终结果，也可按下述步骤进行计算。

（1）利用式（6-6-34）、式（6-6-35）及式（6-6-36）联立解得的 $\bar{\tau}$、$\bar{t}$ 及 h 作为计算中的已知数据。

（2）将积分间隔分割成 n 个单元段，即 $\Delta\tau = \left(\tau - \frac{l}{D} \right) \Big/ n$。

（3）对于第 i 次计算，有以下计算步骤。首先确定出

$$\tau_i = \tau_{i-1} + \Delta\tau$$

（4）利用式（6-6-27），求出应力波对应阵面上的传播速度为

$$c_i = a + bu_\mathrm{m} \left(\frac{l}{D\tau_i} \right)^\beta$$

（5）利用式（6-6-40），可得

$$\Delta t_i = \Delta \tau - (H - h) \frac{1}{c_i - c_{i-1}}$$

（6）利用式（6-6-25）求出该阵面上的质点速度为

$$u_i = u_\mathrm{m} \left(\frac{l}{D\tau_i} \right)^\beta$$

（7）利用式（6-6-28），可得

$$x_i = l \left\{ 1 + \frac{u_i}{(1-\beta)D} \left[\left(\frac{D\tau_i}{l} \right)^{(1-\beta)} - 1 \right] \right\}$$

（8）利用式（6-6-29）求出对应阵面上的加载值为

$$p_i = \frac{64}{27} p_\mathrm{H} \left[\frac{x_i}{D\tau_i} - \frac{u_i}{D} \left(\frac{l}{D\tau_i} \right)^\beta \right]^3$$

（9）由式（6-6-41）求出此阵面上的应力值为

$$\sigma_i = -p_i \frac{l}{l + H - h}$$

（10）由式（6-6-38）求出速度增量为

$$\Delta \bar{u}_i = -\frac{\sigma_i}{\rho_0 h} \Delta t_i$$

（11）重复上述步骤（3）~（10），进行第 $i+1$ 次的计算，直至全部计算完毕。

（12）对全部速度增量求和，即得碟形碎片的崩落速度。

三、碎甲弹的设计要点

在设计碎甲弹时，提高其威力的最主要之点在于正确选择炸药，增加装药量，并使弹丸在碰靶后保证有足够大的炸药堆积面积。

从结构上看，碎甲弹头部应短，弹壳应薄，并尽可能增大炸药的装填容积。弹头部壁厚可取为 2~3 mm。材料强度不宜过高，应富有韧性，一般可选用 15 钢至 20 钢。在满足上述条件的情况下，弹丸碰靶后，其头部应易于变形，有利于炸药在靶上的堆积，保证较为理想的碎甲作用。

对炸药，除了在高温时的要求以外，还要求在使用温度范围内必须具有良好的塑性变形性能。为了保证炸药在强烈的冲击变形与堆积过程中不产生"早爆"现象，炸药的感度不能过大。目前，碎甲弹主要采用"塑性炸药"，即在黑索今或泰安的主体炸药内，加填某些增塑成分及黏结剂，并在弹丸内腔顶部装填少量感度和威力较低的弹性装药。

碎甲弹应选用有自动短延期功能的惯性引信，使在不同弹丸着速条件下，炸药都能在靶板上形成充分的堆积。

第七章
子母弹设计

第一节　子母弹的结构设计

现代战争中，战场上的主要目标是集群坦克和步兵战车等装甲目标，因此作为压制兵器的火炮（火箭等）的主要任务之一就是在远距离毁伤这些装甲目标，而子母弹正是完成这一任务的有效弹种。子母弹弹药由母弹携带多枚多用途子弹，在目标区上空将子弹抛撒开来从而毁伤目标，可用于毁伤集群坦克、装甲车辆、技术装备、杀伤有生力量及布雷等，是一种高效的面杀伤武器。

一、子母弹的结构特点

典型子母弹结构通常由母弹弹体、引信、开舱抛射机构、分离机构和子弹等部分组成，如图 7 - 1 - 1 所示。

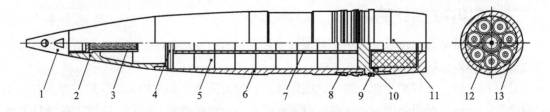

图 7 - 1 - 1　典型子母弹结构

1—引信；2—头螺；3—抛射装置；4—推板；5—子弹；6—弹体；7—支撑件；
8—导带；9—闭气环；10—接螺；11—弹底；12，13—衬块

母弹弹体是装填子弹的容器，在外形上，基本上与普通榴弹相同或相近；内腔与普通榴弹有着明显的差别：首先，尽量减薄母弹的壁厚，增大内腔容积，以便装填尽可能多的子弹；然后，为了便于子弹装填和抛出子弹，内腔必须做成圆柱形的；最后，母弹头部或底部通常是开口的，以便于将子弹从此推出弹体。

部分子母弹为了增大子弹装填数量，通常将弹体设计为长圆柱形，但这样增大了弹体摩擦阻力，不利于提高射程。

引信主要作用是适时引爆（燃）开舱抛射机构。通常为电子或机械时间引信，其作用精度较高。

开舱抛射机构通常由传火机构、抛射药、推板、子弹支撑筒和剪切螺（销）组成，其

作用是接收引信输出，点燃开舱药，产生动能将子弹从弹体内抛出。

分离机构主要作用是赋予子弹初始飞行状态，提供子弹较好的分离环境，使子弹散布范围及子弹引信作用可靠性提高。

对于旋转稳定弹丸，由于子母弹的旋转，子弹出舱后借助旋转所产生的离心力便能及时分离并达到规定的散布范围，可以不需要分离机构。但是，对于非旋转子母弹如迫弹子母弹、尾翼式火箭弹子母弹等，由于弹丸本身不旋转或微旋，子弹被抛出弹体后无外力使其及时分离和分散，子弹只能靠空气动力作用来散开，使得子弹达到稳定飞行的时间大大延长，从而使得子弹的散布范围、散布均匀性、发火率等达不到指标要求，因而必须设计分离机构使子母弹可靠地分离。

子弹是子母弹的战斗诸元，其类型多样，可杀伤、破甲，也可以是其他功能或多功能复合的，通常是由数枚叠加套装后装入母弹内。

二、子母弹常用的开舱及抛射方式

子母弹携带大量的子弹，为使众多的子弹发挥最佳的作战效能，不仅需要足够大的子弹覆盖面积，而且又具有毁伤目标所要求的合理密度，同时尽可能增大子弹发火率，减少子弹瞎火数，这就需要解决好子母战斗部的开舱与子弹抛射的技术问题。由于不同的子母战斗部具有不同的结构、性能及使用等特点，其开舱、抛射方式各不相同。下面，介绍一些目前子母弹所采用的开舱、抛射方法。

（一）母弹的开舱

对于不同的子母战斗部，即使是同一弹种的子母战斗部，其开舱部位与子弹抛出方向都是有区别的，在选择开舱、抛射方式时，都需要认真地进行全面分析、论证。

1. 母弹开舱的要求

无论何种方式开舱，均需要满足如下基本要求：

（1）要保证开舱的高可靠性。要求开舱可靠度高，如果不开舱，该发战斗部就完全失效。为此要求配用引信作用可靠度高，传火序列及开舱机构性能可靠。在结构与材料选择上，尽量选用技术成熟、性能稳定、长期通过实践验证的方案。

（2）开舱与抛射动作协调。开舱动作不能影响子弹的正常抛射，即开舱与抛射之间要动作协调，相辅相成。

（3）不影响子弹的正常作用。开舱过程中不能影响子弹的正常作用。特别是要保证子弹不相互碰撞，子弹零部件完整无损坏，子弹飞行稳定，子弹引信能可靠解脱保险和保持正常的发火率。

（4）要求具有良好的高、低温性能和长期储存性能。

2. 母弹常用开舱抛射方式

按照开舱部位及子弹从母弹弹体中抛出的方向，有以下几种常见开舱抛射方式。

1）后抛

母弹尾弧部设置剪切螺纹或剪切销、子弹从弹尾部抛出。此种开舱方式结构比较简单，只需要在母弹内靠近引信处增加合适的抛射药即可，开舱可靠性高，但存在以下缺点：

（1）子弹抛出方向与母弹飞行方向相反，致使子弹绝对速度减小，不利于子弹分散及子弹引信解脱保险。

（2）在一定程度上减小了子弹散布中心射程。

（3）设计尾部剪切螺纹或剪切销时，必须同步考虑发射强度和开舱剪切强度的矛盾，不容易找正其合理匹配关系。

2）前抛

母弹头弧部设置剪切螺纹或剪切销，子弹从头部抛出。当子母弹弹径较小时，可采用战斗部壳体头弧部开舱，子弹向前方抛出。加上抛射导向装置的作用，子弹向前侧方抛出，达到较好的抛射效果。

由于子弹抛出方向与母弹飞行方向一致，增大了子弹的绝对速度，有利于子弹分散及子弹引信解脱保险；同时，有利于增大子弹射程，而且对全弹强度匹配设计容易实现。

但是，由于子弹从头部抛出，抛射药需安装在弹后部，引信输出需要通过一个传火机构才能点燃抛射药，这使得开舱抛射机构较复杂，相应降低了可靠性。

3）侧抛

当子母弹弹径加大到 230～260 mm 时，子弹装填数量增大，应采用战斗部壳体全长开舱，子弹向四周径向抛射，这种方式需要解决好壳体强度与抛射药量的匹配，同时需要最大程度降低对子弹的作用力。

4）二级抛射

当子母弹弹径进一步增加、子弹数量更大时，为了均匀撒布，必要时还可采用二级抛射的形式，即先抛出子弹串，然后将子弹串分离。

3. 母弹开舱的实施方法

对于母弹的开舱方式，目前采用的主要有如下几种实施方法。

1）剪切螺纹或剪切销开舱

该开舱方式的作用过程是：时间点火引信将抛射药点燃，再在火药气体的压力下，推动推板和子弹将头螺或底螺的螺纹（或剪切销）剪断，使弹体头部或底部打开。这是一种最常用最简单的开舱方式。

2）雷管起爆，壳体穿晶断裂开舱

该开舱方式的作用过程是：时间引信作用后，引爆 N 个径向放置的雷管，在雷管冲击波的作用下，脆性金属材料制成的头螺壳体产生穿晶断裂，使战斗部头弧全部裂开。

3）爆炸螺栓开舱

这是一种在连接件螺栓中装有火工品的开舱装置，是以螺栓中的火药力作为释放力，靠空气动力作为分离力的开舱机构，这种开舱方式常用在航弹舱段间的分离。

4）组合切割索开舱

一般采用聚能效应的切割导爆索，根据开裂要求固定在战斗部壳体内壁上。导爆索的周围装有隔爆的衬板，以保护战斗部内的其他零部件不被损坏。切割导爆索一经起爆，即可按切割导爆索在壳体内的布线图形，将战斗部壳体切开。

5）径向应力波开舱

这种开舱方式是靠中心药管爆燃后，冲击波向外传播，既将子弹向四周推开，又使战斗部壳体在径向应力波的作用下开舱。为了开舱可靠，部位规则，一般在战斗部壳体上加上若干个纵向的预制断裂槽。这种开舱的特点是开舱与抛射为同一机构，整体结构简单紧凑。

（二）子弹的抛射

在抛射步骤上可分为一次抛射和两次（或多次）抛射。由于两次抛射机构复杂，而且有效容积不能充分使用，携带子弹数量少等，因而在一次抛射可满足使用要求时，一般不采用两次抛射。

1. 子弹抛射的要求

对各种方式的抛射，均需满足如下基本要求：

1）满足合理的散布范围

根据毁伤目标的要求和战斗部携带子弹的总数量，从战术使用上提出合理的子弹散布范围，以保证子弹抛出后能覆盖一定大小的面积。但在实践中还应注意到，实际子弹抛射范围的大小，还与开舱的高度、气象条件等因素相关。

2）达到合理的散布密度

在子弹散布范围内，子弹应尽可能地均匀分布，至少不能出现明显的子弹积堆现象和大的空洞。均匀分布有利于提高对集群装甲目标的命中概率。

3）子弹相互间易于分离

在抛射过程中，要求子弹间能相互顺利分开，不允许出现重叠现象。如果子弹分离不及时，子弹就不能很快进入稳定姿态，子弹飞行过程中就会翻跟头，不利于子弹引信解脱保险，这将导致子弹失效。

4）子弹作用性能不受影响

在抛射过程中，子弹零部件不得有损坏，子弹不得有明显变形，更不能出现殉爆（或空炸）现象，力求避免子弹间的相互碰撞。此外，还要求子弹引信解脱保险可靠，发火率正常，子弹起爆完全性高。

2. 子弹常用抛射方式分析

目前常用的抛射方法，主要有以下几种：

1）母弹高速旋转下的离心抛射

这种抛射方式，对于一切旋转的母弹，不论转速的高低，均能起到使子弹及时分散的作用。特别是对于火炮子母弹丸转速高达数千转每分钟，以至上万转每分钟时，则起到主要的以至全部的抛射作用，这时子弹将呈椭圆形均匀散布。

2）机械式分离抛射

这种抛射方式是在子弹被抛出过程中，通过导向杆或拨簧等机构的作用，赋予子弹沿战斗部径向分离的分力。导向杆机构已经成功地使用在 122 mm 火箭子母弹上。狭缝摄影表明，5 串子弹越过导向杆后，呈花瓣状分开，这种抛射方式应避免子弹与分离机构之间的刚性碰撞，以免损伤子弹。

3）燃气侧向活塞抛射

这种抛射方式主要用于子弹直径大，母弹中只能装一串子弹的情况，如美国 MLRS 火箭末端敏感子母战斗部所用的抛射机构。前后相接的一对末敏子弹，在侧向活塞的推动下，垂直弹轴沿相反方向抛出（互成 180°），每一对子弹的抛射方向又有变化。对于整个战斗部而言，子弹向四周各方向均匀抛出。这种抛射系统可提供一个可控的均匀的落点分布；抛射机构的结构简单，作为能源的火药种类比较多，比较容易获得。因此抛射系统的成本较低，而且性能可靠，适合大量装备，可作为炮兵子母弹抛射系统的首选。目前，国内外大部分子母弹药也都采用这种抛射方式。

4）燃气囊抛射

这种抛射方式的子弹外缘用钢带束住，子弹内侧配有气囊。当燃气囊充气时，子弹顶紧钢带，使其从薄弱点断裂，解除约束。在燃气囊弹力的作用下，子弹以不同的方向和速度抛出，以保证子弹散布均匀。使用这种抛射机构的典型产品是英国的 BL755 航空子母炸弹。

气囊可以延长火药燃气对子弹的作用时间，达到对子弹平缓加载的目的，可以将抛射过程控制在要求的范围内，同时又能满足其抛射指标要求，是一种柔性分离机构，对于舱体容积过大，对抛射过载有严格限制的子弹药特别适用。但是，由于这种抛射分离机构结构较复杂，体积较大，对于中小口径子母弹来讲不利于提高子弹装填量，而且成本较高。

5）橡胶管燃气式抛射

这种抛射方式类似于燃气囊抛射，它利用橡胶管良好的弹性，在火药燃气的作用下膨胀后子弹沿径向抛射出去，使子弹获得速度。这也是一种柔性分离机构，这种抛射分离机构，其结构较简单，可靠性较高，而且抛射速度较高，适用于后开舱方式。但不利于提高子弹的射程，而且橡胶属于柔性物质，难以实现所有子弹抛射适度的一致性，另外其长储性能不好。

6）子弹气动力抛射

通过改变子弹气动力参数，使各子弹之间空气阻力有差异，以达到使子弹分散的目的。这种抛射方式已在国外的一些产品中使用，例如，在国外的炮射子母弹上，就有意地装入两种不同长度尾带的子弹；在航空杀伤子母弹中，采用由铝瓦稳定的改制手榴弹作的小杀伤炸弹，抛射后靠铝瓦稳定方位的随机性，从而使子弹达到均匀散开的目的。

一种典型的子母弹是瑞典 120 mm 迫击炮子母弹，它没有设计分离机构，主要是靠不同气动外形的子弹实现子弹的自由分离，但这子弹设计思想不符合国内子弹设计的通用化和系列化要求。

7）中心药管式抛射

采用这种抛射方式，一般子弹排列不多于两圈，子弹串之间用聚碳酸酯塑料固定并隔离，战斗部中心部位装有分散药管（一般为条状药）。时间引信的作用引起分散药管爆燃产生高压气体，使壳体沿全长预制槽开裂，同时气体将子弹向四周抛出。使用成功的典型机构是美国 MLRS 火箭子母弹战斗部。这种抛射方式在火炮发射弹丸上必须解决好弹体发射强度与断裂强度、子弹壳体强度与母弹壳体强度、分散药量等之间的合理匹配。

8）微机控制程序抛射

这种抛射方式，应用于大型导弹子母弹上。由单片机控制开舱与抛射的全过程，子弹按既定程序分期分批以不同的速度抛出，以得到预期抛射效果，该种方式能达到较高的控制精度。

第二节　子母弹的抛射弹道计算与分析

一、子母弹的弹道特性分析

子母弹主要用于对付集群目标，子母弹飞行过程是由母弹携带多枚子弹飞行至预定抛射点，经过母弹开舱、抛射出子弹，直至子弹群散布在预定目标区攻击目标。

按照子母弹的飞行过程，子母弹弹道主要由一条母弹弹道和由母弹抛出许多子弹形成的集束子弹道所组成，如图7-2-1所示。

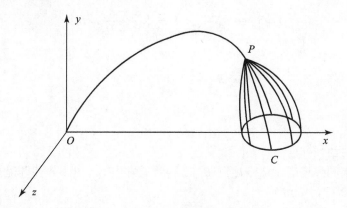

图7-2-1 子母弹弹道示意图

母弹弹道 OP 是炮弹的飞行弹道，从每一发母弹中抛出的子弹，将形成许多互不相同的子弹弹道 PC。对于不同的子弹有着不同特色的子弹弹道。但无论何种子弹弹道，抛射点 P 是一个重要特征点，也是各种子弹弹道的起始点。

此外，子弹弹道还有另外一个重要特点，就是在抛射点有一个开舱、抛射、分离过程伴随产生的动力学问题，它是一个复杂的瞬态过程，对于不同的开舱、抛射方式，将有不同的抛射动力学模型。

二、抛射弹道计算

抛射弹道计算主要包括：开舱点弹道诸元计算；开舱点转速计算；抛射压力测定；抛射速度计算。

（一）开舱点弹道诸元计算

传统方法计算母弹开舱点弹道诸元一般用西亚切主要函数法。对于高初速伞弹而言，在大射角射击条件下，弹道降弧段的开舱点弹道诸元，可以用简易数值积分法反推求解，计算结果更加准确。

1. 西亚切主要函数法

1) 弹道顶点诸元计算

已知伞弹初速 v_0、射角 θ_0 和弹道系数 c（或已知 v_0、θ_0 和射程 x，由地面火炮外弹道表逆解求得 c）。根据 v_0、θ_0、c，查地面火炮外弹道表确定补偿系数 β，即

$$c' = c\beta$$

根据 v_0 查地面火炮外弹道表，得到主要函数 D_0、I_0、A_0、T_0，由式

$$I_s = c'\sin 2\theta_0 + I_0 \qquad (7-2-1)$$

得到弹道顶点主要函数 I_s，并根据 I_s 查表得到 D_s、U_s、A_s、T_s，由此可以得到弹道顶点诸元。

距离为

$$x_s = \frac{1}{c'} (D_s - D_0)$$

最大弹道高度为

$$Y = x_s \tan \theta_0 - \frac{x_s}{2c'\cos^2\theta_0}\left(\frac{A_s - A_0}{D_s - D_0} - I_0\right)$$

飞行时间为

$$t_s = \frac{1}{c'\cos \theta_0}(T_s - T_0)$$

速度为

$$v_s = U_s\cos \theta_0$$

2）开舱点诸元计算

伞弹在开舱点的弹道诸元 x_k、t_k、$|\theta_k|$、v_k，通常由 v_0、θ_0、c 和开舱点高度 y_k 4 个参量决定。由式

$$y_k = x_k \tan \theta_0 - \frac{x_k}{2c'\cos^2\theta_0}\left(\frac{A_s - A_0}{D_s - D_0} - I_0\right) \tag{7-2-2}$$

用渐近法对开舱点高度作复合运算，求出开舱点水平距离 x_k 的值。

根据 $D_k = c'x_k + D_0$，查表得到开舱点其余主要函数 I_k、A_k、T_k、U_k，则从母弹发射至开舱点弹丸飞行时间为

$$t_k = \frac{1}{c'\cos \theta_0} (T_k - T_0) \tag{7-2-3}$$

弹道倾角为

$$\tan |\theta_k| = \tan \theta_0 - \frac{1}{2c'\cos^2\theta_0} (I_k - I_0) \tag{7-2-4}$$

速度为

$$v_k = \frac{U_k\cos \theta_0}{\cos \theta_k} \tag{7-2-5}$$

例 7-1 用西亚切主要函数法计算某迫击炮照明弹在弹道降弧段 $y_k = 300$ m 处的弹道诸元。已知：初速 $v_0 = 229$ m/s，射角 $\theta_0 = 45°$，弹道系数 $c = 1.16$。

解：（1）确定主要函数与弹道系数。根据 $v_0 = 229$ m/s，查地面火炮外弹道表，得到西亚切主要函数为

$$\begin{cases} D_0 = 17200 \\ I_0 = 1.77177 \\ A_0 = 6583.54 \\ T_0 = 33.3521 \end{cases}$$

根据 $v_0 = 229$ m/s、$\theta_0 = 45°$、$c = 1.16$，查表得到补偿系数 $\beta = 1.111$，则

$$c' = c\beta = 1.16 \times 1.111 = 1.29$$

（2）用渐近法确定开舱点距离。根据 $v_0 = 229$ m/s、$\theta_0 = 45°$、$c = 1.16$，查地面火炮外弹道表，得到落角 $|\theta_c| = 52°24'$，射程 $x = 4140$ m。所以

$$x_{k1} = x - \frac{y_k}{\tan |\theta_c|} = 4140 - \frac{300}{\tan 52°24'} = 3870 \ （m）$$

由此可求对应开舱点高度 y_{k1}。

由 $D_{k1} = c'x_{k1} + D_0 = 1.29 \times 3870 + 172000 = 22190$，查表可得 $A_{k1} = 21487.6$，则可得到对应距离 x_{k1} 时的开舱点高度为

$$
\begin{aligned}
y_{k1} &= x_{k1} \tan \theta_0 - \frac{x_{k1}}{2c' \cos^2 \theta_0} \left(\frac{A_{k1} - A_0}{D_{k1} - D_0} - I_0 \right) \\
&= 3870 \times \tan 45° - \frac{3870}{2 \times 1.29 \times \cos^2 45°} \left(\frac{21487.6 - 6583.54}{22190 - 17200} - 1.77177 \right) \\
&= 230 \ (\text{m})
\end{aligned}
$$

由此可见，$y_{k1} < y_k$，说明开舱点距离 x_{k1} 估计远了。再以 $x_{k2} = 3770$ m 作渐进计算。

由 $D_{k2} = c'x_{k2} + D_0 = 1.29 \times 3770 + 172000 = 22070$，查表可得 $A_{k2} = 20948.2$，则可得到对应距离 x_{k2} 时的开舱点高度为

$$
\begin{aligned}
y_{k2} &= x_{k2} \tan \theta_0 - \frac{x_{k2}}{2c' \cos^2 \theta_0} \left(\frac{A_{k2} - A_0}{D_{k2} - D_0} - I_0 \right) \\
&= 3770 \times \tan 45° - \frac{3770}{2 \times 1.29 \times \cos^2 45°} \left(\frac{20948.2 - 6583.54}{22070 - 17200} - 1.77177 \right) \\
&= 330 \ (\text{m})
\end{aligned}
$$

由此可见，$y_{k2} > y_k$，说明开舱点距离 x_{k2} 估计近了。在 x_{k1} 与 x_{k2} 之间插值，求得对应 $y_k = 300$ m 时的开舱点距离为

$$
\begin{aligned}
x_k &= x_{k2} + (x_{k1} - x_{k2}) \frac{y_{k2} - y_k}{y_{k2} - y_{k1}} \\
&= 3770 + (3870 - 3770) \frac{330 - 300}{330 - 230} \\
&= 3800 \ (\text{m})
\end{aligned}
$$

（3）开舱点其余诸元。根据 $D_k = c'x_k + D_0 = 1.29 \times 3800 + 17200 = 22100$，查表得到开舱点其余主要函数 I_k、A_k、T_k、U_k 如下：

$$
\begin{cases}
I_k = 4.47183 \\
A_k = 21082.0 \\
T_k = 59.179 \\
U_k = 158.94 \ \text{m/s}
\end{cases}
$$

则可得到其余弹道诸元如下：

$$
t_k = \frac{1}{c' \cos \theta_0} (T_k - T_0) = \frac{1}{1.29 \times \cos 45°} \times (59.179 - 33.3521) = 28.4 \ (\text{s})
$$

$$
\begin{aligned}
\tan |\theta_k| &= \tan \theta_0 - \frac{1}{2c' \cos^2 \theta_0} (I_k - I_0) = \tan 45° - \frac{1}{2 \times 1.29 \times \cos^2 45°} (4.47183 - 1.77177) \\
&= -1.09 \ |\theta_k| = 47°30'
\end{aligned}
$$

$$
v_k = \frac{U_k \cos \theta_0}{\cos \theta_k} = \frac{158.94 \times \cos 45°}{\cos 47°30'} = 166 \ (\text{m/s})
$$

（二）开舱点转速计算

线膛火炮发射伞弹抛射后，其降落伞系统等内部装填物的起始旋转运动，取决于母弹在

开舱点的转速。转速越高，降落伞充气越困难，弹底和各零件对开伞运动的干扰越严重，开伞条件越不利。

根据外弹道学给出的公式，弹丸在开舱点的转速为

$$N_k = N_0 e^{-\frac{d^3 L}{gA} \times 10^3 \times H(y_{pj}) v_{pj} K_E \left(\frac{v_{pj}}{a}\right) t_k} \qquad (7-2-6)$$

式中 N_0——弹丸出炮口转速（r/min），其表达式为

$$N_0 = \frac{v_0}{\eta d} \times 60$$

η——膛线缠度；

d——弹丸口径；

L——弹丸全长；

A——弹丸极转动惯量；

t_k——弹丸飞行时间；

$H(y_{pj})$ ——平均弹道高度函数，根据 $y_{pj} \approx \frac{2}{3}\left(y - \frac{1}{2}y_k\right)$ 由地面火炮外弹道表查得；

$K_E\left(\dfrac{v_{pj}}{a}\right)$ ——极抑制力矩特征数；

v_{pj}——平均速度，其表达式为

$$v_{pj} = \frac{v_0 + v_k}{2}$$

极抑制力矩特征数 K_E 值随 $\dfrac{v_{pj}}{a}$ 变化曲线如图 7-2-2 所示。

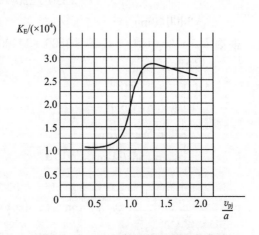

图 7-2-2   极抑制力矩特征数曲线

例 7-2   计算某伞弹在弹道降弧段开舱点高度 $y_k = 500$ m 处的转速。已知：弹丸口径 $d = 0.122$ m；弹丸全长 $L = 0.531$ m；弹丸极转动惯量 $A = 0.4828$ kg · cm · s^2；火炮膛线缠度 $\eta = 20d$；初速 $v_0 = 496$ m/s；弹道顶点高度 $y = 4020$ m；弹丸飞行时间 $t_k = 51.1$ s；弹丸在开舱点的速度 $v_k = 280$ m/s。

解：（1）弹丸出炮口转速：

$$N_0 = \frac{v_0}{\eta d} \times 60 = \frac{496 \times 60}{20 \times 0.122} = 12197 \quad (\text{r/min})$$

（2）平均速度与极抑制力矩特征数。平均速度为

$$v_{\text{pj}} = \frac{v_0 + v_{\text{k}}}{2} = \frac{496 + 280}{2} = 388 \quad (\text{m/s})$$

由 $\dfrac{v_{\text{pj}}}{a} = \dfrac{388}{340} = 1.14$，查曲线图得极抑制力矩特征数为

$$K_{\text{E}}\left(\frac{v_{\text{pj}}}{a}\right) = K_{\text{E}}(1.14) = 2.6 \times 10^{-4}$$

（3）平均弹道高度与高度函数。平均弹道高度为

$$y_{\text{pj}} = \frac{2}{3}\left(y - \frac{1}{2}y_{\text{k}}\right) = \frac{2}{3} \times \left(4020 - \frac{1}{2} \times 500\right) = 2510 \quad (\text{m})$$

由 $y_{\text{pj}} = 2510$ m，查地面火炮外弹道表得高度函数为

$$H(y_{\text{pj}}) = H(2510) = 0.74$$

（4）弹丸在弹道降弧段开舱点高度 $y_{\text{k}} = 500$ m 处的转速为

$$\begin{aligned}
N_{\text{k}} &= N_0 e^{-\frac{d^3 L}{gA} \times 10^3 \times H(y_{\text{pj}}) v_{\text{pj}} K_{\text{E}}\left(\frac{v_{\text{pj}}}{a}\right) t_{\text{k}}} \\
&= 12197 \times e^{-\frac{0.122^2 \times 0.531}{9.81 \times 0.4828} \times 10^3 \times 0.74 \times 388 \times 2.6 \times 10^{-4} \times 51.1} \\
&= 5620 \quad (\text{r/min})
\end{aligned}$$

（三）抛射压力测定

抛射压力是伞弹抛射性能的重要特征数之一，它决定着弹体和内部装填零件在抛射作用时的受力状况，并直接影响伞弹性能。

伞弹抛射时的抛射压力受多种因素影响，除与抛射药种类、火药力、装药量以及抛射药室容积有关外，还与伞弹的内部装填结构和弹体与弹底或上弹体与下弹体结合螺纹的连接强度有关。由于伞弹开舱普遍采用黑火药作为抛射药，弹道性能不稳定，因此对新设计伞弹的抛射压力及相应装药量，需要参照已有数据，并通过抛射试验加以确定。

测定抛射压力的试验，往往与测定抛射速度同时进行。试验时，将伞弹弹口连接上一个特制连接螺，结合在固定装置上（图 7 - 2 - 3）。在连接螺中装测压传感器，用预压铜柱测定抛射时弹体空腔内的火药气体最大压力值。如果同时测定抛射速度，则需要在抛射方向上设置测速靶，测出弹底或下弹体与内部装填零件抛射时的速度值。

（四）抛射速度计算

抛射瞬间，在抛射火药气体作用下，弹体在开舱点母弹飞行速度的基础上产生加速运动；弹底或下弹体与内部装填零件在开舱点母弹飞行速度的基础上产生减速运动。弹底或下弹体与内部装填零件在开舱点反抛后的实际运动速度（存速）为

$$v_{\text{cs}} = v_{\text{k}} - v_{\text{fp}} \tag{7-2-7}$$

式中　v_{k}——母弹在开舱点速度；

v_{fp}——弹底或下弹体与内部装填零件的反抛速度。

弹底或下弹体与内部装填零件在开舱点的存速，对伞弹的开伞作用性能影响很大，存速越高，开伞动载越大，各种零件干扰开伞能力越强。

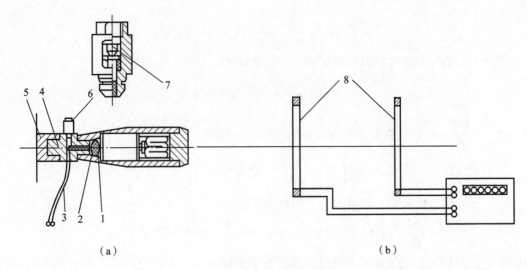

图7-2-3 抛射试验示意图

1—抛射药；2—电点火头；3—导线；4—连接螺；5—固定装置；6—测压器；7—预压铜柱；8—测速靶

测定弹底或下弹体与内部装填零件在抛射作用时的减速度值（反抛速度值）比较困难，通常需要借助地面静抛试验，并辅以必要的计算完成。

假设弹体不动，也可用内弹道学公式得到弹底或下弹体与内部装填零件从弹腔内抛出的速度概略解，即

$$v_{\mathrm{p}} = \sqrt{\frac{2\omega_{\mathrm{p}}f_{\mathrm{p}}g}{\phi_1 q_{\mathrm{n}}(k-1)}} \cdot \sqrt{1 - \left(\frac{L_1}{L_1 + L}\right)^{k+1}} \qquad (7-2-8)$$

式中　ω_{p}——抛射药量；

　　　f_{p}——抛射药的火药力；

　　　q_{n}——被抛射零件总质量；

　　　k——绝热指数，对于黑火药，$k=2$；

　　　ϕ_1——虚拟系数，$\phi_1 \approx 1$；

　　　L——弹体内腔装填容积长度；

　　　L_1——计算长度，其表达式为

$$L_1 = L_{\mathrm{E}} - L_{\alpha}$$

式中　L_{E}——抛射药室容积 W_{E} 换算长度，$L_{\mathrm{E}} = \dfrac{W_{\mathrm{E}}}{S_{\mathrm{T}}}$；

　　　L_{α}——抛射药余容 α 换算长度，其表达式为

$$L_{\alpha} = \frac{\alpha\omega_{\mathrm{p}}}{S_{\mathrm{T}}};$$

式中　S_{T}——弹体内腔装填容积横截面积。

在伞弹抛射装填结构条件下，$\left(\dfrac{L_1}{L_1 + L}\right)^{k+1}$ 值很小，$\sqrt{1 - \left(\dfrac{L_1}{L_1 + L}\right)^{k+1}} \approx 1$，故式（7-2-8）可简化为

$$v_{\mathrm{p}} = \sqrt{\frac{2\omega_{\mathrm{p}}f_{\mathrm{p}}g}{q_{\mathrm{n}}(k-1)}} \qquad (7-2-9)$$

式（7-2-9）计算结果比实测值稍高，故应乘以修正系数 0.85，则与实测结果相符，因此，

$$v_p = 0.85 \sqrt{\frac{2\omega_p f_p g}{q_n(k-1)}} \tag{7-2-10}$$

在试验或计算基础上，根据能量守恒原理，略去空气阻力的影响，可求得弹底或下弹体与内部装填零件在抛射作用时的反抛速度值为

$$v_{fp} = \sqrt{\frac{q - q_n}{q}} \cdot v_p \tag{7-2-11}$$

式中　q——伞弹的质量。

例 7-3　计算某降落伞系统抛射作用后瞬间的运动速度（存速）。已知：抛射药量 $\omega_p = 0.045$ kg；火药力 $f_p = 29000$ kg·m/s；绝热指数 $k = 2$；被抛射零件总质量 $q_n = 10.24$ kg；伞弹质量 $q = 15.5$ kg；母弹在开舱点速度 $v_k = 182$ m/s；

解： 降落伞系统是被抛射零件的一部分，其反抛速度与被抛射零件的反抛速度一致，其反抛速度为

$$
\begin{aligned}
v_{fp} &= 0.85 \sqrt{\frac{2\omega_p f_p g}{q_n(k-1)}} \cdot \sqrt{\frac{q - q_n}{q}} \\
&= 0.85 \times \sqrt{\frac{2 \times 0.045 \times 29000 \times 9.81}{10.24 \times (2-1)}} \times \sqrt{\frac{15.5 - 10.24}{15.5}} \\
&= 24.8 \ (\text{m/s})
\end{aligned}
$$

抛射作用后瞬间，降落伞系统的存速为

$$v_{cs} = v_k - v_{fp} = 182 - 24.8 = 157.2 \ (\text{m/s})$$

第三节　抛射强度校核计算

伞弹的弹体与零件必须满足发射和空爆强度要求。空爆时，在抛射火药气体压力作用下，弹体受内压作用，各内部装填零件受到与发射时相反方向的惯性力和挤压力的作用。有些内部装填零件在空爆时所受的力，远远超过发射时所受的力。所以，必须校核抛射时弹体和相关零件的强度。

伞弹的抛射强度校核计算主要包括：抛射时弹体强度、抛射时螺纹剪切强度、抛射时弹壁强度、抛射时推板强度。

一、抛射时弹体强度计算

一般地，弹体强度计算部位如图 7-3-1 所示。

空爆时，弹体受抛射火药气体内压力作用，其强度薄弱环节一般位于 1—1 断面和 2—2 断面，其应力值为

$$\sigma_{pn} = \frac{\sqrt{3} R_n^2}{R_n^2 - r_n^2} p_p \tag{7-3-1}$$

式中　p_p——抛射火药气体压力。

强度条件为

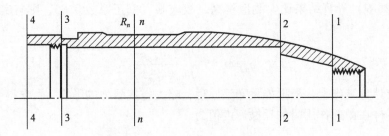

图 7 – 3 – 1   弹体强度计算部位划分

$$\sigma_{pn} \leqslant \sigma_s$$

例 7 – 4   计算某照明弹抛射时弹体强度。已知：抛射压力 $p_p = 450$ kg/cm²；弹丸质量 $q = 24.7$ kg；弹丸半径 $R = 6.1$ cm；弹体金属材料屈服极限 $\sigma_s \geqslant 4800$ kg/cm²。

各计算断面结构尺寸如下：

1—1 断面：$R_1 = 3.5$ cm, $r_1 = 2.9$ cm

2—2 断面：$R_2 = 5.0$ cm, $r_2 = 4.45$ cm

3—3 断面：$R_3 = 5.7$ cm, $r_3 = 4.5$ cm

4—4 断面：$R_4 = 6.05$ cm, $r_4 = 4.5$ cm

解： 1—1 断面和 2—2 断面是弹体空爆强度最薄弱的断面；3—3 断面和 4—4 断面是弹体发射强度最薄弱的断面。

在抛射火药气体内压力作用下，弹体 1—1 断面和 2—2 断面内应力值分别为

$$\sigma_{pn} = \frac{\sqrt{3} R_n^{\ 2}}{R_n^{\ 2} - r_n^{\ 2}} p_p = \frac{\sqrt{3} \times 3.5^2}{3.5^2 - 2.9^2} \times 450 = 2490 \ (\text{kg/cm}^2)$$

$$\sigma_{pn} = \frac{\sqrt{3} R_n^{\ 2}}{R_n^{\ 2} - r_n^{\ 2}} p_p = \frac{\sqrt{3} \times 5^2}{5^2 - 4.45^2} \times 450 = 3750 \ (\text{kg/cm}^2)$$

由计算结果可以看出，σ_{pn1} 与 σ_{pn2} 均小于 σ_s，证明此照明弹弹体空爆强度满足要求。

二、抛射时螺纹剪切强度计算

为了保证抛射时，弹底与弹体的连接螺纹被可靠剪断，必须使抛射火药气体所产生的剪切力大于连接螺纹的抗剪强度。空爆作用时，抛射火药气体产生的剪切力为

$$F = p_p \pi r_T^2 \tag{7 – 3 – 2}$$

式中 p_p——抛射压力；

r_T——弹体内腔装填容积半径。

连接螺纹的抗剪强度为

$$\theta = \pi r_{pj} h_e \sigma_s \tag{7 – 3 – 3}$$

式中 r_{pj}——螺纹的平均半径；

h_e——螺纹的配合长度；

σ_s——弹底金属材料屈服极限。

弹底与弹体连接螺纹被可靠剪断的强度条件为

$$F > f_{jd} \theta$$

式中 f_{jd}——螺纹可靠剪断安全系数，$f_{jd}=1.5$。

三、抛射时弹壁强度计算

伞弹壳体结构和受力状况如图 7－3－2 所示。弹体底部在弹药发射时受力最大，而弹壁在抛射时受力最大。

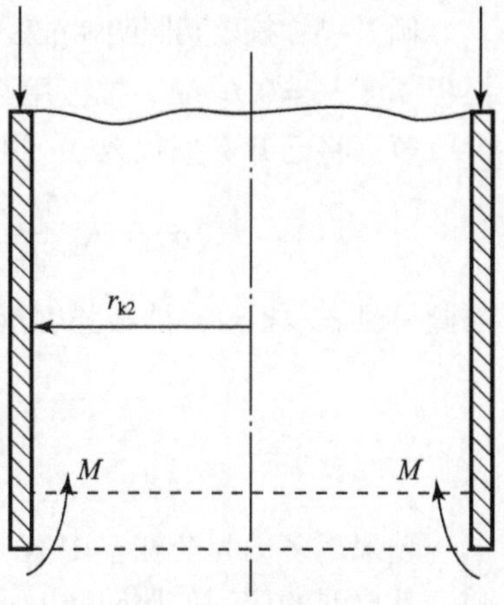

抛射时，伞弹弹壁受抛射火药气体压力挤压作用，弹壁内应力值为

$$\sigma_{kj}=\frac{p_p r_T^2}{r_{k2}^2-r_{k1}^2} \qquad (7-3-4)$$

式中 r_{k1}，r_{k2}——伞弹弹壁内外半径。

由于壳体内装有装填物，可以辅助弹壁受力，改善弹壁受力状况，因此，伞弹弹壁的强度条件为

$$m_{k1}\sigma_{kj}\leqslant\sigma_b \qquad (7-3-5)$$

式中 m_{k1}——修正系数，$m_{k1}\approx0.85$；

σ_b——伞弹壳体材料的强度极限。

四、抛射时推板强度计算

推板在抛射时受力最大。抛射时，在抛射火药气体压力下，推板的受力状况可简化为周边支撑的圆板，受抛射火药气体压力均载的作用，如图 7－3－3 所示。

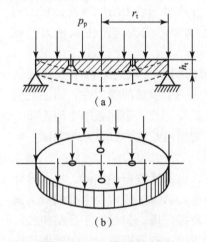

图 7－3－3 推板受力图

略去传火孔影响，在推板中心部位产生最大弯曲应力与应变。推板的强度条件为

$$\sigma_{tw}=K_t\frac{5p_p r_t^2}{4h_t^2}\leqslant\sigma_b \qquad (7-3-6)$$

式中 r_t——推板半径；

h_t——推板厚度；

K_t——符合系数，$K_t\approx0.3$；

σ_b——推板材料的强度极限。

图 7－3－2 弹壁受力图

例 7 – 5 校核某照明弹推板强度。已知：抛射压力 $p_p = 458$ kg/cm^2；推板半径 $r_t = 4.45$ cm；推板厚度 $h_t = 0.6$ cm。推板用 50 钢板冲制，经淬火处理，强度极限为 $\sigma_b \geqslant 11900$ kg/cm^2。

解：将已知数据代入式（7 – 3 – 6），可得

$$\sigma_{tw} = K_t \frac{5 p_p r_t^2}{4 h_t^2} = 0.3 \times \frac{5 \times 458 \times 4.55^2}{4 \times 0.6^2} = 9860 \ (kg/cm^2)$$

由此可见 $\sigma_{tw} < \sigma_b$，推板强度满足要求。

第四节　伞弹结构设计

越来越多的弹药在空中有一段带伞的飞行过程，我们把带降落伞的子母弹药简称为伞弹，其典型的应用如照明弹、火箭助飞鱼雷、末敏弹、视频侦察弹等。本章讨论的伞弹设计主要包括：几种典型伞弹的结构特点；降落伞结构设计；降落伞设计计算。

一、伞弹的结构特点

降落伞作为一种气动稳定减速装置，由于具有质量小、体积小、稳定减速效果好、加工方便以及成本低等优点，在国防、科学与民用技术以及航空体育运动等领域获得广泛的应用，品种类型较多。

降落伞的主要部分是伞衣和伞绳，如图 7 – 4 – 1 所示。

伞衣是可充气至一定形状并产生气动力的织物面，它的用途是当它在空气中下落或被运动物体拖曳时产生减速力或稳定力。

伞绳通常通过物体拖曳端的用布将减速力从伞衣传至物体。吊带在伞绳汇交点下方形成一个单独的受力件，而在汇交点上方，可以分散成为几根分叉带，分叉带同各组伞绳连接。

伞弹结构的降落伞系统的功用可归纳为以下几个方面：

1. 稳定、减速，保证弹道

各种炸弹、燃烧弹、水雷、鱼雷等攻击性武器，以及另外一些如照明弹、干扰弹等服务性武器需按规定要求准确投至预定的目标，或预定空域，才能发挥作用。但是由于受结构外形

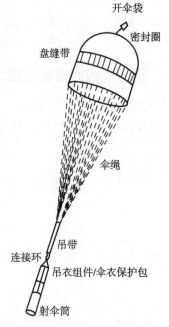

图 7 – 4 – 1　降落伞系统结构

限制，单靠弹药自身气动特性很难达到预期目的，因此需用降落伞来控制弹体运动速度和姿态。保证准确的弹道。

2. 增加留空时间

在弹药中有些降落伞主要是为了增加该弹在预定高度的留空时间。例如，照明弹上的主伞，主要用来保证照明炬在距地面一定高度范围内，有足够的停留时间用以照明地面，观察敌情或照相。又如，干扰弹则是用一定平台到一定空域抛出小型电子干扰机，这些干扰机以很小的下降速度（1 m/s）和一定的散布率在距敌一定范围内工作，以干扰敌台的发射和接收。

3. 增加退出距离

由于攻击型航弹爆炸危险半径很大，尤其是核武器爆炸后产生的冲击波、光辐射作用半径很大，即使在较高的高度上空投，也需要降落伞使飞机在核弹爆炸前飞离危险区；另外，各种低空炸弹由于投弹高度很低（30~50 m），留空时间极短（3~4 s），也需要降落伞极快地减小炸弹速度，从而增加炸弹着地爆炸点与飞机的距离。

4. 增加落地（水）角

为提高弹药的战术技术性能，往往要求弹药落地（水）时具有大的落地（水）角。因为大的落地（水）角：第一可以防止跳弹，保证弹药作用准确；第二可以使弹片分布合理，扩大杀伤面。因此，对于某些弹药，特别是低空炸弹，需要用降落伞尽快地将水平运动速度减下来，以增加弹体落地（水）角。

5. 控制着陆速度

对于地雷、水雷、鱼雷等，希望有较小的着陆、着水速度，以免内装仪器被摔坏。但是，对反跑道之类的航弹，为了获得很大的穿透力和贯穿深度，就需要有很大的着陆速度（200~300 m/s）。

但是，并非每种弹药都同时具备上述要求，因为它们经常互相矛盾。例如，极大的着地速度与大的着地角度、留空时间、退曳距离之间互为矛盾。出于风的影响，大的留空时间与弹药准确性之间互为矛盾。小的下降速度和质量、体积互为矛盾等。在降落伞使用时，可根据产品功用及设计要求满足其主要条件，并兼顾其他。

二、降落伞系统结构概述

携带悬挂物从空中徐徐下降是降落伞的主要功能。降落伞单位质量产生的阻力效率高于其他气动力减速器，降落伞可以折叠包装在体积很小的容器里，这两个特点使降落伞得到广泛应用。降落伞的工作过程包括开伞和稳定下降两个阶段：开伞阶段包括降落伞从伞包（或伞衣套）拉出拉直，并逐渐充气包到胀满，再从胀满速度减速到稳定下降速度，开伞过程中降落伞的速度、形状不断变化；在稳定下降阶段，降落伞的速度只随空气密度增加而略有下降。降落伞的设计工作围绕这两个阶段展开：稳定阶段的设计，重点考虑胀满状态降落伞的气动特性，包括升力、阻力和力矩特性；开伞阶段则着重考虑开伞程序，设计合理的开伞程序使系统安全可靠地工作。后者与稳定阶段的设计具有同等重要性。

传统降落伞胀满状态工作时追求大阻力。伞衣外表面大部分为气流分离区，阻力远大于升力。此外，制造伞衣的织物具有透气性。透气性大小影响流经伞衣的气流的流动特性，从而影响降落伞的稳定性和阻力特性。开伞过程可靠、动载小是通用要求。有时还要求开伞快捷，以减少开伞过程的高度损失。影响开伞过程这些要求的因素除主伞外，还与系统中引导伞、伞包、伞衣套等其他组件结构有很大关系。连接带、拉断绳（线）等在降落伞工作过程中也起作用。开伞过程是这些部件协调工作的综合结果，开伞过程设计主要依赖经验和试验。降落伞设计人员的任务之一是平衡各种要求，在继承以往成果的基础上创新，降落伞的理论研究是在试验基础上发展起来的，是对降落伞工作过程的拟合，并通过试验对这种拟合进行验证和修正。

三、降落伞系统组成与结构

降落伞系统的不同使用要求，使降落伞具有不同的组成。人用伞一般由引导伞、伞包、伞衣套、主伞及开伞装置（拉环、开伞器、开伞拉绳）等组成。回收伞主要由减速伞和主伞组成。减速伞使系统减速，保证主伞开伞条件。对于高速回收，有时需要用多级减速伞减小最大开伞动载。

在降落伞系统中包括连接线、拉断绳以及着陆缓冲机构、着陆分离机构，以保证空中和着陆安全。引导伞、主伞、减速伞和超声伞有各自的工作条件和功能：引导伞应具有开伞快、有一定阻力、工作可靠等特点；主伞则应质量小、阻力特性好、稳定性好；减速伞需具有承受大速压能力及良好的稳定性，以保证主伞开伞条件；超声速伞工作跨越超声速和亚声速，需兼有超声速和亚声速条件下正常工作的能力，这些要求在不同形式的伞上体现出来。伞衣套形式也有多种，目前按其结构的不同有长、短伞衣套之分。随着救生伞开伞速度的提高，在伞衣套上增加了防止堆积和抽打的措施。伞包既要容纳伞衣和伞绳，又要采取适当的措施使伞衣、伞绳能顺利拉出。伞包的形状往往要与容纳伞包的伞舱协调一致，有时需要在总体设计中加以考虑。

四、降落伞设计计算

降落伞设计计算主要包括：伞衣面积确定；开伞动载计算；伞衣强度计算；伞绳强度计算。

（一）伞衣面积确定

伞衣面积根据降落伞 – 子弹系统在空中稳定下降速度确定。系统在空中稳定下降时，其重力与所受空气阻力相平衡，运动方程式为

$$G_w + G_s = \frac{1}{2}\rho v^2 (C_s A_s + C_w A_w) \tag{7-4-1}$$

则

$$A_s = \frac{2(G_s + G_w)}{\rho C_s v^2} - \frac{C_w}{C_s} A_w \tag{7-4-2}$$

由于 $\dfrac{C_w}{C_s}A_w$ 比值很小，可忽略不计，因此伞衣面积计算公式可简化为

$$A_s = \frac{2(G_s + G_w)}{\rho C_s v^2} \tag{7-4-3}$$

式中 空气密度 ρ、速度 v 都是变量，精确计算此两个参量比较困难，通常以平均值代替。这样，伞衣面积的计算公式可表示为

$$A_s = \frac{2(G_s + G_w)}{\rho_{pj} C_s v_{pj}^2} \tag{7-4-4}$$

式中 G_w——子弹重力；

G_s——降落伞重力；

C_s——伞衣阻力系数；

ρ_{pj}——降落伞工作阶段的空气平均密度，其计算公式为

$$\rho_{pj} = \frac{1.226}{2}\left(\frac{20000 - h_1}{20000 + h_1} + \frac{20000 - h_2}{20000 + h_2}\right) \tag{7-4-5}$$

式中 h_1，h_2——降落伞 – 子弹系统开始工作到完成时对应的高度。

空气平均密度 ρ_{pj} 也可根据 h_1、h_2 查空气密度表，得到相应的空气密度 ρ_1、ρ_2，再进一步求得

$$\rho_{pj} = \frac{\rho_1 + \rho_2}{2} \qquad (7-4-6)$$

根据经验，线膛火炮发射的降落伞 – 子弹系统平均降速 $v_{pj} \leqslant 8 \sim 10 \text{ m/s}$ 时，$G_s/G_w \approx 0.37 \sim 0.52$；迫击炮发射的伞弹系统平均降速 $v_{pj} \leqslant 8 \text{ m/s}$ 时，$G_s/G_w \approx 0.15 \sim 0.18$。

由上述方法计算得到的伞衣面积，能够满足设计技术要求。

例 7 – 6　确定某线膛火炮末敏弹稳定降落伞的伞衣面积。已知：抛射高度 $h_k = 500 \text{ m}$；子弹重力 $G_w = 1.1 \times 9.81 \text{ N}$；末敏弹稳态扫描时速度 $v_{pj} \leqslant 10 \text{ m/s}$。

解：取降落伞与子弹重力比 $G_s/G_w = 0.4$，则降落伞重力为

$$G_s = 0.4 G_w = 0.4 \times 1.1 \times 9.81 = 4.3162 \text{ （N）}$$

则该降落伞 – 子弹系统的总重力为

$$G_s + G_w = 4.3164 + 1.1 \times 9.81 = 15.1074 \text{ （N）}$$

假设末敏弹完成工作时高度为 100 m，查空气密度表，得到

$$\begin{aligned} \rho_{pj} &= \frac{1.226}{2} \left(\frac{20000 - h_1}{20000 + h_1} + \frac{20000 - h_2}{20000 + h_2} \right) \\ &= \frac{1.226}{2} \left(\frac{20000 - 500}{20000 + 500} + \frac{20000 - 100}{20000 + 100} \right) \\ &\approx 1.19 \text{ （kg/m}^3\text{）} \end{aligned}$$

若采用平面圆形伞衣，取阻力系数 $C_s = 0.6$，则降落伞伞衣面积为

$$A_s = \frac{2(G_s + G_w)}{\rho_{pj} C_s v_{pj}^2} = \frac{2 \times 15.1074}{1.19 \times 0.6 \times 10^2} = 0.42 \text{ （m}^2\text{）}$$

（二）开伞动载计算

降落伞开伞过程是个复杂的物理过程，在很短的时间内，降落伞外形及各部分的相对位置都发生急剧的变化。开伞动载系指伞衣充满瞬间作用在伞衣上的动力载荷。计算开伞动载有两种方法，首先介绍开伞动载最大值的经验计算方法，并假设以下条件。

（1）最大开伞动载为充满瞬间伞衣阻力的 2 倍，即

$$F_{kmax} = 2Q_m \qquad (7-4-7)$$

式中

$$Q_m = \frac{1}{2} \rho v_m C_s A_s$$

（2）充满距离与伞衣面积的关系为

$$S_m = C\sqrt{A_s} \qquad (7-4-8)$$

式中　常数 C 取决于伞型及织物透气量。

（3）充气过程中伞衣阻力系数保持不变。根据以上假设，当降落伞系统垂直下降时，出现最大动载瞬间的运动方程为

$$m_{xi} \left(\frac{dv}{dt} \right)_m = G_{xi} - F_{kmax} \qquad (7-4-9)$$

式中　G_{xi}，m_{xi}——降落伞系统的重力与质量；

$$\left(\frac{\mathrm{d}v}{\mathrm{d}t}\right)_{\mathrm{m}}$$ ——出现最大动载时，降落伞系统的加速度。

通常，$\left(\dfrac{\mathrm{d}v}{\mathrm{d}t}\right)_{\mathrm{m}} < 0$ 为减速度，用平均加速度表示，即

$$\left(\frac{\mathrm{d}v}{\mathrm{d}t}\right)_{\mathrm{m}} = k_{\mathrm{a}}\frac{v_{\mathrm{m}} - v_1}{t_{\mathrm{m}}}$$

式中　k_{a}——加速度修正系数；

v_{m}，v_1——伞衣充满速度和拉直速度。

如果充气过程中的平均速度为

$$v_{\mathrm{pj}} = \frac{v_{\mathrm{m}} + v_1}{2} \tag{7-4-10}$$

则充满时间为

$$t_{\mathrm{m}} = \frac{2S_{\mathrm{m}}}{k_{\mathrm{v}}(v_{\mathrm{m}} + v_1)} \tag{7-4-11}$$

式中　k_{v}——速度修正系数。将式（7-4-8）代入式（7-4-11），可得

$$t_{\mathrm{m}} = \frac{2C\sqrt{A_{\mathrm{s}}}}{k_{\mathrm{v}}(v_{\mathrm{m}} + v_1)} \tag{7-4-12}$$

将式（7-4-12）代入式（7-4-9）并整理，可得

$$F_{k\,\mathrm{max}} = \frac{G_{\mathrm{xi}}}{\sqrt{A_{\mathrm{s}}}}\left[\sqrt{A_{\mathrm{s}}} - K(v_{\mathrm{m}}^2 - v_1^2)\right] \tag{7-4-13}$$

式中　$K = \dfrac{k_{\mathrm{a}}k_{\mathrm{v}}}{2Cg}$，取决于伞型、材料及透气量，一般由试验确定。

几种常用伞衣织物的 K 值见表 7-1。

表 7-1　几种常用伞衣织物的 K 值

织物名称	透气量/L	$K/(\mathrm{s}^2 \cdot \mathrm{m}^{-1})$
天然丝平纹绸		0.027
天然丝格子绸	286 ~ 800	0.008 ~ 0.01
509 锦丝格子绸	500 ~ 720	0.0065 ~ 0.007
508 锦丝格子绸	500 ~ 720	0.0055 ~ 0.006

在式（7-4-13）中消去充满速度 v_{m}，则得

$$F_{k\,\mathrm{max}} = \frac{Kv_1^2 + \sqrt{A_{\mathrm{s}}}}{K/\rho C_{\mathrm{s}}A_{\mathrm{s}} + \sqrt{A_{\mathrm{s}}}/G_{\mathrm{xi}}} \tag{7-4-14}$$

一般情况下，式（7-4-14）中的系统质量与系统稳定下降时的阻力相等，为了简化计算，取临近地面时的阻力，则开伞动载最大值为

$$F_{k\,\mathrm{max}} = \frac{1}{8}v_z C_{\mathrm{s}}A_{\mathrm{s}}\frac{Kv_1^2 + \sqrt{A_{\mathrm{s}}}}{K\dfrac{v_z^2}{\Delta} + 2\sqrt{A_{\mathrm{s}}}} \tag{7-4-15}$$

式中 v_1——拉直速度，一般以降落伞系统在开舱点存速代替；

v_z——降落伞系统稳定阶段下降速度，其表达式为

$$v_z = \sqrt{\frac{2(G_s + G_w)}{\rho_0 C_s A_s}}$$

Δ——相对密度，其表达式为

$$\Delta = \frac{\rho_H}{\rho_0}$$

式中 ρ_0——地面空气密度。

（三）伞衣强度计算

通常以充满瞬间在最大开伞动载作用下的伞衣受力状况来衡量伞衣强度。假设充满瞬间伞衣呈半圆球形，开伞动载由全部伞衣承受，其内外压差沿伞衣均布，则平面伞衣子午截面应力和赤道截面应力分别为

$$\sigma_{zw} = \frac{F_{k\,max}}{2D_s} \tag{7-4-16}$$

$$\sigma_{cd} = \frac{F_{k\,max}}{\pi D_s} \tag{7-4-17}$$

比较式（7-4-16）和式（7-4-17）可见，伞衣子午截面应力较大，其值为赤道截面应力值的 1.57 倍。通常，伞衣材料以 50 mm 宽布条做强度试验，安全系数一般取 $f_{sy} = 1.5$，故伞衣强度条件可写为

$$\frac{\sigma_{zw}}{20} \leqslant \frac{\sigma_{sy}}{f_{sy}} \tag{7-4-18}$$

式中 σ_{sy}——伞衣织物的断裂强度。

例7-7 计算某照明弹开伞动载，根据受力状况选择伞衣材料。已知：开舱点高度 $h_k = 500$ m；降落伞系统的开舱点存速 $v_1 = 295$ m/s；照明炬燃烧前质量 $m_w = 2.7$ kg；降落伞质量 $m_s = 0.88$ kg；伞衣面积 $A_s = 1.33$ m^2；伞衣直径 $D_s = 1.3$ m。

解：（1）降落伞系统稳定阶段下降速度。取 $C_s = 0.6$，查表得 $\rho_0 = 0.12497$（kg·s^2）/m^4，则

$$v_z = \sqrt{\frac{2(m_s + m_w)}{\rho_0 C_s A_s}} = \sqrt{\frac{2 \times (0.88 + 2.7)}{0.12497 \times 0.6 \times 1.33}} = 8.5 \text{（m/s）}$$

（2）开伞动载最大值。根据 $h_k = 500$ m，查表得 $\Delta = 0.9529$。故初步选用 509 锦丝格子绸作为伞衣材料，则

$$F_{k\,max} = \frac{1}{8} v_z C_s A_s \frac{Kv_1^2 + \sqrt{A_s}}{K\dfrac{v_z^2}{\Delta} + 2\sqrt{A_s}}$$

$$= \frac{1}{8} \times 8.5^2 \times 0.6 \times 1.33 \times \frac{0.007 \times 295^2 + \sqrt{1.33}}{0.007 \times \dfrac{8.5^2}{0.9529} + 2 \times \sqrt{1.33}}$$

$$= 1550 \text{（kg）}$$

（3）核算伞衣张力值、选择伞衣材料：

$$\sigma_{zw} = \frac{F_{k\,max}}{2D_s} = \frac{1550}{2 \times 1.3} = 29.8 \ (kg/5 \ cm)$$

509 锦丝格子绸断裂强度 $\sigma_{经} \geqslant 48 \ kg/5 \ cm$、$\sigma_{纬} \geqslant 46 \ kg/5 \ cm$，则

$$\frac{\sigma_{经}}{f_{sy}} = \frac{48}{1.5} = 32 \ kg/5 \ cm, \quad \frac{\sigma_{纬}}{f_{sy}} = \frac{46}{1.5} = 30.6 \ kg/5 \ cm$$

由此可见，$\dfrac{\sigma_{经}}{f_{sy}}$ 与 $\dfrac{\sigma_{纬}}{f_{sy}}$ 均大于 σ_{zw}，说明选用 509 锦丝格子绸作伞衣材料可以保证强度要求。

（四）伞绳强度计算

在降落伞工作过程中，伞绳受载最为严重的情况，出现在伞衣充满瞬间。此时，伞绳与伞轴线有一定的夹角 α，外载荷为最大开伞动载 $F_{k\,max}$。

单根伞绳的张力可简单地表示为

$$T_{sh} = \frac{F_{k\,max}}{nk_b \cos \alpha} \tag{7-4-19}$$

式中　n——伞绳数量；

　　　　k_b——伞绳不同时工作的修正系数，通常取 $k_b = 0.667$。

由图 7-4-2，可知

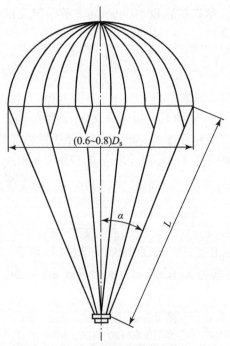

图 7-4-2　伞衣充满时伞绳的几何关系

$$\sin \alpha = (0.3 \sim 0.4)\frac{D_s}{L} \tag{7-4-20}$$

通常，$L = (0.8 \sim 1.2)D_s$，即 $\sin \alpha = 0.33 \sim 0.375$，故 $\cos \alpha = 0.927 \sim 0.943$。

取平均值 $\cos \alpha = 0.935$ 代入式（7-4-19），可得

$$T_{sh} = \frac{F_{k\,max}}{0.935nk_b} \qquad\qquad (7-4-21)$$

伞绳强度条件为

$$T_{sh}f_{sh} \leqslant p_{sh} \qquad\qquad (7-4-22)$$

式中 p_{sh}——伞绳的断裂强度；

f_{sh}——伞绳的安全系数，通常取 $f_{sh} = 1.5$。

例 7-8 计算某线膛火炮照明弹降落伞的伞绳和钢丝绳强度。已知：开伞动载最大值 $F_{k\,max} = 1550$ kg；伞衣展开直径 $D_s = 1.3$ m；伞绳长度 $L_1 = 0.19$ m；伞绳数量 $n_1 = 24$ 根；每根伞绳断裂强度 $p_{sh1} = 200$ kg；钢丝绳数量 $n_2 = 12$ 根；每根钢丝绳断裂强度 $p_{sh2} = 500$ kg。

解: （1）核算钢丝绳强度：

$$T_{sh2} = \frac{F_{k\,max}}{0.935nk_b} = \frac{1550}{0.935 \times 12 \times 0.667} = 207 \text{（kg）}$$

$$T_{sh2}f_{sh} = 207 \times 1.5 = 311 \text{ kg} < p_{sh2}$$

由此可见，钢丝绳强度符合要求。

（2）核算伞绳强度：

伞衣圆周长为

$$l = \pi D_s = \pi \times 1.3 = 4.08 \text{（m）}$$

相邻两伞绳间的距离为

$$l' = \frac{1}{n_1} = \frac{4.08}{24} = 0.17 \text{（m）}$$

则

$$\sin \alpha' = \frac{0.5l'}{L_1} = \frac{0.5 \times 0.17}{0.19} = 0.447$$

$$\cos \alpha' = \sqrt{1 - \sin^2\alpha'} = \sqrt{1 - 0.447^2} = 0.895$$

所以

$$T_{sh1} = \frac{T_{sh2}}{2\cos \alpha'} = \frac{207}{2 \times 0.895} = 116 \text{（kg）}$$

$$T_{sh1}f_{sh} = 116 \times 1.5 = 174 \text{（kg）} < p_{sh1}$$

由此证明，伞绳强度符合要求。

第八章

末敏弹设计

第一节 概　述

末敏弹（Terminal – Sensitive Projectile，TSP）是末端敏感弹药的简称，又称敏感器引爆弹药。末敏弹是一种把先进的敏感器技术和爆炸成型弹丸（Explosively Formed Projectile，EFP）技术应用到子母弹领域中的新型灵巧弹药，它利用常规火炮射击精度高的优点，把母弹发射到目标区上空，抛出末敏子弹，经过减速减旋、稳态扫描后，在弹道末端自动搜索、探测、识别、定位目标，并使战斗部朝向目标方向爆炸，主要用于攻击集群坦克的顶装甲。

末敏弹大多数采用子母弹结构，母弹内装多枚末敏子弹，母弹仅仅是载体，末敏子弹具有末端敏感目标的功能。母弹的发射载体可以是炮弹、火箭弹、航空炸弹、航空布撒器等，在一次发射（或投射）中可同时攻击多个不同的目标。随载体射程不同，末敏子弹可以实现对远、中、近不同射程上装甲目标的精确打击。

末敏弹武器系统综合应用了爆炸成型弹丸技术、红外和毫米波探测技术以及信号微处理等技术，把子母弹的面杀伤特点发展到攻击点目标，使之适用于间瞄射击，能有效攻击远距离自行火炮和其他装甲目标，成为一种反炮兵压制武器。末敏弹不需要另外输入信号和外部指示就能寻找目标，实现了"打了后不用管"。同时，它具有以下优点：

（1）利用远程火炮发射，具有作战距离远的特点。

（2）借助火炮的高精度以及自身能在 150 m 左右的范围内搜索目标，因而命中精度高。

（3）采用爆炸成型战斗部攻击顶装甲，具有很好的毁伤效果。

（4）效费比很高，用它摧毁装甲目标的效率要比用子母弹提高 20 倍。

（5）不需要复杂的检测设备，勤务处理方便。

（6）不用控制，没有精密复杂的制导系统，因而比导弹结构简单，技术上难度小。

（7）成本低，适宜大量装备部队。

目前，末敏弹的典型代表产品有美国的"萨达姆"（SADARM）155 mm 炮射末敏弹、德国的"斯马特"（SMART）155 mm 炮射末敏弹、瑞典/法国联合研制的"博纳斯"（BONUS）155 mm 炮射末敏弹以及俄罗斯的 9M55K1 式 300 mm 远程火箭末敏弹等。

第二节　末敏弹的作用原理

根据作战任务要求以及地理、气象等参数计算确定射向、射角、开舱时间等，发射末敏弹。当末敏弹在火炮膛内运动时，时间引信就开始工作。按照预定的外弹道运动规律，母弹飞行至地面目标区上空后，时间引信作用，母弹在高速旋转时，在惯性离心力作用下，弹底、后子弹、前子弹、拱形推板等被依次抛出。末敏子弹抛出后，末敏子弹上的减速伞和减速翼片打开，进入减速减旋阶段。释放主旋转伞，此时的子弹轴线与铅垂轴成一定的角度对目标进行稳态扫描、探测、识别。当探测到目标后起爆战斗部形成 EFP，以约 2000 m/s 的速度射向装甲目标并将其摧毁。如果一直到最后没有发现目标，那么末敏子弹战斗部将会自毁。图 8 - 2 - 1 所示为末敏弹的全弹道作用过程。

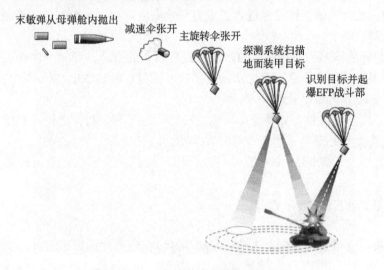

图 8 - 2 - 1　末敏弹的全弹道作用过程

以美国"萨达姆"末敏弹为例，末敏弹的工作过程如下：

（1）"萨达姆"末敏弹丸由制式 155 mm 榴弹炮发射，根据攻击目标位置信息，由射表制定射击方位、俯仰等射击诸元和母弹开舱时间等引信装定诸元，其他与发射普通无控弹丸相同。

（2）末敏弹丸经无控弹道飞抵目标上空后，时间引信作用，启动抛射装置，抛射药爆炸，爆炸压力剪断底螺，向后抛出子弹串，子弹串中弹簧盒弹开，将前后两枚末敏子弹径向分离。

（3）末敏子弹抛出后，冲压式空气充气减速器被充气，形成扁球形，对末敏子弹起减速、减旋、定向、稳定的作用。

（4）同时，热电池启动工作，当热电池电压达到规定值时开始对电子系统（含微处理器、多模传感器、中央控制器等电器部件）充电启动。

（5）当末敏子弹以大着角下落并在中央控制器的控制下，毫米波雷达开始第 1 期测距，测定子弹到地面的距离。

（6）当测定结果达到预定高度（500 ~ 800 m）时，在中央控制器的控制下，末敏子弹抛去冲压式空气充气减速器后，涡旋式旋转伞在气动力的作用下展开并开始工作，带动末敏子弹旋转。

（7）在中央控制器的控制下在末敏子弹圆柱体外侧甩出红外探测器窗口并锁定到位，同时启动红外焦面阵列（1×8元探测器）开始制冷。

（8）旋转伞带动末敏子弹稳态降落过程中，在中央控制器的控制下，毫米波雷达开始第2期测距。

（9）在第2期测距过程中，中央控制器中火力决策处理器启动前期措施，完成对目标探测数据采集准备工作。此时：①末敏子弹已进入稳态扫描，但末敏子弹高度仍大于EFP战斗部的有效作用高度；②火力决策处理器根据各传感器提供的数据，调整探测门限，以抑制假目标和外界干扰，获得最大的探测概率。

（10）当子弹降到100～150 m的高度时，各传感器在火力决策处理器的统一指令下，进行工作扫描。此时末敏子弹已经进入了威力有效高度。在中央控制器的控制下发火装置解除最后一道保险。

（11）对目标的探测，采用相邻的两次扫描后判定的方式，即第一次扫过目标后，向火力决策处理器报告目标和信息；第二次扫过目标时把目标敏感数据与处理器为特定目标设定的特征值进行比较，再做出最终判定。

（12）第二次扫描结果，如确定是目标，与此同时还判定目标已进入末敏子弹的威力窗口内时，由火力决策处理器下达指令起爆战斗部，抛射出EFP。

（13）EFP以大于2000 m/s的速度射向目标，在目标来不及运动的瞬间，命中并毁伤目标。

（14）若第二次扫描结果判定为非目标时，可以改换对象，继续探测其他潜在的目标。

（15）如果一直未发现目标，末敏子弹战斗部将在距离地面数米之内自毁。

第三节　末敏弹稳态扫描设计参量选择

末敏子弹通过载体运送到目标区域上空并被抛出，末敏子弹经减速减旋后实现匀速旋转和匀速下落，形成了稳定的扫描平台，以稳定的落速、转速和扫描角对地面背景和目标进行扫描和探测。稳态扫描装置工作的可靠性和扫描品质的好坏直接影响末敏子弹探测、命中和毁伤目标的概率，影响末敏弹的总体性能。要保证末敏子弹具有的良好的工作性能，必须保证末敏子弹有一个稳定的工作平台。

稳态扫描参数主要包括子弹在稳态扫描阶段的落速、转速和扫描角。稳态扫描参数是否合理对末敏子弹性能有较大影响。

末敏弹扫描及其在不同时段下的地面扫描螺旋线，如图8－3－1和图8－3－2所示。

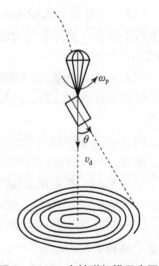

图8－3－1　末敏弹扫描示意图

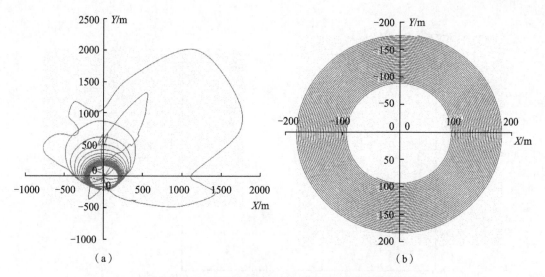

图 8 - 3 - 2 末敏子弹在不同时段下的扫描螺旋线
(a) 0~10 s; (b) 10~20 s

末敏弹经减速减旋后，稳态扫描装置开始工作。初期，末敏弹落速、转速继续降低，扫描角变化较大，未达到运动稳定状态，所以地面扫描轨迹杂乱无章，如图 8 - 3 - 2 (a) 所示。随着空气动力的作用及系统阻尼的影响，末敏弹逐渐以恒定速度 v_d 下落，转速逐渐达到稳定值 ω_p，扫描角 θ 也不再变化，地面扫描轨迹由杂乱变规则，形成螺旋线，如图 8 - 3 - 2 (b) 所示，末敏弹此时进入稳态扫描阶段。

1. 地面扫描螺旋线螺距的确定

扫描螺距是由末敏子弹在稳态扫描阶段的落速、转速和扫描角决定的，扫描螺距决定着敏感器视场扫过目标的可能次数。当敏感器视场与目标交会时，并不是每次交会都能识别目标，仅仅是满足了一定的识别概率。因此，无论末敏子弹采用何种捕获准则，都要求敏感器视场多次（至少两次）扫过目标。

当地面目标位于末敏弹扫描区域内时，它相对于扫描中心的方位是随机的，最典型的有两种状态：一是目标纵轴与扫描螺线的切线平行；二是目标纵轴与扫描螺线的法线一致。显然，前一种状态，末敏弹可扫描的地面目标宽度最小。为了保证至少有两条螺线可扫过目标，末敏弹扫描螺线的螺距应不大于目标最小宽度的 1/2。

2. 扫描角 θ 的确定

在探测器和战斗部作用距离一定的情况下，扫描角 θ 越大则地面扫描范围也越大，捕获目标的概率也越大。扫描角过大也有缺点：一是使爆炸成型弹丸攻击目标时与目标法线的夹角增大，这使得必须穿过的装甲厚度加大，降低了爆炸成型弹的威力，增大了爆炸成型弹设计的难度；二是在同样的毫米波探测器波束锥角下地面光斑的面积增大，不利于对目标的瞄准；三是微小的扫描角度变化 $\Delta\theta$ 会产生较大的地面扫描螺旋线半径和螺距的变化，当扫描角 $\theta > 30°$ 时扫描角误差 $\Delta\theta$ 产生的扫描螺旋线半径误差 Δh 迅速增大，这可能会使扫描螺旋线偏出目标面积之外而发生漏扫，而 $\theta < 30°$ 时，Δh 随 $\Delta\theta$ 变化趋缓。

大量的试验证实，毫米波辐射计的天空亮度温度与扫描角的关系，如图 8 - 3 - 3 所示。

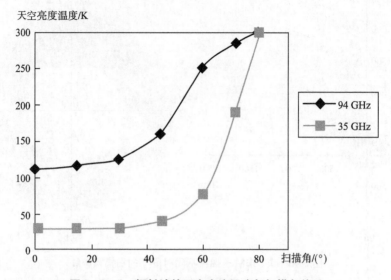

图 8 – 3 – 3　辐射计的天空亮度温度与扫描角关系

辐射计接收到的金属目标反射的天空亮度温度随扫描角的增大而逐渐上升，导致与背景辐射温度差逐渐缩小，这对探测目标是极为不利的。由图 8 – 3 – 3 可以看出，对于 8 mm（35 GHz）波辐射计，当扫描角大于 45°，对于 3 mm（94 GHz）波辐射计，当扫描角大于 30°时，辐射计接收到的背景反射的天空亮度温度急剧上升，因此 8 mm 波辐射计的扫描角不宜大于 45°，3 mm 波辐射计的扫描角在 30°左右比较合适。

综合考虑末敏子弹的作用距离和搜索面积等因素，末敏弹的扫描角一般取 $\theta = 30°$。

3. 稳态转速 ω_p 和落速 v_d 的确定

转速 ω_p 和落速 v_d 选择的基本要求是必须满足扫描螺距的规定。由于一般末敏弹是用旋转伞实现导旋，伞衣面积大，伞衣表面的摩擦及湍流形成的滚转阻尼力矩很大，因此旋转伞所能达到的最大平衡转速受到限制。当转速过高时，伞衣容易出现喘气、抖动、伸展不开等现象，因此不能把转速选得很高。并且，转速过高对电子器件的反应速度、灵敏度及动态补偿提出更高的要求，不利于电子器件的设计。当转速过低时，因为满足扫描螺距要求的转速和落速成正比关系，转速越低则落速越低，过低的落速不仅要求伞面积增大，而且将使末敏子弹的留空时间变长，不仅易受外界干扰，而且其战场生命力也受到影响。

此外，评价落速、转速优劣的依据是末敏子弹的命中概率。末敏子弹的命中概率随落速和转速的变化规律，如图 8 – 3 – 4 所示。

图 8 – 3 – 4 仿真计算前提条件：末敏子弹扫描区域内有目标，扫描角 30°，目标运动速度为 0 和 15 m/s。命中概率随落速增大缓慢减小，而随转速的增大明显提高。在落速 $v_d <$ 18 m/s，转速 $\omega_p > 5$ r/s 时命中概率变化趋缓。

综合以上各方面的考虑，一般有伞末敏弹的稳态转速 $\omega_p = 3.5 \sim 4.5$ r/s，相应的落速 $v_d = 10 \sim 13$ m/s。

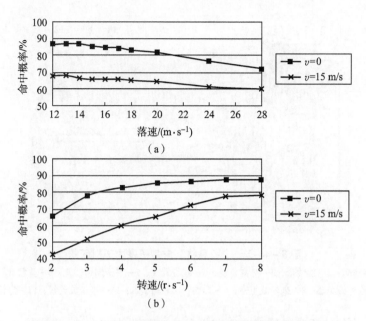

图 8 - 3 - 4　末敏子弹的命中概率随落速和转速的变化规律

（a）5 r/s 条件下；（b）12 m/s 条件下

第四节　末敏弹结构设计

末敏弹的构造随着发射平台、载体及作战用途的不同千差万别。炮射末敏弹、火箭末敏弹、航空炸弹末敏弹、航空布撒器末敏弹不仅母弹（载体）外形、结构、装载的末敏子弹数等有较大差异，而且末敏子弹的构造也各不相同，如末敏子弹的外形、减速/减旋装置、稳态扫描机构、敏感器等均展现出各自的特色。

下面以"斯马特"末敏弹为例介绍末敏弹的结构特点。"斯马特"末敏弹由时间引信、抛射药管、拱形推板、弹底、弹带以及两枚相同的末敏子弹组成，如图 8 - 4 - 1 所示。

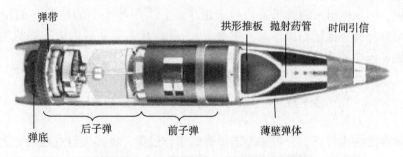

图 8 - 4 - 1　"斯马特"末敏弹结构示意图

"斯马特"末敏子弹主要由子弹弹体、减速/减旋装置、稳态扫描装置、红外敏感器、主/被动毫米波敏感器、弹载计算机、电源、EFP 战斗部、炸药安全起爆装置等组成，如图 8 - 4 - 2 所示。

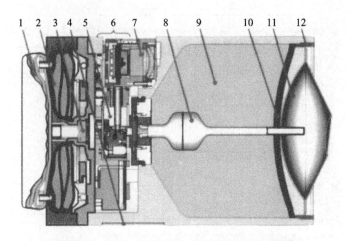

图 8 - 4 - 2   "斯马特"末敏子弹内部剖面图

1—减速伞；2—旋转伞；3—分离机构；4—减旋翼片；5—安全起爆装置；6—弹载计算机；
7—红外敏感器；8—毫米波组件；9—炸药；10—药型罩；11—毫米波天线；12—定位环

图 8 - 4 - 2 中的冲压式球形减速伞和折叠式减旋翼构成减速/减旋装置，旋转伞、抛掉减速伞和伞舱后的子弹及弹伞连接装置构成了稳态扫描装置，EFP 战斗部则主要包括子弹壳体、高能炸药和钽药型罩。

末敏子弹从母弹中抛出后，具有较高的速度和转速，且受到较大的扰动。减速/减旋装置在稳定末敏子弹运动的同时，将末敏子弹的速度和转速按规定的时间或距离减至有利于旋转伞可靠张开并进入稳态扫描的数值。旋转伞则使末敏子弹以稳定的落速和转速下落，并保证末敏子弹纵轴与铅垂方向形成一定的角度对地面进行稳态扫描。

红外敏感器、主/被动毫米波敏感器、弹载计算机及电源构成复合敏感器，其作用是测量子弹距离地面的高度，搜索、探测并识别目标，确定末敏子弹对目标的瞄准点和起爆时间，发出起爆信号起爆 EFP 战斗部。

EFP 战斗部的作用是起爆后使药型罩形成高速飞行的弹丸（速度大于 2000 m/s）从顶部攻击并击毁目标。

如前所述，一发炮射末敏弹携带两枚末敏子弹。由于技术上的原因（如保证前后末敏子弹抛出后可靠分离并保证扫描区域不重叠等），装配状态下前后末敏子弹的质量、弹长等参数有些差别，但在战斗状态即稳态扫描状态下，前后末敏子弹完全相同。

第五节   末敏弹弹道特性分析

根据末敏弹的结构特点，分析该型末敏弹的工作过程，将其飞行过程划分为母弹飞行阶段、子母弹抛射分离阶段、末敏子弹减速/减旋阶段、末敏子弹稳态扫描阶段和 EFP 飞行阶段，如图 8 - 5 - 1 所示。

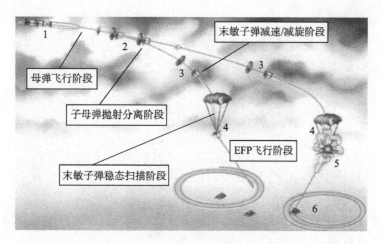

图 8 - 5 - 1　末敏弹全弹道工作过程

一、末敏弹母弹飞行动力学模型

末敏弹母弹飞行弹道包括末敏弹出炮口飞行到母弹开舱抛出末敏子弹的运动过程。末敏弹母弹飞行动力学模型的建模过程包括坐标系定义、受力分析和外弹道飞行动力学建模。

（一）基本假设

以下基本假设依据经典外弹道模型假设（见浦发编写的《外弹道学》）。

（1）地表为平面，地球的重力加速度 g 为常数，方向铅直向下。

（2）忽略地球的哥氏加速度的影响；

（3）弹丸为轴对称刚体，其外形和质量分布均关于纵轴对称。

（4）标准气象条件，风的影响仅考虑恒风速情况。

（二）作用在末敏弹母弹上的外力和外力矩

作用在末敏弹母弹上的力和力矩与来流速度相关，就是说力和力矩的大小及方向与母弹相对空气的速度 v_r 相关。考虑风的作用时，主要考虑风向与风速对 v_r 的影响。

假设风向平行于基准坐标系 $x_d O y_d$ 平面，令风速大小为 w，风向（风的来向）与正北的夹角为 τ_ω，射向与正北的夹角为 α，则风分解为纵风和横风，即

$$\begin{cases} w_x = -w\cos(\tau_\omega - \alpha) \\ w_z = -w\sin(\tau_\omega - \alpha) \end{cases} \tag{8-5-1}$$

通过坐标变化，风在弹道坐标系下的分量为

$$w = \begin{pmatrix} w_{x2} \\ w_{y2} \\ w_{z2} \end{pmatrix} = L_1 \begin{pmatrix} w_x \\ 0 \\ w_z \end{pmatrix} = \begin{pmatrix} w_x\cos\psi_2\cos\theta_a + w_z\sin\psi_2 \\ -w_x\sin\theta_a \\ -w_x\sin\psi_2\cos\theta_a + w_z\cos\psi_2 \end{pmatrix} \tag{8-5-2}$$

因此，相对速度 v_r 在弹道坐标系下的分量为

$$v_r = v - w = \begin{pmatrix} v_{rx2} \\ v_{ry2} \\ v_{rz2} \end{pmatrix} = \begin{pmatrix} v - w_{x2} \\ -w_{y2} \\ -w_{z2} \end{pmatrix} \tag{8-5-3}$$

相对速度 v_r 的大小为

$$v_r = \sqrt{(v - w_{x2})^2 + (w_{y2})^2 + (w_{z2})^2} \tag{8-5-4}$$

令弹轴单位矢量为 $\boldsymbol{\xi}$，在弹道坐标系下的分量为

$$\boldsymbol{\xi} = \begin{pmatrix} \xi_{x2} \\ \xi_{y2} \\ \xi_{z2} \end{pmatrix} = \begin{pmatrix} \cos \delta_2 \cos \delta_1 \\ \cos \delta_2 \sin \delta_1 \\ \sin \delta_2 \end{pmatrix} \tag{8-5-5}$$

故弹轴与相对速度 v_r 夹角，即相对攻角为

$$\delta_r = \arccos \frac{v_r - w}{v_r} \tag{8-5-6}$$

在末敏子弹减速/减旋阶段弹道模型和稳态扫描阶段弹道模型建模过程中，风的影响与此相似，下面不再赘述。

1. 重力

母弹重力在 $Ox_2y_2z_2$ 上的投影表达式为

$$G = mg \begin{bmatrix} -\sin \theta_a \cos \psi_2 \\ -\cos \theta_a \\ \sin \psi_2 \sin \theta_a \end{bmatrix} \tag{8-5-7}$$

式中　m——母弹质量；

　　　θ_a——速度高低角；

　　　ψ_2——速度方位角。

2. 空气动力

空气动力包括空气阻力和升力，空气阻力与相对速度矢量反向，在 $Ox_2y_2z_2$ 上的投影表达式为

$$\boldsymbol{R}_x = -\frac{\rho S c_x v_r}{2} \begin{bmatrix} v_r \\ 0 \\ 0 \end{bmatrix} \tag{8-5-8}$$

空气升力在弹轴与相对速度所确定的平面内，垂直于相对速度并与弹轴同侧，在 $Ox_2y_2z_2$ 上的投影表达式为

$$\boldsymbol{R}_y = \frac{\rho S c_y v_r^2}{2 \sin \delta_r} \begin{bmatrix} \cos \delta_1 \cos \delta_2 - 1 \\ \sin \delta_1 \cos \delta_2 \\ \sin \delta_2 \end{bmatrix} \approx \frac{\rho S c_y' v_r^2}{2} \begin{bmatrix} 0 \\ \delta_1 \\ \delta_2 \end{bmatrix} \tag{8-5-9}$$

式中　ρ——空气密度；

　　　S——母弹最大横截面积；

　　　c_x——阻力系数；

　　　c_y——升力系数；

　　　c_y'——升力系数导数；

　　　δ_r——相对攻角；

　　　δ_1——高低攻角；

δ_2——方向攻角，用于确定弹轴相对于速度的方位和计算空气动力；

v_r——相对速度，$v_r = \sqrt{v_x^2 + v_y^2 + v_z^2}$。

3. 马格努斯力

当母弹自转并存在攻角时，由于母弹表面附近流场相对于攻角平面不对称而产生垂直于攻角面的力称为侧向力（马格努斯力，简称马氏力），在 $Ox_2y_2z_2$ 上的投影表达式为

$$R_z = \frac{\rho S c_z v_r^2}{2\sin\delta_r} \begin{bmatrix} 0 \\ \sin\delta_2 \\ -\cos\delta_2\sin\delta_1 \end{bmatrix} \approx \frac{\rho S c_z' v_r^2}{2} \begin{bmatrix} 0 \\ \delta_2 \\ -\delta_1 \end{bmatrix} \qquad (8-5-10)$$

式中　c_z——马格努斯力系数；

　　　c_z'——马格努斯力系数导数。

4. 静力矩

静力矩为空气动力对母弹质心之矩，对于以高速旋转而稳定的末敏弹母弹而言，该力矩使其攻角增大，为翻转力矩，$m_z > 0$；在 $O\xi\eta\zeta$ 上的投影表达式为

$$M_z = \frac{\rho S l m_z'}{2} v_r^2 \begin{bmatrix} 0 \\ -\sin\delta_2\cos\delta_1 \\ \sin\delta_1 \end{bmatrix} \qquad (8-5-11)$$

式中　l——弹体长度；

　　　m_z'——静力矩系数导数。

5. 极阻尼力矩

母弹在绕其极轴自转时，由于空气黏性，带动附面层气流随母弹而高速旋转，消耗其自转动能，这个阻碍母弹自转的力矩称为极阻尼力矩，在 $O\xi\eta\zeta$ 上的投影表达式为

$$M_{xz} = \frac{\rho S l d v_r \omega_\varepsilon m_{xz}'}{2} \begin{bmatrix} -1 \\ 0 \\ 0 \end{bmatrix} \qquad (8-5-12)$$

式中　m_{xz}'——极阻尼力矩系数导数；

　　　ω_ε——母弹角速度在弹轴坐标系上的分量。

6. 赤道阻尼力矩

对于以旋转稳定的末敏弹母弹，当母弹绕赤道轴摆动时，在母弹压缩空气的一侧压力增加；另一侧因母弹离去，空气稀薄而压力减小，从而形成抑制母弹摆动的力偶。此外，由于气流黏性，在母弹表面两侧将产生阻碍其摆动的摩擦力偶，以上两个力矩之合力矩即为赤道阻尼力矩，在 $O\xi\eta\zeta$ 上的投影表达式为

$$M_{zz} = -\frac{\rho S l d v_r m_{zz}'}{2} \begin{bmatrix} \dot{\varphi}_a\sin\varphi_2 \\ -\dot{\varphi}_2 \\ -\dot{\varphi}_a\cos\varphi_2 \end{bmatrix} \qquad (8-5-13)$$

式中　m_{zz}'——赤道阻尼力矩系数导数。

7. 马格努斯力矩

马格努斯力矩是由于马格努斯力的作用点不在重心时而形成的一个力矩，在 $O\xi\eta\zeta$ 上的投影表达式为

$$M_y = \frac{\rho Sl d\omega_\varepsilon v_r m_y''}{2} \begin{bmatrix} 0 \\ \sin \delta_1 \\ \sin \delta_2 \cos \delta_1 \end{bmatrix} \tag{8-5-14}$$

式中 m_y''——马格努斯力矩系数导数。

当由 θ_a、ψ_2 和 φ_a、φ_2 分别确定了弹道坐标系和弹轴坐标系相对于基准坐标系的位置后，则这两个坐标系的相互位置也就确定了。但是，上述这些角度并不是独立的，彼此之间存在联系。为了确定弹轴相对于速度的方位，需要增加两个描述参考坐标系角度的约束方程，即

$$\begin{cases} \sin \delta_1 = \cos \varphi_2 \sin(\varphi_a - \theta_a) / \cos \delta_2 \\ \sin \delta_2 = \cos \psi_2 \sin \varphi_2 - \sin \psi_2 \cos \varphi_2 \cos(\varphi_a - \theta_a) \end{cases} \tag{8-5-15}$$

（三）母弹外弹道动力学模型

（1）基于动量定理 $m\dfrac{\mathrm{d}v}{\mathrm{d}t} = \sum F$，建立弹道坐标系下的质心运动方程组，得到质心运动方程的标量形式和质心的位置变化方程组：

$$\begin{cases} \dfrac{\mathrm{d}v}{\mathrm{d}t} = \dfrac{1}{m} \sum F_x \\[2mm] \dfrac{\mathrm{d}\theta_a}{\mathrm{d}t} = \dfrac{1}{mv\cos \psi_2} \sum F_y \\[2mm] \dfrac{\mathrm{d}\psi_2}{\mathrm{d}t} = \dfrac{1}{mv} \sum F_z \end{cases} \tag{8-5-16}$$

$$\begin{cases} \dfrac{\mathrm{d}x}{\mathrm{d}t} = v\cos \psi_2 \cos \theta_a \\[2mm] \dfrac{\mathrm{d}y}{\mathrm{d}t} = v\cos \psi_2 \sin \theta_a \\[2mm] \dfrac{\mathrm{d}z}{\mathrm{d}t} = v\sin \psi_2 \end{cases} \tag{8-5-17}$$

式中 F_x，F_y，F_z——作用在母弹上的力在弹道坐标系上的分量；

x，y，z——母弹的质心坐标。

（2）基于动量矩定理 $\dfrac{\mathrm{d}K}{\mathrm{d}t} = \sum M$，建立弹轴坐标系下的绕质心运动方程组，得到母弹的绕质心转动运动学方程组与动力学方程组：

$$\begin{cases} \dfrac{\mathrm{d}\gamma}{\mathrm{d}t} = \omega_\xi - \omega_\zeta \tan \varphi_2 \\[2mm] \dfrac{\mathrm{d}\varphi_2}{\mathrm{d}t} = -\omega_\eta \\[2mm] \dfrac{\mathrm{d}\varphi_a}{\mathrm{d}t} = \dfrac{\omega_\zeta}{\cos \varphi_2} \end{cases} \tag{8-5-18}$$

$$\begin{cases} \dfrac{\mathrm{d}\omega_\xi}{\mathrm{d}t} = \dfrac{1}{C}\sum M_\xi \\[3mm] \dfrac{\mathrm{d}\omega_\eta}{\mathrm{d}t} = \dfrac{1}{A}\sum M_\eta - \dfrac{C}{A}\omega_\xi\omega_\zeta + \omega_\zeta^2\tan\varphi_2 + \dfrac{A-C}{A}\beta_1\ddot{\gamma} \\[3mm] \dfrac{\mathrm{d}\omega_\zeta}{\mathrm{d}t} = \dfrac{1}{A}\sum M_\zeta + \dfrac{C}{A}\omega_\xi\omega_\eta - \omega_\eta\omega_\zeta\tan\varphi_2 + \dfrac{A-C}{A}\beta_2\ddot{\gamma} \end{cases} \quad (8-5-19)$$

式中　M_ξ, M_η, M_ζ——作用在弹丸上的力矩在弹轴坐标系上的分量；

m——母弹质量；

θ_a——速度高低角；

ψ_2——速度方位角；

δ_1——高低攻角；

δ_2——方向攻角，用于确定弹轴相对于速度的方位和计算空气动力；

ω_ε——母弹角速度在弹轴坐标系上的分量；

A——赤道转动惯量；

C——极转动惯量；

β_1, β_2——弹丸的惯性主轴在弹体坐标系上的投影与其坐标轴的夹角；

γ——弹体坐标系相对于弹轴坐标系的转角；

φ_2——弹轴方位角；

φ_a——弹轴高低角；

ω_ξ, ω_η, ω_ζ——母弹的角速度在弹轴坐标系上的分量。

二、末敏弹子母弹抛射动力学模型

末敏弹子母弹抛射分离阶段弹道主要包括母弹开舱至末敏子弹一级减速/减旋装置（减速伞及减旋翼片）打开的运动过程。该模型是在采用设计分离机构和前末敏子弹延时张开翼片的方法的前提下建立的，以自然坐标系下的质点外弹道模型作为抛射动力学数学模型的基础。

（一）基本假设

以下基本假设依据经典的子母弹抛射过程模型（见杨启仁编著的《子母弹飞行力学》）。

（1）末敏子弹在某一飞行阶段，阻力系数不变。

（2）末敏子弹被抛出后，近似于整体飞行。弹底的分离在短时间内完成，忽略其对末敏子弹分离过程的影响。末敏子弹分离机构的动量和动能在分离前后保持不变。

（3）不考虑末敏子弹的初始扰动，认为末敏子弹开舱点处的速度和弹道倾角即为末敏子弹的起始运动速度和角度。

（4）同经典外弹道模型的基本假设。

（5）末敏弹子弹串的分离过程为瞬间完成，不考虑其中间过程。

（二）子弹分离弹道的划分

当弹道计算程序判断末敏弹母弹飞至预定目标区域上空时，时间引信作用，点燃抛射装药，火药气体压力升高至一定压力（约40 MPa），剪断弹底螺纹，推板将两枚末敏弹子弹依次抛射出。此时，弹簧储能装置作用，保证两枚末敏子弹在初始分离时弹道轴向分开一定距离。由于时间很短，末敏子弹串的分离为瞬时完成，不考虑其中间状态，两枚末敏子弹分离前后的速度根据动量守恒和能量守恒定律计算。同时，计算程序控制前后两枚末敏子弹的减速伞和减旋翼片张开时间，对前后末敏子弹的弹道进行了控制，因此两枚末敏子弹被抛出后弹道曲线会完全分开，两枚末敏子弹的运动阶段示意图如图 8 - 5 - 2 所示，后末敏子弹在 B' 点张开减速伞和减旋翼片，前末敏子弹在 B 点张开减速伞和减旋翼片。

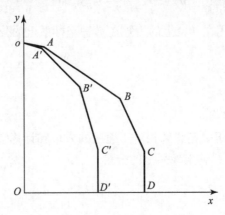

图 8 - 5 - 2　末敏子弹被抛出后的运动阶段示意图

（三）末敏子母弹分离阶段弹道动力学模型

1. 母弹和末敏子弹串分离过程建模

母弹空爆后末敏子弹被后抛出来，设被抛出的末敏子弹绝对运动速度 v_0（末敏子弹串分离前的速度），v_k 为母弹在空爆点的绝对速度，v_p 为末敏子弹后抛速度，则

$$v_0 = v_k - v_p$$

由于母弹抛射末敏子弹的过程与一般子母弹药类似，故 v_p 的计算可参考第 7 章子母弹的抛射速度公式计算得到。

2. 母弹弹壳的运动过程建模

母弹抛出末敏子弹后，母弹残体由于惯性继续向前按原弹道线飞行，其弹道模型与上述的母弹飞行阶段刚体弹道模型相似，若不考虑气动力系数的改变，其弹道轨迹可视为原飞行弹道。本模型将考虑母弹质量参数的变化、速度的变化以及气动力参数的变化，基于母弹飞行阶段弹道模型对母弹残体的运动轨迹进行求解。

3. 分离瞬间的前后末敏子弹的运动状态

根据基本假设（2）和（3）可知，末敏子弹串在开舱点处的弹道倾角 θ_k、速度 v_k 和高度 y_k 可以作为末敏子弹分离阶段的初始运动参数。

设末敏子弹串分离前的速度为 v_0，由于不考虑攻角的影响，v_0 的方向与末敏子弹串弹轴的方向一致；分离后前末敏子弹的速度为 v_1，后末敏子弹的速度为 v_2。分离前后末敏子弹串的运动状态如图 8 - 5 - 3 所示。

由于分离前后末敏子弹串所受外力为零，末敏子弹串的运动过程满足动量守恒定理和能量守恒定理，由此可得

$$\begin{cases} Mv_0 = m_1 v_1 + m_2 v_2 \\ \dfrac{1}{2}Mv_0^2 + \dfrac{1}{2}kx^2 = \dfrac{1}{2}m_1 v_1^2 + \dfrac{1}{2}m_2 v_2^2 \end{cases} \tag{8-5-20}$$

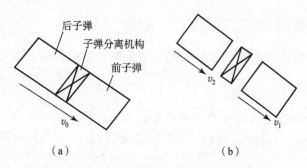

图8-5-3　末敏子弹串分离前后的运动状态

（a）分离前；（b）分离后

式中　M——末敏子弹串（不包括分离机构）的质量；

　　　m_1——前末敏子弹的质量；

　　　m_2——后末敏子弹的质量；

　　　k——弹簧的刚度系数；

　　　x——弹簧的形变量。

联立式（8-5-20）中两个公式求解，可得

$$
\begin{cases}
v_1 = \dfrac{Mm_2v_0 + \sqrt{km_1m_2x^2(m_1+m_2)+Mm_1m_2v_0^2(m_1+m_2-M)}}{m_1m_2+m_2^2} \\[4mm]
v_2 = \dfrac{Mm_1v_0 - \sqrt{km_1m_2x^2(m_1+m_2)+Mm_1m_2v_0^2(m_1+m_2-M)}}{m_1m_2+m_1^2}
\end{cases}
\tag{8-5-21}
$$

4. 分离后的前后末敏子弹的弹道方程

以时间为自变量的自然坐标系下质点的弹道方程组如下：

$$
\begin{cases}
\dfrac{\mathrm{d}v}{\mathrm{d}t} = -b_xv^2 - g\sin\theta \\[3mm]
\dfrac{\mathrm{d}\theta}{\mathrm{d}t} = \dfrac{g\cos\theta}{v} \\[3mm]
\dfrac{\mathrm{d}x}{\mathrm{d}t} = v\cos\theta \\[3mm]
\dfrac{\mathrm{d}y}{\mathrm{d}t} = v\sin\theta
\end{cases}
\tag{8-5-22}
$$

其中

$$
b_x = \frac{\rho(C_xS + C_aS')}{2m}
$$

式中　S——弹体的阻力面积；

　　　S'——阻力翼（伞）的面积；

　　　C_a——阻力翼（伞）的阻力系数；

　　　C_x——弹体的阻力系数。

上述方程构成了分离后前后末敏子弹的弹道方程。

最后，将求解弹道方程得到的姿态参量向平动坐标系投影即得姿态参数输出量。

三、末敏子弹减速/减旋飞行动力学模型

末敏弹减速减旋阶段弹道模型主要包括末敏子弹一级减速/减旋装置打开至二次抛筒前的运动过程。

（一）基本假设

（1）减速伞开舱至完全打开时间小于 0.2 s，因此假设减速伞瞬时打开，忽略其抛射、充气、伞绳拉直等近似瞬态过程。

（2）减速伞张开后不变形，为轴对称刚体。

（3）由于时间很短，不考虑弹体和伞的摆动，攻角为零。

（4）减速伞和末敏子弹采用无摩擦连接，伞的阻力与弹体阻力方向一致。

（二）作用在减速伞 – 末敏子弹系统上的诸外力和外力矩

分析作用于减速伞 – 末敏子弹系统上的力（弹体阻力 R_d、减速伞阻力 R_s、重力 G）和力矩（旋转阻尼力矩 M_{xz}），如图 8 – 5 – 4 所示。

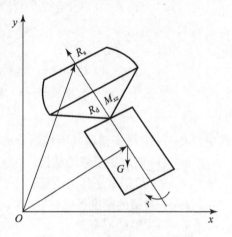

图 8 – 5 – 4　减速伞 – 末敏子弹系统载荷描述

弹体阻力、伞阻力、重力在基准坐标系 $Ox_dy_dz_d$ 下的分量为

$$\boldsymbol{R}_d = -\frac{\rho S_d c_d v_r}{2}\begin{bmatrix} v_x - w_x \\ v_y - w_y \\ v_z - w_z \end{bmatrix}, \quad \boldsymbol{R}_s = -\frac{\rho S_s c_s v_r}{2}\begin{bmatrix} v_x - w_x \\ v_y - w_y \\ v_z - w_z \end{bmatrix}, \quad \boldsymbol{R}_g = -mg\begin{bmatrix} 0 \\ 1 \\ 0 \end{bmatrix} \quad (8-5-23)$$

旋转阻尼力矩为阻碍末敏子弹自转的力矩，在 $O\xi\eta\zeta$ 上的投影表达式为

$$\boldsymbol{M}_{xz} = -Ck_{xz}v_r\omega_\varepsilon\begin{bmatrix} 1 \\ 0 \\ 0 \end{bmatrix} \quad (8-5-24)$$

其中

$$k_{xz} = \frac{\rho Sldm'_{xz}}{2C}$$

式中　m'_{xz}——极阻尼力矩系数导数；

　　　d——弹径；

　　　l——弹体长度；

　　　C——极转动惯量；

　　　$S_d c_d$——弹体阻力特征量；

　　　$S_s c_s$——减速伞阻力特征量；

　　　ω_ε——子弹的自转角速度。

（三）末敏子弹减速/减旋阶段动力学模型

根据牛顿第二定律与动量矩定理，建立末敏弹减速/减旋段的动力学方程组，在基准坐标系下，写成标量形式为

$$\begin{cases} m\dfrac{\mathrm{d}v_x}{\mathrm{d}t} = R_{\mathrm{d}x} + R_{\mathrm{s}x} \\[2mm] m\dfrac{\mathrm{d}v_y}{\mathrm{d}t} = R_{\mathrm{d}y} + R_{\mathrm{s}y} + G \\[2mm] m\dfrac{\mathrm{d}v_z}{\mathrm{d}t} = R_{\mathrm{d}z} + R_{\mathrm{s}z} \\[2mm] \dfrac{\mathrm{d}x}{\mathrm{d}t} = v_x \\[2mm] \dfrac{\mathrm{d}y}{\mathrm{d}t} = v_y \\[2mm] \dfrac{\mathrm{d}z}{\mathrm{d}t} = v_z \\[2mm] C\dfrac{\mathrm{d}\dot{\gamma}}{\mathrm{d}t} = M_{xz} \end{cases} \qquad (8-5-25)$$

四、末敏子弹稳态扫描段动力学模型

末敏弹稳态扫描阶段弹道模型主要指末敏弹二次抛筒后主伞张开直至地面这一阶段的运动过程。降至预先设定高度时，末敏子弹打开主旋转伞，在主旋转伞的作用下，伞-弹系统在阻力作用下进一步减速，在导旋力矩作用下旋转和在极阻尼力矩下减旋，最后达到稳态扫描的运动状态。这时，伞-弹系统一边匀速下落，另一边匀速绕铅垂轴旋转，并且弹轴与铅垂轴成一定的夹角，因而末敏子弹就能够稳定旋转探测目标。

（一）基本假设

主旋转降落伞为柔性材料制作，但如果将降落伞以柔体处理，运动规律非常复杂。事实上，从伞-弹系统的运动过程来看，末敏子弹在下降过程中开伞充气到整个胀满后，伞绳拉紧，此时，无论伞绳之间还是伞绳与伞盘之间的相对运动很小，再加上伞衣上有4个导旋气孔，使伞的透气量增加，伞内外的大气压差和侧向力都减小。所以，伞衣、伞绳也更不容易变形；通常降落伞在空中运动时，空气阻力系数会发生变化。如果在降落伞低速运动或者虽然高速，但是伞衣有效直径远大于弹体最大截面3倍以上的运动情况下，则伞衣的气动系数基本不受弹体尾流的影响。据此，伞-弹系统在稳态扫描阶段的运动中，可将降落伞与伞盘作为一个刚体，弹体作为另一个刚体，伞刚体与弹刚体为柱铰连接。

（1）降落伞开伞时间小于0.2 s，时间很短，因此假设降落伞张开即完成充气过程，忽略充气所需的时间，并且张开后无变形，将降落伞考虑为轴对称刚体。

（2）降落伞作为刚体，一切气动系数均不受弹体尾流影响，整个运动过程气动系数不变为常数。

（3）伞系统、弹体的质量均为常数，不受静力矩的作用，降落伞系统的质心定于半球曲面伞的球心。

（4）受力分析中凡涉及伞绳的计算时，都按照给定初始值常数计算，不考虑运动过程中绳子的伸长、弯曲等变形。

（5）伞刚体与弹刚体之间只有绕柱铰的相对转动，忽略柱铰约束上的摩擦，忽略伞-弹系统在与弹体轴和伞轴所确定的平面垂直的平面内可能的微小摆动。

（二）作用在旋转伞 - 子系统上的诸外力和外力矩

作用在降落伞上的力包括重力、阻力、升力、伞弹连接点 D 对伞的约束反力，将所有的力都加载到降落伞平动坐标系上，作用在降落伞上的力矩包括导旋力矩、极阻尼力矩、赤道阻尼力矩、连接处子弹体对伞的约束力矩，将力矩加载到降落伞固连坐标系上。

（1）降落伞的重力 G_0 在平动坐标系中投影的表达式为

$$G_0 = \begin{bmatrix} 0 \\ -m_0 g \\ 0 \end{bmatrix}$$

（2）阻力 R_{x0}。伞系统阻力与伞的相对速度矢量方向相反，阻力 R_{x0} 的大小为 $\frac{1}{2}\rho v_0^2 C_{x0} S_0$，则

$$R_{x0} = \begin{bmatrix} R_{x0x} \\ R_{x0y} \\ R_{x0z} \end{bmatrix} = -\frac{1}{2}\rho v_0 C_{x0} S_0 \begin{bmatrix} v_{0x} \\ v_{0y} \\ v_{0z} \end{bmatrix} \tag{8-5-26}$$

式中　C_{x0}——伞的阻力系数；

　　　S_0——伞的特征面积。

（3）升力 R_{y0}。升力在伞轴与速度所确定的平面内，垂直于速度并与伞轴同侧，升力 R_{y0} 的大小为 $\frac{1}{2}\rho v_0^2 C'_{y0} S_0 \delta_0$，则

$$R_{y0} = \begin{bmatrix} R_{y0x} \\ R_{y0y} \\ R_{y0y} \end{bmatrix} = \frac{\rho S_0 C'_{y0}}{2} v_0 \delta_0 \begin{bmatrix} v_{0x} \\ v_{0y} \\ v_{0z} \end{bmatrix} \tag{8-5-27}$$

式中　C'_{y0}——伞的升力系数导数；

　　　δ_0——伞的攻角。

由以上讨论可知，作用在降落伞平动坐标系上的气动合力为

$$R_0 = \begin{bmatrix} R_{0x} \\ R_{0y} \\ R_{0z} \end{bmatrix} = R_{x0} + R_{y0} = \begin{bmatrix} R_{x0x} + R_{y0x} \\ R_{x0y} + R_{y0y} \\ R_{x0z} + R_{y0z} \end{bmatrix} \tag{8-5-28}$$

（4）空气导转力矩 M_{xw0}。空气导转力矩大小为 $\frac{1}{2}\rho v_0^2 S_0 l_0 m_{xw0}$，是由于伞衣上的导旋孔而产生的，作用是使伞系统旋转，方向沿伞轴向上，则

$$M_{xw0} = \begin{bmatrix} M_{xw0x} \\ M_{xw0y} \\ M_{xw0z} \end{bmatrix} = \frac{1}{2}\rho v_0^2 S_0 l_0 m_{xw0} \begin{bmatrix} 0 \\ 1 \\ 0 \end{bmatrix} \tag{8-5-29}$$

式中　l_0——伞衣特征长度；

　　　m_{xw0}——导转力矩系数。

（5）伞极阻尼力矩 M_{x0}。伞极阻尼力矩大小为 $\frac{1}{2}\rho v_0 S_0 l_0 d_0 m'_{x0} \omega_{0y}$，方向与沿伞轴向上相反，是阻碍伞自转的力矩，即

$$M_{xz0} = \begin{bmatrix} M_{xz0x} \\ M_{xz0y} \\ M_{xz0z} \end{bmatrix} = -\frac{1}{2}\rho v_0 S_0 l_0 d_0 m'_{xz0} \begin{bmatrix} 0 \\ \omega_{0y} \\ 0 \end{bmatrix} \tag{8-5-30}$$

式中　m'_{xz0}——伞极阻尼力矩系数导数。

（6）伞赤道阻尼力矩 M_{zz0}。伞赤道阻尼力矩大小为 $\frac{1}{2}\rho v_0 S_0 l_0 d_0 m'_{zz0}\omega_{0x0y}$，方向与伞轴摆动的方向相反，其中 $\omega_{0x0y} = \omega_{0x}i_0 + \omega_{0z}k_0$ 为伞轴摆动的角速度，即

$$M_{zz0} = \begin{bmatrix} M_{zz0x} \\ M_{zz0y} \\ M_{zz0z} \end{bmatrix} = \frac{1}{2}\rho v_0 S_0 l_0 d_0 m'_{zz0} \begin{bmatrix} \omega_{0x} \\ 0 \\ \omega_{0z} \end{bmatrix} \tag{8-5-31}$$

式中　m'_{zz0}——伞赤道阻尼力矩系数导数。

由以上分析可得，所有作用在降落伞系统固连坐标系上的气动力矩为

$$M_0 = \begin{bmatrix} M_{0x} \\ M_{0y} \\ M_{0z} \end{bmatrix} = \begin{bmatrix} M_{xw0x} + M_{xz0x} + M_{zz0x} \\ M_{xw0y} + M_{xz0y} + M_{zz0y} \\ M_{xw0z} + M_{xz0z} + M_{zz0z} \end{bmatrix} \tag{8-5-32}$$

（7）连接点子弹体对伞的约束反力 $-N_D$：

$$-N_D = \begin{bmatrix} -N_{Dx} \\ -N_{Dy} \\ -N_{Dz} \end{bmatrix} \tag{8-5-33}$$

（8）连接处伞对子弹体的约束力矩 $-M_{cD}$：

$$-M_{cD} = \begin{bmatrix} -M_{cDx} \\ -M_{cDy} \\ -M_{cDz} \end{bmatrix} = \begin{bmatrix} -M_{cDx}\cos\alpha - M_{cDy}\sin\alpha \\ M_{cDx}\sin\alpha - M_{cDy}\cos\alpha \\ -M_{cDz} \end{bmatrix} \tag{8-5-34}$$

作用在子弹体上的力包括重力、阻力、伞弹连接点的约束反力 N_D，将所有的力都加载到弹体平动坐标系上，作用在子弹体上的力矩包括弹体极阻尼力矩及弹体赤道阻尼力矩、连接处伞对子弹体的约束力矩 M_{cD}，将力矩加载到弹体固连坐标系上。

（1）重力 G_p：

$$G_p = \begin{bmatrix} 0 \\ m_p g \\ 0 \end{bmatrix} \tag{8-5-35}$$

（2）空气阻力 R_{xp}。弹体阻力与子弹体相对速度矢量方向相反，空气阻力的大小为 $\frac{1}{2}\rho v_p^2 C_{xp} S_p$，则

$$R_{xp} = \begin{bmatrix} R_{px} \\ R_{py} \\ R_{pz} \end{bmatrix} = -\frac{1}{2}\rho v_p C_{xp} S_p \begin{bmatrix} v_{px} \\ v_{py} \\ v_{pz} \end{bmatrix} \tag{8-5-36}$$

式中　C_{xp}——弹体的阻力系数；

S_p——弹体的特征面积。

（3）极阻尼力矩 M_{xzp}。极阻尼力矩大小为 $\frac{1}{2}\rho v_p S_p l_p d_p m'_{xzp}\omega_{py}$，方向沿弹轴向上，是阻碍末敏子弹体自转的力矩，即

$$M_{xzp} = \begin{bmatrix} M_{xzpx} \\ M_{xzpy} \\ M_{xzpz} \end{bmatrix} = -\frac{1}{2}\rho v_p S_p l_p d_p m'_{xz0} \begin{bmatrix} 0 \\ \omega_{py} \\ 0 \end{bmatrix} \qquad (8-5-37)$$

式中　m'_{xzp}——弹体的极阻尼力矩系数导数。

（4）赤道阻尼力矩 M_{zzp}。赤道阻尼力矩大小为 $\frac{1}{2}\rho v_p S_p l_p d_p m'_{zzp}\omega_{pxpy}$，方向与弹轴摆动的方向相反，其中 $\omega_{pxpy} = \omega_{px}i_p + \omega_{pz}k_p$ 为弹轴摆动的角速度，即

$$M_{zzp} = \begin{bmatrix} M_{zzpx} \\ M_{zzpy} \\ M_{zzpz} \end{bmatrix} = \frac{1}{2}\rho v_p S_p l_p d_p m'_{zzp} \begin{bmatrix} \omega_{px} \\ 0 \\ \omega_{pz} \end{bmatrix} \qquad (8-5-38)$$

式中　m'_{zzp}——弹体的赤道阻尼力矩系数导数。

（5）伞弹连接点的约束反力 N_D：

$$N_D = \begin{bmatrix} N_{Dx} \\ N_{Dy} \\ N_{Dz} \end{bmatrix} \qquad (8-5-39)$$

（6）连接处伞对子弹体的约束力矩 M_{cD}：

$$M_{cD} = \begin{bmatrix} M_{cDx} \\ M_{cDy} \\ M_{cDz} \end{bmatrix} \qquad (8-5-40)$$

由以上分析可得，所有作用在子弹体上的空气动力矩为

$$M_p = \begin{bmatrix} M_{0x} \\ M_{0y} \\ M_{0z} \end{bmatrix} = \begin{bmatrix} M_{xzpx} + M_{zzpx} \\ M_{xzpy} + M_{zzpy} \\ M_{xzpz} + M_{zzpz} \end{bmatrix} \qquad (8-5-41)$$

（三）末敏子弹稳态扫描阶段动力学模型

通过将以上平动坐标系中末敏子弹体的受力和固连坐标系中末敏子弹体所受的力矩带入动量定理 $m\dfrac{dv}{dt} = \sum F$ 及动量矩定律 $\dfrac{dH}{dt} = \sum M$，再加上速度与位移、角速度与欧拉角的运动学关系，得到末敏子弹的完整的运动方程为

$$\begin{cases} m\dfrac{dv_p}{dt} = G_p + R_{xp} + N_D \\ \dfrac{d(J_p\omega_p)}{dt} = M_{xzp} + M_{zzp} + M_{cD} \\ \omega_p = \dot{\psi} + \dot{\theta} + \dot{\phi} \\ \dot{x}_p = v_{xp} \\ \dot{y}_p = v_{yp} \\ \dot{z}_p = v_{zp} \end{cases} \qquad (8-5-42)$$

通过将以上平动坐标系中降落伞的受力、固连坐标系中伞所受力矩带入动量定理 $m\dfrac{\mathrm{d}v}{\mathrm{d}t}=\sum F$ 及动量矩定律 $\dfrac{\mathrm{d}H}{\mathrm{d}t}=\sum M$，再加上速度与位移、角速度与欧拉角的运动学关系，得到伞的完整的运动方程为

$$\begin{cases} m\dfrac{\mathrm{d}v_0}{\mathrm{d}t}=G_0+R_{x0}+R_{y0}-N_D \\ \dfrac{\mathrm{d}(J_0\omega_0)}{\mathrm{d}t}=M_{xz0}+M_{xw0}+M_{zz0}-M_{cD} \\ \omega_0=\dot{\psi}+\dot{\theta}+\dot{\phi} \\ \dot{x}_0=v_{x0} \\ \dot{y}=v_{y0} \\ \dot{z}_0=v_{z0} \end{cases} \quad (8-5-43)$$

最后，将求解弹道方程得到的姿态参量向平动坐标系投影即得姿态参数输出量。

五、实际工况算例

实际工作中，末敏子弹在减速/减旋后，其减速导旋主伞张开时，系统具有一定的初始速度和转速，最终进入稳态扫描阶段。不考虑风的影响，即 $v_w=0$，根据某末敏子弹的弹道数据设置初始条件：$t=0$ 时，$r_5=(0,300,0)$（m），$p_i=(0,50,0)$（°），$\dot{r}_i=(120.25,-41.63,36.76)$（m/s），$\dot{c}_i=(0,14.24,0)$（r/s）。

计算得到实际工况下旋转伞－末敏子弹系统的运动规律，如图 8-5-5～图 8-5-8 所示。

图 8-5-5 为末敏子弹的速度大小变化，由图可见，由于初速较高，因此旋转伞的空气阻力较大，使得末敏子弹的速度急剧减小，约 $t=2$ s 时达到稳定值 12.29 m/s，故此后末敏子弹匀速下落，下落高度如图 8-5-6 所示。

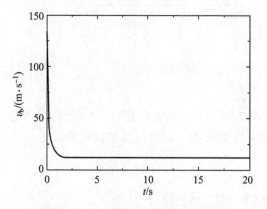

图 8-5-5 实际工况的末敏子弹速度

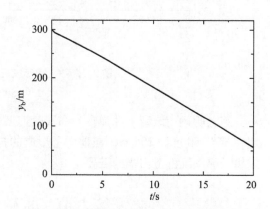

图 8-5-6 实际工况的末敏子弹高度

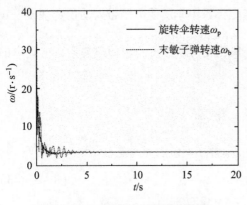 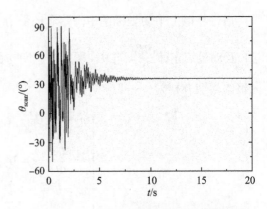

图 8 - 5 - 7　实际工况的弹体转速　　　**图 8 - 5 - 8　实际工况的末敏子弹扫描角**

图 8 - 5 - 7 为末敏子弹转速 ω_b 变化，由图可见，开始阶段，ω_b 急剧增大，这是因为系统轴线方向与初始速度方向不一致，旋转伞张开后受到的气动力使其轴线迅速接近速度方向，同时牵动子弹翻转。因为充满的旋转伞具有恒定的转速落速比，所以当落速 v_b 稳定时，ω_p 和 ω_b 减小至 3.6 r/s 附近。此时，由于末敏子弹扫描角未稳定，如图 8 - 5 - 8 所示，因此 ω_b 也发生小范围浮动。约 $t = 8$ s 时，扫描角 θ_{scan} 达到稳定值 36°，转速 ω_b 也达到稳定值 3.6 r/s，则旋转伞 - 末敏子弹系统进入稳态扫描阶段，末敏子弹在地面的扫描轨迹如图 8 - 5 - 9 所示。

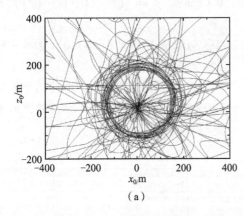 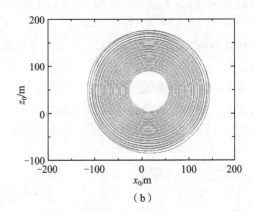

(a)　　　　　　　　　　　　　　　　(b)

图 8 - 5 - 9　实际工况下，0 ~ 20 s 地面扫描轨迹

(a) 0 ~ 10 s；(b) 10 ~ 20 s

综上所述，该型末敏弹在 $t = 8$ s 时速度稳定在 12.29 m/s，转速稳定在 3.6 s，扫描角稳定在 36°，高度为 204 m，在地面上形成的扫描轨迹开始规则，近似阿基米德螺旋线，满足末敏子弹系统稳态扫描的需要。

第六节　末敏弹 EFP 威力计算

爆炸成型弹丸（EFP）战斗部是末敏弹的重要组成部分，其作用距离与侵彻能力直接决定了末敏弹系统作战效能的优劣。

典型的 EFP 装药结构主要由药型罩、高能炸药、壳体组成，图 8 – 6 – 1 所示为典型 EFP 战斗部结构示意图。EFP 战斗部一般采用大锥角药型罩以及球形罩或双曲型药型罩等聚能装药结构，可爆炸产生速度高达 2000 m/s 以上的侵彻体，能在 1000d 的距离上保持弹丸的特性来攻击目标，对坦克顶装甲有极强毁伤效能。

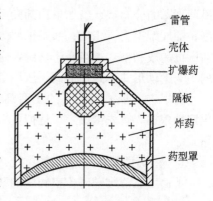

雷管
壳体
扩爆药
隔板
炸药
药型罩

图 8 – 6 – 1　典型 EFP 装药结构

EFP 战斗部与其他战斗部相比主要具有以下优点：

（1）可在极大炸高下穿透装甲目标。通常破甲弹对炸高非常敏感，炸高过高或过低都会极大降低其破甲性能。只有在约为 4 倍药型罩口径炸高时才能获得最佳侵彻性能，而这种炸高要求对于运动着的弹丸是极难获得的。EFP 由于首尾速度梯度极小而不易被拉长和断裂，所以对炸高不敏感，可以在（800 ~ 1000）d 距离上有效作用。

（2）不受旋转的影响。采用聚能装药结构的破甲弹因弹体旋转会导致破甲能力降低，EFP 的穿甲过程类似于穿甲弹，旋转不会影响它的破甲，相反还会提高它的飞行稳定性。特别对于长径比比较大的 EFP，高速旋转更能促进稳定飞行。

（3）破甲后效明显增大。普通破甲弹在穿透靶板后，只有少量金属射流进入坦克内部，只能毁伤位于射流通道上的物体，因而毁伤作用有限。由于 EFP 战斗部爆炸后仅形成一枚密实的弹丸，故弹丸的质量远高于射流的质量，可以达到整个药型罩质量的 80% 以上。另外，该弹丸靠动能贯穿装甲，它还会引起坦克装甲背面大量崩落，可在靶板上形成较大的孔，且 EFP 有大部分进入坦克内部并造成较大的破甲后效。

（4）集穿甲、破甲优势于一体。EFP 具有破甲弹不受射程局限、破甲性能与初速无关的优点，它的终点效能又融合了穿甲弹威力大、后效大的特点。

（5）爆炸反应装甲对其干扰小。反应装甲对普通破甲弹有致命威胁，它爆炸后，反应盒后板弹起切割掉大部分射流，可以使普通破甲弹的破甲深度降低约 70%。而 EFP 长度较短，弹径较粗，速度较低，它撞击反应盒时，反应盒被引爆的概率很小。即使引爆了，弹起的反应盒后板也很难撞到 EFP，因而对其侵彻效果干扰很小。

（6）此外，机械加工精度对 EFP 战斗部性能的影响相对要小。这一点在发展小口径战斗部时尤为重要。相对于动能穿甲弹来说，EFP 只需要较小的初速发射，且不需要直瞄射击。

由于 EFP 的这些独特优点，使其被广泛应用于各类反装甲弹药上。其中以 EFP 战斗部技术在末敏弹上的应用最为典型，并已成为末敏弹弹药系统中的关键技术之一。

一、EFP 战斗部的成型模式

不同设计的 EFP 装药，其药型罩以不同的模式被锻造成爆炸成型弹丸。三种基本的成型模式为：向后翻转型（Backward Folding）、向前压拢型（Forward Folding）和介于这两者之间的压垮型（Radial Collapse）。成型模式是影响 EFP 性能的基本因素之一，在设计 EFP 战斗部时，要根据毁伤目标的特性和武器系统的主要任务来选择适当的成型模式。

EFP 以何种模式成型，主要取决于药型罩微元在同爆轰产物相互作用过程中获得的速度沿药型罩的分布特点。如果顶部微元的轴向速度明显大于底部微元的轴向速度，将出现向后翻转的成型模式；相反，如果顶部微元的轴向速度明显小于底部微元的轴向速度，将出现向前压拢的成型模式；当介于这两者之间，即微元轴向速度相差不大时，药型罩在成型过程中的主要运动形式不是拉伸而是压垮。

为了进一步了解 EFP 的成型机制，同时为不同成型模式 EFP 装药药型罩的几何设计提供定性依据，首先给出一个近似模拟药型罩微元在同爆轰产物相互作用过程中获得的速度关系式。

（一）药型罩微元的速度

下面考察二维轴对称空间中的某个药型罩微元的受力运动（图 8 - 6 - 2）。

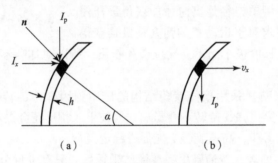

（a）　　　　　　　　（b）

图 8 - 6 - 2　药型罩微元被加速

炸药起爆后，爆轰波扫过该微元。作用在微元外表面的爆轰产物的压力记为 $p = p(t)$。相互作用的结果是爆轰产物将冲量 I 传递给该微元使其达到要求的速度，即

$$I = \int p\Delta S \boldsymbol{n} \mathrm{d}t = \boldsymbol{v}\Delta m \tag{8-6-1}$$

式中　ΔS——微元同产物的接触面积；

　　　$\boldsymbol{n}$——作用力方向；

　　　Δm——微元质量，$\Delta m = \rho h \Delta S$（$h$ 为微元沿 $\boldsymbol{n}$ 方向的厚度）。

由于爆轰产物的压力迅速下降，产物同微元的有效作用时间相对于整个成型过程经历的时间是比较短的，图 8 - 6 - 3 所示为药型罩的加速曲线。由图可见，药型罩最终动量的

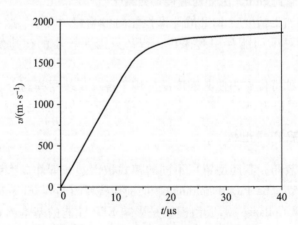

图 8 - 6 - 3　药型罩质心速度 - 时间曲线

90% 以上是在约 20 μs 的时间内获得的，而整个成型过程所经历的时间超过了 100 μs。因此，在传递给药型罩微元的总冲量 I 中，较大部分的冲量是在非常短的时间内传递给该单元的。在这段时间里，作为近似处理，可以忽略单位矢量 n 的变化。如图 8 – 6 – 2 所示，对 n 进行分解：

$$n = \cos \alpha i + \sin \alpha j \qquad (8-6-2)$$

式中　i, j 分别为沿轴向和径向的单位矢量，将式（8 – 6 – 2）代入式（8 – 6 – 1），可得

$$I = n \int p \Delta S \mathrm{d}t = I \cos \alpha i + I \sin \alpha j = v \rho h \Delta S \qquad (8-6-3)$$

对 v 进行同样的分解：

$$v = v_x i + v_r j \qquad (8-6-4)$$

将式（8 – 6 – 4）代入式（8 – 6 – 3），可得

$$v_x = \frac{I \cos \alpha}{\rho h \Delta S} \qquad (8-6-5)$$

$$v_r = \frac{I \sin \alpha}{\rho h \Delta S} \qquad (8-6-6)$$

对于一般的 EFP 装药，α 都比较小，药型罩微元沿 n 方向的厚度 h 和沿轴向厚度近似相等。作为近似分析，可将式（8 – 6 – 5）和式（8 – 6 – 6）中的 h 视为药型罩微元的轴向厚度。

由式（8 – 6 – 5）和式（8 – 6 – 6）可知，由于 α 一般比较小，当不考虑 I 的变化时，v_x 的大小主要由 h 决定，α 则对 v_r 有比较大的影响。

需要指出的是，作用在药型罩微元上的压力的变化规律还同微元的位置有关，顶部微元首先被爆轰波扫过，并且其附近的爆轰产物在相对较长的时间内保持较高的压力；相反，底部微元较后被爆轰波扫过，其附近的爆轰产物的压力由于壳体被推开而较早地下降。因此，药型罩顶部微元一般比底部微元获得更大的轴向比冲量，当微元厚度 h 相等时，顶部微元获得更大的轴向速度，药型罩微元轴向速度的差别是导致药型罩被拉伸的原因，因而药型罩微元的径向运动是导致药型罩被压垮的原因。EFP 的成型过程就是这种拉伸和压垮运动综合作用的结果。

药型罩微元的最终排列，即 EFP 的最终形状，主要取决于速度 v 沿药型罩的分布，而 EFP 的最终形状可反应其成型模式。

（二）向后翻转型

药型罩同爆轰产物的有效相互作用结束时，如果药型罩顶部微元的轴向速度明显大于底部微元的轴向速度，将出现向后翻转的成型模式。根据前面的分析，常见的等壁厚球缺药型罩能实现这种模式。

根据前面的分析，应用 LS – DYNA 进行仿真，可直观地看到这种成型模式，如图 8 – 6 – 4 所示。

值得指出的是，在向后翻转型 EFP 中，尾部扩展（带尾裙或尾翼）的 EFP 备受设计人员的关注，因为这种 EFP 具有较好的飞行稳定性，可以远距离攻击目标，下面从药型罩微元轴向速度分布曲线的特点出发，讨论如何调整药型罩的母线，使 EFP 的尾部扩展成尾裙。

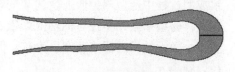

图 8 – 6 – 4　向后翻转型 EFP

图 8 - 6 - 5 中的虚线是等壁厚球缺型药型罩微元在 $t = 30\ \mu s$ 时轴向速度的分布曲线，之所以把考察时间选在 30 μs，原因有两个：一是 $t = 30\ \mu s$ 时，药型罩已获得爆轰产物传递给它的绝大部分动量；二是 $t = 30\ \mu s$ 时，微元之间的相互作用对微元动量分布的影响仍可以忽略，因此，此时的动量分布可以由上述公式近似描述。

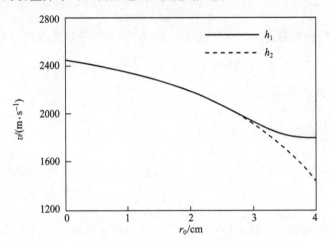

图 8 - 6 - 5　调整前后 $t = 30\ \mu s$ 时轴向速度分布曲线

从图 8 - 6 - 5 中可以看出，$t = 30\ \mu s$ 时药型罩微元的轴向速度分布曲线近似于线性，它对应的 EFP 外形是尾部不扩展的杆状。为了使 EFP 的尾部扩展，需要提高底部微元的轴向速度，使得在轴向速度分布曲线的端部形成一个变化较平缓的区域。为此，可以改变药型罩的底部厚度。将厚度适当地减小，即可达到实线所示的效果。

LS - DYNA 模拟效果图如图 8 - 6 - 6 所示。

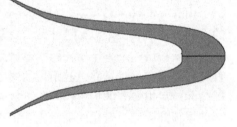

图 8 - 6 - 6　调整后 EFP 成型效果

（三）压垮型

药型罩同爆轰产物的有效相互作用结束时，如果药型罩微元的轴向速度相差不大，这时药型罩在成型过程中的主要运动形式不是拉伸而是压垮，即微元向对称轴的径向运动。

下面讨论如何在等壁厚球缺药型罩的基础上，通过调整 h 和 α，实现压垮的成型模式。为了使药型罩微元的轴向速度相差不大，需要提高底部微元的轴向速度。一种方法是以线性方式从药型罩的顶部到底部逐步减小药型罩的轴向厚度。随着药型罩底部的厚度不断减小，底部微元的轴向速度将不断增大，因此，底部和顶部微元之间的轴向速度差在缩小，这将导致成型过程中药型罩拉伸强度的减弱，使 EFP 轴向长度减小。但是，如果底部的厚度减小过大，药型罩微元将在对称轴上严重挤压，这对设计 EFP 是不利的，为改善这种情形，需要减小微元的径向压垮速度。为此，保持装药量和微元厚度不变，增大药型罩上下旋转面半径以减小 α 角。

调整旋转面半径以后，由于减小了药型罩微元的径向压垮速度，微元在轴对称上的挤压程度减轻了。

LS - DYNA 模拟效果如图 8 - 6 - 7 所示。

（四）向前压拢型

药型罩同爆轰产物的有效作用结束时，如果药型罩顶部微元的轴向速度明显小于底部微元的轴向速度，将出现向前压拢的成型模式。

对于药型罩的设计，进一步减小药型罩底部厚度，从而继续增大底部微元的轴向速度，就会出现底部微元轴向速度明显大于顶部微元的轴向速度的情形，如图 8-6-8 所示。

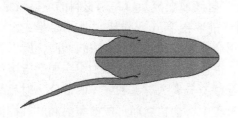

图 8-6-7　压垮型　　　　　　　　　　图 8-6-8　向前压拢型

通过分析发现，决定 EFP 成型模式的是药型罩微元在同爆轰产物相互作用过程中获得的轴向速度的分布，径向速度的大小和分布虽然影响 EFP 的最终形状，但不是 EFP 成型模式的决定因素。

并且可以看出，冲量 I 是影响药型罩微元速度的另一个重要因素。对选定的炸药，装药量是决定的主要因素。一般而言，当装药形状基本不变时，装药量主要影响罩微元速度的大小，对微元速度的分布则影响较小。因此，决定药型罩微元速度的分布，从而决定 EFP 成型模式的主要因素是药型罩的质量分布。

二、EFP 战斗部设计

由于 EFP 是由炸药装药起爆后形成的高温高压爆轰产物作用于大锥角金属药型罩或球缺型药型罩上，使罩材发生极大的塑性变形而被压垮翻转形成的，因此影响 EFP 形成的因素主要来自起爆、装药及药型罩三个方面。这里只考虑简单的单点起爆。就装药来讲，装药的密度、装药密度分布均匀性、装药的爆速、装药的形状及几何尺寸是关键因素。就药型罩来讲，药型罩材料的力学性能、药型罩的形状及几何尺寸是关键因素。

（一）药型罩结构形状的选择

大量研究表明，能够形成实用 EFP 的基本药型罩结构形状主要有两种：大锥角药型罩和球缺型药型罩。其他结构形式的药型罩均是这两种基本形式药型罩的组合或是它们的变形。由于 EFP 战斗部的出现是基于破甲战斗部的演变，其最早设计思路均是袭于破甲弹战斗部的设计思想，因此大锥角药型罩是最早用于研究 EFP 战斗部的药型罩，对此前人已进行了长期大量的研究。球缺型药型罩只是在人们对 EFP 战斗部的战术技术指标要求不断提高的前提下，通过对大锥角药型罩形成 EFP 弹丸机理有了深刻理解后的发展。所以，要想弄清球缺型药型罩及其他变形罩形成 EFP 弹丸的机理，还必须首先理解大锥角药型罩形成 EFP 弹丸的机理。因此，先借助于前人的结果分析一下大锥角药型罩形成 EFP 弹丸的机理及所存在的不足。

1. 大锥角药型罩

所谓大锥角药型罩，是指锥角在 120° 以上的药型罩。由于大锥角药型罩形状均为锥形，因此其对 EFP 成型的影响主要体现在锥角的变化和顶口壁厚差上。试验证明，形成 EFP 的锥角范围为 120°~150°，且锥角在 140°附近时的成型性能最好。大锥角药型罩所能形成的 EFP 弹丸类型总共有三类，均可通过在装药及锥角保持不变时，改变罩顶口壁厚差获得，即药型罩闭合成型的 EFP、翻转成型的 EFP 及药型罩半翻半闭成型的 EFP。表明罩顶口壁厚差对药型罩的压垮变形过程影响很大。

大锥角药型罩在形成 EFP 的过程中总是伴有前驱射滴或射流及罩口部材料的崩落现象。这是大锥角药型罩形成 EFP 过程中的普遍现象，对于前驱射滴（或射流）其原因是：由于大锥角药型罩尖角的存在，微元压垮速度又近似沿罩微元外表面切平面的法线方向，所以尖角附近微元很难翻转。又因为它们距装药轴线很近，往往是一压垮即达罩轴线，加上压垮速度相对较高，处于流变体状态的罩微元材料在此闭合碰撞分离为射流和杆体两部分。射流部分的轴向速度远大于杆体部分的轴向速度，在运动过程中将会拉断而形成前驱射滴。其杆体部分因轴向运动速度小于与其相临近的靠近罩口部方向微元的径向闭合速度及轴向压垮速度，因而它将位于相邻微元之后。关于罩口部材料崩落是由于爆轰波是强压缩波，当其传到罩表面上时，将向罩材料内部透射强压缩波。当材料内部的强压缩波传至罩口部时遇到低波阻抗的空气而向罩材料内部反射回强拉伸波，与罩材料内部的压缩波相互作用而使罩材承受拉应力。这种拉应力往往会超过材料的动态强度极限而使罩材断裂，由于断裂位置不规则，而使 EFP 端部不整齐。大量的试验及计算结果均表明，大锥角药型罩只有 0~0.73 倍药型罩口部直径的部分才能真正形成 EFP，其余部分均被崩落掉。

2. 球缺型药型罩

上述分析表明，用大锥角药型罩形成 EFP 时总是伴有前驱射滴及包心的存在。前驱射滴或射流及包心的存在不仅使罩材利用率降低，而且，射滴在与其杆体间断裂分离往往会干扰 EFP 的运动姿态。另外，包心位置也很无规律。在偶然因素作用下，包裹在 EFP 内部的包心位置时而靠前，时而靠后，影响了 EFP 质量分布的稳定性，从而也会影响其飞行稳定性。而产生射滴及包心的主要原因是由于大锥角药型罩尖顶的存在，要消除射滴及包心的不利影响，就必须消除药型罩的尖顶。这样，就出现了球缺型药型罩。由于球缺型药型罩形状为球缺状，因此，药型罩的几何特征对 EFP 成型性能的影响主要体现在药型罩的曲率半径及其顶口壁厚差上。试验已经证明，球缺型药型罩顶口壁厚对 EFP 成型性能的影响规律与大锥角药型罩相同，其成型类型也为相应的三种，这里不再赘述。

由于 EFP 在空中飞行时是不旋转的，其气动力稳定方式基本上属于尾翼稳定。而单点中心起爆所得 EFP 属于轴对称回转体，为了使其飞行稳定，应尽量使其质心前移阻心后移，所以倒锥闭合型及正锥全翻转型成型方式均不能满足这样的要求。半翻半闭型成型方式，如果能控制参与闭合的药型罩微元数量，也即使药型罩少量头部微元发生闭合，其余药型罩微元产生全翻转，这样便能获得头部密实而尾部中空的 EFP，使其质心前移而阻心后移满足气动力稳定性要求。

大锥角药型罩有本身固有的缺点，球缺型药型罩也有其不足，综合考虑，这里选取弧锥结合的药型罩，罩顶部采用弧形，以避免产生射滴或射流，罩口部采用锥形，以获得良好的尾部形状，从而提高其飞行稳定性。

（二）药型罩材料和炸药类型的选取

材料选取是战斗部设计的基础，EFP 的关键部件是药型罩和炸药，如何选取材料，关系到将来战斗部的性能、生产、成本等一系列问题。在这些问题中，最关键的是战斗部的性能。EFP 战斗部的成型性能、侵彻能力应尽可能地高。

罩材特性对 EFP 形成和穿甲威力有直接影响。理想的罩材应具有较高的熔化温度、高密度、晶粒细化、延性好、动强度高等特性。结构相同的药型罩，由于材料不同，形成 EFP 的形态、性能参数就不同。钽、钼、工业纯铁、紫铜等材料是药型罩的理想材料。

众所周知，紫铜作为药型罩材料已有广泛的应用；国外以密度更大的钽作为药型罩的材料已证明具有更大的威力；我国在这方面与国外还有较大差距。这里将以紫铜出发，研究以钽为药型罩材料的 EFP 战斗部的设计。

药型罩的压垮、翻转、闭合形成 EFP 的加速能源来自高能炸药能量的突然释放。炸药能越高，越能增加 EFP 的最终长度并提高 EFP 的速度，这对 EFP 的穿甲能力提高非常有益。选用炸药时，其猛度要适中，否则药型罩的成型率低，部分罩会形成破片。例如，CompC - 4、CompB、Octol、LX - 14 和 8701 等炸药是比较理想的装药。经过前人大量的试验对比表明，选用以 HMX 为主的炸药较好。

对于炸药的选择，还要考虑匹配的关系。8701 与紫铜的匹配是比较成熟的方案。但对于钽材，由于其密度很大，接近紫铜的 2 倍，8701 炸药的猛度是不够的，这里将以密度更高，爆速更大的 HMX 作为钽材的匹配炸药。

（三）装药长径比的选取

对于固定的装药直径，装药长度是可以改变的。炸药装药的长径比 L/D 对 EFP 的形成也有重要的影响，当 L/D 增加时，EFP 的动能增加，直到某一值开始减小。例如，直径为 117 mm 的战斗部，内装铜制药型罩，炸药装药的长径比 L/D 与动能的关系曲线，如图 8 - 6 - 9 所示。图中表明，随着 L/D 的增加，EFP 的动能增加，直到 $L/D \approx 1.5$ 时，曲线变得平坦。一般来说，炸药装药的长径比 $L/D = 1.5$ 时较为合适。

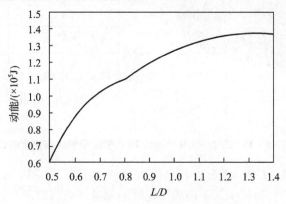

图 8 - 6 - 9　EFP 的动能 - L/D 曲线关系

这是对 L/D 为 1.0、0.8、0.6 三种特殊情况，以紫铜为例用 LS - DYNA 进行仿真，确定装药长度。

从形成的弹丸来看，EFP 的长径比较大，且成型较好。头部形成的比较密实，尾部中空，这有利于重心前移质心后移，增大了 EFP 的飞行稳定性。并且 EFP 的头尾速度梯度于 120 μs 左右消失，这表明，在飞行中 EFP 不会再继续被拉长。模拟结果表明 EFP 在 $t =$ 200 μs 时的速度为 - 1500 m/s，这也是比较理想的速度（图 8 - 6 - 10）。

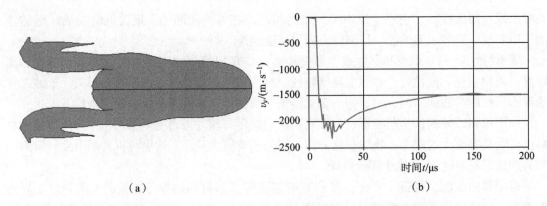

（a）　　　　　　　　　　　　　（b）

图 8 – 6 – 10　$L/D = 1.0$ 的成型 EFP 模拟图和头部速度曲线图

　　$L/D = 0.8$ 与 $L/D = 1.0$ 的情况比较，EFP 的长径比明显减小，但成型的形状还是很好的。也形成了比较密实的头部，尾部也同样具有中空的结构。从速度曲线图 8 – 6 – 11 来看，头部速度在 200 μs 时稍有降低，且头尾速度梯度在时间为 100 μs 时消失。这是由于装药量的减少，不能提供很高的能量造成的。但这也有相应的好处，在 $L/D = 1.0$ 的情况中，头部出现了颈缩，在实际成型过程中有可能从这里拉断，所以需改进药型罩的结构以避免这种情况的出现。再有，如果出现崩落现象，则因为其长径比较大，飞行稳定性不好，会影响侵彻威力。头尾速度梯度的时间在 100 μs 时消失的原因也是因为装药的减少，头部获得速度不高，则拉伸效应比第一种情况有所降低，所以速度梯度消失的时间提前。

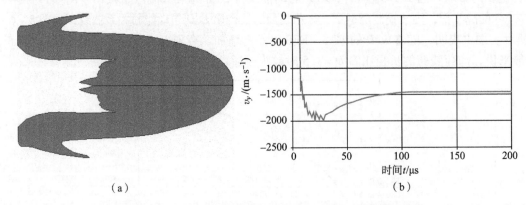

（a）　　　　　　　　　　　　　（b）

图 8 – 6 – 11　$L/D = 0.8$ 的成型 EFP 模拟图和头部速度曲线图

　　与前两种情况比较，$L/D = 0.6$ 的 EFP 成型不好（图 8 – 6 – 12）。这是因为这次模拟所用的药型罩厚度较大，装药较少，不能提供足够的能量使药型罩压垮，径向速度太小，没有在轴向闭合。出现这种情况：一是头部密实部分很少；二是由于没有发生径向的闭合，EFP 的迎风面积很大，则阻力很大，速度降过高也会影响 EFP 的威力。头部速度的曲线变化也符合上面的分析。200 μs 时的速度也有降低，且头尾速度梯度消失时间也提前到 70 μs 左右，原因与前面分析的相同。这里值得注意的是，在头尾速度梯度消失后，头部速度还是有轻微的波动，分析原因，是由于尾部扩张太厉害，没有向轴线闭合，则单元间的牵连速度影响较大所造成的。这种情况是不利于战斗部威力的提高的，但这种情况也是可以通过改变药型罩的结构来避免。

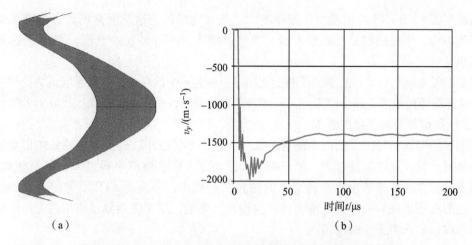

$$（a）\qquad（b）$$

图 8 - 6 - 12　L/D = 0.6 的成型 EFP 模拟图和头部速度曲线图

以上的几种情况都是可以通过改变药型罩的结构达到理想的状态。例如，L/D = 1.0 的情况，可以增加壁厚，从而使长径比降低，避免出现断裂的情况。

总之，要达到一定的威力是有多种技术手段的，这与弹的战术要求有关。如果战斗部没有足够的空间，根据某些研究者的数据，L/D 取为 0.75 也已足够。由于末敏子弹的轴向尺寸限制，一般 L/D 取为 0.6 ~ 0.8。

（四）　药型罩壁厚的选取

药型罩壁厚是非常重要的参数。对于一定的炸药和药型罩材料及装药长径比，如果药型罩壁厚太薄，则在翻转过程中由于罩体各部分速度梯度差异，罩体可能被拉断，不能形成 EFP。太厚则由于药型罩抵抗变形的能力增强，其翻转变形不易，形成的 EFP 形状不好。只有恰当的壁厚才能形成高速、大长径比的 EFP。

另外壁厚差也对 EFP 的成型有很大的影响，这在前文有比较详细的分析。

药型罩壁厚一般取 0.06 ~ 0.1 倍的罩口部直径。但这也与药型罩的材料，曲率半径有关，这个取值将在下面讨论中才能最终确定。例如，以钽为药型罩材料的壁厚就不能太厚，因为钽的密度很大，接近紫铜的 2 倍，如果厚度大，会造成其不能完全翻转。

这里以数值模拟的方式选择壁厚，首先考虑紫铜。对壁厚为 4.0 mm、4.5 mm、5.0 mm、5.5 mm、6.0 mm 的情况进行仿真。由于只考虑了壁厚，没有考虑其他因素对成型的影响，因此只截取成型的头部做对比。成型图片如图 8 - 6 - 13 所示。

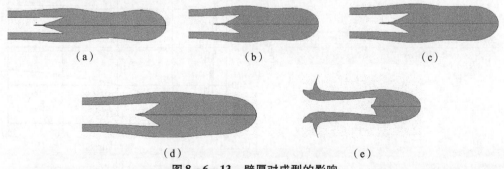

$$（a）\qquad（b）\qquad（c）$$

$$（d）\qquad（e）$$

图 8 - 6 - 13　壁厚对成型的影响

（a）壁厚为 4.0 mm；（b）壁厚为 4.5 mm；（c）壁厚为 5.0 mm；（d）壁厚为 5.5 mm；（e）壁厚为 6.0 mm

从成型图 8 - 6 - 13 可以看出，壁厚增大，长径比降低。这从能量的观点很容易做出解释。装药不变，则提供的变形能量不变，当壁厚增大，不容易发生变形，则形成的 EFP 长径比减小。

成型不仅与壁厚有关，曲率半径的变化同样会引起成型的变化，从而影响威力。这里只给出一个选择壁厚的范围，这个范围内，只要装药设计合理，是都可以形成比较好的 EFP 的。

（五）药型罩曲率半径的选取

药型罩的曲率半径关系到汇聚能量的比率，曲率半径过小，药型罩在轴线的汇聚能量过大，罩体微元轴向速度梯度过大，易于断裂，形不成 EFP；曲率半径过大，则聚能效应小，炸药赋予药型罩的汇聚能量小，药型罩的翻转变形就小，形成的 EFP 形状较差。如何选取一个合适的曲率半径对战斗部的威力将产生很大的影响，这里将用数值模拟的方法进行曲率半径的选取。首先考虑紫铜的情况。

上面的分析已经说明，对弹丸成型及速度的影响中，除了曲率半径还有壁厚。这里首先考虑壁厚为 7.0 mm 的情况。模拟结果如图 8 - 6 - 14 所示。

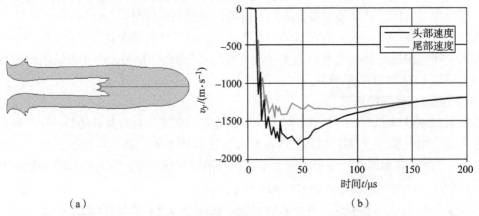

（a）   （b）

图 8 - 6 - 14   曲率半径为 80 mm 的成型情况和头/尾部速度曲线

从图 8 - 6 - 14 可以看出，在 150 μs 时头/尾部速度一致。200 μs 时速度为 - 1200 m/s，头部速度太低。解决的方法有两种：一是减小曲率半径；二是减小壁厚。

首先采用第一种方法，将曲率半径改为 70 mm（图 8 - 6 - 15）。

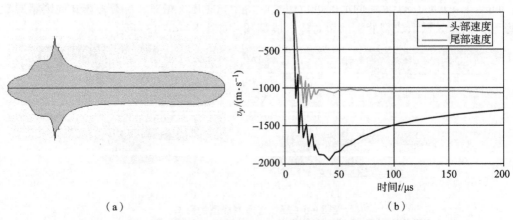

（a）   （b）

图 8 - 6 - 15   曲率半径减小为 70 mm 的成型情况和头/尾部速度曲线

从图 8 - 6 - 15 可以看出，在 200 μs 时头/尾部速度还存在差值，这将继续使弹丸拉伸，最终断裂，不能形成正常的 EFP。并且，头部速度只有 - 1300 m/s。可见减小曲率半径并没有使速度明显提高，又增大了头/尾部速度差，这种方法得不偿失。

下面分析前面两种情况，以曲率半径为 80 mm、壁厚为 6 mm 进行数值模拟（图 8 - 6 - 16）。

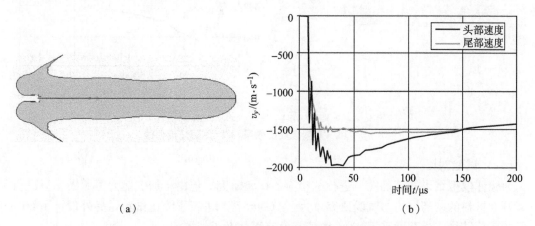

(a)   (b)

图 8 - 6 - 16 壁厚减小为 6 mm 的成型效果和头/尾部速度曲线

从图 8 - 6 - 16 可以看出，在 150 μs 时头/尾部速度梯度消失，200 μs 时速度为 - 1450 m/s 左右，基本满足要求。从成型图中可以看出，虽然长径比较大，但是尾部没有形成空腔，这不利于飞行稳定性的提高，下面将进行改进，即将药型罩曲率半径调整为 80 mm，记为方案一（图 8 - 6 - 17）。

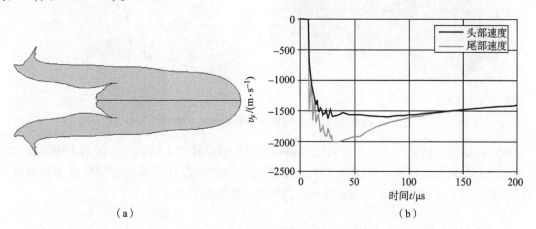

(a)   (b)

图 8 - 6 - 17 方案一成型效果和头/尾部速度曲线

从图 8 - 6 - 17 中可以看出，尾部形成了空腔，但形成空腔的罩材过多，这将会影响穿甲能力。这一问题可通过减小罩顶高度得到改善，记为方案二，此时药型罩壁厚和曲率半径均保持不变（图 8 - 6 - 18）。

从图 8 - 6 - 18 可以看出，形成了密实的头部，且尾部形成有利于飞行稳定性的空腔，又存在外翻，这都将提高其飞行稳定性。速度曲线与以上两种方案没有太大变化，满足要求。

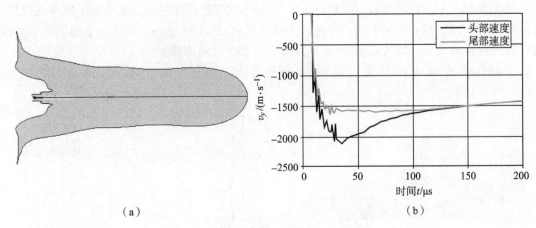

（a）　　　　　　　　　　　　　　　　　（b）

图 8 – 6 – 18　方案二成型效果和头/尾部速度曲线

（六）试验对比

为验证模拟结果的正确性，进行了相应的试验研究。但由于加工能力等原因，只进行了以紫铜为材料的装药结构的试验研究。为了节约经费，进行了缩比试验，另外设计了 60 mm 口径的装药结构。试验弹采用 8701 炸药，没有壳体及天线罩。

图 8 – 6 – 19 给出了试验 X 射线照片和数值模拟 EFP 成型效果。

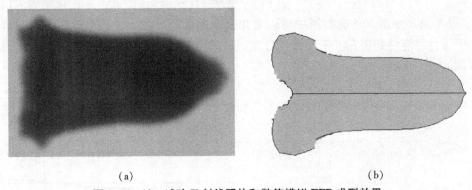

（a）　　　　　　　　　　　　　　　　　（b）

图 8 – 6 – 19　试验 X 射线照片和数值模拟 EFP 成型效果

本试验的目的就是为了验证数值模拟的可信性。数值模拟有其优点，但是否能反映真实的情况，还要靠试验检验。由试验 X 射线结果可以清楚地看到，模拟结果和试验结果基本一致，形成的 EFP 外形相似。这说明模拟仿真结果的可信度是非常高的。

第九章
动能杆战斗部设计

第一节 概　述

　　穿甲弹是主要依靠动能撞击和侵彻目标，并利用残余弹体、弹体破片和钢甲破片的动能杀伤靶后有生力量和设备的弹种，其特点为初速高，直射距离大，射击精度高，是坦克炮和反坦克炮的主要弹种。也配用于舰炮、海岸炮、高射炮和航空机关炮；用于毁伤坦克、自行火炮、装甲车辆、舰艇、飞机等装甲目标；也可用于破坏坚固防御工事。按弹体直径与火炮口径的配合可分为适口径穿甲弹与次口径穿甲弹；按结构性能可分为普通穿甲弹、次口径超速穿甲弹和次口径超速脱壳穿甲弹。

　　目前，装备的脱壳穿甲弹按稳定方式不同，通常分为两种：一种是旋转稳定脱壳穿甲弹（APDS），主要应用在线膛小口径炮或大口径机枪；另一种是大长径比尾翼稳定脱壳穿甲弹（APFSDS），主要应用于小口径和中大口径的滑膛炮和线膛炮，尾翼稳定脱壳穿甲弹的弹体为长杆形，故又称为杆式穿甲弹。自20世纪70年代以来，世界上各主要国家都相继开展了对杆式穿甲弹的研究，不但在结构形式上有所改进，并且应用碳化钨、钨合金、易碎钨合金、铀合金等高密度材料制作穿甲弹的弹芯。不仅改善了杆式弹的弹道性能，还使得穿甲威力和靶后毁伤效应得到大幅度提高。为了进一步提高杆式穿甲弹水平，使其今后仍保持先进地位有十分重要的意义。根据大口径杆式穿甲弹研究现状以及相对于装甲防护技术的水平，今后对大口径杆式穿甲弹的研究应主要着重于以下几个方面：

　　（1）进一步研究增大长径比技术提高威力和总体设计水平。

　　（2）以增大火炮口径提高威力。

　　（3）改进和提高弹芯及弹托材料性能，以期在增大威力的同时，减轻消极质量，提高总体设计水平。

　　（4）加强对新结构和新原理杆式穿甲弹的研究。

　　由于坦克内舱空间及自动装填机限制以及为了更好地对付反应装甲和主动防护技术，应重新考虑在一定的侵彻体长度条件下加大弹芯直径、采用有效的头部结构的问题。此外，为了提高威力，要求增加侵彻体质量和初速，所以，对火炮口径、膛压、内弹道及装药结构提出了更高的要求。另外，国内外学者对分段侵彻体穿深 - 速度关系的研究表明：当着速为1800~2000 m/s时，与同质量同直径的连续杆相比，穿深增大10%以上；若速度进一步提高，穿深增加的幅度还要大，此结构至少可应用在弹头部结构上。若全弹芯都采用分段式侵彻体技术，对杆体结构和初速有较高要求。再者，对目前使用的固体药火炮，其内弹道及装药结构优化设计应进一步深入研究，以期适应杆式穿甲弹增大威力、提高密集度的要求。

第二节　穿甲战斗部作用原理

由弹丸对装甲碰撞引起的侵彻和破坏作用称为弹丸的穿甲作用，这种主要对装甲实施穿甲作用的弹丸称为穿甲弹，而被撞击的对象称为靶板。穿甲作用是所有穿甲弹的主要破坏作用，它是利用弹丸与钢甲碰击时弹丸所具有的动能破坏钢甲的。

一、靶板破坏的基本形式

弹体正侵彻钢甲时，钢甲产生局部破坏。破坏的形式各种各样，最常见的有 4 种基本形式（图 9 - 2 - 1），即冲塞穿甲、延性扩孔、花瓣形穿甲和破碎穿甲。

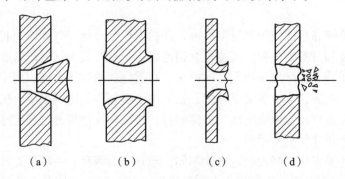

| （a） | （b） | （c） | （d） |

图 9 - 2 - 1　钢甲破坏的几种形式

（一）冲塞穿甲

弹丸碰击装甲后，首先侵彻至钢甲内部的一定深度，然后从钢甲上击出一块圆柱形钢塞。这主要是由于侵彻过程中，弹丸头部施加在钢甲上的应力超过了钢甲材料的剪切应力，使得受压缩区域靶材发生绝热剪切，形成塞块。

一般地，在钝头弹侵彻非均质装甲或侵彻整个厚度上较硬的均质装甲时，就会出现这种破坏形式。头部硬度很高的尖头弹侵彻非均质装甲时，也会从装甲上冲出钢塞，高速弹丸冲击薄金属板时也出现这种形式。从非均质装甲或高硬度靶板上冲出的钢塞通常变形很小，厚度约等于钢板厚度。从均质装甲上冲出的塞块往往是在弹头部侵入，靶板产生相当大变形后才出现，所以塞块直径往往略大于弹径。

（二）延性扩孔（或称侵入）

弹丸侵入钢甲过程中，靶板金属受挤压向最小抗力方向塑性流动，有的堆积在入口，有的从出口挤出。通常，这一现象发生在装甲较厚、塑性良好，而弹头部较尖，弹材硬度较高，以及装甲厚度稍大于弹径的情况。

延性扩孔的过程如下：弹靶接触后，随着弹丸向前运动，靶板金属受弹丸挤压塑性流动，在钢甲表面产生金属堆积，如图 9 - 2 - 2 所示。钢甲金属的流动取决于弹头部的形状和钢甲金属的塑性，当弹头部较长和弧形部半径较大时，钢甲的金属

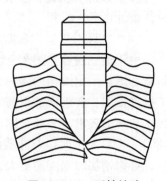

图 9 - 2 - 2　延性扩孔

流动更为明显。

弹丸继续侵入时，由于金属流动抗力的增加或由于表层堆积难以流动，钢甲金属产生沿弹丸径向的位移，致使弹丸侵入周围的钢甲变厚，同时钢甲因弯曲而产生塑性变形。

随着弹靶继续作用，钢甲背表面凸起越来越大，直到产生裂纹，弹头部从背面鼓包处露出，形成靶后的翻唇，其穿孔中部直径与弹径大致相等。显然，靶板材料越硬，金属向靶前、靶后流动及横向位移的阻力越大。因此，延性扩孔穿甲时，侵彻阻力随装甲的硬度增加而增加。当硬度超过一定值，靶板出现延性扩孔的可能性不如剪切冲塞的可能性大。

（三）花瓣形穿甲

弹丸侵彻薄而韧的装甲时，靠近弹尖较近的装甲受周向张应力变形较大，当其应力达到破坏极限时，变形最大的部分首先出现裂纹，发生断裂的钢甲卷曲，如同花瓣形状。花瓣的数目取决于装甲的厚度和弹丸的速度，花瓣形穿甲形成的孔径远大于弹径。从试验得知：在侵彻薄装甲时，当碰击速度小于 600 m/s 时，就会出现花瓣形穿甲；当速度大于 600 m/s 时，则出现冲塞穿甲。

（四）破碎穿甲

破碎穿甲往往发生在弹丸速度较高、靶板材料又脆又硬的情况下，如靶材为混凝土、陶瓷、铸石等时会出现破碎穿甲情况。根据相对靶厚的不同，又细分为整块崩落和背后破碎两种情况。相对靶厚不大时，靶材受径向应力作用，产生圆周裂纹，靶板上形成超过弹径若干倍的大洞，这种现象称为整块崩落。若相对靶厚较大，弹靶接触产生的应力波会使靶板背面崩落碎块，这种现象就是背后破碎。此时在靶板正面形成的孔径不大，弹丸也许未穿透靶板。杆式超速穿甲弹的穿甲情况大都属于破碎穿甲。

钢甲的破坏形式和弹丸速度、装甲相对厚度、装甲材料的力学性能以及弹头部的形状等因素有关。在实际穿甲过程中，靶板的破坏机制可能单一出现，也可能几种综合出现，这与上述影响因素密切相关。

二、影响靶板破坏的基本因素

穿甲弹侵彻装甲时，决定其破坏形式的基本因素除了着速和着角外，还有弹头部形状、钢甲的相对厚度和靶材的力学性能。

（一）弹头部形状

尖头弹碰击钢甲时，常产生韧性穿甲，即延性扩孔。而钝头弹穿甲时，则易产生冲塞穿甲。这是因为尖头弹侵彻钢甲时容易排挤金属，使其产生塑性流动。钝头弹由于作用面积大，应力小，故不易使金属流动而利于剪切。但是，究竟产生延性扩孔还是冲出钢塞，还要看钢甲的相对厚度和力学性能。

（二）钢甲的相对厚度

钢甲的相对厚度是指钢甲厚度 b 与弹径 d 之比，即 $C_b = b/d$。当 $C_b < 1$，即钢甲厚度小于弹径时，则钢甲弯曲是主要变形，而弯曲引起的径向应力是最大应力。在这种情况下：韧性钢甲将在穿孔破裂的同时，因径向拉伸而在靶板背面形成鼓包，如图 9 – 2 – 3 所示；脆性钢甲则形成剪切破坏。

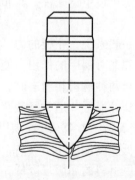

图 9 – 2 – 3　钢甲的弯曲变形

弯曲变形小时，钢甲破坏形式取决于钢甲抗剪冲塞的力和抗弹丸侵入力之间的关系。为了确定此关系，把钢甲看成理想的弹塑性体，弹丸则是直径为 d 的圆柱形绝对刚体。忽略钢甲的惯性抗力，当弹丸侵入钢甲时，侵入抗力为

$$Y_1 = H_z \frac{\pi d^2}{4} \tag{9-2-1}$$

式中　H_z——钢甲柱形硬度（不是球体或锥体而是柱体打入钢甲的硬度）。

硬度与屈服点之间的关系为 $\sigma_s = K \cdot H_z$，系数 K 可近似取为 0.4，则

$$Y_1 = \frac{\sigma_s}{K} \cdot \frac{\pi d^2}{4} = 2.5 \sigma_s \frac{\pi d^2}{4} \tag{9-2-2}$$

塞块剪切抗力 Y_2 决定于剪切面积和剪切强度 τ_s：

$$Y_2 = \pi db \tau_s \tag{9-2-3}$$

因为 $\tau_s \approx \sigma_s / 2$，故 $Y_2 = \pi db \sigma_s / 2$。如果钢甲的破裂过程是从剪切塞块开始，则侵入抗力需要大于剪切抗力，即

$$Y_1 > Y_2 \tag{9-2-4a}$$

或

$$2.5 \sigma_s \frac{\pi d^2}{4} > \frac{1}{2} \pi db \sigma_s \tag{9-2-4b}$$

由此得到装甲的相对厚度为

$$C_b = b/d > 1.25 \tag{9-2-5}$$

如果钢甲的破坏从侵入开始，必须有 $Y_1 < Y_2$ 或 $b/d > 1.25$，显然，钢甲出现剪切冲塞破坏或侵入破坏的临界条件为

$$C_b = b/d = 1.25 \tag{9-2-6}$$

从上面的分析可知，在其他条件相同的情况下，钢甲的厚度大于弹径时，容易出现侵入破坏形式；当装甲厚度小于弹径时，则易产生剪切冲塞；当装甲厚度与弹径相差不大时，往往表现为两种破坏形式的组合。

（三）靶板的力学性能

钢材的抗拉强度 σ_b（MPa），与其布氏硬度值（HB）有下述近似关系：

$$\begin{cases} \sigma_b = 3.550 \text{MPa}, & \text{布氏硬度} < 175 \text{HB} \\ \sigma_b = 3.383 \text{MPa}, & \text{布氏硬度} > 175 \text{HB} \end{cases} \tag{9-2-7}$$

对于装甲钢来说，其布氏硬度值可通过压缩屈服强度 σ_{so} 表示，即

$$\text{HB} \approx 0.367 \sigma_{so} \tag{9-2-8}$$

一般来说，靶板的力学性质可以通过布氏硬度值来综合反映。

弹丸对钢甲的作用，使钢甲发生破坏的程度和形态与弹、靶之间的硬度比有关，可以设想：当两种材料相撞击时，较软的材料更容易塑性流动，变形大些；而较硬的材料可以几乎没有塑性变形。通常钢制普通穿甲弹头部的硬度为 60~64 HRC，相当于布氏硬度印痕直径 $d_{HB} = 2.37 \sim 2.48$ mm，装甲钢硬度印痕直径 $d_{HB} = 2.7 \sim 4.1$ mm，如果穿甲弹以其坚硬的头部与低硬度均质钢甲（$d_{HB} = 3.7 \sim 4.1$ mm）撞击，弹头部就可以比较容易地侵入靶内。由于钢甲材料的屈服强度低，塑性好，使钢甲呈延性扩孔破坏，而不冲出塞块。相反地，如果穿甲弹与高硬度均质装甲钢板（$d_{HB} = 2.7 \sim 3.1$ mm）作用时，由于弹与靶板硬度相当，靶

板与弹丸撞击表面不易产生塑性变形，便于将弹丸动能集中地传给靶板，形成剪切塞块，所以其典型的破坏形态是剪切冲塞。对于介于上述二者之间的中等硬度均质钢甲（$d_{HB} = 3.35 \sim 3.6$ mm），其破坏特点是弹丸侵入钢甲一定深度后再剪切出变形很大的塞块。在其他条件相同的情况下，靶板硬度越低，击出的塞块越薄。由此可知，随着钢甲硬度的增加，弹丸难以侵入而冲出塞块的可能性增加，尤其是当 $C_b = 1$ 左右时，钢甲硬度对破坏形态的影响就更明显。

试验证明，对于非均质钢甲，如果表层的硬度大（$d_{HB} = 2.6 \sim 2.7$ mm），则不论其背层的硬度如何，被弹丸冲击时往往都是冲塞破坏，并且塞块的变形小，其厚度接近靶板厚度。随着表面层硬度减小（如表层硬度 $d_{HB} = 3.0$ mm，背层硬度 $d_{HB} = 3.4 \sim 3.7$ mm 时），钢甲的破坏形态稍有改变，即弹丸侵彻较深时才开始剪切冲塞。若表层硬度继续降低（如表层 $d_{HB} = 3.2$ mm，背层硬度仍为 $d_{HB} = 3.4 \sim 3.7$ mm），就不再有塞块产生而成为延性扩孔了。铸造钢甲一般均表现为明显的脆性材料，所以大多数的破坏形态为冲塞破坏，而与硬度关系不大。

碳化钨弹芯，其硬度可达 80 HRC 以上，对钢甲作用时往往使钢甲发生韧性破坏；另外，钨合金弹芯硬度为 28 HRC 左右（相当于 $d_{HB} = 3.7$ mm），它对钢甲作用往往在侵入一定深度后仍有塞块击出，由此可见弹、靶材料相对硬度的重要性。此外，靶板在制备（轧制或铸造等工艺）时产生的疵病，以及复合靶板的夹层结构等也对靶板的破坏形态有重要影响。

三、倾斜穿甲与跳弹

上述各种典型的靶板破坏现象，主要是在对靶板正面垂直射击时出现的。靶板相对于弹丸着靶弹道倾斜时，其现象就有所不同了。如图 9-2-4 所示，靶板倾斜的角度用靶板法线与水平面的夹角 β 表示，在一般情况下，与弹丸的着靶角 α 不同，它们的关系为

$$\cos \alpha = \cos \beta \cdot \cos \gamma \cdot \cos \theta_c + \sin \theta_c \cdot \sin \beta \qquad (9-2-9)$$

式中　θ_c——弹丸的落角；

　　　γ——射击偏角，即射击平面与靶板的铅垂平面的夹角。

当落角很小（$\theta_c \approx 0°$），且正向射击（$\gamma = 0°$）时，$\alpha = \beta$，即认为靶板倾角与弹丸着靶角相同，如图 9-2-4 所示。而在射击偏角 $\gamma \neq 0°$ 时，$\alpha > \beta$。当着靶角 $\alpha = 20°$ 时，穿甲现象与垂直穿甲（$\alpha = 0°$）时产生塞块或破片或其他穿甲现象基本相同，但 $\alpha \geqslant 30°$ 时穿甲现象则显著不同了。对于现代坦克来说，前装甲的倾角均大于 30°，一般为 60° ~ 72°。弹丸以较低的速度碰击前装甲时，往往在装甲板上划了一条浅沟而"跳飞"出去，这就是所谓"跳弹"。研究跳弹发生条件和防跳弹的办法，对装甲防护和穿甲弹设计均有重要的意义。

弹丸倾斜碰击钢甲时，在穿甲过程中因为弹轴与靶板法线有一个夹角 φ（此时认为弹丸速度方向与弹轴方向重合，即攻角 $\delta = 0°$），则钢甲对弹丸的抗力不通过弹丸的质心，而产生一个使弹丸转动的力矩 M。此力矩使弹轴与靶板法线夹角增大，使弹丸有跳飞的趋势，甚至可能使弹丸发生折断，如图 9-2-5 所示。

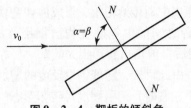

图9-2-4 靶板的倾斜角

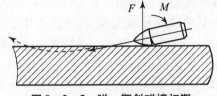

图9-2-5 弹-靶斜碰撞初期

如果弹丸着速较大，弹丸还来不及向外转动很大角度就侵入钢甲到一定深度，则此时由于弹-靶接触表面改变而使靶板抗力 F 的方向向弹轴的方向转动。不论靶板是以冲塞形式破坏还是以延性扩孔形式破坏，均可使力矩 M 逐渐减小并使 M 的方向改变，成为使弹丸转正而侵入钢甲的力矩，如图9-2-6所示。注意，在此时弹丸也有可能在力矩 M 作用下发生折断。图9-2-7所示为弹丸从碰击倾斜靶板开始到出现转正、穿透的过程。

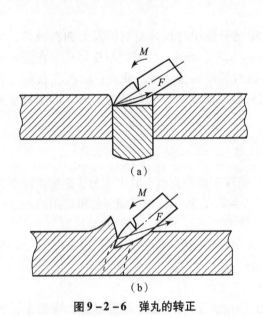

图9-2-6 弹丸的转正

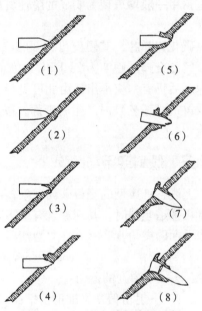

图9-2-7 弹丸的斜穿甲过程

如果弹丸能量不足，或着靶角 α 太大，则弹丸不能侵入钢甲到一定的程度，抗力 F 的方向始终没有扫过弹丸质心。这时，弹丸就会在翻转力矩 M 的作用下跳飞。试验证明，如果弹丸穿深 L 小于靶板厚度 b 的 1/2 时，弹轴与靶板法线的夹角 φ 就已经大于90°，并且速度的方向与靶板法线的夹角 θ 也大于90°，则此时仍在运动的弹丸将跳飞无疑，如图9-2-8所示。因此，一般情况下产生跳弹的条件为

$$\begin{cases} L/b \leq 0.5 \\ \varphi \geq 90°, \ \theta \geq 90° \end{cases} \quad (9-2-10)$$

由上述分析可见，能否产生跳弹的主要因素在于

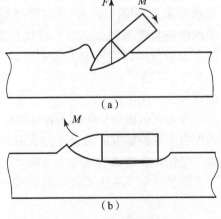

图9-2-8 弹丸跳弹的条件

靶板倾角和弹丸的能量与结构，也就是能否很快地将靶板抗力 F 产生的力矩 M 转变成转正力矩，这应是穿甲弹采取各种防跳弹措施的指导思想。

第三节　杆式穿甲弹总体参量选择

　　尾翼稳定脱壳穿甲弹（杆式穿甲弹）是目前应用最广泛的穿甲弹之一，主要由风帽、弹芯、尾翼等部件组成。目前，弹芯材料多采用钨合金或贫铀合金，呈细长杆形；发射时，膛内用多块弹托支撑弹芯，使之获得较高的炮口速度；弹体大都采用小尾翼，不但满足稳定要求，而且外弹道上的速度降也小，使得细长杆体能以足够高的速度撞击目标，有较高的比动能，产生令人满意的穿甲效果。

　　然而，穿甲弹的威力与其射击精度和发射强度要求相互关联且相互制约。为了使设计的杆式穿甲弹能适应各种弹道性能要求，达到预定的战术技术指标，合理地选择穿甲弹的总体参数及主要结构参数是杆式穿甲弹设计的重要内容。

一、材料选择

　　为保证得到高水平的杆式穿甲弹，其主要部件（弹托、弹芯）的材料特性是十分重要的。弹托材料应满足密度小、强度高的要求，才能使其在膛内作用可靠，减少穿甲弹丸的消极质量。目前，弹托大多采用超硬铝合金材料，国内常用 LC4 和 LC9 牌号的铝合金，其常规性能见表 9-1。为了追求弹托材料的高强度低密度特性，目前国内外正在开发铝/锂合金、铝/镁合金或碳纤维复合材料等作为弹托材料。

表 9-1　弹托超硬铝合金性能

牌　　号	σ_b/MPa	σ_s/MPa	$\delta_0/\%$
LC4（GB 3191—82）	549	451	6
LC9（GB 3191—82）	549	451	6
（美）7075-T6	550	490	6

　　膛内发射时是动载情况，铝合金性能对应变率条件不太敏感。对于 $100 \sim 102 \ s^{-1}$ 的应变率，7075-T6 铝合金的屈服应力基本没有变化。

　　弹芯材料除了要求密度高有利于穿甲外，还要有足够的强度和韧性，以保证发射强度。

　　首先，在高膛压作用下，杆式穿甲弹的过载系数远高于其他弹种，弹芯前部和尾部分别处于高速受压和受拉状态，因此对弹芯材料的抗拉和抗压强度均提出较高要求；其次，弹丸在膛内运动期间，因弹炮间隙的存在，尤其是当火炮有一定烧蚀程度后弹炮间隙会更大，只要膛内火药气体的作用力不对称，就会使弹丸在膛内产生较大角加速度的摆动。这种摆动使露出弹托外的弹芯部分受到剧烈的弯曲冲击，严重时能造成弹芯前、后断裂，所以还要求弹芯材料有足够的抗弯曲冲击的能力。钨/铀合金材料的冲击韧性均比钢差，尤其它们的冷脆转变温度较高，钨合金一般为 -20℃ 左右，铀合金为 0℃ 左右。在低温（-40℃）条件下钨合金的冲击韧性仅为常温条件下的 2/3。因此，对钨/铀合金穿甲弹来说，尤其要注意它们的低温发射强度。

用作弹芯材料的钨合金按含钨量分为 90% ~ 97% 钨等各类钨合金，几种常用的钨合金的力学性能见表 9 - 2。

表 9 - 2　几种钨合金的力学性能

材料状态		σ_b/MPa	σ_s/MPa	δ/%	ψ/%	ρ/(g·cm^{-3})
90W	锻造态	1275	1080	5	9	17.0
	退火态	1130	930	10	15	
91W	烧结态	930	815	12	11	17.3
	真空热处理态	970	830	25	38	
	变形 8.5%	1170	1070	16	27	
93W	真空热处理态	930	785	15	16	17.6
	锻造态	1180	1080	5	5	
94W	锻造态变形 14%	1320		11	15	17.85

钨合金的力学性能在低温和高应变率条件下有很大变化。低温时延性降低，强度提高，而冲击韧性有明显下降，见表 9 - 3 和表 9 - 4。这一特点促使人们应特别注意钨合金穿甲弹在低温条件下的发射强度。由表 9 - 3 和表 9 - 4 可见，91W 真空热处理态材料强度足够，韧性好，尤其在低温条件下性能比较稳定，是一种值得推荐使用的材料。

表 9 - 3　低温对钨合金常规性能的影响

材料状态	δ/%		σ_b/MPa	
	室温	-40℃	室温	-40℃
91W 真空热处理态	28	23	980	1030
91W 变形 15%	12.5	9.5	1240	1330
94W 变形 10%	11	5.5	1190	1320

表 9 - 4　低温对钨合金冲击韧性的影响

材料状态	冲击韧性 a_k/(J·cm^{-2})		
	室温	-20℃	-40℃
90W 真空热处理态	206	145	134
91W 烧结态	130		95
91W 真空热处理态	160 ~ 180	135	130
91W 变形 8.5%	98		74
92W 真空热处理态	154	116	102
93W 真空热处理态	110	85	70
94W 变形 14%	50		29
注：冲击韧性值测量使用无缺口方形（10 mm × 10 mm × 55 mm）试块			

目前，国内可供使用的铀合金有 U - 0.75Ti 和 U - 0.95Ti，后者的力学性能比前者有明显提高。由表 9 - 5 可见，铀合金的拉伸强度和屈服强度相差较大，这一点不同于钨合金。U - 0.95Ti 合金的冲击韧性比钨合金有明显提高，尤其在低温条件下的冲击韧性 $a_k \geqslant 3$，有较大的改善。

表 9 - 5　铀合金的力学性能

牌号	σ_b/MPa	σ_s/MPa	$\delta/\%$	$a_k/(\text{J} \cdot \text{cm}^{-2})$	$\rho/(\text{g} \cdot \text{cm}^{-3})$	硬度/HRC
U - 0.75Ti	1323	833	15	24.5	18.6	39 ~ 44
U - 0.90Ti	1470	980	15	39	18.5	39 ~ 44
美 U - 0.75Ti	1275	725	12		18.6	

注：1. 表中数据为材料的最小允许值；2. 冲击韧性为 $\phi 11\ \text{mm} \times 55\ \text{mm}$ 带梅氏 U 形缺口试样的数据

弹芯材料对侵彻能力的影响主要体现在密度、屈服强度和硬度方面，其中，屈服强度和硬度影响的程度与弹芯着靶速度 v_s 有关。当 v_s 大于某临界值时，主要因屈服强度大小决定着弹芯消耗和侵彻速度的大小而影响侵彻能力，在较低速度时弹芯的硬度才有较明显的作用。对于不同厚度的靶板，材料的选择也是不同的，对于厚靶来说，着靶速度越高、密度越大的弹芯越有效，此时以铀/钨合金为佳。而且在同样的条件下，铀合金弹芯比钨合金的极限穿透速度要低 50 ~ 70 m/s。但是在低速打击薄板情况下，碳化钨杆和钢制杆的性能反而好，这是因为此时弹体硬度起主导作用，使杆体变形和破碎少而改善了侵彻能力。

因此，在选择弹芯材料时，应注意其可能应用的速度和靶厚范围。同时，在完成战术技术指标的条件下，还要综合考虑经济效益和社会效益。

二、杆式穿甲弹总体参量

（一）最佳次口径比

尾翼稳定脱壳穿甲弹主要由弹托和弹芯（飞行部分）组成，弹托在弹芯周围环绕。为了提高火炮能量利用率，不但应考虑弹托的质量要小，即减少消极质量，而且还应考虑弹芯与弹托之间的几何和质量关系，以达到在给定火炮条件下弹芯着靶时有最大的比动能。根据几何关系和强度条件限制，可以得到最佳次口径比与长径比之间的关系。

作为总体结构的初步设计，将弹丸简化成带圆锥头部的圆柱体弹芯与周围环形弹托的组合体，如图 9 - 3 - 1 所示。

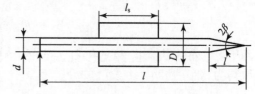

图 9 - 3 - 1　弹芯 - 弹托组合简化图

弹丸在膛内运动时作用在组合体上的火药气体压力和弹芯弹托之间的剪切力，它们的运动方程为

$$\begin{cases} p_d' A_p + \tau \pi d l_s = m_p a \\ p_d' A_s - \tau \pi d l_s = m_s a \end{cases} \tag{9 - 3 - 1}$$

式中　p_d'——弹底火药气体压力；

　　　A_p，A_s——弹芯和弹托的横截面积；

　　　m_p，m_s——弹芯和弹托的质量；

a——加速度；

τ——弹托–弹芯间传递的剪应力，其表达式为

$$\tau = \frac{a(A_s m_p - A_p m_s)}{(A_s + A_p)\pi d l_s} \qquad (9-3-2)$$

当加速度 a 最大时，有 $\tau = \tau_{max}$，即

$$\tau_{max} = \frac{A_s m_p - A_p m_s}{(A_s + A_p)\pi d l_s} \cdot a_{max} \leqslant [\tau] \qquad (9-3-3)$$

式中

$$a_{max} = \frac{p_d(A_s + A_p)}{m_p + m_s} \qquad (9-3-4)$$

式中 p_d——最大膛压时的弹底压力。

在设计时，为减小弹托质量，应取许用剪应力 $[\tau]$ 所对应的最小弹托长度 $l_s = l_{max}$，则

$$l_s = \frac{1}{\pi d} \cdot \frac{p_d}{[\tau]} \cdot \frac{A_s m_p - A_p m_s}{m_p + m_s} \qquad (9-3-5)$$

假设弹托为圆环形（对于其他形状可以用系数修正），弹托质量与其长度的关系为

$$m_s = l_s \frac{\pi(D^2 - d^2)}{4}\rho_s \qquad (9-3-6)$$

式中 D——火炮口径。

将式（9-3-5）代入式（9-3-6），可得

$$m_s = \frac{1}{2}\{ -(m_p + C_1 d^2) + [(m_p + C_1 d^2)^2 + 4C_1(D^2 - d^2)m_p]^{1/2}\} \qquad (9-3-7)$$

式中

$$C_1 = \frac{\pi(D^2 - d^2)}{16} \cdot \frac{\rho_s}{d} \cdot \frac{p_d}{[\tau]} \qquad (9-3-8)$$

如图 9-3-1 所示，弹芯质量可表示为

$$m_p = \rho_p \frac{\pi D^3}{12} f_p X^3 \qquad (9-3-9)$$

式中 X 为次口径比，$X = d/D$；$f_p = 3/d - 1/\tan\beta$，因此，弹托质量表达式（9-3-7）可改写为

$$m_s = \frac{\pi D^2 X}{2}(\sqrt{C_2 + C_3} - \sqrt{C_2}) \qquad (9-3-10)$$

$$C_2 = \left[\frac{\rho_p f_p X^2}{12} + \frac{\rho_s(1 - X^2)}{16} \cdot \frac{p_d}{[\tau]}\right]^2 \qquad (9-3-11)$$

$$C_3 = \frac{(1 - X^2)^2 \rho_s \rho_p f_p}{48} \cdot \frac{p_d}{[\tau]} \qquad (9-3-12)$$

由于几何关系限制条件，必有 $l_s \leqslant l - l'$。将式（9-3-10）中的 m_s 换成 l_s，可得

$$\frac{l}{d} - \frac{1}{2\tan\beta} - \frac{2(\sqrt{C_2 + C_3} - \sqrt{C_2})}{\rho_s(1 - X^2)} \geqslant 0 \qquad (9-3-13)$$

式（9-3-13）给出了弹顶半角、长径比、次口径比及其他因素之间的关系，也即按

剪切应力限制和几何条件给出了长径比、次口径比的可能设计范围。在此基础上，可按如下思路考虑弹芯碰靶的比动能。

设炮口至目标的距离为 Z，弹托出炮口后即脱离飞行部分——弹芯，弹芯以速度 v 直线轨迹运行到目标，弹芯的运动方程为

$$m_p \frac{\mathrm{d}v}{\mathrm{d}t} = -C_D \frac{1}{2} \rho_g A_p v^2 \tag{9-3-14}$$

式中　C_D——空气阻力系数；

ρ_g——空气密度。

由于 $\mathrm{d}v/\mathrm{d}t = v \cdot \mathrm{d}v/\mathrm{d}x$，将其代入式（9-3-14）并积分得到碰靶时的速度为

$$v_s = v_0 \exp\left(\frac{1}{2} C_D \rho_g A_p Z / m_p \right) \tag{9-3-15}$$

碰靶时的弹芯动能为

$$E_1 = E_G \frac{m_p}{m_p + m_s} \cdot \frac{1}{\exp\left(C_D \dfrac{\rho_g}{\rho_p} \cdot \dfrac{3Z}{f_p DX} \right)} \tag{9-3-16}$$

式中　E_G——弹丸的炮口动能，其表达式为

$$E_G = \frac{1}{2}(m_p + m_s)v_0^2 \tag{9-3-17}$$

式中　m_p 和 m_s 由式（9-3-9）和式（9-3-10）给出。

上述各方程式可以按量纲为 1 的参量 d/D、l/d、m_s/m_p 和 $(E_1/d^2)/(E_G/D^2)$ 给出几何—强度限制条件下的各种关系。当给定弹芯、弹托材料，弹底压力及空气阻力系数等时，可按式（9-3-13）给出如图 9-3-2 所示的 d/D 与 l/d 极限关系。对于给定的弹头半锥角，仅在相应曲线的右侧部分为可行的设计方案。在给定火炮口径时可得到作为长径比函数的可能弹芯直径的下限，或者对给定火炮和弹芯直径可以得出弹芯的最小长度。

按式（9-3-9）和式（9-3-10）所求出消极质量比 m_s/m_p 与 d/D 的关系，如图 9-3-3 所示。实际上，现有的尾翼稳定脱壳穿甲弹消极质量比 m_s/m_p 均落在曲线之下，说明上述分析是可靠的。在一定的弹头半锥角情况下，火炮能量利用率 $(E_1/d^2)/(E_G/D^2)$ 与次口径比的关系，如图 9-3-4 所示。由图可以看出，在几何-剪切强度限制条件下，对

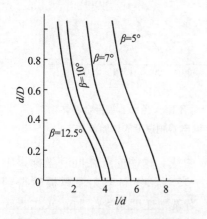

图 9-3-2　d/D 与 l/d 的极限关系

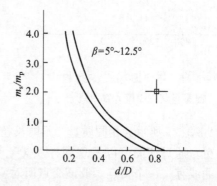

图 9-3-3　消极质量比 m_s/m_p 与 d/D 的关系

于给定的火炮，对应于给定的长径比 l/d（即 λ）存在一个次口径比最佳值，使其弹芯着靶比动能为最大。随着长径比 l/d 增大，对应于获取最大着靶比动能的次口径比 d/D（最佳次口径比）在图 9-3-4 上向左移，即 d/D 要减小。最佳的 d/D 值受弹托、弹芯材料，火炮和弹芯尺寸参数的影响强烈。

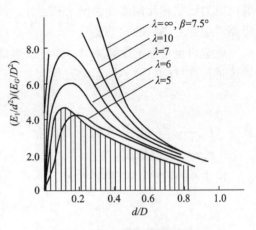

图 9-3-4　火炮能量利用率与次口径比的关系

（二）穿甲长径比

杆式穿甲弹的长径比从弹道学观点看，应分为飞行长径比（外弹道）和穿甲长径比（终点弹道），后者是弹芯侵彻体部分的长度 l 与其直径 d 之比，记为 λ；杆式穿甲弹穿甲长径比的选择应主要以使穿甲弹芯具有最大穿甲能力的考虑为出发点。长径比及侵彻体的长度是穿甲弹的重要参数，国内外的杆式穿甲弹的研究一直遵循着向大长径比方向发展。目前，杆式穿甲弹的长径比已经达到 25~30，并有可能朝着更大的方向发展。一般说来，弹杆质量一定时，长径比越大，其在一定速度条件下的比动能也就越大，侵彻效果也就越明显。对于给定的弹杆质量，对同样的靶板射击可以看出长径比对极限速度的影响规律。图 9-3-5 所示为长径比 λ 分别为 3、6、12 的三种侵彻体相对垂直侵彻深度 L_∞/l 和着靶速度 v_s 的关系，在一定的速度范围内它们近似为一条平行的直线。图 9-3-6 所示为长径比 λ 分别为 10、20 和 30 的钨合金对 38CrMoAl 垂直侵彻的试验曲线，它们也近似平行。

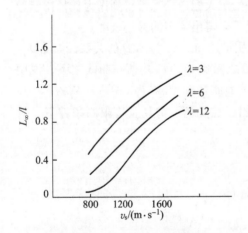

图 9-3-5　不同长径比的杆体相对侵深与着靶速度计算曲线

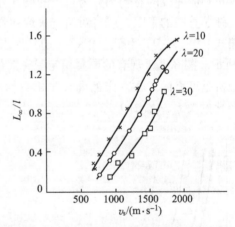

图 9-3-6　不同长径比的钨合金杆体相对侵深与着靶速度的试验曲线

图 9-3-7 所示为相同质量、不同长径比 λ 的 $L_\infty - v_s$ 曲线。这些曲线在同一坐标系中两两相交。通过该图可以发现同样质量不同长径比的两个长杆体侵彻半无限靶板时得到 $L_\infty - v_s$ 曲线存在一个交点。设该交点所对应的速度为 v_k，当碰靶速度 $v_s > v_k$ 时，较大长径比杆体的侵彻深度较大；当 $v_s < v_k$ 时，较小长径比杆体的侵彻深度较大。这说明一定质量

的侵彻体要获得最大的穿甲能力，要根据所能达到的着靶速度选择长径比，一般地，着靶速度高（$v_s > v_k$）则应选择较大的长径比。

因此，设计人员首先要对火炮弹丸系统可能达到的着速有所估算，据此选取适当的长径比范围，切忌在高速下选取小长径比或在低速下选大长径比。例如，对密度为 17.6 g/cm³ 的钨合金弹芯；当 $v_s < 1150$ m/s 时，选取短粗的弹芯（$\lambda \leqslant 10$）；当 $v_s = 1200 \sim 1450$ m/s 时，应选细长弹芯（$\lambda \leqslant 15 \sim 20$）；当 $v_s > 1550$ m/s 时，应选取更大的长径比才有利。

（三）弹芯长度

在炮兵速度范围内，不同长径比弹芯对半无限靶垂直侵彻深度 L_∞ 的试验结果如图 9-3-7 所示。由图 9-3-7 可见，在 $v_s = 1000 \sim 1800$ m/s 时，随速度增加，相同长径比时弹芯的半无限靶垂直侵彻深度基本呈线性增加，在选定长径比范围之后，由图可以定量地读出在给定的 v_s 下对应的 L_∞ 值。由此，对于设计要求的威力指标，利用 $L = b/\cos\alpha$ 值（b 为装甲板厚度），可以确定为击穿给定靶厚所必需的弹芯长度 l。但对于有限厚度的靶板目标来说，由于背面效应，被击穿的装甲水平厚度 L 会比在同样条件下该弹芯侵彻半无限靶的 L_∞ 略大一些。设该增量值为 Δ，则有经验公式：

$$\Delta/d = 0.5 + 0.08\lambda \quad \text{或} \quad \Delta = 0.5d + 0.08l$$

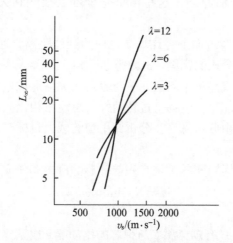

图 9-3-7　相同质量不同长径比的侵彻体半无限靶垂直侵深与着靶速度的关系

所以

$$l_c = \frac{b/\cos\alpha - 0.5d}{0.08 + K_1} \tag{9-3-18}$$

式中　l_c 为击穿给定靶厚所必需的弹芯长度，在 $v_s = 1500 \sim 1600$ m/s 作初步估算时，取 $l_c \approx b/\cos\alpha$ 即可满足使用要求。K_1 值随速度增大而增大，随 λ 的增大而下降，而当 λ 越大则 K_1 值的下降就越小：对于常用的钨合金（$\rho_p = 17.6$ g/cm³），$\lambda = 20$ 时，$v_s = 1500 \sim 1750$ m/s 对应的 $K_1 = 0.7 \sim 1.0$；而钢在同样 v_s 范围内仅有 $K_1 = 0.37 \sim 0.55$。另外，对于强度相近的弹芯材料，在其他条件（靶板、速度、长径比）相同时，弹芯侵彻深度与其密度成正比。因此，对铀合金（$\rho_p = 18.6$ g/cm³）而言，其 K_1 值在同样条件下将比密度为 17.6 g/cm³ 的钨合金弹芯的 K_1 值高约 6%，比密度为 17.0 g/cm³ 的钨合金杆高约 10%。

三、总体参量的选择

按上述分析，根据上级给定的战术技术指标，就可初步选出可用的弹芯材料、最佳次口径比及可行的长径比范围、必要的弹芯长度。但是，对总体论证来说，还必须根据战术技术指标的威力要求、火炮系统赋予弹芯必要初速（对新设计的火炮系统来说，应与之进行必要的协调；对原有火炮配新弹来说，应尽量与之适应）的能力以及弹、炮的强度条件确定弹芯直径及弹丸总质量的大小。

（一）总体参量与穿甲威力的关系

穿甲弹的威力是指对给定目标的穿透能力及其后效作用。通常，由于杆式弹的后效好，目前所说的穿甲威力主要是指其穿透目标的能力。提高穿甲弹的威力通常是指设法降低该弹芯穿透给定目标的极限穿透速度，或者提高该弹芯在一定着靶速度条件下的穿透深度。根据国内外对穿甲机理的多年研究成果，已对影响穿甲威力的诸因素得出较明确的看法。例如，影响弹芯极限穿透速度的因素有：靶板和弹芯的硬度、密度、屈服强度，弹芯的几何条件（长度、直径、头部形状），靶板厚度和倾角，弹丸的着靶章动角等。其中，对弹芯结构有重要意义的是弹芯材料、长度和直径。虽然上述各研究均建立在采用弹 – 靶尺寸较小的模拟试验基础上，但是根据相似原理，这些结果完全可以推广到大尺寸原型穿甲弹的设计上去。

穿深是指穿甲弹芯在射线方向上，在均质靶内达到的距离，通常可表示为 $L = b/\cos \alpha$，也称直线穿深，其中 b 为被穿透的靶厚，α 为弹芯着角。试验表明，当着角 $\alpha = 0° \sim 70°$ 时，弹芯侵彻半无限厚靶板的直线穿深平均值几乎与着角无关，造成这一事实的原因主要是在弹靶作用的开坑阶段所消耗的能量与侵彻全过程消耗的总能量相比只占很小的部分，在同样弹头形状条件下显示不出来。由此可见，在分析穿甲弹的威力指标时，取直线穿深 L 度量弹芯的侵彻能力是合理的。

按照高速碰撞理论，半无限靶的弹坑容积与弹芯的碰击动能 E_s 成正比，即

$$L = E_s/Ad^2 \propto e \qquad\qquad (9 - 3 - 19)$$

式中　A——系数。

由式（9 – 3 – 19）可见，有效穿深 L 与弹芯的比动能 e 成正比，当弹芯被简化成标准圆柱体时，有

$$e = E_s \Big/ \left(\frac{\pi}{4}d^2 \right) = \frac{1}{2}\rho_p l v^2 \qquad\qquad (9 - 3 - 20)$$

由式（9 – 3 – 20）可见，为提高弹芯的侵彻能力，必须在提高弹芯材料密度、增大弹芯长度和弹芯碰靶速度方面下功夫。在理论上，对于一定的弹芯来说，穿透给定靶板所需的极限穿透速度 v_c 应为一确定的量值。在此情况下，弹芯比动能应为一定值 e_c。另外，e_c 也是靶板被击穿时所需的临界比动能。

（二）威力条件

为击穿一定尺寸的装甲，弹芯除具有一定的质量和长度外，还需有必要的着靶速度。为此，必须首先要考虑给定火炮能使这种弹芯获得必要初速的能力。弹丸初速可用内弹道学公式计算，也可用简便的经验公式估算。根据长期的经验积累，对于加农炮发射杆式穿甲弹的情况，其初速 v_0 可按下式估算：

$$v_0 = \sqrt{\frac{8369.2 m_w Q_w}{C_v m}} \tag{9-3-21}$$

式中 m_w——装药量（kg）；

m——弹丸质量（kg）；

Q_w——所用火药的爆热（J/kg）；

C_v——转换系数。

当混合装药时，A 种装药量为 m_{wA}，B 种装药量为 m_{wB}，其相应的爆热分别为 Q_{wA} 和 Q_{wB}，则

$$m_w = m_{wA} + m_{wB} \tag{9-3-22}$$

$$Q_w = \frac{m_{wA}}{m_w} Q_{wA} + \frac{m_{wB}}{m_w} Q_{wB} \tag{9-3-23}$$

对于加农炮的各类脱壳穿甲弹的转换系数 C_v 可取值为 3.5. 也可用下式计算：

$$C_v = C_{vB}\left(2 - \frac{\varphi_B}{\varphi_s}\right) \tag{9-3-24}$$

对于加农炮和脱壳穿甲弹，$C_{vB} = 3.0 \sim 3.1$，$\varphi_B = 1.2$，而

$$\varphi_s = K_2 + \frac{1}{3}\frac{m_w}{m} \tag{9-3-25}$$

$$K_2 = 1.03 \sim 1.05 \tag{9-3-26}$$

对大多数杆式穿甲弹来说，弹托质量 m_s 占弹丸质量 m 的 $1/3 \sim 1/2$，可用下式粗略计算：

$$m = m_p + m_s = \frac{3}{2} m_p \tag{9-3-27}$$

式中 m_p——包括弹托、尾翼在内的弹芯飞行体质量。

将其简化成圆柱杆，则有

$$m_p = \frac{\pi}{4} d^2 l \rho_p \tag{9-3-28}$$

由式（9-3-21）、式（9-3-27）和式（9-3-28），可得

$$v_0 = \sqrt{\frac{8369.2 m_w Q_w}{C_v \cdot \frac{3}{8}\pi d^2 l \rho_p}} = \frac{45.05}{d}\sqrt{\frac{\omega Q_w}{l \rho_p}} \tag{9-3-29}$$

式中：d，l 的单位为 m；ρ_p 的单位为 kg/m³；v_0 的单位为 m/s。

对于给定的火炮，确定 m_w 及 Q_w 并选定弹芯材料后，对于每一给定的 d 值均可得出 $l - v_0$ 关系，如图 9-3-8 所示。其意义是对应每一组 d、l 值，该穿甲弹在给定火炮上可能获得的初速值，这就是威力的充分条件。另外，由式（9-3-20）知，对给定的目标，其临界穿透状态下的比动能应为一定值 e_c，其大小与弹芯直径无关。先假设一个可能的弹芯直径 d，其对应的弹芯长度为 l_c，定义 $l_c \approx b/\cos \alpha$，按给定的目标则

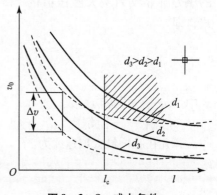

图 9-3-8 威力条件

可求出其相对厚度 $C_e = b/d$。据 l_c 及 d 可求出弹芯飞行体质量 m_p，进而得到相对质量 $C_m = m/d^3 = \pi\rho_p l_c/(4d)$，按下式可计算出在本假设下弹芯的极限穿透速度，即

$$v_c = K \sqrt{\frac{C_e}{C_m \cos \alpha} \sigma_{st}} \qquad (9-3-30)$$

对于中硬度均质钢甲，$\sigma_{st} = 833 \times 10^6 \text{ Pa}$，则

$$K = 2.293 \sqrt{\frac{1}{\varepsilon + \dfrac{C_e \times 10^3}{C_m \cos \alpha}}} \qquad (9-3-31a)$$

$$\varepsilon = \frac{1.266 \, (\cos \alpha)^{\frac{1}{3}}}{C_e^{0.7} \, (C_m \times 10^{-3})^{\frac{1}{n}}} \qquad (9-3-31b)$$

$$n = 4 \sim 5 \qquad (9-3-31c)$$

一般可取 $n = 4.5$，将经式（9-3-31b）算出的该假设弹芯的动能和比动能，代入式（9-3-20）中，可得

$$e = \frac{1}{2} \rho_p l v_c^2 \qquad (9-3-32)$$

由式（9-3-32）可得出 $l - v_c$ 的关系（图 9-3-8），其意义是长为 l 的弹芯击穿给定靶目标所必需的极限穿透速度。如果考虑弹芯的各种速度损失（包括外弹道气动力速度降 Δv_x、低温速度降 Δv_t 和火炮磨损速度降 Δv_{D+}），则为保证必要着速所必需的火炮初速为

$$v_{0c} = v_c + \Delta v_x + \Delta v_t + \Delta v_{D+} \qquad (9-3-33)$$

参照式（9-3-33）可得出 $l - v_{0c}$ 曲线（实际上是将 $l - v_c$ 曲线向上平移），这就是达到威力指标的必要条件。显然，在图 9-3-8 中，$l - v_{0c}$ 曲线上方的各个弹径 d_i 下的 $l - v_0$ 曲线都能满足对初速的要求。另外，由需要穿透的目标厚度，应有 $l > l_c$，所以在图 9-3-8 平面上，仅在用直径 d 算出的 l_c 直线以右，$l - v_{0c}$ 曲线以上的区域（图中阴影部分）能满足威力的充分必要条件，其中各 $l - v_0$ 曲线所对应的 d 则为可选用的范围。

（三）发射强度条件

发射时弹芯在膛内必须能经受得住它可能受到的最严苛的载荷条件，如图 9-3-9 所示。弹丸在内弹道期间的主要作用力是火药气体压力和运动产生的惯性力，所以，在高温最大膛压下的载荷条件应作为强度设计的出发点（对钨、铀合金这样的冷脆材料，有时也有必要考虑低温发射时的强度问题）。对于坦克炮，装药量大体与弹丸质量相同，作用在弹底的压力通常仅为最大膛压值的 2/3 ～ 5/7，可用经验公式计算，此外建议用如下经验公式，即

$$p_d = \frac{p_{m50℃}}{1 + \dfrac{m_w}{2\varphi_1 m}} \qquad (9-3-34)$$

式中　φ_1——虚拟功系数；

　　$p_{m50℃}$——电测压力。

弹丸在膛内最大加速度为

$$a = \frac{\dfrac{\pi}{4} D^2 p_d}{m} \qquad (9-3-35)$$

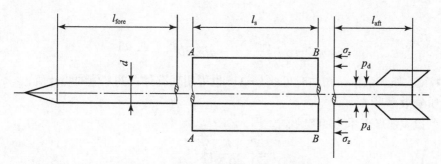

图 9 - 3 - 9　飞行弹芯受力隔离体

利用式（9 - 3 - 28）和式（9 - 3 - 34），取 $\omega \approx m$，可得

$$a = \frac{4}{9} \left(\frac{D}{d} \right)^2 \cdot \frac{p_{m50℃}}{l\rho_p} \qquad (9 - 3 - 36)$$

所以弹托前的杆体长度为

$$l_{fore} \leqslant \frac{9}{4} \frac{\sigma_c}{p_{m50℃}} \cdot \left(\frac{\overline{d}}{D} \right)^2 \qquad (9 - 3 - 37)$$

也可用这种方法估算弹托后的弹芯质量以替代上述设定 m_{aft} 考虑强度条件的办法（图 9 - 3 - 10），此时

$$m_{aft} \leqslant \frac{9}{4} \frac{m_p [\sigma_T]}{p_{m50℃}} \cdot \left(\frac{\overline{d}}{D} \right)^2 \qquad (9 - 3 - 38)$$

利用式（9 - 3 - 38），可得

$$l_{aft} \leqslant \frac{9}{4} \frac{[\sigma_T]}{p_{m50℃}} \cdot \left(\frac{\overline{d}}{D} \right)^2 l_c \qquad (9 - 3 - 39)$$

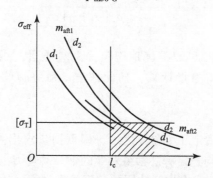

图 9 - 3 - 10　弹托后杆体部分发射强度条件

（四）弹丸总质量

1. 弹托质量

通过上述方法进行的总体参量选择，将得到满足威力条件及强度条件的弹芯，据此，可估算弹托质量 m_s。

设弹托以截锥台形近似表示，一端为弹芯直径；另一端为炮膛直径，长度为 l_s（图 9 - 3 - 11），弹托质量可

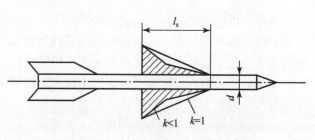

图 9 - 3 - 11　弹托质量估计的二阶近似简图

表示为

$$m_s = k\rho_s l_s \left[\frac{\pi}{12}(d^2 + dD + D^2) - \frac{\pi}{4}d^2 \right] \tag{9-3-40}$$

式中 k 为经验修正系数，初估时可取 $k=1$，也可用现有弹丸的 k 值的统计值；$k<1$ 表示弹托设计的质量效率高。

经验系数 k 还可表示为函数形式，即

$$k = \frac{E_{Al}/E_s}{1 + 0.83 E_{Al}/E_p} \tag{9-3-41}$$

式中 E 为材料的弹性模量，下脚标 s、p 和 Al 分别表示弹托、弹芯和铝合金。系数 0.83 可根据经验变化。

另外根据弹芯强度条件，有

$$l_s = l - l_{fore} - l_{aft} = \frac{m_p}{0.25\pi d^2 \rho_p} - \frac{[\sigma_c] + [\sigma_T]}{\rho_p a} \tag{9-3-42}$$

如前面定义，m_p 为风帽、侵彻体及尾翼的质量之和。式（9-3-40）所用的 l_s 值应取按式（9-3-42）和式（9-3-5）计算得出的最大者。

2. 弹丸总质量

令

$$\Delta = 1 + \frac{d}{D} - 2\left(\frac{d}{D}\right)^2 \tag{9-3-43}$$

利用式（9-3-42）和式（9-3-43），可得

$$m = \frac{m_p \left[1 + \frac{1}{3}k\frac{\rho_s}{\rho_p}\left(\frac{D}{d}\right)^2 \Delta \right] - \frac{1}{6}k\frac{\rho_s}{\rho_p}([\sigma_c] + [\sigma_T])\Delta \frac{\omega}{p_{m50℃}}}{1 + \frac{1}{3}k\frac{\rho_s}{\rho_p}\frac{[\sigma_c] + [\sigma_T]}{p_{m50℃}}\Delta} \tag{9-3-44}$$

至此，便可用初始设计参量较准确地确定弹丸总质量，用这一结果代替式（9-3-27），就可进行新一轮的总体参量计算，如此往复，最终可得到可靠的总体参量及结构参量。

（五）炮口动能校核

从威力条件和强度条件确定了 l 和 d 之后，即可初步求出弹丸质量 m，按式（9-3-21）就可求出 v_0，进而求出与选定弹芯参量对应的炮口动能 E_0。

如火炮原先配用的杆式脱壳穿甲弹比同炮配用的榴弹炮口动能小，这时炮管强度是以榴弹的炮口动能设计的，取其为 $[E_0]$，则新脱壳穿甲弹的炮口动能校核要求为

$$E_0 \leq [E_0] \tag{9-3-45}$$

另外，可能的情况还有：虽然脱壳穿甲弹的质量较小，但炮口速度大，致使 E_0 在火炮配用的诸弹种中为最大，此时火炮的炮管强度是以穿甲弹的 E_0 设计的，则以新、旧穿甲弹比较炮口动能。通常，为制式火炮配用新型尾翼稳定脱壳穿甲弹时，往往出现新设计穿甲弹的炮口动能比火炮原配所有弹的炮口动能都高的情况，此时应请上级主管部门论证能否进一步挖掘火炮的强度潜力，并给出许用炮口动能。

对新设计的以穿甲弹为主用弹的火炮系统，在所配用的诸弹种中总是要优先考虑穿甲弹的炮口动能要求。此时，应根据需要和可能的条件，按上述得到的炮口动能值进行火炮身段

强度设计。当然，在满足威力和炮口动能要求的同时，也应照顾到火炮机动性的要求。

至此，初步完成了对尾翼稳定脱壳穿甲弹的总体参量选择。在结构设计中，只要能满足上述论证中所选用的材料、次口径比、l、d 和弹丸总质量的要求，就可使设计的杆式弹基本满足威力和发射强度的要求，所以该方法具有较明显的优越性。

第四节 杆式穿甲弹结构设计

典型的杆式穿甲弹结构可以分为三个组成部分，即由多块（通常为三块）卡瓣所组成的弹托；飞行部分（包括次口径、大长径比的弹杆），尾管和尾翼片、风帽以及曳光管；闭气部分，包括弹带及其他闭气结构。其结构方面的主要特点是：弹托和弹杆通过环形槽和环形齿啮合在一起，发射时弹杆由弹托支撑，并由弹托传递火药气体产生的推力；出炮口后，弹托在气动力或离心力作用下分离、脱落。弹托的部分表面是弹丸的定心部，其上安装弹带，以使弹丸装填入膛时能正确定心，发射时能密闭火药气体。由于弹杆细长，弹丸都采用次口径或同口径尾翼作为稳定装置。为了防止高温高压的火药气体钻入卡瓣之间的纵向缝隙和弹托与弹杆间的装配缝隙，从而干扰弹丸膛内运动的正确性，在轴向和径向还设置有闭气装置。弹杆头部装有风帽，在有的情况下，也可以不设置风帽，当用线膛炮发射时，还应设计降低弹丸转速的装置。

杆式穿甲弹的上述结构特点，使其在膛内能获得很高的加速度，从而在炮口获得高的初速，并且具有高的存速能力和着靶比动能，也有利于防止大着角碰击目标时的跳弹。在使其具有良好终点效应的同时，也必须特别注意保证这类弹丸发射阶段在膛内的整体性。

一、弹托

（一）弹托的结构类型

弹托结构对杆式穿甲弹的威力、有效射程、密集度、火炮寿命以及安全性都有相当大的影响，是这类弹丸设计中的关键问题。弹托具有足够的强度，是保证穿甲弹从膛内正常发射、获得预定威力的前提。因此，弹托结构首先应保证各部分强度的合理匹配，同时还应有足够的刚度和脱壳性能以保证射击密集度。

弹托的散布是一个复杂的弹炮相互作用，涉及膛内发射动力学、中间弹道学及外弹道学的问题。弹丸出炮口时的环境和状态对其密集度有显著影响。一般认为，弹丸出炮口时身管的运动（振动）影响弹丸的运动，而弹丸的运动几乎不影响身管的运动，弹托与火炮身管壁的相互作用不仅决定了弹丸受力不对称的程度，而且决定了弹丸出炮口的运动状态。因此，弹托的刚度将明显地影响弹丸的膛内响应。弹托刚度是一个复杂的问题，除与弹托质量有关外，还与弹托的具体结构有关。需要指出的是，弹托的分瓣数是个值得考虑的重要参数。它的数目可以影响各卡瓣及弹托总体与弹芯间的相互作用状况，从而产生不同的总体刚度。所以，弹托的分瓣数可能影响弹托作用可靠性进而影响射击密集度，四瓣式的弹托比二瓣式、三瓣式的弹托膛内刚度小，将使弹丸膛内扰动增大。

常规的弹托结构如图 9-4-1 所示。按其结构外形，分别称为马鞍形弹托（图 9-4-1 (a)）和双锥形弹托（图 9-4-1 (b)），弹托前部具有迎风槽，其后部则有背风槽。

马鞍形弹托后定心部装有闭气环（弹带），弹托前部一般为钟形界面，钟形界面的前沿

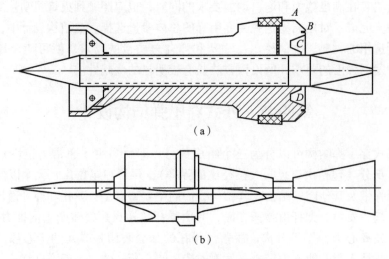

图 9 – 4 – 1 常规的弹托结构

(a) 马鞍形；(b) 双锥形

为前定心部。这种外形使得其膛内定心部之间的距离最大，可使弹丸在膛内获得正确的运动姿态。

双锥形弹托的闭气环（弹带）位于其圆柱定心部位处。弹托从闭气环截面处朝前、朝后各伸出一个长锥体。由于闭气环靠近弹托的中部，因此还需要有一个附加的定心表面，该定心表面可以在前锥体上取钟形结构，或如图 9 – 4 – 1 所示从中心截面朝前伸出带锥度的圆柱裙。在膛内，高压的火药气体作用在弹托的后锥面上，产生了很高的周向压缩应力，因而使卡瓣夹紧在一起，并抱紧弹芯，保证了发射过程中二者牢靠地结合成为一个整体。与之相比，图示马鞍形弹托如果后抱紧锥较短，弹底高压的作用常常有增大卡瓣间缝隙的趋势，所以要特别注意采取防止漏气的措施。双锥形弹托的另一特点是传递火药气体压力时不致产生严重的剪应力集中，而马鞍形弹托则因其后部是刚性很大的块形结构，传递压力时该部位会出现高度的剪应力集中。相同口径时，双锥形弹托的质量，一般小于马鞍形弹托的质量。但其导引部长度远小于马鞍形弹托，并且出炮口后的脱壳也可能比较困难。

为综合二者的特点，还有一种混合型弹托，如图 9 – 4 – 2 所示，它主要的特点是在马鞍型弹托的基础上，从弹托后部伸出一个锥体，或从弹托的前后部各伸出一个锥体，以适应高初速、大长径比弹杆的需要。

还可按其在膛内受力情况的不同，将各种不同结构的弹托区分为以下两种：

（1）抱紧式弹托（图 9 – 4 – 2(a)）。这种弹托由于采取了一些措施使火药气体不能钻入卡瓣之间的间隙，在火药气体压力的作用下，卡瓣在膛内能抱紧弹体。卡瓣抱紧弹杆能使齿部受力均匀，改善卡瓣和弹杆的发射强度条件，但是抱紧式弹托脱壳比较困难。

（2）外翻式弹托（图 9 – 4 – 2(b)）。这种弹托在火药气体压力的作用下，卡瓣在膛内即有向外侧翻转的趋势，但其外翻的趋势受到膛壁的约束，一旦出炮口时，就能顺利脱壳。这种弹托膛内受力的情况不理想，由卡瓣缝隙处泄露的高温高压气体，以及由于卡瓣外翻所产生的卡瓣外缘对膛壁的压力，都将对炮膛有较大的冲刷和磨损作用。这种弹托的后部采用可靠的闭气装置是十分必要的。

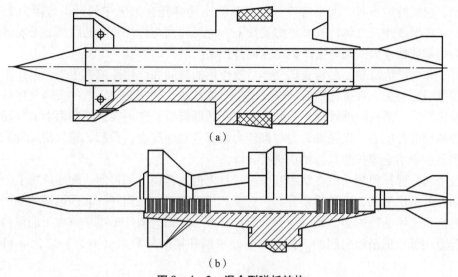

图9-4-2　混合型弹托结构

(a) 抱紧式；(b) 外翻式

　　选择弹托结构形式的根据是：弹丸终点性能所必需的弹杆长度及长径比、弹托支撑的最小弹杆长度、弹丸的密集度要求、限定的弹丸质量以及火炮膛内的结构特点等。在指标限定弹丸质量的条件下，当弹丸全长（包括药筒）受到火炮装填机构的限制时，可结合火炮膛内结构特点设计弹托结构形式。

　　以上通过对弹托结构类型的讨论，介绍了设计弹托结构的几个要素：力的传递、弹丸膛内定心及定心部的刚度、导引部长度、弹丸质心相对于弹带的位置以及脱壳及闭气问题。必须注意的是：弹托的结构要结合火炮膛内结构的特点，不能指望通过某一典型弹托的结构即能完全解决具体弹丸弹托的结构设计问题，而是要根据所设计弹丸的具体要求和约束条件，分析现有各种弹托结构的优缺点，加以改进和发展，而后确定所设计弹托的结构方案。因此，在弹托总体结构设计方面，应当思路活跃，绝不应保陈守旧。

（二）迎风槽和背风槽

　　弹托的结构还需要保证脱壳顺利。脱壳过程中弹托可能从单方面对弹杆的运动产生干扰：一种是机械干扰，包括在脱壳过程中的摩擦、挤压弹性恢复，以及对弹杆和尾翼的碰撞；二是弹托脱壳时其后部产生气流涡迹区，弹丸尾翼正位于此区内，使弹丸处于不稳定状态，此即弹托对尾翼的屏蔽干扰；三是激波干扰，也即脱落的卡瓣产生的激波对弹丸气动压差干扰。为了减小脱壳运动的干扰，要求脱壳一致，即卡瓣同时离开弹杆，脱壳分离迅速，即出炮口后，卡瓣应及早与弹杆分离。研究表明，脱壳扰动以机械干扰为影响最大，是影响尾翼稳定脱壳穿甲弹射击密集度的主要原因之一。

　　可用于脱壳的力有火药气体后效期的作用力、空气阻力和弹丸旋转产生的离心力。

　　弹丸出炮口后的运动中，弹托受到高速气流迎面而来的冲击，弹托的前端面成为阻力面。在弹托前部设计出一个迎风槽（图9-4-3），可以使高速气流流过弹托时受阻并向外折转，有利于弹托向

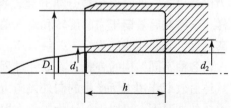

图9-4-3　迎风槽示意图

侧方运动。迎风槽的形状、大小应使气动力升阻比（弹托在来流中的升力与阻力之比）尽可能大，并在保证弹托总体结构要求的前提下，使迎风槽与弹托质心的距离尽可能远，在弹托飞散的初期获得较大的翻转力矩，迅速向外翻转。

同时，弹丸出炮口后，尽管火药气体后效作用的时间和作用距离都很短，但作用于弹托上的力和力矩相当大。在弹托的后部设计出一个背风槽，利用侧向扩散的火药气体可使弹托产生向外的升力，迅速向外移动。为此，应使弹托翻转后，作用在弹托底面上的气动合力作用点尽量靠近弹托质心，以保证升力与翻转力矩有合理的配合。显然，迎风槽及背风槽的几何尺寸和形状应结合弹托的具体结构进行设计。

一般来说，弹托前端采用杯状的迎风槽，且无抱紧弹体的圆锥面，则迎风面上的气动力作用最强，升阻比最大，弹托易于分离，对弹芯扰动较小。在同样杯状迎风槽的结构下，如果前端有抱紧弹体的圆锥面，则气动力升阻比将减小。该升阻比的减小是由于迎风槽内有抱紧锥使升力被部分抵消而引起的。抱紧力与迎风槽杯裙的外翻力（升力）之比 n 可按下式计算：

$$n = \frac{S_1}{S_2} = \frac{d_1 + d_2}{2D_1} \qquad (9-4-1)$$

这里假设迎风槽杯裙为圆柱形，其高度与抱紧锥相同。若杯裙为倒锥形，或其高度与抱紧锥的高度不同，则应按其纵剖面之比计算。对迎风槽内有抱紧锥的弹托，其相对于弹芯轴线的翻转角 θ，翻转速率 $\dot{\theta}$ 均较低，在弹托飞离的初期，弹托对弹芯的机械及气动扰动较前一种结构为大。如果弹托前端无迎风槽，则气动力升阻比趋于零。弹托与弹芯分离所需的时间就相当长，弹托与弹芯存在较大的机械作用，使弹体受到严重的扰动。甚至有可能与尾翼相碰。弹丸的微旋运动，会使卡瓣借助离心力的作用使脱壳顺利。

对于图 9-4-1 (a) 所示的马鞍形弹托，在膛内火药气体压力作用下，弹托后部的圆柱面 A、锥面 B 及 C，产生使卡瓣相互抱紧的力，保证了发射过程中弹杆与弹托牢靠结合成为整体。虽然作用于锥面 D 上的火药气体压力有使卡瓣分开的趋势，但此力与使卡瓣抱紧的力相比较小，故不能使卡瓣发生分离。起密封作用的弹带一出炮口，大量火药气体沿 A、B 面上膛壁间的间隙高速流出，A、B 面上的火药气体压力骤然下降，作用于 D 锥面上使卡瓣分离的力大于 A、B 及 C 面上使卡瓣抱紧的力，弹托的各个卡瓣将从后部张断而紧固环而开始径向分离。弹托底面出炮口后，在火药气体后效期，弹托背风槽处仍是气流的高压区，在其作用下，卡瓣继续从后部分离。后效期脱壳运动结束后，迎面而来的高速气流则使迎风槽内形成高压区，使卡瓣前端与弹杆分离，各卡瓣间也产生分离间隙，进而高速气流进入卡瓣与弹杆间的空隙。此时，迎风槽内的压力虽然有所降低，但只要通气面积不大时，槽内压力仍然很高，卡瓣继续被分离升起，直到分离间隙大到一定程度后，正激波消失为止。这样，卡瓣在后效期压力、旋转和空气动力的作用下将获得一定的相对于弹丸径向和轴向的分离速度，升起而脱离弹杆，并绕其质心翻转。

各种不同结构的弹托，其脱壳过程的状况不一致，与迎风槽和背风槽受高速气流及火药气体后效期作用力所产生的向外侧向力的大小有关。在弹托的前部、后部或前后部均伸出有锥体的情况下，可以近似认为脱壳力取决于槽的投影面积和锥体投影面积的比值。为了使脱壳力增大，应使槽的投影面积尽可能增大，这可以通过加深迎风槽达到。有时，也可以在弹托的前起始部位设置气室，一旦脱壳过程开始，便有高速气流沿弹芯和弹托结合方向流动，使弹托产生升力，以利于弹托脱壳的起始运动。

二、定心部

弹丸在膛内运动的最理想条件是弹轴与炮膛轴线重合，然而实际上由于不均衡因素的存在，并不能达到这一理想状态。弹托表面设置定心部的目的是使弹丸在膛内正确定心，并承受膛壁的反作用力，定心部与炮膛应有间隙以保证弹丸顺利装填，而此间隙过大，作用于弹丸定心部和弹带上的不均衡力将增大，使弹丸在膛内的摆动过大，影响其膛内运动的正确性，降低弹丸的射击精度。大长径比杆式穿甲弹虽然在威力方面有其独特的优点，但其膛内承受的载荷很高，各种载荷的作用复杂，其结构又使弹丸在发射时保持整体性方面比较脆弱，因而膛内严重的摆动和振动会使其在膛内破坏。因此，在不影响装填的情况下，应将此弹炮间隙 Δ_s 限制在最佳的数值。

对于理想均衡的弹丸，Δ_s 应限于最小数值，但对于实际的不均衡弹丸，有一个最适当的间隙 Δ_s 值，在此 Δ_s 值下，不均衡力最小。此 Δ_s 值的大小与弹丸质心偏离弹轴的距离、弹丸质心到弹带中心的距离、弹丸导引部长度及弹丸质量分布有关。定心部的另一个参数是导引部的长度，该长度应有助于减小弹丸的摆动幅度。目前，尚无确定杆式穿甲弹弹炮最佳间隙 Δ_s 及最小导引部长度的定量方法。可参考其他弹丸关于 Δ_s 及导引部长度的计算式和数据，并充分考虑杆式穿甲弹的结构及不高速旋转的特点来确定。特别应该考虑由于相应定心部的弹托部位上有迎风槽和背风槽，一定程度上削弱了定心部的刚度，甚至因强度不足而破坏，以致不能正确支撑弹丸。因此，在弹托结构设计上应注意加强定心部刚度，而确定定心部尺寸时也要求充分考虑这一结构特点。

三、飞行部分

杆式穿甲弹在炮口脱壳后，弹杆即连同其气动力风帽和稳定装置飞向目标，实现其对装甲目标的侵彻过程。因此弹丸飞行部分的结构设计应综合外弹道性能、威力性能、良好的工艺性及与弹托的结合等方面的因素，以达到其飞行阻力小、飞行稳定、具有尽量大的断面密度，以及足够的强度等要求。

在飞行过程中，飞行部分的结构外形应使其所受的空气阻力最小。由于杆式穿甲弹的飞行速度一般均在 $Ma4$ 或 $Ma5$ 以上，激波阻力是空气阻力的主要组成部分，所以外形上应主要考虑减小波动阻力。飞行部分做超声速飞行时，在头部和尾翼处产生强烈的激波，激波的强度越大，波阻也越大。尾翼弹在超声速飞行时产生的激波情况如图 9-4-4 所示。同时环形齿部分也有较强的激波存在。

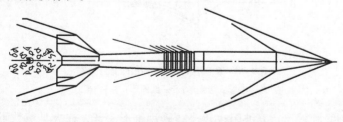

图 9-4-4 超声速尾翼弹飞行时的激波

（一）头部形状的选择及结构

在超声速飞行的情况下，头部激波阻力（简称波阻）占弹杆阻力的大部分，因此其外形应很好设计。常用的头部形状，其母线为锥形、圆弧形（尖拱形）和锥形＋圆弧形等（图9-4-5）。圆弧形母线和圆柱部可以相切或相割。相割时可以在相同的头部长径比下得到较大的尖锐度，空气阻力较小，故常被采用，但其连接角 β 不宜过大，一般 $\beta < 3°$。锥形和圆弧形头部外表面的压力分布如图9-4-6所示。由图可见，锥形头部的顶尖角较小，顶端的激波较弱，超压较小，气流沿锥面流动时参数不变，故头部表面各处压强相同。圆弧形头部的顶尖角较大，顶端激波较强，超压较大，但气流沿其表面流动时不断发生膨胀，故压强降低较快。阻力最小的头部母线在圆锥形和正切圆弧形之间，在理论上，采用下述方程确定的抛物线其激波阻力最小，即

$$\frac{r}{r_{\mathrm{m}}} = \left(2\frac{X}{H_0} - K\frac{X^2}{H_0^2} \right) / (2 - K) \qquad (9-4-2)$$

式中　$K = 3/4 \sim 1/2$。

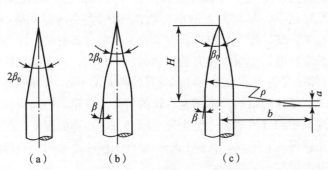

图9-4-5　杆式弹常用头部外形

（a）锥形；（b）锥形＋圆弧形；（c）圆弧形

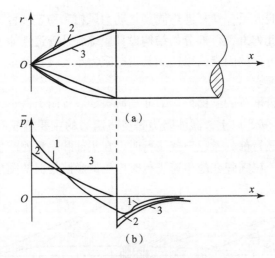

图9-4-6　不同头部形状的压力分布

1—锥形＋圆弧形；2—圆弧形；3—锥形

经常采用的割线圆弧形，其波阻也较小；采用锥形头部，在大马赫数下，阻力较小，因此也常用锥形头部或锥形＋圆弧形相结合的头部，但其结合处应当相切。

头部的长径比对阻力也产生影响，主要考虑波阻和摩擦阻力两种因素的作用。增加头部的长径比，使头部附体激波强度减弱，因而其表面压力降低，从而头部激波阻力系数下降；但头部的表面积则随长径比的增加而增加，导致头部摩擦阻力增加。综合上述两个因素的影响，根据有关理论的研究结果，头部长径比应在 4 以上。

为便于加工，一般将其顶部倒圆，从而对阻力也产生了一定的影响。图 9-4-7 所示为头部钝度对激波阻力系数 C_{xn} 的影响。由图可见，当头部钝度半径 r_0 与底部半径 R 之比小于 0.2 时，头部激波阻力增加不大；但比值继续增加时，头部激波阻力增加得很快。

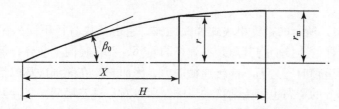

图 9-4-7 头部钝度对激波阻力系数 C_{xn} 的影响

实践证明，对于钨合金弹杆来说，当弹杆垂直冲击均质靶速度大于 $1200 m/s$ 时，可以认为弹杆头部结构对其威力无明显影响，但对倾斜着靶尤其是对薄板在前的三层间隔倾斜靶、复合靶作用时，弹杆的头部结构对侵彻能力的影响就比较明显了。对圆锥形头部的钨合金杆侵彻半无限钢靶的研究表明，其侵彻深度与撞靶速度及弹头锥角之间存在着相互的依赖关系。其他的研究工作也指出了由于靶体结构和靶板倾斜角度的不同，侵彻这些目标的初期以及对这些目标贯穿过程的机制也不相同。例如，垂直入射均质靶板时，侵彻体的头部主要是对侵彻初期的开坑过程起作用，因之侵彻体头部的结构要适应在靶体表面上迅速成坑的要求。在碰撞倾斜靶板时，侵彻体头部的结构则除了要适应迅速在靶面成坑外，还要使开坑阶段很快向稳定侵彻阶段转化，能有利于啃住靶板，有利于克服跳飞和使弹头后部的杆体不被折断。在对三层间隔靶侵彻时，侵彻体头部主要是对第一层薄板起作用，因而侵彻体头部要利于对该层靶板产生剪切破坏或能量消耗最小，并且贯穿第一层靶板后要有利于保持侵彻体的完整性不受严重破坏，并且要不影响后继弹杆的着靶姿态。由此可见，要找到某一结构的弹头能对各种靶体和不同的侵彻情况都具有优良的侵彻性能比较困难，此处对各种弹头结构做简要的介绍。图 9-4-8 所示为目前采用的或经模拟试验研究的弹头结构。

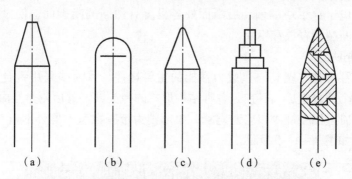

图 9-4-8 目前采用的或经模拟试验研究的几种弹头结构

（a）截锥形；（b）半球形；（c）尖头形；（d）穿甲块式；（e）三截头式

图 9 - 4 - 8 （a） 所示是截锥形头部结构，这种结构的头部有利于对均质钢板的侵彻，当斜碰撞钢板时，克服弹杆跳飞的性能好，能够迅速地铲入靶内，完成开坑过程，且开坑所消耗的能量相对较少，能较长地维持高压时间，所以对开坑有利。

图 9 - 4 - 8 （b） 所示是与弹杆连成一体的半球形头部结构，这种结构使弹头部质量相对地集中，有利穿甲过程的开坑，故能改善对均质装甲的斜穿透性能。

图 9 - 4 - 8 （c） 所示的是与弹杆连接一体是实心弹尖头部，这种整体式钨合金弹头的外形与杆式弹的风帽形状一致，由于其增加了弹杆的实际长度，从而带来改善其穿甲性能的效果。

图 9 - 4 - 8 （d） 所示的是穿甲块式弹头结构，它由几块直径不同的钨合金圆块叠加而成，通过风帽与弹杆的连接而将其压装在弹杆的前部，并在径向上与弹杆保持同轴性。由于这些穿甲块只能传递轴向压力而不能传递横向力，因而它能在前部破坏的情况下保持后部的完整性，且后面部分的姿态也不受前部的影响，所以对穿透三层间隔靶特别有利。

图 9 - 4 - 8 （e） 所示的是全钨三截头结构，它是由三节钨合金块通过螺纹连接而成的头部，各节之间的螺纹连接轻度较弱，在横向力的作用下易于折断。这种头部结构是综合图 9 - 4 - 8 （c） 及图 9 - 4 - 8 （d） 的结构优点而提出来的。意图是使它既具有穿甲块结构的优点不能经受横向力作用，从而削弱对后面部分姿态的影响，又能增加弹杆的实际长度来提高其穿甲性能。上述各种全钨头的结构还有利于使飞行部分质心前移而提高其飞行稳定性。

上述所列各种结构的弹头，除图 9 - 4 - 8 （c） 及图 9 - 4 - 8 （e） 外，为降低飞行时的空气阻力，弹头的前方都冠以风帽。风帽通常为铝合金制造，对弹杆侵彻能力的贡献甚少，以致具有侵彻能力的弹杆长度将小于飞行部分的长度，这对于弹丸的穿甲性能来说是一种损失。鉴于此，如果将铝合金风帽改为钨合金风帽，将不仅能起到降低飞行阻力的作用，而且将风帽也变成为具有侵彻能力的实体。特别在全弹长度受限的情况下，要尽量增长弹杆的长度时，显得更为必要。

风帽的外形主要考虑其飞行时空气动力特性，其内腔则应考虑容纳弹杆头部及与弹杆的连接。就钨合金风帽而言，其外形上的特点是：钨合金材料强度高，耐热性强，风帽顶尖的圆角半径可以设计得较小，而不必担心飞行中因升温而烧蚀。其内腔的设计上，当弹杆头部为穿甲块结构时，应能轴向压紧穿甲块，所以风帽与弹杆的连接宜采取螺纹相连结构，并在钨风帽本体上对应于穿甲块的前、后断面处各设置有预制的断裂面，使之在横向载荷作用下，易从该部位断裂而释放穿甲块。

（二）弹杆结构

弹杆是杆式穿甲弹实现其终点威力性能的主要构件，目前多采用钨合金或贫铀合金制造。弹杆可由三个部分组成，其前是各种结构形式的弹头部；其后则是经由锥面过渡的台阶形尾部，圆柱台阶上制备螺纹以安装尾翼；中部则为带有数量不等环形齿（槽）的圆柱部。弹杆的典型结构如图 9 - 4 - 9 所示。

图 9 - 4 - 9 典型弹杆结构

弹杆长度及其长径比按战术技术指标所要求的穿甲威力以及弹丸质量确定；弹杆所需弹托支撑的长度及环形齿（槽）的数目，则根据所承受的载荷确定，总体参量选择中对此已经做出了全面的分析，本节将就弹杆中部的结构进行讨论。

环形槽和环形齿啮合以传递弹托－弹杆界面上的载荷，是目前这类弹丸膛内运行时传递高强度载荷，在出炮口后又不妨碍脱壳的行之有效的传递机构。如果环形齿凸出在弹杆上切入弹托，则为凸台式弹杆；与此相反时，则为凹槽式弹杆。无论何种形式，膛内发射时都将在齿根部存在高度的应力集中，以致承受很高载荷的弹杆在该部位成为断裂的起始点。

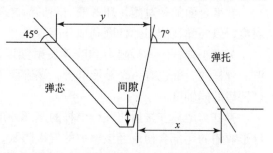

图9－4－10 弹芯与弹托的啮合齿形

环形（齿）槽具有优良的轴向传递功率的性能，所以杆式穿甲弹上都采用稍加修改的这种齿形作为弹杆与弹托的啮合齿形，环形齿和槽的一般结构形式如图9－4－10所示。

弹托上的环形齿的啮合面通常设计成带有小斜度（2°左右）的斜面，而弹芯上的斜面角要大些。啮合面的面积可根据传递的载荷、环形槽数目，以及弹托和弹杆中较弱方的最大许用挤压应力确定。随着啮合面积的增加，界面传递载荷的能力也可随之提高，弹杆必须在弹托和弹杆材料的剪切强度允许的范围以内。由于这种结构所造成的质量分布不连续性以及环形槽根部的应力集中，其许用的剪切应力将比无环形槽的相应材料的剪切应力要小得多。啮合面的斜度设计则应兼顾环形齿传递轴向的效率和根部强度两个方面，并考虑脱壳时弹托与杆体干涉最小为宜。

从理论分析而言，环形齿的高度应尽可能地小，以减小其所受的弯矩：一方面受到承受挤压的面积所限制；另一方面也受到制造公差的影响。特别在二者的界面长度很大时，弹托和弹杆可能产生翘曲，二者结合时，其两端的环形齿和环形槽不能正确地啮合。

由于弹托和弹杆材料不同，较弱材料的许用剪切强度决定着这种传力机构的破坏载荷，因此将齿和槽设计成相同的宽度是不合理的。相反，两者的宽度应成一定的比例，以使二者有相同的剪切强度。若忽略二者直径的不同，则图9－4－10中的 x 与 y 之间的关系为

$$[\tau]_p x = [\tau]_s y \qquad (9-4-3)$$

式中 $[\tau]_p$，$[\tau]_s$——弹杆和弹托材料的许用剪切应力。

如前所述，环形槽在高轴向应力和剪切应力的综合作用下，其根部会出现高度应力集中，这些部位可能成为断裂源集结处，尤其是在断裂韧性小的材料中。为减小应力集中，在使二者良好啮合的前提下，应将其根部的圆角半径尽可能地增大。

实际设计的环形槽结构中，常使弹托和钨杆环形槽的啮合面锥角不同，使得在有一定装配误差时也能保证弹托环形槽的顶部与弹杆环形齿的根部可靠接触，且在有小量接触变形时也能可靠作用。

对弹杆、弹托和单个齿形的有限元应力分析和试验研究指出，膛内传递压力的过程中，弹杆最后的第一到第三个齿所受的载荷最大，为此应对该数齿的强度更加重视。改善其强度条件的途径如下：

（1）增大齿的圆角半径；

（2）增大最后几齿的承载面倾角；

（3）缩短弹杆伸出弹托后的长度；

（4）减小弹托后锥体截面的厚度。

显然，途径（1）和途径（2）是目前最可靠的有效途径。因此最后三个齿的设计除了增大根部圆角半径以削弱该处的应力集中外，还应适当地增大承力面的斜度。

在啮合面的相对侧，环形槽与环形齿之间应留有一定间隙，并且把该侧面设计成45°的斜度，以便弹托能与弹杆顺利地分离。

为减小弹杆的飞行阻力和改善发射强度，最前面的环形齿与弹杆柱面之间应有锥面过渡。弹杆的后部也有一个锥形部分，该锥面可作为尾翼与弹杆螺纹连接时的定心表面，以保证两者的同轴度。

弹杆与尾翼连接后，飞行弹杆的尾部外形可以设计成锥形收缩，以减小底阻。然而这种锥形收缩的尾部会使流经该部位的气流膨胀、压力降低，从而产生尾部阻力。该阻力大小与尾部收缩前的圆柱部长度、附面层状况及尾部母线形状和收缩比等因素有关。由此可以认为，收缩形尾部的外形参数存在某一最佳值，此时底阻与尾部波阻之和最小。由于尾阻和底阻的确定取决于许多因素，因此锥形尾部参数很难用理论的方法确定，通常主要依靠试验得到结果。

为适应不同结构穿甲弹的需要，杆体上的环形槽也可设计成变齿距的，如前后部为细齿，中部为粗齿等。

（三）尾翼

杆式穿甲弹具有大长径比的特点，故能采用次口径或同口径的尾翼作为稳定装置，尾翼的结构如图 9 - 4 - 11 所示。尾翼主要由尾管与尾翼片组成。

尾管起安装尾翼片及与弹杆结合的作用，所以其内腔应有使之在弹杆上的轴向和径向都能正确定位的定位面和螺纹连接面。尾管内设置曳光管，为防止钻入曳光管后部的火药气体在炮口时突然膨胀而将曳光管喷出，在尾管侧壁上应钻孔使气体容易泄出。

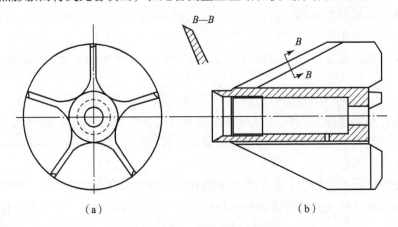

图 9 - 4 - 11　尾翼部分结构图

尾翼部分的结构主要应满足下列要求：

（1）形成足够的稳定储备量，保证分型部分的飞行稳定性；

（2）飞行时空气阻力小；

（3）保证尾翼有足够的强度和刚度。

尾翼部分基本不参与侵彻，在穿透有限厚靶时，尾翼产生的阻碍也可忽略。在保证刚度、强度要求的前提下，应尽可能减小其质量，故可采用合金钢、高强度铝合金制造。尾翼在膛内要能经受火药气体的高温烧蚀以及膛外高速飞行的热烧蚀，故铝合金尾翼应涂耐热涂层或进行表面处理。尾翼较轻，有利于弹丸质心前移，提高飞行部分的飞行稳定性。杆式穿甲弹通常将尾翼翼片的前缘设计成斜面，使其产生微旋，以减少某些不对称因素如因外形不对称而造成的气动偏心、因内部结构不对称而造成的质量偏心等而引起的散布。此时为防止弹丸膛外旋转时尾翼松动，螺纹的旋向应与尾翼导旋方向相对应。

在刚度、强度足够的前提下，尾翼的结构外形主要由气动力决定。按照对某滑膛炮尾翼稳定脱壳穿甲弹气动力特性的分析计算结果，马赫数为 $Ma4 \sim Ma5.5$，激波阻力占总阻力的 $48\% \sim 57.6\%$，占摩擦阻力的 $29.1\% \sim 27.4\%$，占底部阻力的 $22.9\% \sim 15\%$；从飞行部分和尾翼部分来看，尾翼阻力占总阻力的 $54.1\% \sim 50.8\%$，而激波阻力又占尾翼阻力的 $46.7\% \sim 57.8\%$。因此必须使尾翼产生的激波阻力尽量减到最小。

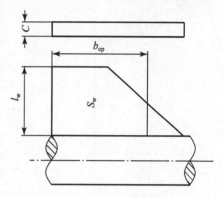

尾翼阻力在超声速情况下通常可分为激波阻力、摩擦阻力和诱导阻力。描述尾翼片形状的特征尺寸有翼片面积 S_w、翼展 l_w、翼片平均弦长 b_{cp} 及翼片厚度 t_w，如图 9 - 4 - 12 所示。

图 9 - 4 - 12　翼片形状的特征尺寸

量纲为 1 的参量尾翼展弦比（尾翼翼片的翼展与其平均弦长之比）$\lambda_w = l_w/b_{cp}$ 或 $\lambda_w = l_w^2/S_w$，随此展弦比的增大，其阻力系数也增大。一般来说，在保证弹丸飞行稳定的条件下，以取小展弦比为宜，展弦比对阻力的影响如图 9 - 4 - 13 所示。

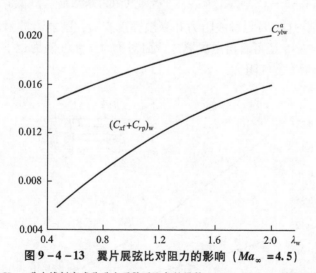

图 9 - 4 - 13　翼片展弦比对阻力的影响（$Ma_\infty = 4.5$）

C_{ylw}^α—升力线斜率或称升力系数对迎角的导数；$(C_{xf} + C_{rp})_w$—摩阻系数

相对厚度 $\bar{c} = c/b_{cp}$ 是影响空气阻力的又一个主要参数，当相对厚度增大时，尾翼阻力将会急剧增加。与展弦比相比，在超声速飞行时，相对厚度对阻力的影响更为剧烈。有关风洞试验的结果表明，当尾翼相对厚度增加1%时，飞行部分的总阻力将相应增加5%，由此可见，减小翼片相对厚度对减小总阻力的意义。尾翼相对厚度取决于尾翼片厚度和其平均几何弦长，显然在后者相同情况下，减薄翼片厚度即能较大地减小尾翼激波阻力，但厚度的确定往往并非先考虑减小其激波阻力，而是取决于其刚度和强度。在高超声速飞行条件下，气动加热也是确定尾翼片厚度应考虑的因素，在这些前提下取最薄的翼片厚度是适宜的，尾翼相对厚度对阻力的影响如图9-4-14所示。

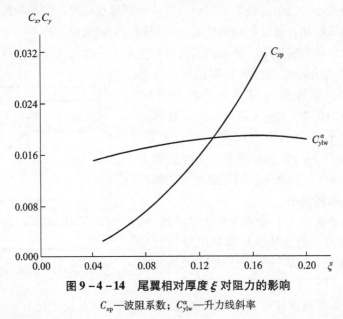

图9-4-14 尾翼相对厚度ξ对阻力的影响

C_{xp}—波阻系数；C_{ylw}^{α}—升力线斜率

　　杆式穿甲弹尾翼都采用后掠式尾翼，其翼片前缘后掠角χ_0对阻力的影响及翼片截面形状对阻力的影响如图9-4-15所示，随χ_0的增加其阻力系数显著降低。翼片截面前缘越尖锐，其激波阻力越小，这是因为激波阻力和激波强度有关，削弱激波强度，阻力就随之下降。此外，由图9-4-15还可看出尾翼翼片两面对称时，激波阻力也下降，不对称的前缘结构，使弹丸旋转而增大空气阻力。

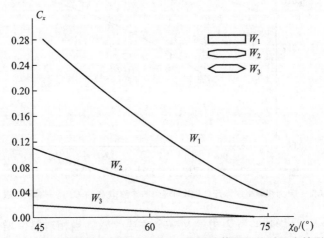

图9-4-15 尾翼翼片前缘后掠角χ_0及翼片截面形状对阻力的影响

杆式穿甲弹因需产生微旋，故在翼片的前缘削去一角，形成不对称的截面形状（关于转速的计算方法请参见外弹道学的有关资料），如图 9-4-11（b）所示。在需要增大弹丸稳定性时也可以将翼片后端面设计成带有后掠角，但此时尾翼的刚度稍差，且后效期内，可能使弹丸的起始扰动增大。

尾翼的翼片数通常采用 4~6 片。片数增加，有利于飞行时的稳定，弹尾翼阻力也相应增大，同时也会使质心有一定程度的后移，对稳定也会有影响，所以在保证飞行稳定性的前提下，翼片数应尽量少。

需要说明的是，如同在讨论弹头部结构一样，此处只简要地定性讨论了尾翼对飞行阻力的影响，而没有讨论这些部分的结构外形对升力及其作用点位置的影响。但是，杆式穿甲弹的飞行稳定性正是由压力中心位于全弹质心之后保证的；压力中心与质心之间的距离对全弹长的比值称为稳定储备量。按照经验，对于超声速尾翼弹，稳定储备量不小于 15%，即可认为飞行稳定。

四、弹带

杆式穿甲弹上弹带的主要作用在于密封火药气体，保证弹丸在膛内正确定位。另外，装弹时，尤其当坦克炮有倾角时，弹带有卡紧在坡膛的作用，使之在火炮带弹运动时不掉弹；发射时，弹带在挤进过程中有建立内弹道初始条件的作用。

目前，杆式穿甲弹弹带常用的材料主要是尼龙和紫铜。目前，我国大口径脱壳穿甲弹弹带材料多采用铸型尼龙，主要是由于尼龙易于变形，弹性好，摩擦系数小，能保证有良好的闭气能力，且由于塑料的强度低于常用的金属材料紫铜的强度，因而能减小对膛线起动部的磨损，提高炮管的寿命，同时也能减小弹丸的起始压力，从而改善火炮的内弹道性能。但是，尼龙材料由于其制造工艺的特点，在材料的力学性能的一致性方面尚存在一些问题。相对来说，铜弹带材料在这方面要好得多。

弹丸入膛的过程是一个弹塑性变形的挤压过程。挤压后的弹带材料向弹带附近的空间流动，一般顺延在弹带后部，由弹带强制量和弹带几何尺寸的影响而产生挤进压力，而挤进压力对弹丸内弹道性能有直接的影响。所以，弹带的强制量、材料性能及其他有关的几何尺寸，均为弹带的重要参数。

杆式穿甲弹的长径比较大，由线膛炮发射时弹带部分的结构应考虑使弹丸仍只能做低速旋转。为此，通常采用结构简单的双层滑动弹带，即与弹带槽底面接触的聚丙烯塑料薄套层作为内层弹带，外层则为尼龙弹带，膛线赋予外层弹带高速旋转，通过内外弹带圈之间的相对转动使弹丸仅做低速旋转。

五、密闭装置

目前，杆式穿甲弹上采用的密闭装置主要有两种结构形式，如图 9-4-16 所示。图 9-4-16（a）所示为带有三个支耳的橡胶密封圈，装在弹托与弹体间的凹槽内，三个支耳恰好堵住卡瓣之间的三条接缝；图 9-4-16（b）所示为环形橡胶密封圈（碗）套在弹托后抱紧锥的外面。国外有的则已采用了在弹丸装配后，注射硅橡胶成型的办法，在弹托后部设置一个硅橡胶密封环，将会得到更好的密闭效果。

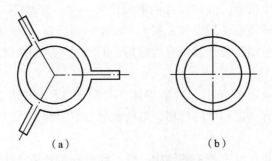

图 9 - 4 - 16　环形密封圈结构类型

(a) 三支耳橡胶密封圈；(b) 环形橡胶密封圈

第五节　发射安全性分析

尾翼稳定脱壳穿甲弹在发射过程中主要受到膛内高温高压的火药气体推动作用，穿甲弹的所有零部件都应在火药气体压力及由此而产生的诸力作用下有足够的强度。弹芯在弹托之前的部分因惯性受压力，在弹托之后的部分受火药气体的径向压力及惯性力，与弹托相啮合的弹芯部分则受到由弹托传来的抱紧力及剪力作用。弹托的结构形状特殊，受力状态复杂多变。对马鞍形弹托来说，弹托的前定心部在膛内运动时会受到膛壁的复次反作用力；在炮口附近运动速度最高，受到气动压力。后支撑除了弹带在挤进坡膛时对后定心部支撑传来的作用力外，还要直接承受火药气体对全弹丸的大部分压力。弹托的后抱紧部分除了受火药气体压力之外，还要克服弹芯传来的惯性力等。总之，须根据尾翼稳定脱壳穿甲弹的结构及受力的特殊性，对主要零部件逐个进行分析。本节介绍的发射强度解析近似校核方法，主要侧重于对滑膛炮发射的尾翼稳定脱壳穿甲弹的强度校核。

弹丸在滑膛炮膛内运动时，因火药气体压力而引起的诸载荷以其在最大膛压瞬间为最恶劣条件，本节的计算主要考虑在最大膛压瞬间的载荷情况。令 p_d 为最大弹底压力，按拉格朗日模型，与膛底压力最大值的对应关系为

$$\frac{p_T}{p_d} = 1 + \frac{\omega}{2\varphi_1 m} \qquad (9 - 5 - 1)$$

式中　p_T——电测膛底压力。

在一般情况下，高膛压火炮的电测压力比用铜柱测压器测到的压力 p_{Cu} 偏高，例如，某穿甲弹，不同方法测得的最大膛压在常温时 $p_T/p_{Cu} = 1.374$，在高温时 $p_T/p_{Cu} = 1.17$。

若以单发最大铜柱压力表示，式 (9 - 5 - 1) 可写为

$$p_d = \frac{1.17 p_{m50℃}}{1 + \dfrac{\omega}{2\varphi_1 m}} \qquad (9 - 5 - 2)$$

式中　ω——装药量；

　　　φ_1——次要功系数，$\varphi_1 = 1.02$；

　　　m——弹丸质量。

用弹底压力 p_d 计算弹丸的最大加速度为

$$g_a = \frac{\pi}{4}D^2 p_d / m \qquad\qquad (9-5-3)$$

一、弹托在膛内的强度

弹托的前定心部在膛内会受到复次反力的作用。复次反力可由火药气体压力径向不均衡、弹炮间隙的存在和弹丸质量偏心引起。对旋转弹丸，还与弹丸转动时的动不平衡有关。若不考虑弹底压力的不均匀性和弹丸旋转，则由前定心部处的弹炮间隙 Δ 和弹丸质量偏心量 e_1 所造成的翻转力矩在最大弹底压力下线性叠加时（图 9-5-1），前定心部的复次反作用力可能有最大值，即

$$F = \frac{g_a m l_z}{l_d}\frac{\Delta}{l_d} + \frac{g_a m e_1}{l_d} \qquad\qquad (9-5-4)$$

式中　g_a——弹丸运动加速度；

l_z——弹丸质心到弹带中点的距离；

l_d——导引部长度，弹托的前定心部与炮膛壁接触是一个区域，对应于一定的圆心角。

式（9-5-4）给出的 F 是前定心部复次反作用力的合力大小，在校核前定心部强度时，可以把它作为点力作用形式，也可按分布力处理。

1. 剪切强度

将弹托前定心部看成一个圆环（由于弹托分瓣和有钟形支撑，这种处理是很近似的），其上作用的复次反作用力为剪力，如图 9-5-2 所示。根据材料力学知识，由于前定心部壁厚 t 远小于其平均半径 R_0，故可以认为剪应力 τ 沿厚度 t 均匀分布，且方向与圆周相切。因此，在中性轴上各点的剪应力平行于 F，且沿厚度均匀分布。于是和矩形截面梁的两个假设完全一致，故可用下式计算中性轴上的最大剪应力：

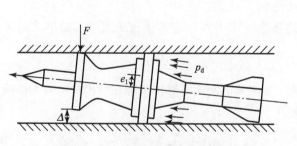

图 9-5-1　弹托前定心部在膛内
受力情况分析

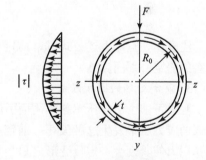

图 9-5-2　弹托前定心部
所受的复次反作用力

$$\tau = \frac{F S_z^*}{I_z b} \qquad\qquad (9-5-5)$$

式中　S_z^*——半圆环对中性轴的静距，其表达式为

$$S_z^* = \frac{2}{3}(R_0 + t/2)^3 - \frac{2}{3}(R_0 - t/2)^3 \approx 2R_0^2 t \qquad\qquad (9-5-6)$$

整个圆环对中性轴的惯性矩为

$$I_z = \frac{\pi}{4}(R_0 + t/2)^4 - \frac{\pi}{4}(R_0 - t/2)^4 \approx \pi R_0^3 t \tag{9-5-7}$$

在中性轴上环形截面的宽度是 $b = 2t$，将其代入式（9-5-5），可得

$$\tau_{\max} \approx 2F/A \tag{9-5-8}$$

式中　A——环面积，$A = 2\pi R_0 t$。

满足前定心部受复次反作用力的剪切强度条件为

$$2F/A \leqslant [\tau] \tag{9-5-9}$$

从剪切强度出发，在剪应力和其他条件相同的条件下，小口径杆式穿甲弹的前定心部厚度应大些。

2. 弯曲强度

设复次反作用力 F 作用在定心部的最前端，前定心部的钟形支撑为刚性。力 F 使前定心部圆管弯曲，最大应力为

$$\sigma_{\max} = \frac{M}{W_z} \tag{9-5-10}$$

其中

$$\begin{cases} M = F l_{gd} \\ W_z = \frac{\pi D^3}{32}\left[1 - \frac{(D-2t)^4}{D^4}\right] \approx \frac{\pi}{4}D^2 t \end{cases} \tag{9-5-11}$$

式中　M——力矩；

　　　l_{gd}——前定心部长度；

　　　D——前定心部外径。

将式（9-5-11）代入式（9-5-10），可得发生在前定心部根部最大拉伸弯曲应力为

$$\sigma_{\max} \approx \frac{4F}{\pi D^2} \cdot \frac{l_{gd}}{t} \leqslant [\sigma] \tag{9-5-12}$$

注意：在运用上述公式时，前定心部的复次反作用力 F 应考虑火炮磨损、烧蚀之后可能有的前定心部间隙 Δ。

3. 前定心部的圆拱屈曲

圆拱可能由于外压单独作用而引起崩溃。如果环的刚度不够，可能在远比材料的弹性极限低的应力水平发生这种破坏。前定心部复次反作用力使其发生一定量变形之后，前定心部与炮管壁有一个局部区域接触，设接触区域载荷分布均匀，分布载荷为 q，其合力为 F，则按图 9-5-3 所示的情况，将接触区之外的前定心部部分设为铰支撑，接触区可能发生如图中虚线所示的变形，与炮膛壁发生干涉的虚线部分，将在弹丸膛内运动中磨掉。发生这种变形的临界压力之值取决于接触区所对应的圆心角 α 大小，即

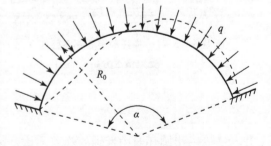

图 9-5-3　前定心部的圆拱屈曲

$$q_{cr} = \frac{E_s I}{(1 - \mu_s^2) R_0^3}\left(\frac{4\pi}{\alpha^2} - 1\right) \tag{9-5-13}$$

式中　E_s——弹托材料的弹性模量；

　　　μ_s——泊松比；

　　　R_0——前定心部的平均半径；

　　　I——前定心部贴膛部分纵截面的惯性矩，$I = l_{gd}t^3/12$，所以

$$q_{cr} = \frac{E_s t^3 l_{gd}}{12(1 - \mu_s^2) R_0^3}\left(\frac{4\pi^2}{\alpha^2} - 1\right) \tag{9-5-14}$$

对于三瓣的弹托，若一瓣的前定心部贴膛 $\alpha = 2\pi/3$，则

$$q_{cr} = \frac{2E_s l_{gd} t^3}{3(1 - \mu_s^2) R_0^3} \tag{9-5-15}$$

不发生前定心部屈曲的条件为

$$\frac{F}{\pi R_0} \leqslant \frac{E_s l_{gd} t^3}{(1 - \mu_s^2) R_0^3} \tag{9-5-16}$$

当前定心部贴膛 $\alpha = \pi$ 时，不发生屈曲的条件时，有

$$\frac{F}{\pi R_0} \leqslant \frac{E_s l_{gd} t^3}{4(1 - \mu_s^2) R_0^3} \tag{9-5-17}$$

值得注意的是，前定心部一旦发生拱曲变形，甚至是较小的弹性变形，都将会使其局部磨损变薄，并且加大复次反作用力，造成恶劣的膛内环境，难以保证弹丸在发射过程中的完整性。

二、弹托在膛口的强度

在膛口附近，弹底压力较小，但弹丸速度却较高，已接近弹丸的初速，尾翼稳定脱壳穿甲弹初速达 $Ma = 3.5 \sim 5.5$。在这种情况下，尤其弹托前定心部已出炮口而后定心部和弹带尚处于膛口内的瞬间，前定心部及前支撑形成的迎风槽内充满了高压的滞留气体，这个初始气动力可用于脱壳，但也可能造成弹托前部的破坏。破坏可能发生在图 9-5-4 所示的位置，以及弹托迎风槽后的弹托体处和弹托前支撑的根部，分别记为危险界面 1 和危险界面 2。为了分析方便和简化计算，将弹托前定心部及迎风槽内对弹芯抱紧的前伸部分都简化为圆柱体，弹托迎风槽底面简化为圆锥截面，锥角 ψ_c；在极限情况下，$\psi_c \to \pi/2$，迎风槽底面相当于垂直来流的圆环。

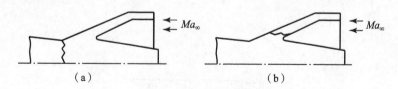

（a）　　　　　　　　　　　　　（b）

图 9-5-4　弹托前部气动破坏形式
（a）危险界面 1；（b）危险界面 2

（一）炮口处迎风槽内的压力载荷

根据风洞试验和数值仿真计算结果，将弹带尚未出膛，前定心部已经出炮口状态下弹托流场简化，如图 9-5-5 所示。这样的压力分布形状适用于 $Ma = 3.5 \sim 5.5$。压力分布的量

值大小与来流 Ma_∞ 和压力 p_∞ 成正比。按图 9-5-5 求得的量纲为 1 的压力分布与数值计算结果比较如图 9-5-6 所示。在弹头弓形波之后，Ma 及 p 与来流 Ma_∞、p_∞ 相当，略高。前定心部外侧的 Ma 及 p 也与来流 Ma_∞、p_∞ 相当，从前定心部后端开始膨胀，直至前支撑之后达 $p \approx p_\infty/4$，远小于迎风槽内的压力 p_s。以已知的 p_∞ 和 Ma_∞ 计算，取空气绝热指数 $k = 1.25$，则

$$p_s = p_\infty \left(\frac{6Ma_\infty^2}{5} \right)^{7/2} \left(\frac{6}{7Ma_\infty^2 - 1} \right)^{5/2} \qquad (9-5-18)$$

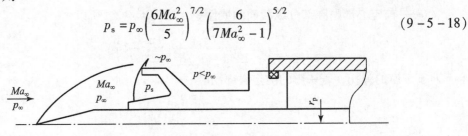

图 9-5-5 炮口处弹托流场简化图

由图 9-5-6 可见，将式（9-5-18）计算的 p_s 取为迎风槽压力与数值仿真计算有差异，故以 p_s 计算弹托迎风槽受力时有适当的修正系数。取单个弹托迎风槽部分的坐标系如图 9-5-7 所示，将迎风槽分解为三个部分：前定心部圆柱内外表面；迎风槽底锥面；抱紧

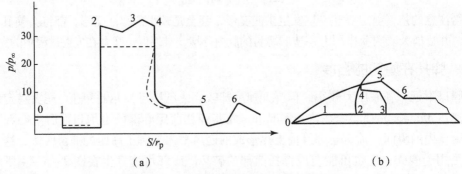

图 9-5-6 简化流场与数值计算结果比较

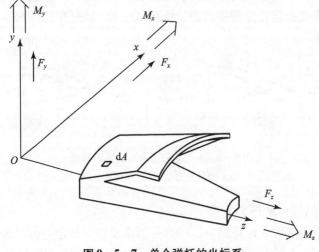

图 9-5-7 单个弹托的坐标系

弹芯的前伸圆柱面。各部分的参量的下标分别对应 1、2、3。在坐标系中，对单个弹托来说，有对称面 yOz，设流场关于 yOz 对称，所以 $F \equiv 0$，仅有 F_y、F_z、M_x 各量，即

$$\begin{cases} F_{yi} = K_{yi} \int_{A_i} p_{yi} \mathrm{d}A_i \\[2mm] F_{zi} = K_{zi} \int_{A_i} p_{zi} \mathrm{d}A_i \\[2mm] M_{xi} = (\int_{A_i} p_{zi} \mathrm{d}A_i - \int_{A_i} zi p_{yi} \mathrm{d}A_i) K_{mi} \end{cases} \qquad (9-5-19)$$

式中　K_{yi}，K_{zi} 和 K_{mi} 为修正系数。

对应于迎风槽的上述三个部分：$K_{y1} = 0.70$，$K_{y2} = 1.193$，$K_{y3} = 1.165$。显然，只有圆锥部分有 $F_{z2} \neq 0$，$K_{z2} = 1.183$，$K_{m2} = 1.192$。

（二）危险断面 1 应力的计算

危险断面 1—1 发生在弹托前支撑之后的弹托外径最小处，以它与弹轴的交点为原点、建立如图 9-5-7 所示的坐标系。如图 9-5-8 所示，R 为火炮口径的 $1/2$，φ_s 为弹托扇面角，r_{cr} 为危险断面 1—1 的半径，l_{gh} 为前定心部分长度，z_i 为迎风槽底锥面与弹轴的交点坐标。

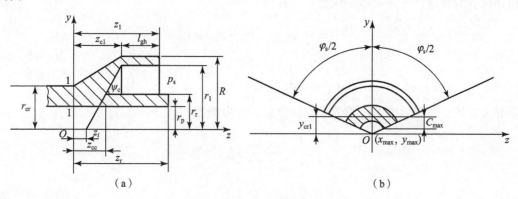

（a）　　　　　　　　　　　　　　　（b）

图 9-5-8　危险断面的几何关系

对于前定心部圆柱面段，内腔有压力 p_s，外部有压力 p_∞，所以

$$\begin{cases} F_{y1} = 2K_{y1} l_{qh} (p_s r_1 - p_\infty R) \sin \dfrac{\varphi_s}{2} \\[2mm] F_{z1} = 0 \\[2mm] M_{z1} = -F_{y1}(z_1 + z_{c1})/2 \end{cases} \qquad (9-5-20)$$

对于迎风槽底锥面，忽略前支撑背后的压力，则积分可得

$$\begin{cases} F_{y2} = K_{y2} p [(z_{c1} - z_i)^2 - (z_{cr} - z_i)^2] \tan \psi_c \sin \dfrac{\varphi_s}{2} \\[2mm] F_{z2} = -\dfrac{1}{2} K_{z2} p_s \varphi_s [(z_{c1} - z_i)^2 - (z_{cr} - z_i)^2] \tan^2 \psi_c \\[2mm] M_{x2} = -2 p_s K_{m2} \tan \psi_c \sin \dfrac{\varphi_s}{2} \cdot \Gamma \end{cases} \qquad (9-5-21)$$

式中

$$\Gamma = \left[\frac{(z_{c1}^3 - z_c)^3}{3}\tan^2\psi_c + \frac{z_{c1}^3}{3} - \frac{z_{c1}^2 z_1}{2} \right] - \left[\frac{(z_{cr}^3 - z_c)^3}{3}\tan^2\psi_c + \frac{z_{cr}^3}{3} - \frac{z_{cr}^2 z_1}{2} \right]$$

当 $\psi_c = 90°$ 时，式（9-5-21）无定解，此时弹托迎风槽底蜕化为圆环，则

$$\begin{cases} F_{y2} = 0 \\ F_{z2} = -A_c K_{z2} p_s \\ M_{x2} = y_c F_{z2} \end{cases} \tag{9-5-22}$$

式中　$A_c = \dfrac{\varphi_s}{2}(r_1^2 - r_r^2)$。

对单瓣弹托，面积 A_c 的惯性中心至 z 轴的距离为

$$y_c = \frac{2\sin\dfrac{\varphi_s}{2}(r_1^3 - r_r^3)}{3\varphi_s(r_1^2 - r_r^2)/2} \tag{9-5-23}$$

对于前伸圆柱，由于出炮口后，此抱紧部分有弹性卸载，所以可认为前伸部分与弹芯接触的内表面上径向压力为零，仅有因环形槽产生的轴向剪力，但此剪力作用半径小，对力矩的贡献甚微，可略去。如果认为弹托和弹芯间无气流流过，尚咬合在一起的话，则作用在抱紧前伸部分的载荷仅有外表面的压力 p_s，所以

$$\begin{cases} F_{y3} = -2K_{y3} p_s r_r (z_r - z_{cr})\sin\dfrac{\varphi_s}{2} \\ F_{z3} = 0 \\ M_{x3} = -F_{y3}(z_r + z_{cr})/2 \end{cases} \tag{9-5-24}$$

综上所述，在迎风槽上作用的个方向合力、合力矩为

$$\begin{cases} F_y = \sum_{i=1}^{3} F_{yi} \\ F_z = \sum_{i=1}^{3} F_{zi} \\ M_x = \sum_{i=1}^{3} M_{xi} \end{cases} \tag{9-5-25}$$

在上述推导中，是在设定弹托各瓣之间的气体压力和接触力为零的条件下进行的。1—1断面所对应的是各扇形面，如图 9-5-8（b）上阴影部分。1—1断面的面积为

$$A_{cr1} = \varphi_s(r_{cr}^2 - r_p^2)/2 \tag{9-5-26}$$

面心位置为

$$y_{cr1} = \frac{2\sin\dfrac{\varphi_s}{2}(r_{cr}^3 - r_p^3)}{3\varphi_s(r_{cr}^2 - r_p^2)/2} \tag{9-5-27}$$

此面积关于 x 轴的惯性矩为

$$I_{x1} = \frac{y_{cr}^4 - r_p^4}{8}(\varphi_s + \sin\varphi_s) \tag{9-5-28}$$

关于面心的惯性矩为

$$I_{c1} = I_{x1} - A_{cr1} y_{cr1}^2 \qquad (9-5-29)$$

在 A_{cr1} 面上，最大拉应力发生在距面心轴最大距离 y 上，发生最大拉应力的两点坐标为

$$\begin{cases} x_{\max} = \pm r_p \sin(\varphi_s/2) \\ y_{\max} = r_p \cos(\varphi_s/2) \end{cases} \qquad (9-5-30)$$

式中　下角标"max"是指最大应力点。

在点 $(x_{\max}, y_{\max})$ 上，弯曲应力及法向应力之和为最大应力，即

$$\sigma_{\max} = \left| \frac{M_{c1} C_{\max}}{I_{c1}} \right| + \frac{F_z}{A_{cr1}} \qquad (9-5-31)$$

式中　$C_{\max} = y_{cr1} - y_{\max 1}$；$M_{c1} = M_x - y_{cr1} F_z$。

（三）危险断面 2—2 的应力计算

危险断面 2—2 发生在前支撑的根部。用与 xOy 平面平行的平面截取单瓣弹托前支撑的前后壁，可得到如图 9 - 5 - 9 所示的危险断面 2—2。该断面有两条双曲线：第一条双曲线是截取平面与前支撑的后表面相交形成的；第二条双曲线是截取平面与前支撑的前表面相交形成的。截取平面与 xOy 平面的距离记为 y_k，前支撑后表面锥角记为 ψ_{cr}，与 z 轴的焦点坐标记为 z_{iR}，则第一条双曲线的方程为

$$z_R = z_{iR} + \frac{(x^2 + y_k^2)^{1/2}}{\tan \psi_{cf}} \qquad (9-5-32)$$

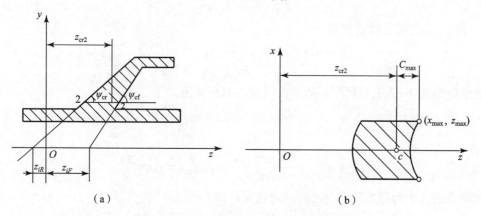

（a）　　　　　　　　　　　（b）

图 9 - 5 - 9　危险断面 2—2 的几何关系

前支撑前表面的锥角为 ψ_{cf}，与 z 轴交点坐标为 z_{iF}，则第二条双曲线的方程为

$$z_F = z_{iF} + \frac{(x^2 + y_k^2)^{1/2}}{\tan \psi_{cf}} \qquad (9-5-33)$$

对单瓣弹托而言，由于有扇形角 φ_s 限制，所以危险断面 2—2 在 x 方向的边界为

$$x = \pm y_k \tan \frac{\varphi_s}{2} \qquad (9-5-34)$$

积分可得 2—2 断面的面积为

$$A_{cr2} = 2(z_{iF} - z_{iR}) x_2 + \frac{\tan \psi_{cr} - \tan \psi_{cf}}{\tan \psi_{cr} \tan \psi_{cf}} S \qquad (9-5-35)$$

式中

$$S = \left[x_2 \left(x_2^2 + y_k^2 \right)^{1/2} + y_k^2 \lg \left(x_2 + y_k^2 \right)^{1/2} - y_k^2 \lg y_k \right], \quad x_2 = y_k \tan \frac{\varphi_s}{2}$$

由积分还可得出面心的 z 坐标为

$$z_{cr2} = \frac{B}{A_{cr2}} \tag{9-5-36}$$

式中

$$B = B_1 + B_2 + B_3 \tag{9-5-37a}$$

$$B_1 = \left(z_{iF}^2 - z_{iR}^2 \right) x_2 \tag{9-5-37b}$$

$$B_2 = \frac{z_{iF} \tan \psi_{cr} - z_{iR} \tan \psi_{cf}}{2 \tan \psi_{cr} \tan \psi_{cf}} \left[2 x_2 \left(x_2 + y_k^2 \right)^{1/2} + y_k \lg \frac{x_2 + \left(x_2^2 + y_k^2 \right)^{1/2}}{\left(x_2^2 + y_k^2 \right)^{1/2} - x_2} \right] \tag{9-5-37c}$$

$$B_3 = \frac{\tan^2 \psi_{cr} - \tan^2 \psi_{cf}}{\tan^2 \psi_{cr} \tan^2 \psi_{cf}} \left(\frac{x_2^3}{3} + y_k x_2^2 \right) \tag{9-5-37d}$$

断面 2—2 关于 x 轴的惯性矩为

$$I_{x2} = \int_A \frac{1}{4} \left[z_F^3 + z_F z_R \left(z_F - z_R \right) - z_R^3 \right] \mathrm{d}x \tag{9-5-38}$$

式中 z_F 和 z_R 由式（9-5-33）和式（9-5-32）决定。

转换到面心轴的惯性矩为

$$I_{c2} = I_{x2} - A_{cr2} z_{cr2}^2 \tag{9-5-39}$$

F_y 和 F_z 关于面心轴的力矩为

$$M_{c2} = M_x - M_{x3} - \left(F_z y_k - F_y z_{cr2} \right) \tag{9-5-40}$$

式中 M_x，F_z，F_y 和 M_{x3} 由式（9-5-24）和式（9-5-25）决定。

在危险断面 2—2 上有两个危险点，到面心的距离为

$$C_{max2} = z_{max2} - z_{cr2} \tag{9-5-41}$$

式中

$$z_{max2} = z_{iF} + \frac{\left(x_{max}^2 + y_k^2 \right)^{1/2}}{\tan \psi_{cf}}, \quad x_{max2} = y_k \tan \frac{\varphi_s}{2}$$

危险点的应力为弯曲应力与法向应力之和，即

$$\sigma_{max} = \left| \frac{M_{c2} C_{max2}}{I_{c2}} \right| + \frac{F_y - F_{y3}}{A_{cr2}} \tag{9-5-42}$$

（四）强度条件

上述的危险点最大应力是按悬臂梁考虑，将弹托后定心部刚性地加在炮口内计算的。实际上这是一个动态系统，后定心部和弹带与炮膛壁之间有松动，因此，这些方程给出的应力水平会比弹托上的实际应力水平高。另外，上述分析中认定破坏是在平面上发生的，实际上破坏发生在三维情况下。按上述分析的计算与试验情况对比证明，计算得到的最大应力约为材料屈服强度的 2.4 倍时将发生破坏，所以有经验地给出强度条件为

$$\sigma_{max} \leqslant 2.4 \sigma_s \tag{9-5-43}$$

并且，同时考虑危险断面 1—1 和 2—2 时，断面上危险点最大应力较大且超出强度条件者先破坏，较小者不论满足强度条件与否，均因为前一个断面破坏、应力释放而不再发生破坏了。

三、飞行部分在膛内的强度

（一）弹托以后的弹芯杆体强度

杆式弹的飞行部分除与弹托相啮合的中间段之外，在弹托之前后的杆体受到推、拉力作用而运动，它们与弹托前后部相接处可能有最大拉应力和压应力，是应当进行强度校核的危险断面。这里主要对弹托以后的弹芯杆体强度进行校核。

设弹托以后部分的弹芯为圆柱杆。如图 9 - 5 - 10 所示，在危险断面 1—1 上，沿 z 轴的作用力平衡方程式为

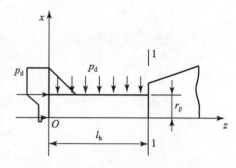

图 9 - 5 - 10 弹托尾杆受力分析

$$\sigma_z = \frac{4F_n}{\pi d^2} - p_d \qquad (9-5-44)$$

式中 d 为危险断面直径；$F_n = g_a m_h$，m_h 为危险断面 1—1 之后的弹体质量。

若将坐标原点取在质量等效杆 $O-1$（长度为 l_h）的起点 O 处，则惯性力 F_n 可写为

$$F_n = \frac{\pi}{4} d_p^2 \rho_p g_a l_h \qquad (9-5-45)$$

式中 p_d——最大弹底压力；

g_a——比例系数，其表达式为

$$g_a = \frac{\pi}{4} D^2 p_d / m \qquad (9-5-46)$$

式中 D——火炮口径。

式（9 - 5 - 44）可写为

$$\sigma_z = g_a \rho_p l_h - p_d \qquad (9-5-47)$$

根据弹托后弹杆受轴对称的 p_d 作用的情况，按轴对称平面问题的近似解可得

$$\sigma_r = \sigma_\theta = -p_d \qquad (9-5-48)$$

所以，根据第三强度理论：$\sigma_1 = \sigma_z$，$\sigma_3 = \sigma_r$，有

$$\sigma_{eff} = \sigma_1 - \sigma_3 = \sigma_z - \sigma_r = g_a \rho_p l_h \leqslant [\sigma_s]_p \qquad (9-5-49)$$

式中 $[\sigma_s]_p$——弹芯材料在发射应变率时的动态屈服强度。

以上讨论时弹丸轴线与炮膛轴线平行的情形。若上述两轴线不平行，其最大夹角为

$$\alpha \approx \Delta / l_d \qquad (9-5-50)$$

式中 Δ 为弹炮最大间隙；强度校核时应该考虑身管最大膛压点处在火炮寿命限以内可能形成的弹炮间隙值。l_d 为导引部长度。此时，因惯性力 F_n 与弹轴有夹角 α（若不考虑弹底压力不均匀的话）而使弹托后弹芯杆体受弯曲作用。这种弯曲作用可能简化为如图 9 - 5 - 11 所示的受均布载荷 q 作用的悬臂梁，即

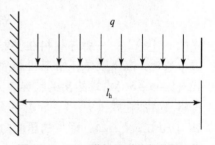

图 9 - 5 - 11 弹托后弹芯杆体的弯曲作用

$$q = \frac{g_a \rho_p \Delta}{l_d} \cdot \frac{\pi}{4} d^2 \qquad (9-5-51)$$

在弹杆危险断面的某一侧圆周上附加的弯曲正应力为

$$\sigma_z' = 4g_a\rho_p l_h \frac{\Delta}{l_d} \cdot \frac{l_h}{d} \qquad (9-5-52)$$

这一危险点处的轴向合应力为

$$\sigma_z = g_a\rho_p l_h \left(\cos\alpha + 4 \frac{\Delta}{l_d} \cdot \frac{l_h}{d} \right) - p_d \qquad (9-5-53)$$

由于 α 角很小，$\cos\alpha \approx 1$。在这种情况下，按第三强度理论要求的强度条件应为

$$\sigma_{eff} = g_a\rho_p l_h \left(1 + 4 \frac{\Delta}{l_d} \cdot \frac{l_h}{d} \right) \leq [\sigma_s]_p \qquad (9-5-54)$$

由式（9-5-54）可见，等效应力将比弹轴与炮轴平行时增大了，对一般穿甲弹来说，增大 5%~15%。

（二）弹托以前的弹芯杆体强度

弹托以前的弹杆周围没有火药气压作用，在最大膛压时，其速度尚低，气动力作用也不明显，故仅考虑弹芯与弹托前端相接的断面上的压应力情况及体力载荷压杆稳定问题就可以了。

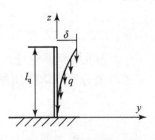

图 9-5-12　弹托前弹芯的压杆失稳

设以弹托前端面为固定支撑点，在此点之前的弹芯（令其质量等效圆柱体长度为 l_q）沿轴向受惯性体力的作用。如图 9-5-12 所示的简化模型，图中 $l_q = 4m_q/(\pi d^2 \rho_p)$（$m_q$ 为危险断面前的弹芯质量），$q = \frac{\pi}{4} d^2 \rho_p g_a$。失稳的临界载荷条件为

$$(ql_q)_{cr} = 7.83 E_p I / l_q^2 \qquad (9-5-55)$$

或写出应力形式，可得底面的压应力为

$$\sigma_c \leq 0.4894 E_p (d/l_q)^2 \qquad (9-5-56)$$

通常，弹托前弹芯的长度尚不足以达到自重失稳的情况，式（9-5-56）可作为弹托前弹芯长度的上限。弹底面压应力可能达到了材料的压缩屈服极限，使弹托前弹芯底面形成塑性铰，进而使这部分弹杆失去稳定。弹托前弹杆的最大压应力为

$$\sigma_c = g_a m_q \left/ \left(\frac{\pi}{4} d^2 \right) \right. \qquad (9-5-57)$$

考虑到有炮弹间隙存在，可得到与式（9-5-54）类似的强度条件，即

$$g_a\rho_p l_q \left(1 + 4 \frac{\Delta}{l_d} \cdot \frac{l_q}{d} \right) \leq [\sigma_c]_p \qquad (9-5-58)$$

式中　$[\sigma_c]_p$——弹芯材料在发射应变率条件下的压缩屈服强度。

通常，高密度弹杆加工很精密，质量偏心量较小。当弹托前弹杆底面压应力远小于式（9-5-56）右端给出的临界应力时，若考虑质量偏心量 e_1 造成的底面附加压应力，则可按将其叠加在式（9-5-58）左端给出的应力值之上来近似处理。质量偏心造成的弯矩 $M' = \pi d^2 \rho_p g_a l_q e_1 / 4$，附加的压应力 $\sigma = 8g_a\rho_p l_q e_1 / d$，所以，按可能最大的压应力给出的强度条件为

$$g_a\rho_p l_q \left(1 + 4 \frac{\Delta}{l_d} \cdot \frac{l_q}{d} + 8 \frac{e_1}{d} \right) \leq [\sigma_c]_p \qquad (9-5-59)$$

同理，若在弹托后弹杆的危险断面 1—1 上也考虑质量偏心 e_2 的影响（尤其尾翼容易造成质量不对称），可将式（9 – 5 – 54）改写为

$$\sigma_{\text{eff}} = g_a \rho_p l_h \left(1 + 4 \frac{\Delta}{l_d} \cdot \frac{l_h}{d} + 8 \frac{e_2}{d} \right) \leq [\sigma_s]_p \qquad (9 - 5 - 60)$$

第六节　飞行稳定性计算

从杆式穿甲弹设计的角度看，由于穿甲弹是利用动能进行侵彻和穿甲作用，因此要求穿甲弹有良好的外形参数以获得良好的气动力特性，减少飞行速度降，保持较高的着速来提高弹丸的威力。另外，弹丸应具有足够的稳定贮备量及良好的脱壳性能，以提高射弹的密集度。尾翼弹的飞行稳定性不同于一般旋转稳定弹丸，它主要借助尾翼所产生的升力，使飞行体的阻力中心移至其质心之后。这样，空气动力对飞行体产生的力矩，是一个迫使其攻角不断减小的稳定力矩。正是由于这个稳定力矩，一旦出现由攻角产生的扰动时，它将阻止攻角进一步增大，并在赤道阻尼力矩作用下迫使其迅速衰减。

一、稳定储备量

所谓稳定储备量是指飞行体阻力中心与质心位置的相对距离，即

$$B = \left(\frac{x_p}{l} - \frac{x_s}{l} \right) \times 100\% = (C_p - C_s) \times 100\% \qquad (9 - 6 - 1)$$

式中　x_p，C_p——阻力中心至弹顶的绝对距离和相对距离（C_p 又称为压力中心系数）；

x_s，C_s——飞行体质心至弹顶的绝对距离和相对距离；

l——飞行体的全长。

为了求得阻力中心至弹顶的距离 x_p 或 C_p，通常应首先求出弹体及尾翼的法向力及其作用点的位置；然后用作用力的合成原理再求出全弹的法向力和阻力中心的位置。当攻角不大时，可近似用升力代替法向力处理（图 9 – 6 – 1）。

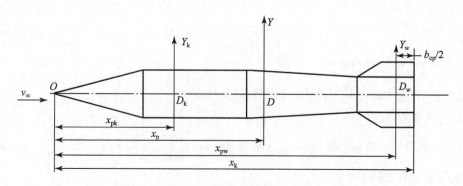

图 9 – 6 – 1　弹体及尾翼法向力及作用点位置

图 9 – 6 – 1 中的符号定义如下：

Y_k，x_{pk}——由弹体引起的升力及其作用点距弹顶的距离；

Y_w，x_{pw}——由尾翼引起的升力及其作用点距离弹顶的距离；

Y，x_p——全弹的升力及其作用点距弹顶的距离。

根据空气动力学的公式，有

$$Y_k = \frac{1}{2}\rho v^2 S C_{yk} \qquad (9-6-2a)$$

$$Y_w = \frac{1}{2}\rho v^2 S C_{yw} \qquad (9-6-2b)$$

$$Y = Y_k + Y_w = \frac{1}{2}\rho v^2 S\ (C_{yk} + C_{yw}) \qquad (9-6-2c)$$

根据力矩的合成原理，有

$$x_p = \frac{Y_k x_{pk} + Y_w x_{pw}}{Y} \qquad (9-6-3)$$

令相对距离 $C_p = \dfrac{x_p}{l}$；$C_{pk} = \dfrac{x_{pk}}{l}$；$C_{pw} = \dfrac{x_{pw}}{l}$，它们又分别称为飞行体压力中心系数、弹体压力中心系数和尾翼压力中心系数，从而有

$$C_p = \frac{C_{pk} \cdot C_{yk} + C_{pw} \cdot C_{yw}}{C_{yk} + C_{yw}} \qquad (9-6-4)$$

将式（9-6-4）代入式（9-6-1），即可得到弹丸的稳定储备量 B。如前所述，为使空气动力对弹丸质心的力矩为稳定力矩，必须使 $B > 0$，这是所有尾翼稳定弹丸飞行稳定性的必要条件。良好的尾翼稳定弹丸，其稳定储备量应至少在 15% ~ 18% 范围内。

二、飞行体摆动分析

不旋转尾翼弹在飞行中如有攻角产生，则稳定力矩将使飞行体极力朝着攻角减小的方向运动。但由于惯性，飞行体最终在阻力面内绕自身质心做往返摆动。由此可见，稳定力矩能够防止飞行体翻倒，但不能消除摆动。伴随飞行体摆动产生的赤道阻尼力矩才能阻滞摆动，逐渐使其摆动振幅衰减。

不考虑弹道曲率的影响，根据飞行体的摆动运动方程可得下列近似解：

$$\delta = \frac{\dot{\delta}_0}{v_0 \sqrt{k_z}} e^{-bs} \sin \sqrt{k_z}\, s \qquad (9-6-5)$$

式中　δ——飞行体的摆动攻角；

　　　$\dot{\delta}_0$——弹丸出炮口时飞行体的初始摆动角速度；

　　　v_0——弹丸初速；

　　　b——取决于飞行运动及空气动力的参量，$b = \dfrac{1}{2}\left(b_\gamma + k_{zz} - b_x - \dfrac{g\sin\theta}{v^2}\right)$，$b_\gamma$、$b_x$、$k_z$、$k_{zz}$ 为与空气动力有关的系数；

　　　s——弹道弧长；

　　　v——飞行体的飞行速度；

　　　θ——弹道切线与水平线的倾角；

　　　g——重力加速度。

从式（9-6-5）可见，δ 随时间做周期性变化。当 $b > 0$ 时，摆动是衰减的。摆动运动

有下列特征量。

（1）最大振幅：

$$\delta_{m0} = \frac{\dot{\delta}}{v_0 \sqrt{k_z}} \tag{9-6-6}$$

（2）摆动周期：

$$T = \frac{2\pi}{v \sqrt{k_z}} \tag{9-6-7}$$

因 $k_z = \frac{\rho S}{2J_y} lm'_z$，又有

$$T = \frac{2\pi}{v} \sqrt{\frac{2J_y}{\rho Slm'_z}} \tag{9-6-8}$$

（3）摆动波长 λ。摆动波长即飞行体摆动一次所飞行的距离，即

$$\lambda = Tv = 2\pi \sqrt{\frac{2J_y}{\rho Slm'_z}} \tag{9-6-9}$$

由稳定力矩的公式，可知

$$M_z = \frac{1}{2}\rho v^2 Sl\delta m'_z \tag{9-6-10}$$

从 АНИИ 法中，可得

$$M_z = \rho v^2 Sh(C_x + C'_y)\delta \tag{9-6-11}$$

式中 h——飞行体质心至阻力中心的距离。

从式（9-6-10）和式（9-6-11），可得

$$\frac{1}{2}lm'_z = h(C_x + C'_y) \tag{9-6-12}$$

则式（9-6-9）又可改写为

$$\lambda = 2\pi \sqrt{\frac{J_y}{(C_x + C'_y)\rho Sh}} \tag{9-6-13}$$

式中 C_x 与 C'_y 可以直接从 АНИИ 法查表得出。

（4）对数衰减率 ε。振幅的对数衰减率 ε 表示相隔半周期振幅之比的自然对数（图 9-6-2），即

$$\varepsilon = \ln\left|\frac{\delta_2}{\delta_1}\right| = bv\frac{T}{2} = b\frac{\pi}{\sqrt{k_z}} \tag{9-6-14}$$

将 b 及 k_z 的关系式引入后，则有

$$\varepsilon = \pi\left(\frac{\rho Sdlm'_{zz}}{2J_y} + \frac{\rho SC'_y}{2m} - \frac{\rho SC_x}{2m} - \frac{g\sin\theta}{v^2}\right)\sqrt{\frac{2J_y}{\rho Slm'_z}} \tag{9-6-15}$$

为使飞行稳定，必须将特征波长 λ 及对数衰减率控制在一定的范围内。

三、共振转速

尾翼弹常采用低速旋转的方法来减少某些不对称性干扰因素引起的散布，如因外形不对称而造成的气动偏心、内部结构不对称而造成的质量偏心等。理论与实践都已证明，这种方

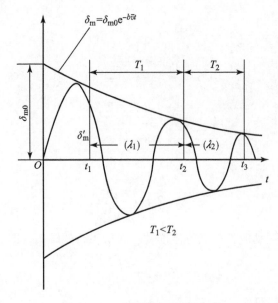

图 9 – 6 – 2　尾翼弹的衰减摆动

法是行之有效的。目前，许多尾翼稳定的杆式穿甲弹都采用低速旋转。当旋转尾翼弹存在某些不对称性的干扰（气动偏心、动不平衡）时，随着弹体的旋转，这些不对称的干扰因素将表现为周期性的干扰作用。当周期干扰频率与弹体摆动频率相等时，即产生共振现象。这时弹体攻角 δ 将急剧增加，使飞行体的飞行稳定性受到破坏。此外，由于攻角的存在，旋转尾翼弹还会产生马格努斯力矩，马格努斯力矩为另一种不稳定因素。

　　所谓共振转速系指弹丸每摆动一次，刚好自转一周时，弹丸所具有的转速。当尾翼弹由不旋转而逐步加速到平衡转速时，必然有与共振转速接近相等的阶段。如果此阶段时间很短，由于共振而引起攻角的增大较大，对尾翼弹的密集度和射程不会产生大的影响。如果停留于共振转速时间较长（产生所谓转速闭锁现象），则可能因共振导致攻角增大到有害的程度，使密集度变坏，甚至产生近弹。

　　根据外弹道理论，共振转速为

$$n_{r0} = \frac{\omega_{r0}}{2\pi} = \frac{v}{2\pi}\sqrt{k_z} \qquad (9-6-16)$$

式中　ω_{r0}——共振角速度，其表达式为

$$\omega_{r0} = v\sqrt{k_z} \qquad (9-6-17)$$

四、平衡转速

　　赋予尾翼弹旋转的方法目前大多采用斜置尾翼后斜切翼面方法。斜置尾翼（图 9 – 6 – 3 (a)）是尾翼片平面与弹轴成一个倾角 β；而斜切翼面图 9 – 6 – 3 (b) 是将尾翼片平面的一侧削去一部分，使削面与弹轴成一个倾角 β。这类方法借助于作用在尾翼斜面上的空气动力导转力矩，使弹体获得不断增大的转速。与此同时，由于极阻尼力矩 M_{xz} 的作用，最终使弹丸转速处于某平衡值。

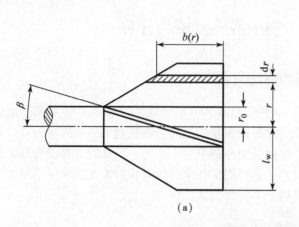 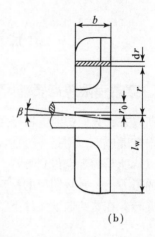

(a)　　　　　　　　　　　　　　　　(b)

图 9 – 6 – 3　斜置尾翼与斜切翼面

（a）斜置尾翼；（b）斜切翼面

根据外弹道理论，飞行体低速旋转飞行时，作用于其尾翼上的导转力矩 M_z 与极阻尼力矩 M_{xz} 相等时，其相应的转速即为平衡转速，即

$$\omega_{rL} = \frac{v\beta r_{cp}}{r_j^2} \tag{9 – 6 – 18}$$

或

$$n_L = \frac{\omega_{rL}}{2\pi} = \frac{v\beta r_{cp}}{2\pi r_j^2} \tag{9 – 6 – 19}$$

式中　$r_{cp} = \frac{1}{2}(l_w - r_0)$；$r_j$ 为翼片面相对于极轴的二次矩半径。

斜置尾翼和斜切尾翼的平衡转速常用下式计算：

$$\omega_{rL} = 1.5K \frac{v}{l_w}\beta \tag{9 – 6 – 20}$$

或

$$n_L = \frac{1.5Kv\beta}{2\pi l_w} \tag{9 – 6 – 21}$$

式中　β——尾翼斜置角或斜切角；

K——翼型系数，它可按下列公式进行计算。

对于斜置尾翼，有

$$K = \frac{1 - \left(\dfrac{r_0}{l_w}\right)^2}{1 - \left(\dfrac{r_0}{l_w}\right)^3} \tag{9 – 6 – 22}$$

对于斜切尾翼，有

$$K = \frac{1}{2}\frac{1 - \left(\dfrac{r_0}{l_w}\right)^2}{1 - \left(\dfrac{r_0}{l_w}\right)^3} \tag{9 – 6 – 23}$$

第七节　穿甲战斗部威力计算

一、穿透有限厚均质装甲板的经验公式

长期以来，人们曾广泛地使用德·马尔（De Marr）公式来计算普通穿甲弹冲塞破坏钢甲的极限穿透速度，这是一个在大量实弹射击试验的基础上建立起来的半经验公式，其物理意义可以从能量的观点得到解释。假设弹丸撞击钢甲时不变形，弹丸的全部动能都消耗在克服钢甲的阻力上，并且钢甲的材料均匀，钢甲固定很牢，同时认为弹丸在钢甲中只做直线运动，不旋转。在这些假设条件下，得到德·马尔公式，即

$$v_c = K \frac{d^{0.75} b^{0.7}}{m^{0.5} \cos \alpha} \qquad (9-7-1)$$

式中　K 为穿甲符合系数。

德·马尔公式将影响穿甲威力的几个主要因素：速度、弹径、弹丸质量、靶板厚度及着角联系在一起，概念清楚、形式简单。但德·马尔公式没有直接考虑钢甲及弹丸材料的机械性能以及弹丸结构对穿甲过程的影响，而将上述因素的影响都归结到由试验确定的穿甲复合系数 K 上，因而用德·马尔公式解决实际穿甲问题时所得结果的准确程度就取决于 K 值的选取，并且也只适用于速度不高的侵彻过程。但由于使用习惯，现在仍有人用杆式弹的试验数据修正此式的指数，继续在较小的范围上使用。

二、我国的杆式弹极限穿透速度经验公式

目前，穿甲弹多采用尾翼稳定、膛内以弹托支撑的次口径杆式弹体结构，这种穿甲弹碰击钢甲时的着速高，有的高达 1800 m/s 左右。弹体在侵彻过程中边侵彻边破碎，所出现的穿甲现象与建立德·马尔公式时所依据的穿甲过程相差很远，显然它将不再适用，必须建立新的穿甲经验公式以适应杆式弹侵彻钢甲的作用特点。

在考虑杆式弹边侵彻边破碎的穿甲过程特点后，认为弹丸消耗的动能主要用于钢甲成坑和弹丸破碎所需要的能量，并按照能量准则，即可得到杆式弹斜穿透有限厚靶板的极限速度表达式：

$$v_c = K \frac{d b^{0.5}}{m^{0.5} (\cos \alpha)^{0.5}} \sigma_{st}^{0.2} = K \sqrt{\frac{C_e \sigma_{st}}{C_m \cos \alpha}} \qquad (9-7-2)$$

得到上述理论分析之后，曾针对式（9-7-2）中各参量的指数进行了大量的固定因素验证试验。试验的结果表明，大多数指数的理论推导值与试验值相近。当靶板为中等硬度钢甲（布氏硬度压痕直径 $d_{HB} = 3.35 \sim 3.75$ mm）时，σ_{st} 指数的理论推导值与试验值相符，然而改变靶板材料的硬度，使其在 $d_{HB} = 2.8 \sim 4.1$ mm 范围内变化时，试验确定的 σ_{st} 指数为 0.2，为了扩大式（9-7-2）的应用范围，将其改写成

$$v_c = K \sqrt{\frac{C_e}{C_m \cos \alpha}} \sigma_{st}^{0.2} \qquad (9-7-3)$$

式中　v_c——极限穿透速度（m/s）；

　　　d——杆式弹弹体直径（m）；

b——靶板厚度（m）；

α——碰靶时弹体轴线与靶板法线的夹角，即着角；

m——杆式弹体的质量（kg）；

σ_{st}——靶板材料的屈服极限（Pa）；

C_e——靶板相对厚度，$C_e = b/d$；

C_m——弹体的相对质量，$C_m = m/d^3$（kg/m^3）；

K——穿甲复合系数，用验证试验反算得到大量 K 值，可拟合成下式：

$$K = 1076.6 \sqrt{\cfrac{1}{\zeta + \cfrac{C_e \times 10^3}{C_m \cos \alpha}}} \qquad (9-7-4)$$

式中　ζ 取决于弹靶系统的综合参量，可用下式计算：

$$\zeta \approx \frac{(\cos \alpha)^{\frac{1}{3}}}{C_e^{0.7} (C_m \times 10^{-3})^{\frac{1}{n}}} k_d \qquad (9-7-5)$$

式中　k_d 为与杆式弹弹杆直径有关的修正系数，其值见表 9-6；$1/n$ 是与弹体相对质量有关的指数，当 $C_m < 70 \times 10^3$ kg/m^3 时取值为 $1/3$；当 $C_m > 70 \times 10^3$ kg/m^3 时取值为 $1/5 \sim 1/4$。

表 9-6　弹径修正系数 k_d 的数值

d/mm	4.0	5.0	6.0	7.0	8.0	9.0	10.0	11	12
k_d	0.855	0.918	0.95	0.981	1.013	1.045	1.076	1.092	1.124
d/mm	13	14	15	16	17	16	19	20	>20
k_d	1.156	1.171	1.187	1.203	1.219	1.235	1.251	1.266	1.266

利用式（9-7-3）~式（9-7-5），当弹靶条件及射击条件确定后，就可估算出极限穿透速度；反之，当弹丸的着速已知时，也可由上述经验公式估算出穿甲厚度 b。试验表明，公式的估算值与实测值的偏差在 3% 以下，能良好地满足工程应用的要求。该经验公式的优点在于需要的已知条件少，特别是能将影响 K 值的因素反映在其表达式中，因而不仅明确地指出了穿甲复合系数 K 值是个受多种因素影响的变量，而且能做定量的估算，减少利用德·马尔经验公式估算时的盲目性，从而能提高估算的准确程度；缺点在于其计算步骤较多。

图 9-7-1 所示为靶板材料的布氏印痕直径 d_{HB} 与其强度极限 σ_b 和屈

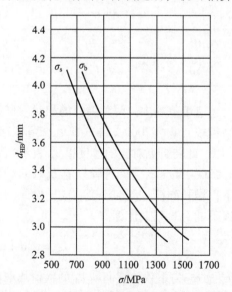

图 9-7-1　靶板材料的 d_{HB}-σ_s（σ_b）曲线

服强度 σ_s 的转换曲线，以便于根据布氏印痕直径得到靶板材料的强度数据 σ_{st}。

三、Tate 长杆弹极限穿透速度经验公式

钨合金弹杆和合金钢弹杆为 500~4000 m/s 的速度范围内碰撞半无限厚刚靶的相对侵彻深度 L_∞/l（侵彻深度与弹杆长度之比）与相对碰撞速度 v_s/c（碰撞速度与钢中弹性波波速之比，后者的数值为 5950 m/s）关系如图 9-7-2 所示，弹靶材料的物理力学性能见表 9-7。

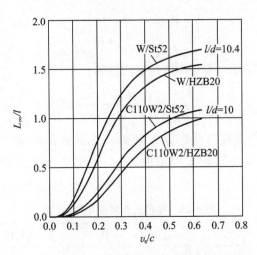

图 9-7-2 钨合金、钢合金弹杆对半无限靶的侵彻深度

表 9-7 弹杆与靶板的力学性能

力学性能	弹 杆		靶 板	
	钨合金（W）	C110W2 合金钢	St52 钢	HZB20 装甲钢
$\rho/(g \cdot cm^{-3})$	17.0	7.85	7.85	7.85
硬度/HRB	270 ± 20	230 ± 30	180 ± 20	260 ~ 330
$\sigma_{0.2}/MPa$	750	770 ~ 870	598 ~ 667	883 ~ 1079

在上述速度范围内，两种弹杆的相对侵彻深度与相对碰撞速度的关系曲线呈拉长的 S 形状。在高速段（$v_s \geq 2000$ m/s，即 $v_s/c \geq 0.34$）及低速段（对钨弹杆，$v_s < 850$ m/s，即 $v_s/c \leq 0.19$，此转折点对应的速度以 v_d 表示），$L_\infty/l - v_s/c$ 曲线明显转折且呈斜率变缓趋势，当 $v_d \leq v \leq 2000$ m/s 时，两种弹杆的 $L_\infty/l - v_s/c$ 曲线基本为线性变化，在靶板和速度保持不变条件下，增长弹杆，侵彻深度将成比例地增加，因此在该速度范围，对半无限靶的侵彻深度可用以下的经验公式计算：

$$L_\infty = a_n d + \alpha_n l \left(\frac{v_s}{v_d} - 1 \right) \qquad (9-7-6)$$

式中 a_n 及 α_n 为系数，它们与 v_d 的数值均取决于弹靶的材料，具体数值见表 9-8。

表 9 – 8　a_n、α_n 及 v_d 的数值

弹杆材料	$\rho/(\mathrm{g \cdot cm^{-3}})$	a_n	α_n	$v_d/(\mathrm{m \cdot s^{-1}})$
钢	7.85	1.2	0.71	1150
钨合金	17.0	1.4	0.92	850

试验研究表明，当着角 $\alpha = 0° \sim 70°$ 变化时，弹杆对靶板的直线穿深平均值几乎保持不变，因此沿靶板法线方向测量的侵彻深度可表示为

$$L_n = \left[a_n d + \alpha_n l \left(\frac{v_s}{v_d} - 1 \right) \right] \cos \alpha \qquad (9-7-7)$$

将式（9 – 7 – 7）应用于估算杆式弹对有限厚靶板的穿透能力时，必须要计及有限厚靶板的背面效应。由于背面效应的存在，长杆弹若能侵彻到有限厚靶板表面附近，则其侵彻深度将会高于该弹在相同条件下对半无限厚靶的侵彻深度。设 Δ 为因背面效应面获得的侵彻深度增量，则穿透的靶板厚度为 $b = L_n + \Delta$。

利用式（9 – 7 – 7），可得此时的极限穿透速度为

$$\frac{v_c}{v_d} = 1 + \frac{(b - \Delta) \ \sec \alpha - a_n d}{\alpha_n l} \qquad (9-7-8)$$

对于钨合金杆式弹穿透轧制均质装甲钢板的情况，其 Δ 可按下式计算：

$$\Delta / d = 0.5 + 0.08(l/d) \qquad (9-7-9)$$

四、美国 BRL 的极限穿透速度经验公式

美国弹道研究室（BRL）根据以质量为 $0.5 \sim 3630$ g，直径为 $2 \sim 50$ mm，长径比为 $4 \sim 30$，密度为 $7.8 \sim 19.0$ g/cm^3 的杆式弹体，在着角为 $0° \sim 60°$ 的条件下碰撞厚度为 $6 \sim 150$ mm 的靶板，按试验所得的 200 多个极限速度值，整理归纳成估算长杆弹对单层轧制均质装甲的极限穿透速度表达式，即

$$v_c = 4000 \ (l/d)^{0.15} \sqrt{f(Z) \frac{d^3}{m}} \qquad (9-7-10)$$

式中　$Z = b \ (\sec \alpha)^{0.75} / d$，$f(Z) = Z + \mathrm{e}^{-z} - 1$。

式中各参量符号的含义与上述情况相同，质量单位为 g，尺寸单位为 cm，计算所得极限穿透速度的单位为 m/s。

式（9 – 7 – 10）中将弹体形状处理成平头、锥形或半球形头部的等效圆柱体，且靶板的相对厚度 $C_e > 1.5$。同样式（9 – 7 – 9）也未能反映弹靶材料性质及弹头部形状对穿甲威力的影响。

附录 迫击炮弹空气动力特征数表

迫击炮弹弹尾部长度 l_w/d	迫击炮弹圆柱部长度 l_z/d	空气动力特征数			迫击炮弹弹尾部长度 l_w/d	迫击炮弹圆柱部长度 l_z/d	空气动力特征数		
		正面阻力系数 C_{x0}	上升力系数 C_{y0}	空气阻力中心到弹顶距离 x_{p0}/d			正面阻力系数 C_{x0}	上升力系数 C_{y0}	空气阻力中心到弹顶距离 x_{p0}/d
1.0	0.1				1.1	0.1			
	0.2					0.2			
	0.3					0.3			
	0.4					0.4			
	0.5	0.099	0.200	2.29		0.5	0.099	0.200	2.33
	0.6	0.099	0.201	2.31		0.6	0.099	0.201	2.36
	0.7	0.100	0.202	2.33		0.7	0.100	0.202	2.39
	0.8	0.100	0.203	2.35		0.8	0.101	0.203	2.41
	0.9	0.101	0.204	2.37		0.9	0.101	0.204	2.43
	1.0	0.102	0.205	2.39		1.0	0.102	0.205	2.45
	1.1	0.104	0.205	2.41		1.1	0.104	0.206	2.45
	1.2	0.106	0.206	2.42		1.2	0.106	0.207	2.46
	1.3	0.108	0.207	2.43		1.3	0.108	0.208	2.47
	1.4	0.110	0.207	2.44		1.4	0.110	0.208	2.48
	1.5	0.112	0.208	2.46		1.5	0.112	0.208	2.49
	1.6	0.114	0.208	2.48		1.6	0.114	0.208	2.51
	1.7	0.116	0.208	2.50		1.7	0.116	0.208	2.53
	1.8	0.118	0.208	2.52		1.8	0.117	0.208	2.55
	1.9	0.120	0.208	2.54		1.9	0.119	0.208	2.57
	2.0	0.121	0.208	2.56		2.0	0.121	0.208	2.59
	2.1	0.122	0.208	2.58		2.1	0.122	0.208	2.61
	2.2	0.123	0.208	2.60		2.2	0.123	0.208	2.63
	2.3	0.124	0.208	2.62		2.3	0.124	0.208	2.65
	2.4	0.125	0.208	2.64		2.4	0.125	0.208	2.67
	2.5	0.127	0.208	2.66		2.5	0.127	0.208	2.69
	2.6	0.128	0.208	2.68		2.6	0.128	0.208	2.71
	2.7	0.130	0.208	2.70		2.7	0.130	0.208	2.73
	2.8	0.132	0.208	2.71		2.8	0.132	0.208	2.74
	2.9	0.134	0.208	2.72		2.9	0.134	0.208	2.75
	3.0	0.136	0.208	2.74		3.0	0.136	0.208	2.76

迫击炮弹弹尾部长度 l_w/d	迫击炮弹圆柱部长度 l_z/d	空气动力特征数			迫击炮弹弹尾部长度 l_w/d	迫击炮弹圆柱部长度 l_z/d	空气动力特征数		
		正面阻力系数 C_{x0}	上升力系数 C_{y0}	空气阻力中心到弹顶距离 x_{p0}/d			正面阻力系数 C_{x0}	上升力系数 C_{y0}	空气阻力中心到弹顶距离 x_{p0}/d
1.2	0.1				1.3	0.1			
	0.2					0.2			
	0.3					0.3			
	0.4					0.4			
	0.5	0.100	0.200	2.36		0.5	0.100	0.200	2.39
	0.6	0.100	0.201	2.39		0.6	0.100	0.201	2.41
	0.7	0.101	0.202	2.42		0.7	0.101	0.202	2.44
	0.8	0.101	0.203	2.45		0.8	0.101	0.203	2.47
	0.9	0.102	0.204	2.48		0.9	0.102	0.204	2.51
	1.0	0.103	0.205	2.50		1.0	0.103	0.205	2.55
	1.1	0.105	0.205	2.50		1.1	0.105	0.205	2.55
	1.2	0.107	0.206	2.50		1.2	0.107	0.206	2.55
	1.3	0.109	0.206	2.51		1.3	0.119	0.206	2.55
	1.4	0.112	0.207	2.52		1.4	0.111	0.207	2.55
	1.5	0.114	0.208	2.53		1.5	0.113	0.208	2.55
	1.6	0.115	0.208	2.54		1.6	0.115	0.208	2.57
	1.7	0.117	0.208	2.56		1.7	0.117	0.208	2.59
	1.8	0.118	0.208	2.58		1.8	0.118	0.208	2.61
	1.9	0.119	0.208	2.60		1.9	0.119	0.208	2.63
	2.0	0.121	0.208	2.62		2.0	0.121	0.208	2.65
	2.1	0.123	0.208	2.64		2.1	0.122	0.208	2.67
	2.2	0.124	0.208	2.66		2.2	0.124	0.208	2.69
	2.3	0.125	0.208	2.68		2.3	0.125	0.208	2.71
	2.4	0.127	0.208	2.70		2.4	0.126	0.208	2.73
	2.5	0.129	0.208	2.72		2.5	0.128	0.208	2.75
	2.6	0.130	0.208	2.73		2.6	0.129	0.208	2.77
	2.7	0.132	0.208	2.75		2.7	0.130	0.208	2.78
	2.8	0.133	0.208	2.77		2.8	0.132	0.208	2.79
	2.9	0.135	0.208	2.79		2.9	0.134	0.208	2.81
	3.0	0.136	0.208	2.80		3.0	0.136	0.208	2.83

迫击炮弹弹尾部长度 l_w/d	迫击炮弹圆柱部长度 l_z/d	空气动力特征数			迫击炮弹弹尾部长度 l_w/d	迫击炮弹圆柱部长度 l_z/d	空气动力特征数		
		正面阻力系数 C_{x0}	上升力系数 C_{y0}	空气阻力中心到弹顶距离 x_{p0}/d			正面阻力系数 C_{x0}	上升力系数 C_{y0}	空气阻力中心到弹顶距离 x_{p0}/d
1.4	0.1				1.5	0.1			
	0.2					0.2			
	0.3					0.3			2.42
	0.4					0.4			2.45
	0.5	0.101	0.200	2.43		0.5	0.102	0.200	2.47
	0.6	0.101	0.201	2.46		0.6	0.102	0.201	2.50
	0.7	0.102	0.202	2.49		0.7	0.103	0.202	2.53
	0.8	0.103	0.203	2.53		0.8	0.103	0.203	2.56
	0.9	0.104	0.204	2.55		0.9	0.104	0.204	2.60
	1.0	0.105	0.205	2.56		1.0	0.105	0.205	2.64
	1.1	0.106	0.206	2.57		1.1	0.107	0.205	2.64
	1.2	0.108	0.206	2.58		1.2	0.109	0.206	2.64
	1.3	0.111	0.207	2.59		1.3	0.111	0.206	2.66
	1.4	0.114	0.207	2.60		1.4	0.113	0.207	2.66
	1.5	0.116	0.208	2.61		1.5	0.115	0.208	2.66
	1.6	0.117	0.208	2.62		1.6	0.117	0.208	2.66
	1.7	0.118	0.208	2.64		1.7	0.119	0.208	2.66
	1.8	0.120	0.208	2.66		1.8	0.120	0.208	2.66
	1.9	0.121	0.208	2.68		1.9	0.121	0.208	2.68
	2.0	0.123	0.208	2.70		2.0	0.123	0.208	2.70
	2.1	0.124	0.208	2.72		2.1	0.124	0.208	2.72
	2.2	0.125	0.208	2.74		2.2	0.125	0.208	2.74
	2.3	0.126	0.208	2.76		2.3	0.127	0.208	2.76
	2.4	0.128	0.208	2.78		2.4	0.128	0.208	2.78
	2.5	0.129	0.208	2.80		2.5	0.130	0.208	2.80
	2.6	0.131	0.208	2.82		2.6	0.131	0.208	2.82
	2.7	0.132	0.208	2.83		2.7	0.133	0.208	2.84
	2.8	0.134	0.208	2.84		2.8	0.134	0.208	2.86
	2.9	0.135	0.208	2.85		2.9	0.135	0.208	2.87
	3.0	0.136	0.208	2.86		3.0	0.136	0.208	2.88

迫击炮弹弹尾部长度 l_w/d	迫击炮弹圆柱部长度 l_z/d	空气动力特征数			迫击炮弹弹尾部长度 l_w/d	迫击炮弹圆柱部长度 l_z/d	空气动力特征数		
		正面阻力系数 C_{x0}	上升力系数 C_{y0}	空气阻力中心到弹顶距离 x_{p0}/d			正面阻力系数 C_{x0}	上升力系数 C_{y0}	空气阻力中心到弹顶距离 x_{p0}/d
1.6	0.1				1.7	0.1			
	0.2					0.2			
	0.3					0.3			
	0.4					0.4			
	0.5	0.102	0.200	2.52		0.5	0.103	0.200	2.57
	0.6	0.102	0.201	2.54		0.6	0.103	0.201	2.59
	0.7	0.103	0.202	2.56		0.7	0.104	0.202	2.60
	0.8	0.104	0.203	2.58		0.8	0.105	0.203	2.61
	0.9	0.105	0.204	2.59		0.9	0.106	0.204	2.62
	1.0	0.106	0.205	2.60		1.0	0.107	0.205	2.63
	1.1	0.108	0.205	2.62		1.1	0.109	0.206	2.64
	1.2	0.109	0.206	2.63		1.2	0.111	0.206	2.65
	1.3	0.111	0.206	2.64		1.3	0.113	0.207	2.66
	1.4	0.113	0.207	2.66		1.4	0.115	0.207	2.67
	1.5	0.115	0.208	2.67		1.5	0.117	0.208	2.68
	1.6	0.117	0.208	2.68		1.6	0.118	0.208	2.69
	1.7	0.118	0.208	2.69		1.7	0.119	0.208	2.70
	1.8	0.120	0.208	2.71		1.8	0.120	0.208	2.72
	1.9	0.121	0.208	2.73		1.9	0.122	0.208	2.74
	2.0	0.123	0.208	2.76		2.0	0.123	0.208	2.76
	2.1	0.124	0.208	2.78		2.1	0.124	0.208	2.77
	2.2	0.125	0.208	2.80		2.2	0.125	0.208	2.78
	2.3	0.127	0.208	2.81		2.3	0.127	0.208	2.80
	2.4	0.128	0.208	2.82		2.4	0.128	0.208	2.82
	2.5	0.130	0.208	2.84		2.5	0.129	0.208	2.84
	2.6	0.131	0.208	2.85		2.6	0.130	0.208	2.86
	2.7	0.133	0.208	2.86		2.7	0.132	0.208	2.88
	2.8	0.134	0.208	2.88		2.8	0.134	0.208	2.89
	2.9	0.135	0.208	2.89		2.9	0.135	0.208	2.90
	3.0	0.136	0.208	2.90		3.0	0.136	0.207	2.92

迫击炮弹尾部长度 l_w/d	迫击炮弹圆柱部长度 l_z/d	空气动力特征数			迫击炮弹尾部长度 l_w/d	迫击炮弹圆柱部长度 l_z/d	空气动力特征数		
		正面阻力系数 C_{x0}	上升力系数 C_{y0}	空气阻力中心到弹顶距离 x_{p0}/d			正面阻力系数 C_{x0}	上升力系数 C_{y0}	空气阻力中心到弹顶距离 x_{p0}/d
1.8	0.1				1.9	0.1			
	0.2					0.2			
	0.3					0.3			
	0.4					0.4			
	0.5	0.103	0.200	2.62		0.5	0.104	0.200	2.67
	0.6	0.104	0.201	2.63		0.6	0.104	0.201	2.68
	0.7	0.105	0.202	2.64		0.7	0.105	0.202	2.69
	0.8	0.106	0.203	2.65		0.8	0.106	0.203	2.70
	0.9	0.107	0.204	2.66		0.9	0.107	0.204	2.71
	1.0	0.108	0.205	2.67		1.0	0.108	0.205	2.72
	1.1	0.109	0.206	2.68		1.1	0.110	0.205	2.73
	1.2	0.111	0.206	2.69		1.2	0.112	0.206	2.74
	1.3	0.113	0.207	2.70		1.3	0.114	0.206	2.74
	1.4	0.115	0.207	2.71		1.4	0.116	0.207	2.75
	1.5	0.117	0.208	2.72		1.5	0.118	0.208	2.75
	1.6	0.118	0.208	2.73		1.6	0.119	0.208	2.76
	1.7	0.119	0.208	2.74		1.7	0.120	0.208	2.77
	1.8	0.120	0.208	2.76		1.8	0.121	0.208	2.78
	1.9	0.122	0.208	2.77		1.9	0.122	0.208	2.79
	2.0	0.123	0.208	2.79		2.0	0.123	0.208	2.80
	2.1	0.124	0.208	2.80		2.1	0.124	0.208	2.82
	2.2	0.126	0.208	2.81		2.2	0.125	0.208	2.83
	2.3	0.127	0.208	2.82		2.3	0.126	0.208	2.84
	2.4	0.128	0.208	2.83		2.4	0.127	0.208	2.86
	2.5	0.129	0.208	2.85		2.5	0.128	0.208	2.88
	2.6	0.130	0.208	2.87		2.6	0.129	0.208	2.90
	2.7	0.132	0.208	2.89		2.7	0.131	0.208	2.92
	2.8	0.134	0.208	2.91		2.8	0.133	0.208	2.94
	2.9	0.135	0.208	2.93		2.9	0.135	0.208	2.96
	3.0	0.136	0.208	2.95		3.0	0.136	0.208	2.97

迫击炮弹弹尾部长度 l_w/d	迫击炮弹圆柱部长度 l_z/d	空气动力特征数			迫击炮弹弹尾部长度 l_w/d	迫击炮弹圆柱部长度 l_z/d	空气动力特征数		
		正面阻力系数 C_{x0}	上升力系数 C_{y0}	空气阻力中心到弹顶距离 x_{p0}/d			正面阻力系数 C_{x0}	上升力系数 C_{y0}	空气阻力中心到弹顶距离 x_{p0}/d
2.0	0.1				2.1	0.1			
	0.2					0.2			
	0.3					0.3			
	0.4					0.4			
	0.5	0.105	0.200	2.70		0.5	0.105	0.200	2.72
	0.6	0.105	0.201	2.71		0.6	0.106	0.201	2.73
	0.7	0.106	0.202	2.72		0.7	0.107	0.202	2.74
	0.8	0.107	0.203	2.73		0.8	0.108	0.203	2.75
	0.9	0.108	0.204	2.74		0.9	0.109	0.204	2.76
	1.0	0.109	0.205	2.75		1.0	0.110	0.205	2.77
	1.1	0.111	0.206	2.76		1.1	0.112	0.205	2.78
	1.2	0.113	0.206	2.77		1.2	0.114	0.206	2.79
	1.3	0.115	0.207	2.78		1.3	0.116	0.206	2.80
	1.4	0.117	0.207	2.78		1.4	0.118	0.207	2.81
	1.5	0.119	0.208	2.79		1.5	0.120	0.207	2.82
	1.6	0.120	0.208	2.80		1.6	0.121	0.208	2.83
	1.7	0.121	0.208	2.81		1.7	0.122	0.208	2.84
	1.8	0.122	0.208	2.82		1.8	0.123	0.208	2.86
	1.9	0.123	0.208	2.84		1.9	0.124	0.208	2.87
	2.0	0.125	0.208	2.85		2.0	0.126	0.208	2.88
	2.1	0.127	0.208	2.86		2.1	0.127	0.208	2.89
	2.2	0.128	0.208	2.88		2.2	0.128	0.208	2.90
	2.3	0.129	0.208	2.90		2.3	0.129	0.208	2.92
	2.4	0.130	0.208	2.91		2.4	0.130	0.208	2.93
	2.5	0.131	0.208	2.93		2.5	0.131	0.208	2.94
	2.6	0.132	0.208	2.94		2.6	0.132	0.208	2.96
	2.7	0.133	0.208	2.96		2.7	0.133	0.208	2.98
	2.8	0.134	0.208	2.97		2.8	0.134	0.208	3.00
	2.9	0.135	0.208	2.98		2.9	0.135	0.208	3.01
	3.0	0.136	0.208	3.0		3.0	0.136	0.208	3.03

续表

迫击炮弹弹尾部长度 l_w/d	迫击炮弹圆柱部长度 l_z/d	空气动力特征数			迫击炮弹弹尾部长度 l_w/d	迫击炮弹圆柱部长度 l_z/d	空气动力特征数		
		正面阻力系数 C_{x0}	上升力系数 C_{y0}	空气阻力中心到弹顶距离 x_{p0}/d			正面阻力系数 C_{x0}	上升力系数 C_{y0}	空气阻力中心到弹顶距离 x_{p0}/d
2.2	0.1				2.3	0.1			
	0.2					0.2			
	0.3					0.3			
	0.4					0.4			
	0.5	0.106	0.200	2.75		0.5	0.106	0.200	2.78
	0.6	0.107	0.201	2.76		0.6	0.107	0.201	2.79
	0.7	0.108	0.202	2.78		0.7	0.109	0.202	2.81
	0.8	0.109	0.203	2.79		0.8	0.110	0.203	2.82
	0.9	0.110	0.204	2.80		0.9	0.111	0.204	2.84
	1.0	0.111	0.205	2.81		1.0	0.112	0.205	2.85
	1.1	0.113	0.206	2.82		1.1	0.114	0.206	2.86
	1.2	0.115	0.206	2.83		1.2	0.116	0.206	2.87
	1.3	0.117	0.207	2.84		1.3	0.118	0.206	2.88
	1.4	0.119	0.207	2.85		1.4	0.120	0.207	2.88
	1.5	0.121	0.208	2.85		1.5	0.122	0.208	2.89
	1.6	0.122	0.208	2.86		1.6	0.123	0.208	2.90
	1.7	0.123	0.208	2.87		1.7	0.124	0.208	2.91
	1.8	0.124	0.208	2.89		1.8	0.125	0.208	2.92
	1.9	0.125	0.208	2.90		1.9	0.126	0.208	2.94
	2.0	0.126	0.208	2.91		2.0	0.127	0.208	2.95
	2.1	0.127	0.208	2.92		2.1	0.128	0.208	2.96
	2.2	0.128	0.208	2.93		2.2	0.129	0.208	2.97
	2.3	0.129	0.208	2.95		2.3	0.130	0.208	2.99
	2.4	0.130	0.208	2.96		2.4	0.131	0.208	3.00
	2.5	0.131	0.208	2.98		2.5	0.132	0.208	3.01
	2.6	0.132	0.208	3.00		2.6	0.133	0.208	3.03
	2.7	0.133	0.208	3.02		2.7	0.134	0.208	3.04
	2.8	0.134	0.208	3.04		2.8	0.135	0.208	3.06
	2.9	0.135	0.208	3.05		2.9	0.136	0.208	3.08
	3.0	0.136	0.208	3.06		3.0	0.136	0.208	3.09

迫击炮弹弹尾部长度 l_w/d	迫击炮弹圆柱部长度 l_z/d	空气动力特征数			迫击炮弹弹尾部长度 l_w/d	迫击炮弹圆柱部长度 l_z/d	空气动力特征数		
		正面阻力系数 C_{x0}	上升力系数 C_{y0}	空气阻力中心到弹顶距离 x_{p0}/d			正面阻力系数 C_{x0}	上升力系数 C_{y0}	空气阻力中心到弹顶距离 x_{p0}/d
2.4	0.1				2.5	0.1			
	0.2					0.2			
	0.3					0.3			
	0.4					0.4			
	0.5	0.107	0.200	2.81		0.5	0.108	0.200	2.83
	0.6	0.108	0.201	2.83		0.6	0.109	0.201	2.85
	0.7	0.109	0.202	2.84		0.7	0.110	0.202	2.87
	0.8	0.111	0.203	2.86		0.8	0.112	0.203	2.88
	0.9	0.113	0.204	2.88		0.9	0.113	0.204	2.90
	1.0	0.114	0.205	2.89		1.0	0.114	0.205	2.92
	1.1	0.116	0.206	2.90		1.1	0.115	0.206	2.93
	1.2	0.118	0.206	2.91		1.2	0.117	0.206	2.93
	1.3	0.119	0.207	2.92		1.3	0.119	0.207	2.94
	1.4	0.121	0.207	2.92		1.4	0.121	0.207	2.95
	1.5	0.122	0.208	2.93		1.5	0.123	0.208	2.96
	1.6	0.123	0.208	2.94		1.6	0.124	0.208	2.97
	1.7	0.124	0.208	2.95		1.7	0.125	0.208	2.98
	1.8	0.125	0.208	2.96		1.8	0.126	0.208	3.00
	1.9	0.126	0.208	2.98		1.9	0.127	0.208	3.01
	2.0	0.127	0.208	2.99		2.0	0.127	0.208	3.02
	2.1	0.128	0.208	3.00		2.1	0.128	0.208	3.03
	2.2	0.129	0.208	3.02		2.2	0.129	0.208	3.04
	2.3	0.130	0.208	3.03		2.3	0.130	0.208	3.05
	2.4	0.131	0.208	3.04		2.4	0.131	0.208	3.06
	2.5	0.132	0.208	3.05		2.5	0.131	0.208	3.07
	2.6	0.133	0.208	3.06		2.6	0.132	0.208	3.09
	2.7	0.134	0.208	3.08		2.7	0.133	0.208	3.11
	2.8	0.135	0.208	3.09		2.8	0.134	0.208	3.12
	2.9	0.136	0.208	3.10		2.9	0.135	0.208	3.13
	3.0	0.136	0.208	3.11		3.0	0.136	0.208	3.14

迫击炮弹弹尾部长度 l_w/d	迫击炮弹圆柱部长度 l_z/d	空气动力特征数			迫击炮弹弹尾部长度 l_w/d	迫击炮弹圆柱部长度 l_z/d	空气动力特征数		
		正面阻力系数 C_{x0}	上升力系数 C_{y0}	空气阻力中心到弹顶距离 x_{p0}/d			正面阻力系数 C_{x0}	上升力系数 C_{y0}	空气阻力中心到弹顶距离 x_{p0}/d
2.6	0.1				2.7	0.1			
	0.2					0.2			
	0.3					0.3			
	0.4					0.4			
	0.5	0.108	0.200	2.83		0.5	0.110	0.200	2.89
	0.6	0.109	0.201	2.85		0.6	0.111	0.201	2.91
	0.7	0.110	0.202	2.87		0.7	0.113	0.202	2.93
	0.8	0.112	0.203	2.88		0.8	0.114	0.203	2.94
	0.9	0.113	0.204	2.90		0.9	0.115	0.204	2.96
	1.0	0.114	0.205	2.92		1.0	0.116	0.205	2.98
	1.1	0.115	0.206	2.93		1.1	0.117	0.205	2.99
	1.2	0.117	0.206	2.93		1.2	0.119	0.206	3.00
	1.3	0.119	0.207	2.94		1.3	0.121	0.206	3.01
	1.4	0.121	0.207	2.95		1.4	0.123	0.207	3.01
	1.5	0.123	0.208	2.96		1.5	0.124	0.208	3.02
	1.6	0.124	0.208	2.97		1.6	0.125	0.208	3.03
	1.7	0.125	0.208	2.98		1.7	0.126	0.208	3.04
	1.8	0.126	0.208	3.00		1.8	0.127	0.208	3.05
	1.9	0.127	0.208	3.01		1.9	0.128	0.208	3.06
	2.0	0.127	0.208	3.02		2.0	0.128	0.208	3.07
	2.1	0.128	0.208	3.03		2.1	0.129	0.208	3.08
	2.2	0.129	0.208	3.04		2.2	0.130	0.208	3.10
	2.3	0.130	0.208	3.05		2.3	0.130	0.208	3.11
	2.4	0.131	0.208	3.06		2.4	0.131	0.208	3.12
	2.5	0.131	0.208	3.08		2.5	0.131	0.208	3.13
	2.6	0.132	0.208	3.09		2.6	0.132	0.208	3.14
	2.7	0.133	0.208	3.11		2.7	0.133	0.208	3.15
	2.8	0.134	0.208	3.12		2.8	0.134	0.208	3.16
	2.9	0.135	0.208	3.13		2.9	0.135	0.208	3.17
	3.0	0.136	0.208	3.14		3.0	0.136	0.208	3.18

续表

迫击炮弹弹尾部长度 l_w/d	迫击炮弹圆柱部长度 l_z/d	空气动力特征数			迫击炮弹弹尾部长度 l_w/d	迫击炮弹圆柱部长度 l_z/d	空气动力特征数		
		正面阻力系数 C_{x0}	上升力系数 C_{y0}	空气阻力中心到弹顶距离 x_{p0}/d			正面阻力系数 C_{x0}	上升力系数 C_{y0}	空气阻力中心到弹顶距离 x_{p0}/d
2.8	0.1				2.9	0.1			
	0.2					0.2			
	0.3					0.3			
	0.4					0.4			
	0.5	0.111	0.200	2.93		0.5	0.112	0.200	2.97
	0.6	0.112	0.201	2.95		0.6	0.113	0.201	2.98
	0.7	0.114	0.202	2.97		0.7	0.115	0.202	3.00
	0.8	0.115	0.203	2.98		0.8	0.116	0.203	3.02
	0.9	0.116	0.204	2.99		0.9	0.117	0.204	3.03
	1.0	0.117	0.205	3.00		1.0	0.118	0.205	3.04
	1.1	0.119	0.205	3.02		1.1	0.119	0.206	3.05
	1.2	0.120	0.205	3.03		1.2	0.121	0.206	3.06
	1.3	0.122	0.206	3.04		1.3	0.123	0.207	3.07
	1.4	0.123	0.207	3.04		1.4	0.124	0.207	3.08
	1.5	0.124	0.208	3.05		1.5	0.125	0.208	3.09
	1.6	0.125	0.208	3.06		1.6	0.126	0.208	3.10
	1.7	0.126	0.208	3.07		1.7	0.127	0.208	3.11
	1.8	0.126	0.208	3.08		1.8	0.128	0.208	3.12
	1.9	0.127	0.208	3.09		1.9	0.128	0.208	3.13
	2.0	0.128	0.208	3.10		2.0	0.129	0.208	3.14
	2.1	0.128	0.208	3.12		2.1	0.130	0.208	3.15
	2.2	0.129	0.208	3.13		2.2	0.130	0.208	3.16
	2.3	0.130	0.208	3.14		2.3	0.131	0.208	3.17
	2.4	0.131	0.208	3.15		2.4	0.132	0.208	3.18
	2.5	0.131	0.208	3.16		2.5	0.132	0.208	3.19
	2.6	0.132	0.208	3.17		2.6	0.133	0.208	3.20
	2.7	0.133	0.208	3.18		2.7	0.134	0.208	3.21
	2.8	0.134	0.208	3.19		2.8	0.134	0.208	3.22
	2.9	0.135	0.208	3.20		2.9	0.135	0.208	3.23
	3.0	0.136	0.207	3.21		3.0	0.136	0.208	3.24

迫击炮弹弹尾部长度 l_w/d	迫击炮弹圆柱部长度 l_z/d	空气动力特征数			迫击炮弹弹尾部长度 l_w/d	迫击炮弹圆柱部长度 l_z/d	空气动力特征数		
		正面阻力系数 C_{x0}	上升力系数 C_{y0}	空气阻力中心到弹顶距离 x_{p0}/d			正面阻力系数 C_{x0}	上升力系数 C_{y0}	空气阻力中心到弹顶距离 x_{p0}/d
3.0	0.1								
	0.2								
	0.3								
	0.4								
	0.5	0.113	0.200	3.00					
	0.6	0.114	0.201	3.01					
	0.7	0.115	0.202	3.03					
	0.8	0.116	0.203	3.04					
	0.9	0.117	0.204	3.05					
	1.0	0.118	0.205	3.06					
	1.1	0.119	0.206	3.07					
	1.2	0.121	0.206	3.09					
	1.3	0.123	0.207	3.10					
	1.4	0.125	0.207	3.12					
	1.5	0.126	0.208	3.13					
	1.6	0.127	0.208	3.14					
	1.7	0.128	0.208	3.15					
	1.8	0.129	0.208	3.16					
	1.9	0.129	0.208	3.17					
	2.0	0.130	0.208	3.18					
	2.1	0.131	0.208	3.19					
	2.2	0.131	0.208	3.20					
	2.3	0.132	0.208	3.21					
	2.4	0.133	0.208	3.22					
	2.5	0.133	0.208	3.23					
	2.6	0.134	0.208	3.24					
	2.7	0.134	0.208	3.25					
	2.8	0.135	0.208	3.26					
	2.9	0.135	0.208	3.26					
	3.0	0.136	0.208	3.27					

参 考 文 献

[1] 魏惠之，等．弹丸设计理论 ［M］．北京：国防工业出版社，1985．

[2] 田隶华，马宝华，范宁军．兵器科学技术总论 ［M］．北京：北京理工大学出版社，2003．

[3] 李向东，郭锐，陈雄，等．智能弹药构造与作用 ［M］．北京：国防工业出版社，2016．

[4] 郭锐，陈雄，陈荷娟．智能弹药设计 ［M］．南京：南京理工大学校内出版，2015．

[5] 韩子鹏，等．弹箭外弹道学 ［M］．北京：北京理工大学出版社，2008．

[6] 苗昊春，杨栓虎，等．智能化弹药 ［M］．北京：国防工业出版社，2014．

[7] ［美］卡卢奇，雅各布森．弹道学——枪炮弹药的理论与设计 ［M］.2 版．韩珺礼，译．北京：国防工业出版社，2015．

[8] 王儒策，刘荣忠，苏玳，等．灵巧弹药构造及作用 ［M］．北京：兵器工业出版社，2001．

[9] 杨绍卿．灵巧弹药工程 ［M］．北京：国防工业出版社，2010．

[10] 郭锐，刘荣忠．末敏弹药的国外研究现状及其发展趋势探讨 ［C］．智能弹药技术学术交流会，2012．

[11] 舒敬荣，张邦楚，韩子鹏，等．单翼末敏弹扫描运动研究 ［J］．兵工学报，2004，25（4）：415 – 420．

[12] 孙传杰，钱立新，胡艳辉，等．灵巧弹药发展概述 ［J］．含能材料，2012，20（6）：661 – 668．

[13] 杨绍卿．论武器装备的新领域——灵巧弹药 ［J］．中国工程科学，2009，11（10）：4 – 7．

[14] 陆珥．炮兵照明弹设计 ［M］．北京：国防工业出版社，1978．

[15] 王利荣．降落伞理论与应用 ［M］．北京：宇航出版社，1997．

[16] 崔瀚，焦志刚．国外末敏弹发展概述 ［J］．飞航导弹，2015（2）：24 – 31．

[17] 高彦峰．可变形翼型的非定常气动特性研究 ［D］．合肥：中国科学技术大学，2012．

[18] 程杰．次口径非对称鸭舵对弹道修正弹气动特性的影响 ［J］．北京理工大学学报，2015，2：5 – 9．

[19] 雷娟棉，李田田，黄灿．高速旋转弹丸马格努斯效应数值研究 ［J］．兵工学报，2013，34（6）：718 – 725．

[20] 韩子鹏．弹箭外弹道学 ［M］．北京：北京理工大学出版社，2008．

[21] 刘骁．制导弹药末段目标截获概率研究 ［J］．兵工学报，2015，36（2）：287 – 293．

[22] 张智智，刘春玉．反坦克导弹与装甲主动防护系统：矛与盾的对决 ［M］．北京：北京

航空航天大学出版社，2013.

[23] 陶如意. 子母弹抛撒分离与干扰的气动特性研究 [D]. 南京：南京理工大学，2008.

[24] 王儒策. 弹药工程 [M]. 北京：北京理工大学出版社，2002.

[25] 宁建国，王成，马天宝. 爆炸与冲击动力学 [M]. 北京：国防工业出版社，2010.

[26] 廖海波. 非旋转子母弹药抛撒技术研究 [D]. 南京：南京理工大学，2009.

[27] 吴甲生，雷娟棉，等. 制导兵器气动布局与气动特点 [M]. 北京：国防工业出版社，2008.

[28] 李向东，钱建平，曹兵，等. 弹药概论 [M]. 北京：国防工业出版社，2004.

[29] 李向东，杜忠华. 目标易损性 [M]. 南京：南京理工大学出版社，2012.

[30] 薄玉成. 武器系统设计理论 [M]. 北京：北京理工大学出版社，2010.

[31] 王风英，刘天生. 毁伤理论与技术 [M]. 北京：北京理工大学出版社，2009.

[32] 卢芳云，等. 战斗部结构与原理 [M]. 北京：科学出版社，2009.

[33] 周长省，等. 火箭弹设计理论 [M]. 北京：北京理工大学出版社，2005.

[34] 李刚，等. 偏心罩在内嵌馈电结构 EFP 战斗部中的应用 [J]. 高压物理学报，2015，29（6）：436－442.

[35] 陈闯，等. 爆轰波波形与药型罩结构匹配对杆式射流成形的影响 [J]. 爆炸与冲击，2015，35（6）：812－819.

[36] 周欢，等. 基于带隔板装药实现双模转换机理研究 [J]. 工程力学，2016，33（1）：217－222.

[37] 郭锡福. 底部排气弹底排减阻特性的合理设计 [C]. 重庆：中国兵工学会弹道专业委员会弹道学术交流会，1994：260－266.

[38] 张领科，余永刚，陆欣，等. 炮膛内底排装置燃烧特性计算分析 [J]. 兵工学报，2011. 32（5）：526－531.

[39] 隋欣，魏志军，王宁飞，等. 炮射导弹发射过程中装药衬垫材料对抗过载能力的影响计算分析 [J]. 兵工学报，2009，30（6）：709－713.

[40] 周长省，鞠玉涛，朱福亚. 火箭弹设计理论 [M]. 北京：北京理工大学出版社，2005.

[41] 顾红军、刘宏伟. 聚能射流及防护 [M]. 北京：国防工业出版社，2009.

[42] 陈小伟，金建明. 动能深侵彻弹的力学设计（Ⅱ）：弹靶的相关力学分析与实例 [J]. 爆炸与冲击，2006，26（1）：71－78.

[43] 金丰年，刘黎，张丽萍，等. 深钻地武器的发展及其侵彻 [J]. 解放军理工大学学报（自然科学版），2002，3（2）：34－40.

[44] 魏雪英. 长杆弹侵彻问题的理论研究 [D]. 西安：西安交通大学，2002.

[45] 赵国志. 穿甲工程力学 [M]. 北京：兵器工业出版社，1992：106－107.

[46] 何云峰. 超高速长杆弹穿甲模型 [D]. 南京：南京理工大学，2000.

[47] 赵国志，王晓鸣，潘正伟，等. 杆式穿甲弹设计理论 [M]. 北京：兵器工业出版社，1997.

[48] 韩永要. 杆－管异型侵彻体侵彻机理研究 [D]. 南京：南京理工大学，2005.

[49] 何丽灵，陈小伟. 土与混凝土组合靶体的侵深预测 [C]. 2009 第七届全国工程结构安

全防护学术会议，164－170.

［50］武海军，黄风雷，王一楠. 高速弹体非正侵彻混凝土试验研究［C］. 江西吉安：第八届全国爆炸力学学术会议论文集，2007：488－494.

［51］Forrestal M J, Frew D J, Hanchak S J, et al. Penetration of grout and concrete targets with ogive－nose steel projectiles［J］. International Journal of Impact Engineering, 1996, 18 (5)：465－476.

［52］Patterson W J. Terradynamic results and structural performance of a 650－pound penetrator impacting at 2570 feet per second［R］. Report No. SC－DR－69－782, Dec. 1969, Sandia Laboratories, Albuquerque, N. Mex.

［53］Kimsey K D. A Method for computer－aided design of sabot－penetrator packages［R］. Army Ballistic Research Lab Aberdeen Proving Ground MD, 1980.

［54］Kucher V. Penetration with optimal work［R］. Army Ballistic Research Lab Aberdeen Proving Ground, 1967.

［55］Pflegl G A, Underwood J H, O'Hara G P. Structural analysis of a kinetic energy projectile during launch［R］. Army Armament Research and Development Center Watervliet NY Large Caliber Weapon Systems Lab, 1981.

［56］Drysdale W H. Design of kinetic energy projectiles for structural integrity［R］. Army Ballistic Research Lab Aberdeen Proving Ground, 1981.

［57］Drysdale W H, Burns B P. Structural design of projectiles［J］. Gun Propulsion Technology, L. Stiefel, ed. AIAA, Washington, DC, 1988, 109：133－159.

［58］赵国志. APFSDS 总体参量选择［J］. 南京理工大学学报（自然科学版），1988，3：007.

［59］杨启仁. 尾翼稳定脱壳穿甲弹总体参数优化设计［J］. 兵工学报，1988，3：008.

［60］杨启仁. 尾翼式脱壳穿甲弹有利外弹道方案的设计［J］. 南京理工大学学报（自然科学版），1979，1：003.

［61］钱民刚. 联合计算穿甲弹弹体与弹托的应力及变形［J］. 兵工学报，1986，3：004.

［62］钱民刚，张永生. 穿甲弹发射强度计算方法的改进［J］. 兵工学报，1986，1：008.

［63］朱鹤松，都兴良. 脱壳穿甲弹弹托发射应力的有限元分析［J］. 兵工学报，1981.

［64］吴姚华. 用数学规划优选反坦克穿甲弹重量参数的一种方法［J］. 弹箭与制导学报，1986，1：002.

［65］惠东. 长杆式尾翼稳定脱壳穿甲弹脱壳分析与计算［J］. 兵工学报，1984，3：007.

［66］赵国志. 穿甲工程力学［M］. 北京：兵器工业出版社，1992.